材料分子结构分析方法

刘 钰 ◎ 主编

·成都·

图书在版编目（CIP）数据

材料分子结构分析方法 / 刘钰主编. -- 成都：成都电子科大出版社，2024.9. -- ISBN 978-7-5770-1156-1

Ⅰ.TB3

中国国家版本馆CIP数据核字第20247X67F1号

材料分子结构分析方法
CAILIAO FENZI JIEGOU FENXI FANGFA

刘　钰　主编

策划编辑	李述娜　谢晓辉
责任编辑	李述娜
责任校对	赵倩莹
责任印制	段晓静

出版发行	电子科技大学出版社
	成都市一环路东一段159号电子信息产业大厦九楼　邮编　610051
主　页	www.uestcp.com.cn
服务电话	028-83203399
邮购电话	028-83201495
印　刷	成都市火炬印务有限公司
成品尺寸	185 mm×260 mm
印　张	32.5
字　数	811千字
版　次	2024年9月第1版
印　次	2024年9月第1次印刷
书　号	ISBN 978-7-5770-1156-1
定　价	189.00元

版权所有，侵权必究

前言 FOREWORD

材料是人类赖以生存和发展的物质基础，而新材料是人类文明进步的标志。材料的使用效能和固有性质最终取决于材料本身的结构，因此，对材料结构的分析、表征是现代材料学发展中至关重要部分。材料的分子结构是材料在分子层次上的组成形式。本书着重于各种材料分子结构的现代分析技术和方法，主要从波谱分析、色谱分析及热分析三个最为基础的方面阐述材料分子结构表征技术的基本原理、测试方法、最新技术和手段及图谱分析方法。本书从各大类分析方法的共性入手，系统阐述各种分析方法的基本原理、特征、影响因素、常见设备、制样方法和分析方法。其分析对象包括有机材料、高分子材料、无机材料和复合材料等多种类型。

其中，波谱分析主要涉及紫外-可见光谱、红外光谱、拉曼光谱、分子荧光光谱、核磁共振波谱等；色谱分析主要包括薄层色谱、柱色谱、气相色谱、液相色谱、凝胶渗透色谱等；热分析主要有热重分析、差热分析、差示扫描量热法、动态热机械分析等。

本书强调的是各类材料分析测试手段间的联系及共性。在每一大类测试方法的开篇都会提炼出其中的共性，对共同原理进行分析和讨论，对同一大类测试方法均会进行比较。现代分析测试手段多样，在每一大类测试方法中，本书主要选择最常规和最广泛使用的分析方法，以基本原理为本，便于读者从本质入手，掌握基本原理，抓住重点，更好地举一反三，触类旁通，培养创新思维方式。

在介绍每种测试方法前均对其发展历史进行介绍，便于读者了解在探求真理的道路上人类永不停息的精神，理解科学理论，体会科学研究与人类社会发展的关系，在前人孜孜不倦探索的道路中领会科学的思维方法和实践精神，进而培养克服困难的坚定信念，培养探索热情和科学精神。

本书立足于基本理论，结合理论进行大量的实例分析，理论联系实际，介绍实际测试中样品制备，仪器设计、使用，结果分析及与原理之间的关系，总结出大量实践技巧，突出材料的实用性，注重在实践中融会贯通各种理论，有助于读者的实际应用，培养实践精神和创新能力。

本书还引入大量最新研究成果，使读者能紧跟科学前沿，在进一步理解材料分子结构分析手段在现代材料学研究中的作用和意义的同时，提升国际视野，进一步促进创新思维的培养。

本书可作为材料科学与工程及相关学科和领域的研究生、本科生的教材和参考用书，也可为各种与材料或分析鉴定相关领域或方向的研究人员和技术人员提供参考。

　　在本书的编写过程中，作者得到了许多同行的热情帮助和大力支持。感谢我的女儿黄千寻绘制和编制书中的图片，并对文字进行纠错；感谢祝红玉博士和谷东旭博士等对文字的校正。

　　由于作者水平有限，书中难免存在疏漏，敬请各位读者在使用本书的过程中多提宝贵意见，以便修订时更加完善。

目录 CONTENTS

第一章　绪论 ·· 1
   1.1　材料的结构与性能的关系 ·· 1
   1.2　材料的表征技术 ··· 3
   1.3　材料表征技术展望 ··· 6

第二章　波谱分析 ··· 7
   2.1　波谱分析概述 ··· 7
   2.2　波谱分析法的产生 ··· 7
   2.3　波谱分析基本原理 ··· 8
   2.4　波谱分析类型 ·· 11
   2.5　波谱分析方法 ·· 14
   2.6　波谱分析的应用 ··· 20
   2.7　要点小结 ·· 21

第三章　紫外可见吸收光谱 ·· 22
   3.1　紫外-可见光谱概述 ··· 22
   3.2　紫外-可见光谱基本原理 ··· 23
   3.3　紫外-可见光谱的表示方法 ·· 26
   3.4　紫外-可见光谱的特征及常用术语 ··· 27
   3.5　各类化合物的紫外-可见光谱的吸收峰 ······································· 30
   3.6　紫外-可见光谱仪 ·· 43
   3.7　影响紫外可见吸收光谱的因素 ··· 52
   3.8　紫外-可见光谱的应用 ·· 55
   3.9　要点小结 ·· 62

第四章　分子荧光光谱 ··· 64

4.1 分子荧光光谱概述 ··· 64
4.2 荧光光谱仪的发展简史 ··· 65
4.3 分子荧光光谱法的基本原理 ··· 66
4.4 分子荧光光谱的基本特征 ·· 71
4.5 影响荧光光谱的因素 ·· 76
4.6 分子荧光光谱仪 ·· 84
4.7 分子荧光光谱的测定 ·· 88
4.8 分子荧光光谱法的特点 ··· 91
4.9 分子荧光光谱的应用 ·· 92
4.10 荧光分析新技术 ··· 97
4.11 要点小结 ·· 102

第五章　红外光谱 ··· 103

5.1 红外光谱概述 ··· 103
5.2 红外光谱的表示方法和特点 ··· 105
5.3 红外光谱产生的基本条件 ·· 106
5.4 红外光谱的基本原理 ·· 107
5.5 影响红外光谱的因素 ·· 114
5.6 典型红外谱带吸收范围 ··· 121
5.7 红外光谱仪 ·· 146
5.8 红外光谱测试与解析 ·· 151
5.9 红外光谱的应用 ·· 157
5.10 红外光谱新技术及应用 ·· 159
5.11 要点小结 ·· 165

第六章　拉曼光谱 ··· 166

6.1 拉曼光谱概述 ··· 166
6.2 拉曼光谱的基本原理 ·· 166
6.3 拉曼光谱的表示方法 ·· 168
6.4 拉曼光谱与红外光谱的比较 ··· 169
6.5 拉曼光谱与荧光光谱的比较 ··· 172
6.6 拉曼光谱的特征谱带 ·· 172

6.7 拉曼光谱仪 173
6.8 拉曼光谱的测试与分析 175
6.9 拉曼光谱的应用 179
6.10 拉曼光谱新技术 186
6.11 要点小结 192

第七章 核磁共振波谱 194

7.1 核磁共振波谱概述 194
7.2 核磁共振波谱的基本原理 195
7.3 化学位移 201
7.4 核磁共振波谱仪 208
7.5 样品的制备和测试 212
7.6 核磁共振氢谱 214
7.7 核磁共振碳谱 248
7.8 核磁共振新技术 283
7.9 要点小结 299

第八章 色谱法 300

8.1 色谱法概述 300
8.2 色谱法分类 303
8.3 色谱图及相关术语 306
8.4 色谱法基本理论 312
8.5 色谱定性和定量分析 327
8.6 气相色谱法 335
8.7 薄层色谱法和柱色谱法 356
8.8 高效液相色谱法 369
8.9 凝胶渗透色谱法（排阻色谱法） 393
8.10 液相色谱分离方法的选择和建立 401
8.11 色谱联用技术 403
8.12 要点小结 410

第九章 热分析 412

9.1 热分析概述 412
9.2 热分析的定义 414

9.3 热分析技术分类 ·· 415
9.4 常见的热分析仪 ·· 418
9.5 热分析技术的特点 ··· 420
9.6 热分析曲线的影响因素 ··· 422
9.7 常见热分析技术的应用领域及发展前景 ······································ 427
9.8 热重分析法 ·· 429
9.9 差热分析法 ·· 451
9.10 差示扫描量热法 ··· 467
9.11 热机械分析法 ·· 480
9.12 热分析技术的新发展 ··· 501
9.13 要点小结 ·· 510

参考文献 ·· 512

第一章 绪 论

1.1 材料的结构与性能的关系

材料是人类用于制造有用物件（物品、器件、构件、机器或其他产品）的凝聚态物质，是人类赖以生存和发展的物质基础。

人类从发现和使用自然界中的材料开始，从石器时代、青铜器时代、铁器时代一路走来，经过几千年的发展，逐渐进入现代文明。现代文明的标志之一就是人类能自由地合成和设计材料，甚至是自然界中不存在的材料。随着蒸汽机的发明，新型材料的合成，半导体硅材料的发现，人类逐渐进入电子时代，并向着光子时代进发。在未来的社会里，材料将被赋予类似生命体的功能，甚至能像生命体一样进化。智能材料、仿生材料就是这类材料的前驱。材料的发展使人类的生活发生着巨变，并直接推动着人类的进步和科学前行。

总结下来，人类认识和利用材料经历了三个历史阶段：首先是满足人类生存，其次是提高人类生存质量，最后才是提高人类生存的安全性。在整个人类文明发展史中，新材料是人类文明进步的标志。世界上先进的工业国家都把材料作为21世纪优先发展的领域。

1.1.1 材料的分类

材料与国民经济建设、国防建设和人民生活密切相关。材料除了具有重要性和普遍性以外，还具有多样性，因此分类方法也就没有一个统一标准。

按物理、化学属性，材料可分为金属材料、无机非金属材料、有机高分子材料和不同类型材料所组成的复合材料。从用途来分，材料又分为电子材料、航空航天材料、核材料、建筑材料、能源材料、生物材料等。现在常见的两种分类是结构材料与功能材料、传统材料与新型材料。结构材料是以力学性能为基础的，制造受力构件所用的材料。功能材料主要是利用物质独特的物理、化学性质或生物功能等而形成的一类材料。一种材料往往既是结构材料又是功能材料，如铁、铜、铝等。传统材料是指已成熟的在工业中批量生产并大量应用的材料，如钢铁、水泥、塑料等。这类材料由于其量大、产值高、涉及面广泛，又是很多支柱产业的基础，所以又称为基础材料。新型材料（先进材料）是指那些正在发展，且具有优异性能和应用前景的一类材料。新型材料与传统材料之间并没有明显的界限，传统材料通过采用新技术、提高技术含量、提高性能，大幅度增加附加值而成为新型材料；新型材料在经过长期生产与应用之后也就成为传统材料。传统材料是发展新材料和高技术的基础，而新型材料又往往能推动传统材料的进一步发展。

1.1.2 材料的固有性质

材料的固有性质主要可归结为三类：力学性质、物理性质和化学性质。

（1）材料的力学性质

材料的力学性质是指材料抵抗外力的能力及其在外力作用下的表现，通常以材料在外力作用下所表现的强度或变形特性来表示，可分为材料的强度和比强度、材料的弹性和塑形、材料的脆性和韧性、材料的硬度和耐磨性等。

（2）材料的基本物理性质

材料的物理性质包括材料的颜色、熔点、沸点、热性质、电性质、磁性质、光学性质等。

（3）材料的化学性质

材料的化学性质范畴很广，从应用角度来说，主要考虑材料的化学变化和稳定性。化学稳定性是指在使用环境中材料的化学组成和结构能否保持稳定的性质。不同类型材料的化学性质对其化学组成的依赖程度不同。

1.1.3 材料的组成与结构

材料是由原子、分子或分子团以不同结合形式构成的物质。构成材料的基本单元的成分和数目称为材料的组成。材料的组成单元（原子或分子）之间的相互吸引作用和相互排斥作用达到平衡时在空间的几何排列就称为材料的结构，包括构成材料的原子的电子结构（决定化学键的类型），分子的化学结构及聚集态结构（决定材料的基本类型及材料组成相的结构），材料的显微组织结构（组成材料的各相的形态、大小、数量和分布等）。

所谓相，是材料中具有同一化学成分并且结构相同的均匀部分。相与相之间有明显的界面，在界面上，性质的改变是突变。如果材料是由成分、结构都相同的同种晶粒构成的，尽管各晶粒之间有界面隔开，但它们仍属于同一种相。例如，如果材料是由成分、结构都不同的几种晶粒构成的，则它们属于几种不同的相。一个相必须在物理性质和化学性质上都完全均匀，但不一定只含有一种物质。

材料的结构从宏观到微观可分为宏观组织结构、显微组织结构和微观组织结构。所谓宏观组织结构是指用肉眼或放大镜能观察到的晶粒、相的集合状态。显微组织结构，或称亚微观结构是指借助光学或电子显微镜可观察到的晶粒、相的集合状态或材料内部的微区结构，尺寸约为 $10^{-7} \sim 10^{-4}$ m。微观结构是比显微组织结构更精细的结构，包括原子、分子结构及原子和分子的排列结构。

1.1.4 材料结构与性能的关系

材料的固有性质依赖于材料本身的结构（电子结构、原子结构和化学键结构），材料的使用效能由材料的性质所决定，因此，了解材料的结构是了解材料性能的基础。这就是材料结构与性能的关系。

金属材料、无机非金属材料、高分子材料的差异本质上就是由不同的元素以不同的键合方式造成的。各类材料，当键合方式不同，如为离子键、共价键、金属键或氢键时，便具有不同的结构和特性。材料的组成或构成方式不同，其性质可能有很大的差别；组成或构成方式相近的材料，其性质多具有相近之处。

曾有人提出，材料研究的四大要素是材料的合成与加工、材料的结构、材料的固有性质、材料的使用效能。要解决材料科学的问题，四方面缺一不可。因此，了解和探究材料结构与组成的方法构成了材料学研究不可或缺的重要部分，也是联系材料设计、合成与材料使用效能的桥梁。现代材料科学的发展很大程度上依赖于对材料成分、结构及微观组织与材料性能关系的理解。

1.2 材料的表征技术

获取有关材料的组成、结构和性能等相关信息的手段就称为材料的表征技术，也称为材料分析测试方法。

尽管材料的分析测试方法众多，但大多都具有共同的基本原理，即测量信号与材料成分、结构等之间的特征关系。对应材料的不同结构和性质，采用不同的测量信号，也就形成了不同的分析测试方法，属于信息技术在材料科学中的具体应用，即采用一定的方法将反映材料内涵特性的某些相关信息进行提取、分离、输出、传递、转换、接收、检测、采集和处理，最终进行显示或记录，从而反映所探求的材料结构和性能特征。

材料现代分析测试方法的工作模式可用图1-1表示。

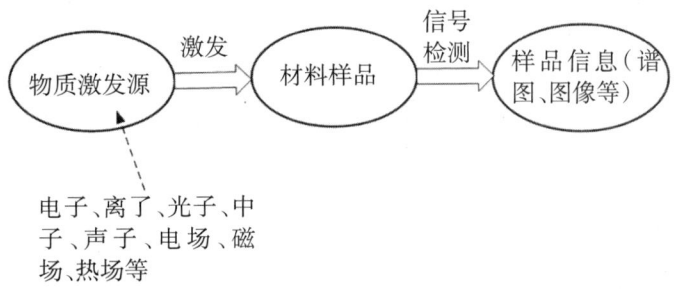

图1-1 现代分析测试方法的一般工作模式示意图

根据材料结构的不同层次，可将材料的分析测试方法分为四类，如图1-2所示，即材料的成分和价键（电子）结构分析、分子结构分析、晶体物相分析和材料的组织形貌分析。

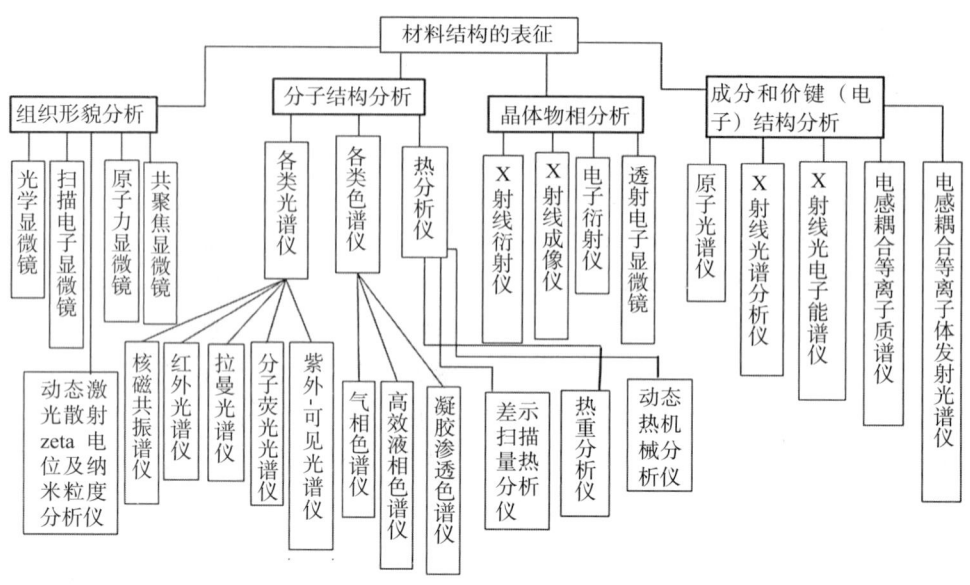

图1-2 材料分析测试方法分类示意图

1.2.1 成分和价键（电子）结构分析

除传统的化学分析技术外，成分与价键（电子）结构分析方法还包括各类质谱，卢瑟福背散射质谱（Rutherford backscattering spectrometry，RBS）、二次离子质谱（secondary ion mass spectrometry，SIMS）、紫外光电子能谱（ultraviolet photoelectron spectrometry，UPS）、能量色散谱仪（energy dispersive spectrometry，EDS）、X射线荧光光谱（X-ray fluorescence spectrometry，XFS）、俄歇电子能谱（auger electron spectrometry，AES）、X射线光电子能谱（X-ray photoelectron spectroscopy，XPS）、电子能量损失谱（electron energy loss spectroscopy，EELS）、电子探针、穆斯堡谱、电子自旋共振谱、X射线光谱、原子能谱、原子光谱等测试手段。大部分成分和价键（电子）结构分析方法都是通过核外电子的能级分布反应原子的特征信息。利用不同的入射波激发核外电子，使其发生层间跃迁，在此过程中产生元素的特征信息。如X射线光电子能谱（XPS）是通过单色的X射线轰击样品导致电子的逸出，并通过测定逸出的光电子无标样地直接确定元素及元素含量。俄歇电子能谱（AES）是用一束汇聚电子束照射固体后在表面附近产生二次电子，由于俄歇电子在样品浅层表面逸出过程中没有能量的损耗，因此从特征能量就可以确定样品元素的成分，同时可确定样品表面的化学性质。因电子束的高分辨特性，所以可以进行三维区域的微观分析。二次离子质谱（SIMS）是采用细离子束轰击固体样品，有足够的能量使样品产生离子化的原子或原子团，即二次离子。二次离子被加速后在质谱仪中根据质荷比的不同分类，提供包括样品表面各种官能团和各种化合物的离子质谱。二次离子质谱又分为静态和动态两种。静态二次离子质谱可保证样品表面化学的完整性，可完成样品表层的化学分析。动态二次离子质谱会破坏样品表面化学的完整性，但可迅速获得样品的成分分布和成分随轰击时间的变化情况。

1.2.2 晶体物相分析

晶体物相分析主要是利用衍射方法探测晶体类型和晶胞参数，以确定材料的相结构。最常用的有 X 射线衍射法（X-ray diffractometry，XRD），电子衍射法（electron diffractometry，ED）和中子衍射法（neutron diffractometry，ND）。它们都是利用电磁波或运动电子束等与材料内部规则排列的原子作用产生相干散射，从而获得材料内部原子排列的信息。除此之外还有低能量电子衍射（low energy electron diffraction，LEED），它是研究单晶表面层原子排列的一种有效方式。反射高能电子衍射（reflection high energy electron diffraction，RHEED）是一种观察晶体生长的非常重要的实时监测手段，通过衍射斑还可获取晶体组分等信息。

1.2.3 分子结构分析

分子结构分析的基本原理是通过电磁波与化学键、原子核的作用获得分子结构信息。例如，红外光谱、紫外光谱、拉曼光谱、荧光光谱、核磁共振波谱等各种波谱是研究分子结构的最为常规的手段。中子衍射是研究大分子，特别是研究生物大分子空间构型的有力手段。还有各种色谱，可以分析各种性质不同的分子，特别是色谱与各种波谱的联用，更是大大提高了分子结构的分析速度和分析效率，使高通量分析成为可能。

在分子结构分析手段中，热分析是特别值得关注的一种测试方法。虽然热分析测试不像波谱法那样可以直接反映分子结构信息，也不像色谱能将不同特征的分子分离，但是热分析却能测试材料不同性质随温度的变化，通过对这些变化的分析，间接地获取分子结构信息。特别是高分子材料，热分析是研究其分子结构的一种非常有力的手段。

1.2.4 组织形貌观察

组织形貌观察对于理解材料的本质至关重要，主要是依靠各种显微技术探索材料的微观结构。根据探测样品的不同组织尺度和分析方法自身具备的能力（分辨率），所需信息是整体统计性还是需要局部特征，是宏观尺度、纳米尺度还是原子尺度，这是我们所要考虑的。例如，光学显微镜（OM）是在微米尺度上观察材料的最普及的方法；扫描电子显微镜（SEM，简称扫描电镜）和透射电子显微镜（TEM，简称透射电镜）则把观察尺度推进到亚微米和微米及以下层次。扫描电子显微镜是利用电子束在样品表面扫描而激发出来的代表样品表面特征的信号成像的，常用于观察材料的表面形貌。在材料断口的形貌分析上，扫描电镜是一种非常有用的测试手段。高分辨的扫描电镜可以直接观察部分结晶高聚物的球晶大小和完美程度、共混物中分散相的大小、分布和连续相的混溶关系等。场发射扫描电子显微镜的分辨率可达 1 nm，放大倍数可达 15 万～20 万倍，还可观察样品表面的成分分布情况。透射电镜是采用透过薄膜样品的电子束成像以显示样品内部组织形貌与结构，可观察样品微观结构的同时，对所观察区域进行晶体结构鉴定，分辨率可达 0.1 nm，放大倍数可达40万～60万倍。透射电镜的制样方法虽然比较复杂，但在研究晶体材料的缺陷和相互作用上十分有用。场离子显微镜（FIM）是利用半径为50 nm的探针尖端表面原子层的轮廓边缘电场的不同，借助氦、氖等惰性气体产生离化，可直接显示晶界或位错露头处的原子排列及气体原子在表面的吸附行为。扫描隧道显微镜（STM）和原子力显微镜（AFM）克服了透射电镜景深小和样品制备复杂的缺陷，通过一根针尖与样品表面之间隧道效应电流的调控，可在三维空间达到原子分辨率。扫描隧道显微镜与扫描电镜和透射电镜相比，结构简单、分辨率高，可在真空、大气或液体环境及在实体空间内对样品表面的原子组态进行原位动态观察，可直接观察样品表面发生的物理或化学反应的动态过程及反应中原子的迁移过程。

1.3 材料表征技术展望

人类文明是在不断更好地利用材料和创造材料中发展起来的。材料的应用非常广泛，对人类的生活影响也非常深远。历史中每一次新材料的发现或产生必将成为新时代的曙光，引领人类创造新的辉煌。在现代科学技术中，材料科学是国民经济发展的三大支柱之一，材料的创新与发展成了现代社会经济发展的重要推手。近年来，全球材料产业的产值以每年约30%的速度增长，微电子材料、光电子材料、新能源材料、化工新材料和生物材料等领域成了发展最活跃、最具投资价值的新材料领域。新材料已成为国家重点扶持的新兴产业之一。

新材料是高新技术的基础和先导，材料的发展是推动社会发展的动力，而材料的分析测试技术是材料发展的重要环节。随着科技的发展，材料工程已从传统材料制造转向在分子结构层面设计及制造新型功能材料，因此，材料分子结构分析测试更成了材料科学与工程发展的最重要的基础手段。由于近代物理学、化学、光学、声学、微电子学、材料科学、计算机技术、自动控制技术等学科的迅速发展、显示和记录装置等器材和技术的提高，材料测试技术出现了崭新的面貌，不仅许多原来的测试仪器和方法得到了巨大的改进和更新，而且建立了大量的新方法，相应地创建了一系列新设备，解决了许多以往不能解决的问题。新的材料检测技术，正朝着科学、先进、快速、简便、精确、自动化、多功能化和综合性的方向发展。

第二章 波谱分析

2.1 波谱分析概述

波谱分析也称光谱分析（spectrometry），是指物质在电磁波（光）的辐照下，引起物质内部某种运动（特征能级跃迁），从而吸收、散射、转动或发射某种波长的光，记录下这些信号的变化，得到信号强度与波长或波数（频率）或散射角的关系图，用于分析物质结构、组成及内部运动规律。

波谱分析方法包括的范围很广：根据研究方法不同，一般分为吸收光谱、发射光谱和散射光谱；按照产生响应的物质微粒的不同，分为原子光谱和分子光谱。由于波长与物质微粒辐射跃迁的能级能量差相对应，物质微粒能级跃迁的类型不同，能级差的范围不同，所对应的波谱波长范围也不同。常见的波谱分析有红外光谱、紫外-可见光谱、核磁共振谱和质谱（有其特殊性，得出元素种类，也可得出分子片段），这四种谱被称为波谱分析的四大谱。除此之外，拉曼光谱、荧光光谱、旋光光谱、圆二色谱、顺磁共振谱、X射线谱、穆斯堡谱等都属于波谱分析范畴。

2.2 波谱分析法的产生

雨后天空的彩虹，是自然光谱。人类对波谱科学的真正研究始于艾萨克·牛顿（Issac Newton）1666年将一束光分为从紫色到红色的可见光带。他将这一现象用"spectrum"来描述。1826年塔尔博特（W. Talbot）研究钠盐、钾盐在酒精灯上的光谱时指出，发射光谱是化学分析的基础，钾盐的红色光谱和钠盐的黄色光谱都是这个元素的特性。19世纪三四十年代，人类开始应用目视比色法。实用光谱学是由基尔霍夫（G. Kirchhoff）与本生（R. Bunsen）在19世纪60年代发展起来的。他们为了研究金属的光谱，自己设计和制造了一种完善的分光装置，这个装置就是世界上第一台实用的光谱仪器（图2-1）。他们通过研究火焰、电火花中各种金属的谱线，建立了光谱分析的初步基础，证明了光谱学是可以用作定性化学分析的新方

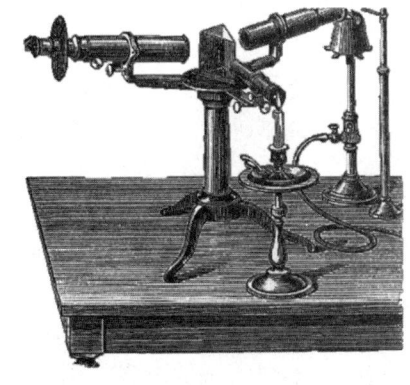

图2-1 第一台实用光谱仪

法，并利用这种方法发现了几种当时还未知的元素，证明了太阳里也存在着多种已知的元素。

19世纪末红外和紫外光谱测定出现了。1912年，第一台质谱仪产生，当时的研究者用其发现了氖元素的两种同位素。1945年，核磁共振现象被发现，随之核磁共振在化合物结构解析中得到了广泛的应用。20世纪，随着科学技术的迅猛发展，特别是计算机的应用，波谱分析法得到了突飞猛进的更新，从而在诸多领域得到广泛应用。波谱分析法为材料的分子结构鉴定、分子设计与合成、结构与物性关系研究带来了革命性的推进。运用经典的化学分析法确定物质的分子量、分子式和结构式异常耗时且非常困难。现代的波谱法不仅可以迅速确定分子量、分子式、结构式，还可以使用X射线衍射法，特别是使用单晶衍射仪测定晶体的X射线衍射图，从而进一步确定分子中键长、键角等结构的参数。

各种波谱分析法的原理不同，其特点和应用也各不同。每种波谱分析法也都有其适用范围和局限性。在使用时应根据测定目的、样品性质、样品组成及样品量来选择合适的方法，在很多情况下要综合使用多种波谱分析法才能达到目的。波谱分析法在现代科学研究的很多领域已成为必不可少的工具。

2.3 波谱分析基本原理

2.3.1 电磁波的基本性质

电磁波具有波粒二象性，在真空中的传播速度为 2.998×10^8 m/s。电磁波的衍射、干涉和偏振等现象就是其波动性的体现。电磁波的波动性还体现在电磁波具有波长、频率等类似机械波性质的特性。电磁波的波长、频率和速度之间存在着以下关系：

$$v \times \lambda = c$$

其中，v 为频率，λ 是波长，c 是波速。频率一般以赫兹（Hz）为单位，波长用长度单位表示。

光电效应就是电磁波粒子性的有力证明。量子理论认为电磁波是由被称作光子或光量子的微粒组成的，光子具有能量，其能量与频率及波长的关系如下：

$$E = hv = h \times c/\lambda$$

其中，E 是光子的能量，h 为普朗克（Planck）常数（6.624×10^{-34} J·s）。这个公式就是波谱的研究基础，表明频率越高的电磁波，波长越短，能量越高。

2.3.2 电磁波与波谱分类的关系

电磁波的波长从 $10^{-5} \sim 10^{12}$ nm，覆盖了非常宽的范围。根据波长的大小，电磁波被分为几个区域，如图2-2所示。从中可以看到，从左到右，电磁波的波长逐渐增加，而频率和能量逐渐减少。电磁波谱被分为三个大区：高能辐射区、光学光谱区和波谱区。不同区域的电磁波引起物质的运动不同，所对应的波谱也不相同。

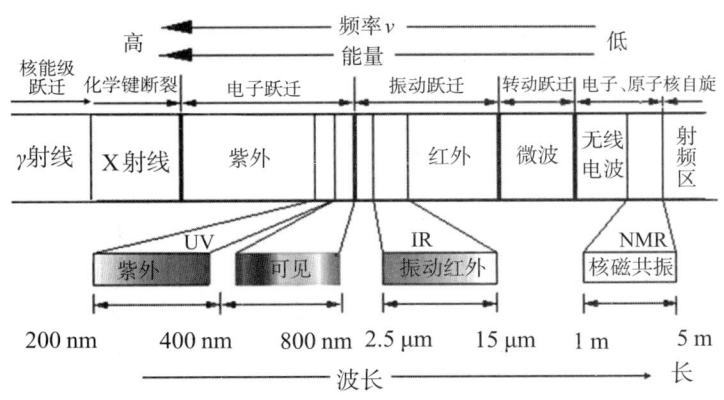

图2-2 电磁波谱区与能级跃迁相关图

高能辐射区：

γ射线，波长0.001~0.01 nm，能量最高，引起原子核能级跃迁，所对应的波谱类型为穆斯堡谱；

X射线，波长0.01~10 nm，引起内层电子能级的跃迁，所对应的波谱是X射线光谱；

光学光谱区：

紫外-可见光，波长10~800 nm，引起外层电子能级的跃迁，所对应的波谱是紫外-可见光谱、圆二色性光谱等；

红外光，波长0.8~1000 μm，引起分子振动和转动，所对应的波谱是红外吸收光谱、拉曼光谱等；

波谱区：

微波，波长0.1~10 cm，引起分子转动能级及电子自旋能级跃迁，所对应的波谱为微波波谱、顺磁共振谱等；

射频，波长大于10 cm，引起原子核自旋能级的跃迁，所对应的波谱为核磁共振谱。

不同波长的电磁波，对应不同的波谱类型，波长采用不同的单位。

2.3.3 原子结构与原子能态

原子由原子核及核外电子组成，电子绕核运动。以量子力学观点，核外电子只能在一些特定轨道上绕核运动，各轨道能量不同，这样电子分别处于一系列不连续的状态，这些不连续的状态称为能级（energy level）。人们常用一系列水平线按一定比例的高度表示不同的能级（图2-3）。

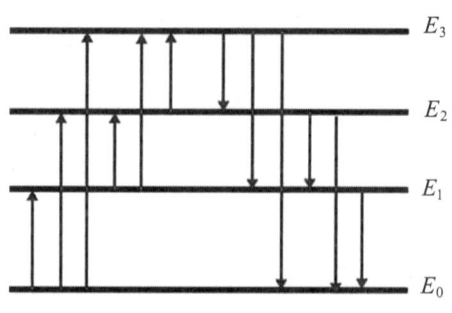

图 2-3 原子的能级图

能量最低的状态为基态（ground state）。原子中处于低能量能级的电子吸收一定能量后跃迁（transition）到高能量能级，此时的状态称为激发态（excited state）。处于激发态的电子不稳定，将通过不同波长的辐射将多余的能量释放出来，重新回到低能量状态。原子中电子可以跃迁的能级很多，被激发后的辐射波长也较多，每一个单一波长的辐射对应一根谱线，因此原子光谱是由许多不连续的光谱线组成的线状光谱。

2.3.4 分子运动和分子能态

物质由分子组成，分子不断运动，运动有不同的形式，除电子相对于原子核的运动外，还有分子的平动、转动、原子间的相对振动、核的自旋跃迁等形式。分子的总能量就等于各种运动能量之和。

平移运动：分子在空间由一个位置移动到另一个位置所做的自主运动。它对应的能量为平动能，能级差很小，可看作是连续的，不会产生光谱，是各种分子运动中能量最小的。

核的自旋跃迁：核的两种自旋取向，一个能级高，一个能级低，低能核吸收电磁波跃迁到高能级，得到核磁共振谱。所需能量仅比平动大，却小于其他分子运动。

分子围绕轴旋转：分子通过它的质量中心绕轴旋转，对应转动能，转动能级分布是量子化的，大于核自旋跃迁，小于振动能。

分子内化学键的振动（原子间相对振动）：分子中原子离开平衡位置发出的振动。它对应振动能，大于转动能级，小于电子能级。

价电子的轨道运动：核外电子在某个轨道上做轨道运动。电子具有动能和势能。动能是电子运动的结果，势能是电子与核的作用造成的。电子能级分布是量子化的、不连续的。分子吸收特定波长的电磁波后，电子可以从基态跃迁到激发态，产生电子光谱。电子跃迁所需能量是非常大的。

分子的各种运动，除平动外，其他的运动能级分布都是量子化的。各种能级跃迁所需能量不同，则在不同光波区出现不同谱带。某一种运动具有一个基态和一个或多个激发态，从基态吸收特定能量的电磁波跃迁到高能级，所吸收的能量是两个能级的差。分子吸收能量，其运动状态从低能级跃迁到高能级，称为吸收跃迁；分子放出能量，其运动状态从高能级返回到低能级，发生了发射跃迁。对具体分子而言，每种运动的不同能级是恒定的，由分子结构决定，因此由低能级到高能级的跃迁能ΔE_1是恒定值。

分子的转动能级差一般在 0.005～0.05 eV，能级跃迁需吸收波长为 250～25 μm 的远红外光，因此，形成的光谱称为转动光谱或远红外光谱。分子的振动能级差一般在 0.05～1 eV，需吸收波长为 25～1.25 μm 的红外光才能产生跃迁。在分子振动的同时有分子的转动运动，这称为振-转光谱，也就是红外光谱。电子的跃迁能级差为 1～20 eV，比分子振动能级差要大几十倍，所吸收电磁波的波长为 12.5～0.06 μm，主要在真空紫外光到可见区，对应形成的光谱称为电子光谱或紫外可见吸收光谱。

2.4 波谱分析类型

2.4.1 原子光谱

原子光谱指由原子中的电子在能量变化时所吸收或发射的一系列波长的电磁波所组成的光谱。按研究方法，原子光谱分为原子吸收光谱和原子发射光谱。

（1）原子吸收光谱（atomic absorption spectrum，AAS）

物质（元素）原子在蒸气状态下被能量等于基态到激发态间能量差的波辐照，会引起原子对电磁波的吸收，获得原子吸收光谱，原子最外层电子从低能态跃迁到激发态。原子吸收光谱可用于进行元素的定性和定量分析。

原子吸收光谱仪主要由光源、原子化系统、分光系统和检测系统组成。常用光源为空心阴极管，此外还有无极放电灯、蒸汽放电灯和激光光源灯等。原子化系统是将物质进行原子化的装置，即原子化器（atomizer）。原子化器种类很多，不同的原子化器构成了原子吸收光谱仪的主要不同类别。常见的原子化器主要有火焰原子化器（premixed flame atomizer）、石墨炉原子化器（graphite furnace atomizer）、石英炉原子化器（quartz furnace atomizer）、碳丝原子化器（carbon filament atomizer）、阴极溅射原子化器（cathode sputtering atomizer）等。

原子吸收光谱的优点如下。

①灵敏度高，检出限低：因其测定的是占原子总数99%以上的基态原子。火焰原子吸收光谱的检出限为10^{-8}～10^{-10} g/mL，非火焰原子吸收光谱的检出限为10^{-12}～10^{-14} g/mL。

②准确率高：一般原子吸收光谱的相对误差为1%～2%，火焰原子吸收光谱的相对误差小于1%。

③选择性好，操作简单：元素间干扰小，可在不分离的状态下于同一溶液中直接测定不同元素。

④分析速度快：一般几分钟到几十秒即可完成一种元素的分析。

⑤应用广泛：可直接测定多种试样中70多种金属元素，也可间接测定一些非金属和有机化合物。

原子吸收光谱的缺点如下。

不同的元素需要不同的光源，多元素同时检测较为困难；一些元素的灵敏度较低（如钍、铪、银、钽等）；难熔元素和非金属元素测定困难；复杂样品需进行复杂的化学预处理，否则干扰严重；不能进行结构分析，只能作组分分析。

(2) 原子发射光谱（atomic emission spectrum，AES）

物质原子或离子受到激发时，核外电子吸收能量从基态跃迁到激发态。电子处于能量较高的激发态时原子不稳定，经过一定时间，电子会从高能量状态返回低能量状态，下降的这部分能量以电磁波形式释放出来，由此获得原子发射光谱。每种元素都具有特定的电子结构，则各元素的原子所发射出的电磁波波长也具有特征性。原子发射光谱可用于元素的定性和定量分析。

原子发射光谱仪主要由光源、光谱仪和检测器组成。光源的作用是为物质的气化和激发提供能量。常用光源有直流电弧、交流电弧、电火花、电感耦合等离子炬（ICP）等。原子发生能级跃迁可产生很多谱线。由高能态返回低能态时所发射的谱线称为共振（发射）线。共振线中由第一激发态返回基态所发射的谱线为主共振（发射）线。如原子获得的能量足够大，可使外层电子脱离原子核的束缚而逸出，则原子成为带正电的离子，即电离。原子失去一个电子称为一级电离，失去两个电子称为二级电离，以此类推。各元素的离子与原子一样，在获得足够大的能量时，外层电子也可被激发到高能级，并产生发射光谱，称为离子发射光谱。离子外层电子被激发后而产生的谱线称为离子线。因离子比原子的外层电子少，因此离子光谱与原子光谱有些不同。各元素的离子光谱也具有特征性。一般的光谱分析激发源激发所得的光谱中往往既有原子谱又有离子谱。

原子发射光谱的优点如下。

①多元素同时检测能力强：每个样品一经激发，其中不同元素各自发射出自己的特征谱线，因此可同时测定一个样品中的多种元素。

②灵敏度高，检测限低：检出限一般为 $10^{-5} \sim 10^{-7}$ g/mL（或 g/g），电感耦合等离子体光源的检出限可达 10^{-9} g/mL（或 g/g）。

③准确性高：采用一般光源时，相对误差为 5%～10%，用电感耦合等离子炬作为光源时，相对误差小于 1%。

④选择性好：光谱特征性强。

⑤样品用量少，测定范围广：一般只需几毫克到几十毫克就可进行全分析，还可对特殊样品进行表面、微区和无损分析，目前可检测 70 多种元素。

⑥分析速度快：几分钟内可同时对几十个元素进行定量测定。样品一般无须化学处理，固体、液体样都可以直接进行测试。

原子发射光谱的缺点如下。

一般只用于元素总量分析，无法进行物质的空间结构和官能团分析，也无法对元素的价态和形态进行分析；对于大多数非金属元素难以得到灵敏的光谱线，如一些常见的非金属元素氧、硫和氮等，谱线在远紫外区，目前一般的光谱仪无法检测；当元素含量（浓度）较大时，准确度下降；对参比标准样的组分要求较高。

(3) 原子荧光光谱（atomic fluorescence spectrum，AFS）

物质的气态原子吸收特征波长的电磁波，原子的外层电子跃迁到较高能级后又返回基态或较低能级，同时发射出荧光所得到的光谱。当激发源停止辐照后，荧光发射过程立即停止。原子荧光按荧光波长与激发波长的关系分为共振荧光（二者波长相同）和非共振荧光（二者波长不同）。非共振荧光又分为斯托克斯荧光（荧光波长大于激发波长）和反斯托克斯荧光（荧光波长小于激发波长）。原子荧光光谱属于原子发射光谱。

1859年，基尔霍夫在研究太阳光谱时就开始了对原子荧光理论的研究。1902年，伍德（R. Wood）等首次观察到钠的原子荧光。1912年，伍德又通过汞弧灯辐照汞蒸气观察了汞的原子荧光，尼古拉斯（M. Nichols）和豪斯（M. Howes）用火焰原子化器检测到了钠、锂、锶、钡和钙的微弱的原子荧光信号，捷列宁（A.Terenin）研究了镉、铊、铅、铋和砷的原子荧光。1962年，在第十次国际光谱会议上阿尔克马德（S. Alkemade）提出将原子荧光用于元素分析。1964年，威博尼尔（A.Wibery）得出原子荧光的基本方程式，对Zn、Cd、Hg进行了原子荧光分析。1974年，辻井寿（Tsujii H.）和久我一德（Kuga K.）首次将氢化物进样技术和无色散原子荧光光谱技术相结合，开创了氢化物发生-无色散原子荧光光谱分析技术（HG-AFS）。1976年，泰尔康（Technicon）公司推出了世界上第一台原子荧光光谱仪，采用空心阴极灯为光源。20世纪80年代，美国贝尔德（Baird）公司推出了ICP-AFS；90年代，英国PSA公司开始生产HG-AFS；21世纪，加拿大欧罗拉（Aurora）开始生产HG-AFS。

在原子荧光光谱的发展中，我国科学家也作出了不容忽视的贡献。1975年，西北大学杜文虎等引进了原子荧光法，次年研制了冷原子荧光测汞仪。20世纪70年代末，西北有色地质研究院郭小伟等成功研制了溴化物无极放电灯，为原子荧光分析技术的进一步深入研究和发展奠定了基础。1983年，郭小伟等研制了双通道原子荧光光谱仪，后将技术转让给北京地质仪器厂，即现在的海光仪器公司，开创了领先世界水平的、我国自主知识产权分析仪器的先河。在此后的20多年中，郭小伟等在开发原子荧光分析方法仪器的设计研制，尤其在氢化物发生原子（HG）荧光分析方面做了大量卓有成效的工作，使我国在HG-AFS技术领域处于国际领先地位。我国研究者还将流动注射（FIA）技术、断续流动注射技术与AFS联用开创了FIA-AFS全自动分析，并研制开发出全自动原子荧光光谱仪。

原子荧光光谱仪由激发光源、原子化器、光学系统和检测器组成。

原子荧光光谱的优点如下。

①灵敏度高。特别是锌和镉等元素的检出限优于原子吸收光谱和其他原子发射光谱的检出限。待测元素的原子蒸气所产生的原子荧光辐射强度与激发光源强度成正比。

②谱线简单，干扰少。

③仪器结构较简单，价格便宜。

④可同时进行多元素测定：因原子荧光是向各个方向进行辐射的，便于制作多道仪器，可同时测定多元素。

⑤分析曲线的线性较好：特别以激光为光源时，分析曲线的线性范围比其他光度法宽2～3个数量级。

⑥精确度类似于原子吸收光谱，优于其他原子荧光光谱。

原子荧光光谱的缺点如下：

应用元素范围有限；部分元素灵敏度差，线性范围窄，荧光弱，杂散光影响干扰大。

2.4.2 分子光谱

分子在电磁波的辐照下，从一种能态变化到另一种能态而获得的光谱称为分子光谱，它是分子内部运动的反映。分子内部的运动类型较多，且同时存在，因此分子光谱一般为带状光谱。按分子运动形式不同，分子光谱分为转动光谱、振动光谱和电子光谱。按研究方法不同，分子光谱分为分子吸收光谱、分子发射光谱和分子散射光谱。

（1）分子吸收光谱（molecular absorption spectrum）

用频率连续变化的电磁波照射材料分子时，只有特定频率的电磁波被选择性吸收，使分子产生运动，而该频率的电磁波强度减弱，其他电磁波全部透过，强度不变，仪器记录被吸收电磁波的波长（或频率和波数）和吸收信号的强度，即可得到分子吸收光谱。

分子吸收光谱是探究分子结构的重要手段之一。我们可从光谱中直接导出分子的各个分立的能级，从而得到分子中电子的运动、原子核的振动和转动等信息，除能定性和定量分析外，还能测定分子的能级、键长、键角、力常数和转动惯量等微结构参数。分子中不同的基团也表现出不同的吸收特征，因此研究分子的吸收光谱就可以推测分子中可能存在的官能团。

（2）分子发射光谱（molecular emission spectrum）

分子发射光谱是物质分子被特定波长的电磁波辐照后，分子获得能量而跃迁到激发态，一定时间后回到基态或较低能级的激发态并释放辐射而产生的光谱，一般为带状光谱，如分子荧光光谱和分子磷光光谱。

（3）分子散射光谱（molecular scattering spectrum）

分子散射光谱是测定特定波长的电磁波与物质分子作用后使分子被激发达到非本征虚拟态后再回到较低能级，同时释放辐射而获得的光谱，如共振瑞利散射光谱和拉曼光谱。

2.5 波谱分析方法

2.5.1 光吸收基本定律

布格（P. Bouguer）和朗伯（J. Lambert）先后在1729年和1760年阐明了物质对光的吸收程度与吸收层厚度间的关系。比尔（A. Beer）在1852年又提出光的吸收程度与吸光物质浓度间也有类似的关系。将二者结合起来就得到了朗伯-比尔（Lambert-Beer）定律，又称为光吸收基本定律。它表明当一束平行的单色光通过均匀吸光物质（气体、液体或固体）时，一部分光被吸收，一部分光透过，一部分光被反射，吸收的光的强度与吸光物质浓度之间存在一定的关系，光被吸收的量正比于光程中产生吸收作用的分子数。这是比色分析和分光光度法进行定量分析的理论依据。朗伯-比尔定律对于原子吸收光谱和分子吸收光谱都适用。

$$A = \log(I_0/I_1) = \log(1/T) = Kcl$$

其中，A——吸光度（absorbance），吸收度或光密度（optical density，OD）；

I_0——入射光强度；

I_1——透过光强度；

T——透射率（transmitance，I_1/I_0）；

l——介质厚度（length，cm）；

c——浓度（concentration）；

K——吸光系数（absorptivity），表示物质在单位浓度下，单位厚度的吸光度是分子的特征参数。

如溶液中各吸光组分间无相互作用，同一波长下，溶液的吸光度为各组分吸光度之和，即

$$A_{总} = A_1 + A_2 + \cdots + A_n$$

这就是吸光度的加和性。因此，在进行吸收光谱分析时，如果样品和溶剂对光都有吸收作用，则样品的吸光度可由所测的总吸光度扣除溶剂的吸光度所得，即以溶剂作为空白对照的依据。根据吸光度的加和性，该溶液也可用于测定多组分物质的吸光度，以及校正干扰。

朗伯-比尔定律的物理意义：当一束平行的单色光垂直通过某一均匀的非散射的吸光物质溶液时，其吸光度与溶液的液层厚度和浓度的乘积成正比。

朗伯-比尔定律的成立前提为：

①入射光为平行单色光且垂直照射；

②吸光物质为均匀非散射体系；

③吸光质点间无相互作用；

④辐照与物质间的作用仅限于光吸收，无光发射和光化学现象发生。

⑤吸光度与浓度之间的线性关系只有在稀溶液中才能成立，如果浓度过高，吸收质点之间的距离缩小到一定程度，邻近质点之间的电荷分布将相互影响，使得物质对特定辐射的吸收能力发生改变，导致吸光度与浓度之间的关系发生偏差。

在朗伯-比尔定律中，吸光系数因浓度单位的不同而有两种表示形式。

（1）吸收系数 a

当浓度单位为g/L时，K用a表示，称为吸收系数，单位为$L \cdot g^{-1} \cdot cm^{-1}$，这时朗伯-比尔定律为

$$A = acl$$

（2）摩尔吸收系数（molar absorptivity）ε

当浓度单位是mol/L时，K用ε表示，称为摩尔吸收系数，也称为摩尔吸光系数，单位是$L \cdot mol^{-1} \cdot cm^{-1}$，这时，朗伯-比尔定律为

$$A = \varepsilon cl$$

ε的物理意义：浓度为1 mol/L的物质溶液，在厚度为1 cm的介质中，一定波长下测得的吸光度。

ε表示吸光物质的浓度为1 mol/L、液层厚度为1 cm时，物质对光的吸收能力，与

入射光的波长、物质的性质和溶液的温度等因素有关。对于某一特定物质，在不同的波长下有不同的ε，但在一定波长下，ε是一个特征常数，不随溶液浓度或介质厚度而改变。不同物质具有不同的ε值。ε越大，表明物质对某一波长的吸收能力越大。当吸收波长为最大值时，所对应的ε为ε_{max}，ε_{max}反映的是材料的吸收能力可能达到的最高值，常用来衡量在某一波长下吸收光谱的灵敏度高低。ε_{max}值越大，表明在某波长下，所测的某物质的灵敏度越高。

吸收系数与摩尔吸收系数间的关系为

$$\varepsilon = \alpha M$$

其中，M为物质的摩尔质量。

α常用于化合物的组成不明、摩尔质量不清楚的情况，多用于测定物质含量。ε的使用范围比较广泛，多用于研究分子结构。

吸光光度法的灵敏度除了用摩尔吸光系数ε表示外，还常用桑德尔灵敏度S表示。对于分光光度法，当规定仪器的检测极限$A = 0.001$时，单位截面光程内所能检测出来的吸光物质的含量最低，单位是$\mu g/cm^2$，与摩尔吸光系数的关系为

$$S = M/\varepsilon$$

其中，M为被测物质的摩尔质量（计算时，请注意单位的换算）。

根据朗伯-比尔定律，吸光度A与物质浓度的关系应该是一条过原点的直线，即标准曲线，但实际中往往因容易发生偏离而引起误差，特别是在高浓度的时候。引起朗伯-比尔定律发生偏差的主要原因有以下几点。

（1）吸收定律本身的局限性

吸收定律只有在稀溶液中才成立。在高浓度（一般大于0.01 mol/L）下，吸收质点之间的平均距离缩小到一定程度，邻近质点彼此的电荷分布会相互影响，从而改变其对特定辐照的吸收能力，相互影响程度取决于质点浓度，因此吸光系数与浓度的线性关系发生偏差，摩尔吸收系数不恒定。另外，在高浓度下，溶液的折射率n会发生变化（通常，浓度不大于0.01 mol/L时，n才基本不变），这时

$$\varepsilon = \varepsilon_{真} \cdot n/(n^2 + 2)^2$$

（2）化学因素

一些物质在溶液中会因浓度的改变而发生不同的离解、缔合、配位及与溶剂发生不同的作用，从而使朗伯-比尔定律发生偏离。

例如，在水溶液中，Cr（Ⅵ）的两种离子存在如下平衡：

$$Cr_2O_4^{2-} + 4H_2O \rightleftharpoons 2CrO_4^{2-} + 8H^+$$

$Cr_2O_4^{2-}$和CrO_4^{2-}有不同的吸光度值，根据吸光度的加和性，溶液的吸光度是两种离子吸光度的和。但因溶液浓度的改变或pH的改变，$Cr_2O_4^{2-}$与CrO_4^{2-}之比会发生变化，从而使两种离子的总浓度与溶液的总吸光度值关系发生偏离。

（3）仪器因素

朗伯-比尔定律成立的一个重要前提为"单色光"，而实际中，单色光仅是一种理想状态，真正的单色光难以得到。使用棱镜或光栅等各种方法得到的单色光实际上是有一定波长范围的光谱带。因物质对不同波长的光吸收能力不同（即吸光系数

不同），吸光度与浓度并不完全呈直线关系，因此就会导致与朗伯-比尔定律发生偏离。单色光的纯度与狭缝宽度有关，狭缝越窄，其所包含的波长范围就越窄。

（4）介质不均匀

朗伯-比尔定律是建立在均匀、非散射体系中的一般规律，如介质不均匀，呈胶体、乳浊、悬浮状态，除了光吸收外，还会引起光的散射和反射，这样，物质的测量吸光度就会比实际的吸光度大很多，从而偏离朗伯-比尔定律。

（5）非平行光

非平行光入射将导致光束的平均光程大于吸收池的厚度，实际测得的吸光度将大于理论值，从而引起正偏离。

2.5.2 分子不饱和度的计算

分子不饱和度（degree of unsaturation），又称缺氢指数（index of hydrogen deficiency，IHD）或环加双键指数（rings plus double bonds，RPDB），用于表示有机分子不饱和的程度。有机分子的不饱和度不为零，说明分子中含有不饱和键或环。在分子式已知时，有机分子结构分析的第一步就是求出不饱和度。计算方法为

$$U = 1 + n_4 + (n_3 - n_1)/2$$

式中，n_4、n_3、n_1 分别为4价、3价、1价原子的个数。计算出的不饱和度不能是小数，应是正整数。

有机分子有一个及以上的不饱和度时才可能含有羰基、C=N、C=C、硝基或饱和环，有2个以上的不饱和度时才可能含有C≡C、C≡N，不饱和度大于等于4时才可能存在苯环或其他六元芳环。所以，知道分子的不饱和度对分子结构分析很有价值。

不饱和度的规定如下：

①双键（C=C、C=O、C=N）的不饱和度为1；

②硝基的不饱和度为1；

③饱和环的不饱和度为1；

④三键（C≡C、C≡N）的不饱和度为2；

⑤苯环的不饱和度为4。

稠环芳烃的不饱和度用下式计算：

$$U = 4r - S$$

式中，r 为稠环芳烃的环数，s 为共用边数。

2.5.3 波谱实验样品的准备

波谱的应用十分广泛，可用于物质的结构表征和测定、定性分析、定量分析、键能和键长测定、反应机理研究、平衡常数测定、物性与结构关系的研究等领域。波谱法测定的对象种类繁多，可测定气体、液体和固体物质，可以是无机物也可以是有机物，有天然的复杂物质，也有合成的简单化合物，来源不同，纯度不同，性质更是千差万别。在波谱测定前需根据待测物质的来源和不同性质、不同纯度、不同杂质及不同波谱的测定目的，进行样品的准备。

样品准备主要有三方面的工作：准备足够的量；很多情况下要求样品有足够的纯度，所以要做纯度检验；样品在上机前进行制样处理。

(1) 样品量

①波谱测试所需样品量与所用具体波谱法的检测灵敏度有关，不同的波谱方法对样品量的要求不同。

例如，质谱的检测灵敏度可达 10^{-12} g，所需样品量很少，固体样品可少于 1 mg，液体样品几微升即可。在紫外光谱的溶液测试中，摩尔吸光系数较大的样品，所需样品量为 $Mr \times 10^{-6} \sim Mr \times 10^{-5}$（g/100 mL），其中 Mr 是样品的相对分子质量。一般来说，对于光程为 1 cm 的比色皿，容积约 3 mL，样品量约 $0.1 \sim 100$ mg。用红外光谱做分子结构分析时样品一般只需要 $1 \sim 5$ mg。核磁氢谱（^1HNMR）一般需 $2 \sim 5$ mg 样品，而碳谱（$^{13}CNMR$）为减少测试时间，所需样品量比氢谱多，一般要十几毫克以上，甚至几十、上百毫克，相对分子质量越大，需要的样品量越大。

②样品量的大小与测定目的有关。一般情况下，定量分析比定性分析所需样品量多。定量分析时样品一定要称量，因为样品要保证一定的量才能保证将称量误差控制在一定范围内。

③需要的样品量与样品分子结构有关。一般分子量大的样品所需的量较多。被检测信号的大小也制约着取样量。例如，核磁氢谱比碳谱灵敏，因此需要的样品量较少。

④在光谱测试仪器中使用微量测定装置时，样品用量可减少。

(2) 样品纯度

波谱法测定的样品中，有些方法的测试对象是混合物，例如，色谱-质谱联用时，可在一次测定中对多种组分进行分析。X-射线衍射法中用粉末做物相分析时，其对象也可用混合物。使用差谱分析技术也可以进行混合物分析，如用红外光谱差谱分析技术分析复合材料中的组成和结构，用近红外空间外差谱分析技术对 $15 \sim 85$ km 高度大气层中的水汽进行全球检测，用紫外差分吸收光谱研究大气层的痕量气体成分，监测大气污染气体浓度；再如用核磁差谱可以直接识别油气层结构等。

波谱法是材料分子结构分析和表征的最主要手段。因此，除上述情况外，用波谱法进行结构分析时，一般要求样品是纯样，少量的杂质谱峰以不会干扰样品峰为限。否则杂质和样品的谱图重叠在一个图上，分辨不清，很可能出现错判或误判的情况。因此，一般来说，对某化合物做结构分析和表征时应先对样品做纯度检验。用纯度不足的样品直接做结构分析往往只会得到一些结构信息，而不能对结构做出正确的判断，甚至会获得错误的结果。对化合物而言，除反应物、副产物和提取时带入的杂质外，重结晶的溶剂，操作过程中吸附的水分，空气（如二氧化碳等），也会成为杂质干扰。

样品的纯度检验要综合使用物理常数测定和色谱分析两种方法，只有当两种方法都证明样品是纯品时，结论才可靠。

(1) 用物理常数测定方法判定样品纯度

常用的物理常数测定方法是对固体测定熔点（mp），对液体测定沸点（bp）和折光率（n）。

固体样品：固定的熔点或小熔程是固体样品纯度的重要依据之一。纯固体的熔程一般小于0.5 ℃。某些相对分子量较大的样品的熔程较大。一个纯物质一般有固定的熔点，但有的物质有两个熔点。另一些物质在测定时会发生分解，如一些氨基酸，脎（osazone，含两个相邻脎基的一类碱性化合物，由同一个分子内的两个羰基和两个分子的苯肼缩合而成）、季铵盐等，分解时会发生焦化、萎缩及放出气体，而不是变成澄清的液体，分解点不固定，且随加热速率而变化。例如，D-谷氨酸的分解点为198～225 ℃。有些物质因重结晶时用的溶剂不同而产生不同的晶体结构，从而造成熔点差别较大。有些物质易升华，如对溴苯甲酸。上面这些因素对熔点的测试都会造成困难。

虽然固定的熔点和小熔程是样品纯度的标志，但有些混合物也会有固定的熔点和小熔程。例如，二苯酮的熔点为47.7 ℃，二苯胺的熔点为52.8 ℃，当两者以1∶1的摩尔比混合时，测得的熔点就是固定的40.2 ℃。因此，需与色谱法对照才能做出判断。已知的物质可参照文献或手册上的熔点进行判断。

液体样品：纯的液体样品有固定的沸点或小的沸程（0.5～1 ℃）和固定的折光率。一般测定的沸点都不是在标准大气压下进行的，因此测得的沸点要做校正。

对非缔合体（如烃、卤代烃、醚、酯等），校正温度值为

$$\Delta t = 8.82 \times 10^{-7}(273+t)(101325-p)$$

对缔合型液体（如醇、酸等），校正温度值为

$$\Delta t = 7.35 \times 10^{-7}(273+t)(101325-p)$$

其中，Δt是校正温度值，t是观察到的沸点（℃），p为大气压（Pa）。

测定的具体方法在物理化学上已经讲过，在此不再赘述。

纯物质有固定的折光率。已知某物质的折光率，可通过测定液体样品的折光率来判断其纯度。折光率可测出五位有效数字，准确度很高，测定时应注意入射光波长和温度。折光率符号n_D^{20}的下标D表示在钠光灯照射下测定，钠光谱中D线的波长为589.3 nm，上标数字表示测定时的温度。与文献对照时，这两个值应一致。折光率随温度升高而降低，温度每升高1 ℃，折光率减小约0.0004。

（2）色谱法在样品纯度检验中的应用

色谱法是常用的样品纯度检验手段之一，应和物理常数测定结合使用。一个纯物质在气相色谱（GC）和高效液相色谱（HPLC）中应出一个峰，在薄层色谱中（TLC）出一个点。色谱作为纯度检验方法时，更换两个以上不同的色谱体系，纯样品应仍为一个峰或一个斑点。

值得注意的是，各种色谱法对检出的物质范围常有局限性。在GC、HPLC和TLC中纯样品是一个峰或一个点，但是反之却不一定成立。其原因可能是两种物质的保留值太近，色谱分离效果不好，或色谱的检测灵敏度不够，或杂质在该色谱检测条件下无信号。例如，HPLC常用紫外光谱检测器，对于没有紫外吸收的物质就无法检测出来。因此，当紫外光谱检测器上只有一个峰时，最好用折光检测器等再进行检测，当再检测后结果仍然为一个峰，方可判断为纯品。对于TLC薄层检测时，若所检测物质对紫外光没有吸收或不显颜色，就无法直接观察。气相色谱的氢火焰

检测器可以检测绝大多数在操作温度下有一定蒸气压的有机物，但是对该温度下蒸气压太低的物质就可能无法检出。少数几种有机物，如甲醛、甲酸等，在氢火焰检测器上也无法检测出。从分离度来说，气相色谱的分离度最好，薄层最差。分离度不好，会造成几种物质的峰或斑点叠加在一起。因此，用色谱检验纯度时，应更换两种或两种以上的可以互补的色谱方法进行检测。

（3）不纯样品的处理

对于不纯的样品应先进行分离提纯。分离提纯方法主要是根据物质的物理化学性质的差异进行的。具体方法在无机化学和有机化学中讲过，此处不再赘述。

对不纯样品进行分子结构分析时，我们可用色谱-波谱联用仪来完成。组分少的样品可用差谱技术进行分析。

2.6 波谱分析的应用

波谱分析的应用非常广泛，在很多领域的应用是其他分析方法无法取代的，其最大的应用就是对化合物和材料的分子结构进行分析和表征。

用经典的化学分析方法确定物质结构有时比较困难。而现代的波谱分析法不仅可以确定物质分子量、分子式、结构式，对化合物进行结构解析和表征、对化合物进行定性和定量分析，可研究反应机理、研究材料结构与物性的关系，进行商品检验和刑侦分析等，还可结合X射线衍射法，特别是使用单晶衍射仪，测定晶体的X射线衍射图，从而进一步确定分子中键长、键角等结构参数。现代首选的物质分子结构分析方法就是波谱分析法。

徐光宪院士指出，21世纪化学学科的四大难题如下。

①化学反应的理论和规律，这是化学的第一根本规律，需建立精确有效而又普遍适用的化学反应的含时多体量子理论和统计理论。

②结构和性能的定量关系，这是化学的第二根本规律。这里的"结构"和"性能"是广义的。结构包括构型、构象、手性、粒度、形状与形貌等，性能包括物理、化学性质及生物和生理活性等。这是解决分子设计和实用问题的关键。

③纳米尺度的基本性质和基本规律，解决纳米尺度下材料结构与性能关系的基本规律。

④活性分子的基本运动规律，即生命现象中的化学机理问题。

要解决这些难题，波谱分析是必不可少的方法。

各种波谱分析方法原理不同，其特点和应用的侧重点也各不相同。每种波谱分析法都有各自的适用范围和自身的局限性。各种波谱分析方法的数据可以相互补充和验证，但难以用一种方法替代另一种方法。使用时应根据样品测定的目的、样品性质、组成及样品的量选择合适的方法。很多情况下往往需要综合多种波谱分析结果才能达到目的，有时还需要与其他的测试方法联用。

另外，波谱分析在反应机理的研究上也独具优势。例如，在超分子化学的研究中，主-客体的作用可以用红外光谱观察基团吸收的位移、核磁共振中化学位移的变化、紫外-可见光谱中最大吸收波长和吸收值的变化等，从而判断主-客体的作用及作用部位、判断氢键强弱等。

总之，波谱分析已广泛应用在化学、化工、生化、药物代谢、临床、毒物学、运动医学、农药测定、环境保护、石油化学、地球化学、食品化学、植物化学、宇宙化学、刑侦科学、能源、国防、生命科学和材料科学等各个领域。随科技的进步、仪器和方法的发展与改进，波谱分析的应用领域会进一步扩展。

2.7 要点小结

①不同波长的电磁波引起物质的运动不同，所对应的波谱也不相同。

②波谱有原子光谱和分子光谱。由原子中的电子在能量变化时所吸收或发射的一系列波长的电磁波所组成的光谱为原子光谱。分子在电磁波的辐照下，从一种能态变化到另一种能态而获得的光谱称为分子光谱，它是分子内部运动的反映。

③朗伯-比尔定律是用波谱法进行定量分析的理论依据，表示为

$$A = \log(I_0/I_1) = \log(1/T) = KcL$$

即吸光度与光程和物质浓度的乘积成正比。

第三章 紫外可见吸收光谱

利用物质在紫外光和可见光照射下，电子由基态被激发到激发态，从而对入射光产生特征吸收而获得的光谱即为紫外可见吸收光谱，也称为紫外-可见光谱（ultraviolet-visible spectroscopy，UVS），通过对光谱的波长和吸收程度的分析，可用于对物质的组成、含量和结构进行分析、测定和推断。

紫外-可见光谱是吸收光谱的一种，最早用于化合物结构的物理鉴定，其分析方法快速、简便，对化合物中共轭体系、生色基团和芳香性等结构非常敏感，其灵敏度和响应迅速程度远远高于 NMR 和 IR，同时这种响应对环境温度、溶剂等变化不敏感。紫外-可见光谱仪的构成、测试机理和测试方法相对简单，因此应用广泛。许多用于分离与合成的仪器多用紫外-可见光谱作为检测器，如高效液相色谱仪、凝胶渗透色谱仪等。紫外-可见光谱不仅可进行定量分析，也可利用吸收峰的特性进行定性分析和简单的结构分析，还可测定一些平衡常数、配合物配位比等；可用于无机化合物和有机化合物的分析，对于常量、微量、多组分都可测定；广泛用于化学、生物化学、化工、药物化学、食品化学、环境化学、材料学等科研和国民经济领域，如测定蛋白质的浓度、核酸的浓度等。

3.1 紫外-可见光谱概述

紫外光位于 X 射线与可见光之间，波长范围为 10～400 nm，分为远紫外区和近紫外区。远紫外区波长范围为 10～200 nm，由于空气中的氧气、氮气、二氧化碳和潮气（水汽）对远紫外区的光有强烈吸收，因此用远紫外光进行测量的时候，所用仪器的光路系统需抽真空。我们一般把远紫外区称为真空紫外区。真空紫外区对实验技术的要求苛刻，因此研究和应用都相对较少。在光谱分析中，近紫外区最为常用，我们通常所说的紫外光谱实际上就是近紫外区的光谱，波长范围为 200～400 nm，可用于结构鉴定和定量分析。可见吸收光谱的吸收光波长范围为 400～750 nm，主要用于有色物质的定量分析。紫外-可见光谱是由于外层价电子的跃迁而形成的，因此为电子跃迁光谱。

早在 1665 年，牛顿首次通过分光光度法发现太阳光是复合光。1815 年夫琅和费（J. Fraunhofer）仔细观察了太阳光谱，发现太阳光谱中有 600 多条暗线，并且对主要的 8 条暗线标以 A，B，C，D，…，H 的符号。这就是人类最早知道的吸收光谱线，被称为"夫琅和费线"（图 3-1）。

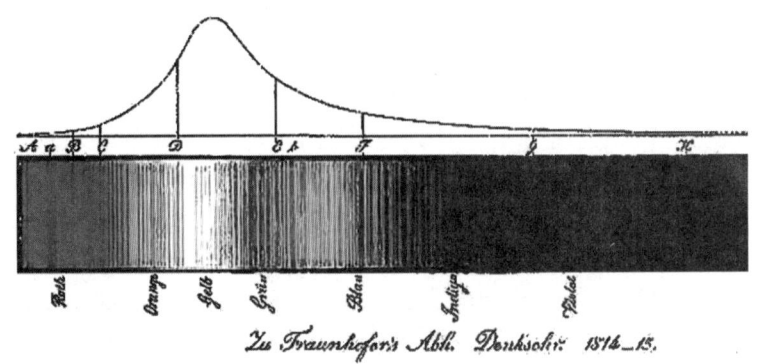

图3-1 夫琅和费线

朗伯在1760年发现物质对光的吸收与物质的厚度成正比，后被称为朗伯定律；比尔在1852年又发现物质对光的吸收与物质浓度成正比，被称为比尔定律。在应用中，人们把朗伯定律和比尔定律联合起来，称为朗伯-比尔定律。1854年，杜包斯克（J. Duboscq）和奈斯勒（W. Nessler）等人将朗伯-比尔定律用于定量分析化学领域，并设计了第一台比色计。1859年，本生和基尔霍夫发现由食盐发出的黄色谱线波长和"夫琅和费线"中的D线波长完全一致，得出一种物质所发射的光波长（或频率）与其所能吸收的波长（或频率）一致。1862年密勒（E. Miller）应用石英摄谱仪测定了100多种物质的紫外吸收光谱，把光谱图表从可见区扩展到了紫外区，并指出吸收光谱与组成物质的基团质有关。1918年，美国国家标准局制成了第一台紫外-可见分光光度计。1945年，美国贝克曼（Beckman）公司推出世界上第一台成熟的商用紫外-可见分光光度计，即单光束紫外分光光度计。1952年，日本岛津公司推出第一台光电倍增管紫外分光光度计。1981年，日本岛津公司又推出了世界上第一台扫描型紫外分光光度计。此后，随着科技的进步，紫外-可见光谱仪得到不断的改进，衍生出自动记录、自动打印、数字显示、电脑控制、数据分析软件等各种类型的功能，仪器灵敏度和准确度也在不断提高，仪器的附件也得到不断开发，使得测定的样品类型不再局限于透明液体，各种类型的固体样品也能直接进行测试。

3.2 紫外-可见光谱基本原理

根据分子轨道理论，原子轨道线性组合形成分子轨道（为了有效地组成分子轨道，参与组成分子轨道的原子轨道必须满足能量相近、轨道最大重叠和对称匹配的要求）。两个原子轨道可以形成两个分子轨道，一个是成键轨道，另一个是反键轨道。分子中的电子以泡利（W. Pauli）不相容原理、能量最低原理和洪特（F. Hund）规则分布在不同的分子轨道中。分子轨道是分子中的电子运动状态薛定谔方程的解。分子有不同类型的轨道，部分轨道被电子占领，还有部分是空轨道。分子有几种不同性质的价电子：σ键电子，为形成单键的电子；π键电子，为形成不饱和键的电子；n键电子，为未成键的孤对电子，又称非键电子或p电子。分子中的电子在通常情况下处于基态（ground state），即成键电子按洪特规则成对地处于能量较低的成键轨道（bonding molecular orbital）。如σ轨道，或π轨道；孤对电子处于非成键轨道（non-bonding orbital），即n轨道（一般限于N、O、S等杂原子，C原子没有）。

用紫外-可见光辐照物质分子，其与分子发生作用，当光的能量（$E=h\nu$）恰好等于分子中电子能级基态与其能量较高的反键轨道（anti-bonding）的能量差值时，才能将光的能量转移到分子中，使分子中的电子从基态跃迁到高能级的反键轨道，形成激发态（excited state），在宏观上就表现为紫外-可见光谱的吸收。

对任何给定分子，当电子在最高被占用分子轨道（highest occupied molecular orbital，HOMO）吸收光子时，发生最低能量电子跃迁，电子被激发到最低未填充分子轨道（lowest unoccupied molecular orbital，LUMO）。这一过程被称为HOMO/LUMO跃迁。这些跃迁是量子化的，因此理论上应产生尖锐且波长范围很窄的吸收。但实际上，由于电子的跃迁能远大于分子的振动能量差和转动能量差，在电子跃迁的同时不可避免地伴随着多种振动能级和转动能级的跃迁，任何电子状态的能量都能被这些同时存在的振动和转动能级跃迁所影响，故造成紫外-可见光谱的谱带较宽。一定条件下，伴随的振动和转动能级跃迁可被检测，这样在谱图上就可以看到谱带的精细结构。

紫外可见吸收光谱是通过分子中价电子能级的跃迁产生的，因此分子的组成不同，特别是价电子性质不同，则产生的吸收光谱也不同。

分子在吸收紫外光后，电子从低能态向高能态跃迁的常见类型有以下几种（图3-2）。

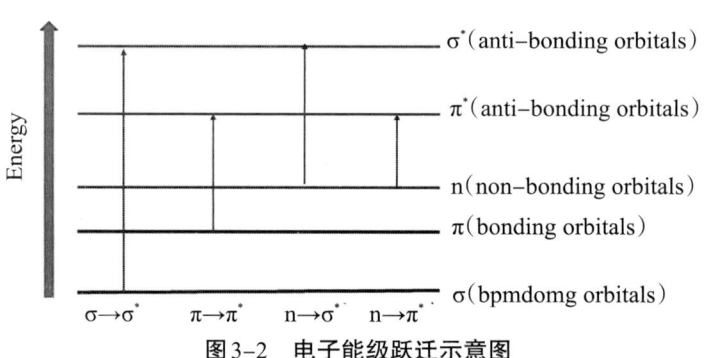

图3-2　电子能级跃迁示意图

σ→σ*跃迁，属于允许跃迁，吸收强度强，是位于σ成键轨道上的电子跃向σ*反键轨道的跃迁。能级间隔大，能级差最大，跃迁需要较高的能量，因此所对应的吸收波长短，一般为能量较高的远紫外光（$\lambda_{max} < 150$ nm）。远紫外区又称为真空紫外区，这是因为小于160 nm的紫外光会被空气中的氧所吸收，因此需要在无氧或真空中进行测定，对仪器要求较高，目前应用不多。这一部分的远紫外光已经超出了一般的紫外-可见分光光度计的测定范围。

对于饱和烃，因只存在σ→σ*跃迁，在一般紫外及可见区内（200～1000 nm）无吸收带，因此常被用作紫外吸收光谱分析测定时的溶剂，如己烷、庚烷、环己烷等。

π→π*跃迁，也属于允许跃迁，是π电子吸收能量后跃向π*反键轨道的跃迁。

π→π* 的跃迁能小于 σ→σ* 的跃迁能，吸收峰的波长较大，吸收紫外区至可见区（$\lambda_{max} > 160$ nm）的光，吸收强度强。

n→π* 跃迁，是杂原子（如 O、N、S 或 Br）上的未成键 n 电子跃向 π* 反键轨道的跃迁，跃迁能较小，吸收强度很弱，吸收波长约 200～400 nm 的近紫外光。因此产生 n→π* 跃迁的条件如下。

①分子中具有含杂原子的双键，如 C=O、C=S。

②杂原子上的孤对电子与碳原子上的 π 电子形成 p-π 共轭，如 CH_2=CH—OCH_3。

n→π* 和 π→π* 跃迁，是紫外-可见光谱法研究有机物最常遇到的跃迁类型。这类跃迁容易发生，所需能量使吸收波长在 200 nm 以上的区域，所涉及的基团都具有不饱和 π 键。

n→σ* 跃迁，是杂原子上的未成键 n 电子向 σ* 反键轨道跃迁。当饱和分子中含有具未成键电子的杂原子时，这种跃迁就可能发生。n→σ* 跃迁所需能量比 σ→σ* 跃迁小，因此所对应吸收带的波长就比 σ→σ* 跃迁的长，一般会出现在 200 nm 附近，受杂原子性质的影响比较大。

以上四种跃迁中，只有 n→π*、π→π* 和 n→σ* 跃迁的吸收带位于近紫外区，可被普通的紫外-可见光谱仪检测。

电荷转移跃迁，是指有些有机化合物与不少无机化合物在电磁辐照下，其中的电荷发生重新分布，导致电荷从化合物的一部分转移到另一部分，而产生吸收光谱。

电荷转移跃迁的最大特点是产生的谱带宽，吸收强，摩尔吸光系数较大，一般 $\varepsilon_{max} > 10^4$，为吸收光谱的定量分析提供了较高的测量灵敏度。因此，这类吸收谱带在定量分析上很有实用价值。

当分子形成配合物或分子内的两个富电子体系相互接近时，电荷由一部分跃迁到另一部分而产生电荷转移吸收光谱。其实质为电子给体和电子受体相互结合形成复合物时，电子给体最高能级的占有轨道中的电子吸收光跃迁到电子受体的空轨道。因此电荷转移跃迁可视为配合物或分子内的氧化还原过程，例如：

$$\text{C}_6\text{H}_5\text{—NR}_2 \xrightarrow{h\nu} \text{C}_6\text{H}_5\text{—}\overset{+}{\text{NR}}_2$$

配位体场跃迁包括 d→d*、f→f* 跃迁。

元素周期表中第四、第五周期的过渡金属元素分别含有 3d 和 4d 电子轨道，镧系和锕系元素分别含有 4f 和 5f 电子轨道。当第四、第五周期的过渡金属离子或镧系和锕系离子处在配位体形成的负电场中时，过渡金属元素五个能量简并的 d 轨道与镧系和锕系元素七个能量简并的 f 轨道将分别被分裂成能量不等的 d 轨道和 f 轨道。在外界辐射激发下，d 轨道和 f 轨道中的电子将从低能级向高能级跃迁，这两类跃迁分别被称为 d→d* 跃迁和 f→f* 跃迁。由于这两类跃迁必须在配位体的配位场作用下才有可能发生，因此它们被称为配位场跃迁，产生的相应的吸收带就被称为配位场吸收带。

通常，d→d* 跃迁吸收强度较弱，摩尔吸光系数较小，f→f* 跃迁吸收带较窄。

在紫外和可见光谱区范围内，有机化合物的吸收带主要由 π→π*、n→π*、σ→σ*、n→σ* 跃迁及电荷迁移跃迁产生。配位化合物的吸收带主要由电荷迁移和配位场跃迁（即 d→d* 跃迁和 f→f* 跃迁）产生。当用紫外光、可见光照射分子时，电子可以从基态激发到激发态的任一电子能级上。因此，电子能级跃迁产生的吸收光谱包括了大量谱线，并由于这些谱线的重叠而成为连续的吸收带。

导带、价带间的电子跃迁

按照能带理论，半导体的导带是部分被填充的，其最高被占用轨道和最低未填充轨道之间的能量差称为带隙。当光入射到半导体表面时，原子外层价电子吸收足够的光子能量，越过禁带，进入导带，成为可以自由移动的自由电子，同时，在价带中留下一个自由空穴，产生电子-空穴对，宏观上就表现为吸收谱带。这种电子在导带和价带之间的跃迁所形成的吸收就被称为本征吸收。

本征吸收发生的条件：入射光子的能量（$h\nu$）至少要等于材料的禁带宽度 E_g，即 $h\nu \geqslant E_g$，及 $l \leqslant hc/E_g$。

贵金属的表面等离子体共振

贵金属可看作自由电子体系，由导带电子决定其光学和电学性质。在金属等离子体理论中，若等离子体内部受到某种电磁扰动而使其一些区域电荷密度不为零，就会产生静电回复力，使其电荷分布发生振荡，当电磁波的频率和等离子体振荡频率相同时，就会产生共振。这种共振，在宏观上就表现为金属纳米粒子对光的吸收。金属的表面等离子体共振是决定金属纳米颗粒光学性质的重要因素。由于金属粒子内部等离子体共振激发或由于带间吸收，它们在紫外可见区域具有吸收谱带。

3.3 紫外-可见光谱的表示方法

我们将不同波长的紫外-可见光透过某一固定浓度和厚度的待测溶液，测量每一波长下待测溶液对光的吸收程度，然后一般以波长为横坐标、吸光度为纵坐标作图，得到的曲线即为紫外-可见光谱图。其描述了物质对不同波长的吸收能力。

紫外-可见光谱有多种表示方法，图形随表示方法不同而异。横坐标以波长（单位 nm）、波数和频率表示，纵坐标分别以摩尔吸光系数 ε、$\log \varepsilon$、吸光度 A 和百分透光率 $T\%$ 表示，如图3-3所示。

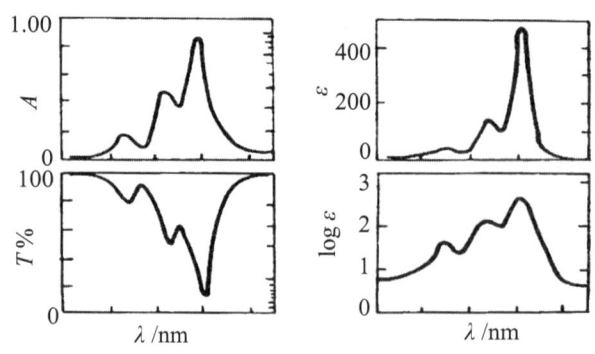

图3-3　紫外-可见光谱的几种表示方法

自动分析仪描绘的曲线纵坐标一般为百分透光率 $T\%$ 或吸光度 A，曲线高度随溶液浓度而变，适用于定量分析。

在有机化学中，常用摩尔吸光系数 ε 或 $\log \varepsilon$ 作图。在有机化合物中摩尔吸光系数 ε 的变化范围大，这种情况用 $\log \varepsilon$ 作图能使强吸收带和弱吸收带表示在同一图中，但有时不能见到以 ε 作图时所表现的细微结构。横坐标用波数表示时，具有几个吸收带的复杂光谱吸收带在横坐标上的分布可比较均匀。与以波数作图相比，以波长作图压缩了低波长吸收带的宽度，而使高波长吸收带相应拉宽。因此，对复杂、范围宽的光谱及做理论研究的光谱来说，横坐标用波数比用波长更适宜。作图时，对波数来说，更合理的应由左边向右边递增，但因保持与惯用的波长作图相对应，低波数常标于右边。一般情况下，若不明确标注样品的浓度，则不需给出具体的吸光度数值。

3.4 紫外-可见光谱的特征及常用术语

（1）吸收峰的最大强度和最大吸收波长 λ_{max}

紫外-可见光谱主要通过谱带位置和吸收强度提供材料分子的结构信息。紫外-可见光谱带很宽，所以通常以谱带强度最大值所对应的波长表示谱带位置，称为最大吸收波长 λ_{max}，是材料分子的特征常数，与其电子结构密切相关。谱带的吸收强度通常用最大吸收波长所对应的吸光度 A_{max} 或摩尔吸光系数 ε_{max} 表示，它们也是材料分子的特征常数。吸收峰的最大峰值（强度）和其所对应的最大吸收波长是紫外-可见光谱所获得的最重要的两个信息。对于同一物质，不论浓度大小如何，最大吸收波长 λ_{max} 不变，曲线的形状也不会改变。同一浓度的待测溶液对不同波长的光有不同的吸光度。根据朗伯-比尔定律，对于同一待测溶液，浓度愈大，吸光度也愈大。

吸收峰的强度是材料分子定量的依据，吸收峰的形状及所在位置是对材料进行定性和确定结构的依据。一般而言，利用紫外-可见光谱进行定性分析的信号较少。

（2）肩峰

吸收曲线在下降或上升处有停顿，或吸收稍微增加或降低的峰，称为肩峰，是由于主峰内隐藏有其他峰而形成的。

（3）末端吸收

末端吸收是在仪器基线处测出的吸收，吸收峰随着波长变短而强度增强，直至仪器测量的极限，而不显示峰形，这种极限处的吸收称为末端吸收，是紫外光谱中出现的现象。一般的紫外光检测范围在 190～400 nm，而有些材料的紫外吸收峰出现在 200 nm 以下的短波长处，这样在检测时，会在 190～200 nm 处看到吸收光谱向上飘移的现象，这实际上是 200 nm 以下吸收峰靠近长波方向的末端造成的，故称为末端吸收。如甲醇、乙腈等，就在 190～210 nm 有吸收。如果样品的检测波长很低，就可能干扰样品的测量。末端吸收可用于表述流动相在紫外短波段的吸收。一种溶剂的末端吸收常用其截止波长描述。

溶剂的紫外截止波长指当小于截止波长的辐射通过溶剂时，溶剂对此辐射产生强烈吸收，此时溶剂被看作光学不透明，它将严重干扰组分的吸收测量。溶剂截止波长的测量是将溶剂装入光程为 1 cm 的比色皿，以空气为参比，逐渐降低入射波长，溶剂的吸光度 $A=1$ 时的波长，即为溶剂的截止波长，也称极限波长。乙腈的截止波长是 190 nm，而甲醇是 210 nm。

(4) 禁阻跃迁

禁阻跃迁是指电子跃迁时跃迁前后的轨道空间分布有较大差异，往往是位置上不重合造成的。虽然跃迁所需的能量并不高，但是跃迁的概率仍然很低。体现在紫外光谱上就是，本来吸收的波长较长，所需能量较小，跃迁应该更容易些，但实际吸光度反而很小。如 n→π* 跃迁（杂原子双键），由于 n 轨道和 π 轨道的空间分布差异很大，几乎不交叠，因此虽然所需能量小，但吸收却很差，甚至远不如真空紫外区 σ→σ* 跃迁的吸收强度。

(5) 发色团或生色基（chromophore）

从广义来说，所谓生色团，是指分子中可以吸收光子而产生电子跃迁的原子基团。但是，人们通常将能吸收紫外光、可见光的原子团或结构系统定义为生色团。可以使分子在紫外-可见区产生吸收带的基团，一般为带 π 电子的基团，如 C=C、C≡C、苯环、C=O、N=N、—COOH、C=N—、NO₂。

孤立的 C=C 或 C≡C 的最大吸收波长落在近紫外区之外，对一般的仪器具有末端吸收，所以也可以视为生色基团。在不同的分子内孤立存在的相同的这些生色基团，它们的吸收峰有相近的最大吸收波长和最大摩尔吸光系数。如果几个生色基团形成共轭，则产生新的吸收峰，原来的吸收带消失，最大吸收波长发生红移，吸收强度增大。

表 3-1 为某些常见生色团的吸收光谱值，测试时注意溶剂是否有吸收。

表 3-1 常见生色团的紫外吸收光谱值

生色团	溶剂	λ/nm	ε_{max}	跃迁类型
烷		150		$\sigma\to\sigma^*$
烯	正庚烷	177	13 000	$\pi\to\pi^*$
炔	正庚烷	178	10 000	$\pi\to\pi^*$
羧基	乙醇	204	41	$n\to\pi^*$
醛基		210		$n\to\pi^*$
酰胺基	水	214	60	$n\to\pi^*$
羰基	正己烷	186	1000	$n\to\pi^*, n\to\sigma^*$
偶氮基	乙醇	339 665	150 000	$n\to\pi^*$
硝基	异辛酯	280	22	$n\to\pi^*$
亚硝基	乙醚	300 665	100	$n\to\pi^*$
硝酸酯	二氧杂环乙炔	270	12	$n\to\pi^*$
共轭二烯		210~230		$\pi\to\pi^*$
共轭三烯		260		$\pi\to\pi^*$
共轭五烯		330		$\pi\to\pi^*$
苯基		204 255		$\pi\to\pi^*$
萘基		220 275 314		$\pi\to\pi^*$

(6) 助色团（auxochrome）

有些原子或基团单独在分子中存在时，本身在紫外区和可见区不产生吸收，当连接发色团后，使发色团的吸收带波长移向长波，同时使吸光度增加，这些原子或基团称为助色团。助色团一般为带有非键电子（n）的原子或原子团，如—OH、—OR、—NHR、—SR、—Cl、—Br、I和烷基等。

(7) 红移（red shift）和蓝移（blue shift）

吸收带向长波方向移动称为红移。

某些有机化合物经取代反应引入含有未共享电子对的基团（—OH、—OR、—NH$_2$、—SH、—Cl、—Br、—SR、—NR$_2$）之后，吸收峰的波长将向长波方向移动，这种效应称为红移效应。这种会使某化合物的最大吸收波长向长波方向移动的基团称为向红基团。

助色团与发色团的π键相连形成p-π共轭或σ-π超共轭，结果使电子的活动范围加大，π→π*跃迁的能量降低，电子容易被激发，使π→π*跃迁吸收带向长波方向移动，即发生红移。例如，当助色团—OH与苯环连接时，吸收峰发生红移。

π→π*跃迁中，由于激发态的极性大于基态，所以在极性溶剂中对电荷分散体系的稳定能力，激发态大于基态，故引起红移。

吸收带向短波方向移动的方式称为蓝移。

在某些生色团如羰基的碳原子一端引入一些取代基之后，吸收峰的波长会向短波方向移动，这种效应称为蓝移（紫移）效应。这些会使某化合物的最大吸收波长向短波方向移动的基团（如—CH$_2$、—CH$_2$CH$_3$、—OCOCH$_3$）称为向蓝（紫）基团。

助色团的推电子作用使羰基的氧原子上电子云密度增大，n轨道能量降低，使n→π*跃迁所需能量增加，相应的吸收带蓝移。

一些助色团与羰基相连时，使羰基的n→π*跃迁吸收带向短波方向移动，即蓝移。其中，带有n电子的原子或原子团蓝移更加明显。例如，甲醛的最大吸收波长为310 nm，当一个氢原子被甲基取代后，最大吸收波长蓝移为290 nm，当两个氢原子都被甲基取代后，进一步蓝移为279 nm，当其中的甲基被含有n电子的—OH取代后，蓝移更加明显，最大吸收波长为204 nm，摩尔吸光系数随着蓝移的程度增加而逐渐增大。

各种助色团的助色效应大致为 O$^-$ > NR$_2$ > NHR > OCH$_3$ > SH > OH > Br > Cl > CH$_3$ > F。

(8) 增色效应和减色效应

增色效应：使吸收带的吸收强度增加的效应。

减色效应：使吸收带的吸收强度降低的效应。

(9) 吸收带的分类

在有机物和高聚物的紫外-可见光谱谱带分析中，往往将谱带分为四种类型，即R吸收带、K吸收带、B吸收带和E吸收带。

①R吸收带（源于德文Radikalartin，意为"基团型的"）：

由共轭体系（p-π共轭）的n→π*跃迁产生的吸收带，跃迁能较小，吸收峰位于200~400 nm，因为非键轨道与π轨道正交，所以属于禁阻跃迁，其强度极弱，ε_{max} < 100 L·mol^{-1}·cm^{-1}。

共轭体系的含杂原子基团可产生这类谱带。由于强度很小，吸收谱带较弱，易被强吸收谱带掩盖，并易受溶剂极性的影响发生偏移。

②K吸收带（源于德文 konjugierte，意为"共轭的"）：

由共轭体系的$\pi \to \pi^*$跃迁产生的强吸收带，一般$\varepsilon_{max} > 10^4 \text{ L·mol}^{-1}\text{·cm}^{-1}$。跃迁所需要的能量比R带大，吸收峰的位置在210~280 nm。共轭烯烃、烯酮、取代芳香化合物可产生这类谱带。随共轭双键增加，K吸收带的波长发生红移，且强度也增大。

K吸收带是共轭结构的特征吸收带，可用于判断分子中的共轭结构，是应用得最多的吸收带。

③B吸收带（源于德文 benzenoid，意为"苯环类"）：

B吸收带是芳香族化合物的特征吸收谱带，起因于苯环的$\pi \to \pi^*$跃迁与振动效应的重叠，是宽峰，上面常有若干小峰，称为精细结构，λ_{max}出现在230~270 nm，中心一般在254 nm，强度很弱，ε_{max}约为200 L·mol^{-1}·cm^{-1}。

苯环是六角对称结构，理论上是禁阻的，因分子振动产生扭曲，所以强度很弱，在气态或非极性溶剂中表现出精细结构，在极性溶剂中出现两个以上肩峰的宽带。B吸收带虽然强度很弱，却是苯环的特征吸收带。一般来说，有苯环必有B吸收带。苯环被取代后，精细结构消失或部分消失。B吸收带常用于判别芳香族化合物。

溶剂的极性、酸碱性等对精细结构的影响较大。例如，苯和甲苯在环己烷溶液中的B吸收带精细结构在230~270 nm范围内，苯酚在极性溶剂乙醇中则观察不到精细结构。

④E吸收带（源于德文 ethylenic，意为"乙烯类"）：

E吸收带也是芳香族化合物的特征谱带之一，是起因于环状共轭的三个乙烯键的苯型体系中的$\pi \to \pi^*$跃迁而产生的较强或强吸收带。吸收强度大多为2000~14 000 L·mol^{-1}·cm^{-1}，吸收波长偏向紫外光的低波长部分，有的在真空紫外区。E带分为E_1和E_2带。E_1带对应的吸收峰约185 nm，$\varepsilon_{max} \geqslant 10^4$ L·mol^{-1}·cm^{-1}，是苯环的特征谱带，强度大，没有精细结构，是苯环中乙烯键上的π电子被激发而引起的，是$\pi \to \pi^*$跃迁，在真空紫外区。当苯环上有助色基团时，向长波方向移动到200~220 nm范围内。E_2带对应的吸收峰约203 nm，ε_{max}约10^3 L·mol^{-1}·cm^{-1}，有分辨不清的精细结构，与E_1重叠，是苯环中共轭二烯引起的$\pi \to \pi^*$跃迁。当苯环引入发色基团与苯环形成共轭结构时，E_2带红移到220~250 nm范围内，强度增强，$\varepsilon_{max} > 10^4$ L·mol^{-1}·cm^{-1}。

3.5 各类化合物的紫外-可见光谱的吸收峰

3.5.1 饱和烃及其取代衍生物

（1）烷烃

饱和烷烃分子中只含有σ键，只能产生$\sigma \to \sigma^*$跃迁，即电子从σ成键轨道跃迁到σ^*反键轨道，能级差很大，需吸收较大的能量，吸收的紫外光波长很短，属远紫外区。饱和烃的最大吸收峰一般小于150 nm，已超出紫外-可见光分光光度计的测量范围。例如，甲烷的最大吸收波长为125 nm，乙烷为135 nm。

(2) 含饱和杂原子的化合物

这类化合物除了σ电子，还有杂原子上的n电子，可产生σ→σ*和n→σ*跃迁，虽然n→σ*跃迁所需能量小于σ→σ*跃迁，但大部分化合物的吸收带仍然处于远紫外区，只有部分含硫、氮以及卤素原子的化合物（如C—Br、C—I、C—NH$_2$等）在近紫外区有吸收，且吸收弱。例如，CH$_3$Cl的最大吸收波长是173 nm，CH$_3$Br的最大吸收波长是204 nm，CH$_3$I的最大吸收波长是258 nm。同一碳原子上的杂原子数越多，λ_{max}越向长波移动。例如，CH$_2$Cl$_2$的最大吸收波长红移是220 nm，而CHCl$_3$的最大吸收波长红移是237 nm，CCl$_4$的最大吸收波长红移是257 nm。说明氯、溴和碘等杂原子引入饱和烃后，其相应的吸收波长发生了红移，显示了助色团的助色作用。

因此，一般的饱和有机化合物在近紫外区没有吸收，不能将紫外吸收用于鉴定。反之，它们在近紫外区对紫外线是透明的，所以可用作紫外-可见光谱测定的良好溶剂，不会对其他物质的紫外检测造成干扰。

3.5.2 不饱和烃及共轭烯烃

(1) 非共轭烯烃和炔烃

在不饱和烃类分子中，除含有σ键外，还含有π键，可以产生σ→σ*和π→π*两种跃迁。虽然孤立的π→π*跃迁能量小于σ→σ*跃迁，但吸收波长依然在远紫外区。例如，乙烯分子中孤立的乙烯基有一个低能级的π成键分子轨道和一个高能级的π*反键分子轨道。光照下，它吸收能量并发生π→π*跃迁，吸收波长为165 nm，ε约为10^4 L·mol^{-1}·cm^{-1}。乙炔的吸收带在173 nm处。因此孤立的乙烯基和孤立的乙炔基虽然是生色基团，但当其不处于共轭体系中时，其在近紫外区并没有吸收。

当以助色团取代H原子时，π→π*跃迁发生红移。助色团提供电子的能力越强，红移就越多。

(2) 含不饱和杂原子的化合物

含有羰基、硝基等不饱和杂原子（生色团）的化合物分子中，既有σ电子，又有π电子和n电子，可以产生σ→σ*、n→σ*、π→π*和n→π*四种跃迁。σ→σ*跃迁在120~130 nm范围内产生吸收；π→π*跃迁约在160 nm处产生吸收，为K吸收带；n→σ*跃迁约在180 nm处产生吸收。这三种跃迁大多在近紫外区没有吸收，只有n→π*跃迁的吸收带在270~300 nm范围内，但因为禁阻跃迁，一般为低强度吸收的宽谱带，ε_{max}在100 L·mol^{-1}·cm^{-1}附近，其吸收位置的变化对溶剂很敏感。

醛、酮、羧酸及羧酸的衍生物，如酯、酰胺等，都含有羰基，可看作是羰基取代物。

如果在羰基上连接助色基团，则会发生K吸收带红移、R吸收带蓝移的现象。例如，羧酸及羧酸的衍生物虽然也有n→π*吸收带，但是羧酸及羧酸的衍生物的羰基上的碳原子直接连接含有未共用电子对的助色团，如—OH、—Cl、—OR等。这些助色团上的n电子与羰基双键的电子产生n-π共轭，导致π*轨道的能级有所提高，但这种共轭作用并不能改变n轨道的能级，因此实现n→π*跃迁所需的能量变大，使吸收带蓝移至210 nm左右。

(3) 共轭烯烃

在不饱和烃类分子中，当有两个以上的双键形成共轭体系时，随着共轭系统的延长，$\pi \to \pi^*$ 跃迁的吸收带将明显向长波方向移动，吸收强度也随之增强。根据分子轨道理论，随着共轭体系中双键数目的增多，最高被占用轨道（HOMO）的能量逐渐增高，最低未填充轨道（LUMO）的能量逐渐降低，这样π电子在前线轨道中的跃迁能逐渐减小。共轭体系中，π电子在整个共轭体系内流动，为共轭链上全部原子所有，这样它们受到的束缚力较小，只要受到能量较低的辐射，就可被激发，导致相应吸收谱带红移，同时跃迁几率增加，吸光系数也随着增加。

共轭烯烃（不多于四个双键）$\pi \to \pi^*$ 跃迁的吸收峰位置可由伍德沃德-费塞尔（Woodward-Fieser）经验规则估算，即共轭烯烃的最大吸收波长为各取代基引起的位移值的和，如下式：

$$\lambda_{max} = \lambda_{基} + n\lambda_i$$

其中，$\lambda_{基}$ 是由非环或六元环共轭二烯母体决定的基准值；$n\lambda_i$ 是由双键上取代基的个数和种类决定的校正项。在环烯烃中，共轭双键的位置对紫外吸收带有很大影响。如果共轭双键的两个双键中间的单键为环的一部分，则称为环二烯。

共轭烯烃吸收波长估算基础值和校正值见表3-2所列。伍德沃德-费塞尔经验规则不适用于交叉共轭体系，也不适用于芳香体系。如果遇到既可以取同环共轭双烯，又可以取异环共轭双烯的情况，则应取跃迁时所需能量最低的二烯做母体（也就是取长波做母体）。

表3-2 伍德沃德-费赛尔经验规则关于共轭烯烃吸收波长估算基础值和校正值

链状共轭多烯类化合物		环状共轭多烯类化合物	
基团	对吸收波长的贡献（nm）	基团	对吸收波长的贡献（nm）
共轭二烯的基本骨架	217	同环二烯	253
每增加一个共轭双键	30	异环二烯	214
增加一个烷基或环烷基	5	每增加一个共轭双键	30
增加一个环外双键	5	增加一个烷基或环烷基	5
增加一个卤素取代	17	增加一个环外双键	5
		增加一个助色团—OAc	0
		增加一个—Cl,或—Br	5
		增加一个—OR	6
		—SR	30
		—N$_2$R	60

【例3-1】 估算下面化合物的吸收波长。

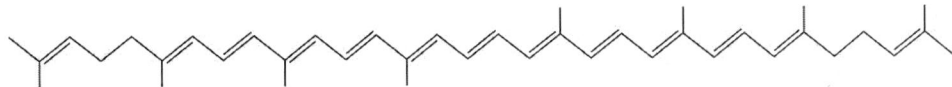

解： 母体为异环二烯的吸收波长为214 nm，
环外双键的吸收波长为1×5 nm，
烷基取代的吸收波长为4×5 nm，

则λ_{max} = 239 nm（实测值为241 nm）。

超过四个双键的共轭烯烃可以使用费赛尔-库恩（Fieser-Kuhn）规则计算，这个规则不仅可以估算λ_{max}，还可以估算ε_{max}。计算方法如下式：

$$\lambda_{max} = 114 + 5M + n(48.0-1.7n) - 16.5 Rendo - 10 Rexo$$
$$\varepsilon_{max} = (1.74 \times 10^4)n$$

其中，n是共轭双键的数目，M是共轭体系上烷基或类似烷基的取代基数量，$Rendo$是共轭体系中含有桥环双键的环数目，$Rexo$是环外双键的数目。

【例3-2】 请估算番茄红素的λ_{max}和ε_{max}。

解： 番茄红素分子中含有11个共轭双键，则n = 11；共轭链上共有8个取代烷基，则M = 8；分子中既没有桥环双键也没有环外双键，则$Rendo$ = 0，$Rexo$ = 0，那么

$$\lambda_{max} = 114 + 5 \times 8 + 11(48.0 - 1.7 \times 11) - 16.5 \times 0 - 10 \times 0 = 476 (nm)$$
$$\varepsilon_{max} = (1.74 \times 10^4) \times 11 = 19.1 \times 10^4 \; (L \cdot mol^{-1} \cdot cm^{-1})$$

以己烷为溶剂，番茄红素的紫外光谱实测是λ_{max}=474 nm，ε_{max}=18.6×10^4 L·mol^{-1}·cm^{-1}。

（4）α，β-不饱和羰基化合物

分子中含有一个烯基共轭的羰基化合物就构成了α，β-不饱和羰基化合物，如α，β-不饱和醛、酮、酸和酯等。其紫外光谱的特征是在200～250 nm范围内有一个由共轭的$\pi \to \pi^*$跃迁产生的强的K吸收带（10^4 L·mol^{-1}·cm^{-1} ≤ ε_{max} ≤ 2×10^4 L·mol^{-1}·cm^{-1}），另外在300 nm以上有一个n→π^*跃迁产生的弱的R吸收带（ε_{max}小于100 L·mol^{-1}·cm^{-1}），但因强度太弱，一般不太清晰。其K带最大吸收峰位置依然可以用伍德沃德-费塞尔经验规则估算（表3-3）。因n→π^*跃迁产生的R吸收带位置的变化对溶剂很敏感，因此在计算的时候需要根据不同的溶剂进行校正（表3-4）。

表3-3　伍德沃德-费赛尔经验规则关于 α,β-不饱和羰基化合物K吸收带波长估算基础值及校正值

	基团	对吸收波长的贡献(nm)
骨架基础值	α,β-不饱和醛	207
	五元环烯酮	202
	开链或大于五元环烯酮	215
	α,β-不饱和羧酸或酯	193
	非环二烯酮	245
增加值	同环共轭双烯	39
	扩展共轭双键	30
	环外双键	5
	α位烷基取代	10
	β位烷基取代	12
	γ位及以上位置烷基取代	18
	α位—OH取代	35
	β位—OH取代	30
	γ位及以上位置—OH取代	50
	α位—OR取代	35
	β位—OR取代	30
	γ位—OR取代	17
	δ位—OR取代	31
	β位—SR取代	85
	α、β、γ位—OAC取代	6
	β位-NRR′取代	95
	α位—Cl取代	15
	β位—Cl取代	12
	α位—Br取代	25
	β位—Br取代	30

表3-4　伍德沃德-费赛尔经验规则关于 α,β-不饱和羰基化合物K吸收带波长估算溶剂校正表

溶剂	校正值(nm)	溶剂	校正值(nm)
水	−8	二氧六烷	5
甲醇	0	乙醚	7
乙醇	0	己烷	11
氯仿	1	环己烷	11

【例3-3】估算胆甾1,4-二烯-3-酮K吸收带的最大吸收波长。

解：基本值为 215 nm，
β 位烷基取代的吸收波长为 2×12 nm，
环外双键的吸收波长为 1×5 nm，
则 $\lambda_{max}=244$ nm（乙醇中的实测值为 245 nm）。

3.5.3 苯及其衍生物

苯分子有三个共轭双键，因此其分子轨道中有三个成键轨道和三个反键轨道，且不是完全简并的，有一个能量最低的 σ 成键轨道和两个能量稍高的简并 σ 成键轨道，这是休克尔（E. Hückel）分子轨道理论的计算结果。基态时苯的电子云分布是三个成键轨道叠加的结果，故电子云均匀分布于苯环上下及环原子上，形成闭合的电子云，这是苯分子在磁场中产生环电流的根源。当吸收紫外光时，基态电子发生跃迁的情况比较复杂，可以有不同的激发态。苯有三个吸收谱带，均是由 $\pi\rightarrow\pi^*$ 跃迁产生，如图 3-4 所示，分别为

E_1 带约出现在 184 nm 处（ε_{max} 约为 60 000 L·mol^{-1}·cm^{-1}），为主吸收带，允许跃迁；
E_2 带约出现在 204 nm 处（ε_{max} 约为 8000 L·mol^{-1}·cm^{-1}），也为主吸收带，但禁阻跃迁；
B 带约出现在 256 nm 处（ε_{max} 约为 200 L·mol^{-1}·cm^{-1}），为第二吸收带，禁阻跃迁。

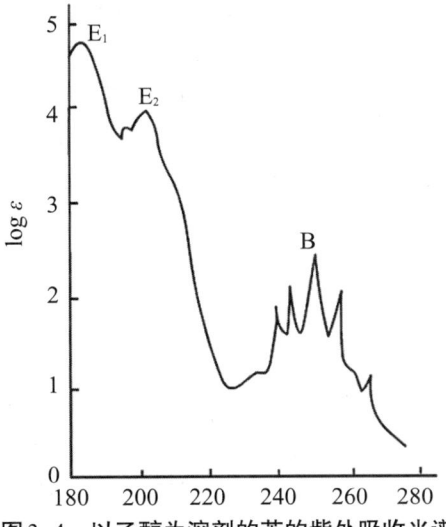

图 3-4 以乙醇为溶剂的苯的紫外吸收光谱

在气态或非极性溶剂中，苯及其许多同系物的 B 谱带有许多的精细结构，这是由于在电子能级跃迁产生的吸收上叠加振动能级跃迁吸收而造成的。B 带的精细结构常用来辨认芳香族化合物，但在苯环上有取代基的时候，这些精细结构会有各种不同程度的简化。在极性溶剂中，溶质与溶剂分子的相互作用也会使这些精细结构减弱或消失。

当苯环上的氢原子被取代时，苯的三个特征谱带都会发生显著的变化，引起吸收光谱红移和光谱强度增强。其中，影响较大的是 E_2 带和 B 带。

（1）取代基含有未共用电子对的基团

当—NH_2、—OH、—OCH_3 和卤素等含有孤对电子的助色基团取代苯环上的氢原子时，E_2 和 B 带红移，吸收强度增大，B 带精细结构消失。这是助色团上的 n 电子与双键的 π 电子产生 n-π 共轭所致的。同时由于 n→π* 跃迁，产生 R 带光谱，峰位置为 275~350 nm，$\varepsilon_{max} = 10~100$ L·mol^{-1}·cm^{-1}。

（2）π-共轭体系的取代

生色基团的取代基本身就具有 π 键，取代苯环上的氢原子后，延长了 π-π 共轭体系，B 吸收带明显红移且强度增强，同时在 200~250 nm 处还新增加了强的 K 带（$\varepsilon_{max} = 10~100$ L·mol^{-1}·cm^{-1}），这是由 π→π* 跃迁产生的强吸收带。不同的生色基团，K 带的位置与吸收强度各不相同。K 带常与 E_2 带合并，出现在原来 E_2 带和 B 带之间，有时会将 B 带和 E_2 带（如同时有助色基团存在时）淹没。

（3）给电子和吸电子基团的影响

当引入的基团为助色基团时，取代基对吸收带的影响大小与取代基的推电子能力有关，推电子能力越强，影响越大。助色基团影响大小的顺序一般为

—CH_3 < —Cl < —Br < —OH < —OCH_3 < —NH_2 < —O^-

当引入的基团为生色基团时，苯环的各谱带红移，吸收强度增加，其对吸收带的影响程度大于助色基团，影响大小与生色团的吸电子能力有关，吸电子能力越强，影响越大。生色团影响大小的顺序一般为

—NH_3^+ < —SO_2NH_2 < —COO^-、—CN < —COOH < —CHO < —NO_2

（4）二取代苯和多取代苯

对于多取代苯化合物，其吸收峰位估算的基础值为 203.5 nm（苯环的 E_2 带），然后根据不同的取代基进行经验估算。经验估算值见表 3-5 所列。

表 3-5　多取代苯的 E_2 带红移值（2% 甲醇溶液）

取代基	红移值（nm）
—CH_3	3.0
—Cl	6.0
—Br	6.5
—OH	7.0
—OCH_3	13.5
—CN	20.5
—COOH	26.5
—NH_2	26.5
—O^-	31.5
—$NHCOCH_3$	38.5（乙醇溶液）
—$COCH_3$	42.0
—CHO	46.0
—NO_2	65.0

① 对二取代苯：当两个取代基同为吸电子基或推电子基团，E_2带发生红移，红移大小由红移效应强的基团决定。当两个取代基分别为吸电子基和推电子基时，E_2带显著红移，红移值$\Delta\lambda$远远大于两个基团红移值之和$\Delta\lambda_1 + \Delta\lambda_2$。

② 邻（间）二取代苯：邻位或间位二取代苯的E_2带的红移值近似于两个取代基红移值之和。

③ 具有苯羰基结构的化合物：具有苯羰基结构的化合物如图3-5所示，羰基双键与苯环共轭，产生强K带，B带发生红移。苯的E_2带与K带合并并发生红移。取代基使B带简化。n电子和双键的存在，使n→π*跃迁发生，使R带光谱产生。具有苯羰基结构化合物的λ_{max}可按照斯科特（R. Scott）规则进行估算，见表3-6所列。

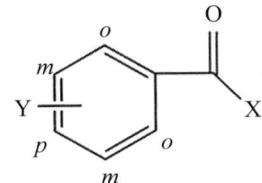

图3-5 具有苯羰基结构的化合物

表3-6 斯科特规则关于含苯羰基结构化合物不同位置取代基对E带吸收的估算值

	结构	对吸收波长的贡献(nm)		
基础值	苯基酮(X=R)	246		
	苯甲醛(X=H)	250		
	苯甲酸或酯(X=OH或OR)	230		
	Y	邻(o)	间(m)	对(p)
取代基增加值	—R	3	3	10
	—Cl	0	0	10
	—Br	2	2	15
	—OH 或 —OR	7	7	25
	—O$^-$	11	20	78
	—NH$_3$	13	13	58
	—NHR	0	0	73
	—NHCOR	20	20	45
	—NR$_2$	20	20	85

【例3-4】估算下面结构的紫外-可见光最大吸收波长。

解：发色基团基础值为苯甲酸的吸收波长为 230 nm，

　　　m-OH 的吸收波长为 2×7 nm，

　　　p-OH 的吸收波长为 1×25 nm，

　　则 λ_{max} =269 nm（实测值为 270 nm）。

④ 多取代苯：多取代苯化合物中，取代基的类型及相对位置对紫外吸收光谱的影响更加复杂，空间位阻对 λ_{max} 值也有较大影响，同样可按斯科特规则进行估算。多联苯随着苯环数目的增多，吸收波长红移越多，逐渐进入可见区并出现颜色。

3.5.4 稠环芳烃及杂环化合物

（1）线性稠环芳烃

与苯环相似，线性稠环芳烃，如萘、蒽、并四苯（丁省）等，均显示出 E_1、E_2 和 B 三个吸收带，三个带都伴随有振动能级跃迁的精细结构。但与苯相比，这三个吸收带均发生红移，且强度增加，产生明显的振动精细结构。随着稠环数目的增多，共轭体系增大，吸收波长红移越多，逐渐进入可见区并出现颜色，吸收强度也相应增加，见表3-7所列。三个吸收带红移的幅度不同，E_2 带的红移幅度较大，因此经常会出现 B 被 E_2 带淹没的情形。

（2）非线性稠环芳烃

非线性的稠环化合物的吸收比较复杂，也显示出苯的三个吸收带。与苯相比，三个吸收带都出现在长波区，在 E 带以外的短波区出现新的吸收。这一类化合物的芳烃母体较大，取代基效应相应减弱，因此其衍生物的吸收峰与母体差别不大。

与苯相比，角形的稠环芳烃（如菲等）的三个吸收带红移幅度相似，保持 E_1、E_2 和 B 三个吸收带波长依次增大的顺序。表 3-7 展示了一些稠环芳烃的吸收带数据。

表3-7　一些稠环芳烃的紫外–可见光吸收特征值

稠环芳烃	环数	E_1		E_2		B		溶剂
		λ_{max} (nm)	ε_{max} (L·mol^{-1}·cm^{-1})	λ_{max} (nm)	ε_{max} (L·mol^{-1}·cm^{-1})	λ_{max} (nm)	ε_{max} (L·mol^{-1}·cm^{-1})	
萘	2	221	1.17×10^5	273	5.60×10^3	311	250	己烷
蒽	3	252	2.20×10^5	356	8.50×10^3	淹没		己烷
菲	3	251	9.00×10^4	292	2.00×10^4	345	390	乙醇
并四苯	4	280	1.80×10^5	474	1.20×10^4	淹没		乙醇
1,2-苯并蒽	4	290	1.30×10^5	329	8.00×10^3	385	1100	乙醇
1,2-苯并菲	4	267	1.60×10^5	306	1.50×10^4	360	1000	乙醇

（3）杂环化合物

杂环化合物可以分为五元杂环、六元杂环和含杂原子的稠环（稠芳杂环），其紫外-可见光谱与苯系芳香化合物有相似之处（表3-8），如吸收带有精细结构，环上有助色团或生色团时吸收带发生红移等。

① 五元芳杂环：相当于环戊二烯上的CH被杂原子取代，如吡咯、呋喃、噻吩等，因此，其紫外光谱与环戊二烯相似，即在200 nm和238 nm附近有两个吸收峰，200 nm处的峰可能属于K带，238 nm处的峰类似苯环的B带。

② 六元芳杂环：当苯环上的—CH基团被氮原子取代后，则相应的氮杂环化合物（如吡啶、喹啉）的吸收光谱与相应的碳化合物极为相似，即吡啶与苯相似，喹啉与萘相似。如，吡啶在257 nm处的吸收峰与苯的B带相似，也分成几个小峰（精细结构），溶剂的极性对苯吸收峰的强度和位置影响很小，但可使吡啶的B带吸收强度明显增高，这可能是由于吡啶氮原子上的孤对电子与极性溶剂形成氢键。

此外，由于引入含有n电子的N原子，这类杂环化合物还可能产生$n \to \pi^*$吸收带。

③ 稠芳杂环：与相应的稠芳环相似，如喹啉的紫外谱与萘相似等。同样，由于引入含有n电子的杂原子，这类杂环化合物也可能产生$n \to \pi^*$吸收带。

表3-8 一些常见杂环化合物的紫外-可见光吸收特征值

杂环化合物	λ_{max}(nm)	杂环化合物	λ_{max}(nm)
呋喃	200	腺嘌呤	263 269
吡咯	210 340	鸟嘌呤	248 275
吡啶	195 250	尿嘧啶	259 284
喹啉	275 311	胸腺嘧啶	207 264 291
异喹啉	262 317	胞嘧啶	210 274
萘	220 275 314		
蒽	250 380		
并五苯	580		

3.5.5 配位化合物的紫外可见吸收光谱

产生配位化合物紫外可见吸收光谱的电子跃迁形式通常有两类，电荷迁移跃迁（波长范围在200～450 nm）和配位场跃迁（波长范围在300～500 nm）。

一般来说，配合物的金属中心离子（M）具有正电荷中心，是电子接受体，配体（L）具有负电荷中心，是电子给予体，当配位化合物接受辐射能量时，一个电子由配体的电子轨道跃迁至金属离子的电子轨道，如下式表示：

$$M^{n+} - L^{b-} \xrightarrow{h\nu} M^{(n-1)+} - L^{(b-1)-}$$

这种跃迁实质上是配位体与金属离子之间发生分子内的氧化-还原反应。如碱金属卤化物和某些分子络合物（配位化合物），在电磁波辐照下，化合物中的电荷重新分布，导致电荷从化合物的一部分迁移到另一部分而产生吸收光谱，整个过程就是电子从体系中的电子给体转移到了电子受体。

不少过渡金属离子与显色试剂（含有生色团的试剂）所生成的配合物及许多水合无机离子，就可发生电荷转移跃迁而产生吸收光谱。例如：

$$Fe^{3+}OH^- \xrightarrow{h\nu} Fe^{2+}OH$$
$$Fe^{3+}SCN^- \xrightarrow{h\nu} Fe^{2+}SCN$$

电磁波辐照后，OH^-将电子转移给Fe^{3+}，使Fe^{3+}获得电子而成为Fe^{2+}。同样，$[Fe(SCN)_6]^{3-}$呈深红色，在490 nm附近有强吸收，就是因为辐照后，配合物中的SCN^-将电子转移给Fe^{3+}。这就是配位体向金属发生了电荷转移。当金属离子容易被氧化，即处于低氧化态，而配位体容易被还原，具有空的反键轨道时，配位体同样可以接受从金属离子转移来的电子。

电荷转移跃迁所需的能量（即吸收辐射的波长），取决于电子给体和电子受体相应电子轨道的能量差，即与电子给体的给电子能力（还原能力）及电子受体的电子接受能力（氧化能力）有关。例如，SCN^-的还原能力比Cl^-强，则它们与Fe^{3+}的配合物发生电荷转移跃迁时，所需的能量比$Fe^{3+}Cl^-$小，吸收的波长较长，出现在可见区，而$Fe^{3+}Cl^-$吸收的波长较短，出现在近紫外区。一般来说，中心离子的氧化能力越强，或配体的还原能力越强（相反，中心离子的还原能力越强，或配体的氧化能力越强），则发生电荷转移跃迁时所需能量越小。

一些具有d^{10}电子结构的过渡金属元素所形成的卤化物，如$AgBr$、PbI_2、HgS等，也是由于这类电子跃迁而呈现颜色。一些含氧酸在紫外-可见区有强烈吸收，也属于电荷转移跃迁。

一些有机化合物也能发生电荷转移跃迁。例如，I_2在CCl_4等惰性溶剂中呈紫色，在苯等芳香族化合物溶剂中变为红色或者棕色，同时其紫外-可见光谱出现了新的强吸收，说明有新的配合物生成，再如某些芳香烃、胺类和酚类化合物，与芳香硝基化合物、醌类、羧酸类、磺酸类、卤素等混合，也能形成深色分子配合物，如黄色的四氯苯醌与无色的六甲基苯形成深红色的配合物。这里产生吸收光谱的实质就是芳香烃六甲基苯作为电子给体，四氯苯醌作为电子受体，两者结合形成复合物时，电子给体最高能级的占有轨道中的电子吸收光跃迁到电子受体的空轨道。再如，在乙醇中，将醌与氢醌混合就可获得醌氢醌暗绿色晶体，其吸收峰在可见区。这些就是属于分子配合物内部的电荷转移跃迁。

21世纪以来，电荷转移复合物是国际上一个非常活跃的研究领域。例如，非线性光学材料、导电复合材料、隐身材料、光敏材料、电致发光材料、生物医学材料等有着巨大的应用潜力。

$d \rightarrow d^*$ 跃迁

一些d电子层尚未充满电子的过渡金属元素，它们的水合离子与配体形成的配合物吸收适当波长的光后，发生$d \rightarrow d^*$跃迁，进而获得相应的吸收光谱。在没有外电磁场作用时，过渡金属离子的5个（或几个）d电子轨道是简并的，能量是一样的。当配体按一定的几何排列配位在金属离子周围形成配合物时，过渡金属离子处在配位体形成的负电场中，原来简并的5个（或几个）d轨道在负电场作用下，分裂成能量不等的能级。d轨道分裂的情况与配位体在金属离子周围配置的情况有关。如果这里的d轨道原来没有充满，那么电子就可以吸收电磁波，由低能级的d轨道跃迁到高能级的d^*反键轨道，从而产生吸收光谱。由于配位场引起的d轨道能级差较小，所以配位场的$d \to d^*$跃迁多出现在可见区，且吸收强度较弱，摩尔吸光系数较小，通常$\varepsilon < 10^2 \, L \cdot mol^{-1} \cdot cm^{-1}$。

虽然配位体跃迁在定量分析应用上不如电荷转移跃迁重要，但是却可用于研究配合物的结构及性质，并为现代配合物键合理论的建立提供有用的信息。例如，配合物$[Ti(H_2O)_6]^{3+}$（水合离子）有3个d电子、6个H_2O分子，它们形成正八面体配置在其周围，若将6个H_2O分子放置在x、y、z三个坐标轴的各一端，则H_2O分子偶极的负端转向中心的Ti^{3+}。由于偶极子产生的电场对d轨道电子的排斥作用，d轨道的能量提高。但因为d_{xy}、d_{xz}、d_{yz}轨道分别在两坐标之间具有最大的电子云密度，而$d_{x^2-y^2}$和d_{z^2}轨道分别在xy和z坐标轴上具有最大的电子云密度（图3-6），所以这两个轨道上的电子受到H_2O分子偶极子负电场的排斥作用比d_{xy}、d_{xz}、d_{yz}轨道强，同时这两个轨道上的能量比d_{xy}、d_{xz}、d_{yz}轨道高。

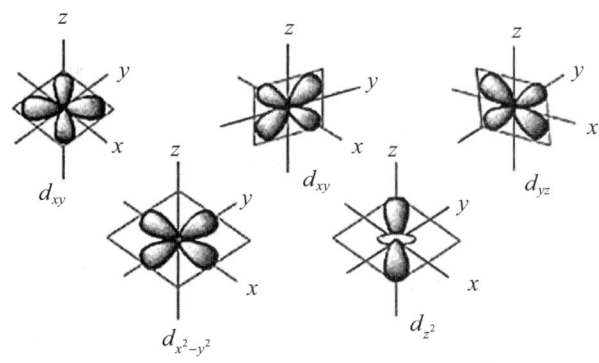

图3-6　d轨道电子云密度分布示意图

配位场作用的结果使5个d轨道分裂成能量高低不同的两组，两组轨道之间的能量差，称为分裂能Δ，是配位场强度的量度。Δ值的大小与中心离子的价态及在周期表中的位置有关。一般中心离子价数越高，Δ越大，在同族元素的同价态离子中，随着原子序数的增大，Δ也增加。另外，Δ值还受配位体的种类及配位数的影响。对于同一种中心离子来说，一些配位体将使Δ值按以下顺序递减：$CO > CN^- > NO_2^- >$ 邻二氮菲 $> 2,2$-联吡啶 $> NH_3 > CH_3CN > CNS^- > H_2O > C_2O_4^{2-} > OH^- > F^- > NO_3^- > Cl^- > S^{2-} > Br^- > I^-$。

除少数情况外，此配位场强度顺序可预测某一过渡金属离子的各种配合物吸收光谱的相对位置。一般规律是，Δ值随配位场强度的增加而增加，吸收波长发生蓝移。

f → f' 跃迁

大多数镧系和锕系元素的离子在紫外-可见区都有吸收，这是由于其4f或5f电子的 f → f' 跃迁引起的。由于f电子轨道被已充满的具有较高量子数的外层轨道所屏蔽，如铈（Ce）的电子排布为 $4d^{10}4f^55s^25p^66s^2$，受到溶剂及其他外界条件的影响较小，故吸收带较窄，这是 f→f' 跃迁吸收光谱与大多数无机或有机吸收体系所不同的特征。图3-7中的氯化铈溶液的紫外吸收光谱是典型的 f→f' 跃迁吸收光谱。

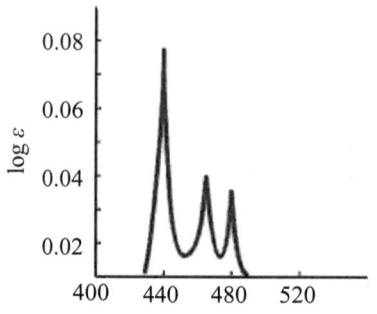

图3-7　氯化铈溶液的紫外吸收光谱

3.5.6　半导体的紫外吸收光谱

当入射光子的能量（$h\nu$）大于等于半导体材料的禁带宽度时会发生本征吸收，从而可获得半导体的紫外吸收光谱。

半导体的紫外吸收光谱不再是吸收峰而是基本的吸收带边界，称吸收边，即吸收系数陡然增大时的波长，这是本征吸收最明显的特征，标志着低能透明区和高能强吸收区之间的边界，基本吸收边由能量带隙，即导带底和价带顶的能量差，也就是由禁带宽度决定的。

一般带隙和吸收波长可按下式进行估算：

$$\lambda(\text{nm}) = 1240/E_g(\text{eV})$$

如锐钛矿相的二氧化钛带隙为 3.2 eV，可吸收波长 387 nm 或以下的光。氧化锌的带隙是 3.37 eV，可吸收波长 370 nm 或以下的光。硒化镉为大尺寸晶粒，当带隙为 1.8 eV 时，吸收带边界为 688 nm；当晶粒尺寸为 5.6 nm 时，吸收带边界为 610 nm，晶粒尺寸 4.1 nm 时，吸收带边界为 560 nm，当晶粒尺寸为 2.8 nm 时，吸收带边界为 505 nm。我们可以根据吸收带边界判定半导体晶粒的尺寸。

由于量子尺寸效应，纳米颗粒尺寸下降使得已被电子占据的轨道能级与未被占据的轨道能级之间的能隙变大，因此吸收边波长发生蓝移。

3.5.7　贵金属的紫外光谱

贵金属纳米粒子（如金、银、铂等）在紫外-可见区表现出很强的吸收性。吸收波长取决于材料的微观结构特征，如组成、形状、结构、尺寸、局域传导率等。

当电磁波的频率和等离子体振荡频率相同，即二者发生共振后，会有一部分入射光深入金属表面内部一定的距离（几nm，在金属内部呈指数衰减），这部分波称为消逝波，它们能与表面等离子体发生共振，即能被金属表面所吸收。入射光能量减去出射光能量剩下的就是消逝波的能量（前提是全反射以及其他一些条件），通过高精度的仪器能够检测到这部分波。一般我们把紫外光谱叫作紫外光谱吸收谱图，是因为可以检测出检测物吸收的那一部分波长的谱图。但金属表面会发生散射，因此紫外光谱实际检测到的是吸收加上散射光的谱图，称为消光谱。

3.6 紫外-可见光谱仪

根据紫外-可见光谱产生的原理，紫外-可见光谱仪需要完成以下任务：
①提供紫外-可见光波段的电磁辐射；
②将光源分出所需要的波长（定量分析时需要单色光辐照）；
③特定波长的光可以选择性地透过样品和参比溶液，如果是全谱，就可系统地改变波长；
④检测透过样品和参比样的光强度；
⑤将检测到的光强度转化为吸光度读数。

为完成以上任务，通常将紫外-可见光谱仪部件按图3-8所示的顺序安装，即光首先通过波长选择器直接作用于样品或参比物或空白上，然后由检测器收集光子，并将光能转化为电子信号而最终以数字信号的形式显示出来。

图3-8 紫外-可见光谱仪的部件安排示意图

即，紫外-可见光谱仪（紫外可见光分光光度计）一般由以下五部分组成。
①辐照源（光源）：氘灯和氢灯、卤钨灯、氙灯。
②波长选择器（分光系统）：
滤光片：干涉滤光片、吸收滤光片；
单色器元件：狭缝，衍射光栅（小阶梯光栅、中阶梯光栅和全息光栅），镜片；
结构：Fastie-Ebert单色系统、Czerny-Turner光学系统、Littrow结构等。
③样品池：比色皿、光学纤维。
④检测系统：光电管、光电倍增管（photomultiplier tubes）、光电二极管、光电二极管阵列和电荷耦合检测器（charge coupled detector）
⑤记录及数据处理系统：记录器、计算机。
紫外-可见光谱仪的常见类型有单光束型、双光束型、双波长型等。

3.6.1 光源

吸收光谱的电磁辐照源需要满足两个基本条件，首先在紫外-可见光波长范围内具有足够强度的连续辐射；其次在检测时间内需保持良好的稳定性。如果第一个条件不能满足，则到达检测器的光太少而使检测误差增大。如果第二个条件不能满足，则可能使样品和参比物测试时的光不一致而使吸光度值发生偏差。另外，光源还需要具有足够长的使用寿命。实际中，大部分辐射源无法在紫外-可见光整个波长范围内（200～800 nm）提供充足的能量，因此许多紫外-可见光谱仪往往会配备两个辐照源，如用一个氘灯或者氢放电灯提供紫外波段的电磁辐照，再用一个钨灯提供可见区的辐照。

光源一般分为两类，即可见光光源和紫外光光源。

（1）可见光光源

可见光光源一般为发射波长为320～1000 nm连续光谱的光源，常见的有钨灯和卤钨灯。

白炽钨灯通常可以提供350～2500 nm的电磁辐射源。这一类灯是卷绕的钨丝被电流加热而发光。钨丝被密闭在玻璃泡中并充以惰性气体或处于真空状态。钨灯具有成本低和寿命长的特点，并且对可见光和近紫外波长范围内的吸收都可以提供足够强度的辐照。在紫外区，钨灯所提供的辐照强度迅速衰减。钨灯的光谱强度与温度有关，钨灯的发光强度与供电电压的3～4次方成正比，为了保持光源稳定，一般都配有稳压装置。

卤钨灯是一种将卤素或卤化物（通常是碘和溴）添加进灯泡的特殊的白炽灯。当灯丝发热时，钨原子被蒸发后向玻璃管壁方向移动，当接近玻璃管壁时，钨蒸气被冷却到大约800 ℃并和卤素原子结合，形成不稳定的卤化钨。卤化钨向玻璃管中央继续移动，又重新回到被氧化的灯丝上。灯丝上的卤化钨遇热后又重新分解成卤素蒸气和金属钨，金属钨重新凝结和沉积下来，弥补了被蒸发掉的部分。如此形成一种再生循环过程，使灯丝的使用寿命大大延长，同时使灯丝能在更高温度下工作，从而提高所提供辐射源的强度。

这类光源的辐射能量与施加的外加电压有关。在可见区，辐射能量与工作电压的3～4次方成正比，光电流也与灯丝电压的 n 次方（$n>1$）成正比，因此使用时必须严格控制灯丝电压，必要时须配备稳压装置，以保证光源的稳定。

（2）紫外光光源

氘灯和氢灯一般提供160～380 nm波长范围的光源，为连续光谱带。因为玻璃吸收波长小于350 nm，因此氘灯和氢灯都必须以石英作为窗口。受石英窗口吸收的限制，通常紫外区波长的有效范围为200～375 nm。

氘灯和氢灯是冷阴极辉光放电灯。一般将两个电极密封于石英泡壳中，再充入一定压力的高纯氘气或氢气。接通电源后，灯丝阴极发射的热电子在电场加速下向阳极运动，与氘气或氢气分子实现非弹性碰撞而激发，从而辐射氘分子或氢分子的连续光谱。氘灯或氢灯是利用阳极光柱运作，因此强度大。为避免阳极电弧光斑，可在阳极垂直方向安装一个开有小孔的隔挡片，使光自小孔发出。氘灯或氢灯不宜频繁启动，注意灯的预热，以获得稳定的光输出。氢灯灯内的氢气压力为 10^2 Pa 时，用稳压电源供电，放电十分稳定，光强也比较恒定。氘灯的灯光内充有氢的同位素氘，其光谱分布与氢灯近似，常见氘灯外形如图3-9所示。

图3-9 常见氚灯

氚灯与氢灯相比具有发光强度高的特点,其光强度比同功率的氢灯大3~5倍,且具有稳定性好、寿命长、重复使用性好、体积小及使用方便等特点。氚灯的寿命一般可达1000小时,有些产品可达2000小时。因此,在光谱仪中氚灯比氢灯有着更为广泛的应用。

(3)氙灯

氙灯是典型的弧光放电型气体放电灯。氙原子在电压作用下发生电离而形成等离子体,等离子体释放电磁辐射。氙灯的光谱分布与日光最为近似,波长覆盖范围从紫外光到近红外光,因此常被装配到光谱仪中,用作对样品进行从紫外光到可见光的全波扫描。有些紫外-可见光谱仪就使用一个氙灯来取代氚灯与钨灯的配合。

3.6.2 分光系统

比尔定律是以单色光辐照为前提的,因此在光谱检测中,需将光源发射的复合光分成单色光,并可在紫外-可见区随意调节波长。实现这一过程的装置就称为分光系统,或称为单色器(monochromators)。单色器的性能决定了入射光的单色性,会影响测量的灵敏度、选择性等。

单色器一般由以下五个部分组成。

(1)入射狭缝(entrance slit)

光源的光由此进入单色器,为光源提供一个窄的通道,用于调节入射光的强度和纯度,主要是限制杂散光进入,避免直接影响仪器分辨率。

一般来说,狭缝越宽,入射波长范围越宽,入射光强度越强。狭缝的最小宽度取决于检测器能准确进行测量的最小光能量。目前仪器的狭缝宽度范围为0.1~20 nm。需要注意的是,这个宽度并不是狭缝的实际物理宽度,而是单色器的谱带宽度。狭缝的实际物理宽度远远大于此,一般在毫米范围。如果狭缝的物理宽度真的达到纳米级,那么光线将会发生衍射现象,因为这时缝宽与入射波长在同一个数量级。

(2)准直镜(collimating mirror)

准直镜就是透镜或反射镜,可以使变为平行光束后的从入射狭缝进来的入射光束进入色散元件。

（3）色散元件（dispersive element）

色散元件是光学系统的核心部分，能将入射的复合光分解成单色光，即起分光的作用，其性能直接影响入射光的单色性，影响测定灵敏度、选择性及校准曲线的线性关系等。常见的色散元件一般为棱镜或光栅。

棱镜有玻璃和石英两种材料。其色散原理是依据不同波长的光通过棱镜时的折射率不同而将不同波长的光分开。由于玻璃会吸收紫外光，所以玻璃棱镜只适用于250～3200 nm的可见光和近红外光区的波长范围。石英棱镜使用的波长范围较宽，为185～4000 nm，即可用于紫外、可见和红外三个光谱区。缺点是波长分布不均匀，即长波部分比较拥挤而短波部分比较分散，从而造成仪器分辨能力较低。

光栅是由大量等宽、等间距的平行狭缝构成的光学器件，有平面光栅和凹面光栅两种。其作用原理为光的衍射与干涉作用，可用于紫外、可见及红外区，在整个波长区域具有良好的几乎均匀一致的色散率，具有可适用波长范围宽、分辨本领高、成本低、便于保存和易于制作等优点，是目前使用最多的色散元件。其缺点是各级光谱会重叠而产生干扰。

在制造工艺上，目前全息光栅已全面取代刻划光栅。作为平面光栅，全息技术的特点是成品率高、杂散光小、不产生伪线。为提高光能量的利用率，闪耀光栅使用也较多。闪耀光栅是将格子凹槽的表面制作成锯齿结构，通过适当的凹槽面结构实现光栅上入射光与特定波长反射光的镜面关系，该波长处入射能量的大部分可被汇聚。折射效率被最大化的波长称为闪耀波长。根据光栅凹槽的结构，只有一个波长可被设为闪耀波长。这样，当闪耀光栅在特定波长处实现优异的能量汇集时，在其他波长处能量会不可避免地衰减。用两块闪耀光栅就可弥补这一缺陷，避免光的大量损失。如果用两块不同闪耀角的全息光栅组成一个双闪耀光栅，通过光栅的离心转动就可进行波长扫描，根据波长改变光栅上的使用区域。这样就可以实现在任何波长范围内都有适当的闪耀效率和高折射率的目标，实现低杂散光和高测定能量的目标。

凹面光栅因为兼具色散和聚焦两种功能，使得扫描光栅型分光光度计的结构设计得以简化。单色器的结构示意图如图3-10所示。

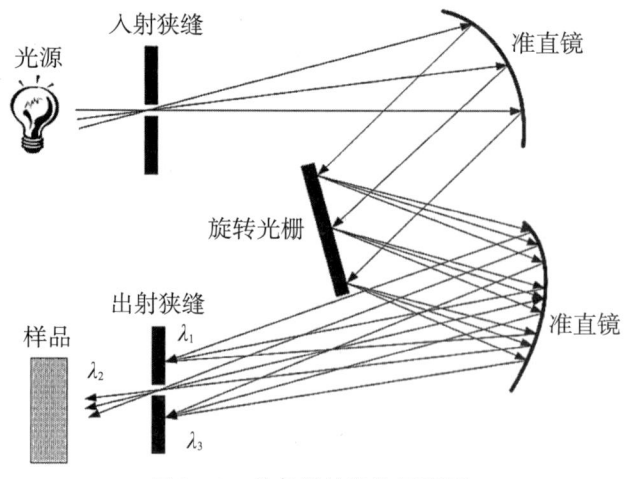

图3-10　单色器的结构示意图

（4）准直镜（聚焦透镜）

准直镜为透镜或凹面反射镜，它能将分光后所得的单色光聚焦至出射狭缝。

（5）出射狭缝

出射狭缝控制仪器波长的精度。经过光栅分光后的光是一组呈角度分布的按不同波长排列的单色光。旋转光栅角度，使所需波长的光经透镜聚焦到出射狭缝，其他不需要的光将被阻挡。

如图3-10所示，光线从辐照源出发，通过入射狭缝到达准直镜，经反射并抵达光栅后被分光，然后经过第二准直镜并被聚焦到出射狭缝处，只有所需的很窄波长范围的光才能通过出射狭缝，其他多余的光就被物理阻隔于此。从出射狭缝出来的近单色光就可以作用于样品而进行测试了。

组成单色器的这五个部件可以进行不同的组合与排列，从而设计出不同的单色器，获得不同类型的紫外-可见光谱仪。如Fastie-Ebert单色器，其示意图如图3-11所示。这里的入射狭缝和出射狭缝分别位于光栅的两边，只使用一个凹面镜作为准直和聚焦镜，通过出射狭缝的光的波长主要根据旋转光栅绕垂直轴旋转进行选择。

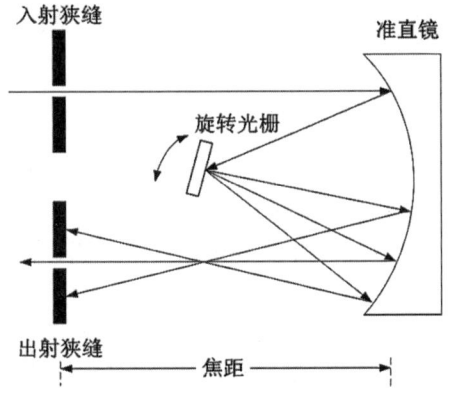

图3-11　Fastie-Ebert单色器光学特征示意图

再如Czerny-Turner单色器，其光学特征示意图如图3-12所示。这种单色器与Fastie-Ebert单色器的结构十分相似，只是用两个凹面镜取代了Fastie-Ebert单色器中的一个凹面镜。Czerny-Turner单色器常被用在比较昂贵的系统中，以获得较好的分辨率和对杂散光的控制。

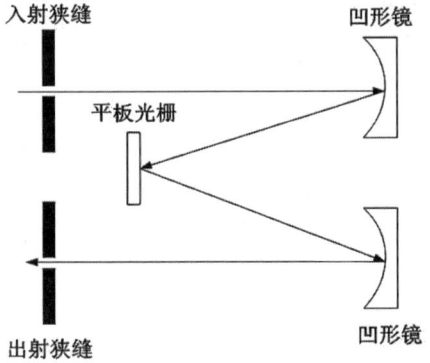

图3-12　Czerny-Turner单色器光学特征示意图

又如Littrow单色器，其光学特征示意图如图3-13所示。这种单色器也只用一个凹面镜。光源照射凹面镜的上面部分，光线被准直后就来到光栅，在这里被分为各组成波长。在这种设计中，光栅的轴平行于沟槽的平面。衍射光束又被送回同一面凹面镜的较低的位置，在这里被聚焦后通过出射狭缝。Littrow单色器中的入射狭缝和出射狭缝是同一个狭缝的上部和下部。这种结构通常用于结构比较紧凑的小型紫外-可见光谱仪。

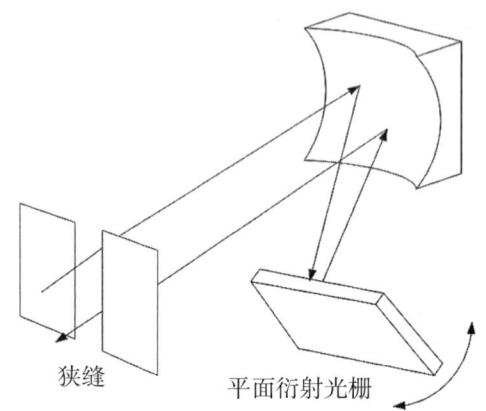

图3-13　Littrow单色器光学特征示意图

3.6.3　样品室

样品室是放置各种类型的吸收池或比色皿和相应池架的附件。

入射光从分光系统出来后就可辐照样品和参比样。样品和参比样通常盛放于由塑料、玻璃或石英制成的立方体比色皿中。为减少光的损失而获得准确的测试结果，立方体比色皿的两个光学面必须彼此完全平行，同时完全垂直于光束方向。圆柱体比色皿是不太昂贵的仪器。如果使用的是圆柱体比色皿，则确保每次测试时放置的位置完全一致。

紫外-可见光谱仪中使用的吸收池或比色皿光程通常都是1 cm，但实际的吸收池光程有小于0.1 cm和大于10 cm的型号。根据朗伯-比尔定律，如果所用的样品少或者吸收强度强，则可使用光程比较小的吸收池。光程比较大的吸收池（如10 cm）常常用于气体样品的测试。因为气体样品的浓度通常较低，所以增加光程可以增加被吸收的物质的量，这样可以使吸光度达到一定的值，从而使测试结果比较可靠。

吸收池的材料必须在我们所感兴趣的波长范围内没有吸收。塑料、玻璃和石英是最常用的材料。塑料比色皿便宜，但是因为对紫外光有强烈吸收，所以只能用于可见光部分。玻璃比色皿价格也比较便宜，但是同样因为在紫外区有强烈吸收，所以不能用于波长小于340 nm的测试，一般范围为340～1000 nm。如果要同时检测紫外光和可见光波段，则需要使用石英比色皿，因为石英在紫外光和可见光范围内都没有吸收。在紫外区，一般的石英比色皿可使用的范围为200～340 nm，紫外级石英比色皿的使用范围为185～220 nm。石英材质很脆，价格昂贵，因此使用时必须十分小心。由于玻璃和石英材质的比色皿在外观上差别不大，因此大部分制造商会在比色皿上作一些标示，如在比色皿顶部标记字母"Q"或者"G"。

一般比色皿的四个柱面各有两个相对的光面和毛面。光面是透光面，称为光学面。光束不能从毛面穿过，毛面是手持操作面，这样有助于保持光学面清洁。指纹、油脂、污渍及纤维屑的残留都会造成比色皿透光性的改变，因此应保持比色皿壁特别是光面的洁净。建议手握比色皿毛面的最上面的部位，因为光路一般不会从这个位置经过。

在高精度的分析测定中（紫外区尤其重要），盛放样品和参比样的比色皿一定要严格配对，以保证其吸光特征、壁厚和光程等完全一致。比色皿本身的吸光特征以及比色皿光程长度的精度等对分析结果都有影响。

光学纤维一般用在远程或在线感应不能放入标准比色皿进行检测的样品。例如，如果检测流体的吸光度，就使用通过总内部反射的光学纤维透过辐射。当电磁辐射通过透明的介质以大于临界角的角度碰撞具有较低折射率介质的界面时，总内部反射产生。由低折射率材料包裹高折射率核构成的光纤将会把入射光带到待检测溶液，透射光束又会被另外的光纤束带回仪器。

紫外光谱仪样品室恰好安装在光电转换前。

3.6.4 检测器

检测器的功能是检测信号、测量单色光透过溶液后光强度的变化。其基本原理是利用光电效应将透过吸收池的光信号变成可测的电信号。

紫外-可见光谱仪中常用的检测器主要有三种：光电池（photocell）、光电管（phototube）和光电倍增管（photomultiplier），见表3-9所列。

表3-9　三种主要检测器的比较

检测器种类	光电池	光电管	光电倍增管
波长(nm)	400～750	190～650（蓝敏） 600～1000（红敏）	180～900
响应速度(s)	慢	10^{-8}	10^{-9}
灵敏度	低	10^5～10^6	10^8～10^9

光电池对光的敏感范围为300～800 nm，其中又以500～600 nm最为灵敏。这种光电池的特点是能产生可直接推动微安表或检流计的光电流，但响应速度较慢，灵敏度较低，且由于容易出现疲劳效应而只能用于低档的光谱仪中。

光电管在紫外-可见分光光度计上的应用较为广泛，由封装于真空管内的光电阴极和辐射敏感阳极组成。用作光阴极表面镀层的光电发光材料必须对入射光有较高的吸收系数，还需具有较低的功函数以使其光谱范围可扩展的长波区域。用作光阴极表面的金属一般有碱金属、汞、金和银等，可满足不同波段的需要。光电管分为红敏和蓝敏两种。光阴极表面镀有金属银和氧化铯的光电管即为红敏光电管，光阴极表面材料是金属锑和铯的光电管则为蓝敏光电管。

光电倍增管是检测微弱光信号最常用的光电元件，由三部分组成：同光电管相似的一个光电发射阴极、一系列电子倍增极组成的二次发射倍增系统和一个收集电子并响应入射光撞击检测器而产生电流的阳极。光阴极是涂有能发射电子的光敏物质的电极，主要由铯、锑、银等及其氧化物组成。光阴极表面的光敏物质在光子作用下发射电子，这些电子被外电场加速，聚焦于第一电子倍增级。这些高速电子使下一个电子倍增级释放更多的电子。这些电子再被聚焦在第二电子倍增级。这样经过不同倍增级的倍增，信号得到放大。光电倍增管有端窗型和侧窗型两种。端窗型从光电倍增管的顶端接受入射光，侧窗型从侧面接受入射光。一般来说，侧窗型的价格相对便宜，使用更为广泛。光电倍增管的灵敏度比一般的光电管要高 200 倍，因此适用于较窄的单色器狭缝，从而对光谱的精细结构有较好的分辨能力。光电倍增管的优点在于直接将光信号转换为方便处理的电流信号，本身有很大的电流放大能力，在测定的光谱范围内具有高灵敏度，对辐射能量的响应时间短，线性关系好，对不同波长的辐射响应都相同且可靠，噪声低，稳定性好。但其没有空间分辨能力，难以同时检测多波长信号。

除常用的三种检测器外，检测器还有光电二极管、光电二极管阵列和电荷耦合器件等。光电二极管是由 P-N 结组成的半导体器件，与光电池相比，具有线性好和响应速度快的特点。光电二极管阵列是将许多小光电二极管组合成的线性或二维的阵列。每一个二极管相当于一个单色器的出口狭缝，二极管越多分辨率越高。一般一个二极管对应吸收光谱上的一个纳米谱带的单色光。其优点是可同时快速检测透过样品的所有波长的紫外光，可获得吸光度随时间和波长变化的三维空间谱图，灵敏度高、噪声低、线性范围大、波长重复性好、性能可靠，但是其分辨率低于光电倍增管检测器。电荷耦合器件检测器是光电二极管阵列的一个变体，是由光电二极管组合而成的一个二维阵列。电荷耦合器件检测器具有优异的性能，如光谱范围宽、量子效率高、暗电流小、噪声低、线性范围宽、可多通道检测、体积小、质量轻、抗震能力强、功耗低，但其对紫外光响应较弱，信号接收率低。

3.6.5 紫外-可见光谱仪的类型

不同结构的分子由于电场不同、激发态分布也不同，从而使得可吸收的电磁波强度不同，因此，紫外-可见光谱可用作材料分子的定性检测。另外，根据比尔定律，测试样品的浓度与其吸光度成正比，这使得对试样进行定量测试成为可能。将前面所述仪器的各部件进行不同的组合就可获得不同类型的紫外-可见光谱仪，以满足测试需求。常见的紫外-可见光谱仪有以下三种类型。

（1）单光束型

单光束紫外-可见光谱仪的结构示意图如图 3-14 所示。在这种仪器中，光源发出的光先经透镜聚焦后通过入射狭缝（再经透镜聚焦）到达光栅，经色散后的光经透镜聚焦，使只有很窄波长范围的光穿过出射狭缝。用这些波长经过选择后的光照射样品，样品吸收能量与其分子中电子跃迁匹配的光，未被吸收的光被检测器检测，或经滤光片去除高阶波长的光后到达检测器进行检测。其结构原理简化来说就如图 3-15 所示。

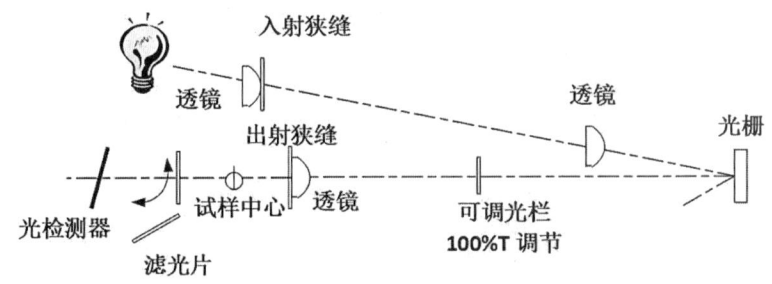

图 3-14 单光束型紫外-可见光谱仪结构示意图

图 3-15 单光束紫外-可见光谱仪结构简化示意图

进行检测时，先放入参比样进行测试，获得两个读数，其中一个通过可调光栅遮蔽所有光束并将其设为 0% 的透光率，另一个将光栅打开，让所有选择波长的光束完全通过照射参比样，并将其透光度调节为 100%，再放入待测样品进行测试。

单光束紫外-可见光谱仪结构简单，成本较低。简单的光路可提供较高的光通量，因此灵敏度高，适合在给定波长处测量吸光度或透光度，一般不能做全波段光谱扫描，要求光源和检测器具有很高的稳定性。如果测试时间较长，则光源漂移将产生较大的误差。

（2）双光束型

双光束型的紫外-可见光谱仪与单光束型的区别在于，前者的样品池和参比池光路前有一个斩光器，斩光器依次将单色器分出的单色光分为波长和强度相同的两束交替断续的单色光，使之交替通过参比池和样品池而到达检测器，示意图如图 3-16 所示。仪器对两束透射光束强度的比值进行对数变换，从而得到吸光度，并作为波长的函数记录下来。

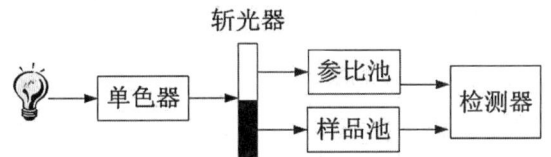

图 3-16 双光束型紫外-可见光谱仪结构简化示意图

斩光器以一定速度旋转，使参比池和样品池交替被检测，每秒进行数次，因此对杂散光和噪声等的影响都可部分抵消，能校正光源漂移产生的误差，还可以方便地对被测样品在整个波段范围内进行连续扫描，从而获得精细的吸收光谱，同时可消除检测器灵敏度变化等因素的影响，特别适用于结构分析，但仪器构造复杂，价格较高。

（3）双波长型

与前面两种类型的仪器相比，双波长型的紫外-可见光谱仪具有两个单色器，如图 3-17 所示，将同一光源发出的光分为两束，经过两个单色器，得到两束不同波长的单色光，这两束单色光经过斩光器以一定频率交替照射同一个吸收池，检测器随后进行检测，最后得到两个波长处的吸光度值差。

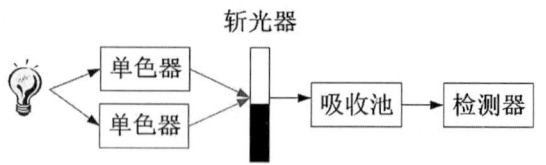

图 3-17 双波长型紫外-可见光谱仪结构简化示意图

这种类型的仪器可同时测定两个波长的紫外光吸收，用于研究样品中两个同时发生的反应，可得到微分光谱，用于浑浊液和双组分样品的测试。波长选择方法可方便地校正背景吸收，消除吸收光谱重叠的干扰，适用于背景吸收大的样品分析。该类型仪器只使用一个吸收池，参比溶液即被测溶液，避免了单波长法中因被测溶液与参比溶液在组成、均匀性上的差异及双光束型仪器中两个吸收池之间的差异所引入的误差。由于该类型仪器含有两个单色器，因此结构比较复杂，价格昂贵，现在大多已被多波长二极管阵列型所替代。

3.7 影响紫外可见吸收光谱的因素

一般来说，紫外-可见光谱的影响因素分为化学环境因素和仪器环境因素。

3.7.1 化学环境

试样的化学环境对紫外-可见光谱的波长位移及强度变化有着重要的影响，其中影响较大的因素主要有酸碱度和溶剂效应。

（1）酸碱度的影响

酸碱度的变化会使有机化合物的存在形式发生变化，从而导致谱带的位移。

如苯酚，其酚羟基的氧原子含有两对孤对电子，随着pH的增高，其存在形式会发生变化，即酚羟基变为酚盐负离子，如图 3-18 所示，这时氧原子的孤对电子数增加为三对，使 p-π 共轭作用得到进一步加强，谱带发生红移，吸收峰分别从 211 nm 和 270 nm 位移到 236 nm 和 287 nm。

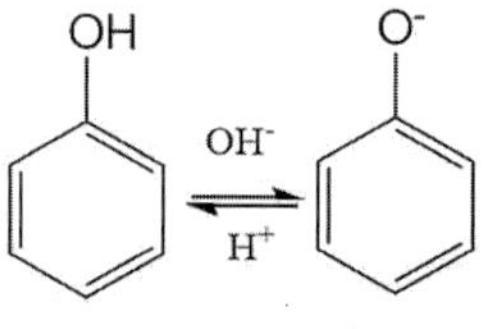

图 3-18 不同酸碱度下苯酚存在形式的变化

又如苯胺，随着 pH 的降低，其存在形式也会发生变化，氨基会结合质子而形成铵离子，这时氮原子的未成对电子消失，如图 3-19 所示，氨基的助色作用消失，谱带发生蓝移，吸收峰分别从 230 nm 和 280 nm 位移到 203 nm 和 254 nm。

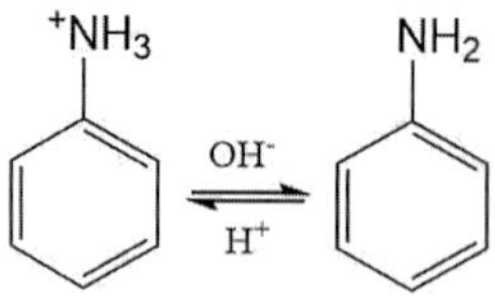

图 3-19 不同酸度下苯胺存在形式的变化

另外酸度的变化还会影响化合物的络合平衡，从而造成配合物的组成发生变化，而使得吸收带发生位移。如 Fe（III）与磺基水杨酸（图3-20）形成的配合物，当 pH＜4 时，形成 1∶1 的紫红色配合物；当 4＜pH＜10 时，形成 1∶2 的橙红色配合物；当 pH＞10 时，形成 1∶3 的黄色配合物。

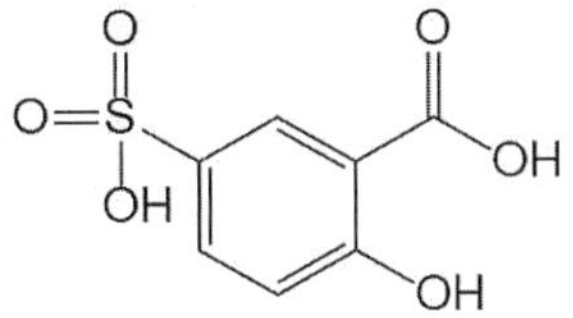

图3-20　磺基水杨酸化学结构图

（2）溶剂效应

紫外可见吸收光谱的测定很多是在稀溶液中进行的。而溶剂尤其是极性溶剂，常会对溶质的吸收波长、强度及形状产生较大影响。

一般来说，极性溶剂对电核分散体系的稳定能力会使基态和激发态的能量都有降低，但程度不同，前者大于后者。会发生 n→π* 跃迁的溶质分子，都含有非键电子。如羰基，在基态时，碳氧键极化成略带负电核的氧和略带正电荷的碳，当 n 电子跃迁到 π* 轨道时，氧的电子转移到碳，使羰基激发态的极性减小，所以与极性溶剂的偶极-偶极相互作用强度以基态大于激发态。另外，极性溶剂可与极性溶质分子形成氢键，且更容易与基态的极性分子形成氢键，而不易与激发态的溶质分子形成氢键。其结果是，基态能级的能量下降较大，而激发态能级的能量下降较少，最终增加了待测溶质分子电子跃迁能级的差值，故使吸收峰蓝移。

对于产生 π→π* 跃迁谱带的体系，溶剂的极性越强，谱带越向长波长方向位移。这是由于大多数能发生 π→π* 跃迁的分子，其激发态的极性总是比基态极性大，极性溶剂更容易与待测溶质分子的激发态发生相互作用，而导致能量降低的程度就要比与极性小的基态的相互作用降低的能量大，从而稳定激发态，降低电子跃迁的能级，使吸收峰红移。

在极性溶剂中，有些分子其紫外光谱的精细结构会完全消失，原因是极性溶剂分子与溶质分子的相互作用，限制了溶质分子的自由转动和振动，从而使振动和转动的精细结构随之消失。例如，苯酚在非极性溶剂异辛烷或庚烷中不会与溶剂分子形成氢键，因此在此溶剂中苯酚的吸收光谱表现出精细结构，与其在气相中表现出的光谱相似。但是当苯酚在极性溶剂（如乙醇）中时，苯酚分子会与极性溶剂分子通过氢键形成复合物，这时苯酚分子在光谱中的精细结构消失。由此可得出，一般情况下，应尽量选择极性小的溶剂。

对于溶剂的选择，一般需要满足下列的条件。

①溶剂对样品有足够的溶解能力，具有合适的溶解度。
②所得溶液的性质稳定。
③溶剂不与样品发生反应。
④溶剂须有足够宽的紫外-可见光透明窗口。

多数溶剂都可以满足在可见光范围内没有吸收，但是在紫外光部分有些溶剂就会出现较强的吸收。因此，需注意选择在样品所测定的波长范围内本身没有吸收的溶剂。不同溶剂对于紫外光的透过波长情况不同。表3-10列出一些常用溶剂的透过波长范围下限参考值，大于此波长时该溶剂表现为透明。

表3-10　紫外光谱中常见溶剂的透过波长下限参考值

溶剂	透过波长下限/nm	溶剂	透过波长下限/nm
水	210	丁醚	235
95%乙醇	210	氯仿	245
戊醇	210	二乙醚	260
异丙醇	210	甲酸甲酯	260
正丁醇	210	甲酸乙酯	260
乙腈	210	乙酸乙酯	260
乙醚	210	四氯化碳	265
正戊烷	210	二甲基甲酰胺	270
环戊烷	210	甲酰替二胺	270
正己烷	210	二乙胺	275
环己烷	210	苯	280
庚烷	210	甲苯	285
异辛烷	210	二甲苯	290
甲基环己烷	210	间二甲苯	290
2,2,4-三甲基戊烷	210	四氯代乙烯	290
甲醇	215	吡啶	305
四氢呋喃	220	丙酮	330
甘油	220	甲乙酮	330
异丙醚	220	甲基异丁酮	330
氯代丙烷	225	三溴甲烷	360
二氧六环	230	二硫化碳	380
二氯甲烷	235	硝基甲烷	380
1,2-二氯乙烷	235		

⑤样品在该溶剂中有良好的吸收峰形。

⑥紫外光谱测试所用溶剂的纯度也很重要。

溶剂中的微量杂质会对谱图产生很严重的影响。商业上供应标示"光谱纯"的试剂，也不一定纯。使用前需在光谱仪上进行检查，必要时做一些处理，以确保在测定的紫外-可见光范围内没有杂质峰。

⑦溶剂挥发性小、不易燃、无毒性、价格便宜。

3.7.2 仪器环境

影响紫外-可见光吸收谱带的另一主要因素是仪器环境,即仪器的测试性能。其中最主要的有以下几种。

(1) 仪器的单色性(即仪器的分辨率)

一般要求对于在 260 nm 处的双光束紫外-可见光谱仪,应该能够分辨间隔为 0.3 nm 的谱线。低分辨率会使相邻峰无法分开,而给定性或结构分析带来困难,定量分析也会产生误差。

(2) 仪器的波长精度

波长误差会使紫外光谱发生严重位移而导致分析结果错误,因此必须对仪器进行定期的校正。

(3) 仪器的测光精度

测光精度是仪器测得的透光度或吸光度与真实值之间的偏差。精密的紫外光谱仪可以达到 0.001 Å。

(4) 吸光度范围选择

根据比尔定律,吸光度与试样浓度成正比,在不同吸光度范围内测定,可引起不同的误差。样品浓度太低,则信号太小、仪器噪声太大。浓度太大,吸光度会偏离比尔定律,分析误差增大,甚至浓度偏大时会出现吸光度值反而减少的反常现象。

当试样量允许的时候,试样应尽量靠近吸光度为 0.434 时的浓度。从理论上来说,吸光度值为 0.434 时,分析误差最小。

3.8 紫外-可见光谱的应用

紫外-可见光谱是最简单的波谱检测手段,被广泛应用于各行各业,常被用于材料分子的定性、定量分析,纯度检测等方面。

3.8.1 材料的定性分析

根据紫外-可见光谱,可以大致地推断出被测化合物的主要生色团及其取代基的种类和位置以及该化合物的共轭体系数目和位置,这些就是紫外吸收光谱在定性、结构分析中的最重要的应用。

材料的分析与鉴定通常采用与标准化合物的图谱对照的方法。但具有相同生色团及助色团的化合物的紫外光谱大致相同,因此单根据紫外光谱只能知道是否存在某些基团,不能完全确定其结构,还必须与其他波谱方法结合起来,才能进行结构分析。可是根据共轭效应对紫外光谱的影响很大这一特点,紫外光谱是可以用来进行同分异构体的判别的,这是紫外光谱的一个特点。

例如,某化合物具有顺式和反式两种异构体,当该化合物中的生色团与助色团在同一平面上时,由于能产生最大的共轭效应,因而吸收波长就会向长波长方向移动。当为顺式结构时,由于位阻效应,共轭程度降低,则吸收峰会向短波长方向位移。据此,我们即可判断该化合物的顺反异构。

根据紫外-可见光谱，我们可得到以下信息。

在200~800 nm范围内的紫外-可见光谱没有吸收带，表明不含有共轭烯链、醛、酮及α,β-不饱和醛、酮和酸，不含有与苯环连接的发色基团等，很可能不含有孤立的双键。如200~250 nm范围内的紫外-可见光谱有强吸收带（$\varepsilon \approx 10^4$），说明可能有共轭烯烃或α,β-不饱和醛、酮和酸。如果260 nm、300 nm处和330 nm处的紫外-可见光谱附近有强吸收带，则可能存在3~5个共轭的不饱和键。如果在260~300 nm范围内的紫外-可见光谱有中等强度的吸收带（$\varepsilon \approx 200 \sim 1000$），特别在非极性溶剂中测试伴有振动精细结构，则可能存在芳香环。如果290 nm处的紫外-可见光谱附近有弱吸收带（$\varepsilon \approx 20 \sim 100$），增加溶剂极性会蓝移，则可能存在醛或酮羰基。有颜色的化合物，其共轭体系较大，或者含有硝基、偶氮基、重氮基及亚硝基等基团，也可能是α-二酮、乙二醛、金属离子配合物及碘仿等化合物。虽然它们不一定含有共轭链，但是也会有颜色。

一般紫外-可见光谱需与物理、化学或其他波谱方法配合才能发挥其在分子结构定性分析中的作用。其他的分子结构测试信息来源多样，在用紫外光谱配合进行结构分析时的内容和方法也不相同，因此没有固定的定性解析程序，以下只介绍常规方法，以供参考。

①确定分子式，算出分子不饱和度。
②从紫外光谱图中找出峰的吸收个数、最大吸收峰对应的波长λ_{max}，并算出ε。
③推断该吸收带属何种吸收带及可能的化合物骨架结构类型。
④与同类已知化合物紫外光谱进行比较，或将预估结构计算值与实测值进行比较。
⑤与标准品进行比较、对照或查找文献核对。
⑥考虑pH的影响。
⑦改变溶剂的极性，观察吸收谱带的变化。

紫外光谱的吸收峰较少，给分子结构定性带来困难。当两个样品的谱图十分相似时，可以用导数光谱来进行判断。峰的数目随导数的阶数提高而增加。导数光谱可以分辨原来重叠的吸收谱带，在多组分体系和浑浊样品的分析中，在消除背景干扰和增强吸收光谱的精细结构及复杂光谱辨认等方面，导数光谱在一定程度上可以解决传统吸收光谱难以解决的问题。

在紫外光谱的导数光谱中，零阶导数曲线极大处，对应奇阶导数（$n=1,3,5\cdots$）曲线过零点处或偶阶导数（$n=2,4,6\cdots$）曲线的极大处或极小处。零阶导数曲线的拐点处，对应奇阶导数曲线极大或极小值处或偶阶导数曲线过零点处。

两个紫外光谱很相似的化合物，其导数光谱可能差别很大而易于进行判断和分析。在有机化合物的分析中，导数方法能有效检测某些具有细小光谱差别的异构体和同系物。在无机化合物的分析中，导数法特别适用于化学性质相似的元素同时进行分析。

目前,许多比较高档的紫外-可见光谱仪都配有导数光谱的附件,可获得一阶到四阶导数光谱。如果再配有具信号放大功能的模拟微分回路装置,则可使灵敏度提高两到三个数量级,使紫外-可见光谱成为痕量分析的有力手段。

3.8.2 材料的定量分析

在波谱分析中,由于使用方便、准确度比其他波谱高,用于定量分析最多的就是紫外-可见光谱,且材料的ε值越大越有利于定量分析。例如,具有π键电子及共轭双键的有机化合物,在紫外区有强烈的吸收,且$\varepsilon \approx 10^4 \sim 10^5$,具有很高的检测灵敏度。对于无机化合物,也因为电荷转移吸收带、导带间的电子跃迁和等离子共振所引起的谱带强度大,所以紫外-可见光谱在定量分析上也有着广泛的应用。

运用紫外-可见光谱进行定量分析的方法很多,如在进行单组分分析时可选用绝对法、标准对照法、吸光系数法、标准曲线法等。在多组分分析时,可采用等吸收点作图法、y-参比法、解联立方程法和多波长作图法等。具体采用方法根据实际情况而定。

紫外-可见光谱法进行定量分析的依据是朗伯-比尔定律:$A = \varepsilon c L$。

(1) 单组分的定量方法

①绝对法:

如已知样品池厚度L和待测物质的摩尔吸光系数ε,从紫外-可见光谱仪上读出吸光度值A_x,就可根据朗伯-比尔定律用下式直接计算出待测物质的浓度,如下:

$$C_x = A_x/(\varepsilon L)$$

由于待测物质的摩尔吸光系数不易准确获知,即使使用文献上的数值也必须保证完全相同的测试条件,因此这种方法很少使用。

②标准对照法:

我们先用纯的待测物质配置浓度为C_s的标准溶液,测定其吸光度A_s,再在同一样品池中测定未知浓度的待测样品的吸光度A_x。因两次测定中,摩尔吸光系数和样品池厚度均一致,因此,根据朗伯-比尔定律可以计算待测样品浓度C_x,具体计算如下:

标准溶液:$A_s = \varepsilon C_s L$;

待测溶液:$A_x = \varepsilon C_x L$;

则:$C_x = C_s A_x / A_s$。

③标准曲线法:

先将待测物质配制成一定浓度的溶液,测试其紫外-可见光谱,获得清晰的λ_{max};再配制一系列不同浓度的待测物质溶液,将波长固定为λ_{max},测定这些溶液的吸光度值;将吸光度值作为纵坐标,浓度作为横坐标,作标准曲线。在相同条件下,测量待测溶液的吸光度值A_x,在标准曲线上找出相应的A_x对应的浓度,即为待测样品浓度。

(2) 多组分的定量分析

多组分定量分析是指在一个试样中需同时定量多个组分的物质。这时的测试依据除了朗伯-比尔定律外,还有吸光度的加和性。这里以两组分定量分析为例。

①吸收谱带不重叠:

如果混合物中a和b两个组分的吸收谱带不发生重叠，互不干扰，则相当于对两个单组分进行定量分析，可用单组分定量分析方法分别测定两个组分的含量。这种情况一般不多。

②吸收谱带重叠：

a和b两个组分的吸收谱带相互重叠的示意图如图3-21所示，此时可以根据吸光度的加和性进行计算。

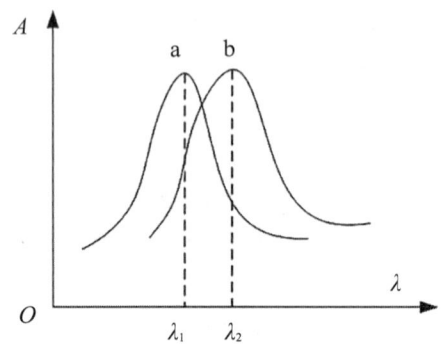

图3-21 两组分吸收谱带相互重叠示意图

首先选定a和b两个组分在谱图中的最大吸收波长λ_1和λ_2，根据吸光度的加和性及朗伯-比尔定律列出下列式子：

在λ_1处，$A_{\lambda_1}^{总} = A_{\lambda_1}^{a} + A_{\lambda_1}^{b} = \varepsilon_{\lambda_1}^{a} C_x^a L + \varepsilon_{\lambda_1}^{b} C_x^b L$；

在λ_2处，$A_{\lambda_2}^{总} = A_{\lambda_2}^{a} + A_{\lambda_2}^{b} = \varepsilon_{\lambda_2}^{a} C_x^a L + \varepsilon_{\lambda_2}^{b} C_x^b L$。

式中，$A_{\lambda_1}^{总}$和$A_{\lambda_2}^{总}$是a、b两个组分在波长λ_1和λ_2处的总吸光度，可从图中直接获取；$\varepsilon_{\lambda_1}^{a}$和$\varepsilon_{\lambda_2}^{a}$为组分a在$\lambda_1$和$\lambda_2$处的摩尔吸光系数，$\varepsilon_{\lambda_1}^{b}$和$\varepsilon_{\lambda_2}^{b}$是组分b在$\lambda_1$和$\lambda_2$处的摩尔吸光系数，它们可以用已知浓度的a组分和b组分的标准溶液测出。因此，将上面两式联立方程，即可求解组分a和组分b在待测混合溶液中的浓度。

（3）示差光度法

当要求获得较高的定量分析精度时，可使用示差光度法。测试普通的紫外-可见光谱，往往采用不含待测组分的溶液作为参比溶液。示差光度法则使用一定已知浓度C_s的待测物质溶液作为参比液，测定其吸光度A_s，再测定未知浓度C_x的待测试样的吸光度A_x，根据朗伯-比尔定律可得参比液和待测样品吸光度的差值：

$$\Delta A = A_s - A_x = e(C_s - C_x)L$$

由此式就可算出待测试样的浓度C_x。示差法的特点在于用已知浓度的待测物质标准溶液为参比样，以此调节透光度，因此测得的未知浓度样品的透光度为相对透光度ΔA，这样使得待测样品与参比液的浓度差就与相对吸光度ΔA成正比，于是最后测定的准确度得到提高。

总结以上定量方法，为保证定量的准确性，待测样品的吸光度A应该介于0.2~0.8。浓度较高的样品可采用示差法进行定量分析。

3.8.3 物质纯度的检测

在紫外-可见光谱中,材料分子在紫外-可见区的吸收具有选择性,其谱图较为简单,因此可很方便地检查物质的纯度。一般有两种情况,一种情况是需检查物质在紫外-可见区没有吸收,而杂质有。例如,正己烷和环己烷在紫外-可见区没有吸收,而杂质却有很强的吸收,这样就可以检测它们的纯度。另一种情况是需检查的物质在紫外-可见区有吸收,而杂质没有,则可通过比较等浓度的待测物质和其纯物质的吸收强度而确定待测物质的纯度。

3.8.4 配合物的组成和稳定常数测定

紫外-可见光谱是测定配合物组成及稳定常数的有效方法。这里主要介绍摩尔比法和等摩尔连续变化法。

(1) 摩尔比法

摩尔比法是利用金属和配体摩尔比例变化引起吸光度变化来测定配合物组成的,是根据金属离子 M 和配体 L 在显色过程中被饱和的原理来测定配合物组成及稳定常数的方法,因此也称饱和法。设配合反应为

$$M + nL \rightarrow ML_n$$

如果在紫外-可见光谱中 M 与 L 都不干扰 ML_n 的吸收,则固定 M 的摩尔浓度 C_M,改变 L 的摩尔浓度 C_L,配置一系列 C_L/C_M 值不同的溶液。在选定波长下测定各溶液的吸光度,以 C_L/C_M 值为横坐标,吸光度 A 为纵坐标作图,如图 3-22 所示。图中拐点所对应的横坐标就是配合物的组成比。根据配合物的离解,可知图中拐点不够明显,用外推法求得交点 C 所对应的横坐标值 n 即为配合物的组成。这种方法简单、快速,特别适合离解度小、组成比高的配合物。

配合物的离解使配合物的实际吸光度不是 A_0,而是减小的 A',减小的程度取决于配合物的稳定性。稳定性常数 $K_稳=[ML_n]/([M][R]^n)$。设配合物在 C 点时的浓度为 C,其离解度为 α,则达到平衡时,$[ML_n]=(1-\alpha)C$,$[M]=\alpha C$,$[R]=\alpha nC$,因此得到

$$K_稳=((1-\alpha)C)/([\alpha C][\alpha nC]^n)=(1-\alpha)/(n^n\alpha^{n+1}C^n)$$

其中,$\alpha =(A_0-A')/A_0$。

根据图 3-22 求得 n、A_0 和 A',就可求得配合物的稳定常数 $K_稳$。

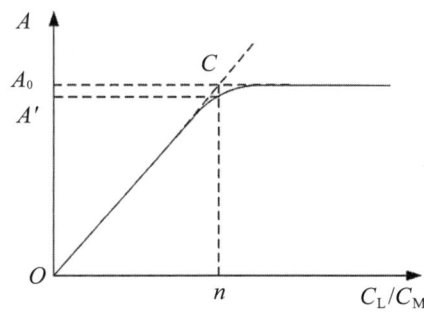

图 3-22 摩尔比法求配合物组成示意图

（2）等摩尔连续变化法

此方法也称为等摩尔系列法或Job法。设配合反应为

$$M + nL \rightarrow ML_n$$

保持M的摩尔浓度C_M和L的摩尔浓度C_L的总和C不变，改变C_M/C_L值，配置一系列溶液。在ML_n的最大吸收波长下测定各溶液的吸光度值，A值最大时，ML_n的浓度最大，所对应的C_M/C_L值就是配合物的组成比。以吸光度A为纵坐标，C_M/C_L值为横坐标作图，如图3-23所示，两条曲线外推的交点所对应X轴上的读数n就是配合物的组成，峰顶的锐度可判断配合物的稳定性。在这种方法中，稳定性常数$K_{稳} = A_0''A'/[(nC_M)^n (A_0-A')^{n+1}]$。

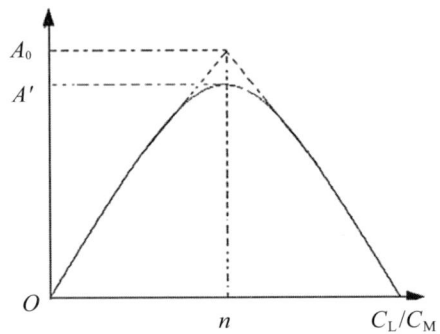

图3-23　等摩尔连续变化法求配合物组成示意图

此外还有斜率比法、Asmus直线法、平衡移动法等，可根据材料的实际情况选择合适的方法。

3.8.5　半导体光学禁带宽度测定

随着科学和技术的发展，特别是分光元器件及分光技术、检测器、集成电路技术、光纤技术、软件技术等的高速发展，紫外-可见光谱仪的性能指标也得到不断提高。虽然在波谱发展史中，紫外-可见光谱有着悠久的历史，但新技术的注入，使其依然焕发着新的活力，应用范围还在不断扩大中。

（1）积分球

传统的紫外-可见光谱仪只能检测透明稀溶液的吸光度，对于浑浊的液体样品、粉末和一些固体样品等不透明材料的测试，则需要添加一种特殊的附件，即积分球。积分球的使用，大大扩展了紫外-可见光谱仪可测定的样品范围。积分球的作用就是收集反射光以便检测器检测。积分球对反射光的收集能力在一定程度上优于普通漫反射装置，得到的光谱信噪比高，重复性好。下面介绍半导体光学禁带宽度测定所需的附件和具体方法。

积分球是一个中空的完整球壳，内壁涂有反射系数很高的物质，如硫酸钡、二氧化镁或聚四氟乙烯悬浮树脂等，使光在积分球内部的损失接近零，球内壁各点漫反射均匀。光源在球壁上任意一点上产生的光照度是由多次反射光产生的光照度叠加而成的。积分球的基本工作原理示意图如图3-24所示。光线由输入孔入射后，在

球体内部被均匀反射及漫射，因此输出孔所得到的光线是均匀的漫反射光束。入射光的入射角度、空间分布、极化等都不会对输出光束的强度及均匀度造成影响。

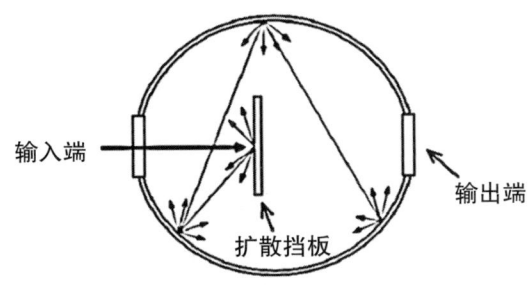

图3-24　积分球的基本工作原理示意图

以粉末样品为例，当光束入射到粉末状的表层时，一部分光在表面各晶粒面产生镜面反射，另一部分光则折射到内部晶粒界面，再发生反射、折射、散射和吸收。如此多次反复，最后由粉末表层朝各个方向发射出来，即发生漫反射，这些漫反射光很弱，同时与吸收峰基本重合，仅仅使吸收峰稍有减弱而不至于引起明显的位移。因此，当这些光在积分球内部经多次漫反射后，检测器对其进行检测，就可得到漫反射光谱（diffuse reflectance spectrum，DRS）。因为信号光从散射层面发出后，经过了积分球的空间积分，所以可以克服漫反射测量中随机因素的影响，从而提高数据的稳定性和重复性。

漫反射光是入射光与样品内部分子发生作用以后的光，携带有丰富的样品结构和组织信息。虽然透射光中也有样品的结构和组织信息，但是透射光的强度受样品的厚度及透射过程光路的不规则影响。因此，此时测量漫反射光在提取样品组成和结构信息方面更为直接、可靠。

液体紫外-可见光谱是根据液相物质对光的吸收来进行分析的，可用透光率表示。固体漫反射是射出去的光通过积分球射在固体物质上，然后反射回来，积分球的作用是除去固体吸收的光之外其他的光，保证基本无损回收，这样根据射出去的光和收回来的光的强度就可以知道物质对光的吸收程度。因此，紫外-可见光漫反射光谱就是测定固体光谱的方法。

(2) 半导体光学禁带宽度测定

用光吸收法测得的禁带宽度为光学禁带宽度。通过紫外-可见光漫反射光谱求取半导体的禁带宽度有很多方法，这里仅介绍常用的三种方法。

① 截线法：

截线法是一种简易的求取半导体禁带宽度的方法。截线法的基本原理是，半导体的带边波长（也称吸收阈值，λ_g）决定禁带宽度 E_g，两者之间存在 $E_g(\mathrm{eV}) = 1240/\lambda_g(\mathrm{nm})$ 的关系。因此，可通过求取 λ_g 来得到 E_g。

具体做法是，首先通过紫外-可见光漫反射仪（UV-Vis DRS）测试，得到样品在不同波长下的吸收，以波长为横坐标，吸光度为纵坐标作图；其次通过Origin或其他软件对此吸收曲线求一次微分，并找到极值。在原吸收谱图中，过所得极值点作斜率为 k 的截线，该截线与横坐标轴的交点即为吸收波长的阈值（λ_g）；最后通过公式 $E_g=1240/\lambda_g$ 来求取半导体的禁带宽度 E_g。

值得注意的是，这种方法虽然也有人在用，但文献中还是比较少见，一般用来简单考量半导体的禁带宽度。论文中还是建议用下面的方法。

②Tauc plot 法：

1966年，塔克（J. Tauc）等在研究锗的半导体性质时，提出半导体禁带宽度满足下列公式：

$$(Ah\nu)^{1/n} = B(h\nu - E_g)$$

其中，A 为吸光度；h 是普朗克常数（$4.1357×10^{-15}$ eVs）；n 为入射光频率；B 是常数；n 是与半导体类型相关的数值。直接带隙半导体，$n = 1/2$；间接带隙半导体，$n = 2$。通常 $(Ah\nu)^{1/n}$ 的单位是 $(eV)^{1/n} \cdot cm^{-1/n}$ 或 $(eV)^{1/n} \cdot cm^{-1/n}$。

根据紫外-可见光漫反射仪（UV-Vis DRS）的测试数据，求出 $(Ah\nu)^{1/n}$ 和 $h\nu$，分别作为纵坐标和横坐标并作图，找到图中的直线段，将直线外延到横坐标，与横坐标的交点即为禁带宽度。

③K-M 函数法：

根据库贝尔卡-芒克（Kubelka-Munk）反射函数：

$$F(R_\infty)=(1-R_\infty)2/2R_\infty = \alpha/s$$

其中，R_∞ 是相对漫反射率，是样品漫反射率与参比样漫反射率之比，常用参比样为硫酸钡，其漫反射率约为1；α 是吸收系数；s 是反射系数。R_∞ 与漫反射吸光度 A 之间存在 $A= -\lg(R_\infty)$ 的关系。

先根据所测的吸光度求取对应的 R_∞ 值，再求出对应的 $F(R_\infty)$，并根据波长求出 $h\nu$，如果是间接半导体，则以 $[F(R_\infty)h\nu]^2$ 对 $h\nu$ 作图，找到图中直线部分外推到横坐标获得的交点，即为禁带宽度。如果是直接半导体，则以 $[F(R_\infty)h\nu]^{1/2}$ 对 $h\nu$ 作图，找到图中直线部分外推到横坐标获得的交点，即为禁带宽度。

3.8.6 其他扩展应用

在安装了积分球附件的紫外-可见光谱仪上再安装多用途大样品室就可自由地对固体大样品进行检测，如可用于半导体硅晶片等的透射、反射测试，各种真空镀膜、厚度的测定，各种透镜、棱镜的透射、反射测定等。

近来，不少仪器公司在设计新的光路后将测量波长扩展到近红外区，获得了紫外可见近红外光谱仪（UV-VIS-NIR），安装了可变角绝对反射测定装置后，可用于太阳能电池用薄膜的反射率、透射率和雾度等的测试。

3.9 要点小结

①只有当波长在紫外-可见光范围内的入射光能量与分子内电子跃迁的能量刚好相等时，分子才吸收电磁波。

②分子吸收电磁波后，分子中的电子由低能级向高能级跃迁。

③不同的分子具有不同的电子结构,因此不同分子吸收的波具有特异性。

④每个吸光度值都是由参比样和试样两次测量所得的吸收光强度计算而得的。

⑤吸光度正比于试样浓度及光程,比例常数称为摩尔吸光系数,反映的是某一波长的光子被吸收的可能性。

⑥摩尔吸光系数与溶剂的性质有关,因此准备标准溶液时要注意溶剂的选择。

⑦紫外-可见光谱仪的设计具有多样性,如可以设计单光束、双光束等,其目的就是尽可能地突出分子对光的吸收特性及信号采集。

⑧紫外-可见光谱仪的主要部件有光源、单色器和检测器,检测器有二极管阵列检测器及光电管和光电倍增管。

⑨紫外-可见光谱的全波扫描可用于分子结构的定性,特定波长的测试可用于材料的定量。

第四章 分子荧光光谱

4.1 分子荧光光谱概述

正如分子可以吸收电磁辐射一样，分子也可以发射电磁辐射。分子吸收一定的能量后，分子中的电子会从能量较低的基态被激发到能量较高的激发态，由于激发态不稳定，在短时间内，电子又会从激发态回到基态。在这个过程中，一部分能量以光子的形式发射出来，我们把这个现象称为分子发光（luminescence）。简单来说，分子发光就是分子将所吸收的能量转化为光辐射的过程。处于高能态的粒子服从玻尔兹曼分布，因此只有在中心的少数粒子才能发光，且不会影响分子的温度，所以分子发光也称为冷光。在此基础上建立起来的分析方法就是分子发光分析法。

根据物质受激时所吸收能量及辐射的机理不同，我们将发光分为电致发光（electroluminescence）、生物发光（bioluminescence）、化学发光（chemiluminescence）和光致发光（photoluminescence）等。

电致发光又称为电场发光，通过在两级加以电压而产生电场，物质在电场作用下受激而发光，即吸收电能并将电能转化为光能的现象。与之对应的检测方式是电致发光分析法。

生物发光是指吸收生物体释放的能量而引起的发光现象。对应的检测方法为生物发光光度计。生物发光光度计中的生物发光是指活细胞在荧光素酶催化下而发光。目前使用的萤光素酶是来源于北美的萤火虫，即虫光素酶，相对分子量为62 000的蛋白质，是一种能将化学能转变为光能的活性蛋白质，即生物催化剂。三磷酸腺苷（ATP）在虫光素酶的催化下，与荧光素在有氧环境及二价镁离子作用下反应，释放出荧光。当荧光素和虫光素酶过量时，释放的荧光和ATP在一定范围内成线性关系，因此可用荧光光强检测样品中的ATP，进而检测活细胞或细菌数，以此指示检测生物的毒性（因细胞死亡，ATP迅速下降）。

化学发光是因为化学反应释放的能量使分子产生电子激发而发光的现象。对应的检测方法为化学发光分析法，是一种较为新型的检测方式。化学发光分析的灵敏度高，是痕量分析的重要手段之一。致癌物亚硝胺经热解后产生亚硝酰自由基NO·，后者与臭氧反应，产生激发态二氧化氮，最后成为二氧化氮而发光，可用于亚硝胺的检测，灵敏度达亚ppb级（十亿分之一）。由于不使用光源，可避免杂散光的影响，但操作要控制得比较严格，方能得到准确、再现性好的结果。

光致发光是以光源来激发而产生发光的现象。基态分子在吸收光能后其价电子跃迁到激发态（从成键轨道或非成键轨道跃迁到高能量的反键轨道上），产生激发态分子，这是分子的光吸收过程。但激发态分子不稳定，通常很快失去能量，并以光辐射的形式将这一部分能量释放出来，本身恢复到基态。如果吸收辐射能后处于电子激发态的分子以发射辐射的方式释放这一部分能量，那么辐射的波长可以同分子所吸收的波长相同也可以不同，这个现象叫光致发光，最常见的光致发光现象是荧光和磷光。

当用一种波长的光照射某种物质时，这个物质吸收光能后进入激发态，会在极短的时间内退激发并发出比入射光波长更长的光（通常波长在可见光波段），一旦停止入射光，发光现象也随之立即消失。具有这种性质的出射光就被称为荧光。对于荧光来说，当激发光停止照射后，发光过程几乎立即（$10^{-9} \sim 10^{-6}$ s 内）停止。

当用一种波长的光照射某种物质时，如果这种物质在较长的时间内发射出比照射波长更长的光，这种光称为磷光。对于磷光来说，当激发光停止照射后，发光过程将持续一段时间（$10^{-1} \sim 10$ s）。发出磷光的退激发过程是被量子力学的跃迁选择规则禁阻的，因此这个过程很缓慢。

磷光和荧光的发光机理是不相同的。

由于物质分子结构不同，所吸收的光的波长和发射的荧光波长也有所不同，利用这个特性可以定性鉴别物质分子。同一种分子结构的物质用同一波长的激发光照射可以发射相同波长的荧光，若该物质的浓度不同，则浓度大时，所发射的荧光强度也更强，利用这个性质可以进行定量测定。用荧光进行定性和定量的方法叫荧光分析法。分子荧光光谱分析也叫荧光分光光度法，是当前普遍使用并具有发展前途的一种光谱分析技术。

4.2　荧光光谱仪的发展简史

中国古代的许多作品就有对荧光和磷光的记载，如《诗经》中的"町疃鹿场，熠耀宵行"，再如《史记》中对夜明珠的记载等。

在西方，1565年，西班牙内科医生莫纳德斯（N. Monardes）首次观察并记录了荧光现象。17世纪，博伊尔（R. Boyle）和牛顿等科学家再次观察并详细记录了荧光现象。1852年，斯托克斯（G. Stokes）在考察奎宁和叶绿素的荧光时，用分光光度计观察到其荧光波长大于入射光波长，至此解释了荧光是光的发射，并由此提出"荧光"这种说法。此外，他还研究了荧光强度与浓度间的关系，描述了高浓度时以及有外来物质存在时的荧光猝灭现象。1864年，他提出将荧光用作分析手段的想法。1867年，瑞士的戈培尔斯罗德（F. Goppelsröder）用铝离子与桑色素配位而引起荧光颜色变化（图4-1），首次实现了用荧光进行定量分析的目的。

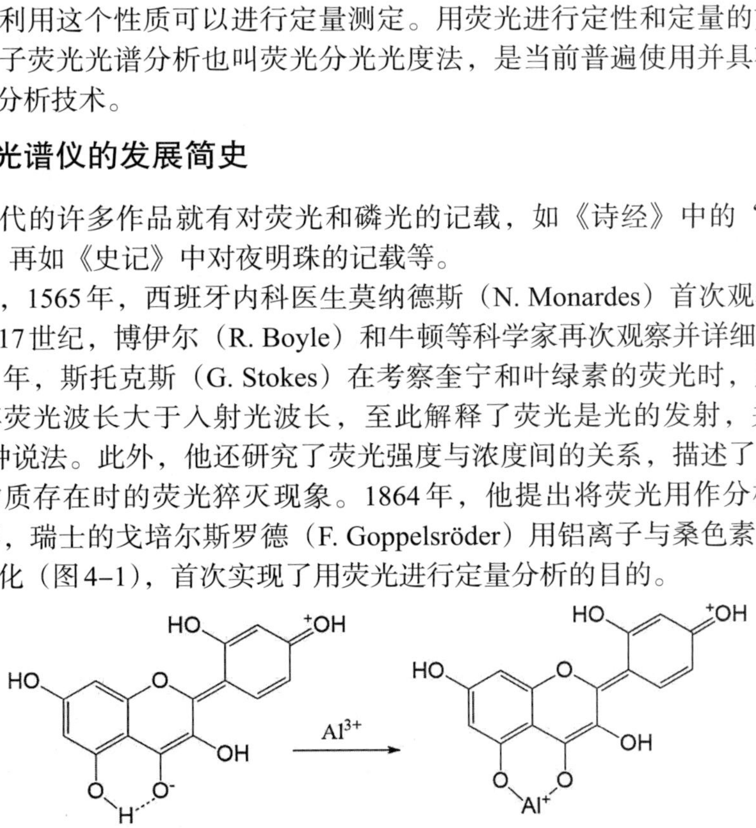

图4-1　桑色素与铝离子形成配合物

1880年，利布曼（A. Liebeman）提出了关于荧光和分子化学结构关系的经验法则。到19世纪末，人们已经发现包括荧光素、曙红和多环芳烃等600多种荧光分子。1905年，伍德（R. Wood）发现了共振荧光。1914年，弗兰克（J. Frank）和赫兹（G. Hertz）利用电子冲击对荧光进行了定量研究。1922年，弗兰克和卡里奥（H. Cario）发现了增感荧光。1924年，瓦维洛斯（M. Wawillous）进行了荧光产率的绝对测定。1926年，加维奥拉（E. Gaviola）进行了荧光寿命的绝对测定。1928年，热泰（H. Jetted）和韦斯特（T. West）研制出第一台光电荧光计。1939年，沃滋里金（V. Zworykin）和赖赫曼（G. Rajchman）发明了光电倍增管，大大提高了灵敏度和分辨率。1952年，商品化的校正光谱仪终于问世。

激光、电子学、光导纤维、纳米材料等新技术的引入，极大地推动了荧光分析方法在理论和应用上的发展。各种新型的荧光分析仪不断推出各种荧光测定，如时间分辨荧光测定、相分辨荧光测定、荧光偏振测定、荧光免疫测定、低温荧光测定、固体表面荧光测定、近红外荧光测定、三维荧光光谱、荧光显微与成像、空间分辨荧光测定、单分子荧光测定等，使荧光检测不断向高效、痕量、微观、实时、原位和自动化的方向发展，使检测的灵敏度、准确性和选择性日益提高，应用范围也在逐渐扩大。在许多领域，荧光分析已经成为一种重要的波谱分析手段。

4.3 分子荧光光谱法的基本原理

4.3.1 电子自旋状态的多重性

除了电子不断运动外，分子本身还有振动和转动。量子力学表明，这些运动的能量是量子化的，所以分子有电子能级、分子振动能级，以及分子转动能级。每个电子能级包含一系列的振动能级和转动能级。分子中的电子能级称为分子轨道。

分子中的电子总是自旋配对地占据不同的轨道，每个轨道中的两个电子必定具有相反的自旋方向，因此其总自旋为零，这种状态就被称为单线态或单重态（singlet state）。当一个电子从基态被激发而跃迁到激发态，其自旋方向不发生改变，这时分子仍处于单重态，分子所处的电子能级就称为激发单线态或激发单重态。如果一个电子从基态被激发而跃迁到激发态时自旋方向发生了反转，这时分子所处的电子能级就称为三线态或三重态（triplet state）。

分子所处的电子能态用电子自旋状态多重性参数表示，称为自旋多重度（spin multiplicity）M，定义为

$$M = 2S + 1 = 2\Sigma S_i + 1$$

其中，S为电子的总自旋量子数，是所有自旋量子数的代数和，S_i为第i个自旋电子的自旋量子数。

一般大多数分子中的电子数目为偶数，处于基态时这些电子成对地以自旋反平行方式填充在能量最低的各个轨道。根据泡利不相容原理，一个给定轨道中的两个电子，必定具有相反方向的自旋，即自旋量子数分别为1/2和-1/2，其总自旋量子数$S = 0$，即基态没有净自旋（净自旋为零），则$M = 1$，分子所处电子能态为基态单重

态，用 S_0 表示。大多数有机物分子的基态处于单重态。

基态分子吸收能量后，如果电子在跃迁过程中不发生自旋方向的改变，激发态的电子仍然与基态电子保持自旋反平行，净自旋为零，即 $S=0$，此时 $M=1$，这时分子处于激发单重态。根据光谱选律，通常电子在跃迁过程中不改变自旋方向，因此这种跃迁符合光谱选律。第一电子激发单重态用 S_1 表示，其余以此类推。

但在某些情况下，基态分子吸收能量后如果电子在跃迁过程中伴随自旋方向的改变，使激发态电子与基态电子保持自旋平行，这时分子便具有两个自旋不配对的电子，净自旋 $\neq 0$，即 $S=1$，则 $M=3$，即分子所处的电子能态为三重态，用符号 T 表示。这种跃迁为禁阻跃迁。根据洪特规则，处于分立轨道上的非成对电子，平行自旋比成对自旋更稳定，因此三重态的能级总是比相应的单重态能级略低。第一电子激发三重态表示为 T_1，其余以此类推。

一般对于同一分子的电子能级，电子激发的单重态和相应的激发三重态的区别在于电子自旋方向不同，如图4-2所示。另外，三重态的能级稍微低一些，其激发态的平均寿命较长。相同多重态之间的跃迁为允许跃迁，概率大、速度快。

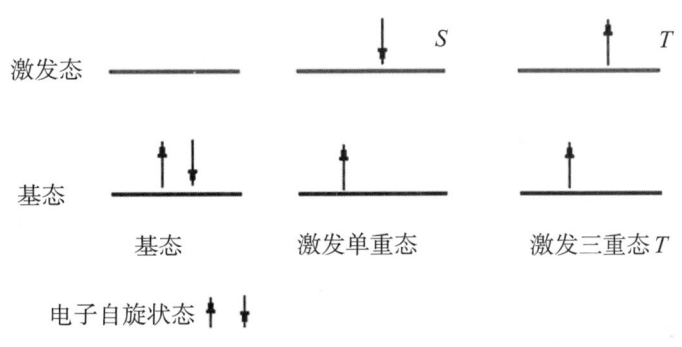

图4-2 电子激发的单重态和三重态示意图

对于含有单电子或三电子的稳定自由基，其 S 分别为1/2和3/2，则其 M 分别为2和4，即其基态所处的电子能态分别为双重态（doublet state）和四重态（quartet state）。如对于含7个单电子的钆离子，其 S 为7/2，则 $M=8$，即基态所处的电子能态为八重态（octet state）。

4.3.2 去激的途径

根据玻尔兹曼分布，分子在室温时基本上处于电子能级的基态（基态单重态的最低能级），当吸收了光能后，基态分子中的电子可跃迁到能量较高的激发单重态的各个不同振动-转动能级，但不能直接跃迁到激发三重态的振动-转动能级。分子中的电子受激跃迁到激发态后，处于激发态的分子是不稳定的，它可能通过多种分子内去活化过程释放多余的能量而返回基态，这个过程就称为去激（失活）。雅布隆斯基（Jabłoński）分子能级图简明地表述了这一过程（图4-3）。

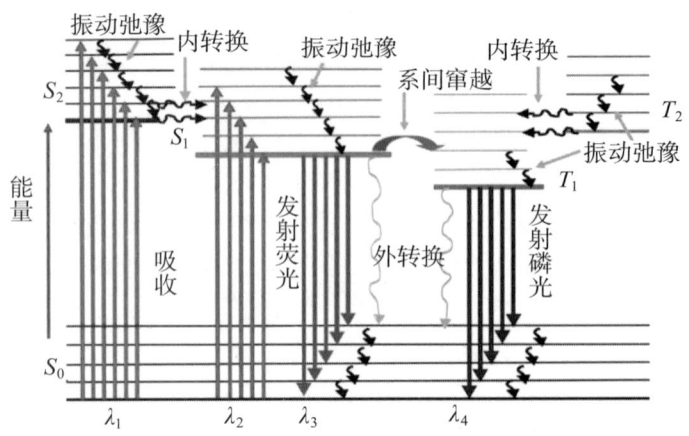

图 4-3 雅布隆斯基分子能级图

激发态在停留时间短、返回速度快的途径发生的几率大。去激返回到较低激发态或基态时的分子内去活化过程有无辐射去激和辐射去激两种方式。

（1）无辐射去激

如果处于激发态的分子在返回基态的弛豫过程中不伴随发光现象，则这种现象叫无辐射去激或无辐射弛豫。体系内的多余能量以热的形式释放。

无辐射跃迁失活的途径包括以下几种类型。

①振动弛豫（vibrational relaxation，VR）：

同一电子能级中，分子从较高振动能级向较低振动能级转移的过程中，能量以热的形式释放出来。例如，在溶液中的物质分子受入射光激发后形成的激发态分子，通过与溶剂分子碰撞，将部分能量传递给溶剂分子，其电子则返回同一电子激发态的最低振动能级。在这个过程中，分子被激发时吸收的能量不以发出光辐射的形式耗散，因而属于无辐射跃迁。振动弛豫只能在同一电子能级中进行，所需时间约为 10^{-12} s 数量级。

②内转换（internal conversion，IC）：

内转换是相同的多重态之间的转换，是相同多重态电子能级中等能级间的一种无辐射跃迁过程。当两个电子激发态之间的能量相差较小，以至于其振动能级有重叠时，则可能发生电子由高能级以无辐射跃迁方式转移到低电子能级的激发态。上述的振动能级之间很接近时，内部的能量转换容易发生，发生时间一般为 $10^{-11}\sim10^{-13}$ s。

通过内转换和振动弛豫，高激发单重态的电子跃回第一激发单重态的最低振动能级。

③外转换（external conversion，EC）：

外转换指激发态分子与溶剂分子或其他溶质分子的相互作用及能量转移，使光致发光（荧光或磷光）强度减弱或消失的现象。

溶液中的激发态分子与溶剂分子及其他溶质分子之间发生碰撞而消耗能量，所消耗的能量转换为热能。外转换常发生在第一激发单重态或第一激发三重态的最低振动能级向基态转换的过程中（图 4-3），转换时间为 $10^{-9}\sim10^{-7}$ s。外转化的发生可以降低荧光强度，这一现象叫荧光熄灭或猝灭。

④系间窜跃(intersy stem crossing, ISC):

系间窜跃指不同多重态之间的一种无辐射跃迁过程。它涉及受激电子自旋状态的改变,使原来两个自旋配对的电子不再配对,这种跃迁是禁阻的,但如果两个电子能态的振动能级有较大的重叠,如第一激发单重态 S_1 的最低振动能级与第一激发三重态 T_1 的较高振动能级重叠,则可能通过自旋-轨道耦合等作用使 S_1 态转入 T_1 态的某一振动能级。因为这种跃迁是禁阻的,所以去活化的速率要小得多,一般需 10^{-6}~10^{-2} s。系间窜越可以使荧光强度减弱或为零。发生系间窜跃时电子需转向,在 S_1 和 T_1 之间进行,比内部转换困难。

(2) 辐射去激

辐射去激的过程伴随着发光现象,即产生荧光或磷光。

①荧光发射(fluorescence emission):

如图 4-3 所示,当分子的电子被激发到任意一个激发单重态 S,并通过内转换及振动弛豫返回到第一激发单重态 S_1 的最低振动能级后,再以辐射形式发射光子并返回到基态 S_0 的各个不同的振动能级上,在这个过程中发射的光子即被称为荧光。

这种跃迁前后的电子自旋不发生变化,因而发生概率大,发射过程较快,需 10^{-9}~10^{-7} s,但振动弛豫、内转换、外转换等无辐射去激过程的发生都快于荧光发射,所以一般无论激发光的能量有多高,最终都只能观察到从第一激发单重态最低能级跃迁到基态各振动能级所对应的荧光发射。从而在激发光能量足够高的时候,荧光的波长不随激发波长变化而变化。另外,从能量较高的激发态振动能级返回到第一激发单重态的最低振动能级耗散了部分能量,荧光的能量小于激发光能量,所以发射荧光的波长长于激发光的波长,这种现象称为斯托克斯(Stokes)位移。当斯托克斯的位移值达到 20 nm 以上时,激发光对荧光测定的影响较小。电子返回到基态时可以停留在基态的任意振动能级上,因此得到的荧光谱线有时呈现为几个互相靠近的峰。通过进一步振动弛豫,这些电子很快回到基态的最低振动能级。根据卡莎(G. Kasha)规则,荧光多为 $S_1 \rightarrow S_0$ 跃迁。

②磷光发射:

如图 4-3 所示,激发态分子通过振动弛豫下降到第一激发单重态 S_1 的最低振动能级后,有可能经过系间窜越转移到激发三重态 T_1 的高振动能级上,从单重态到三重态的分子系间窜越跃迁发生后,接着发生快速的振动弛豫而达到三重态的最低振动能级。分子在三重态的最低振动能级可以停留一段时间,然后以辐射形式发出光子并跃迁至基态的各个振动能级,这一过程发出的光辐射就称为磷光。

磷光与荧光的根本区别在于荧光是由激发单重态 S_1 的最低振动能级至基态 S_0 各振动能级间跃迁产生的,而磷光是由激发三重态 T_1 的最低振动能级向基态 S_0 跃迁产生的。对同一分子来说,激发三重态 T_1 的最低振动能级比激发单重态 S_1 的最低振动能级的能量低,故磷光辐射的能量比荧光更小,即磷光的波长长于荧光。从紫外光照射到发射荧光的时间为 10^{-8}~10^{-5} s,而发射磷光则更迟一些,在照射后 10^{-4}~10 s。磷光的寿命相对较长,在入射光停止后,仍然可以持续一段时间。能够发射磷光的分子比能发射荧光的分子要少,并且磷光的强度一般低于荧光强度。

除按三重态光物理过程发射磷光外，任何自旋多重性不同的两个电子能态之间的辐射跃迁及长寿命的金属到配体的电荷转移跃迁等也被称为磷光，发光材料深俘获态的长寿命发光也常被称为磷光。

4.3.3 各种光物理过程的时间比较

光照射物质后产生的各种光物理过程的时间不同，见表4-1所列。

表4-1 各种光物理过程的时间表

光物理过程	时间/s
吸收	10^{-15}
振动弛豫	$10^{-12} \sim 10^{-14}$
内转换	$(S_2 - S_1) 10^{-11} \sim 10^{-13}$ $(S_1 - S_0) 10^{-6} \sim 10^{-12}$
系间窜越	$(S_1 - T_1) 10^{-4} \sim 10^{-12}$ $(T_1 - S_0) 10^{-1} \sim 10^{-5}$
荧光	10^{-8}
磷光	10^{-4}
分子转动	10^{-11}
分子碰撞	10^{-12}

根据表中光过程的时间，我们可以估算被激发期间的分子运动。例如，在发射荧光的过程中所产生的振动弛豫的次数为 $10^4 \sim 10^6$ 次（$10^{-8}/10^{-12} = 10^4$，$10^{-8}/10^{-14} = 10^6$），所产生的分子转动的次数为 10^3 次（$10^{-8}/10^{-11} = 10^3$），所产生的分子碰撞的次数为 10^4 次（$10^{-8}/10^{-12} = 10^4$），但在发射磷光的过程中所产生的分子碰撞的次数为 10^8 次（$10^{-4}/10^{-12} = 10^8$）。由此可见磷光更容易发生猝灭。从表中可见，光的吸收过程非常快，尽管电子分布可能变化，但是分子几何结构很少变化。

4.3.4 荧光产生的过程

通过以上分析，我们可以得出荧光物质产生荧光的过程，如图4-3所示。该过程可分为以下4个步骤：

①处于基态最低振动能级的荧光物质分子受到紫外光的照射，吸收了和它所具有的特征频率相一致的光线后，跃迁到电子激发态的各个振动能级；

②被激发到电子激发态的各个振动能级的分子，通过无辐射跃迁，返回第一电子激发态的最低振动能级；

③返回第一电子激发态最低振动能级的分子继续降落到基态的各个不同振动能级，同时发射出相应的光子，这就是荧光；

④到达基态的各个不同振动能级的分子，再通过无辐射跃迁，最后返回基态的最低振动能级。

4.4 分子荧光光谱的基本特征

4.4.1 激发光谱和发射光谱

任何荧光化合物都有荧光激发光谱和荧光发射光谱两个特征光谱，能反映分子内部能级结构，是定性和定量分析的基本参数和依据。

(1) 荧光激发光谱

在发射波长一定时，以激发波长为横坐标，以荧光或磷光强度为纵坐标绘制的光谱即为荧光激发光谱，反映的是基态同所有与该荧光或磷光发射有关的能级之间的跃迁。

荧光是光致发光，因此必须选择合适的激发波长。激发光谱是选择最佳激发波长的重要依据，也可用于发光物质的鉴定。绘制激发光谱曲线时选择的荧光的最大发射波长为测量波长，它能改变激发光的波长，以测定荧光强度的变化。

激发光谱的形状在理论上应和其吸收光谱相同，但由于荧光测试仪器的特点，如光源的能量分布、单色器透射率及检测器的敏感度等因素，都与波长有关，因此测得的表观激发光谱大多会与吸收光谱的形状有差异。这种差异可通过校正消除，校正光谱与吸收光谱的形状极为相似。虽然激发光谱的形状与吸收光谱具有相似性，但是前者所呈现的关系比吸收谱要有选择性，有时候却不如吸收谱来得直接。经校正后的真实激发光谱与吸收光谱不仅形状相同，而且波长位置也一样，这是因为物质分子吸收能量的过程就是激发过程。区别在于紫外吸收光谱测定的是物质对紫外光的吸收度，而荧光激发光谱测定的是发射的荧光强度。

(2) 荧光发射光谱

在激发波长一定时，以荧光的发射波长为横坐标，以发光强度为纵坐标绘制的光谱即为荧光发射光谱，简称荧光光谱，反映的是物质的基态能级与激发态能级之间所有的允许跃迁。

激发波长被固定在最大激发波长处，然后扫描发射波长，测定不同发射波长处的荧光强度，就得到荧光发射光谱。荧光本身则是由电子在两能级间不发生自旋反转的辐射跃迁过程中所辐射的光子。通常状态下，物质的表观颜色大部分时候取决于其吸收特性。

(3) 磷光发射光谱

固定激发波长，物质发射的磷光强度与发射的磷光波长的关系曲线，就是磷光发射光谱，它反映的是电子在两能级间发生自旋反转的辐射跃迁过程中所产生的光。

4.4.2 荧光光谱的特征

(1) 斯托克斯位移

在溶液的荧光光谱中观察到的荧光波长总是大于激发波长。这种波长位移的现象称为斯托克斯位移，是激发峰位与发射峰位的能量之差，表示激发态分子在返回基态前，在激发态寿命期间能量的消耗，是振动弛豫、内转换、系间窜越、溶剂效

应和激发态分子变化的能量总和。斯托克斯位移可以表示为

$$\Delta v = 10^7(1/\lambda_{ex} - 1/\lambda_{em})$$

它的单位是波数（cm^{-1}），λ_{ex}和λ_{em}分别为校正后的最大激发波长和发射波长。

斯托克斯位移说明在激发和发射之间存在着一定能量损失，激发态高振动能级的激发态分子先快速发生振动弛豫和内转换，然后到达第一激发单重态的最低振动能级，这一过程损失了部分激发能，也是产生斯托克斯位移的主要原因。另外，辐射跃迁可能使激发态分子下降到基态的不同振动能级，然后通过振动弛豫进一步损失能量。此外，溶剂与激发态分子发生碰撞，导致能量损失，这些能量损失也将进一步加大斯托克斯位移。

有时在高温下可观察到反斯托克斯位移现象，即荧光光谱移向吸收光谱的短波方向。这是由于高温使更多的激发态分子处于高振动能级，荧光主要由激发态的高振动能级发出所致。既没发生斯托克斯位移也没发生反斯托克斯位移的荧光称为共振荧光。

（2）荧光发射光谱的形状与激发波长无关

虽然分子的吸收光谱可能含有几个吸收带，但发射光谱却常常只有一个发射带。这是因为分子在吸收了不同波长的激发光后可被激发到不同能级，再以极快的速度通过振动弛豫和内部能量转换，然后都回到第一激发单重态的最低振动能级，最后跃迁回基态，发射一定波长的荧光。因此荧光发射只有一个发射带，与荧光物质的分子发射到哪个能级无关，即与激发能量无关，与激发波长无关，其光谱形状只与基态振动能级的分布情况和跃迁回各振动能级的概率有关。

当然，也存在一些例外，如某些荧光物质具有两个解离态，每个解离态显示不同的发射光谱。例如，苯酚羟基的pKa值在基态时为11，激发态时为4，激发之后，苯酚羟基上的质子丢失给溶液中的质子受体，因而在荧光光谱中究竟是苯酚还是苯酚盐的发射占优势，这与溶液中质子受体的浓度有关。许多多环芳烃，即使它们本身不含反应基团，也会进行激发态反应。例如，芘在激发态时本身形成的某种电荷转移配合物，称为激发态二聚体。相对于芘单体的发射来说，芘的二聚体的发射红移了，并且缺乏振动结构。一些如芘、蒽的多环芳烃与胺形成的电荷转移配合物，称为激态复合物。

（3）荧光光谱与激发光谱的镜像关系

荧光发射光谱与激发光谱极为相似，存在着"镜像对称"关系。

激发光谱是分子由基态激发到第一电子激发态的各振动能级所致的，其形状取决于第一电子激发态的各振动能级的分布。发射光谱是激发态分子由第一电子激发态的最低振动能级回到基态不同振动能级所致的，其形状取决于基态各振动能级的分布。基态和第一激发态的各振动能级分布极为相似，因此，吸收光谱和发射光谱通常呈镜像对称。

图4-4为室温下蒽在环己烷溶液中的荧光激发和发射光谱图。蒽的荧光激发光谱（左边虚线图谱）有一个a峰，它是由分子吸收光能后从基态S_0跃迁到第二电子激发态S_2所形成的。在高分辨率的荧光光谱图上可以观察到b_0、b_1、b_2、b_3、b_4等小峰组成

的一簇峰，它们分别是由分子吸收光能后从基态 S_0 跃迁到第一电子激发态 S_1 的各个振动能级形成的。各小峰间波长递减值 $\Delta\lambda$ 与振动能级差 ΔE 有关，各个小峰的高度与跃迁概率有关，因此可判断 b_1 的跃迁概率最大，b_0 次之，b_2、b_3、b_4 依次递减。蒽的荧光发射光谱（图4-4的实线图谱）同样包含 c_0、c_1、c_2、c_3、c_4 一簇小峰，分别由分子从第一电子激发态 S_1 的最低振动能级跃迁至基态 S_0 的各个振动能级并发出光辐射形成。由于电子基态的振动能级分布与激发态相似但不相同，所以 b_1 峰与 c_1 峰，b_2 峰与 c_2 峰都是以 l_{b0} 为中心基本对称的。c_0、c_1、c_2 等峰的高度也与跃迁概率有关，因此可推断 c_1 的跃迁概率最大，c_0 次之，c_2、c_3、c_4 依次递减，由此形成了激发光谱和荧光发射光谱对称镜像的现象。

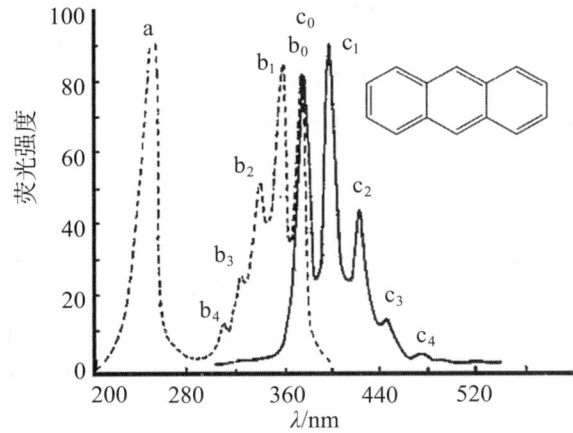

图4-4　蒽在环己烷中的激发光谱（虚线）和发射光谱（实线）

荧光发射是光吸收的逆过程，因此荧光发射光谱与吸收光谱有类似镜影的关系。但当激发态的构型与基态的构型相差很大时，化合物的荧光发射光谱将明显不同于吸收光谱。

（4）荧光效率（fluorescence efficiency）

分子能发射荧光取决于两个条件，即能吸收激发光和吸收与自身特征频率相同的能量后具有一定的荧光效率。荧光效率又称为荧光量子产率（fluorescence quantum yield），用 φ_f 表示，是指激发态分子发射荧光的光子数与基态分子吸收激发光的光子数之比，它表示物质发射荧光的能力，通常用下式表示：

$$\varphi_f = 发射荧光的光子数/吸收激发光的光子数$$
$$= K_f/(K_f + \sum K_i)$$

其中，K_f 是荧光发射过程的速率常数，$\sum K_i$ 为其他有关过程的速率常数之和。

如果在受激分子回到基态的过程中没有其他去激过程与荧光发射过程竞争，那么在这一段时间内，所有激发态分子都将以发射荧光的方式回到基态，这一体系的荧光效率等于1。实际情况是任何物质的荧光效率都不可能完全等于1，通常为0~1。如9-氨基吖啶水溶液的荧光效率为0.99，罗丹明B的乙醇溶液荧光效率为0.97，荧光素水溶液的荧光效率为0.65，硫酸奎宁二水化合物（在0.5 mol/L硫酸溶液中）的荧光效率为0.55，蒽的乙醇溶液的荧光效率为0.30，菲的乙醇溶液的荧光效率为0.10。一般荧光效率在0.1～1具有分析应用的价值。

一般情况下，荧光量子产率不随激发波长而改变，这被称为卡落-瓦维洛夫规则。如果形成的激发态会导致化学反应或系间窜越与内转换的竞争，则可能使荧光量子产率受到影响。例如，在低压气相下以254 nm的光激发苯，则$\varphi_f = 0.40$；而当以小于240 nm的光激发苯时，则不能检测到荧光。这是由于苯的高振动能级的S_1态会使其转变为杜瓦苯。不同化合物的荧光量子。产率的差别可以很大。另外，荧光量子产率还会受环境（如温度、溶剂等）的影响。例如，降低温度可导致一个化合物的荧光量子产率增大，提高温度可导致一个化合物的荧光量子产率降低。

凡是使荧光速率常数K_f增大而使其他去激过程（系间窜越、外转换、内转换）的速率常数减小的因素（环境因素和结构因素）都可使荧光增强。

由于荧光的非单色性、各向的不均匀性和二级发射等原因，荧光量子产率的直接测定的重复性往往较差。因此，实际测量中大多采用的是相对法，即用一个已知其荧光量子产率的参比化合物在相同条件下对照测定，并可通过如下公式计算目标化合物的荧光量子产率：

$$\varphi_f = \varphi_s [I\, \varepsilon_s\, c_s / (I_s \varepsilon c)]$$

式中，φ_s、ε_s、c_s和I_s分别是参照物的荧光量子产率（已知）、摩尔消光系数、溶液浓度和荧光强度；φ_f、ε、c和I分别是被测物的荧光量子产率（未知）、摩尔消光系数、溶液浓度和荧光强度。参照物应是荧光量子产率已知、无自吸收、无浓度猝灭、在被测物所用溶剂中可溶、易纯化、稳定和对杂质不敏感的物质。常用的参照物如罗丹明B和喹啉硫酸氢盐等。

许多会吸收光的物质吸光后不一定会发射荧光，即荧光效率极低，因为在激发态分子释放激发能的过程中除荧光发射外，还有许多辐射和非辐射跃迁过程与之竞争。这些过程不仅与分子的结构有关，还同分子所处的环境密切相关。

（5）荧光寿命（fluorescence life time）

当除去激发光源后，分子的荧光强度降低到最大荧光强度的1/e所需的时间称为荧光寿命，常用t表示。荧光强度的变化可用指数衰减规则表示：

$$I_t = I_0 e^{-kt}$$

式中，I_0、I_t分别是在激发开始$t=0$和激发后时间t时的荧光强度，k是衰减常数。假定在时间t时测得的荧光强度I_t是I_0的1/e，则t就是我们定义的荧光寿命。

如果激发态分子只以发射荧光的方式丢失能量，则荧光寿命与荧光发射速率的衰减常数成反比，荧光发射速率即为单位时间内发射的光子数，因此有

$$\tau_F = 1/k_F$$

式中，τ_F表示荧光分子的固有荧光寿命，k_F表示荧光发射速率的衰减常数。即寿命τ是衰减常数k的倒数。

事实上，在瞬间激发后的某个时间，荧光强度达到最大值，然后荧光强度将按指数规律下降。在最大荧光强度值后，任一强度值下降到其1/e所需的时间都应等于t，所以上述公式可以写成

$$\text{Ln } I_0/I_t = t/\tau$$

如果以 Ln I_0/I_t 对时间 t 作图,直线斜率即为 $1/\tau$,由此可计算出荧光寿命。利用分子荧光寿命的差别,可以进行荧光混合物的分析。

如处于激发态的分子,除通过发射荧光回到基态外,还会通过其他去激过程回到基态,那么就加快了激发态分子回到基态的过程,导致荧光寿命降低。荧光寿命和这些过程的速率常数有关,总去激过程的速率常数 k 可以用各种去激过程的速率常数之和来表示,即

$$k = k_F + \Sigma k_i$$

式中,k_i 表示各种无辐射去激过程的衰减速率常数。

则总的寿命 τ 为

$$\tau = 1/k = 1/(k_F + \Sigma k_i)$$

由于吸收概率与发射概率有关,τ_F 与最大吸收位置的摩尔消光系数 ε_{max}(单位 $cm^2 \cdot mol^{-1}$)密切相关。τ_F 的粗略估计值(单位为秒)从下式可以得到

$$1/\tau_F \approx 10^4 \varepsilon_{max}$$

值得注意的是,在讨论荧光寿命时,不要把寿命与跃迁时间混淆起来。跃迁时间是跃迁频率的倒数,而寿命是指分子在某种特定状态下存在的时间,与发射速率衰减常数成倒数关系。通过测量寿命,我们可以得到有关分子结构和动力学方面的信息。

(6)延迟荧光

延迟荧光的寿命比普通荧光的寿命长 3~6 个数量级,与磷光相当。一般荧光寿命为 10^{-8} s,最长可达 10^{-6} s,但有时却可能观察到长达 10^{-3} s 的寿命。这种长寿命的延时发射的荧光,被称为延迟荧光或缓发荧光。

延迟荧光与普通荧光的区别主要在于不同的辐射寿命。这种长寿命的延迟荧光来源于从第一激发三重态(T_1)重新生成的第一激发单重态 S_1 的辐射跃迁,即延迟荧光产生的过程为 $S_1 \rightarrow T_1 \rightarrow S_1 \rightarrow S_0 + h\nu_F$。延迟荧光分为 E 型和 P 型两种。

①E 型延迟荧光:

当第一激发单重态 S_1 与第一激发三重态 T_1 的能级差较小时,T_1 态有时可从环境获取一定的热能后又逆向发生系间窜越而达到能量更高的 S_1 态,即 $T_1 \rightarrow S_1$,进而再释放荧光,这种现象首先从四溴荧光素观察到,故得名 E 型延迟荧光,也称为热助或热活化延迟荧光。图 4-5 为以曙红分子为代表的发射延迟荧光的分子。

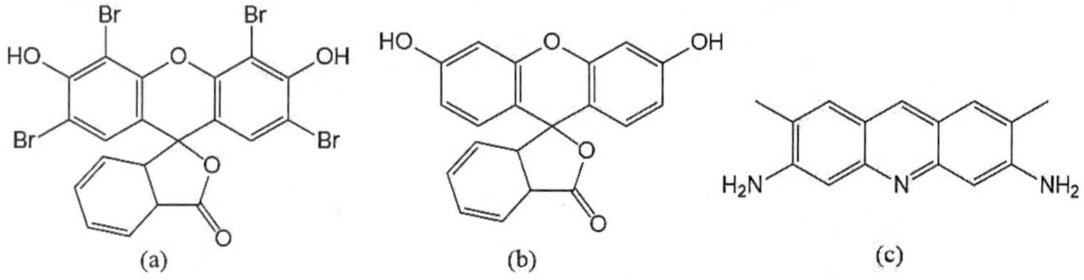

图 4-5 曙红(a)、荧光素(b)和吖啶黄(c)的分子结构

②P型延迟荧光：

当单重态（S_1）与三重态（T_1）的能级差较大时，T_1不可能靠从环境取得热能而到达S_1态，这时有可能在两个三重态分子靠近时，通过两个三重态分子的湮灭过程重新生成S_1态，即

$$S_1 + S_1 \rightarrow T_1 + T_1 \rightarrow (T_1 \cdots T_1) \rightarrow S_0 + S_1 \rightarrow S_0 + S_0 + h\nu_p$$

这种现象首先从芘（pyrene）和菲（phenanthrene）（分子结构如图4-6所示）观察到，故得名P型延迟荧光。

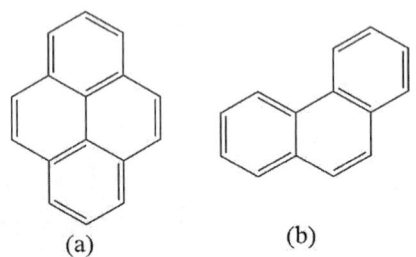

图4-6 芘（a）和菲（b）的分子结构

4.5 影响荧光光谱的因素

4.5.1 物质产生荧光必须具备的条件

（1）能吸收激发光

要能吸收激发光，就要求物质具有合适的结构，只有少数具有某些结构特性的体系才会产生荧光现象。即物质必须具有与照射的辐射频率相适应的吸收结构，才能吸收激发光。

例如，分子结构中含有$\pi \rightarrow \pi^*$跃迁或$n \rightarrow \pi^*$跃迁的化合物都有紫外-可见光吸收，但二者所产生的单重态或三重态的能级不同。当最低激发单重态S_1是$n \rightarrow \pi^*$跃迁时，与其相对应的$n \rightarrow \pi^*$激发三重态T_1间的能级差则较小。相反，当最低激发单重态S_1是$\pi \rightarrow \pi^*$跃迁时，与其相对应的$\pi \rightarrow \pi^*$激发三重态T_1间的能级差则较大。能级差较小的单重态和三重态间更容易发生系间窜越，这是因为它们具有较大的系间窜越量子产率。另外，$n \rightarrow \pi^*$跃迁为禁阻跃迁，引起的R吸收带是弱吸收带，电子跃迁概率小，由此引起的荧光很弱；而$\pi \rightarrow \pi^*$跃迁正好相反，其引起K吸收带的强吸收才可能有荧光发生。表4-2和4-3是$\pi \rightarrow \pi^*$跃迁和$n \rightarrow \pi^*$跃迁引起的吸收性质和发射荧光性质的比较。

表4-2 $\pi \rightarrow \pi^*$跃迁和$n \rightarrow \pi^*$跃迁引起的吸收性质比较

跃迁类型	ε_{max}	光谱区域	系间窜越(ISC)
$n \rightarrow \pi^*$	100	紫外-可见光	更容易
$\pi \rightarrow \pi^*$	12 000	紫外-可见光	容易
$\pi \rightarrow \sigma^*$	200	真空紫外光	—

表4-3 π→π*跃迁和n→π*跃迁引起的荧光性质比较

化合物	S_1性质	T_1性质	φ_f	φ_{ISC}	φ_p
二苯甲酮	n→π*	n→π*	0	1.0	0.74
萘	π→π*	π→π*	0.29	—	0.03

注：φ_f是荧光量子效率，φ_{ISC}是系间窜越量子效率，φ_p是磷光量子效率。

（2）具有一定的荧光量子产率

物质吸收了与本身特征频率相同的能量后，需具有一定的荧光量子产率，才能产生荧光。荧光量子产率大，发射的荧光强度就大。

4.5.2 影响分子荧光光谱的内因

根据荧光产生的机理，分子结构是影响物质发射荧光过程的关键内在因素。了解荧光与分子结构的关系，可预测哪些物质能产生荧光，在什么条件下产生，及发射的荧光有什么特征等，以便运用荧光分析技术，使不发出荧光的物质发出荧光，即把非荧光体变成荧光体，把弱荧光体变成强荧光体。

（1）共轭双键结构

具有共轭双键的分子其π→π*跃迁的荧光效率高，系间窜越过程的速率常数小，有利于荧光的产生。因此，提高共轭度有利于增加荧光效率并产生红移。

绝大多数发射荧光的有机化合物都含有芳香环或杂环，因为具有这些结构的分子具有长共轭的π→π*跃迁。π电子的共轭程度越大，荧光强度越大，而荧光波长也将红移。增加共平面的稠合环的数目，特别是当稠合环以线形排列时，将有利于体系内π电子的流动，从而使体系发生跃迁所需吸收的能量降低，进而有利于荧光的产生。苯、萘、蒽三个化合物的共轭结构与所发射的荧光特性，如图4-7所示。

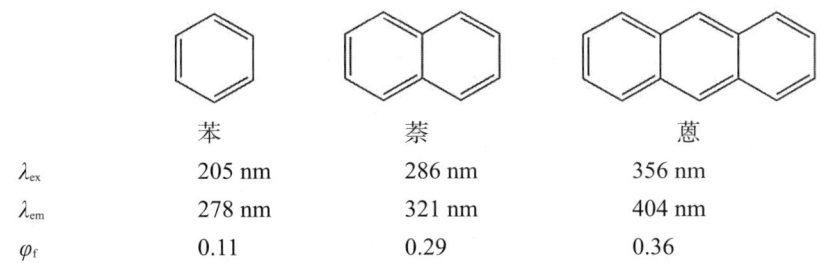

	苯	萘	蒽
λ_{ex}	205 nm	286 nm	356 nm
λ_{em}	278 nm	321 nm	404 nm
φ_f	0.11	0.29	0.36

图4-7 苯、萘和蒽的分子结构及发射荧光的特征比较

除了芳香烃外，含有长共轭双键的脂肪烃也可能产生荧光，但这一类化合物的数目不多。维生素A是能够发射荧光的脂肪烃之一。

重原子具有增强系间窜越的作用，将增大从S_1态向T_1态的系间窜越速率常数和量子产率，从而导致荧光量子产率降低。

（2）刚性平面结构

分子的刚性结构可抑制分子振动，从而降低通过分子振动而以热能形式释放的能量。如果分子中的主要生色基团都在一个平面内，即具有共平面性，则无论在基态还是激发态，分子都不容易变形。分子刚性的增加有利于增加分子的共平面，从而有利于增大分子内π电子的流动性，也就有利于荧光的产生。增加分子的刚性和共平面性，还能减少其与溶剂的相互作用，故具有强的荧光。

在同样的长共轭分子中，分子的刚性和共平面性越大，荧光效率越大，且荧光波长产生红移。例如，在相似的测定条件下，联苯和芴的荧光效率分别为0.18和1.00，在芴的分子中，五元环的亚甲基使其分子的刚性增加，两个苯环不能自由旋转（图4-8），共轭电子的共平面性增加，使芴的荧光效率大大增加，导致两者的荧光性质有显著差别。

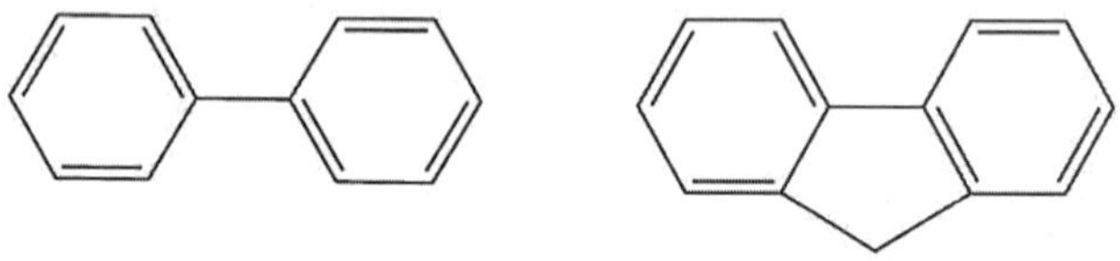

联苯　　　　　　　　　芴

图4-8　联苯和芴的分子结构

再如，荧光素和酚酞有相似结构，分子中共轭双键长度相同，但荧光素分子中两个苯环间多了一个氧桥，使分子的中三个环成一个平面（图4-9），构成刚性平面结构，减少了分子的振动，因此荧光素有很强的荧光，而酚酞的荧光很弱。

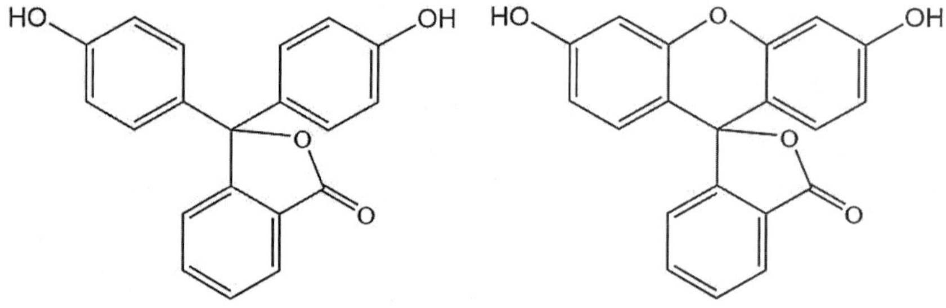

酚酞　　　　　　　　　荧光素

图4-9　酚酞和荧光素的分子结构

不产生荧光或产生较弱荧光的物质与金属离子形成配位化合物后，如果刚性和共平面性增强，就可发出荧光或增强荧光。例如，8-羟基喹啉是弱的荧光物质，当与镁或铝等离子形成配位化合物（图4-10）后，荧光就增强。

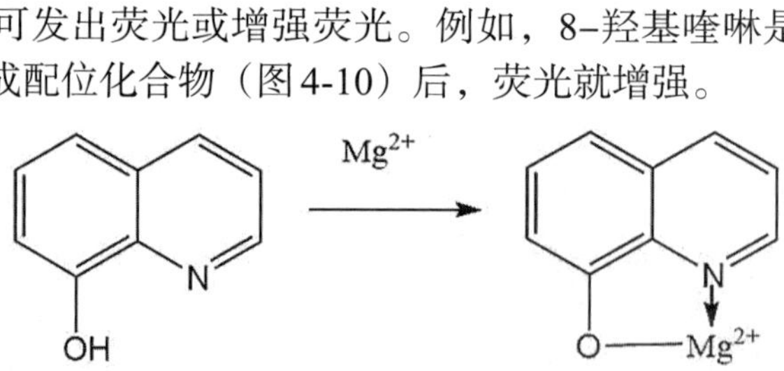

8-羟基喹啉　　　　　8-羟基喹啉镁配合物

图4-10　8-羟基喹啉和8-羟基喹啉镁配合物的分子结构

如果原结构的共平面性较好，但由于较大基团造成的位阻效应使分子的共平面性下降，则荧光会减弱。例如，2-二甲氨基萘-8-磺酸盐的φ_f为0.75，而1-二甲氨基萘-8-磺酸盐的φ_f为0.03，这就是因为二甲氨基与磺酸盐之间的位阻效应使分子发生了扭转，从而使两个环的共平面性变差（图4-11），结果荧光减弱。

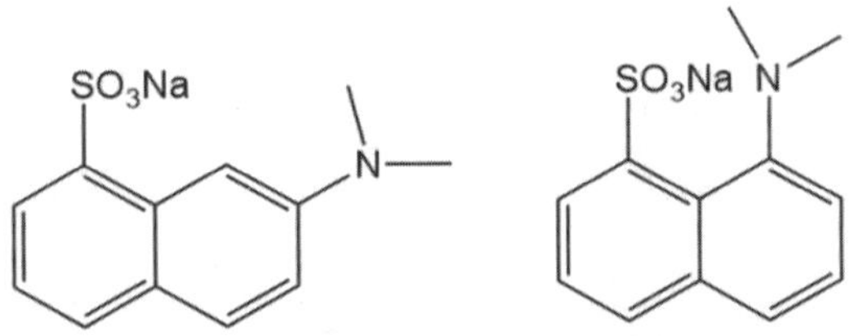

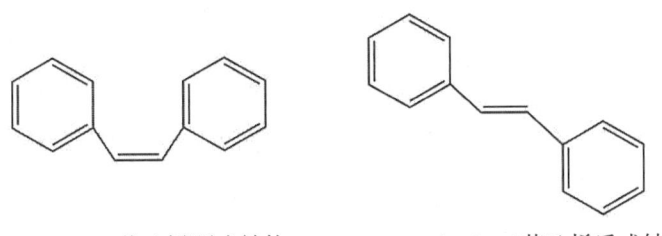

2-二甲氨基萘-8-磺酸钠　　　1-二甲氨基萘-8-磺酸钠

图4-11　2-二甲氨基萘-8-磺酸钠和1-二甲氨基萘-8-磺酸钠的分子结构

对于顺反异构体，由于顺式分子的两个基团在同一侧，位阻效应使分子不能共平面而没有荧光。例如，1，2-二苯乙烯的反式异构体有强烈荧光，而其顺式异构体就没有荧光（图4-12）。

1，2-二苯乙烯顺式结构　　　1，2-二苯乙烯反式结构

图4-12　1，2-二苯乙烯的顺式和反式结构

（3）取代基的影响

荧光物质分子上的各种取代基对分子的荧光光谱和荧光强度都会产生很大的影响。一般来说，取代基的影响分为电子效应和非电子效应。

可使化合物荧光增强的基团被称为荧光助色团，一般为给电子取代基，如—NH$_2$、—NHR、—NR$_2$、—OH、—OR、—CN、—Ar、—SH、—S$^-$、—SR等。基团上的孤对电子的电子云在基态时几乎与芳香环上的π轨道平行，因此它们实际共享了共轭π电子结构，增强了π电子的共轭程度，使最低激发单重态与基态之间的跃迁概率增大。含有给电子取代基的基团会增强π→π*跃迁所产生的荧光，并使谱带发生红移。例如，苯的荧光量子产率为0.17，二联苯的为0.18，三联苯的为0.93。

吸电子基团如—COOH、—C=O、—OCOR—、—NO$_2$、—NO、—SH、—NHCOCH$_3$、—Cl、—Br、—I、—N=N—等，虽然也含有孤对电子，但是在基态时其n轨道的电子云与芳香环上的π电子云并不共平面，则减弱了分子上π电子的共轭程度，将减弱或抑制荧光的产生，此类吸电子基团被称为荧光消色团。含有这些吸电子基团的化合物会产生n→π*跃迁，减弱荧光，使荧光光谱红移。卤素取代基的荧光强度随卤原子的原子序数增加而下降。

第三类取代基对电子的共轭作用较小，对荧光影响不明显，如—R、—SO$_3$H和—NH$_3$。我们可从表4-4中不同取代苯的荧光效率和强度观察到不同取代基对荧光的影响。

表4-4　不同取代苯在乙醇溶液中的荧光相对强度

化合物	分子式	荧光波长/nm	荧光相对强度
苯	C_6H_6	270～310	10
甲苯	$C_6H_5CH_3$	270～320	17
丙基苯	$C_6H_5C_3H_7$	270～320	17
氟代苯	C_6H_5F	270～320	10
氯代苯	C_6H_5Cl	275～345	7
溴代苯	C_6H_5Br	290～380	5
碘代苯	C_6H_5I	—	0
苯酚	C_6H_5OH	285～365	18
酚离子	$C_6H_5O^+$	310～400	10
苯甲醚	$C_6H_5OCH_3$	285～345	20
苯胺	$C_6H_5NH_2$	310～405	20
苯胺离子	$C_6H_5NH_3^+$	—	0
苯甲酸	C_6H_5COOH	310～390	3
苯基氰	C_6H_5CN	280～360	20
硝基苯	$C_6H_5NO_2$	—	0

取代基位置对荧光强度也有影响。对简单的苯衍生物而言，一般邻位和对位取代基增强荧光，间位取代基抑制荧光（—CN例外）。在一定范围内，如果取代基的π电子离域程度越大，则对荧光发射越有利。当两个取代基共存时，如果综合影响是增加π电子的离域程度，则对荧光有利，反之，对荧光不利。

除了取代基的电子效应外，影响荧光光谱的还有取代基的非电子效应。

重原子效应，即当重原子取代基存在时，如I⁻，则会使荧光减弱，荧光量子产率降低。这是因为在重原子中能级交叉现象比较严重，重原子的存在使荧光体的电子自旋-轨道的耦合作用加强，$S_1 \rightarrow T_1$间的窜越显著增强。碘代苯是非荧光物质，见表4-4所列。

分子内能量转移，即当两个能级接近但没有共轭的发色团之间发生分子内能量转移时，发光将来源于单重态或三重态能级较低的发色团。如苯巴比妥分子（图4-13），其荧光来源于杂环，磷光来源于苯基。再如寡肽、多肽和蛋白质中的酪氨酸、苯丙氨酸和色氨酸之间的能量转移，也属于分子内的能量转移。

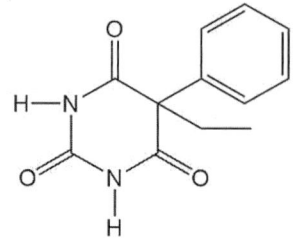

图4-13　苯巴比妥的分子结构

空间位阻效应和结构刚性化，即当取代基影响了分子的几何结构或分子内基团的运动，如共平面性、分子手性等，则同样会影响分子的发光性质。

（4）带隙宽度

光照射固体，其中的电子首先从价带（基态）跃迁到导带（激发态）的较高能级，其次以无辐射跃迁回到导带（激发态）的最低能级，最后回到价带（基态），同时辐射出光子。因此，物质的带隙宽度决定了其是否产生荧光及荧光的波长。带间跃迁产生的荧光波长基本与带隙成反比。

4.5.3 影响分子荧光光谱的外部因素

物质所处的外界环境，如温度、溶剂、酸度、荧光猝灭剂等，都能影响荧光效率，甚至影响分子结构及立体构象，从而影响荧光光谱的形状和强度。

（1）溶剂

溶质与溶剂分子相互作用而使溶质分子稳定化的现象称为溶剂化。由于溶剂化而使溶质分子的物理化学性质发生变化的现象称为溶剂效应。

许多发光物质对所处的溶剂环境是非常敏感的。例如，溶剂极性的变化就可能引起荧光光谱的明显变化。溶剂的影响分为一般溶剂效应和特殊溶剂效应。

一般溶剂效应指溶质与溶剂分子间的范德瓦耳斯力，包括离子-偶极作用、偶极-偶极作用、偶极-诱导偶极作用等，属于远程作用。这些相互作用力没有方向性和饱和性，涉及的参数有偶极矩、介电常数、折射率等，主要受溶质和溶剂分子的极化率影响。一般溶剂化效应表现的是溶剂的整体效应，常使激发光谱的精细结构消失，能使极性溶质分子的稳定性增加，从而使其荧光光谱发生红移。

特殊溶剂效应指溶质和溶剂分子间具有方向性和饱和性的相互作用力，属于短程作用，如溶质和溶剂分子间的氢键、卤键（σ-穴键）、配位作用、电子给体-受体作用、电荷转移作用、质子转移作用等，主要取决于溶剂分子中是否含有键合的给体或受体，主要发生在溶质的溶剂化壳层中，与溶剂本体中的情况有较大差别。特殊溶剂效应的影响大于一般溶剂效应。特殊溶剂效应取决于溶剂和溶质的化学结构。

溶剂具有正的极化氢原子，并能够进行氢键合时，即被称为氢键供体溶剂，如H_2O 和 CH_3CH_2OH 等。在这类溶剂中，如果溶质分子芳香环上有给电子取代基，如—NH_2、—OH 等，则孤对电子将氢键化，荧光波长蓝移。如果溶质分子的芳香环上有吸电子基团，如羰基，则在氢键供体溶剂中有利于羰基与芳环发生共轭，因此荧光波长红移。具有孤对电子或孤单电子的溶剂被称为氢键受体溶剂，如CH_3CN、二氧六环、二甲亚砜、乙醚和丙酮等。在这种溶剂中，如果溶质分子的芳香环上有给电子基，则有利于孤对电子与芳香环发生共轭，荧光波长红移；如果溶质分子的芳香环上有吸电子基团，则不利于孤对电子与芳香环发生共轭，荧光波长蓝移。

卤键是一种类似于氢键的非共价键分子间作用，其中的卤原子与氢原子相似，可作为卤键供体（电子受体）。用分子表面静电势描述卤键，则沿着共价键的延伸方向，在卤素的外表面有一个正的表面静电势区域，该区域可与负电性的位点发生静电吸引作用，具有方向性。卤代溶剂可作为卤键供体参与溶剂化作用。随着卤素原子序数的增大，原子半径增大，可极化程度变大，形成卤键的能力变强。对于含有酸性质子的卤代分子，其形成氢键的能力往往大于形成卤键的能力。含有孤对电子并作为卤键受体的溶剂可引起溶剂效应。例如，四溴化碳可与含氧溶剂发生C—Br···O卤键作用。卤键对荧光光谱的影响与氢键相似。

同一荧光物质在不同溶剂中，其荧光光谱形状和强度都有差别。一般情况下，荧光波长随溶剂的极性增大而红移，荧光强度增强。因为在极性溶剂中，$\pi \to \pi^*$跃迁所需的能量差ΔE减少，跃迁概率增加，从而使激发波长和荧光波长均红移，荧光强度增大。

溶剂黏度降低，分子碰撞机会增加使无辐射跃迁增加，荧光减弱，故荧光强度随溶液的黏度降低而减弱。一般温度上升，溶剂黏度变小，因此荧光强度下降。

（2）温度

温度对荧光强度的影响较为明显。一般情况下，随着温度的升高，溶液中荧光物质的荧光效率和荧光强度将降低。这是因为当温度升高时，分子运动速度加快，分子间碰撞的概率增加，分子的内部能量转化倾向增高，使无辐射跃迁增加，从而降低荧光强度。例如，荧光素钠的乙醇溶液在零度以下时，温度每下降10 ℃，φ_f增加3%，在零下80 ℃时，φ_f接近1。由于荧光物质的荧光强度在低温下比在室温下明显增高，因此低温荧光分析法有利于增加测试的灵敏度。

（3）溶液的pH

当荧光物质本身是弱酸或弱碱时，溶液的酸碱度对荧光物质分子的荧光强度有较大的影响。这是因为其分子结构和离子结构不同，它们的电子构型就不同，在不同的酸碱度条件下分子和离子之间的平衡发生改变，因此荧光强度发生改变。每一种荧光物质的分子都有其最适宜的发射荧光的存在形式，即最适宜的pH范围。例如，在pH为7~12的溶液中，苯胺以分子形式存在，会发射蓝色荧光，但在pH小于2或大于13的溶液中，苯胺以离子形式存在，不发射荧光。

金属离子与有机配体形成的发光配合物也受溶液pH的影响。pH会影响配合物的形成，也会影响配合物的组成，从而影响配合物的荧光性质。如镓离子与2,2′-二羟基偶氮苯在pH为3~4的溶液中形成1∶1的配合物，能发射荧光，但在pH为6~7的溶液中则形成非荧光性的1∶2配合物。

（4）荧光猝灭

荧光物质分子与溶剂分子或其他溶质分子的相互作用引起荧光强度降低或消失的现象叫荧光猝灭。能引起荧光强度降低的物质叫荧光猝灭剂。荧光猝灭的类型有多种，第一种是最常见的碰撞猝灭，是处于激发单重态的荧光分子M*与荧光猝灭剂分子Q相撞，使荧光分子以无辐射跃迁的形式回到基态，产生猝灭作用。这一过程可以表示如下：

M + $h\nu$ → M* → M + $h\nu'$（产生荧光）

M* + Q → M + Q*（非辐射猝灭）

M* + Q → M + Q（碰撞猝灭）

第二种荧光猝灭为静态猝灭，是由部分荧光物质分子M与荧光猝灭剂分子Q

生成了本身不产生荧光的配位化合物而产生,这一过程往往还会引起溶液激发光谱的改变。

第三种荧光猝灭是转入三重态猝灭,是指在荧光物质分子中引入溴和碘后易发生系间窜越而转变为三重态,这时分子在常温下不发光,在与其他分子碰撞时消耗能量而引起荧光猝灭。

第四种是溶解氧引起的荧光猝灭,溶解氧的存在使荧光物质氧化。氧分子的顺磁性促进了荧光物质激发态分子的系间窜越,使激发单重态的荧光分子转变为三重态,从而引起荧光猝灭。

第五种是发生电子转移反应引起的荧光猝灭,是指某些荧光猝灭剂分子与荧光物质分子相互作用发生了电子转移反应而引起的荧光猝灭。例如,甲基蓝溶液的荧光被Fe^{2+}离子猝灭。又如,I^-、Br^-、CNS^-、$S_2O_3^{2-}$等易给出电子的阴离子,对奎宁、罗丹明及荧光素钠等荧光分子也会发生猝灭作用。

第六种是荧光物质的自猝灭。在浓度较高的荧光物质溶液中,往往会发生自猝灭现象。这是因为在高浓度下激发单重态的分子在发射荧光前和没有被激发的荧光分子发生碰撞而引起自猝灭,有些荧光物质分子在溶液浓度较高时会形成二聚体或多聚体,使其激发光谱发生变化,同时也引起溶液荧光强度的降低甚至荧光消失。

综上所述,常见的荧光猝灭剂有卤素离子、重金属离子、氧分子、硝基化合物、重氮化合物、羰基化合物等。

(5) 散射光的干扰

当一束平行光照射在液体样品上,大部分光线可透过溶液,小部分由于光子和物质分子相碰撞,使光子的运动方向发生改变而向不同角度散射。例如,当光子和物质分子发生弹性碰撞时,不发生能量交换,仅仅是光子运动方向发生改变的瑞利散射光,其波长与入射光波长相同。再如,光子和物质分子发生非弹性碰撞时,在光子运动方向发生改变的同时,光子与物质分子发生能量交换,光子把部分能量传给物质分子后,在一定条件下,分子所获得的能量使得围绕其中某一键分布的电子云产生瞬时弹性变形,这时辐射能量暂时保留在变形的极化分子的一个虚态上。这个虚态并不存在于常规电子能级图中,电子在那里只能保持$10^{-15}\sim 10^{-14}$ s,随后回到其电子能态基态的不同振动能级上,发射出比入射波长长或稍短的拉曼散射光。

当激发波长与荧光物质的荧光波长很接近,或激发波长小于拉曼散射波长时,瑞利散射和拉曼散射可能与荧光光谱发生重叠而对光谱产生严重的干扰。特别是波长比入射光波长更长的拉曼光,因为一般同时产生的多条拉曼辐射线,可以复合成一个覆盖一定波长范围的较宽的带,如果这种辐射带正好和荧光辐射的波长相近,就会对荧光测定产生干扰。因此,在荧光测定中必须采取措施避免散射光的干扰。

选择适当的激发波长可以消除散射光的干扰。通常情况下,因为溶剂的瑞利散射和拉曼散射的波长随激发波长的改变而改变,而荧光波长与激发波长无关,所以只需改变激发光的波长就可避免散射光的影响。

如硫酸奎宁,无论激发波长选 320 nm 还是 350 nm,荧光峰总在 448 nm 处。我们分别在 320 nm 和 350 nm 的激发光下测定空白溶剂的发射光谱,这时没有荧光发射,得到的是拉曼散射光。当激发波长为320 nm时，瑞利散射光的波长是320 nm，拉曼散射光波长是360 nm，拉曼散射光对荧光无影响。当激发波长为350 nm时，瑞利散射光波长是350 nm，拉曼散射光波长是400 nm，拉曼散射光对荧光有干扰，因而会影响测定结果。

水、乙醇、环己烷、四氯化碳和氯仿是最常用的溶剂，它们自身都能产生拉曼散射，从而可能干扰荧光测定。表4-5列出了不同波长激发光下这五种溶剂的拉曼散射光波长。

表4-5 不同波长的激发光下常用溶剂的拉曼散射光波长

溶剂	激发波长/nm				
	248	313	365	405	436
水	271	350	416	469	511
乙醇	267	344	409	459	500
环己烷	267	344	408	458	199
四氯化碳	—	320	375	418	450
氯仿	—	346	410	461	502

（6）内滤光作用和自吸收现象

溶液中含有的物质能吸收激发光或荧光物质发射的荧光，导致荧光减弱的现象，就称为内滤光作用或内滤效应。如在 1 mg/ml 的色氨酸溶液中存在重铬酸钾，色氨酸的激发峰和发射峰附近正好是重铬酸钾的两个吸收峰，因此重铬酸钾就吸收了色氨酸的激发能和色氨酸发射的荧光，使色氨酸的荧光强度大大降低。内滤光作用的另一种情况是荧光物质的荧光发射光谱短波长一端与该物质的吸收光谱的长波长的一端有重叠。在溶液浓度较高时，一部分荧光发射被物质自身吸收，产生所谓自吸收现象，从而降低了溶液的荧光强度，如蒽的激发光谱和荧光光谱（图4-4）。

（7）激发光照射

有些荧光物质，特别是它们的稀溶液，在受到激发光照射时会发生分解作用，使物质的原结构被破坏，从而引起荧光强度的急剧下降。对这一类易发生光解的物质进行测试时，最好采用能量较低的激发光，同时缩短辐照时间，尽可能减少因物质的光分解而引起的测量误差。

（8）其他因素

物质发生吸附可提高荧光的量子产率，因为吸附减少了分子的热振动并增加了分子的刚性。如果体系中有表面活性剂存在，则一般会增强荧光效率。由于氧分子的顺磁性质，如果溶液中存在溶解氧，则会使激发单重态分子向三重态的系间窜越速率增加，从而使其荧光效率降低。其他顺磁性物质的存在也有这种作用。

4.6 分子荧光光谱仪

根据分子荧光光谱产生的原理，进行荧光检测需获得激发光谱和发射光谱，即检测不同波长的入射光照射下的荧光强度及检测在特定波长的激发光照射下的荧光强度。这样就需要分子荧光光谱仪完成表4-6中所列的任务。

表4-6 获得激发光谱和发射光谱仪器所需完成任务

光谱类型	激发波长	发射波长
激发光谱	扫描	固定
发射光谱	固定	扫描

为了完成这些任务，用于荧光测定的仪器需由以下部件组成：激发光源、带有基准检测器的激发光单色器（第一单色器）、样品池、发射光单色器（第二单色器）、检测器以及记录和数据读出系统。按图4-14布局，由光源发出的光经过第一单色器后得到所需要的激发波长，一部分激发光束被送到参考光束检测器，以校正因光源强度变动而获得的发射光谱，余下部分的激发光束被送往样品池。样品池中的待测样品吸收激发光，然后发射出一定波长范围的荧光。为了消除入射光和散射光的影响，通常在与激发光垂直的方向上测定荧光。为了消除可能存在的其他光的干扰，如激发光产生的反射光、瑞利散射光和拉曼散射光以及溶液中杂质产生的荧光，以便获得所需要的荧光，在样品池和检测器之间设置了第二个单色器，发射出的荧光通过第二单色器后作用于检测器上，经过放大并被记录下来。

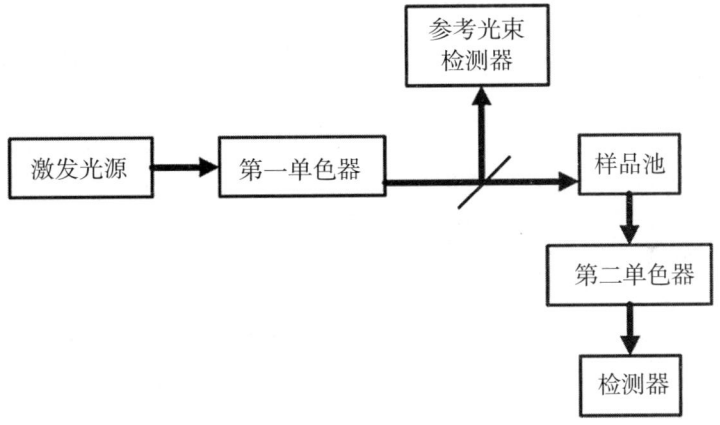

图4-14 荧光光谱仪部件布局示意图

在待测样品受到激发的情况下，通过选择合适的检测器及配件组合工作模式，记录下发射光强与激发源特性、样品特性以及温度、时间、空间、能量等相关特性之间的关系，以此研究物质的发光过程和特性。

4.6.1 激发光源

根据分子荧光光谱的机理，物质发射荧光需要吸收紫外-可见光，因此分子荧光光谱仪首先需要有紫外-可见光光源。我们在选择激发光源时主要考虑其稳定性和强度。光源的稳定性直接影响仪器的测试精度和重复性，而光源的强度关系到测试的灵敏度和检出限。在紫外-可见光范围内，常用的光源是高压氙灯和闪烁氙灯（脉冲氙灯）。

高压氙灯是一种气体放电灯，外壳为石英玻璃，内充氙气，总是处于高压状态，室温下的压力为 0.5 MPa（5 atm），工作时的压力为 2 MPa（20 atm）。氙灯发射的光谱强度大，而且是分布在 200～800 nm 范围内的连续光谱，并且在 300～400 nm 之间的强度几乎相等。目前大多数分子荧光光谱仪使用它作光源。氙灯寿命约为 2000 h，在安装或更换时要戴上防护镜并严格按照操作规程进行，以防意外发生。由于氙灯的启动电压为 20～40 kV，操作时要注意安全。在仪器配有计算机时，应先打开氙灯，待稳定后再开启计算机。

闪烁氙灯（xenon flash lamp）是目前另一种常用的分子荧光光谱仪光源，也被称为脉冲氙灯。其基本原理与高压氙灯相似，不同之处是会按一定频率闪烁发光，每次发光照射样品后获得荧光，通过多次检测取平均值，得出最后数据。闪烁氙灯的体积更小，在紫外区的输出更高，耗能少。与连续发光的高压氙灯相比，闪烁氙灯造成物质发生光解的可能性有所降低。

除了高压氙灯和闪烁氙灯外，其他一些光源，如高压汞灯和低压汞灯，也会被用在分子荧光光谱仪中。高压汞灯是玻璃壳内充有高压汞蒸气的放电灯，其辐射能集中于几条特异波长的汞线，可为一些检测物提供特异性吸收。与简单的滤光片相配合，分子荧光光谱仪常使用高压汞灯。低压汞灯是利用低压汞蒸气放电时产生 254 nm 辐射的高效率的灯，可用作紫外单色光光源，用于荧光分析。同时充入汞蒸气和氙气而制成的汞氙灯也可以被用于分子荧光光谱仪，并且在紫外区可以获得比氙灯更高强度的光，同时还可提供高效的汞线。汞氙灯一般只用于特殊用途的分子荧光光谱仪。

激光由于其高强度，也可被用作分子荧光光谱仪的光源。因为激光可以聚焦在小范围内，所以常被用于进行生物学研究和用在进行分离检测的仪器中，如液相色谱和毛细管电泳的荧光检测器。激光同样可以调节出不同的波长，也可进行脉冲发射，这在一些特殊检测中是非常重要的特性。相对于其他光源，激光价格较为昂贵，因此商用分子荧光光谱仪中并不常用激光作为光源。

作为激光光源的代用品，光发射二极管（LED）可用在一些分子荧光光谱仪中。LED 产生的辐射波长范围相对较窄。与其他光源相比，它们同样耗能低、寿命长、体积小，但没有激光的强度高。

4.6.2 单色器

单色器用于选择单色辐射。单色器包括色散元件和狭缝。简单荧光剂用滤光片作为单色器，较高级的单色器采用光栅。光栅的优点是使所有波长的光都能够色散而且色散均匀，有相同的分辨率。入射光中 80%的能量在一级光谱中。分子荧光光谱仪有两个单色器。第一单色器在样品池和光源之间，用于选择所需要的激发波长，使其能够辐照样品。第二单色器在样品池和检测器之间，用于分离出所需检测的荧光发射波长。

狭缝关系到单色器的分辨率，用于控制谱带宽度和光强度。一般说来，狭缝越窄单色性越好，但光强随之减小而灵敏度降低，在实际使用时应该两者兼顾。

4.6.3 样品池

分子荧光光谱仪中用于检测液体样品的样品池与紫外可见吸收光谱仪的相似，

除要求在检测光波长范围内无吸收外还要求无荧光发射，通常用石英材料制成，为边长为 1 cm 的正方形比色皿，也有长方形的，因为这种形状的比色皿的散射光干扰较少。其他大小和形状的比色皿也可在一些特殊条件下使用。与紫外-可见吸收光谱仪的比色皿不同，分子荧光光谱仪的液体样品池不再有毛面（以供手持），而是四面皆为透明光学面。这是因为在分子荧光光谱仪中的激发光和发射光之间有 90° 夹角，如果存在毛面，将会影响激发光或发射光的通过。样品池置于样品架上，样品架可配备温度控制装置，因为荧光强度与测试温度相关，低温条件下荧光强度可以增强。为了保证测试的重现性，配置温控装置是必要的。

固体样品可用固体支架进行测试。大多数固体荧光支架的夹角是 45°，即激发光和样品表面的夹角是 45°。还有一种是可旋转样品台，该样品台下增加了角度刻度线，通过旋转样品台调节激发光和固体样品表面的夹角，以测量不同角度下样品的荧光强度，再根据光谱的形状和强度最终选择最佳的角度。调节合适的角度对于固体样品荧光的测试比较重要。通常将样品放置在光路的交叉点上，压片表面和入射光的夹角最好是 30° 或 60°。

粉末样品的荧光测试受样品表面情况的影响较大。同一粉末样品，因上样时表面情况不同，荧光强度也会发生很大的变化。并不是样品表面越平整或越细密，所测荧光强度就越强。粉末样品应尽量少放，样品厚度越大，散射光就越强。如果是晶体样品，仅选择一个晶体就可进行测试。有的荧光测试，可使用石英玻片作为固体粉末样品的载体。这种情况下，如果粉末量很少，则可用少量乙醇滴在样品上，使样品吸附在石英玻片上后就可进行测试。如果是固体膜材料，则可直接放置于固体支架上进行测试。对有的分子进行荧光测试，会配备不同类型的夹具，可根据样品的具体情况进行选择。固体粉末样品还可以采用固体粉末盒进行测试。

4.6.4 检测器

溶液中的荧光物质被入射光激发后，可在溶液的各个方向观察荧光强度，但因有部分透过的入射光会干扰荧光的测定，因此一般在与激发光源垂直的方向进行测定。

荧光的强度一般较弱，因此分子荧光光谱仪的检测器要求有较高的灵敏度。一般以光电倍增管作为检测器。二极管阵列检测器、电荷耦合装置及光子计数器等目前也有应用。

光电子计数器是利用弱光下光电倍增管输出的信号自然离散化的特点，采用放大技术和脉冲幅度甄别技术及数字计数技术，可把背景噪声中淹没的荧光信号提取出来。当荧光达到光电倍增管的光电子阴极时，每个入射光子以一定的概率使光电子阴极发射一个电子。这个光电子经倍增系统后在阳极回路中形成一个电流脉冲，通过负载电阻形成一个脉冲电压，这个脉冲被称为单光子脉冲。单光子计数器可以检测低至单个不重叠的光子能量脉冲，从而实现探测单光子级别的微弱信号。

4.6.5 仪器的校正

（1）灵敏度校正

分子荧光光谱仪的灵敏度与许多因素有关，如光源强度、单色器（包括透镜和反射镜）的性能、放大系统的特征、光电倍增管的灵敏度、所选的波长、狭缝宽度、被测空白溶剂的拉曼散射、激发光以及杂质荧光等。由于影响因素多，同一型号的仪器，甚至同一台仪器在不同时间操作，所测得的结果也不尽相同。因而在每次测定时，在选定波长和狭缝宽度的条件下，先用一种荧光性质稳定、浓度固定的标准液进行校正，然后将每次所测得的荧光强度调整到相同数值（50%或100%）。如果被测物质所产生的荧光很稳定，那么自身就可以作为标准溶液。在紫外–可见光范围内最常用的是 1 mg/mL（0.05 mol/L 硫酸中）硫酸奎宁标准溶液，即 0.05 mol/L 奎宁硫酸氢盐的硫酸溶液，因为其产生的荧光十分稳定。

分子荧光光谱仪的灵敏度可用被检测出的最低信号来表示，通常以硫酸奎宁的检出限或者以纯水的拉曼峰的信噪比（S/N）表示。

（2）波长校正

分子荧光光谱仪的波长在出厂前都经过了校正，若仪器的光学系统和检测器有所变动，或使用较长时间后，或在更换重要部件后，有必要用汞灯的标准谱线对单色器刻度重新校正，这一点在要求较高的测定工作中尤为重要。

（3）激发光谱和荧光光谱的校正

对于分子荧光光谱仪，由于实际中光源的强度随波长变化，检测器对不同波长的光接受敏感程度不同，检测器的响应与光强不成线性，另外受各仪器单色器波长的准确度、拉曼散射光以及狭缝宽度等影响，所测得的激发光谱或荧光光谱往往随着仪器不同而不同。因此在用单光束仪器测定激发和发射光谱时，因为不能用参比溶液进行相对校正，所以误差较大。尤其是当波长处于检测器灵敏度曲线的陡坡时，得到的表观光谱中的值之间的相对关系并不能反映真实的情况，产生了显著误差。因此，可先用仪器上附带的校正装置将每一个波长的光源强度调整到一致，然后根据表观光谱上每一个波长的强度除以检测器对每一个波长的感应强度进行校正，以消除误差。

目前的分子荧光光谱仪大都采用双光束光路，可以用参比光束抵消误差。

4.7 分子荧光光谱的测定

4.7.1 样品准备

（1）块状固体

为尽量减小内外表面因素的干扰，块状样品最好被切成规则形状，并进行抛光。如果要做系列样品特性的对比，应尽量在尺寸和光洁度上保持一致。对于与各向异性有关的测试，需注意光轴的位置；对于有自吸收特性的样品，需注意其对测试结果的影响。

（2）粉状固体和微晶体

对于固体粉末样品和微晶体样品，制备时需避免混入其他杂质，如滤纸纤维、胶水等，以免杂质的荧光对测试结果产生影响。这一类样品应尽量保存在不会引入杂质又防潮避光的样品管（盒）中。在强光下不稳定的化合物，测试时应特别注意控制入射光的强度和辐照时间，避免破坏样品。如前所述，粉状固体和微晶体样品可夹在石英玻璃片间进行测试，也可放入固体粉末盒或固体支架或特定的夹具上进行测试。

(3) 液体样品

液体物质是分子荧光光谱中最常见的样品。进行液体样品准备时应尽量使用透明的玻璃化溶液，以避免溶液的吸收不均而导致光谱失真。液体样品一般在带盖石英比色皿（注意，与紫外光测试所用的比色皿不同，石英比色皿的侧面为全透明）中进行测试。为安全起见，使用挥发性剧毒溶剂的测试一定要有合适的防护。易挥发、易变质的溶液最好现配现测。

4.7.2 测试前准备

根据分子荧光光谱产生的机理和仪器运行原理，为尽可能获得理想的荧光测试结果，测试前需明确以下问题：

①是否需要激发扫描或发射扫描？
②需要多大的狭缝宽度？
③在发射扫描中需选择多大的激发波长才能获得最大强度的荧光？
④在激发扫描中又需要选择怎样的发射波长才能获得最强荧光？
⑤是否需要光谱校正？
⑥是否需固定激发波长和发射光波长检测荧光，以获得最终标准曲线进行定量分析？
⑦为获得最高灵敏度和选择性应选择哪些波长？
⑧哪个线性范围可用于定量分析？
⑨是否有猝灭现象存在，从而影响了最后测试结果？
⑩是否需要低温或温度控制？
⑪样品是否需要去氧处理？
⑫样品浓度是否合适，是否因浓度过高产生的自猝灭和自吸收现象而导致的非线性行为？
⑬样品池是否适用于当前样品的测试？

4.7.3 测试物理条件的选择和注意事项

荧光测定的影响因素比较多，只有选好条件才能获得满意的激发和发射光谱。由于样品和仪器各不相同，因此测定条件不能固定不变，可根据以下方面选择仪器最佳条件。

(1) 光源

选择光源时需注意，电流不能超过测定范围，但为了提高测定灵敏度，可以把光源电流调节到最大允许值。

光源不稳定或强度太弱而影响测定时，应换光源。拿取光源时不要触碰窗口，如果不小心碰触，则应及时用无水乙醇擦净。不要用肉眼直视光源，以免损伤眼睛。

(2) 波长扫描范围

对已知光谱特性的样品，不需进行广泛扫描。在测试一个未知光谱特性样品的激发和发射光谱时，扫描样品时范围应该宽一些。如测试发射光谱时，在短波方向应该多扫描一些，以观测瑞利散射和拉曼散射的影响。

（3）狭缝宽度

选好激发和发射单色器狭缝宽度，是获得理想图谱的关键。如果光路狭缝太大，荧光信号太强，则容易超出仪器检测范围，损伤仪器；但如果狭缝开得太小，荧光信号太弱，则检测比较困难，所以要根据实际情况选择大小合适的狭缝。对于定性分析来说，狭缝可窄一些，因为窄狭缝所获得的谱带纯，能得到精细的光谱。对于定量测定，狭缝的大小和荧光信号的强弱会影响测定的灵敏度和准确性，因而狭缝宽度不能过窄。

（4）滤光片

测试时，为达到理想效果，有时需选用滤光片。滤光片按光谱波段分为紫外光滤光片、可见光滤光片和红外光滤光片；按光谱特性分为带通滤光片、截止滤光片、分光滤光片、中性密度滤光片和反射滤光片。所谓带通滤光片，是指让选定波段的光通过，而其他光截止。其中，短波通型（又叫低波通）是让短于选定波长的光通过，长于该波长的光截止。长波通型（又叫高波通）是让长于选定波长的光通过，短于该波长的光截止。选择滤光片时，为消除剩余入射光对荧光光谱产生的影响，我们通常选择合适的长波通型截止滤光片。激发谱扫描过程中，我们一般选择比发射波长短、比激发谱最长波长长的长波通型截止滤光片。发射谱扫描过程中，我们选择比激发波长长、比发射谱最短波长短的短波通型截止滤光片。

（5）样品池

进行精确分析时应该使用正方形池。微量池的优点是样品用量少，便于克服内滤光效应，但狭缝宽度较大时微量池壁的散射和反射会进入发射单色器，使空白荧光增加。

放样品池时要固定一个方向，以免样品池各透光面被池架的弹簧片擦坏，从而增加散射。样品池要洗净，不能留有痕迹，以免影响测定。新的样品池常常挂水，可用 3 mol/L 的盐酸和 50%乙醇等量混合液浸泡，清洗后再使用。

（6）检测器电压

为了提高测定灵敏度，有时可把光电倍增管的电压提高到最大允许值。但此时的光电倍增管容易疲劳，暗电流和噪声会因此增加。另外，光电倍增管的灵敏度和波长响应与温度密切相关，因此温度较高时要注意散热。

保持光电倍增管室干燥，保证绝缘良好，光电倍增管通电后要避免不必要的爆光，因此要养成随时关闭光闸的习惯，以免损坏光电倍增管，或因为"疲劳"而降低其灵敏度。

（7）灵敏度

一般来说，仪器的灵敏度越高，所测得的荧光强度越大，但仪器噪声和溶液的拉曼散射光也就越大。有时对于一种稀溶液，为了得到大的荧光强度以准确定量，可采用大缝宽和高灵敏度的仪器，但会导致散射峰干扰，甚至掩盖了弱小荧光峰。

（8）扫描速度

如果扫描速度太快，响应不同步，则容易漏掉小峰，忽略特征性的峰信号，但扫描太慢又浪费时间，所以只要能得到平滑的光谱曲线就可以了。

另外，还需注意的是要正确提供主机及附件所需的供电电压和频率，不可接错电源。单色器不可轻易拆卸，需保持内部干燥，以防色散元件和反射镜受潮。

4.7.4 测试

由于物质的发射特性和吸收特性是紧密相关的，所以提前做好吸收光谱可有效缩短荧光测试的摸索时间。对于不知道其相关特性的样品，吸收光谱的测试比荧光光谱的测试要容易很多。因此建议先测一下样品的吸收光谱，并从中找出感兴趣的吸收峰和特性，供荧光光谱测试时参考。

首先根据吸收光谱中感兴趣的峰确定激发波长，选择合适的发射光谱波长范围、滤光片、光路狭缝、扫描速度等进行发射光谱的扫描。其次根据发射光谱中感兴趣的峰确定发射波长，选择合适的激发光谱波长范围、滤光片、光路狭缝、扫描速度等进行激发光谱的扫描。最后根据激发光谱中感兴趣的峰确定激发波长，选择合适的发射光谱波长范围、滤光片、光路狭缝、扫描速度等进行发射光谱的扫描。如此循环重复测量激发光谱和发射光谱，最终得到理想的光谱图。

测得的数据结果用origin或其他软件进行数据处理和作图分析。为了消除仪器本身的影响，测得的光谱曲线需要应用校正曲线进行校正。校正过的光谱数据可以应用色坐标软件进行颜色分析。

4.8 分子荧光光谱法的特点

（1）灵敏度高

紫外-可见光谱的测试中，测定的参数是吸光度值。测定时不仅要测定透过样品的光强度I，还要测定入射光强度I_0。吸光度与入射光强度和透射光强度的比值相关。当试样浓度很低时，吸收微弱，这时I和I_0非常接近，如果增加入射光强度I_0，透过样品的光强度I也按比例增强，因此检测器很难区分两个信号之间的微小差别。如果提高检测器信号的放大倍数，其放大作用对I_0和I是相同的，因此限制了灵敏度的提高。

与紫外-可见光谱法相比，荧光是从与入射光成直角的方向检测的，即在很小的噪声背景下检测荧光发射信号，如果提高激发光强度，则荧光强度也可以得到增强；如果提高检测器信号的放大倍数，则荧光强度同样可以得到提高，所以可以用增强入射光强度或增大荧光放大倍数来提高灵敏度。荧光分析的灵敏度要比紫外-可见光谱法高2～4个数量级。测定下限可在0.1～0.001 ng/mL。紫外-可见分光光度法的灵敏度为10^{-7} g/mL，而荧光光度法测定的灵敏度在10^{-10}～10^{-12} g/mL。荧光分析法的检测限比紫外分光光度法低2～4个数量级。因此，测定荧光光谱所用的样品量可比紫外-可见光谱更少。

（2）选择性好

与紫外-可见光谱比较，荧光光谱法的选择性更高，比较容易排除其他物质的干扰。虽然可吸收紫外-可见光的物质很多，但是能产生荧光的物质有限。荧光测试即可根据特征发射（发射谱）又可以根据特征吸收（激发谱）来鉴定物质，可选择因素较多。如果某几个物质的发射光谱相似，则可用其激发光谱的差异将其区分开来。如果激发光谱相同，则可用发射光谱将其区分。

（3）所需样品量少，测试方法简便，仪器价格适中

（4）能提供较多的物理参数

荧光光谱可以提供激发光谱、发射光谱、荧光强度、荧光效率、荧光寿命、荧光偏振等参数，可以从不同角度反映荧光物质分子的各种特性，并通过这些物理参数得到被研究的物质的更多的信息。通过发光强度，我们还可定量测定许多痕量的无机物和有机物，因此荧光光谱可被应用在生物化学、分子生物学、免疫学及农牧产品分析、环境分析等领域。

（5）应用范围不够广泛

因本身能发射荧光的物质较少，加入某种试剂经衍生化后才能发射荧光的物质也不多，因此荧光光谱不如紫外-可见光谱应用广泛。

（6）测试时干扰因素多

荧光光谱的灵敏度高，测试时对环境因素敏感，干扰因素较多。例如，温度、溶剂、酸度、散射光等，都会对测试结果产生影响。

4.9 分子荧光光谱的应用

分子荧光光谱由于灵敏度高、选择性高、检测下限较低等优点被应用于许多领域，可检测60多种元素，特别是在生物大分子的检测中具有重要的地位。分子荧光光谱分析法常与高效液相色谱、毛细管电泳等多种分析技术联用，作为这些分离分析方法的检测手段，同时也是微型化分析方法，如基因芯片和微流控芯片等的理想检测手段。

4.9.1 定性分析

任何物质进行荧光光谱测定都可得到激发光谱和发射光谱，这两种特征光谱是进行定性分析的基础。物质的分子结构不同，所吸收的紫外-可见光及发射的荧光波长都具有特征性。因此，根据物质的激发光谱和发射光谱可鉴别化合物。

最常用的方法是比较法，即在相同的测试条件下将待测物质的激发光谱与发射光谱同已知物质的两个特征光谱进行比较，如果光谱的形状和特征峰一致，则可认为待测物质可能与已知物质的结构相同。有时，两个物质的发射光谱相似或完全相同，但激发光谱可能会存在较大的差别。因此，两种特征光谱的结合可为物质的定性分析提供更多的参考依据。

4.9.2 定量分析

在实际应用中，由于较高的灵敏度，分子荧光光谱更多的是用于物质的定量分析。

（1）定量分析依据

根据荧光产生的机理，荧光物质是在吸收光能被激发后才发射荧光，因此溶液

的荧光强度与溶液的吸收光强度及荧光效率有关。即，荧光强度I_f正比于吸收光强度I_a和荧光量子效率φ_f，表示为

$$I_f = \varphi_f I_a$$

由朗伯-比耳定律$I_a = I_0(1-10^{-\varepsilon cl})$可知：

$$I_f = \varphi_f I_0(1-e^{-2.3\varepsilon cl})$$

式中，I_0是入射光强度，ε是摩尔吸收系数，l是样品池厚度。

对于稀溶液，将括号项近似处理后得到

$$I_f = 2.3\varphi_f I_0 \varepsilon cl = Kc$$

这即为荧光分析方法定量的依据，表示当入射光强度、样品池厚度不变时，稀溶液的荧光强度与其浓度成正比。

对于较浓的溶液，荧光强度和溶液浓度之间的线性关系会发生偏移。因为浓度过高时，激发单重态分子在发射荧光前与基态分子发生碰撞的概率会增高，从而加强无辐射去激而导致荧光强度下降。另外，在物质发射波长与吸收波长有重叠时，产生的自吸收现象也会导致荧光强度与浓度的线性关系发生偏移。

（2）标准曲线法

定量分析中最常用的方法是标准曲线法。将已知标准物配置为一系列浓度，测定其荧光强度。以标准液浓度为横坐标，以荧光强度为纵坐标绘制曲线，然后在完全相同的实验条件下测定样品溶液的荧光强度。

在绘制标准曲线时常采用标准溶液中的某一浓度作为基准，将空白溶液的荧光强度读数调到0，将该标准溶液的荧光强度调到100%或50%。在实际工作中，在仪器调零之后先测定空白溶液的荧光强度，再测定标准溶液的荧光强度，用后者减去前者即可，最后绘制标准曲线。

为了使在不同时间所绘制的标准曲线能够一致，在每次绘制曲线时均采用同一标准溶液对仪器进行校正。如果样品在紫外光下不稳定，则可改用另一种稳定物质的标准溶液作为基准，只要其荧光峰和试样溶液的荧光峰近似即可，如测定维生素B_1时，可采用硫酸奎宁作为基准物。

在使用标准曲线法进行定量测试时需注意，荧光分析所用的标准物必须为纯品，样品池一定要洁净。被分析的样品不能用激发光长时间照射，以免荧光物质发生分解。

（3）直接比较法

直接比较法也叫比例法。如果荧光分析的标准曲线通过原点，可选择其线性范围，用直接比较法进行测定。取一种标准溶液，使其浓度C_s在线性范围内，测定其荧光强度I_s，在同样条件下测定样品溶液的荧光强度I_x，然后根据荧光强度与浓度的线性关系计算物质的含量，即样品浓度$C_x = (I_x/I_s)/C_s$。如果空白溶液的荧光强度没有调至0，则必须从标准和样品的荧光强度中扣除空白溶液的荧光强度I_0，然后才能根据线性关系进行计算，即

$$I_s - I_0 = KC_s$$
$$I_x - I_0 = KC_x$$

对于同一荧光物质，常数K相同，则

$$(I_s - I_0)/(I_x - I_0) = C_s/C_x$$

所以

$$C_x = (I_x - I_0)/(I_s - I_0) \times C_s$$

（4）荧光猝灭法

在一般荧光分析方法中，荧光猝灭剂应预先分离，但荧光猝灭现象也可用于荧光分析。如果某物质本身不会发射荧光，也不与其他物质形成荧光物质，但却会使另一种发射荧光的物质的荧光强度下降，并且下降程度与该物质的浓度成比例，则以此机理建立的荧光分析方法就是荧光猝灭法。如，氟离子会使8-羟基喹啉铝配合物的荧光强度下降，在适当条件下荧光强度与氟离子的浓度成反比，因此可用于痕量氟的测定。

荧光猝灭法的灵敏度一般比直接荧光测定要高。

（5）动力学荧光分析法

进行化学反应时，如果反应物或产物为荧光物质，则随着反应的进行，因浓度变化会引起荧光强度随时间发生变化，可求出其中物质的含量，以此建立动力学荧光分析法。

有些化学反应的产物虽然能够产生荧光，但是反应较缓慢，而加入某些微量金属离子后其反应速率加快，荧光强度随之增强。由此可知，反应速率与痕量金属离子浓度存在着定量关系，因此可以测量作为催化剂的痕量金属。此法即为催化荧光测定方法，是一种重要的动力学荧光分析法，是以催化反应为基础来测定物质含量的方法。因测量对象不是待测物，而是经化学放大的其他物质，因此灵敏度很高，检测限可达ng，甚至pg级。

（6）多组分混合物分析

与紫外-可见光谱中的吸光度相似，荧光强度也具有加和性。因此当多组分的荧光光谱相互重叠时，我们可以根据荧光强度的加和性测定各个组分的含量。方法与紫外-可见光谱中的多组分混合物分析方法相似。

（7）导数荧光光谱分析法

用物质荧光强度对荧光波长的导数值与对应的荧光波长作图，可得导数荧光光谱，此法也称为微分荧光光谱分析法。

随着导数阶数的增加，荧光峰的尖锐程度增大，带宽减小，分辨率提高，还可清楚地辨认陡坡上的弱小肩峰，对于宽峰可以准确给出峰位，从而提供更多的结构信息。荧光导数值与样品浓度值的线性关系可以用导数荧光光谱分析法定量。

4.9.3　荧光寿命测定

荧光寿命是指在激发光消除时，荧光发射强度衰减到最高强度的$1/e$的时间。根据发射光谱和激发光谱选择合适的发射波长和激发波长，运用时间分辨技术测定荧光强度随时间的衰减曲线，然后通过数据拟合得到寿命结果。

目前测定荧光寿命的方法还有频闪技术（strobe techniques）、相调制法（phase

modulation methods)、条纹相机法(streak cameras)和上转换法(upon-version methods),等等。

4.9.4 量子产率测定

量子产率的测定分为相对量子产率和绝对量子产率的测定。

相对量子产率的测定首先选择已知量子产率的合适的荧光标准物质,通过比较标准物质和待测样品在同样测试条件下的积分发光强度(校正的发光光谱面积)和对同样波长入射光的吸光度,就可得到相对量子产率。计算方法如下:

$$I_s/I_f = \varphi_s A_s/\varphi_f A_f$$

其中,I 为荧光强度,A 为激发波长下的吸光度,φ 为量子产率,s 为标准物,f 为待测样品。

相对量子产率的测定方法较为简单,适用于吸收不是太强、各向同性的样品,不足之处就是需要选择已知量子产率的标准物质,并且这些标准物质需要具有与样品相近的光学特性,否则可能引起较大的误差。选择标准物质的原则为,标准物和待测样品需有相近的性质和激发光谱,并且激发光谱和发射光谱不能有重叠,另外溶液的性质,特别是光学性质必须稳定。在实际选择时,这些原则有时难以完全符合。例如,发射波长小于400 nm和大于650 nm的荧光标准物质就相对较少。特别是如果发光组分具有各向异性的取向或一定形式的长程有序,则发光生色团的位置或取向会影响测量结果,这时采用已知荧光标准物质的方法就不可行了,需要收集样品所有的发射光,以克服取向和位置的影响,这时就需要积分球装置。在进行相对量子产率测定时,需注意要准确地测出真实的光谱面积,这将直接影响最后的结果。一般测量时,溶液的吸光度在0.05左右或更低,因为稀溶液样品对量子产率没有影响。浓度较高时,我们就需要考虑自吸收或形成多聚体等的影响了。

液态或固态样品的绝对量子产率都可以在安装有积分球的普通荧光光度计样品池中进行测试。测试时根据发射光谱和激发光谱选择适合的发射波长和激发波长范围,运用积分球分别测试加、减衰减片时的荧光强度,然后用软件进行数据处理,从而得到量子产率。测定绝对量子产率不需要标准物质。

4.9.5 有机化合物的测定

能产生荧光的脂肪族化合物不多,而芳香族化合物及有芳香结构的化合物,因存在共轭体系易吸收光能且许多能发射荧光,如多环胺类,萘酚类,嘌呤类,吲哚类,多环芳烃类,具有芳香环或芳杂环结构的氨基酸及蛋白质,药物中的生物碱类(麦角碱麻黄碱、吗啡、喹啉类、异喹啉类生物碱等)、抗生素类(青霉素、四环素等)、维生素类(维生素A、B_1、B_2、B_6、B_{12}、E,抗坏血酸,叶酸,及烟酰胺等)。中草药中的许多有效成分也能产生荧光,因此可用荧光分析法进行初步鉴别和含量测定。

对于一些不发光的有机化合物,特别是一些天然化合物,可使用荧光衍生化法进行荧光分析。常用的衍生化试剂有荧光胺、邻苯二甲醛和丹酰氯等。荧光胺可与脂肪族或芳香族伯胺类化合物形成荧光衍生物。邻苯二甲醛在二巯基乙醇存在时,于pH为9~10的缓冲液中能与除了半胱胺酸、脯氨酸、羟脯氨酸外的伯胺类α-氨基酸生成灵敏的荧光产物。丹酰氯可与伯胺、仲胺及酚基生物碱类化合物反应，生成荧光产物。

4.9.6 无机物的测定

无机离子中除了少数离子，如铀离子等，一般不显荧光。一些反磁性的金属离子和有机配体可以生成能发射荧光的配合物，因此可用生成荧光配合物的方法测定这些金属离子。常见的这一类离子有 Al、Au、B、Be、Ca、Cd、Cu、Eu、Ga、Gd、Ge、Hf、Mg、Nb、Rh、Ru、Sb、Se、Si、Sn、Ta、Tb、Th、Te、W、Zn、Zr 等60多种。

许多过渡金属离子不能形成荧光化合物，因为这些离子是顺磁性的，激发单重态上的电子容易发生向三重态的系间跨越，所以不易产生荧光。另外，许多过渡金属离子形成的配合物的相近能级容易发生内部能量转换，从而不大可能发射荧光。

表 4-7 为一些常见无机阳离子加入特定试剂，形成能发射荧光的物质，从而能进行测定的方法。这样的方法可以应用于环境检测、水质分析等领域。

表 4-7 常见无机离子的测定方法

离子	试剂	λ_{ex}/nm	λ_{em}/nm	干扰物
Al	桑色素, pH 3.3	430	500	Fe、Th、U
B	二苯乙醇酮, pH 12.8, 乙醇	370	480	Be、Sb
Be	桑色素, 0.05 M NaOH	470	570	CaCr、Li、Zn、稀土
Ca	钙黄绿素, 0.4 M KOH	360	485	Ba、Sr
Ce	Ce(III) 自身荧光, 0.6~2.9 M 高氯酸	260	365	NO_3
Ga	罗丹明 B, 苯萃取, 6 M HCl	365	橙黄	Au、Fe、Sb、Ti、W、NO_3
Ge	二苯乙醇酮, 碱性乙醇	365	黄绿	As(V)、B、Be、Cr(VI)、NO_2、SiO_3
Hf	黄酮醇, 0.1 M 硫酸	365~400	460	Al、F^-、Fe、PO_4、Zr
In	8-羟基喹啉, 氯仿萃取 pH 5.1	365	535	Al、Be、Cu、Fe、Zr
Li	8-羟基喹啉, 弱碱性乙醇	370	580	Mg
Mg	8-羟基喹啉磺酸, 水溶液	365		Ca
Ru	5-甲基-1,10 菲咯啉, 还原为 Ru(III) 后在 pH 6.0 下萃取	465	577	Ag、Co、Cr(VI)、Fe、Mn(VI)、Pδ
Sc	水杨醛缩氨基脲, pH 6.0	370	456	在铜铁灵存在下采用磷酸三丁酯萃取消除干扰
Sn(II)	7-氨基-3-硝基萘磺酸, pH 10.6	365	蓝色	Fe、Ti、U、V 联二硫酸根
Sn	桑色素, 己烷	415~420	495	己烷或乙酸乙酯萃取
Th	桑色素, 0.01 M HCl, 50%乙醇	420	520	Al、Ca、Fe、La、Zr
Ti	罗丹明 B, 2 M HCl, 苯萃取	360	580	Au、Fe、Ga、Hg、Sb

续表

离子	试剂	λ_{ex}/nm	λ_{em}/nm	干扰物
U(VI)	浓磷酸或硫酸	254	黄绿	
V(V)	间苯二酚,10 M 硫酸	360	红	Ce(IV)
W(VI)	罗丹明B,0.1 M NaCl pH 2	365	570～640	As、Au、Cr、F、Fe、Mo、PO_4、Ti(V)
Y	8-羟基喹啉,氯仿萃取,pH 9.5	—	—	Ce、La
Zn	8-羟基喹啉,醋酸盐缓冲液	420	绿黄色	Al、Fe、Mg
Zr	桑色素,2 M HCl 80%乙醇	425	515	Al、Ga、Hf、Sb、Sc、Sn、Th、U

阴离子的测定也可以通过反应生成荧光物质,进行荧光测定,所涉及的反应常有五种类型,即氧化还原反应、络合反应、成离子对反应、酶反应和取代反应。

总结下来,无机化合物的检测可使用直接荧光法、间接荧光法、荧光猝灭法和催化荧光法等。直接法就是直接检测待测离子与有机配合物结合形成的荧光物质的荧光强度,以此确定待测离子浓度的方法。间接法一般是利用某些阴离子从不产生荧光的配合物中夺取金属离子而获得能产生荧光的配合物,从而测定这些阴离子的含量。荧光猝灭法是某物质能让荧光物质发生猝灭,通过检测荧光强度降低的程度而确定待测物质含量的方法。催化荧光法是指利用某物质的加入催化剂,根据其加速产生荧光的性质而测定其含量的方法。

4.10 荧光分析新技术

分子荧光光谱由于其高灵敏度和高选择性,在许多领域得到了应用。然而由于待测物质的复杂性、所处环境的多样性等因素,常规的分子荧光光谱具有较大的局限性。近年来,生命科学、环境科学、材料科学、宇宙科学等的高速发展,使得越来越多的化学分析要求痕量、超痕量,甚至单分子、单原子级的检测,因此灵敏度更高、选择性更强、提供参数更多的荧光检测方法也随之迅速发展起来。

(1) 激光荧光分析

由荧光产生原理可知,分子荧光光谱与激发光源的波长无关,只与荧光物质本身的能级结构相关。激发光源越强,被激发到激发态的分子数越多,则产生的荧光强度越强,检测时灵敏度就越高。激光荧光分析法又称为激光诱导荧光分析法(laser-induced fluorescence analysis),以发射光强度大、光谱宽度更窄的激光为光源,大大提高了荧光分析法的灵敏度和选择性,比采用普通光源诱导的荧光测定的灵敏度提高了2～10倍。利用激光光源的相干性可获得非常理想的辐射,此时仪器不需要激发单色器,利用可调谐激光器的可调功能,即可得到具有较高的峰值功率、很窄的线宽和很低的占空因子,从而大大提高了信噪比。目前,激光诱导荧光分析法已成为分析超低浓度物质的有效方法。在分析单细胞核内的元素时,最小检测浓度可低至10^{-16}～10^{-14} g/mL。

(2) 时间分辨荧光分析

由于不同分子的荧光寿命不同,可以在激发和检测之间延缓一段时间,使具有不同荧光寿命的物质达到被分别检测的目的，这就是时间分辨荧光分析。进行这种测量的具体做法是采用带有时间延迟设备的脉冲光源和带有门控时间电路的检测器件，可在固定合适的延迟时间后和门控宽度内得到时间分辨荧光光谱，可把待测组分的荧光和其他组分或杂质的荧光及仪器的噪声分开而避免干扰，从而可对光谱重叠但寿命有差异的组分进行分辨和分别测定。在测定混合物中的某一组分时的选择性比用化学法处理样品更好，而且省去前处理的麻烦。固定发射波长，可得到荧光强度随时间衰变的曲线和给定时间内的荧光发射光谱，用于荧光寿命的测量和溶剂弛豫时间的测量等。

时间分辨荧光分析常用的光源是激光器，如氩离子激光器可提供重复频率为76 MHz、脉冲宽度为100 ps的351 nm的激光光束，可调谐染料激光器还可以选择所需要的激发波长。在采用激光光源的时间分辨荧光仪中，由光束分裂器分裂出来的一部分激光，作为外触发信号，利用电子延迟电路选择控制一定延迟时间，使盒式积分器门控开门，将样品发射并经光电倍增管放大后的信号输出至盒式积分器而获取信号。

采用激光光源可获得ps级的脉冲宽度，可用于大多数荧光物质的寿命检测，对生物大分子和基团作用的研究十分有用。如果此法与荧光免疫分析法结合起来就成为时间分辨荧光免疫分析法。

（3）同步荧光光谱分析

同步荧光光谱分析是根据激发单色器和发射单色器在扫描过程中彼此间保持的关系，同步扫描两个单色器的波长的技术，由测得的荧光强度信号和对应的激发波长或发射波长构成光谱图，即同步荧光光谱。这种方法近些年得到迅速发展和广泛应用，在此方法的基础上也衍生了许多新技术，如按扫描方式不同，就有固定波长差、固定能量差、可变角和恒基体同步荧光法等。

固定波长差法是将激发和发射单色器的波长的差值$\Delta\lambda$固定为一定值而得到同步荧光光谱。这时如果$\Delta\lambda$相当于或者大于斯托克斯位移，就可获得尖而窄的荧光峰。荧光物质分子浓度与同步荧光光谱的峰高成线性关系。

当物质的浓度一定时，同步荧光信号强度I_{sp}与所用的激发光谱信号强度I_{ex}和荧光发射光谱信号强度I_{em}的乘积成正比。即

$$I_{sp}(\lambda_{em}, \lambda_{ex}) = KCI_{em}I_{ex}$$

其中，K为常数，C为待测物的浓度。

固定波长差同步扫描中，$\Delta\lambda$的选择直接影响同步荧光光谱的形状、带宽和信号强度，从而提供一种提高选择性的途径。

例如，酪氨酸和色氨酸的荧光激发光谱很相似，它们的发射光谱严重重叠，但当$\Delta\lambda < 15$ nm时的同步光谱只显示酪氨酸的光谱特征，而$\Delta\lambda > 15$ nm时的同步光谱只呈现色氨酸的光谱特征。

固定能量差同步荧光法在克服拉曼散射、提高灵敏度方面具有其他同步荧光法不具备的优点。此法是在激发波长和发射波长被同时扫描的过程中保持二者的能量差一定。这种方法以荧光物质量子振动跃迁的特征能量为依据进行同步扫描。如果选择的能量差等于某一振动能量差，那么在同步扫描中，当激发能量和发射能量与

某一特定吸收-发射跃迁条件相匹配时，则该跃迁处于最佳条件，由此产生的同步光谱可达最大强度。固定能量差同步荧光法的优点在于可以固定能量的形式表达并以此扫描参数，从而有利于体系的参数优化。导数技术可以放大窄带灵敏度、抑制宽带，将导数技术与固定能量同步荧光技术联用，可有效地对多组分混合物中的微量组分进行分析，提高灵敏度和选择性。

可变角同步荧光技术可让激发和发射两个单色器以不同速率或方向同时扫描，可进一步提高选择性和最大限度地减少瑞利散射和拉曼散射的干扰。

同步扫描技术具有使光谱简化，使谱带变窄，提高分辨率，减少光谱重叠，提高选择性，减少散射光影响等优点。它可分为线性和非线性两类。线性可变角同步荧光技术的扫描路径在等高线图中是一条不为45°的直线。非线性可变角同步荧光法的扫描路径在等高线图中是折线或任意曲线，扫描时要求激发、发射两个单色器能以不同的速率和不同的方向进行扫描，便于其有选择地通过各点，从而获得较高的分辨率。

恒基体同步荧光法是非线性可变角同步荧光法的一种，基体就是干扰物，扫描路径在等高线图中是一条曲线，这条曲线就是基体的等荧光强度线。沿着基体的等高线扫描，在整个扫描过程中基体的荧光强度相等，结合导数技术后，基体的导数信号就为零。这样干扰物的干扰就得到了消除。

同步荧光技术在同时变化激发和发射波长的情况下进行扫描，由测得的荧光强度信号对发射或激发波长作图。和常规荧光分析法相比，同步荧光法具有图谱简单、选择性高、光散射干扰小等特点，且不需预分离、操作简便、节省分析成本、分析时间短，特别适合多组分混合物的分析。

（4）三维荧光光谱

通过普通荧光分析得到的光谱是二维光谱，包括通过固定激发波长扫描发射波长得到的发射光谱和通过固定发射波长扫描得到的激发光谱。实际上，荧光强度是关于激发波长和发射波长两个变量的函数。三维荧光光谱就是发射强度、激发波长、发射波长的三维矩阵光谱，可同时获得荧光强度，以及其随激发波长和发射波长变化的信息。三维光谱有两种表现形式，即等高线图和分别以发射波长、激发波长和荧光强度各自为轴的三维立体图。三维立体图能较完整地表达光谱信息。等高线图具有指纹性，全面展示样品的所有荧光信息，可用峰位置、荧光强度、主峰陡度及走向角等特征参数对样品进行识别，是很有价值的光谱指纹技术。在多组分体系的三维荧光光谱中，每种组分都有独立吸收和发射的特定区域，经过一次扫描就可能检测体系中的所有组分，是进行多组分动力学研究和多组分混合物定性、定量分析的有力手段，可用于环境科学中的环境检测，在临床中对癌细胞荧光代谢产物的检测用于癌细胞检测的辅助诊断，也可用于不同细菌的表征和鉴别。

（5）胶束增敏荧光分析

胶束溶液是具有一定浓度的表面活性剂溶液。表面活性剂分子都具有一个极性的亲水基团和一个非极性的疏水基团。在极性溶剂中，表面活性剂分子发生团聚，形成疏水基向内、亲水基向外的胶束。溶液中胶束数量开始明显增加时的浓度为临界胶束浓度。低于临界胶束浓度的溶液，表面活性剂分子基本以非缔合形式存在，超过临界浓度浓度后再增加表面活性剂的量，非缔合分子的浓度增加得很慢，而胶束数量的增加和表面活性剂浓度的增长基本成正比。

胶束可以使分析样品得到增溶、富集并且彼此分隔，可以改变缔合溶质的有效微环境，如酸度、黏度和极性等，还可改变量子效应，改变化学及光物理过程的途径和比率，改变化学平衡。另外，胶束溶液具有光学透明性、稳定、光化学不活泼等特点，因此胶束溶液为荧光分子提供了一种对激发单重态的保护性环境，荧光物质被分散和定域于胶束中，减弱了荧光质点之间的碰撞，减少了分子之间的无辐射跃迁，既降低了溶剂中可能存在的荧光猝灭剂的猝灭作用，也降低了光物质因为自身浓度太大而产生的自猝灭，从而延长了荧光物质的寿命，增加了荧光效率和荧光强度。这就是胶束溶液对荧光的增敏和增稳作用。

因此，胶束增敏荧光分析法具有增加灵敏度、降低干扰和简单易行的主要优点。

（6）偏振荧光分析

物质都处于不断运动中，当荧光分子受到偏振光激发时，其运动状态、同其他分子或因子的相互作用、所处的环境性质等都可能对产生的荧光产生影响。在分子荧光光谱仪的激发和发射光路上分别加上起偏器和检偏器，即可在检偏器的取向平行或垂直于起偏器取向的情况下分别检测荧光强度。荧光偏振与荧光物质的分子形状、吸收光对偏振激发的取向、光选择性及与激发矩和发射矩是否共线的共振偶极体有关，许多外界因素，如黏度、温度等都会影响和改变其偏振度，从而广泛应用于分子间相互作用及生物化学领域的研究，如确定生物分子间的缔合反应量、膜内微黏度膜组成对膜相变的影响、蛋白质与多肽的结合作用等。荧光偏振技术比传统的使研究分子间相互结合的技术（如蛋白质与核酸的结合）具有更多的优势，例如，不生成有害的放射性废物、检测限更低。另外，荧光偏振是均相的，允许实时检测，对浓度变化不敏感。荧光物质的偏振度与其转动速度成反比这一特性，可用于荧光免疫分析。例如，当小分子荧光物质被联结到大分子蛋白质或抗体后，由于体积变大，分子转动速度变慢，偏振度增大。若样品中存在小分子抗原，则连接于抗体上的荧光物质可能被抗原夺走，结果偏振度下降，从而可用于抗原或抗体的测定。

（7）前表面荧光技术

在普通荧光光谱法中，荧光物质激发后，向四面八方发射荧光。为消除入射光和散射光的影响，一般取与激发光成直角的方向测量荧光。但其缺陷是，吸光度大于0.1或浊度较大的样品发射光的透出会遇到很大阻碍，这时普通荧光检测法就已不再可靠。前表面荧光法是让入射光与样品成30°或56°角，只对比色皿表面一层的待测物质进行检测，样品的光照面积较大，可减少样品未知的敏感性，适用于不透明样品，无须对样品进行前处理，适合快速检测。

（8）低温荧光光谱

根据荧光发射机理，随温度降低，介质的黏度增加，荧光分子与介质分子碰撞的机会减小，分子内部能量转化随之减少，于是荧光物质的荧光强度和荧光量子产率在低温下比室温下明显增高。这就为许多化学结构相似的化合物,特别是天然化合物的同分异构体及衍生物,提供了检测的可能,使其在低温及特殊条件下出现尖锐的荧光光谱,从而实现对荧光分子的指纹识别,甚至可对某些混合物进行定量分析。

目前低温荧光检测技术分为四种类型,即,冷冻溶液希波尔斯金荧光法、有机玻璃荧光狭线法、蒸气相基体隔离荧光法和基体隔离希波尔斯金荧光法。这些不同的低温荧光技术是以不同的方法实现尽量排除发光光谱中引起谱带变宽的因素。冷冻溶液希波尔斯金荧光法是基于特殊的溶剂和溶质几何匹配关系,相比于其他低温荧光技术,其费用较低,只需以普通光源作为激发光源,再加上液氮就可获得高分辨的荧光光谱。有机玻璃荧光狭线法不需特殊的溶剂和溶质几何关系,可使用的基体较多,但需以激光作为光源,因此仪器条件要求高,价格昂贵。基体隔离荧光法由于样品分子和氮、氩分子的尺寸匹配不好,因此相比之下分辨率较差。但基体隔离法能抑制分子碰撞、能量转移和猝灭,从而获得较高的精密度和良好的线性关系。基体隔离希波尔斯金荧光技术就兼顾了两者优势,但操作复杂。

(9) 单分子荧光分析

单分子荧光分析是实现单分子检测的一种光谱技术,已经达到分子检测灵敏度的极限。常规荧光分析技术通常对溶液或固体进行检测,其结果是所有分子的平均值,但每个分子并非完全相同,即使是均相体系,单个分子间实际也存在行为甚至性质的差异。另外,平均后的结果在时间上往往比较稳定,即使分子在发生动力学变化,这些变化往往也会被隐藏在所测的平均结果中。而单分子荧光分析可对单个分子进行检测和成像,可通过单分子光谱对单个分子的化学反应途径进行实时监测,特别适合对生物大分子进行探测并提供分子结构和功能间关系的信息,从而进行生命过程的机制研究。其基本原理在于确保被照射的物质分子中只有一个分子与激发光发生作用,从而消除杂质荧光的背景干扰。实现单分子荧光分析需满足以下两个条件。

①液体被照射的体积内只有一个分子与光子发生相互作用,可以通过调整检测体系的浓度或密度实现。

②单分子信号需大于背景干扰信号,减少拉曼散射、瑞利散射及其他杂质荧光的干扰,可通过缩小检测体积减小背景干扰。

除了这些条件外,较好的检测效率还取决于光学元件的质量、光路的设计及检测器的效率等因素,结合光谱滤波和时间分辨等技术可有效提高检测的能力。

单分子荧光的典型特征是量子跳跃和荧光偏振。量子跳跃是指形成一个发射-暗态交替的量子跃迁过程,主要取决于单分子的周围环境和猝灭途径,是实验中单分子荧光光谱和荧光强度出现涨落现象的原因。单分子荧光的另一特征是荧光偏振。单分子荧光具有唯一的固有荧光和吸收跃迁偶极矩,分子只吸收偏振方向与偶极矩方向一致的光子,因此在偏振光的激发下,通过测量单个分子的吸收和荧光的偏振方向,就可确定单个荧光分子的空间取向。

(10) 荧光免疫分析

荧光免疫分析技术是将抗原-抗体反应的特异性与荧光物质的发光分析技术的敏

感性结合起来，用荧光检测仪检测抗原-抗体复合物中的特异性荧光强度，从而对微量或超微量物质进行定性、定位和定量分析的方法。在荧光免疫分析方法中，荧光物质作为检测中的荧光标记物，要求其具有高的荧光强度，发射的荧光与背景有明显区别，与抗原或抗体的结合不破坏其免疫活性，标记过程需简单和快速，另外还需要水溶性好，所形成的免疫复合物稳定等特点。常用的荧光标记物有异硫氰酸荧光素、四乙基罗丹明等。

4.11 要点小结

①处于基态最低振动能级的荧光物质分子受到紫外线的照射，吸收了和它所具有的特征频率相一致的光线后，跃迁到电子激发态的各个振动能级，再通过无辐射跃迁，返回第一电子激发态的最低振动能级，然后继续降落到基态的各个不同振动能级，同时发射出相应的光子，这就是荧光。到达基态的各个不同的振动能级分子，再通过无辐射跃迁，最后返回基态的最低振动能级，这就是荧光产生的整个过程。

②物质产生荧光的必要条件是具有合适的能吸收激发光的结构和具有一定的荧光量子产率。

③任何荧光化合物都有荧光激发光谱和荧光发射光谱两个特征光谱，能反映分子内部能级结构，是定性和定量分析的基本参数和依据。发射光谱的形状与激发波长无关。

④影响荧光光谱的因素有跃迁类型、共轭效应、刚性平面结构、取代基效应、带隙宽度等内因，以及溶剂、温度、pH、氢键等外因。

⑤荧光光谱定量分析的基本依据依然是朗伯-比尔定律。

第五章　红外光谱

本章将专注于红外光区的光谱。化学工作者通常有两个任务，分别为分析反应物的结构和鉴定未知化合物。红外光谱通过化学键振动能量的特点，可提供分子中官能基团的信息。构成化合物的原子质量不同、化学键性质不同、原子的连接顺序和空间位置的不同都会造成红外光谱的差别。另外，红外光谱对样品的适用性广泛，固态、气态或液态的样品都可方便地用红外光谱仪进行测定，因此，红外光谱经常辅助分子结构鉴别，用于定性和定量分析。

本章我们将讨论为什么不同的化学键振动会具有不同的频率，红外光谱仪的设计和构造，如何从红外光谱中获取化学信息，固体、液体和气体样品的分析方法及红外光谱的应用。

5.1　红外光谱概述

在紫外-可见光谱中，当电磁波的能量与分子中的电子基态和跃迁态间能级差匹配时，分子吸收电磁波的能量，被吸收的电磁波的量被表示为

$$A = -\log(I/I_0) = -\log T$$

这里，I_0 是参比物的透光强度，I 是被测样品的透光强度。透光度 $T = I/I_0$。这些关系式同样适合于红外光谱。所不同的是，不同的电磁波引起的分子运动不同。紫外-可见光谱记录的是电子的跃迁运动，红外光谱记录的则是分子中化学键的振动。

化学键的振动能量比电子跃迁（$S_0 \rightarrow S_1$）能量要小10～100倍，如图5-1所示。因此振动跃迁比紫外-可见光谱中电子跃迁所需能量小得多。

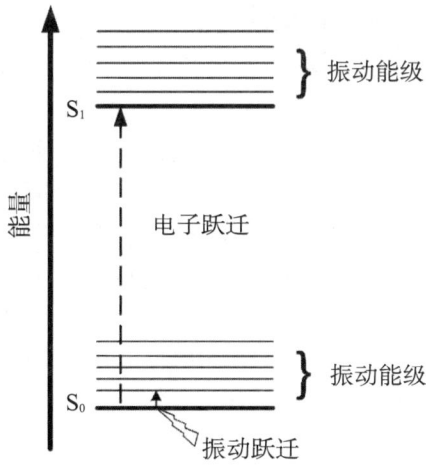

图5-1　电子跃迁（从基态 S_0 跃迁到第一激发态 S_1）与振动跃迁所需能量的比较

红外光是电磁波谱中的红外部分，位于可见光的红色末端之外，波长大于可见光，小于微波，波长范围约 0.75~1000 mm，能量范围 $2.60 \times 10^{-19} \sim 2.0 \times 10^{-22}$ J。红外光区的光谱除用波长表征外，更常用波数（σ）表示。波数是波长（λ）的倒数，表示每厘米长的光波中波的数量，单位是 cm^{-1}，波长与波数间的关系为

$$\sigma(cm^{-1}) = 1/\lambda(cm) = 10^4/\lambda(\mu m) = 10^7/\lambda(nm)$$

按波数分，红外光可大致分为近红外光（14 000~4000 cm^{-1}）、中红外光（4000~400 cm^{-1}）和远红外光（400~10 cm^{-1}）三部分。当分子振动和转动所产生的能量变化在红外范围内，这种能量上的匹配使红外光可与分子相互作用，从而使分子吸收或发射红外光。一般来说，分子振动和转动基频（基态 S_0 跃迁到第一激发态 S_1）的能量位于中红外区，含氢基团如—OH、—NH、—SH 和—CH 的倍频和组合频位于近红外区，分子转动和晶格振动的倍频位于远红外区。因此，中红外光最常用于材料结构的分析。由于数据分析技术和仪器技术的发展，这些年来，使用近红外光和远红外光分析材料分子结构的方法也迅速发展起来。红外光谱区的分类总结见表 5-1 所列。

表 5-1 红外光谱区分类

名称	近红外区（泛频区）	中红外区（基频区）	远红外区（转动区）
波长	0.75~2.5 μm	2.5~25 μm	25~1000 μm
波数	13 333~4000 cm^{-1}	4000~400 cm^{-1}	400~10 cm^{-1}
能级跃迁类型	含氢基团的倍频吸收	分子振动和转动	分子转动、晶格振动
研究对象	稀土、过渡金属离子化合物，水、醇等含氢原子化合物及某些高分子化合物	大多数有机基团、无机离子的分析	异构体、金属有机化合物、氢键、吸附现象

1800 年，英国科学家赫舍尔（F. Herschel）发现了在可见光外的红外光的存在。1881 年，阿布尼（W. Abney）和费斯廷（W. Festing）第一次将红外光用于分子结构分析。1889 年，瑞典科学家埃斯特朗（A. Ångström）首次证实 CO 和 CO_2 具有不同的红外光谱图，表明红外吸收产生的根源是分子而不是原子。1893 年，科学家指出甲基的特征吸收峰位置，这是人类第一次将分子结构与光谱吸收峰的位置联系起来。1908 年，科布伦茨（W. Coblentz）制备了用氯化钠晶体为棱镜的红外光谱仪。1910 年，伍德（T. Wood）和特罗布里奇（L. Trowbridge）研制了小阶梯光栅红外光谱仪。1918 年，斯利特（E. Sleator）和兰达尔（H. Randall）研制出高分辨仪器。20 世纪 40 年代，人类开始研究双光束红外光谱仪。到 1944 年，世界上第一台红外光谱仪诞生。1950 年，美国 PE 公司开始商业化品名为 Perkin-Elmer 21 的双光束红外光谱仪，这就是第一代红外光谱仪。该仪器的色散元件以氯化钠或溴化钠晶体作为棱镜，使用时需恒温，且分辨率低，测量波长范围窄，结果重现性差。20 世纪 60 年代，光栅取代棱镜，至此第二代红外光谱仪产生了，虽然在性能上比第一代产品有了很大改善，但光谱质量依然不理想，且测试速度慢，无法进行动态测试。1969 年，美国 Digilab 公司开始生产 FTS-14 型干涉分光傅里叶变换红外光谱仪，这就是第

三代红外光谱仪。这种仪器不再需要棱镜或光栅分光，而是通过干涉仪得到干涉图，再通过傅里叶变换将以时间为变量的干涉图变换为以频率为变量的光谱图。傅里叶变换红外光谱仪的发明是一次革命性的飞跃，极大地提高了测试速度、信噪比和分辨率，同时催生了更多的新技术，如步进扫描、时间分辨和红外成像等，使红外光谱仪的应用得到了极大的拓宽。

5.2 红外光谱的表示方法和特点

当样品受到频率连续变化的红外光照射时，分子吸收某些频率的辐射，并由其振动或转动运动引起偶极矩的净变化，产生分子振动和转动能级从基态到激发态的跃迁，从而形成的分子吸收光谱就是红外光谱。红外光谱又称为分子振动转动光谱，是分子中基团的振动和转动能级跃迁产生的吸收光谱。

红外光谱一般以百分透光度（$T\%$）作为纵坐标，表示吸收峰的强度，其与透光度的关系如下式所列：

$$T\% = \frac{I}{I_0} \times 100\%$$

其中，I 是透过光强度，I_0 是入射光强度。

百分透光度越小，表明吸收越好，在红外光谱中曲线的低谷表示好的吸收。有些文献中也会以光密度（也称吸光度）A 为纵坐标，其与透光度的关系如下式所列：

$$A = \frac{I_0}{I}$$

这种表示方法的优点是比较直观的，光密度直接与浓度呈线性关系。

红外光谱的横坐标一般用波数（cm^{-1}）表示，表明吸收峰的位置；有的横坐标用波长（$\lambda/\mu m$）表示；有的图谱上方的横坐标用波长表示，单位是μm；有的图谱下方的横坐标用波数表示，单位是 cm^{-1}。

红外光谱与紫外-可见光谱都属于吸收光谱，都是由于分子中的某种基团或结构吸收特定波长的电磁波引起分子内部的某种运动，用仪器记录对应的入射光和出射光强度的变化而得到的光谱图。与其他波谱法相比，红外光谱法有以下特点。

①红外光谱是根据样品吸收谱带的位置、强度、形状、个数，并参照谱带与溶剂、聚集态、浓度等的关系来推测分子中某种官能团的存在与否，推测官能团的邻近基团、分子的空间构型，求化学键的力常数、键长和键角，确定化合物结构。

②红外光谱不破坏样品，对任何存在状态的样品都适用，如气体、液体、可研细的固体或薄膜状的固体，都可以进行测试分析。测定方便，制样简单。

③红外光谱特征性高：由于红外光谱信息多，对不同结构的化合物可给出特征性的谱图，从指纹区可确定化合物的异同，所以人们常把红外光谱叫作"分子指纹光谱"。红外光谱能有效鉴定一些同分异构体、几何异构体和互变异构体。

④分析时间短：一般红外光谱可在 10 min 内做一个样，如果采用傅里叶变换红外光谱仪，则可在 1 s 以内完成扫描。

⑤所需样品用量少，且可以回收。红外光谱分析一次的用样量约 1~5 mg，有些型号的仪器甚至只用几十微克。

⑥红外光谱设备能与分离仪器联用，方便多组分复杂样品的检测。

5.3 红外光谱产生的基本条件

由第二章可知，外界的电磁波辐照分子时，如果电磁波的能量与分子的某能级差相等，则分子吸收电磁波，引起分子对应能级的跃迁。因此，用红外光照射分子，只要红外光的能量等于分子振动能级差，就能引起分子振动能级跃迁。这就是产生红外光谱的第一个条件：

$$E_{红外光} = \Delta E_{分子振动}$$

这个条件也可以表述为另外一种形式。当物质处于基态时，组成分子的各原子在自身平衡位置附近做微小振动，即分子振动，当外界红外光的频率与分子振动的频率不同时，分子振动不受影响，但当外界红外光频率正好等于分子振动频率时，就可能引起共振效应，分子吸收入射的红外光，使原有分子振动的振幅变大，振动能量增加，分子从基态跃迁到较高的振动能级。例如，HCl分子的振动频率为8.65×10^{13} Hz，若一束既含频率为8.65×10^{13} Hz又含其他频率的红外光照射通过HCl，比较入射HCl前后红外光的强度发现，频率为8.65×10^{13} Hz强度的红外光在通过HCl后减弱许多，而其他频率的红外光几乎没有变化。可见HCl分子被频率为8.65×10^{13} Hz的红外光激发且吸收了红外光的能量，产生了共振。因此红外光谱产生的第一个条件也可表述为

$$\nu_{红外光} = \nu_{分子振动}$$

分子振动频率的大小决定了分子吸收哪种频率的红外光，而这种吸收是否发生则取决于分子的偶极矩在振动过程中是否发生变化。

红外光谱产生的第二个条件就是红外光必须与分子之间有耦合作用，也就是分子振动时其偶极矩必须发生变化。

已知任何分子就整体分子来说是呈电中性的，但因构成分子的各原子的价电子得失难易不同，而表现出不同的电负性，分子也因此显示出不同的极性。如果一个分子的正负电荷中心不重合，比如HCl分子，其正电荷中心在靠近H原子的一端，负电荷中心在靠近Cl原子的一端，则分子中正、负电荷中心的距离d与正负电荷所带电量q的乘积就是分子的偶极矩（dipole moment）。偶极矩描述的是分子极性大小，方向规定为从正电荷中心到负电荷中心。由于分子内原子在其平衡位置不断振动，振动时，正负电荷中心距离d的瞬时值随之在不断变化，因此偶极矩也发生相应变化。当红外光作用于分子时，因红外光的波长远远大于分子的尺寸，故可认为分子处于均匀的电场中。当光子的频率与分子的振动频率相同时，即光子的交变电场变化频率与分子振动频率相同时，那么，如果在偶极矩伸长的过程中，电场的方向与偶极矩的方向相反，因静电的相互吸引，电场施加外力会将偶极矩拉得更长；如果电场变化的频率与分子振动频率相同，在偶极矩收缩的过程中，电场方向将与偶极矩方向相同，因静电的相互排斥作用，电场施加外力将会把偶极矩压缩得更短，如图5-2所示。这种相互作用使分子偶极矩的振幅增加，从而使分子振动的振幅增加，这时分子因吸收红外光子的能量而激发。

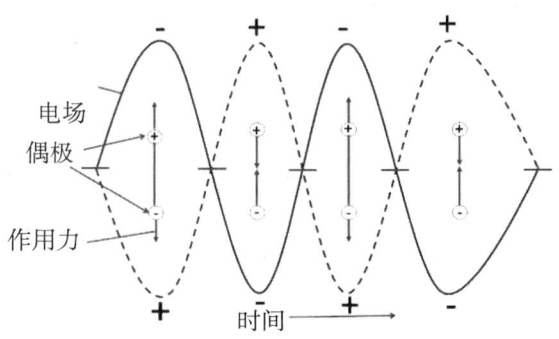

图5-2　红外光子的电场与分子偶极矩的相互作用

红外光谱产生的第二个条件实质是为了保证红外光的能量传递给分子。这种能量的传递是通过分子振动偶极矩的变化来实现的。当偶极子处在电磁辐射（这里是红外光）的电场中时，因电磁辐射的电场周期性变化，偶极子将经受交替的作用力而使偶极矩增加或减小。由于偶极子本身具有一定的振动频率，因此只有当辐射频率与偶极子频率相匹配时，分子才能与辐射发生相互作用（振动耦合）而增加其振动能，使振幅加大，即分子由原来的基态振动跃迁到较高能级的振动能级。因此，不是所有的分子振动都会产生红外吸收，只有发生了偶极矩变化的振动才能引起可观测的红外吸收光谱。这种振动被称为具有红外活性的振动。

由此，当一定频率的红外光照射分子时，如果分子中某个基团的振动频率与之相同，就会产生共振，此时红外光的能量通过分子偶极矩的变化传递给分子，此基团就吸收红外光，产生振动跃迁。如果某频率的红外光与分子中各基团的振动频率都不同，则分子就不会吸收该红外光。如果用频率连续改变的红外光照射某样品，因样品对不同频率的红外光吸收不同，会使通过样品的红外光的某些频率变弱，由此就得到了红外光谱图。分子红外吸收峰的强度与偶极矩随坐标变化的平方成正比。

因为能级跃迁有一定选律，当振动量子数变化ΔV为±1时，跃迁概率最大。常温下，绝大部分分子处于基态，此时振动量子数V为0，这些分子吸收红外光能量发生能级跃迁到第一振动激发态，此时振动量子数V为1，是最重要的跃迁，所产生的红外吸收频率称为基频。红外光谱中出现的绝大部分吸收峰都产生自基频。虽然也有由振动能级的基态跃迁到第二或者第三激发态的情况，但发生概率较小，产生的吸收称为倍频。

5.4　红外光谱的基本原理

红外光谱的理论建立在经典力学、量子力学和群论的基础上。在对分子振动的描述中，经典力学和量子力学密切相连。分子振动是分子内原子核间距离的变化。原子以化学键连接在一起形成分子。原子核发生自旋运动，电子绕原子核运动。可见，分子的运动十分复杂。为了研究分子的振动必须把分子中的各种运动进行分离。因原子核和电子的质量相差很大，利用波恩–奥本海默近似（Born-Oppenheimer Approximation）把两种运动分开处理，讨论分子振动时不考虑电子运动对体系势能的贡献。在讨论双原子分子的振动时再进一步简化，不考虑分子平动和转动对振动的影响。

在研究分子振动时,把原子核看成质点,有质量但没有体积,分子有电学性质,在外电场作用下可极化,有偶极矩和诱导偶极矩。分子有力学性质,原子间的化学键被看作是无质量的弹簧,其相互作用服从胡克定律。

5.4.1 双原子分子振动模型

最简单的分子振动方式是双原子分子的伸缩振动。伸缩振动是原子沿化学键的轴线振动,键长变化,键角不变。按经典力学的方法,将双原子分子的振动想象为一根弹簧连接两个小球的体系,这称为谐振子模型,如图5-3所示。双原子分子中的原子被看成质量分别为m_1和m_2的两个小球,连接两个原子的化学键被看成无质量的连接两个小球的弹簧。弹簧的长度就是化学键的键长。当分子吸收红外光时,两个原子将在连接轴线上以平衡位置为中心做周期性振动。按经典力学中的胡克定律,可推出振动频率n(以波数表示)、原子质量和键力常数的关系:

$$v = \frac{1}{2\pi c}\sqrt{\frac{k}{\mu}} \tag{5-1}$$

其中,c是光速,为2.998×10^{10} cm/s;k是化学键的力常数,单位为N/cm,与键能和键长有关;μ是两个原子的折合质量,单位为g。对于原子质量分别为m_1和m_2的双原子分子,其折合质量为

$$\mu = \frac{m_1 \times m_2}{m_1 + m_2} \tag{5-2}$$

当原子质量以相对原子质量表示时,则

$$v = \frac{\sqrt{N_A}}{2\pi c}\sqrt{\frac{k}{\mu}} \approx 1303\sqrt{\frac{k}{M}} \tag{5-3}$$

式中,N_A是阿伏伽德罗常数,为6.022×10^{23};M是折合相对原子质量,表示为

$$M = \frac{m_1 \times m_2}{m_1 + m_2} \tag{5-4}$$

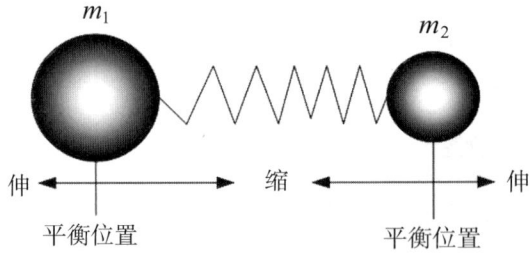

图5-3 双原子分子振动模型

由此可见,影响基本振动频率的直接因素是原子质量或相对原子质量和化学键的力常数。如果已知两个原子的原子质量或相对质量及化学键力常数,就可以根据式(5-3)和(5-4)估算出分子中化学键的伸缩振动频率,也可以根据振动频率计算化学键的力常数。

那么，对于具有相同或相似原子质量的原子基团来说，振动频率与化学键力常数的平方根成正比。例如：

$$C—C: k = 4.5\text{-}5.6 \text{ N/cm}（取 5 \text{ N/cm}）$$
$$C=C: k = 9.5\text{-}10.0 \text{ N/cm}（取 10 \text{ N/cm}）$$
$$C\equiv C: k = 15\text{-}18 \text{ N/cm}（取 16 \text{ N/cm}）$$

则根据式（5-4），可计算得到折合相对原子质量约为6，据式（5-3）估算得到C—C的振动频率为1189 cm^{-1}，C=C的振动频率为1684 cm^{-1}，C≡C的振动频率为2129 cm^{-1}，与实测值接近。由此可见，对于同类原子组成的化学键（折合相对原子质量相同），化学键的力常数越大，其基本振动频率越大。

对于具有相同或相似化学键的分子或基团，其基本振动频率与组成的原子的折合相对原子质量的平方根成反比。例如：

$$C—H: k = 5 \text{ N/cm}$$

则根据式（5-3）和（5-4）估算可知，C—H的折合相对原子质量约为1，基本振动频率为2913 cm^{-1}。由于氢原子的相对原子质量较小，因此含有氢原子的单键，其基本振动频率一般都在中红外的高频区。

因为各化合物的结构不同，原子质量和化学键的力常数各不相同，则振动频率各不相同，所以其振动频率具有特征性。

基于经典力学的谐振子模型得出的分子振动频率与化学键力常数的关系，可较好地解释分子振动光谱中的强吸收谱带（基本振动谱带），但对一些弱的吸收谱带，例如，对分子的倍频和组合频现象及分子的转动光谱不能给予解释。这里将微观粒子当作经典粒子来描述，而对于微观粒子的波动性没有给予考虑，因此，必须引入量子力学概念。

按量子力学理论，当分子吸收红外光时，要想引起分子振动与转动能级间的跃迁，必须满足一定的量子化条件，即选律。对于双原子分子的振动，我们可从振动势能和原子间距离变化的关系进行讨论。

如图5-4中实线所示，当原子处于最低能量状态时，两个原子以平衡位置O为中心进行振动。当振动的两个原子间的距离大于平衡距离r_e时，核引力发生作用，使原子向彼此靠近的方向移动。当原子间距小于平衡距离r_e时，核斥力增加，使两个原子彼此远离。这时的两个原子是以引力和斥力处于平衡时的平衡点O为中心进行振动的，动能与势能的总和一定。当双原子分子处于图中实线上的A点时，两个原子间的距离为r_A，小于原子间的平衡距离，其总能只有势能，这时的动能为零，原子间相互排斥，势能沿实线下降，在平衡点O时，动能和原子移动速率最大，势能最低。随原子间距离增大，势能上升，到达B点时，B点的势能和A点势能相同，动能为零。

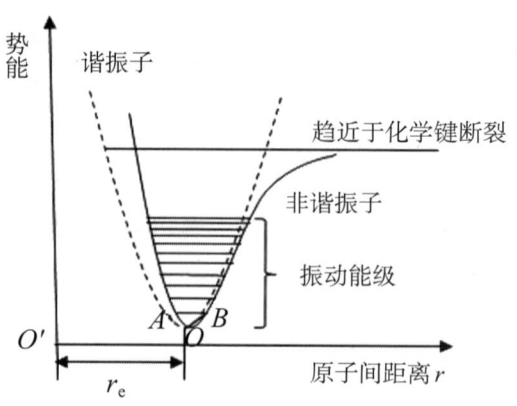

图5-4 双原子分子的势能曲线
说明：虚线为谐振子模型的势能曲线，实线为非谐振子模型的势能曲线。r_e为平衡距离。

分子振动能级的能量是量子化的，可用振动量子数区别各振动能级。振动量子数V是用于表征分子振动状态和性质的数，可取任何非负整数（$V=0,1,2\cdots$）。

如果两个原子间的振动是谐振动，其势能图就如图5-4中的虚线所示的抛物线。而实际分子中原子间的振动只有在振幅很小时才可大致认为是简谐振动。在振幅较大时，两个原子间的振动已不再是谐振动，其势能曲线如图5-4中的实线所示。当两个原子间的距离增加到某一程度时，核引力将趋于零，最终使两个原子完全分开，化学键断裂。这时势能与两个原子间的距离变化无关，再增加距离，势能也不会发生变化，势能呈现为水平线。从这个位置到$n=0$的能量差D_0就是分子的离解能。

由量子力学理论可知，描述谐振动粒子的波动方程是薛定谔方程；由数学理论可知，要使薛定谔方程的解满足单值、有限和连续的自然条件，则其振动能量为

$$E_{振}=(V+\frac{1}{2})h\nu=\frac{h}{2\pi}\sqrt{\frac{k}{\mu}}\,(V+\frac{1}{2}) \tag{5-5}$$

其中，振动量子数$V=0,1,2\cdots$。

因此，由量子力学观点可知，谐振动粒子的能量不能像经典力学那样可以取任意的、连续变化的数值，而是分立的、不连续的能量，即，能量的量子化。

常温下，分子处于最低振动能级，即为基态，$V=0$，则

$$E_{振}=\frac{h}{4\pi}\sqrt{\frac{k}{\mu}} \tag{5-6}$$

此时，$E\neq 0$，称为零点能。当分子吸收一定波长的红外光后，即可从基态跃迁到第一激发态，此时$V=1$，这个过程的跃迁产生的吸收带较强，就是基频或基峰。其对应的能级跃迁的能量差$\Delta E_{振}$为

$$\Delta E_{振}=\frac{h}{2\pi}\sqrt{\frac{k}{\mu}} \tag{5-7}$$

这时能级跃迁所需的能量差等于电磁辐射的能量，即将式（5-7）带入$\Delta E=h\nu$，则分子的振动频率ν用波数表示为

$$\nu=\frac{1}{2\pi c}\sqrt{\frac{k}{\mu}} \tag{5-8}$$

将式（5-8）与式（5-1）对比，我们发现两式相同，即，将双原子分子看作谐振子模型，无论用经典力学还是量子力学的理论进行讨论，都能得到相同的结果，这是振动光谱的主要特征。所以，按双原子分子振动模型分析，相对原子质量和化学键力常数是影响基本振动频率的直接因素。化学键力常数与化学键的类型和化学环境有关。

如果分子吸收能量后从基态跃迁到第二激发态甚至第三激发态或更高激发态，则产生的吸收带就会依次减弱，即为倍频吸收，用 $2v_1$、$2v_2 \cdots$ 表示。

在实际中，分子振动的振幅较大，不能作为谐振动。在非谐振子中，各种不同振动能级的能量一般低于对应的谐振子。非谐振子的振动能量表示为

$$E_{振}=(V+\frac{1}{2})hv-(V+\frac{1}{2})^2 Xhv+L, (V=0,1,2\cdots) \tag{5-9}$$

其中，X 为非谐性常数，表示非谐性大小。分子振动的振幅越大，非谐性就越大，构成分子的原子质量变大，振幅变小，非谐性就减小。式（5-9）表明非谐振的双原子分子跃迁时吸收的能量不是 hv，而略小于 hv。这说明振动能级间隔不是等距离的，较好地解释了红外光谱中吸收强度较弱的倍频不是正好等于基频的整数倍，而是略低于基频的整数倍。

5.4.2 多原子分子振动

双原子分子的振动是最简单的，且只有一种振动形式，即，沿着化学键轴线的伸缩振动，键长变化，键角不变。但双原子分子是少数情况，更多的是多原子分子。多原子分子的振动情况就比较复杂，不仅包括双原子分子那样的沿原子核间轴线的伸缩振动，还有键角变化的各种平面内和平面外的变形振动及耦合振动。因此，我们一般将其分解为多个简单的基本振动来研究。要描述多原子分子各种可能的振动方式，必须确定各原子的相对位置。

（1）基本振动理论数

在一个分子中，每个原子在空间内有三个自由度，因此原子在空间的位置可用三维坐标系中的三个坐标 x、y、z 来确定。例如，由 N 个原子组成的分子就需要 $3N$ 个坐标来表示，即有 $3N$ 个运动自由度（有 $3N$ 种运动状态）：

运动自由度 $3N=$ 平动自由度 + 转动自由度 + 振动自由度

则

振动自由度 $= 3N -$ 平动自由度 $-$ 转动自由度

由于分子是由化学键等构成的一个整体，对于非线性分子，有三种沿 x、y、z 方向的平动和三种绕 x、y、z 轴的转动，这六种运动都不是分子振动，所以分子振动自由度的数目等于 $3N-6$。对于线性分子，若贯穿所有原子的轴是在 x 方向，那么整个分子只能绕 y、z 轴转动，因此线性分子的振动自由度为 $3N-5$，即

由 N 个原子组成的分子：平动自由度 $= 3$

由 N 个原子组成的线性分子：转动自由度 $= 2$

由 N 个原子组成的非线性分子：转动自由度 $= 3$

所以，

对于线性分子：振动自由度 $= 3N-5$

非线性分子：振动自由度 $= 3N-6$

(2) 分子的振动方式

分子振动的方式一般分为伸缩振动（stretching vibration）和变形振动（bending vibration），如图5-5所示。

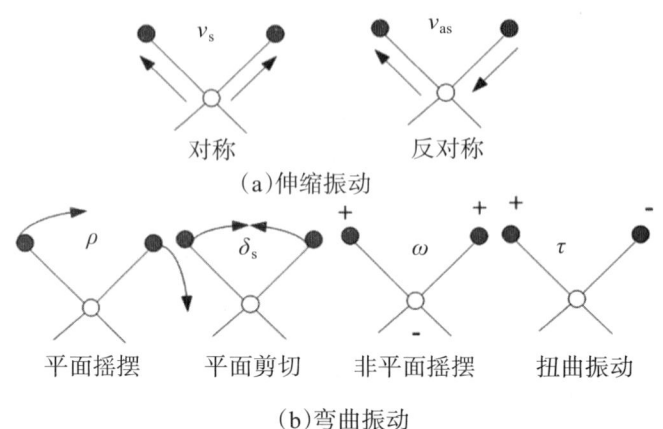

(b)弯曲振动

图5-5　分子的振动方式（"+"表示垂直于纸面向上运动，"-"表示垂直于纸面向下运动）

伸缩振动是指成键原子沿着化学键的方向来回地相对运动，用符号ν表示。振动过程中，只有键长变化，键角不发生变化。伸缩分为对称伸缩振动（symmetrical stretching vibration，ν_s）和反对称伸缩振动（assymmetrical stretching vibration，ν_{as}）。

变形振动，又称弯曲振动或变角振动，用符号δ等表示，是指成键原子的键角发生周期性变化而键长不变的振动。变形振动分为面内弯曲振动（in-plane bending vibration，δ）和面外弯曲振动（out-of-plane bending vibration，γ）两种。如果弯曲振动的方向垂直于分子平面（即不在一个平面内进行），则称面外弯曲振动；如果弯曲振动完全位于一个平面上，则称面内弯曲振动。面内弯曲振动又分剪式振动（in-plane scissoring vibration，δ_s）和平面摇摆振动（in-plane rocking vibration，ρ）。面外弯曲振动分非平面摇摆振动（out-of-plane wagging vibration，ω）和扭曲振动（out-of-plane twisting vibration，τ）。

通常情况下，伸缩振动的键力常数k比变形振动的键力常数k大，能级变化也更大，因此伸缩振动一般出现在红外吸收光谱的高波数区，变形振动出现在红外吸收光谱的低波数区。

原则上，每个振动对应一个能级变化，同时对应一个红外吸收峰。如果水分子是一个非线性三原子分子，则其振动自由度为3（即$3N-6$），因此水分子有三种振动形式，如图5-6所示。第一种振动方式是两个氢原子沿键轴方向做对称伸缩振动，氧原子的振动恰好与两个氢原子的振动方向的矢量和大小相等、方向相反，即为对称伸缩振动，其所对应的红外吸收峰值为3652 cm^{-1}。第二种振动方式是一个氢原子沿着键轴方向做收缩振动，另一个氢原子做伸展振动，这时氧原子的振动方向和振幅也是两个氢原子振动的矢量和，这种振动就是反对称伸缩振动，所对应的红外吸收峰值是3756 cm^{-1}。第三种振动方式是两个氢原子在同一平面内彼此相向弯曲，即剪切振动或面内弯曲振动,所对应的红外吸收峰值为 1596 cm^{-1}。这里的水是指游离态的水。水在化合物中以不同状态存在时,在红外光谱图中,吸收谱带有差异。随着水分子与物质分子结合的强度增高,伸缩振动移向低波数,弯曲振动除结构水(呈 H$^+$、OH$^-$、H$_3$O$^+$ 等形式参加分子结构的水,最常见的为羟基水)外向高波数移动。如果红外光谱中出现 3000～3800 cm^{-1} 和 1590～1690 cm^{-1} 的吸收峰,则样品中很可能有水。

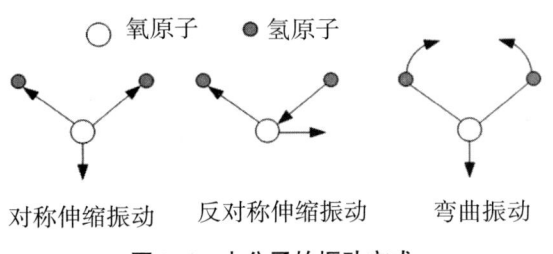

图 5-6 水分子的振动方式

但并非每种振动都能产生红外光吸收谱带,只有产生瞬间偶极矩变化的振动才能产生红外吸收。另外,如果一些不同振动的频率相同,则会发生能量简并。例如,二氧化碳分子是一个三原子线性分子,有 4 个振动自由度（3N–5）,即有四种振动方式,如图 5-7 所示。第一种振动方式为反对称伸缩振动,有偶极矩变化,其对应的红外吸收峰值约为 2349 cm^{-1}。第二种振动方式为对称伸缩振动,碳原子是正、负电荷的中心,则正负电荷中心距离 $d=0$,偶极矩为零。振动时两个氧原子同时移向或远离碳原子,并不发生偶极矩的变化,因此为非红外活性,不能产生红外吸收。第三种和第四种振动方式是相同的弯曲振动,只是方向上互相垂直,两者的振动频率相同,都有偶极矩变化,红外吸收峰值都是 667 cm^{-1},称为简并振动。因此,虽然二氧化碳分子有四种振动方式,但是在红外光谱上只能观察到两个吸收带。

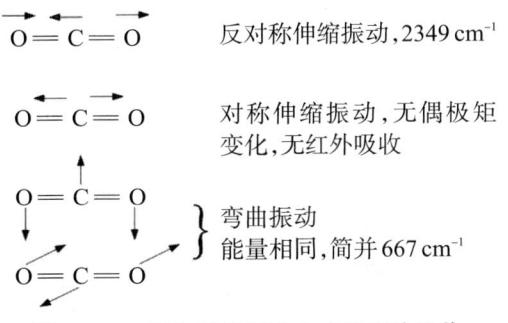

图 5-7 二氧化碳的振动方式和红外吸收

除此之外,一些振动的频率太过接近,以至于仪器无法分辨；一些振动吸收的红外光强度较小,仪器检测不出；还有一些振动的频率超出了仪器的检测范围。因此,所有这些原因都会使实际测得的红外光谱上吸收峰的数目少于理论数目。

红外光谱中除了基本振动产生的基本频率吸收峰（基频峰）和倍频峰外,还有一些其他振动吸收峰存在,如合频峰、差频峰等。这些峰多数很弱,一般不容易辨认。

合频峰是一种频率的红外光同时被两种振动吸收,也就是红外光的能量被用于两种振动能级的跃迁。合频峰与差频峰统称为组合频，组合频同倍频统称为泛频。因它们并不符合跃迁选律，因此发生概率较小，在红外光谱中表现为弱峰。

5.4.3 分子转动

从第二章中我们知道，分子转动能级跃迁所需要的能量大约是振动能级跃迁所需能量的百分之一。转动能级的跃迁选律为：非极性双原子分子转动时无偶极矩变化，不发生转动能级跃迁，转动量子数差值$\Delta J = 0$；极性分子转动时有偶极矩产生，允许转动能级跃迁，$\Delta J = \pm 1$，即，只有相邻转动能级间的跃迁才是允许的。当分子受激发产生振动能级跃迁时，往往伴随着转动能级的变化。

气态的简单分子由于分子间彼此没有干扰，在红外光照射下，通过分辨率较高的红外光谱仪往往可获得清晰的精细结构谱线。这一实验事实证明振动光谱上载有转动光谱的信息。转动光谱是在凝聚态样品（固态或液态）的条件下得到的具有一定宽度的吸收带。红外光谱是分子振动-转动光谱。

5.5 影响红外光谱的因素

5.5.1 影响红外光谱位移值的因素

在双原子分子中，伸缩振动吸收谱带的位置由化学键力常数和原子质量决定。在多原子分子中，某一基团的特殊吸收频率同时还受到分子内部结构和外界条件的影响。同一种基团的红外吸收会受到邻近基团及整个分子其他部分的影响，也会因测定条件及样品的物理状态而改变，所以同一基团的特征吸收不是在固定的频率上，而是在一个范围内波动。

（1）内部因素对基团吸收频率的影响

内部因素对红外吸收谱带的影响只取决于分子结构，与测试条件无关，只有氢键的形成和互变异构体会受环境影响，从而使吸收谱带发生变化。

①化学键的强度：

一般来说，化学键越强，化学键力常数k越大，红外吸收频率越大，如C≡C、C═C和C—C的伸缩振动吸收频率随键强度的减弱而减小（C≡C, 2150 cm^{-1}；C═C, 1715 cm^{-1}；C—C 1200 cm^{-1}）。

②电子效应：

电子效应是通过成键电子起作用，包括诱导效应（I）、共轭效应（C）等。电子效应对基团频率影响的共同点是由于化学键的电子云分布不均匀，造成化学键力常数改变而引起的。在同一分子中，诱导效应和共轭效应往往同时存在，在讨论它们对吸收频率的影响时，由效应较强者决定。这种影响主要表现在C═O伸缩振动中。了解影响峰位移的因素将有助于推断分子中相邻部分的分子结构。

（i）诱导效应（I）：

诱导效应是指在分子中引入一个原子或基团后，由于电负性不同，通过静电诱导作用，使分子中成键电子云密度分布发生变化，引起化学键力常数变化，从而影响基团振动频率的现象。诱导效应只由分子中化学键发生作用而传递，与分子的几何状态无关。诱导效应主要是随取代原子的电负性或取代基的总的电负性变化。通过改变和电负性原子或取代基相连的极性共价键，诱导效应可以改变其吸收频率。例如，羰基连有吸电子基团，电负性越强或数目越多，诱导效应越强，C=O 键的力常数 k 越大，使 C=O 吸收向高频方向移动。

如图 5-8 所示的羰基化合物，随取代基电负性增加，羰基的伸缩振动频率向高频方向移动。这种现象就是由诱导效应引起的。

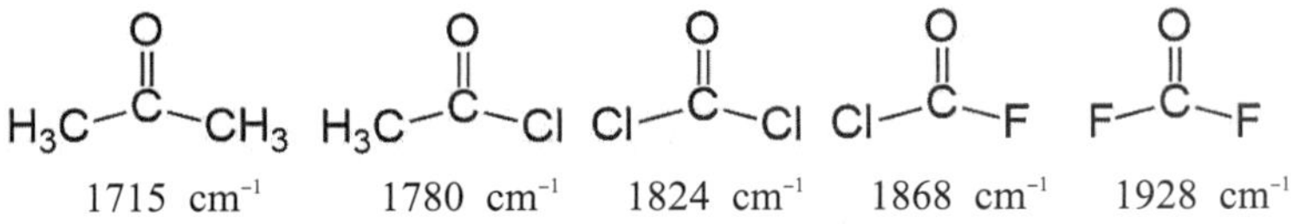

$$H_3C-\overset{O}{\underset{\|}{C}}-CH_3 \quad H_3C-\overset{O}{\underset{\|}{C}}-Cl \quad Cl-\overset{O}{\underset{\|}{C}}-Cl \quad Cl-\overset{O}{\underset{\|}{C}}-F \quad F-\overset{O}{\underset{\|}{C}}-F$$
$$1715\ cm^{-1} \quad\quad 1780\ cm^{-1} \quad\quad 1824\ cm^{-1} \quad\quad 1868\ cm^{-1} \quad\quad 1928\ cm^{-1}$$

图 5-8　取代基对羰基伸缩振动频率的影响

丙酮中 CH_3 为推动电子的诱导效应（+I），使 C=O 成键电子云偏离键的几何中心而向氧原子移动，使氧原子带有一些负电荷，则 C=O 极性增强，而双键性降低，因此 C=O 的伸缩振动频率位于较低频段。如果甲基被较强电负性的取代基（Cl、F）取代后，由于吸电子诱导效应（-I）增强，使 C=O 成键电子云向键的几何中心靠近，则 C=O 极性降低，而双键性增强，因此 C=O 的伸缩振动频率向高频端移动。电负性强的基团越多，频率越高。

总之，诱导效应的吸电子基团会使吸收峰向高频方向移动。

(ii) 共轭效应（π→π 共轭）：

共轭效应使电子云密度平均化，键长也平均化，双键略有伸长，单键略有缩短。共轭体系易传递静电效应，所以显著地影响某些基团的红外吸收位置及强度。共轭的结果总是使吸收强度增加。共轭效应常引起 C=O 双键的极性增强，双键性降低，伸缩振动频率向低波数位移。例如，羰基与 α、β 不饱和双键共轭后，削弱了碳氧双键，使羰基伸缩振动吸收频率向低波数位移。

当诱导和共轭两种效应同时存在时，振动的位置和程度取决于他们的净效应。

(iii) 中介效应（M）：

中介效应由孤对电子与多重键相连产生的 p→π 共轭而产生，结果类似于共轭效应。基团与吸电子基共轭，使吸收频率升高；与给电子基共轭，吸收频率下降。

值得注意的是，当化合物中的 I 效应与 M 效应同时存在，如果二者方向不一致，这时应考虑哪个效应起主导作用。

例如，带孤对电子的烷氧基（OR）既存在吸电子的诱导（-I），又存在 p→π 共轭，即 M 效应，其中（-I）影响较大，故酯羰基的伸缩振动频率高于酮、醛，而低于酰卤。饱和酯的 C=O 伸缩振动频率为 1735 cm^{-1}，比酮（1715 cm^{-1}）高，就是 I 效应大于 M 效应，二者的净效应使得电子云由氧移向双键中间，使化学键力常数增加的缘故。

再如，酰胺键中的羰基 C=O 因氮原子与双键的 p→π 共轭作用，使 C=O 双键的电子云移向 C—N 单键，C=O 双键上的电子云密度降低，化学键力常数减小，所以酰胺键中的 C=O 伸缩振动频率降低至 1650 cm^{-1} 左右。由于氮原子的吸电子作用存在诱导效应，但比共轭效应影响小，因此 C=O 的伸缩振动频率与饱和酮相比还是有所降低，这是I效应与M效应同时存在的另一个例子。

③氢键效应：

氢键的形成使电子云密度平均化（缔合态），原有化学键力常数降低，基团的伸缩振动频率下降，吸收强度增强，且变宽。

例如，羧酸分子RCOOH中，C=O的伸缩振动频率为1760 cm^{-1}，O—H的伸缩振动频率为3550 cm^{-1}。当分子间因氢键形成二缔合态（RCOOH)$_2$时，C=O的伸缩振动频率为1700 cm^{-1}，O—H的伸缩振动频率也将变为3250~2500 cm^{-1}。再如，酚和醇的羟基，当分子处于游离状态时，羟基的伸缩振动频率在3640 cm^{-1}附近，呈现一个中等强度的尖锐吸收峰；当分子因氢键形成缔合时，振动频率下降到3350 cm^{-1}左右，谱带增强加宽。胺类化合物中的NH$_2$和NH也可以形成氢键，也有与羟基类似的现象。除了伸缩振动外，由于这些基团的弯曲振动受氢键影响，也会发生谱带位置的移动和峰形变宽。

无论是分子间氢键的形成或是分子内氢键的形成，都使参与形成氢键的原化学键力常数降低，吸收频率移向低波数方向；但与此同时，偶极矩的变化加大，因而吸收强度增加。需要注意的是，分子间的氢键还受测试条件影响，如样品的浓度、pH等都会使谱图产生差异。例如，醇类在很稀的溶液中，其羟基为游离态，O—H的伸缩振动为3640 cm^{-1}，当浓度增加时，羟基逐渐形成分子间氢键，呈现缔合状态，游离羟基逐渐减少甚至消失，羟基的吸收逐渐向低频方向移动。

④振动的耦合效应：

振动耦合是指当两个基团临近且振动频率相近时，能发生振动耦合而使吸收峰发生裂分，使一个峰高于基频，一个峰低于基频。例如，甲基CH$_3$的对称弯曲振动频率为1380 cm^{-1}，但在2，4-二甲基戊烷的红外光谱中，两个甲基连在同一个碳原子上形成异丙基—CH(CH$_3$)$_2$时发生振动耦合，原来的1380 cm^{-1}峰分裂为两个峰，一个为1387 cm^{-1}，另一个为1375 cm^{-1}，如图5-9所示。

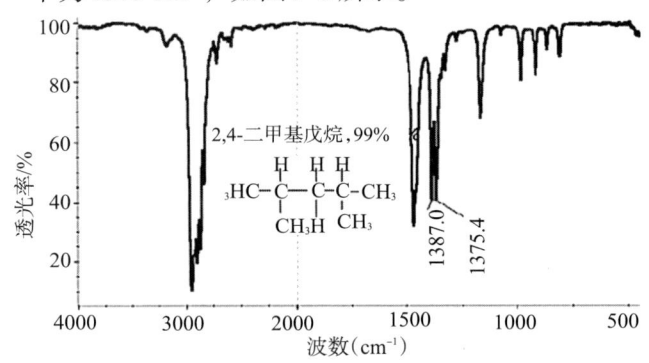

图5-9　2，4-二甲基戊烷的红外光谱

再如，乙酸酐的两个羰基间有一个氧原子，它们会发生耦合。羰基的频率分裂为1828 cm^{-1}和1750 cm^{-1}（如果没有耦合，其羰基振动将出现在约1760 cm^{-1}处）。弯曲振动也能发生耦合。

⑤费米共振：

费米共振也是一种振动耦合现象，是基频与倍频或组合频之间发生的振动耦合。当倍频峰或组合频峰与某基频峰相近时就会发生相互作用，使原来很弱的倍频或组合频的吸收峰增强或发生裂分。如苯甲酰氯的红外光谱，C—Cl 的伸缩振动在 874 cm^{-1}，其倍频峰在 1730 cm^{-1} 附近，正好在羰基的伸缩振动附近，于是发生费米共振使倍频峰得到增强，如图 5-10 所示。

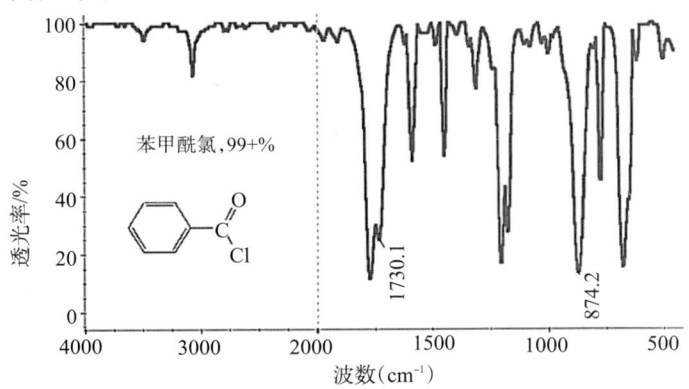

图 5-10　苯甲酰氯的红外光谱

含氢基团的振动耦合或费米共振都可通过氘代证实。当氢原子被氘代后，基团的折合质量发生较大变化，振动频率也随之变化，不再满足氘代前的耦合条件，因此振动耦合或费米共振的吸收峰不再出现。

⑥空间效应：空间效应包括场效应、空间位阻和张力效应。

（i）场效应（F）：分子内由于基团相互靠近，其原子或原子团间产生空间静电场作用。由空间静电场作用而影响吸收频率的效应称为场效应，也称偶极场效应。例如，氯代丙酮有三种旋转异构体，如图 5-11 所示，

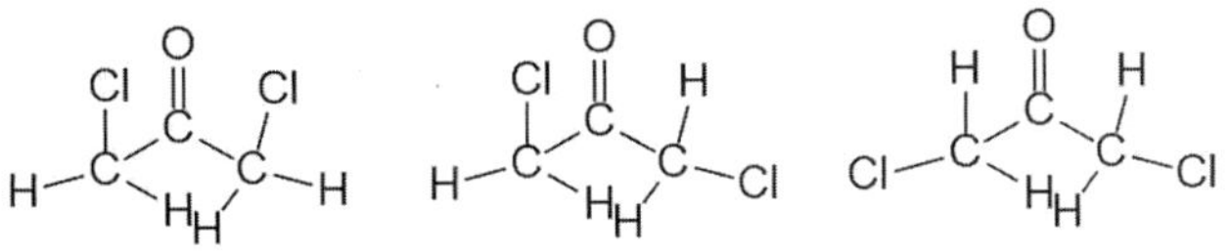

| (a) | (b) | (c) |
| 1755 cm^{-1} | 1742 cm^{-1} | 1728 cm^{-1} |

图 5-11　氯代丙酮的三种旋转异构体及其羰基的伸缩振动频率变化

其中，卤素和氧原子都是化学键偶极的负极，在（a）和（b）的结构中发生负负相斥的作用，于是使中间羰基 C=O 上的电子云移向双键的中间，从而增加了双键的电子云密度，使化学键力常数增加，因此羰基的伸缩振动频率较高。结构（c）中就没有这种斥力存在，因此其羰基的伸缩振动频率接近正常值。

（ii）空间位阻：共轭体系具有共平面的特性，如果邻近基团的体积较大或位置太靠近而形成空间阻隔，导致位阻增大，键角发生变化，分子平面与双键不在同一平面，使共轭效应下降，则红外峰移向高波数，如图 5-12 所示。

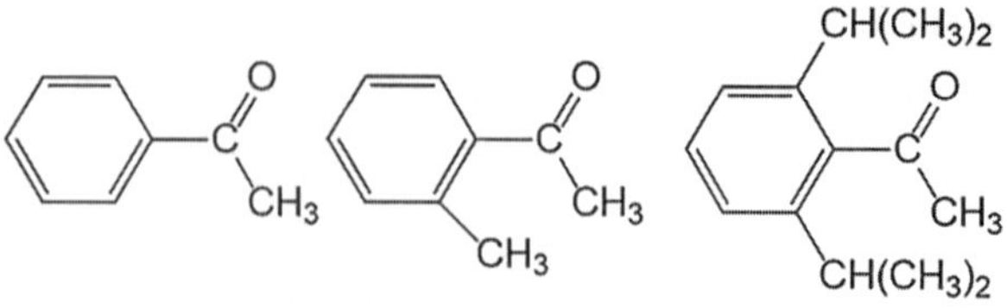

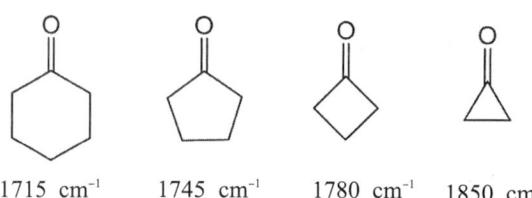

（a）　　　　　（b）　　　　　（c）
1663 cm⁻¹　　1686 cm⁻¹　　1693 cm⁻¹

图5-12　空间位阻效应引起羰基伸缩振动频率的变化

当苯乙酮的苯环上的羰基邻位上有甲基或异丙基存在时，羰基双键与苯环不能在同一平面，使空间位阻效应增大，则碳基的伸缩振动频率变大。

（iii）张力效应：正常情况下，碳原子位于正四面体的中心，其键角接近109°28′，但有时由于结合条件改变而使键角改变，引起键能变化，即化学键力常数变化，从而使振动频率产生位移。

例如，与环直接连接的环外双键（烯键、羰基）的伸缩振动频率会因环的张力增大，其吸收频率增高，如图5-13所示。

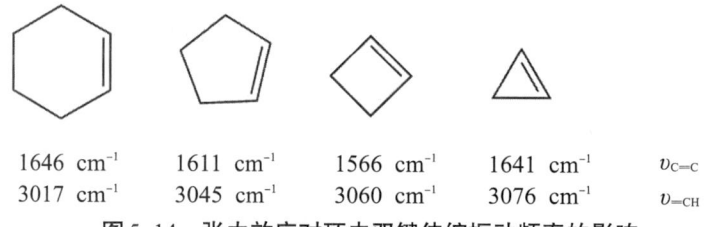

1715 cm⁻¹　　1745 cm⁻¹　　1780 cm⁻¹　　1850 cm⁻¹

图5-13　张力效应对环外羰基伸缩振动频率的影响

对于环内双键，环张力越大，C═C伸缩振动频率越低，双键上C—H的伸缩振动频率升高，但环丙烷除外，如图5-14所示。

1646 cm⁻¹	1611 cm⁻¹	1566 cm⁻¹	1641 cm⁻¹	$v_{C=C}$
3017 cm⁻¹	3045 cm⁻¹	3060 cm⁻¹	3076 cm⁻¹	$v_{=CH}$

图5-14　张力效应对环内双键伸缩振动频率的影响

这主要是环状化合物的环的大小不同的原因，从而影响化学键力常数，使环内或环上基团的振动频率发生变化。具体变化在不同体系中也有不同。例如，环丙烷的C—H伸缩频率在3030 cm⁻¹以下，而开链烷烃的C—H伸缩振动频率在3000 cm⁻¹以下。

（2）外部因素

①样品状态及制样方法（物态效应）：

同一个化合物在固态、液态和气态时的红外光谱会有较大的差异。气态时，分子间的距离较远，因此除少数例外，如氟化氢等，基本可以认为不受其他分子的影响。液态时，分子间相互作用较强，有的分子间还存在很强的氢键作用，如含有羧基的化合物，由于强氢键作用易形成二聚体，因此其羟基和羰基的红外吸收谱带频率比气态时要下降 50～500 cm^{-1}。在结晶的固体中，分子在晶格中规则排列，加强了分子间的相互作用力，使谱带产生分裂。例如，聚乙烯的 CH_2 弯曲振动位于 720 cm^{-1} 左右，在非晶态时只有一条谱带，结晶时就分裂为 720 cm^{-1} 和 731 cm^{-1} 两条谱带。

通常，物质由固态向气态变化，其波数将变大。例如，丙酮在液态时，C=O 的伸缩振动频率为 1718 cm^{-1}；在气态时，C=O 的伸缩振动频率就变为 1742 cm^{-1}，波数明显增大。

固体样品在用石蜡油糊状法或压片法测定时，晶型不同或粒子大小不同，都会产生不同的谱图。例如，重结晶时，溶剂不同可能会造成所得结晶不同；制样时，研磨程度不同可能造成粒径大小的差异，这些都可能会使红外吸收峰的位移。对于固体粉末样品，光的散射影响很大，往往会使图谱失真。图谱的质量主要受两个物理因素的影响。一是溴化钾和测试样品的折射率差值越小，被样品散射掉的光能就越少。一些极性物质，如聚酰胺、聚脲、聚羧酸等因折射率与溴化钾相近，因此可以制成透明或稍微混浊的压片，而聚烃类样品折射率与溴化钾差距较大，因此它们的溴化钾压片往往不透明。二是样品的颗粒大小会造成折射率差别，由散射引起的光能损失的差别也较大，这也会使红外光谱的峰位发生位移，这种现象被称为克里斯蒂森效应。只有当样品的粒度小于测定波长的时候，才能基本消除这一效应的影响。一般当颗粒尺寸小于 5 μm 时，散射就明显减弱。因此，在查阅标准红外图谱时，应注意试样状态和制样方法。

当红外偏振光通过具有各向异性的薄膜或结晶时，红外偏振光的电矢量与样品中基团振动偶极矩改变的方向平行或垂直，则基团振动谱带的强度可在不同方向上出现最大值或最小值。光谱的这种变化称为红外二色性。利用固体的红外二色性可测定薄膜或晶体等高分子物质的取向度，研究其结构。

②溶剂效应：

溶剂分子能引起溶剂溶质的缔合，改变溶质分子吸收带的位置及强度。通常，氨基、羟基、羰基、氰基（C≡N）等极性基团的伸缩振动频率随溶剂极性增加而降低，但强度增强。

例如，羧酸中的 C=O 在气态时的伸缩振动频率为 1780 cm^{-1}；在非极性溶剂中时，C=O 的伸缩振动频率为 1760 cm^{-1}；在以乙醚为溶剂时，C=O 的伸缩振动频率为 1735 cm^{-1}；在以乙醇为溶剂时，C=O 的伸缩振动频率则为 1720 cm^{-1}。由此可见，红外光谱通常需在非极性溶剂中进行测试。

如果溶剂能引起溶质的互变异构并伴随有氢键的形成，则吸收谱带的振动频率和强度会有较大的变化。如果双甲酮在氯仿中有大于 1800 cm^{-1} 的宽峰和 1600 cm^{-1} 的尖峰，则在四氢呋喃中 1800 cm^{-1} 的宽峰向低波数方向移动，在乙醇中，两峰并为一峰，出现在 1600 cm^{-1} 处，以上都是由不同溶剂中的互变异构引起的。

5.5.2 影响红外光谱强度的因素

红外光谱的强度也可以用摩尔吸光系数 ε 表示：

$$\varepsilon = \lg \frac{I_0}{I_1} cL$$

其中，I_0 和 I_1 分别是入射光强度和透过光强度，c 是样品的摩尔浓度（mol/L），L 是吸收池厚度（cm）。

通常，当 $\varepsilon > 100$ 时，呈现出非常强的吸收峰，用 vs 表示；当 $20 < \varepsilon < 100$ 时，为强吸收峰，用 s 表示；当 $10 < \varepsilon < 20$ 时，为中强吸收峰，用 m 表示；当 $1 < \varepsilon < 10$ 时，为弱吸收峰，用 w 表示；当 $\varepsilon < 1$ 时，为非常弱的吸收峰，用 vw 表示。

红外光谱的强度主要由能级跃迁的概率和分子振动中偶极矩变化的程度两个因素决定。

跃迁的概率大，吸收峰的强度就高。一般而言，振动的基频（$v_0 \rightarrow v_1$）的跃迁概率大于振动的倍频（$v_0 \rightarrow v_2$、$v_0 \rightarrow v_3$、$v_0 \rightarrow v_4$），因此基频（$v_0 \rightarrow v_1$）的吸收峰强度比倍频（$v_0 \rightarrow v_2$、$v_0 \rightarrow v_3$、$v_0 \rightarrow v_4$）强。

同样的基频振动（$v_0 \rightarrow v_1$），偶极矩的变化越大，吸收峰也越强。当偶极矩没有变化，吸收峰强度为零，呈现为非红外活性。红外吸收强度与偶极矩变化的平方成正比。偶极矩变化的大小与以下六个因素有关。

①原子的电负性：

化学键两端原子电负性相差越大，产生的吸收峰越强。例如，羰基 C=O 是红外光谱图中最强的吸收，而 C=C 的吸收峰强度就很弱。对于单键也一样，如 C—O、C—X（卤素原子）这些极性基团，总是产生强吸收峰，而 C—C 的吸收峰就较弱。一般吸收峰强度为 $v_{C-O} > v_{C-H} > v_{C-C}$。

②振动方式：

相同基团因振动方式不同，分子的电荷分布不同，则偶极矩变化也不同。一般不同振动方式的红外吸收强度顺序为：反对称伸缩振动 > 对称伸缩振动 > 变形振动。

③分子的对称性：

结构为中心对称的分子，若振动也中心对称，则此振动的偶极矩变化为零。例如，CO_2 的对称伸缩振动没有红外活性。即，分子的对称性越强，振动时偶极矩变化越小，吸收峰就越弱。例如，C=C 在 R—CH=CH$_2$（$\varepsilon = 40$）、R—CH=CH—R（顺式 $\varepsilon = 10$，反式 $\varepsilon = 2$）结构中，吸收强度的差别就很明显。对称性差的分子的振动偶极矩变化大，吸收峰强。

④氢键的形成会使吸收峰变宽。

⑤与极性基团共轭时可使吸收峰增强：

例如，C=C、C≡C 等基团的伸缩振动的红外吸收很弱，但如果与 C=O、C≡N 共轭，吸收强度就会大大增强。

⑥如果发生费米共振，则吸收峰增强：

当一振动的倍频或组合频与另一振动的强基频有相近的频率时，这两个振动相互作用，发生耦合，弱的倍频或组合频被强化。这两个耦合的振动频率常在比基频高一点和低一点的地方出现两个峰。两个谱带中均含有基频和倍频的成分，倍频和组合频明显被加强。

5.6 典型红外谱带吸收范围

物质的红外光谱图是分子结构的反映,谱图中出现的吸收峰与分子中各基团的振动形式相对应。但是,多原子分子的红外光谱与其结构的对应关系相当复杂,难以用振动方程式计算解决,只能通过大量已知化合物的红外光谱,从中总结出各种基团吸收位置的规律。

分子除了基本振动谱带外,还有倍频、组合频、耦合及费米共振等的吸收谱带,因此要确定红外光谱中各个谱带的归属是比较困难的。但是据大量的光谱数据发现,具有相同化学键或官能团的一系列化合物有近似共同的吸收频率,即基团特征频率。

我们习惯把由同一化学键或官能团的不同振动方式所产生的红外吸收峰称为相关峰。用一组相关峰可更确定地鉴别官能团,这是红外定性鉴定的重要原则。如伯醇,O—H伸缩振动频率是3650~3200 cm^{-1},C—O伸缩振动频率为1065~1015 cm^{-1},如果是酚,则为1220~1130 cm^{-1}。

5.6.1 红外吸收光谱图的分区

按光谱与分子结构特征可将整个红外光谱(中红外区)分作两个区:4000~1300 cm^{-1}的高频区称为特征频率区,也称官能团区;1300 cm^{-1}~400 cm^{-1}称为指纹区。

高频区是化学键和基团的特征振动频率区,其吸收光谱主要反映分子中特征基团的振动,基团的鉴定主要在这个区域进行,主要是单键(X—H,X:O、N、C、S)、三键(C≡C、C≡N)及双键(C=C、C=O)的伸缩振动。

(1) X—H伸缩振动区(频率范围为4000~2500 cm^{-1}),X:O、N、C、S

①—O—H,频率范围为3650~3200 cm^{-1}:

氢键的存在使频率降低,谱峰变宽,是用于确定醇、酚、有机酸的重要依据。

在非极性溶剂中,浓度较小(稀溶液)时,频率范围为3650~3580 cm^{-1},峰形尖锐,强吸收;当浓度较大时,发生缔合作用,频率范围为3400~3200 cm^{-1},峰形较宽。

②—N—H,频率范围为3500~3100 cm^{-1}:

与O—H谱带重叠,但峰形较O—H尖锐。伯、仲酰胺,伯仲胺在此区域都有吸收。

③不饱和碳原子上的=C—H(≡C—H)在3000 cm^{-1}以上。

④饱和碳原子上的—C—H在3000 cm^{-1}以下。

(2) 三键和累积双键伸缩振动区(频率范围为2500~1900 cm^{-1})

这个区域的红外谱带比较少,主要来自X≡Y或X=Y=Z型基团的红外吸收,如C≡C或C≡N、—N≡N$^+$、C=C=C或C=C=O等的伸缩振动,一般没有其他吸收峰的干扰,解析比较容易。表5-2列出了这些常见的三键和累积双键的振动频率和峰形特点。

表 5-2　常见的三键和累积双键的红外光谱特征吸收峰

结构	吸收峰(cm^{-1})	强度	特点
—N=C=O（异氰酸酯）	v, 2250~2275	vs	强度高，峰形宽，吸收频率不受共轭影响
—N≡N$^+$（重氮盐）	v, 2260±20	m	峰位与配对的负离子有关
—C=C=C（丙二烯）	v, 1930~1950	s	与—COOH，—COR 等基团连接时易裂分
—C=C=O（烯酮）	v, ~2150	vs	强度高，峰形宽
—C≡N（腈类）	v, 2210~2200	可变	尖细峰型

（3）双键伸缩振动区（频率范围为 2000~1200 cm^{-1}）

这一区域主要有 C=O、C=C、C=N、N=O 等伸缩振动及苯环的骨架振动，以及芳香化合物的倍频谱带。

①不对称双键：RC=CR′，频率范围为 1620~1680 cm^{-1}，一般情况下强度弱；对称双键：即 R=R′ 时，无红外活性。

②单核芳烃的 C=C 伸缩振动出现（频率范围为 1600~1590 cm^{-1}，1500~1480 cm^{-1}）两个区域：芳环中 C—H 和 C=C 键的面内变形振动的泛频吸收（强度弱），这两个峰可用于鉴别芳核的存在，还可用来判断取代基位置。

③C=O（频率范围为 1900~1650 cm^{-1}）：羰基的特征峰，强度大，峰尖锐。所有羰基化合物都具有强吸收，特征明显。

（4）单键区（X—Y 伸缩振动、X—H 变形振动）（频率范围为 1650~600 cm^{-1}）

这一区域主要为 C—H、O—H、N—H 的变形振动，C—O、C—X 的伸缩振动，C—C 骨架振动等部分单键振动区和指纹区，较为复杂，出现的振动形式很多，除了极少数较强的特征谱带外，一般很难找到归属。

指纹区的红外光谱比较复杂，特别能反映分子结构的细微变化，例如，一些关于分子结构特征的几何异构、同分异构、取代类型等可在指纹区内以谱带的位置、强度和形状等方式表现出来，就像人的指纹一样。当然，指纹区也有一些特征吸收峰。

同一种基团因所处的分子和外界差异，也会造成特征频率的不同。因此除了掌握影响因素外，掌握各种官能图所对应的红外吸收频率是红外谱图解析的关键。

5.6.2　各类化合物的特征红外吸收

化合物中各种基团在红外光谱的特定区域会出现对应的吸收带，其位置大致固定，受化学结构和外部条件的影响，吸收带会发生位移，但综合吸收峰位置、谱带强度、谱带形状及相关峰的存在，仍可从谱带信息中判断某个基团是否存在。下面分别介绍各种基团的特征吸收。

（1）烷烃

烷烃的结构简单，只由碳、氢组成，红外光谱只与甲基、亚甲基、次甲基及碳链骨架振动有关。一般烷烃有以下三种吸收带（表5-3）。

表5-3 烷烃的特征基团红外吸收频率

基团	振动形式	吸收峰(cm^{-1})	强度
CH$_3$	v_{asCH}	2962 ± 10	s
	v_{sCH}	2872 ± 10	s
	δ_{asCH}	1450 ± 10	m
	δ_{sCH}	$1380 \sim 1370$	s
CH$_2$	v_{asCH}	2926 ± 5	s
	v_{sCH}	2853 ± 10	s
	δ_{CH}	1465 ± 20	m
CH	v_{sCH}	2890 ± 10	w
	δ_{CH}	~ 1340	w
(CH$_2$)$_n$ ($n \geq 4$)	δ_{CH}	~ 720	w

①C—H伸缩振动：基本在2975～2845 cm^{-1}范围内，包括甲基、亚甲基和次甲基的对称和不对称伸缩振动。但环丙烷、与卤素相连的亚甲基及—CH$_2$C(NO$_2$)$_3$中的亚甲基的伸缩振动吸收频率在3000～3100 cm^{-1}范围内。

②C—H弯曲振动：在1460 cm^{-1}附近、1380 cm^{-1}附近和720～810 cm^{-1}之间会有相关吸收（注意，是组峰）。

甲基CH$_3$有1380 cm^{-1}（s）和1460 cm^{-1}（m）的对称、反对称弯曲振动两个吸收峰，受取代基影响小，可作为判断甲基存在的依据。

亚甲基CH$_2$的弯曲振动有四种方式，其中的平面摇摆振动在结构分析中很有用，当4个或4个以上的CH$_2$呈直链连接时，CH$_2$的平面摇摆振动出现在722 cm^{-1}处（表5-4），随CH$_2$个数减少，吸收谱带向高波数方向位移，由此可判断分子链的长短。

表5-4 亚甲基的面内弯曲振动红外吸收频率

结构	吸收峰(cm^{-1})	结构	吸收峰(cm^{-1})
C—CH$_2$—CH$_3$	770	C—CH$_2$—C	810
C—(CH$_2$)$_2$—CH$_3$	750～730	C—(CH$_2$)$_2$—C	754
C—(CH$_2$)$_3$—CH$_3$	740～730	C—(CH$_2$)$_3$—C	740
C—(CH$_2$)$_4$—CH$_3$	730～725	C—(CH$_2$)$_4$—C	725
C—(CH$_2$)$_n$—CH$_3$($n>4$)	722	C—(CH$_2$)$_n$—C($n>4$)	722

③C—C骨架振动：在720～1250 cm^{-1}附近，其数值与所链接的CH_2的个数有关。

C—H和C—C的振动由于引入支链，会引发其一系列的变化。当一个C上有两个甲基（偕二甲基）时，甲基的C—H对称弯曲振动分裂成两个强度大致相等的吸收，一个在1385 cm^{-1}附近，一个在1375 cm^{-1}附近，C—C骨架伸缩振动频率（弱吸收）为1170 cm^{-1}附近稍强的尖峰和1155 cm^{-1}的钝峰；当连接的两个甲基位置发生改变时，甲基的C—H对称弯曲振动两个分裂的峰强度变为4∶5，波数稍有位移，C—C骨架伸缩振动频率稍移向高波数1195 cm^{-1}为尖峰，更高波数为一更小的钝峰；当一个C上连接三个甲基时，甲基的C—H对称弯曲振动分裂成两个强度比为1∶2的峰，波数与第二种情况相似，C—C骨架伸缩振动合为一个峰，频率继续增大为1250 cm^{-1}。

例如，异丙基，1460 cm^{-1}；1380 cm^{-1}分裂为相等的两个峰；C—C的骨架振动峰在1170 cm^{-1}、1150 cm^{-1}处有肩峰。叔丁基，1460 cm^{-1}；1380 cm^{-1}分裂为两个强度不等的吸收峰，低波数的峰高。

分子结构中CH_2和CH_3的相对含量也可以由1460 cm^{-1}和1380 cm^{-1}的峰强度估算。如正庚烷，有5个CH_2、2个CH_3，两峰强度比约为5∶2；正十二烷，有10个CH_2、2个CH_3，两峰强度比约为5∶1；正二十八烷，有26个CH_2、2个CH_3，两峰强度比约为13∶1。

图5-15为正癸烷的红外光谱，由于烷烃只有甲基、亚甲基、次甲基（即碳链骨架振动），所以在三键和累积双键区、双键伸缩振动区没有吸收峰，而X—H伸缩振动区有甲基、亚甲基对称与反对称伸缩振动吸收峰，指纹区有甲基、亚甲基面外变形振动吸收峰，亚甲基面外摇摆振动吸收峰。

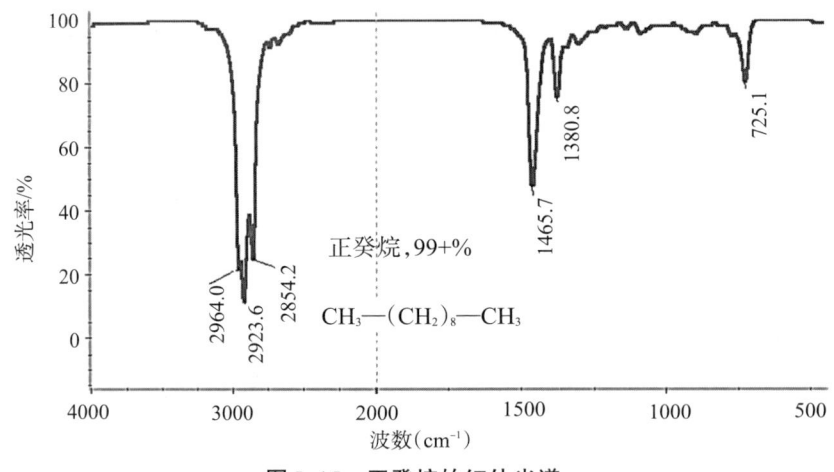

图5-15　正癸烷的红外光谱

当甲基连接在不同基团上时，吸收带会发生位移，强度也会变化，可根据前面讨论的机理进行推算。

例如，在脂肪链中，CH_3的C—H伸缩振动在2960 ± 10 cm^{-1}范围内，当其连接在O原子上，降低到2925 ± 5 cm^{-1}范围内，连接在S原子上，会增大到2975 ± 20 cm^{-1}；连接到NH上时，会降低到2810 cm^{-1}附近，见表5-5所列。

表5–5　甲基的化学环境与红外吸收频率的关系

结构	v_{asCH} (cm^{-1})	v_{sCH} (cm^{-1})	δ_{asCH} (cm^{-1})	δ_{sCH} (cm^{-1})
脂肪族 CH$_3$	2960 ± 10	2872 ± 12	1462 ± 12	1378 ± 8
芳香族 CH$_3$	2925 ± 5	2865 ± 5		
R—O—CH$_3$	2925 ± 5	2870 ± 13	1455 ± 15	1362 ± 12
R—COCH$_3$	2975 ± 20	—	1422 ± 18	1375 ± 13
脂肪族 NH—CH$_3$	2808 ± 12	—	1425 ± 15	—
芳香族 NH—CH$_3$	2815 ± 5	—	—	—
脂肪族 N(CH$_3$)$_2$	2818 ± 8	2770 ± 5	—	—
芳香族 N(CH$_3$)$_2$	2830 ± 40	—	—	—
R—S—CH$_3$	2975 ± 20	2878 ± 13	1427 ± 13	1310 ± 20

当甲基与杂原子相连时，C—H对称弯曲振动的吸收位置也会发生位移，例如，与P相连时变为1300 cm^{-1}，与Si连接时变为1255 cm^{-1}，与S连接时变为1312 cm^{-1}。

（2）烯烃

烯烃有三个特征吸收：C═C—H的伸缩振动（3100～3000 cm^{-1}）、C═C的伸缩振动（1680～1620 cm^{-1}），用于判断烯碳的存在；C═C—H面外弯曲振动（1000～650 cm^{-1}），用于判断烯碳上的取代类型和顺反异构。不同烯烃的红外吸收频率见表5–6所列。

C═C—H的伸缩振动大于3000 cm^{-1}，这是不饱和碳和饱和碳上质子的主要区别，饱和碳上的质子除了三元环和有极强吸电子基团邻接的碳氢振动外，其余都小于3000 cm^{-1}，见表5–6所示。

表5–6　不同烯烃的红外吸收频率

结构	$v_{as=CH_2}$ (cm^{-1})	$v_{s=CH_2}$ (cm^{-1})	$v_{=CH}$ (cm^{-1})	$v_{C=C}$ (cm^{-1})	$\omega_{=CH_2}$ (cm^{-1})	$\omega_{=CH}$ (cm^{-1})	$2\times\omega_{=CH_2}$ (cm^{-1})
RCH═CH$_2$	3095～3075	～2975	3040～3010	1645～1640	915～905	995～985	1840～1805 (w)
R$_1$R$_2$C═CH$_2$	3095～3050	～2975	—	1660～1640	895～885 (s)	—	1800～1780 (w)
R$_1$R$_2$C═CR$_3$H			3040～3020	1690～1670	—	830～810 (s)	
R$_1$HC═CR$_2$H（顺）			3040～3010	1665～1635	—	730～665 (s)	
R$_1$HC═CR$_2$H（反）			3040～3010	1675～1665	—	980～960 (s)	
R$_1$R$_2$C═CR$_3$R$_4$				w 或无			

C═C伸缩振动的位置和强度与烯碳的取代情况及分子对称性密切相关。乙烯基型出现在1640 cm^{-1}附近，随着烯烃C上取代基的增多移向高波数（可高出50 cm^{-1}）。四取代烯烃或双取代烯烃，因有对称中心，所以看不到C═C的对称伸缩振动。烯键与C═C、C═O、C≡N及芳环共轭时，C═C的伸缩振动比非共轭结构降低10～30 cm^{-1}，但强度大大增加。

环烯烃中，环变小，键角变小，由于环的张力效应，C=C 伸缩振动向低波数方向移动，C=C—H 伸缩振动向高波数方向移动。三元环的 C=C 伸缩振动例外。

环内双键上质子被取代基取代，C=C 伸缩振动频率升高，如图 5-16 所示。

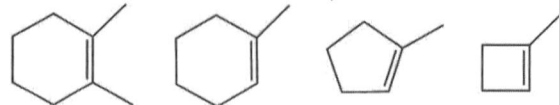

1685~1677 cm⁻¹　　1674 cm⁻¹　　1658 cm⁻¹　　1641 cm⁻¹　　$v_{C=C}$

图 5-16　取代环内双键的双键伸缩振动频率变化

环外双键，环变小，张力增大，烯烃的双键性增强，C=C 伸缩振动移向高频，如图 5-17 所示。

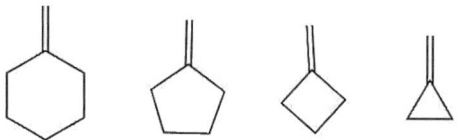

1651 cm⁻¹　　1657 cm⁻¹　　1678 cm⁻¹　　1730 cm⁻¹　　$v_{C=C}$

图 5-17　环外碳碳双键的伸缩振动频率变化

在 1000~650 cm⁻¹ 区域，烯氢被取代的个数、取代位置和顺反异构的不同、出峰的个数、吸收峰的波数和强度的区别，对判断烯烃上的取代情况及顺反异构有很大的帮助。

如图 5-18 所示，1-己烯分子中既有甲基、亚甲基等饱和原子基团，又有 =CH、=CH₂、C=C 不饱和基团，所以，烷烃和烯烃两类吸收在红外光谱上都可以看到。其中 3080 cm⁻¹ 是 =C—H 的伸缩振动频率，1643 cm⁻¹ 是 C=C 的伸缩振动，993 cm⁻¹ 是 =CH 的摇摆弯曲振动，912 cm⁻¹ 是 =CH₂ 的摇摆弯曲振动，1821 cm⁻¹ 的小峰为 912 cm⁻¹ 的倍频，2965 cm⁻¹、2876 cm⁻¹ 为饱和碳 C—H 的振动频率，1465 cm⁻¹、1380 cm⁻¹ 为亚甲基的弯曲振动频率。

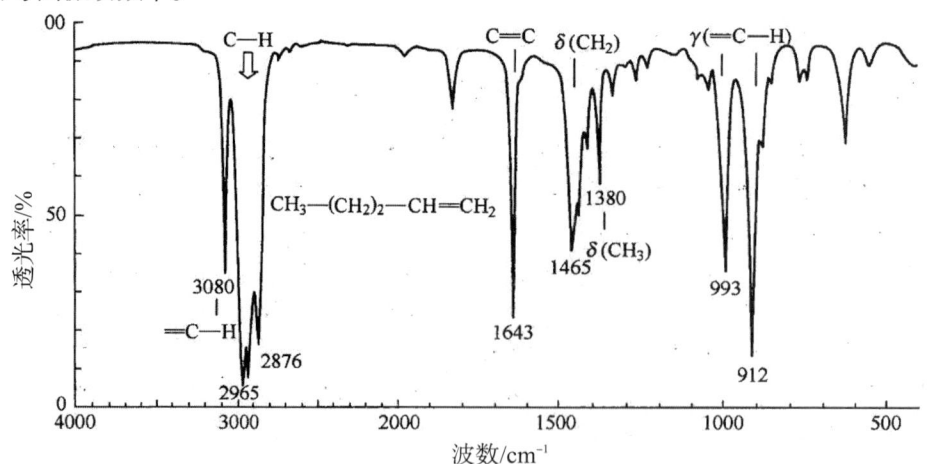

图 5-18　1-己烯的红外光谱

图 5-19 为反式甲基丙基乙烯的红外光谱。3026 cm^{-1} 是 =C—H 的伸缩振动频率，1673 cm^{-1} 是 C=C 伸缩振动，966 cm^{-1} 是反式 =CH 的摇摆弯曲振动频率，2962 cm^{-1}、2863 cm^{-1} 是饱和碳 C—H 的振动频率，1456 cm^{-1}、1378 cm^{-1} 为亚甲基的弯曲振动频率。

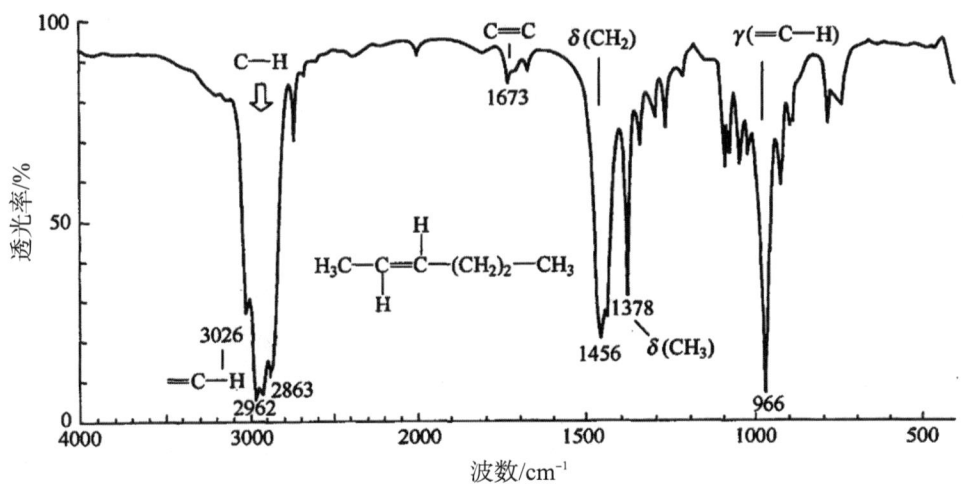

图 5-19　反式甲基丙基乙烯的红外光谱

（3）炔烃

炔烃主要有三种特征吸收。

① ≡C—H 的伸缩振动频率范围为 3340～3260 cm^{-1}，与羟基和氨基有重叠，但 ≡C—H 更尖锐。

② C≡C 的骨架振动频率范围为 2300～2100 cm^{-1}，强度随分子对称性、取代基及共轭情况不同而发生变化。分子中有对称中心时，该吸收消失，如取代基完全对称时，此处的峰消失。与其他基团共轭时，强度增大。X≡Y、X=Y=Z 类化合物的骨架振动频率与 C≡C 骨架振动频率有重叠的吸收。

③ ≡C—H 的变形振动频率范围为 700～610 cm^{-1}。

图 5-20 为 1-己炔的红外光谱（可与 1-己烯对比）。3311 cm^{-1} 尖锐强峰为炔氢的伸缩振动频率，2120 cm^{-1} 为 C≡C 的骨架振动频率，630 cm^{-1} 强峰为炔氢的变形振动频率，2962 cm^{-1}、2876 cm^{-1} 为饱和碳链上的 C—H 振动频率，1467 cm^{-1}、1380 cm^{-1} 为亚甲基的弯曲振动频率。

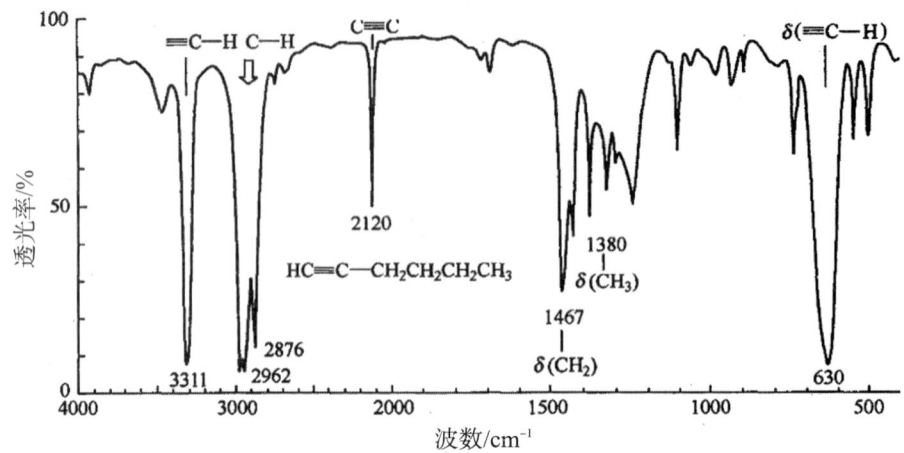

图 5-20　1-己炔的红外光谱

(4) 芳烃

芳烃中的苯环主要有以下四种特征吸收。

①芳氢伸缩振动：频率范围为 3100~3000 cm^{-1}，常在 3030 cm^{-1} 附近，较弱，易与烯碳上的质子的伸缩振动混淆。

②苯环骨架振动：频率范围为 1625 cm^{-1}~1450 cm^{-1}，最多有四个峰，即 1600 cm^{-1}、1580 cm^{-1}、1500 cm^{-1}、1450 cm^{-1}，对应四种振动形式，如图 5-21 所示，强弱与个数同结构有关。其中 1600 cm^{-1} 和 1500 cm^{-1} 附近为主要峰，当苯环与其他基团共轭时，1600 cm^{-1} 左右的峰分裂为 2 个，在 1580 cm^{-1} 左右又出现一个吸收峰。当分子中有对称中心时，1600 cm^{-1} 谱带很弱或看不到。1500 cm^{-1} 左右的谱带对取代基很敏感，吸电子基使频率下降为 1480 cm^{-1}，给电子基使频率升到 1510 cm^{-1}。除此之外，1450 cm^{-1} 也会有一个吸收峰，但与甲基和亚甲基的弯曲振动频率 1460 cm^{-1} 有重叠。

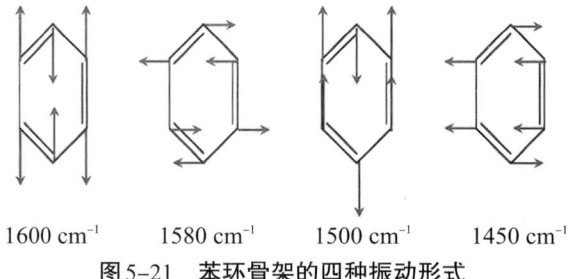

图 5-21　苯环骨架的四种振动形式

③芳环质子面外弯曲振动：频率范围为 900 cm^{-1}~650 cm^{-1}，根据吸收峰位置、吸收峰的个数及强度可判断苯环上取代基个数及取代基模式。

④苯环上氢原子的振动用邻接氢的个数来分，有以下 5 种情况：

（i）苯环上有 5 个邻接氢：频率范围为 770 cm^{-1}~730 cm^{-1}、710 cm^{-1}~690 cm^{-1}；

（ii）苯环上有 4 个邻接氢：频率范围为 770 cm^{-1}~735 cm^{-1}；

（iii）苯环上有 3 个邻接氢：频率范围为 810 cm^{-1}~750 cm^{-1}；

（iv）苯环上有 2 个邻接氢：频率范围为 900 cm^{-1}~860 cm^{-1}。

芳香环面外弯曲振动倍频及组合频：2000 cm^{-1}～1670 cm^{-1} 的谱带一般在测试溶液样品时容易看到，此区间谱带也可用于确定取代类型。

此外，900 cm^{-1}～650 cm^{-1} 区间还有以下一些其他的取代情况出现。

（i）间位二取代：频率范围为 725 cm^{-1}～680 cm^{-1}，强吸收峰；

（ii）1，2，3-三取代苯：频率范围为 745 cm^{-1}～705 cm^{-1}，强吸收峰；

（iii）1，3，5-三取代苯：频率范围为 755 cm^{-1}～675 cm^{-1}，强吸收峰。

图 5-22 是甲苯的红外光谱。苯环上 H 的伸缩振动频率为（特征峰）3062 cm^{-1}、3028 cm^{-1}，苯环的骨架振动频率为 1605 cm^{-1}、1496 cm^{-1}，单取代的苯氢面外变形振动频率为 729 cm^{-1}、696 cm^{-1}，5 个邻接芳氢的变形振动频率范围为 1942～1750 cm^{-1}，甲基的 C—H 伸缩振动频率为 2920 cm^{-1}、2873 cm^{-1}，甲基的变形振动频率为 1466 cm^{-1}。

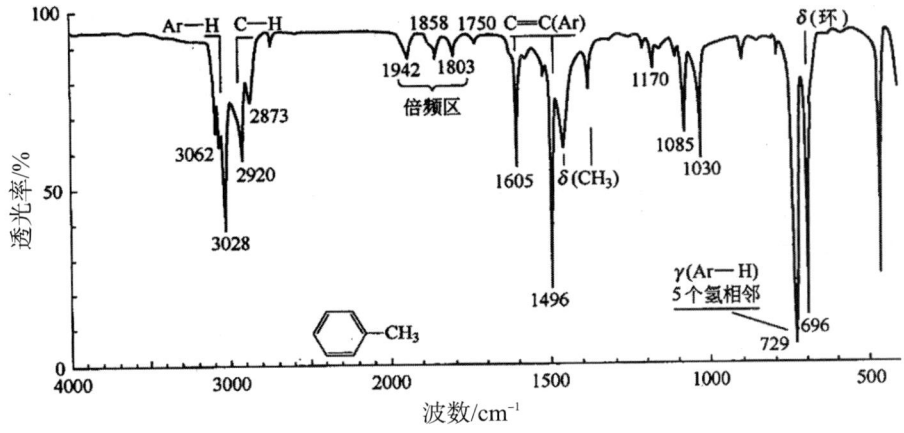

图 5-22　甲苯的红外光谱

图 5-23 是邻二甲苯的红外光谱，苯环上 H 的伸缩振动频率为（特征峰）3066 cm^{-1}、3020 cm^{-1}，苯环的骨架振动频率为 1606 cm^{-1}、1495 cm^{-1}、1466 cm^{-1}，邻二取代的 4 个邻接苯氢面外变形振动频率为 742 cm^{-1}，芳氢的变形振动频率范围为 2000～1667 cm^{-1}，甲基的 C—H 伸缩振动频率为 2971 cm^{-1}、2870 cm^{-1}，甲基的变形振动频率为 1384 cm^{-1}。

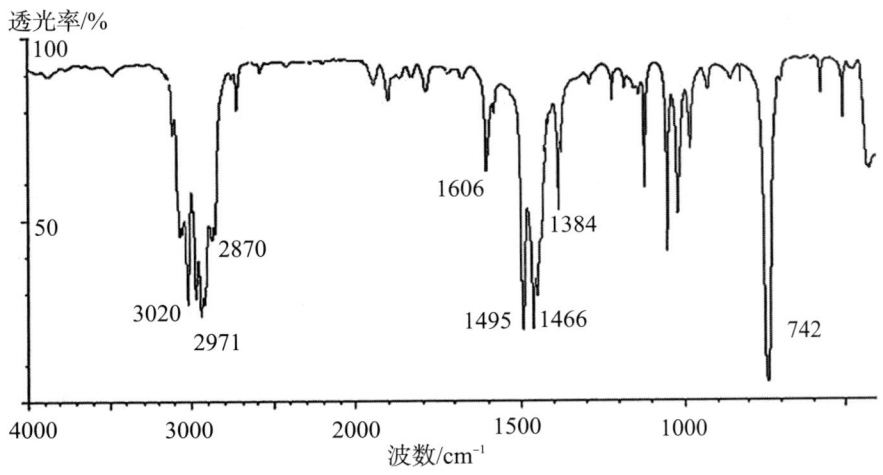

图 5-23　邻二甲苯的红外光谱

间二甲苯和对二甲苯的红外光谱如图 5-24 和 5-25 所示，其区别在于倍频区、苯环骨架振动区、芳香环质子的面外变形振动区和两个甲基的变形振动区。

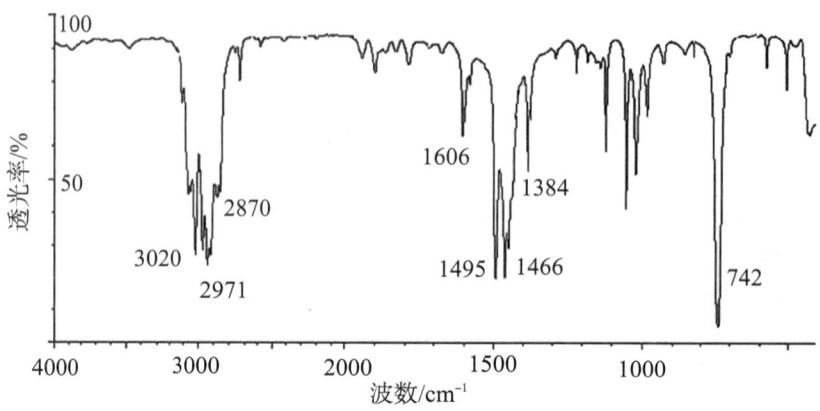

图 5-24　间二甲苯的红外光谱

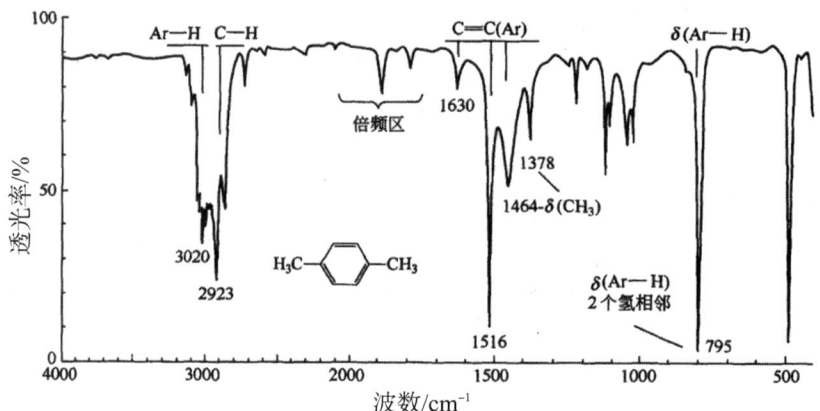

图 5-25　对二甲苯的红外光谱

（5）醇和酚

醇和酚都含有羟基，都有以下三个特征吸收带。

①O—H 的伸缩振动频率范围为 3670 cm^{-1}～3230 cm^{-1}，游离的羟基峰尖，且伸缩振动频率大于 3600 cm^{-1}，缔合后向低波数方向移动，峰变宽，伸缩振动频率小于 3600 cm^{-1}，缔合程度越大，峰越宽，越向低波数方向移动。

②羟基的面内变形振动频率范围为 1420 cm^{-1}～1260 cm^{-1}。吸收位置与伯、仲、叔羟基和酚的类别有关，还与缔合状态和浓度有关。

③C—O 的伸缩振动频率范围为 1250 cm^{-1}～1000 cm^{-1}，具体位移与伯、仲、叔羟基及酚的类别有关。

伯仲叔羟基的区别：因氢键引起的缔合造成 O—H 和 C—O 的伸缩振动频率的不同，首先伯羟基最容易形成缔合，所以波数最低，峰最宽；其次是仲羟基；最后是叔羟基，空间位阻最大，最难形成缔合，所以波数最高，峰最尖锐。

醇类：伯醇 1065～1015 cm^{-1}（s）

仲醇 1100～1010 cm⁻¹（s）

叔醇 1150～1100 cm⁻¹（s）

酚：1220～1130 cm⁻¹（s）

解谱时需注意，水和氮上质子的伸缩振动也会在羟基伸缩振动区域出现，如水在约3400 cm⁻¹，N—H在3500 cm⁻¹～3200 cm⁻¹出峰。

图5-26和5-27分别是正丙醇和苯酚的红外光谱。3330 cm⁻¹的宽峰是正丙醇O—H的伸缩振动频率（有缔合），羟基的面内变形振动被甲基的弯曲振动峰覆盖，C—O的伸缩振动频率为1056 cm⁻¹。苯酚在3229 cm⁻¹是一个宽峰，因形成氢键缔合而在较低的波数下有数个小峰，羟基的变形振动频率为1372 cm⁻¹，C—O的伸缩振动频率为1234 cm⁻¹，苯环的骨架振动频率为1600～1460 cm⁻¹，芳氢的变形振动（倍频）频率范围为2000～1667 cm⁻¹，甲基的C—H的伸缩振动频率为2971 cm⁻¹、2870 cm⁻¹，729 cm⁻¹、694 cm⁻¹为单取代苯环。

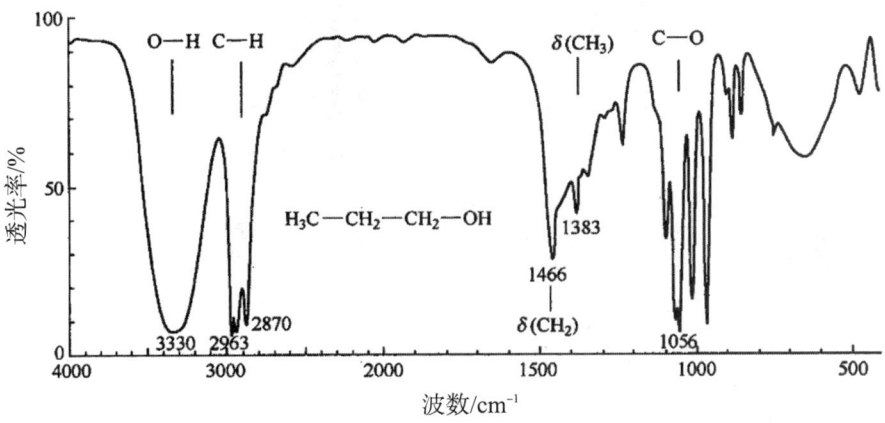

图5-26 正丙醇的红外光谱

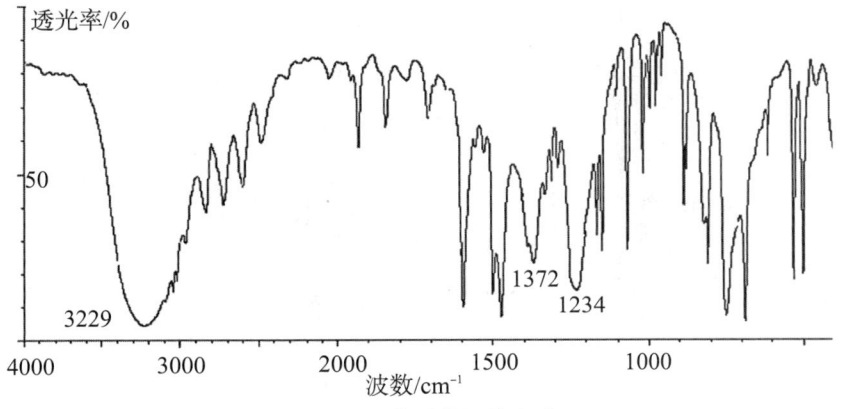

图5-27 苯酚的红外光谱

（6）醚

醚的特征吸收为C—O键的对称伸缩振动和反对称伸缩振动，都在指纹区，即1150～1060 cm⁻¹。与醇的最大区别是，醚在3600～3200 cm⁻¹区间没有特征吸收。芳香族醚和乙烯基醚都具有C—O键的对称伸缩振动和反对称伸缩振动，由于氧原子未共用电子对与苯环或烯键的p-π共轭，使=C—O的键级升高、键长缩短，化学键力常数增加，因此伸缩振动频率增高，这时C—O的反对称伸缩振动频率在1310～1020 cm⁻¹区间有强吸收，对称伸缩振动频率在1075～1020 cm⁻¹区间有较弱吸收。对于饱和六元环醚与非环醚，其谱带位置相近，环减小时，醚键的反对称伸缩振动频率降低，对称伸缩振动频率增高。

图5-28为甲基叔丁醚的红外光谱。1207 cm⁻¹、1087 cm⁻¹为C—O的伸缩振动频率，1470 cm⁻¹、1387 cm⁻¹、1364 cm⁻¹为甲基的变形振动频率，2970 cm⁻¹为甲基的伸缩振动频率。

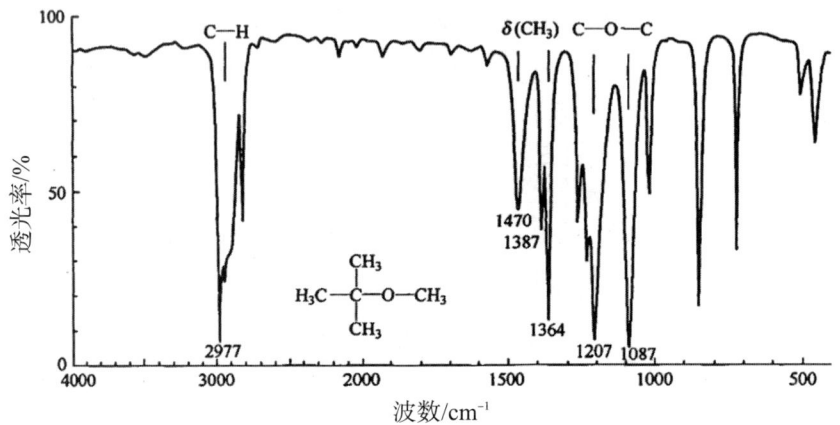

图5-28　甲基叔丁醚的红外光谱

图5-29为苯甲醚的红外光谱。由于氧原子的质量和碳原子很接近，因此醚键的C—O伸缩振动位置与C—C很接近，但C—O振动时偶极矩变化大，因此吸收强度大，有利于其与C—C键区别。然而任何含有C—O的分子，如醇酚酯酸等，都会对醚键的特征吸收峰产生干扰，因此用红外光谱来确定醚键的存在比较困难。

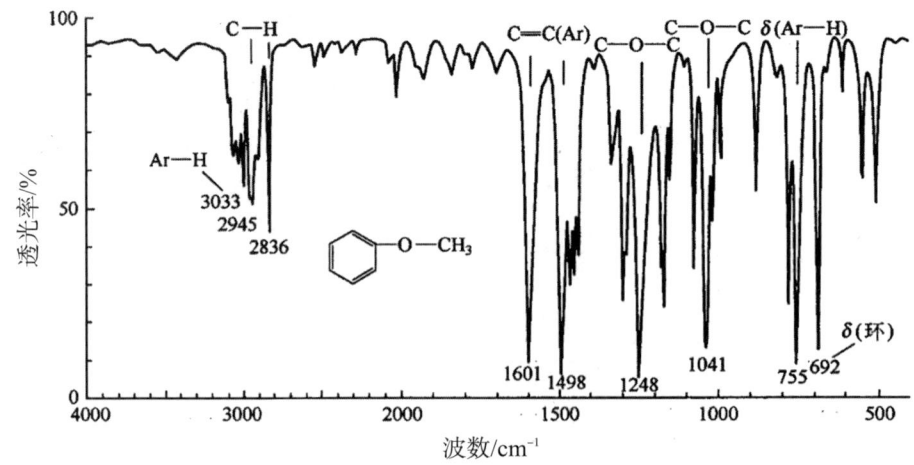

图5-29　苯甲醚的红外光谱

（7）羰基化合物

羰基化合物的种类很多，是我们研究得最多的一类化合物，羰基的红外光谱有一个共同的特征，即在双键区1700 cm^{-1}附近（吸收峰的峰位在1900～1650 cm^{-1}范围内）有强的C=O伸缩振动吸收，受其他基团吸收的干扰较小，除酯外通常是最强的峰，因此含羰基的化合物非常容易识别，且对化学环境比较敏感，所以对结构分析十分有用。不同类型的羰基化合物中，C=O所处的环境不同，其红外吸收会有差异。羰基与双键共轭，则吸收峰往低波数移动，若羰基连接吸电子基则吸收峰往高波数移动。下面介绍6种主要的羰基化合物。

①酮：

饱和脂肪酮的C=O伸缩振动频率范围为1725～1705 cm^{-1}。当α-C上有吸电子基，其频率会增加。酮的羰基与苯环、烯键或炔键共轭后，羰基的双键性减弱，化学键力常数减小，伸缩振动频率减小。环酮中的羰基随环的张力增大振动频率增大。

α-二酮R_1—CO—CO—R_2在1730～1710 cm^{-1}有强吸收，β-二酮R_1—CO—CH$_2$—CO—R_2有酮式和烯醇式互变异构体。酮式中因两个羰基的耦合作用，在1730～1690 cm^{-1}分裂出两个强吸收，烯醇式由于共轭及氢键作用，羰基在1640～1540 cm^{-1}出现一个宽而强的吸收峰。

对于脂肪酮，当α位没有取代基时，C—CO—C的面内弯曲振动频率在630～620 cm^{-1}区间有强吸收；当α位有取代基时，则降低到580～560 cm^{-1}，此区间有中强吸收。芳香酮除了芳香甲酮在600～580 cm^{-1}区间有强吸收外，其他芳香酮没有此峰。当α位没有取代基时，C=O的弯曲振动频率在540～510 cm^{-1}区间有强吸收；α位有取代基时，在560～550 cm^{-1}区间有强吸收带。甲基酮在530～510 cm^{-1}区间有中强吸收带，环酮在505～480 cm^{-1}区间有强吸收带。图5-30为2-丁酮的红外光谱。

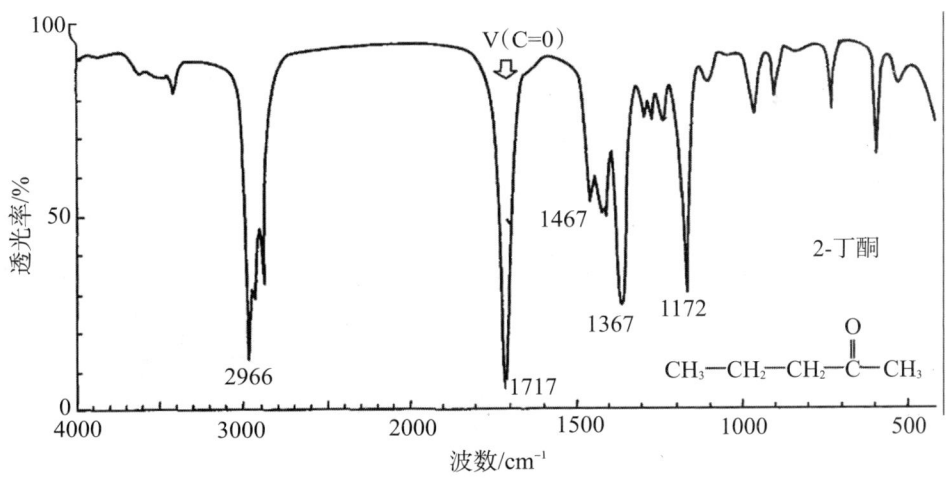

图5-30 2-丁酮的红外光谱

②醛：

醛和酮的最大区别在于，醛具有醛基上C—H伸缩振动的双峰，而酮却没有。因此，醛具有羰基C=O的伸缩振动和醛基上C—H的伸缩振动两处特征吸收带。

由于诱导效应，醛C=O的伸缩振动频率大于酮的，饱和脂肪醛C=O的伸缩振动频率范围为1740～1715 cm^{-1}，α,β-不饱和醛的伸缩振动频率范围为1705～

1685 cm^{-1}，芳香醛的伸缩振动频率范围为1710～1695 cm^{-1}。

醛基上C—H的伸缩振动频率在2880～2650 cm^{-1}区间出现两个强度相近的中强吸收谱带，一般在2820 cm^{-1}附近和2740～2720 cm^{-1}区间出现，低波数的峰较尖，这两个峰是由醛基质子的伸缩振动频率和弯曲振动的倍频的费米共振产生的，是区别醛和酮的特征谱带。

脂肪醛的C—C—C（O）弯曲振动频率在695～665 cm^{-1}区间有中强吸收，α位有取代基时降低到665～635 cm^{-1}。脂肪醛的C—C=O弯曲振动频率在535～520 cm^{-1}区间有强谱带，α位有取代基时增高到565～540 cm^{-1}。图5-31和5-32为异戊醛和苯甲醛的红外光谱。

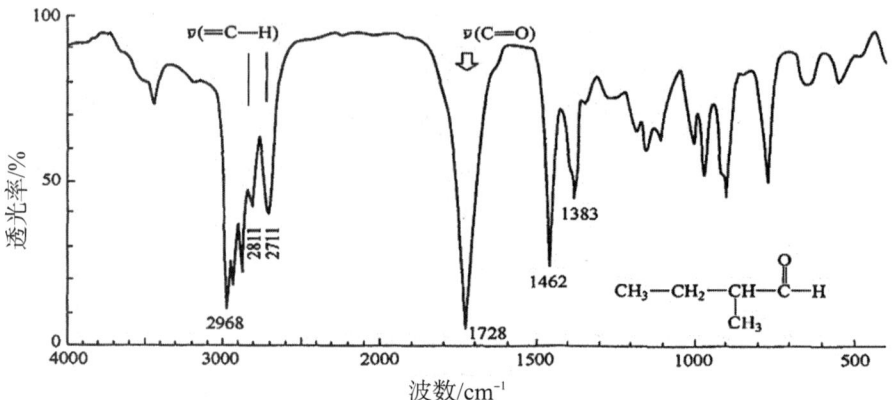

图5-31　异戊醛的红外光谱

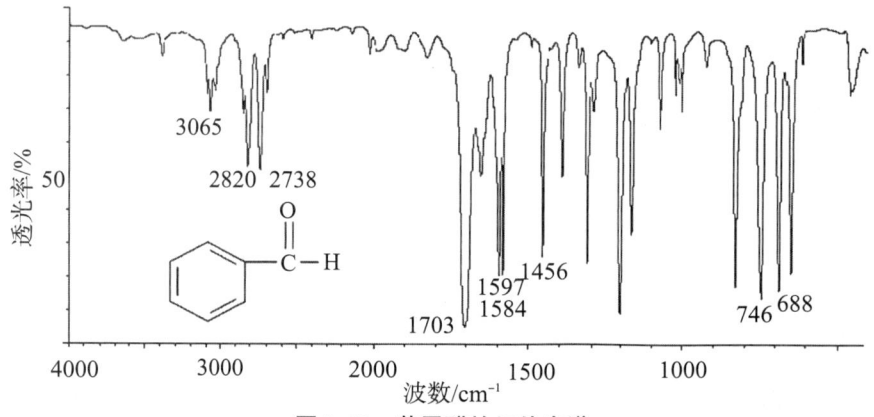

图5-32　苯甲醛的红外光谱

③羧酸：

羧酸分子既有羰基也有羟基，因此含有两者的红外吸收谱带。

由于羟基的存在，羧酸中C=O的伸缩振动频率比醛、酮的高，单体脂肪酸的在1760 cm^{-1}附近，单体芳香酸的在1745 cm^{-1}附近，二聚脂肪酸的在1725～1700 cm^{-1}区间，二聚芳香酸的在1705～1685 cm^{-1}区间。

羧酸在很稀的溶液中以单体形式存在，羧基上的羟基伸缩振动频率在3550 cm^{-1}附近有一个尖峰。当浓度增大后成为二聚体时，羟基的伸缩振动频率在3200～2500 cm^{-1}区间有一个以3000 cm^{-1}为中心的宽而散的峰，此吸收常在2700～2500 cm^{-1}区间有几个小峰，这是由C—O伸缩振动频率和变形振动的倍频和组合频引起的。分子链短时，C—H的伸缩振动峰完全被掩盖，随着碳链的增长，C—H的吸收峰能逐渐从羟基的振动吸收峰中展露出来。缔合的羟基伸缩振动产生的宽峰是羧酸最主要的特征，既可以与其他羰基化合物相区别，也可以与其他羟基化合物如醇、酚相区别。缔合时，C=O的伸缩振动峰也降低到1700 cm^{-1}附近。

羧基中C—O的伸缩振动频率在1400～1200 cm^{-1}区间，而O—H的面内变形振动频率在1420 cm^{-1}附近，面外变形振动的特征性较强，在930 cm^{-1}附近。图5-33为苯甲酸的红外光谱。

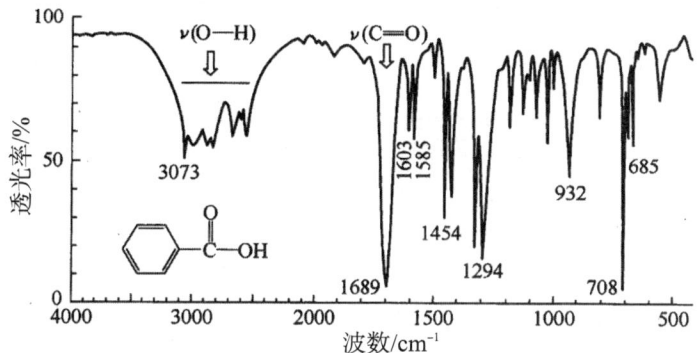

图5-33　苯甲酸的红外光谱

羧酸具有一定的酸性，与碱作用成为羧酸盐之后，红外光谱有很大的变化。羧酸原有的C=O、O—H伸缩振动及O—H面外变形振动三个特征峰消失，新出现羧酸根的反对称和对称伸缩振动频率分别位于1580 cm^{-1}、1400 cm^{-1}处。我们可利用这一特点对羧酸加碱转化为羧酸盐后再测其红外光谱的方法，进一步证明羧基的存在。

④酯：

酯的特征吸收为酯基中的羰基和C—O—C吸收。由于烷氧基的存在，酯羰基的伸缩振动频率在1750～1735 cm^{-1}区间，高于酮的约20 cm^{-1}，为强吸收峰，C—O—C的不对称伸缩振动频率在1330～1150 cm^{-1}区间有宽而强的吸收峰，对称伸缩振动频率在1140～1030 cm^{-1}区间有较弱的吸收峰，这两个峰与酯羰基的吸收峰是判断化合物是否含有酯基的重要依据。图5-34是丙酸乙酯的红外光谱。

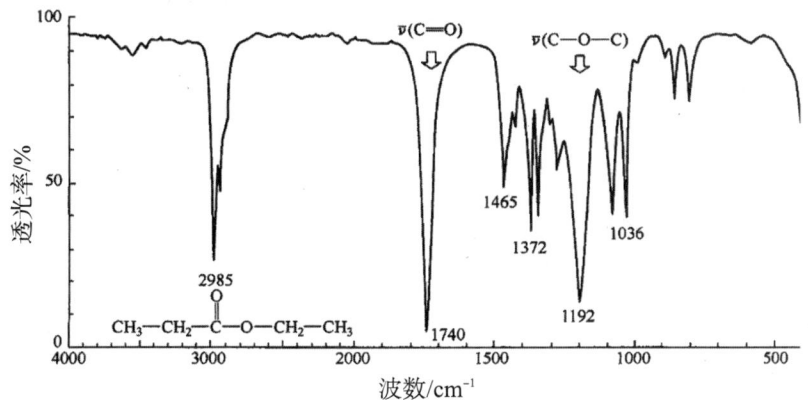

图5-34　丙酸乙酯的红外光谱

表5-7为不同结构酯中C—O—C的不对称伸缩振动频率。

表5-7 酯中C—O—C的不对称伸缩振动频率

结构	吸收峰(cm^{-1})	结构	吸收峰(cm^{-1})
HCOOR	1200～1180	α,β-不饱和酸酯	1330～1160
CH$_3$COOR	1230～1200	Ph-COOR	1330～1230
CH$_3$CH$_2$COOR	1197～1190	内酯	1250～1370
CH$_3$CH$_2$CH$_2$COOR	1265～1262、1194～1189	碳酸二烷基酯	1290～1265
高级脂肪酸酯	1200～1180		

内酯中C═O的伸缩振动频率与环的大小及共轭基团和吸电子取代基的位置有关。羰基与双键共轭时，C═O的伸缩振动频率减小，内酯的氧原子与双键连接时C═O的伸缩振动频率增大，如图5-35所示。

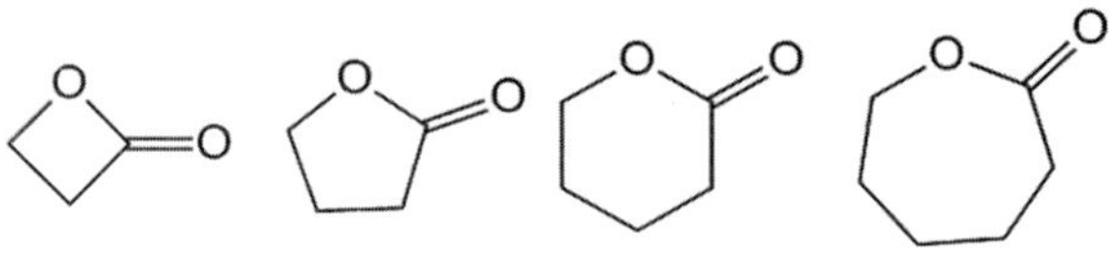

1818 cm^{-1}　　1770 cm^{-1}　　1735 cm^{-1}　　1727 cm^{-1}　　$v_{C═O}$

图5-35　内酯中C═O的伸缩振动频率

α,β-不饱和内酯和γ-内酯常常会有两个C═O伸缩振动吸收谱带，一般在1780 cm^{-1}和1755 cm^{-1}附近。这是羰基α位的C—H弯曲振动（880 cm^{-1}附近）的倍频和C═O伸缩振动频率发生费米共振的结果。

⑤酰卤：

酰卤中卤原子的吸电子效应大于卤原子上未成键电子p-π共轭的给电子效应，因此其红外光谱的特征主要是羰基伸缩振动频率高。液体脂肪族酰卤在1810～1795 cm^{-1}区间有强吸收带，酰氟为1840 cm^{-1}，酰氯为1800 cm^{-1}，酰溴、酰碘波数相对较低。芳香酰卤或α,β不饱和酰卤在1780～1750 cm^{-1}区间，有时在1800 cm^{-1}附近另有强吸收谱带，稍弱于C═O的伸缩振动频率，是C—C伸缩振动的倍频与C═O的费米共振产生的。另外，C—X在指纹区还有一个强吸收峰，位置与卤素的种类有关（见有机卤化物）。对于酰卤中C—C(O)的伸缩振动频率，脂肪族酰卤在965～925 cm^{-1}区间有吸收峰，芳香酰卤在890～850 cm^{-1}区间有吸收峰，芳香酰卤在1200 cm^{-1}附近还有一个吸收峰。图5-36是丙酰氯的红外光谱。

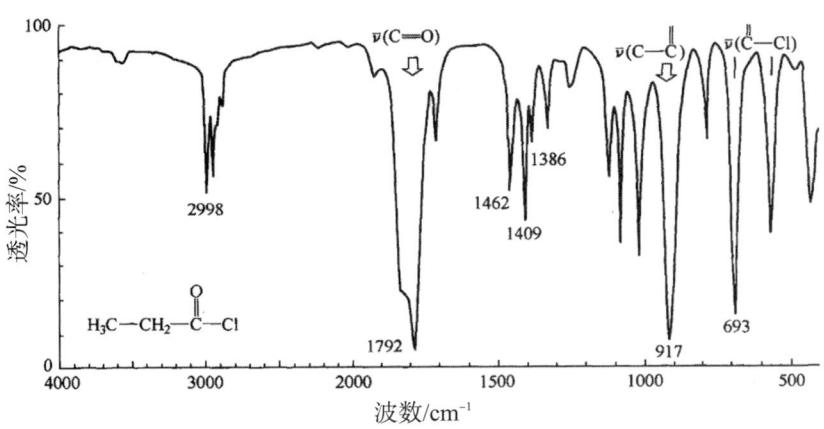

图 5-36　丙酰氯的红外光谱

⑥酸酐：

酸酐类化合物的红外光谱最具特征性，因其在羰基区域的高波数处呈现两个强吸收。这两个强吸收是酸酐中两个C=O的反伸缩振动频率（1800 cm^{-1}附近）和对称伸缩振动频率（1750 cm^{-1}附近），彼此相隔约 50 cm^{-1}。这是振动耦合产生的结果。线型酸酐的这两个峰强度接近，高波数峰强度稍微强于低波数峰，环状酸酐的低波数峰的强度高于高波数峰，这是环状酸酐的两个羰基不在同一个平面所导致的。我们可根据这两个峰的相对强度来判断酸酐是环状还是线型。表 5-8 为酸酐中C=O伸缩振动的红外光谱特征吸收峰。

表5-8　酸酐中C=O伸缩振动频率

结构	吸收峰(cm^{-1})	结构	吸收峰(cm^{-1})
乙酸酐	1827(s), 1755(m)	丁二酸酐	1865(s), 1782(s)
己酸酐	1820(s), 1760(w)	顺丁烯二酸酐	1855(w), 1783(s)
丁烯酸酐	1780(s), 1725(m)	戊二酸酐	1802(w), 1761(s)
苯甲酸酐	1780(s), 1715(m)	邻苯二甲酸酐	1845(w), 1755(s)

酸酐的C—O—C伸缩振动频率在指纹区，线型饱和脂肪酸酐在 1180～1045 cm^{-1}区间产生强而宽的吸收峰，环状酸酐在 950～890 cm^{-1}区间有强吸收。

图 5-37 是乙酸酐的红外光谱。1827 cm^{-1} 和 1755 cm^{-1} 为两个强度接近的强吸收，高波数稍微强于低波数，为线性酸酐的两个C=O伸缩振动峰，相差 72 cm^{-1}，1124 cm^{-1}为C—O—C伸缩振动。

总结羰基化合物中C=O伸缩振动的红外光谱频率，一般来说，酸酐>酰卤>羧酸>酯>醛>酮。

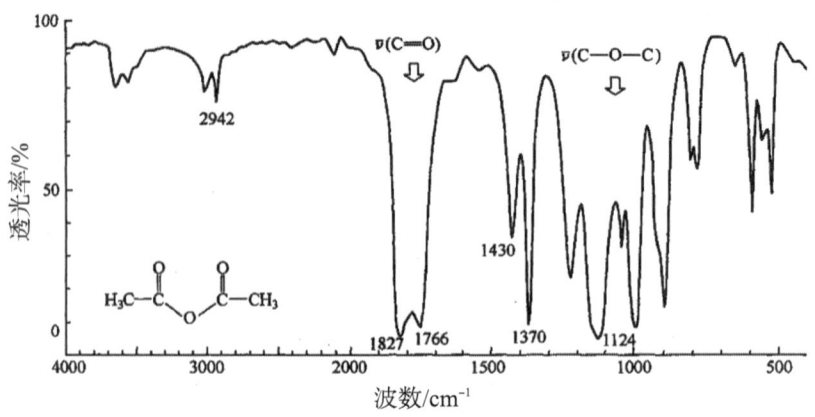

图 5-37　乙酸酐的红外光谱

(8) 含氮化合物的红外吸收光谱

①胺：

含氮化合物中的胺分为伯、仲、叔三种，其红外光谱有较大差别。伯胺和仲胺中分别有 NH_2 和 NH，红外吸收类似羟基，主要有 N—H 的不对称、对称伸缩振动和变形振动三种吸收峰。

游离的伯胺（如脂肪 RNH_2、芳香 $Ar-NH_2$）伸缩振动在 3500~3250 cm^{-1} 区间有两个吸收带，分别是 $\nu_{N-H} \approx 3500\ cm^{-1}$，$\nu_{N-H} \approx 3400\ cm^{-1}$，有时因缔合会形成多个吸收带。其剪切振动频率在 1650~1570 cm^{-1} 区间，面外弯曲出现在 900~650 cm^{-1} 区间，特征性都较强；对脂肪与芳香伯胺均是如此。脂肪族胺的 C—N 伸缩振动频率在 1250~1020 cm^{-1} 区间，芳香胺的在 1360~1250 cm^{-1} 区间。图 5-38 是苯胺的红外光谱。

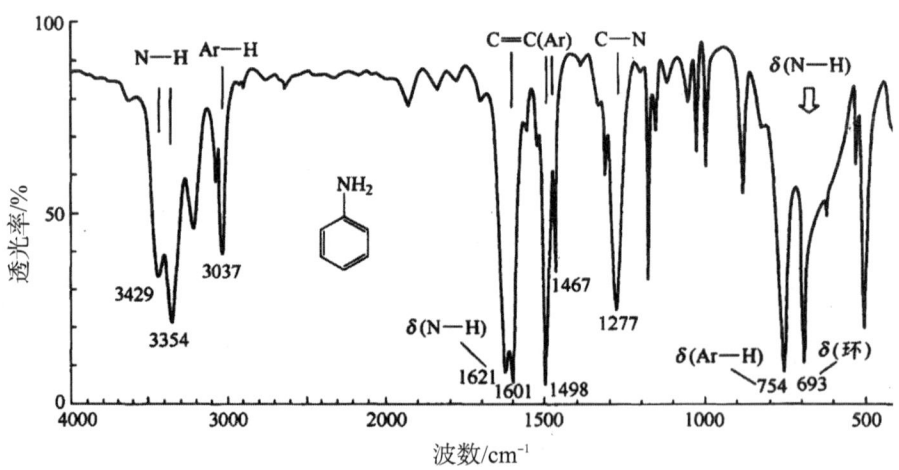

图 5-38　苯胺的红外光谱

游离仲胺的 N—H 伸缩振动呈单峰，其中 R—NH—R，$\nu_{N-H} \approx 3310$~3350 cm^{-1}；Ar—NH—R，$\nu_{Ar-NH-R} \approx 3450\ cm^{-1}$。通常可用单峰或双峰来区别仲胺和伯胺。仲胺的 N—H 伸缩振动在 3400 cm^{-1} 附近出现一个中到弱峰，其弯曲振动特征性差，在 1580~1490 cm^{-1} 区间与 C—C 伸缩振动重叠，难以检出，因此很少用。

叔胺与醚类相似，因没有N—H基团，所以在官能团区没有吸收峰。C—N的极性不是很大，不像C—O—C会产生强烈吸收，所以叔胺的红外特征不明显。

胺类化合物和羟基相似，能形成氢键，产生缔合后伸缩振动移向低波数（不大于100 cm^{-1}），而N—H的弯曲振动则移向高波数。

②铵盐：

胺的碱性较强，易与酸形成铵盐，成盐后，伯胺和仲胺的N—H伸缩振动都向低波数方向移动，叔胺因成盐后有了N—H键，则在氢键区2700～2250 cm^{-1}出现其伸缩振动的吸收峰。观察成盐前后谱图的变化可区别和鉴定不同种类的胺。

铵离子的N—H振动频率较羧酸低，谱带宽，而羧酸还有羰基的吸收峰。

伯铵离子在3200～2250 cm^{-1}区间有宽而强的谱带，在2600～2500 cm^{-1}区间还会有一个或多个中等强度的峰，不对称弯曲振动频率在1625～1560 cm^{-1}区间，对称弯曲振动频率在1550～1495 cm^{-1}区间。

仲铵离子在3000～2200 cm^{-1}区间有宽而强的谱带，在2600～2500 cm^{-1}区间有明显的多个吸收峰。弯曲振动在1620～1560 cm^{-1}区间。

叔铵离子在2750～2200 cm^{-1}区间有宽谱带，这个吸收带与C—N的伸缩振动不发生重叠，其弯曲振动很弱，不具有研究价值。

N—H的伸缩振动与O—H的伸缩振动相比谱带较弱，峰较尖锐，且随浓度变化较小。但C—N伸缩振动与C—C的区别不大。

③酰胺：

酰胺的红外光谱兼有羰基化合物和胺的特点。与胺一样，酰胺分为伯、仲、叔酰胺。伯、仲酰胺又与羧酸类似，因氢键缔合形成二聚体或多聚体，所以获得的谱图与测试条件密切相关。

酰胺的红外光谱特征吸收主要有C═O、N—H，C—N伸缩振动，和N—H面内弯曲振动。1650～1690 cm^{-1}区间的C═O伸缩振动强吸收峰是各种酰胺都具有的特征峰，称为"酰胺Ⅰ带"，因N原子上未共用电子和羰基的p-π共轭大于N原子的吸电子效应，使羰基的化学键力常数减少，C═O伸缩振动频率降低。酰胺C═O伸缩振动频率低于相应的酮羰基。

N—H伸缩振动频率在3500～3050 cm^{-1}区间。与伯胺一样，伯酰胺在此区间有两个吸收峰，分别对应N—H的反对称伸缩振动和对称伸缩振动。与仲胺不同的是，仲酰胺在此区域会出现多重峰，因仲酰胺中的N与C═O能形成p-π共轭，使C—N旋转受阻，因此会出现顺反异构现象。顺式结构易缔合为二聚体，反式结构易缔合为多聚体。叔酰胺在此区间没有吸收峰。

N—H的面内弯曲振动产生的吸收峰为"酰胺Ⅱ带"。不同类型的酰胺N—H弯曲振动的吸收峰位置不同。游离态的伯酰胺在1600 cm^{-1}附近，缔合时波数增高到1640 cm^{-1}附近，这时常常被酰胺Ⅰ带覆盖。仲酰胺不论是游离态还是缔合态，N—H弯曲振动频率都在1600 cm^{-1}以下，在1570～1510 cm^{-1}区间，所以仲酰胺的酰胺Ⅰ带和酰胺Ⅱ带是分开的，利用这一特点就可区分伯酰胺和仲酰胺。图5-39是丁酰胺的红外光谱。

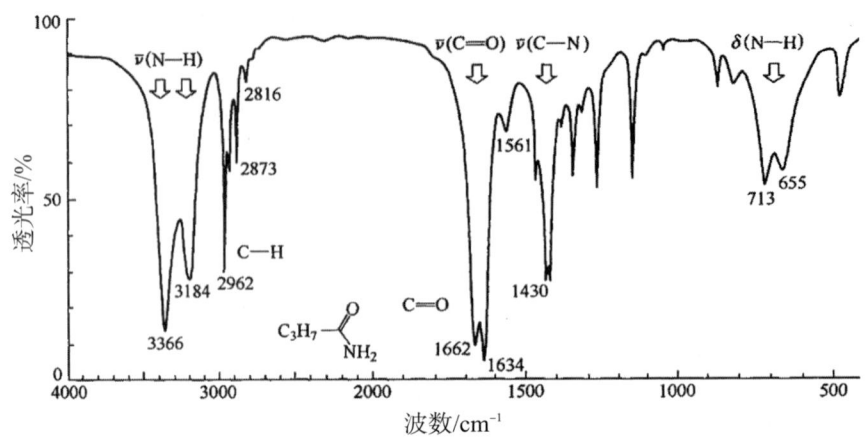

图 5-39　丁酰胺的红外光谱

C—N 的伸缩振动与 N—H 的弯曲振动之间的耦合产生"酰胺 III 带"，伯酰胺在 1420～1400 cm^{-1} 区间，仲酰胺在 1335～1200 cm^{-1} 区间有较强的吸收。

另外，伯酰胺的 N—H 摇摆振动频率在 1150 cm^{-1} 区间有较弱吸收，在 750～600 cm^{-1} 区间会有宽吸收。仲酰胺在 700 cm^{-1}、620 cm^{-1} 和 600 cm^{-1} 区间还会有酰胺 IV、V 和 VI 带。

叔酰胺的氮原子上没有质子，因此红外光谱中唯一的特征谱带是羰基在 1680～1630 cm^{-1} 区间的伸缩振动峰。

酰胺的红外光谱对于研究多肽和蛋白质分子的复杂结构具有重要价值。

④硝基化合物：

硝基（—NO$_2$）的红外特征吸收峰有两个吸收带，强度较高，在红外光谱中比较容易识别。对于脂肪族的硝基化合物，硝基的反对称伸缩振动频率在 1568～1545 cm^{-1} 区间，对称伸缩振动频率在 1385～1350 cm^{-1} 区间，反对称伸缩振动的强度大于对称伸缩振动。芳香族硝基化合物中的硝基，因共轭作用，两个吸收带都向低波数方向移动，分别在 1550～1500 cm^{-1} 和 1365～1290 cm^{-1} 区间，两个吸收带的强度相差不大。当硝基的邻位有大取代基时，位阻效应将降低硝基与苯环的共轭，从而使伸缩振动的吸收带向高波数方向移动。

当硝基形成硝酸根后，两个特征吸收峰都移向高波数，分别为在 1810～1730 cm^{-1} 区间强度较弱、尖锐的双峰和 1450～1330 cm^{-1} 区间强度较强的宽峰。

（9）有机卤化物

有机卤化物中卤原子的质量较大，碳卤键的伸缩振动出现在小于 1400 cm^{-1} 的低波数区。一般来说，当碳原子上只有一个卤原子时，C—X 的伸缩振动频率较低；当同一个碳原子上连有多个卤原子时，随卤原子的个数增加，伸缩振动的频率向高波数方向移动。

随卤原子的质量增大，C—X 的伸缩振动频率向低波数方向移动，如图 5-40 所示。

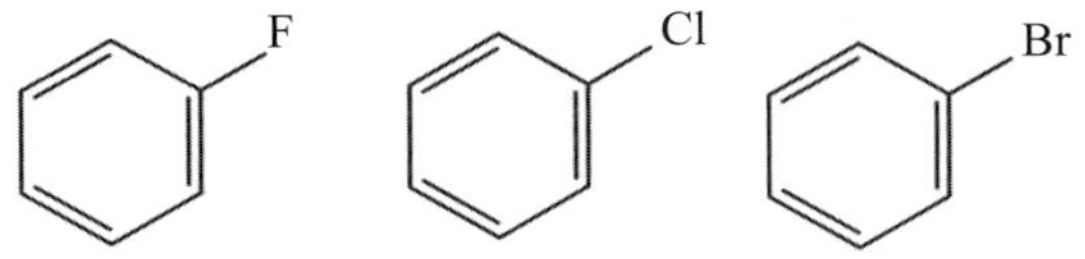

1250～1100 cm^{-1}　　1100～1040 cm^{-1}　　1070～1020 cm^{-1}

图5-40　C—X伸缩振动频率随卤原子质量变化

因卤原子电负性较强，与卤原子相连的其他官能团的红外光谱一般都会发生位移。例如，当卤原子与脂肪族化合物链接时，—CH_2X中的亚甲基面内弯曲振动频率分别为1300～1250 cm^{-1}（X═Cl）、1230 cm^{-1}（X═Br）、1170 cm^{-1}（X═I）。当卤原子直接与芳香环链接时，因C—X的伸缩振动和芳香环的振动相互作用，单纯的芳香环C—X伸缩振动吸收峰不能被观察到，只能看到包含了C—X伸缩振动的环振动峰。

在多卤代芳烃中，苯环的骨架振动峰往往变得难以辨认。

（10）有机硅化合物

有机硅化合物的红外光谱特征吸收强度很强，通常可达到碳氢化合物对应吸收的5倍左右。除了形成氢键外，吸收峰的波动变化很小，不受物态的影响，因此被充分应用于有机硅化合物的研究。有机硅化合物的特征红外吸收谱带为Si—H、Si—O和Si—C等的伸缩振动。有机硅化合物的典型吸收峰见表5-9所列。

表5-9　有机硅化合物的特征红外吸收峰

结构	吸收峰(cm^{-1})	强度
Si—H	υ, 2157～2095	vs(尖峰)
	δ, 947～800	vs（尖峰）
Si—C	υ, 840～670	s
Si(CH_3)$_3$	υ, 840, 755	s
Si—O	υ, 1090～920	s
Si—F	υ, 1000～800	s
Si—Cl	υ_{as}, 650～500	s

（11）有机含硫化合物

有机含硫化合物的种类较多，各种含硫基团的红外吸收峰值大部分位于指纹区。其中，S═O的伸缩振动频率最强，比较容易识别。S—H的吸收峰很弱，大约在2600～2500 cm^{-1}区间，S—C的吸收峰在700～590 cm^{-1}区间，强度很弱，位置容易改变。常见有机含硫化合物的特征红外吸收峰见表5-10所列。

表5-10　常见含硫化合物的特征红外吸收峰

结构	吸收峰(cm^{-1})	强度
R_1—SO—R_2（亚砜）	v_{SO}, 1100~1000	s
R_1—SO—OH（亚磺酸）	v_{SO}, ~1090	s
R_1—SO—OR_2（亚磺酸酯）	v_{SO}, 1135~1125	s
R_1—O—SO—R_2（亚硫酸酯）	v_{SO}, ~1200	s
R_1—SO_2—R_2（砜）	v_{as}, 1350~1300	s
	v_s, 1160~1120	m
R_1—SO_2—OH（磺酸）	v_{as}, 1345±5	s
	v_s, 1155±5	s
R_1—SO_2—OR_2（磺酸酯）	v_{as}, 1370~1335	s
	v_s, 1200~1170	m
R_1—O—SO_2—OR_2（硫酸酯）	v_{as}, 1415~1380	s
	v_s, 1200~1165	m

（12）有机含磷化合物

有机含磷化物在农药和生物化学领域比较多见，其特征红外吸收谱带为P—H、P=O和P—C的伸缩振动。P—H的伸缩振动频率位于2425~2325 cm^{-1}区间，峰形尖锐，中等强度，位置固定，受分子其余部分结构影响较小。P=O的伸缩振动频率在1300~1140 cm^{-1}区间，强吸收。对于P—C的伸缩振动频率，Ph—P在1450~1420 cm^{-1}区间，CH_3—P在1320~1280 cm^{-1}区间。常见的有机含磷化合物的红外特征吸收峰见表5-11所列。

表5-11　有机磷化物的红外特征吸收峰

结构	吸收峰(cm^{-1})	强度	特点
$(RO)_2$—PO—H（膦酸酯）	v_{P-H}, 2450~2420	w	—
	$v_{P=O}$, 1315~1160	m	常有双峰
RO—PO—H_2（亚膦酸酯）	v_{P-H}, 2380~2280	w	—
	$v_{P=O}$, 1220~1180	m	常有双峰
R—PO—H_2（膦氧化物）	v_{P-H}, ~2327	w	—
	$v_{P=O}$, 1185~1150	m	常有双峰

（13）高分子化合物的红外吸收光谱

高分子化合物的分子量很大，似乎应有非常多的振动形式和复杂的红外光谱，但实际上大多数高分子化合物的红外光谱却比较简单。如图5-41所示，聚苯乙烯的红外光谱并不比苯乙烯的复杂。这是因为高分子链是由许多重复结构单元组成的，每个重复结构单元的原子振动几乎都相同，对应的频率也相同，所以对重复结构单元的每一个基团的振动可近似地按低分子来考虑。因此，其他分析仪器对高分子化合物的分子结构很难进行检测，而红外光谱法在研究高分子化合物的组成结构方面有着广泛的应用。

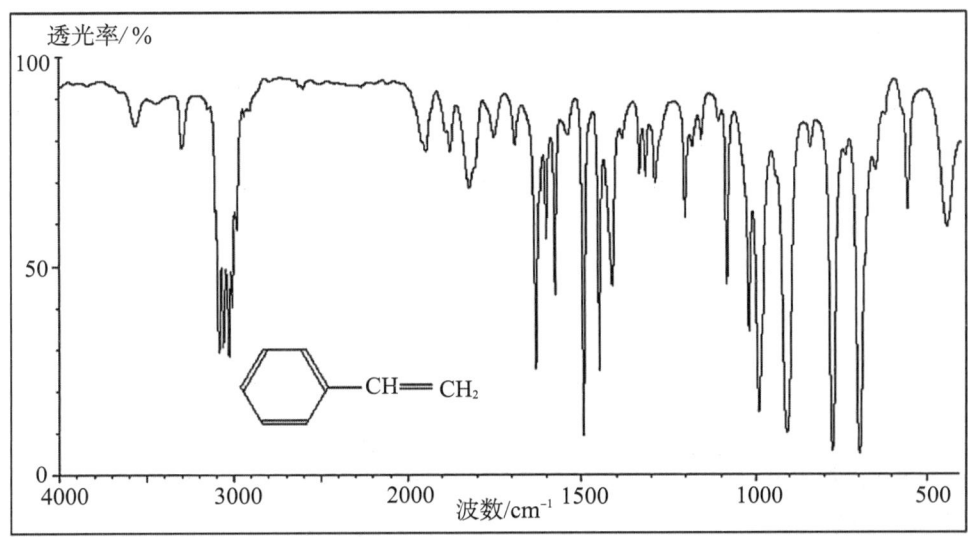

(a)

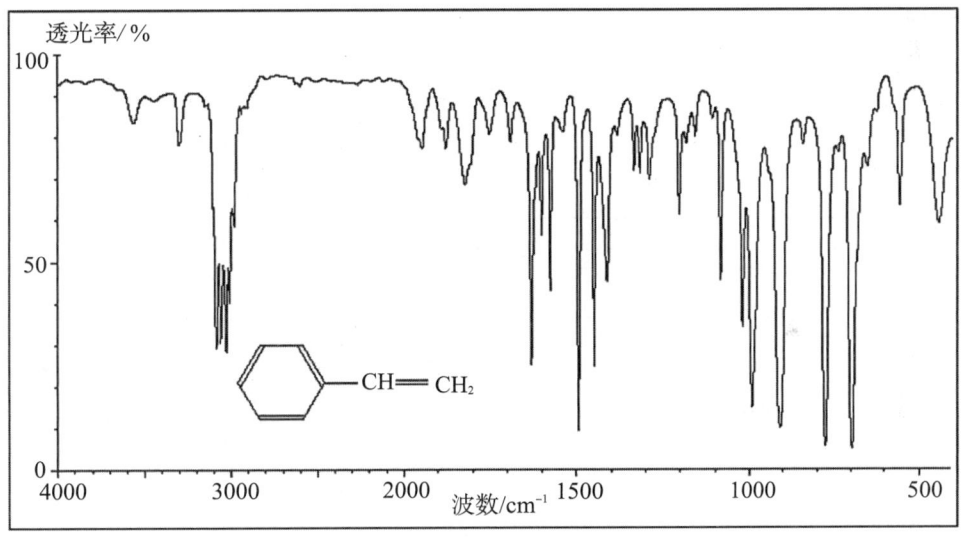

(b)

图 5-41 苯乙烯（a）和聚苯乙烯（b）的红外光谱对比

高分子化合物的红外吸收光谱常用于分析高聚物分子中官能团的种类，除去 X—H 伸缩振动区和三键、累积双键区，按照各种聚合物的最强谱带位置，从 1800～600 cm^{-1} 分为六个区。

（i）I 区：1800～1700 cm^{-1}，有最强谱带，主要是聚酯、聚酸酐等的羰基。

（ii）II 区：1700～1500 cm^{-1}，有最强谱带，主要是聚酰胺类、聚脲类等的羰基。

（iii）III 区：1500～1300 cm^{-1}，有最强谱带，主要是饱和聚烃类、有极性基团取代的聚烃类。

(iv) IV区：1300～1200 cm^{-1}，有最强谱带，主要是芳香族聚醚类、聚砜类和一些含氯的高聚物。

(v) V区：1200～1000 cm^{-1}，有最强谱带，主要是脂肪族的聚醚类、醇类和含硅、含氟的高聚物。

(vi) VI：1000～600 cm^{-1}，有最强谱带，主要是含有取代苯、不饱和双键和一些含氯的高聚物。

(14) 无机化合物的红外吸收光谱

无机化合物的红外光谱与有机化合物和高分子化合物相比，吸收峰少得多，且峰形大多较宽。无机化合物在中红外区的吸收主要由阴离子的晶格振动引起，与阳离子的关系不大。阳离子的质量增加只会使阴离子的吸收峰位置稍微向低波数方向移动。例如，K_2SO_4 的两个吸收峰位于 1118 cm^{-1} 和 617 cm^{-1} 附近，而 Cs_2SO_4 的吸收峰在 1103 cm^{-1} 和 609 cm^{-1} 附近，常见的无机盐阴离子的红外特征吸收见表5-12所列。

无机化合物是刑事案件中的常见物证之一，为刑事案件中的无机物证的定性和比对可以提供直接依据。

表5-12 常见无机盐中阴离子的红外特征频率

阴离子类型	红外吸收峰（cm^{-1}）
CO_3^{-2}	1450～1410（vs）、880～800（m）、750～670（w 或双峰）
HCO_2^-	2600～2400（w）、1000（m）、850（m）、700（m）、650（m）
SO_3^{-2}	1000～900（s）、700～625（vs）
SO_4^{-2}	1150～1050（s）、650～575（s）
$B_2O_7^{-2}$	1480～1340（s）
ClO_3^-	1050～900（s，双峰或多峰）、650-600（s）
ClO_4^-	1100～1025（s,宽）、650-600（s）
BrO_3^-	850～740（s,宽）
IO_3^-	830～690（s,宽）
NO_2^-	1380～1328（w）、1250～1230（vs）、840～800（w）
NO_3^-	1380～1350（vs）、840～815（m）
NH_4^+	3300～3030（vs）、1430～1390（s）
PO_3^{-3}、HPO_4^{-2}、$H_2PO_4^-$	1120～1000（s）
CN^{-1}、SCN^{-1}、OCN^{-1}	2200～2000（s）
硅酸盐	1175～900（s）
SeO_3^{-2}	700～700（s,宽）
SeO_4^{-2}	910～840（s,宽）
CrO_4^{-2}	900～775（s-m）

续表

阴离子类型	红外吸收峰（cm^{-1}）
$Cr_2O_7^{-2}$	900～825（m）、750～700（m）
MnO_4^-	925～875（s）
MoO_4^{-3}	840～750（s，宽）
WO_4^{-3}	900～750（s，宽）
TiO_3^{-2}	700～500（s，宽）
ZrO_3^{-2}	770～700（w）、600～500（s）
AsO_3^{-2}	840～700（s，宽）
AsO_4^{-3}	850～770（s，宽）
VO_4^{-3}	900～700（s，宽）

（15）配位化合物的红外光谱

配位体在形成配合物后，原振动频率会发生变化。比较自由配体与配合物振动频率的差异，从而获得配合物的结构信息。

与自由配体相比，配合物的红外光谱具有以下特征。

①谱带发生位移：

配位体中的配位原子参与配位后，改变了化学键力常数，使谱带振动频率发生变化。例如，硝酸根配位前吸收峰位置为 1383 cm^{-1}，配位后就成为 1310 cm^{-1}。

一个配位体有几种不同的配位原子，与金属离子配位时可得到不同的异构体，称为键合异构体。配位方式不同，红外光谱也不相同。例如，酰胺基中参加配位的是氧原子，则 C=O 的伸缩振动会减小，如果是氮原子参加配位，则 C=O 的伸缩振动频率将增大，C—N 的伸缩振动减小。再如硝基—NO_2，氮参与配位形成稳定的黄色硝基配合物 $[Co(NH_3)_5(NO_2)]Cl_2$，氧参与配位形成不稳定的红色亚硝基配合物 $[Co(NH_3)_5(ONO)]Cl_2$，硝基配合物中—NO_2 的不对称伸缩振动和对称伸缩振动分别在 1430 cm^{-1} 和 1315 cm^{-1} 附近，亚硝基配合物中则在 1460 cm^{-1} 和 1065 cm^{-1} 附近出现 O—N—O 的两个伸缩振动谱带。硝基配合物在 600 cm^{-1} 附近还存在—NO_2 的摇摆振动谱带，亚硝基配合物则没有这一谱带。

配位化合物的顺反异构体在红外光谱中的位移值也不相同，可以运用这一特点区别配位体的顺反异构。

②谱带增多：

配位体在形成配合物后，结构的对称性会有所下降，振动模式发生改变，使原来一些非红外活性的振动转变为具有红外活性的振动，某些简并模式得到解除，从而使谱带数目增加。例如，同核双原子分子 N_2、O_2 和 H_2，在自由状态下的振动为非红外活性，配位后就具有了红外活性。

SO_4^{-2}、ClO_3^-、NO_3^-、CO_3^{-2} 等阴离子在配位时可以有不同的配位方式。例如，SO_4^{-2} 可通过单齿进行配位，也可通过双齿进行配位形成螯合环或桥环。配位前的

SO_4^{-2}结构对称性高,单齿配位时对称性下降,双齿配位时对称性更低,因此在红外光谱中就表现为对称性降低,谱带增多。再如,NO_3^-是一个4原子体系,有6个振动自由度,其中有4个具有红外活性。在$NaNO_3$中,这4个红外吸收峰分别是v_s = 1068 cm^{-1}、v_{as} = 1400 cm^{-1}、δ = 831 cm^{-1}和710 cm^{-1}。当NO_3^-参与配位后,可形成单齿型配位化合物,也可形成多齿型配位化合物,配合后结构的对称性下降,谱带增多。例如,$Sn(NO_3)_4$的红外特征吸收峰增加为6个,分别为1630 cm^{-1}、1250 cm^{-1}、985 cm^{-1}、785 cm^{-1}、750 cm^{-1}、700 cm^{-1}。

③配位键的振动:

因为金属离子的质量较大,配位键比较弱,因此配位键的伸缩及变形振动频率一般都在低频区。

5.7 红外光谱仪

红外分光光度计是红外光谱的测试仪器,通过检测分子的振动和转动从而获得分子的化学信息。红外光谱仪经历了以单光束手动仪器、双光束自动记录仪器、人工晶体棱镜为色散元件的红外光谱仪到以光栅为分光元件的红外光谱仪的发展,使得测定波长精度、分辨率大幅提高。随仪器附件的开发和利用,如红外全反射装置、红外偏光装置和红外显微镜的出现,使仪器的性能日趋完善,特别是计算机系统突飞猛进的发展,使红外光谱仪性能得到大幅提升。但是这一类仪器的灵敏度不高,扫描较慢,不能用于快速化学反应及表面化学的精细结构研究,也不适合与色谱联用。于是,20世纪70年代出现了第三代红外光谱仪。其中,傅里叶变换红外分光光度计具有快速、高分辨和高灵敏度的优点,可用于快速化学反应研究,也可与色谱联用。

红外光谱仪已成为实验室的常规仪器,目前的红外光谱仪主要可分为色散型红外光谱仪和傅里叶变换红外光谱仪两大类。

5.7.1 色散型红外吸收光谱仪

常见的色散型红外光谱仪是双光束型的,原理图如图5-42所示。光源发出的连续红外光对称地分为两束:一束通过样品池,一束通过参比池。这两束光通过半圆形扇形镜面(斩光器)调制后交替进入单色器,再交替射在检测器上。当样品有选择地吸收特定波长的红外光后,两束光强度就有了差别,在检测器上产生与光强度差成正比的交流信号电压(频率等于斩光器的转动频率)。信号经放大后带动参比光路中的减色器(光楔),使之向减小光强差的方向移动,直至两光束强度相等。样品对某一波长的红外光吸收得越多,光楔就越多地遮住参比光路,使参比光强度同样程度地减弱,使两束光重新处于平衡。样品对不同波长红外光的吸收有多有少,参比光路上的光楔也相应地按比例移动进行补偿。与此同时,记录笔与光楔同步,则光楔的改变相当于样品透光率,被记录下来即成为红外光谱的纵坐标,经过单色器的单色光波长(以波数表示)连续发生变化并同步记录,这就是横坐标,于是得到样品的红外光谱图。

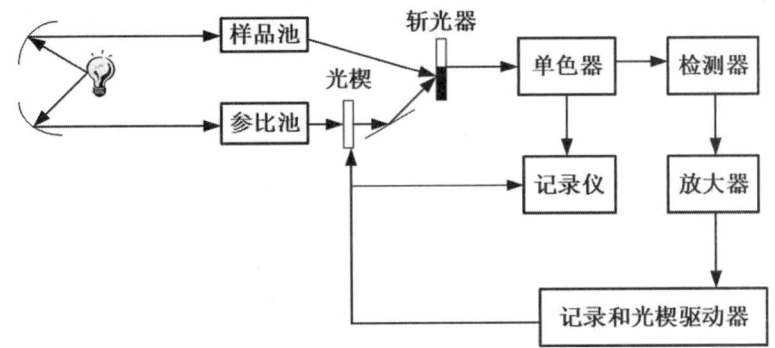

图5-42 双光束色散型红外光谱仪原理示意图

以上就是双光束光学自动平衡系统的原理。也有采用双光束电学自动平衡系统的仪器，这种情况下可通过测量两个电信号的比率而使两束光达到平衡。

可见色散型红外光谱仪与紫外-可见光谱仪类似，由光源、分光系统、吸收池、检测器及数据处理和仪器控制设备组成。因红外光谱仪与紫外-可见光谱仪的工作波长范围不同，因此，二者的光源、透光材料及检测器等都不同。

5.7.2 傅里叶变换红外光谱仪

傅里叶变换红外光谱仪（Fourier transform infrared spectrometer，FT-IR）与色散型红外光谱仪一样，都是用来获得物质的红外吸收光谱的仪器，但测定原理不同。色散型红外光谱仪中光源发出的光先照射样品，再经单色器分成单色光，最后由检测器检测，从而获得光谱。在傅里叶变换红外光谱仪中，光源发出的光首先经迈克尔孙干涉仪变成干涉光，干涉光照射样品后，经检测器检测，检测器得到的是干涉图，而不是我们常见的红外吸收光谱，这时通过计算机对干涉图进行傅里叶变换，才得到通常的红外光谱图。

傅里叶变换红外光谱仪主要由光源、迈克尔孙干涉仪、检测器、计算机和记录仪组成，示意图如图5-43所示。核心部分为迈克尔孙干涉仪，将来自光源的信号以干涉图的形式送往计算机，后者进行傅里叶变换的数学处理，最后将干涉图还原成光谱图。傅里叶变换红外光谱仪与色散型红外光谱仪的主要区别就在于干涉仪和电子计算机两部分。

图5-43 傅里叶变换红外光谱仪结构组成示意图

傅里叶变换红外吸收光谱仪可在任何测量时间内获得来自辐射源所有频率的所有信息，同时也消除了色散型光栅仪器的狭缝对光谱通带的限制，使光能的利用率大大提高，因此具有以下许多优点。

①扫描速度极快：

一般在几十分之一秒内就可扫描一次，测量时间很短，在不到一秒钟的时间内就可得到一张分辨率高、噪声低的红外光谱图，比色散型光栅仪器快数百倍，因此可用于快速化学反应追踪，以测定不稳定物质的红外光谱，研究瞬间化学变化，解决气相色谱与红外光谱联用（GC-IR）分析。

②具有很高的分辨率：

傅里叶变换红外光谱仪的分辨能力取决于仪器能达到的最大光程差。通常，傅里叶红外光谱仪的分辨率在 0.1～0.005 cm^{-1} 之间，有的可以达到 0.0025 cm^{-1}。

③灵敏度高：

傅里叶变换红外光谱仪由于消除了狭缝的限制，光能的利用率得到明显提高，在同样分辨率的情况下，辐射能量比色散型仪器大很多，从而使检测器所收到的信号和信噪比增大，灵敏度得到提高，同时在短时间内可进行多次扫描，将多次测量得到的信号进行累加，能量损失小，噪声还可以降低，灵敏度得到进一步增大，有利于微量样品的测定，可检测 10^{-9}～10^{-12} 数量级的样品。

④光谱范围宽：

可研究的光谱范围宽，约 10 000～10 cm^{-1}。

⑤测量精度高：

波数的准确度可达 0.01 cm^{-1}，重复性可达 0.1%。

⑥杂散光小：

具有的杂散光强度极低，一般小于 0.01%。

⑦适合与各种仪器联用

如与气相色谱仪联用、与超临界色谱仪联用（FTIR-SPC）、与热重分析仪联用（FTIR-TGA）等。

5.7.3 红外光谱仪的组成部件

（1）光源

红外光谱仪所用的光源通常是一种惰性固体，用电加热使之发射高强度的连续红外辐射，最常用的红外光源是硅碳棒和能斯特灯。

硅碳棒是由 SiC 加压到 2000 ℃ 烧结而成的，一般为两端粗中间细的实心棒，中间为发光部分，直径为 5 mm 左右，长约为 50 mm。硅碳棒在室温下是导体，具有正的电阻温度系数，工作温度为 1200～1500 ℃，使用时不需要预热，供电电流为 4～5 A，使用寿命约 1000 h。

硅碳棒作为红外光源的优点是坚固、寿命较长、发光面积大、价格便宜，不利之处在于工作时电极接触部分需用水冷却。

能斯特灯（nernst lamp）是由稀土金属氧化物（如氧化锆、氧化钇和氧化钍）烧结的空心棒或实心棒，直径为 1～3 mm，长度为 20～50 mm，两端绕有铂丝作为导线。能斯特灯在室温下是非导体，加热到 800 ℃ 时就成为导体，具有负的电阻特性，因此使用时需要预热到 800 ℃ 以上。能斯特灯的主要成分有氧化锆（75%）、氧化钇、氧化钍等，并含有少量的氧化钙、氧化钠、氧化镁等。供电电流为 0.5～1.2 A，工作温度为 1300～1700 ℃，使用寿命约为 2000 h。能斯特灯的特点是发出的光强度高，使用寿命长，但机械强度差，稍受压或受扭就会损坏，经常开关也会缩短使用寿命，操作不如硅碳棒方便，且价格昂贵。

（2）吸收池

红外光谱的吸收池类型有固定池、可拆池、可变厚度池、微量池、加热池、低温池和气体池等，透光窗均需用在红外光区透光的材料。

中红外光谱区的透光材料厚度为 2.5～25 μm，即 4000～400 cm^{-1} 是其透光范围。

近红外光谱区的透光材料有石英和玻璃等。

远红外光谱区的透光材料有 KRS–5、聚乙烯膜或颗粒等。

常见的红外光谱区透光材料及主要特性列于表 5–13。

表5–13　常见的红外光谱区透光材料及主要特性

材料名称	透光范围（cm^{-1}）	折射率 n_D^{20}	室温下溶解度（g/L H$_2$O）	备注
熔融石英	50 000～2780	1.40	0	—
氟化锂	50 000～1670	1.39	0.27	—
氟化钙	76 900～900	1.42	1.0×10^{-3}	机械强度差
氯化钠	50 000～588	1.50	35.7（0 ℃）	表面易划伤
氯化银	50 000～400	1.98	1.5×10^{-4}	极软，遇光发黑，反射损失大
溴化钾	50 000～400	1.53	54	表面易划伤
溴化铯	10 000～263	1.66	124	无色，比 KRS–5 反射损失小
碘化铯	10 000～200	1.74	44	—
KRS–5（TlBr42%–TlI58%）	10 000～220	2.73	0.05	—

（3）单色器

单色器使光源发出的连续光色散成为单色光，是仪器的重要组成部件，由一个或几个色散原件组成。红外光谱仪的单色器由可变的入射狭缝、准直镜、色散元件、聚光镜、可变的出射狭缝组成。红外光谱仪中一般不使用透镜，以免产生色差。

色散元件是将复色光转变为单色光的部件，色散元件的质量对仪器性能的影响极大。红外光谱仪的色散元件经历了四代发展。

第一代红外光谱仪的色散元件是棱镜。其原理是根据棱镜材料对光线的折射率随波长而变化的特性进行分光。棱镜所用材料均为红外光区透光材料（如 KBr、NaCl、CaF$_2$ 和 LiF 等）的单晶。材料不同，适用的波长也不相同。因此，不同的波长需使用不同的棱镜材料。这一类型的棱镜材料怕潮，分辨率低。

第二代红外光谱仪的色散元件是衍射光栅。光栅是一块刻有许多平行等宽、等间距的多线槽反射镜。具有三角形线槽的衍射光栅为闪耀光栅，是根据光栅每个缝对光线的衍射和缝间的干涉所产生衍射花纹的极大位置与波长有关这一特性进行分光的。光栅的分辨率 $R = mN$，m 是光栅的衍射级次，N 是光栅的刻线总数。光栅的刻线总数与分辨率成正比。一般，同一色散度下，透过光栅的光强度比棱镜大 2～20 倍。光栅对环境的要求不如棱镜那么严。

第三代红外光谱仪的色散元件是迈克尔孙干涉仪，它没有入射和出射狭缝，光学示意图如图5-44所示。迈克尔孙干涉仪中有两个互相垂直的平面反射镜M_1和M_2，在M_1和M_2中放置一个呈45°的分束器，可以使50%的入射光通过，其余的被反射。M_1可以沿镜轴方向前后移动。当光源发出的红外光经准直镜M_3反射后成为平行光束，照射到分束器上后变为两束光，即透射光Ⅰ和反射光Ⅱ。其中，透射光Ⅰ穿过分束器后到达M_1，又被M_1反射后沿原路回到分束器，并在分束器上再次被分为反射光和透射光。透射光部分照在聚光镜M_4上，然后到达探测器。反射光Ⅱ照射到固定镜M_2上，并被M_2反射，原路返回分束器，在分束器上再次发生反射和透射，反射部分照在聚光镜M_4上，最后也能到达检测器。经历上述过程后，这两束达到检测器的光就有了光程差，成为相干光。移动可动镜M_1可改变两束光的光程差。在连续改变光程差的同时记录中央干涉条纹的光强变化，就可以得到干涉图。如果入射波长是连续波长的多色光，得到的就是中心极大并向两边迅速衰减的对称干涉图，这种多色光的干涉图等于所有各单色光干涉图的加和。如果在复合的相干光路中放有能吸收红外光的样品，由于样品吸收了某些频率的光的能量，则得到的干涉图强度曲线函数就会发生变化，即得到样品的干涉图，需通过计算机进行傅里叶变换后才能得到红外光谱图。因此，迈克尔孙干涉仪并没有将光按频率分开，而是将各种频率的光信号经干涉作用调制为干涉图函数，再由计算机经傅里叶变换计算出原来的光谱，这是傅里叶变换红外光谱仪的最基本的原理。

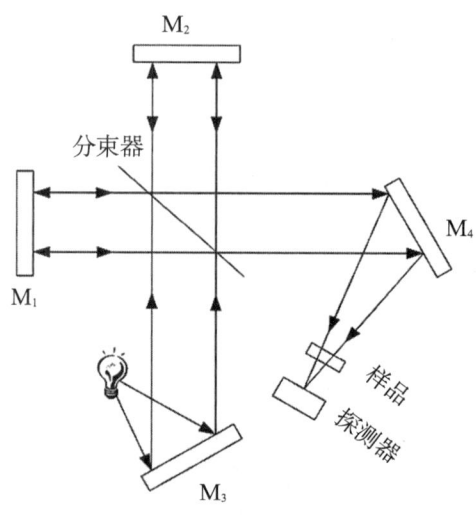

图5-44 迈克尔孙干涉仪光学示意图

（4）检测器

紫外-可见光谱仪中的检测器，即光电管或光电倍增管，不适用于红外光谱仪。因为红外光区的光子能量较弱，不足以引起光电子发射。常用的红外吸收光谱仪检测器主要有真空热电偶、测热辐射计、热释电检测器、光导电检测器等。

①真空热电偶：

真空热电偶是一种常见的红外光谱检测器，是利用两种不同导体构成闭路时的温差现象，将温差转变为电位差的一种装置。应用范围为2～50 mm。一般用一小片涂黑的金箔作为红外光的接收面（0.2～0.4 × 2 mm），在金箔的一面接有两种不同的金属、合金或半导体并作为接点，在冷接点端（一般是室温）连有金属导线，为了提高灵敏度，热电偶密封在约10^{-5} mmHg 的真空容器内。

为了接收各种波长的红外光，在真空容器上对着涂黑的金箔开一个小窗并粘上红外透光材料，这就是盐窗。当红外光通过窗片照射到涂黑的金箔上时，热接点温度升高，产生温差电势，在闭路的情况下产生电流。温差电势同温度的上升成正比，对电动势的测量就相当于对辐射强度的测量。热电偶的时间常数较大（一般大于0.05 s），不适合用作快速扫描红外光谱仪的检测器。热电偶的使用寿命可达10年以上。

②热释电检测器：

某些物质的单晶存在一个轴向，沿着这个轴向存在永久电偶极矩，如果沿垂直于轴向的方向将其切开，其表面将存在电荷分布。硫酸三甘肽（NH_2CH_2COOH）$_3H_2SO_4$（TGS）和其氘代产物（DTGS）的单晶薄片就具有这样的特性，可作为检测元件。它们属于铁电物质，在居里点以下有很大的极化效应。极化强度与温度有关，温度升高，极化强度降低。将这种材料的薄片两面与电极相连，就形成一个电容。通过外电场大小的检测，就可以反映偶极矩的温度效应，这种效应就是热释电效应。这种效应与入射光的性质与强度有关，因此可以用来检测红外辐射。

当红外光照射热释电检测器时，温度升高，TGS 表面的电荷减少，相当于释放了电荷，则极化度发生改变，两电极产生感应电荷，接入外电阻后即可检测出来。由于这种材料在室温下的热电系数大，时间常数小，斩光频率可达2000 Hz，因此响应速度快，可实现高速扫描。并且用这种材料做的检测器还具有结构简单和性能稳定的特点，因此目前被广泛地用于傅里叶变换红外光谱仪中。

常用的单晶与混晶有 TGS（硫酸三甘酞）、DTGS（氘代硫酸三甘酞）、LATGS（L-丙氨酸 TGS）、DLATGS（氘代 L-丙氨酸 TGS）。

汞镉碲检测器（MCT）也属于热释电检测器，其检测元件由半导体碲化镉和硫化汞混合制成。改变混合物组成可获得不同的测量波段和不同灵敏度的各种 MCT 检测器。MCT 检测器的灵敏度大于 TGS，响应速度快，适合于快速扫描及色谱-傅里叶变换红外光谱联用。MCT 检测器需在液氮环境下工作，以降低噪声。

5.8 红外光谱测试与解析

红外光谱的测定由于受到样品特征及外界条件的影响，样品的制备技术是个关键问题，因此测定前须按照试样的状态、性质，分析目的，测定装置等条件选择一种最合适的制样方法。

5.8.1 对试样的要求

①试样应尽可能是单一组分的纯物质，纯度应大于98%，以便与纯化合物的标准

进行对照。多组分试样应在测定前尽量预先用分馏、萃取、重结晶、区域熔融或色谱法进行分离提纯。如果用红外光谱做定量分析，则不要求纯度。

②试样中不应含有游离水。水本身有红外吸收，会严重干扰样品光谱，而且还会侵蚀吸收池的盐窗。对于不得不用水的情况，应使用氘代水且使用不溶于水的红外透光材料作为盐窗。

③应适当选择试样浓度或测试厚度，以使光谱中的大多数吸收峰的透光率处于10%～80%范围内，即应控制浓度和压片的厚薄尺寸。

④制样时要注意避免空气中的水分、二氧化碳及其他污染物混入样品。

5.8.2 气体样品

气体、蒸气压高的液体、固体或液体分解所产生的气体一般都使用气体池进行测定。对于含量较低的气体还可以采用多重反射气体池进行测定。

气体池有不同的长度。其用玻璃或者金属制成的圆筒两端有两个透红外光的窗片。圆筒两边装有两个活塞，作为气体的进出口，为了增长有效光路，也可选用多重反射的长光路气体池。

5.8.3 液体样品

液体样品有几种不同的制样方法。

（1）液膜法

对于沸点较高的液体，我们可使用液膜法制样。取1～2滴液体样品，直接滴在两块压片之间，形成没有气泡的毛细厚度液膜，然后用夹具固定，放入仪器光路中就可进行测试。

（2）液体吸收池法

对于低沸点的液体或溶液样品，要用固定密封液体池进行测试。制样时液体池倾斜放置，液体样品从液体池下口（进样口）注入，直至液体池被充满为止，使液体样品在两个窗片之间的厚度与池厚垫片的厚度一样，用聚四氟乙烯塞子依次堵塞池的入口和出口后进行测试。用液体池进行测试，样品的厚度容易控制，因此在红外光谱中常作定量分析使用。

（3）溶液法

溶液法即用溶剂 CS_2、CCl_4、$CHCl_3$ 等溶解对红外光吸收很强的液体后，再用液膜法进行测定。这里的溶剂主要起稀释作用。用这种方法进行测试时，应注意溶剂化效应和溶剂自身的红外吸收峰的影响。

5.8.4 固体样品

固体样品可以以薄膜、粉末或结晶等状态存在，制样方法要根据实际情况而定。

（1）压片法

不熔、不溶样品是指在高温下到达融化温度前已经发生分解反应，且不溶于常见溶剂，或在溶解过程中组分与结构发生了化学变化的样品。一些无机材料、热固性高分子材料均属于这一类。这类样品常用压片法进行制样。压片法是红外光谱检测中最常用的制样方法。具体操作程序为：将（200 mg）分析纯或光谱纯的溴化钾在玛瑙研钵中充分研磨，直到溴化钾粉末黏附在研钵壁上，这时溴化钾颗粒的粒径在 2 mm 以下。将固体试样（1～2 mg）与研磨好的纯溴化钾粉末混合研细，一般样品与溴化钾的质量比为 1∶100。对于韧性好、不容易粉碎的高分子样品，可用锋利的刀片轻轻刮下，用力越小，样品粒度越小，混合越均匀。对于一些弹性体，用强极性溶剂使样品溶胀，然后与溴化钾粉末一起研磨，也可充分混合。把研磨好的粉末放入模具，在压片机上压成透明薄片，外观上呈半透明，即可用于测试。

压片法特别适用于可以研细的样品。但对于不稳定的化合物，如易发生分解、异构化、升华等变化的化合物不适合用压片法制样。通过压片法制备测试后的样品可以回收。KBr 易吸收水分，因此制样过程中要避免受水分的影响。制样时要对压片的厚度和试样量进行精确控制，方可用于定量分析。由于粒径大小影响吸光度，但每次测试时粒径难以一致，因此定量分析时，压片法的精确度不如溶液法。

（2）热裂解法

不熔、不溶的高分子化合物，如硫化橡胶、环氧树脂、交联聚苯乙烯等样品在适当的裂解条件下的热裂解产物常是低分子量聚合物或单体，将裂解气相色谱与红外光谱联用，就可测得能表征样品结构的热裂解谱图。将这些裂解产物的图谱与已测样品的热裂解谱图及标准热裂解谱图进行对比鉴定，或通过特征吸收谱带来估计聚合物结构。

（3）糊状法

对于粉末样品，常常采用糊状法进行样品制备。固体粒子对光有散射，这在压片法中无法避免，只能尽量研细样品来减少这一现象。固体有机物的折射率为 1.5～1.6，如将其与样品折射率相近、出峰少且不干扰样品吸收谱带的液体混合后研磨成糊状，散射可大大减小。常用的液体有石蜡油、四氯化碳、六氯丁二烯和氟化石油等。

将研细的固体粉末和液体分散剂（石蜡油）调成糊状，涂在两片盐窗之间就可进行测试。这种方法可消除水峰的干扰，常用来检测固体粉末样品中是否有羟基。液体石蜡本身有红外吸收，因此这种方法不能用来检测饱和烷烃的红外吸收，虽然制样容易，但不适合用作定量分析。

（4）薄膜法

为了避免溶剂或分散介质对样品红外光谱的干扰和影响，可制备适当厚度的薄膜样品进行测试。样品的厚度范围为 10～50 μm，一般取 25 μm 以下。无机化合物及含有强极性基团的有机化合物厚度应适当减小，有时可薄至 1 μm 左右。实际的厚度以光谱图能获得满意的谱峰为准。

成膜的方法可根据所测样品的性质灵活地选择，一般有以下几种方法。

①熔融法：

对熔点低，在熔融时不发生分解、升华和其他化学变化的物质，可用熔融法制备薄膜。可将样品直接用红外灯或电吹风加热熔融后涂制成膜。

②热压成膜法：

某些聚合物可直接放在两块具有抛光面的金属块间加热，样品熔融后立即用油压机或压片机加压，冷却后揭下薄膜夹，在夹具中就可直接检测。

③溶液制膜法：

将试样溶解在低沸点的易挥发溶剂中，涂在盐片上，待溶剂挥发成膜后测定。如果溶剂和样品不溶于水，那么它们在水面上成膜也可以。

④冷压法：

冷压法同溴化钾压片法相似，只是不用溴化钾作为分散介质，而是用纯样品进行压片。

5.8.5 红外光谱的解析

红外光谱的四要素是峰位、峰形、强度和相关峰。分子内各种基团的特征吸收峰只出现在红外光谱的一定范围内，因此峰位对于基团的确定至关重要。红外吸收峰的强度取决于分子振动时偶极矩的变化，振动时分子偶极矩的变化越小，谱带强度也就越弱。峰强还与跃迁概率（激发态分子占所有分子的百分数）有关。极性较强的基团（如 C=O、C—X）振动，吸收强度较大；极性较弱的基团（如 C=C、N—C 等）振动，吸收强度较弱。红外吸收强度分别用很强（vs）、强（s）、中（m）、弱（w）表示。相同基团和峰位的峰强度与浓度有关，这是定量分析的基础。不同基团在同一频率范围内都可能有红外吸收，如—OH、—NH$_2$ 的伸缩振动峰都在 3400～3200 cm^{-1} 区间，但二者的峰形有显著的不同，此时峰形的不同有助于基团的鉴别。例如，在 3200～3600 cm^{-1} 区间的产生吸收峰，宽而钝的峰通常是—OH，而尖峰可能是氨基。一个基团产生的一组具有相互依存关系的特征峰为相关峰。若谱图中的这些吸收峰同时都指向某一个基团，则分析结果更可靠。如苯环的确认：3000～3100 cm^{-1}、1660～2000 cm^{-1}、1450～1600 cm^{-1}、650～900 cm^{-1}。

红外光谱的解析方法一般有三种：直接查对谱图法、否定法和肯定法。

(1) 直接查对谱图法

这种方法最为直接，也最可靠。材料方面的谱图常用的有两种。一种是萨特勒谱图，由位于美国费城的萨特勒研究室编制，分为纯度在98%以上的化合物的红外光谱和工业产品光谱。与材料有关的谱图包括单体、聚合物、纤维、增塑剂、聚合物添加剂、黏合剂和密封胶、有机金属、无机物、聚合物的热解产物等不同类型。这套谱图检索方便，有四种索引：对于已知化合物，可查阅分子式索引和字母顺序索引；对于已知大概类型和可能的官能团，可按化学分类索引查找，这类索引以官能团的类别为序；对于未知物，可依据谱线索引检索，这类索引以第一强峰为序。除此之外，还有赫梅尔（D. Hummel）和肖勒（F. Scholl）等编著的 *Infrared Analysis of Polymer, Resins and Additives: An Atlas*，共三册，第一册介绍聚合物的结构与红外光谱图，第二册介绍塑料、橡胶和树脂的红外光谱鉴定，第三册介绍助剂的红外光谱图和鉴定方法。当然，现在的红外光谱可通过很多红外光谱仪所配备的软件进行检索，很多公司的红外工作站软件和网站也可提供大量红外光谱图以供检索。

在利用分子的指纹图进行对照的时候，对于高分子材料，由于其结构的复杂性，即使是简单的均聚物，也可能没有完全相同的指纹图。高分子材料的不均一性体现在分子长短不同，端基的数量甚至结构有差别，端基的化学结构与链的结构单元是不同的；另外，高分子的不同构型会得出不同的指纹图。例如，二烯烃有1，2加成，顺式1，4加成和反式1，4加成等不同的加成方式，单烯烃则可能有全同、间同和无规等不同的立体结构；高分子的不同构象也对谱图有影响。

（2）否定法

下面通过一个例子来阐述否定法。已知某波数区的谱带是某个基团的特征谱带，那么当这个波数区没有出现谱带时就可以否定所测样品没有这个基团存在。例如，1735 cm^{-1} 附近没有吸收谱带，则可判定样品中没有酯基存在；3700~3100 cm^{-1} 区间没有吸收谱带，则可排除所测样品中有N—H和O—H存在。

（3）肯定法

肯定法一般针对谱图上的强吸收谱带，用于确定基团类型。例如，在2240 cm^{-1} 出现吸收峰可确定含有腈基。有些吸收谱带可能由多种基团重叠而得出，这样只依据基团的一种振动形式就不容易确定，需分析基团的多种振动频率。例如，在3100~3000 cm^{-1} 有吸收峰，则可能含有芳香环或烯烃的C—H伸缩振动，但究竟属于哪种基团，就需要再分析其他吸收峰。例如，在2000~1668 cm^{-1} 区间有一系列峰，在757 cm^{-1} 和699 cm^{-1} 也出现吸收峰，则可判断样品中含有单取代苯环，因此，这时可判断3100~3000 cm^{-1} 的吸收峰是苯环中C—H的伸缩振动。再检查苯环的骨架振动，在1601 cm^{-1}、1583 cm^{-1}、1493 cm^{-1} 和1452 cm^{-1} 的谱带可证实苯环的存在。

红外光谱的解析没有统一的规范，大体有以下步骤。

①检查所拿到的光谱是否符合要求，基线的透光率应在90%左右，最大的吸收峰不应成平头峰，没有因样品量不合适或制样不当而造成的图谱异常。

②了解样品来源、样品的理化性质，其他分析数据，样品重结晶溶剂及纯度。排除可能存在的假谱带。常见的假谱带有水的吸收峰，3400 cm^{-1}、1640 cm^{-1}、和650 cm^{-1}；二氧化碳的吸收峰为2350 cm^{-1} 和667 cm^{-1}。

③若可以根据其他数据，如质谱，写出分子式，则应先算出分子的不饱和度U。

④根据图谱推断分子所含基团及化学键的类型。

⑤基团的特征吸收带会在一定范围内位移。分析谱图常按"先官能团区后指纹区，先强峰后次强峰和弱峰，先否定后肯定"的原则分析红外图谱，以确定峰的归属。

⑥若在某基团的吸收区出现了吸收，应该查看该基团的相关峰是否也存在，综合考虑谱带位置、谱带强度、谱带形状和相关峰的个数，再确定基团是否存在。

⑦结合其他分析数据，确定化合物的结构单元，提出可能的结构式。

⑧对于已知化合物分子，查找该化合物的标准图谱，与所得图谱进行对比并验证。

为方便解谱，可将整个红外谱图分为以下九个区。

①4000~3200 cm^{-1} 无峰，肯定无醇类、伯胺、仲胺、酰胺、酚类化合物。

②3310~3300 cm^{-1} 无峰，肯定无炔类化合物。

③3100~3000 cm^{-1} 无峰，肯定无芳环或烯烃。

④3000~2700 cm^{-1} 无峰，肯定无甲基、亚甲基和次甲基。

⑤2400～2100 cm^{-1}无峰，肯定无炔类、氰酸盐和累积双键化合物等。

⑥1900～1650 cm^{-1}无峰，肯定无酸、醛、酮、酰胺、酯、酸酐等。

⑦1675～1500 cm^{-1}无峰，肯定无苯环、烯烃。

⑧1475～1000 cm^{-1}有峰，为δ_{CH_3}、δ_{CH_2}、δ_{CH}、ν_{C-O}、ν_{C-C}，如1380 cm^{-1}无峰，肯定无甲基。

⑨1000～650 cm^{-1}有峰，为$\nu_{=C-H}$、ν_{Ar-H}、δ_{CH_2}。

解析红外光谱时应注意如下事项。

①从高频开始解析，预测试样分子中可能存在的基团，然后用指纹区吸收带进一步确证。

②不要期望去解析谱图中的每一个吸收带，因为一般有机化合物谱图吸收带中仅有20%属于定域振动，仅针对这部分吸收峰才能作出完全的预测。

③要更多地信赖否定证据，即在某一特殊区域里吸收带不存在的信息比吸收带存在的信息更有价值，因为任一吸收带有时会有几种可能的起源。

④反复核对谱图中符合某一结构的证据，预测某一取代基团可能会引起振动吸收向高波数或低波数移动的大概范围，一般检测到的基团振动频率区间常常考虑了电子效应影响的极端情况，如果无电子效应影响时，化合物基团的振动频率值可预测为文献或手册中引征的波数范围中间数据。

⑤处理谱图的谱带强度时要倍加小心，特别是将烃类化合物的数据运用于强极性化合物时更要慎重。

⑥应研究不同制样技术得到的两张谱图之间的任何一点变化，特别是聚集态（固态或纯液态）在非极性溶剂和稀溶液之间的差别，这些差别揭示了是否存在缔合效应，由此可识别出分子内或分子间的氢键。通常，缔合效应能引起基团伸缩振动频率降低而变形振动频率升高，并使吸收峰峰形明显加宽。

⑦怀疑试样中含有杂质（谱图中有许多中等强度吸收带或具有肩峰的强带）时，用适当方法纯化样品，再制谱，以得到恒定不变的谱图。

⑧在用溶液法作谱时，要识别因不合适的吸收池长度而造成的死区。

⑨核对仪器频率的标准化偏差，并作必要的校正。

⑩扣除样品介质（溶剂）或溴化钾压片吸潮产生的干扰吸收带。

一张红外光谱图质量的好坏直接影响对所测样品的成分判断。一般来说有以下影响因素。

①仪器的参数：光通量、增益、扫描次数等仪器参数都会直接影响信噪比，需根据不同的附件和测试目的及时进行必要的参数调整，以期获得令人满意的红外光谱。

②环境的影响：红外光谱中的吸收谱带有时并非完全由样品本身产生的，潮湿的空气、样品的污染、残留的溶剂、由玛瑙研钵或玻璃器皿所带入的二氧化硅、制作溴化钾压片时吸附的水等都会产生吸收谱带。

③厚度：样品的厚度或合适的样品量是很重要的，一般要求厚度为10～50 mm。对于极性材料，如聚酯，厚度可小一些，对非极性样品，如聚烯烃，则要求厚度大一些。

5.9 红外光谱的应用

红外光谱可用来对化合物进行定性鉴定、定量分析和结构分析。在化工、食品、医药、材料、环境及司法鉴定等各种领域都有着十分广泛的应用。

5.9.1 定性分析

红外光谱仪操作简单，得出的谱图的特征性强，因此红外光谱是物质定性检测的重要方法之一，不仅适用于有机物，也可广泛用于聚合物和无机物，对所鉴定物质的形态和性质没有特殊要求。

用红外光谱进行定性检测时，一般采用比较法，即把相同条件下测得的被测物质的红外光谱与标准物质的红外光谱进行比较。一般来说，如果这两种物质的制样方法、测试条件相同，所得红外光谱图在吸收峰位置、吸收强度和吸收峰形状上也都完全相同，则这两种物质基本上为一种物质。如果没有纯物质，可将样品的红外光谱与各种红外光谱标准谱库中的标准谱图比较，但样品的测试条件应尽可能地与标准图谱上标注的测试条件一致。对于没有标准样品的未知物质，则需结合多种仪器测试进行结构分析。

对于高分子材料，一般来说，含有相同极性基团的同类化合物的吸收峰大多在同一个光谱区，有一些高分子材料在3500～2800 cm^{-1}区间有第一吸收峰，但这一区间的谱带容易受样品状态等外部环境因素的干扰，因此对于高分子材料一般按照其第二强谱带进行分类。从1800～600 cm^{-1}分成以下6个区间。

(i) 1800～1700 cm^{-1}，聚酯、聚羧酸、聚酰亚胺等。

(ii) 1700～1500 cm^{-1}，聚酰亚胺、聚脲等。

(iii) 1500～1300 cm^{-1}，饱和线性脂肪族聚烯烃和一些有机极性基团取代的聚烯类。

(iv) 1300～1200 cm^{-1}，芳香族聚醚类、聚砜类和一些含氯的高分子材料。

(v) 1200～1000 cm^{-1}，脂肪族的聚醚类、醇类和含硅、含氟的高分子材料。

(vi) 1000～600 cm^{-1}，取代苯、不饱和双键和一些含氯的高分子材料。

针对单一组成的均聚物，只要根据其1800～600 cm^{-1}范围内的最强谱带位置就可以确定高分子材料的类型，再根据与最强谱带和其他特征谱带的对应关系，就可以大体确定聚合物类型及其结构，而确定准确的结构还需查验标准谱图和以配合其他测试的方式鉴定结构。用红外光谱不仅可区分不同类型的高分子材料，对一些结构相近的高分子材料，还可以靠指纹谱图来加以区别。

5.9.2 定量分析

红外光谱测试方法简单、重复性好、精确度高，因此也经常被用于材料的定量分析。在进行定量分析时，有时还会结合核磁共振波谱、紫外光谱等分析手段的数据作为标准。红外光谱的定量分析研究的是样品的量（浓度或厚度）与吸收光之间的关系，与紫外光谱相似，在一定浓度范围内，红外光谱定量分析的基础依然是朗伯-比尔定律，在一定波长单色光照射下，吸光度与样品的浓度呈线性关系，即

$$A = kCL = \log(1/T)$$

其中，A 是吸光度；T 是透光率；k 是消光系数，单位为 $L \cdot mol^{-1} \cdot cm^{-1}$；$C$ 是样品浓度，单位为 $mol \cdot L^{-1}$；L 是样品的厚度，单位为 cm。

定量分析时，用标准样品测定特征谱带的 k 值，可以求出样品的浓度。红外光谱图中的吸收带很多，因此定量分析时特征吸收谱带的选择很重要。除了应考虑消光系数 k 较大之外，还应注意谱带的峰形应有较好的对称性，所选特征谱带区间没有其他组分产生干扰，溶剂或介质在此区域内也应该没有吸收或基本没有吸收，另外所选的溶剂在浓度变化时不会对所选区间内的吸收谱带产生影响，且所选的特征谱带应在二氧化碳和水的特征谱带区，以免被假峰影响。

谱带强度的测量一般有峰高法和峰面积法。在实际测试中，用峰高法进行测量时，仪器操作条件、参数都可能引起定量的误差。当进行某一个特定振动固有吸收测定时，峰高法测量的理论价值不大，因其不能反映宽谱带和窄谱带之间的吸收差异。另外，不能将从一种型号的仪器用峰高法测得的数据完全直接地运用到另一种型号的仪器上。峰面积法是测量由某种振动模式引起的全部吸收能量，可以获得具有理论意义的比峰高法更准确地测量数据。峰面积可通过傅里叶变换红外光谱仪的软件积分技术测得。这种方法适用于任何标准的定量方法，且能很好地符合朗伯-比尔定律。峰面积法中积分强度的数值大都由测量谱带的面积得到，即将吸光度对波数作图，然后计算谱带的面积 S，即

$$S = \int \lg \frac{I_0}{I} d\nu$$

在定量分析中，常采用基线法确定谱带的吸光度。基线的取法要根据实际情况作不同处理。如图 5-45（a）所示，测量的谱带受邻近谱带的影响极小，因此可由谱带透光率最高处 b 引平行线。(b) 中采用的是作透光率最高处的切线 ab。(c) 中无论是作平行线还是作切线都不能反映实际情况，因此采用 ab 与 ac 两者的角平分线 ad 更合适。(d) 中平行线 ab 或切线 ac 都可取作基线。一旦确定基线，在以后的测试中就不能改变。使用基线法定量，可以消除散射和反射的能量损失及其他组分谱带的干扰，具有较好的重复性。

 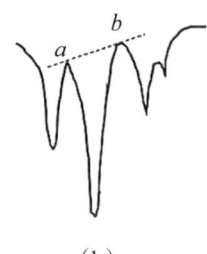 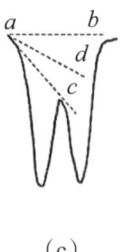 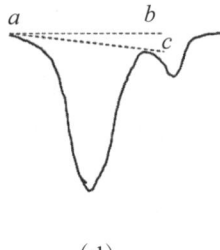

(a)　　　　(b)　　　　(c)　　　　(d)

图 5-45　谱线基线的取法

红外光谱定量分析的方法与紫外光谱定量分析方法相似。有直接计算法、工作曲线法、吸光度比法和内标法等。直接计算法适用于组分简单、特征吸收谱带不重叠，且浓度与吸收成线性关系的样品。工作曲线法比较适用于组分简单、样品厚度一定（一般在液体样品池中进行）、特征吸收谱带重叠较少、浓度与吸光度不成线性关系的样品。吸光度比法适用于厚度难以控制或者不能准确测定的样品，如厚度不均匀的高分子薄膜、糊状法制备的样品等，这种方法要求各组分的特征吸收谱带相互不发生重叠，且符合朗伯-比尔定律。内标法适用于用糊状法、压片法等制备的厚度难以控制的样品，可直接测定样品中的某一组分的含量。

对于高分子化合物，如果分子两端的基团具有特征吸收峰，可以根据端基吸收峰基线位置上各个谱带的吸收强度，计算出其相对分子量。用红外光谱法测定大分子分子量的优点在于可以跟踪高分子材料在合成或加工过程中相对分子量的变化。

由于大分子共混物与共聚物的红外光谱相似，因此可用已知配比的均聚物混合物作为标准谱图，对比共聚物与共混物的谱图，分别选择不受另一组分谱带影响的孤立谱带，且两个谱带强度相近，以此来进行共聚物组分分析。如果高分子共混物的两个组分完全不相容，则这两个组分是分相的，所测共混物的红外光谱一般是两个组分各自红外光谱的简单加合。如果共混物的两个组分是相容的，则此共混体系是均相的，因不同分子链间的相互作用，和纯组分相比，共混物的红外光谱中许多结构对周围环境变化敏感的谱带会发生频率位移或强度的变化。

5.10 红外光谱新技术及应用

随着科技的发展，红外光谱技术与其他技术的结合获得不断革新，从而不断扩展了红外光谱的应用范围。

5.10.1 材料表面及界面结构分析

表面和界面结构是材料分析的重要组成内容。因与空气或其他物质的接触，处于表面或界面层中的分子排列甚至组成会与材料本体中的有所差别。为了满足一定的使用要求又要保持材料本体的性能，如机械性能等，一些材料往往会经过特殊的表面处理，如金属材料表面的防腐处理，生物医学材料表面的生物相容性处理，药物载体材料的表面靶向处理等，这时材料表面结构的分析成为材料研究的重要内容。

红外光谱用于测定材料表面结构的方法一般有5种：透射-差减光谱、衰减全反射光谱、漫反射光谱、反射吸收光谱和光声光谱。

（1）透射-差减光谱

对于对红外光透明的材料，使用透射光谱结合差减光谱进行表面结构分析。

利用红外光谱差减技术可以分离混合物的红外光谱或检测微量组分。例如，某一双组分的混合物在任一波数红外光下的吸收为各组分的红外吸收之和，即

$$A = A_1 + A_2$$

式中，A是混合物的吸光度，A_1和A_2分别是两个组分各自的吸光度。为获得其中一个组分的光谱，必须从总的吸收中减去另一个组分的吸收。如已知组分2的红外吸收为

A_2'，则组分1的吸收为

$$A_1 = A - kA_2'$$

式中，k 为可校正的比例系数。选择一定的波数范围，仅使组分2有吸收，调整比例参数进行差减计算，直到在此区域内红外吸收为零，这时所得差减光谱就是组分1的红外光谱。

差减光谱程序的优点在于无须知道混合物中组分的确切含量，通过调整比例参数 k 就可将不需要的组分从混合物光谱中分离出去。

例如，对二氧化硅材料表面与硅氧烷偶联剂发生反应所形成的界面进行红外光谱测试，因二氧化硅对红外光有强烈的吸收，参加界面反应的分子数极少，在加热反应前后，材料界面的二氧化硅和偶联剂数量没有太大变化，因此红外光透射谱似乎没有太大区别，但是将反应前的红外光谱与反应后的红外光谱进行差减处理（前减后），从而得到差减谱，就可以从中发现，二氧化硅材料表面的 Si—OH（970 cm^{-1}）和偶联剂的 Si—OH（893 cm^{-1}）成为负峰，表明它们已经参加了反应，正吸收峰在1170 cm^{-1} 和 1080 cm^{-1} 表明界面上形成了 Si—O—Si 键，从而证实了偶联剂与二氧化硅材料表面存在化学键合。

(2) 衰减全反射光谱

衰减全反射（attenuated total reflectance，ATR）光谱也称为内反射（internal reflection）光谱。通常情况下，光透射样品时是从光疏介质的空气射向光密介质的样品。如果两者折射率相差不大，则光沿原方向透射。如折射率相差较大，则会产生折射现象。当光疏介质和光密介质的折射率有足够差值（大于0.5）时，且入射光从光密介质射向光疏介质，入射角大于一定数值 q 时，光线会产生全反射现象。这时数值等于 q 值的角度称为临界角。

如果用折射率很高的材料，如 ZnSe 或 Ge 等晶体，制成全反射棱镜，使待测样品紧贴在晶体表面，当红外光的入射角大于临界角时，入射光穿透样品一定深度后，与样品振动频率相同的光被样品有选择地吸收而强度减弱，其余频率的光不被吸收而全部被反射。对整个频率范围的光而言，入射光被衰减，除穿透深度外，衰减程度与样品的吸收系数有关。因此衰减全反射光谱的强度取决于样品本身的吸收性质、光线在样品表面的反射次数和穿透到样品内的深度，穿透越深，吸收越强。经一次反射后能量的变化非常小，因此衰减全反射的信号较弱，如增加全反射的次数，则可增强信号强度，如图5-46所示。使光多次接触样品可改善信噪比。

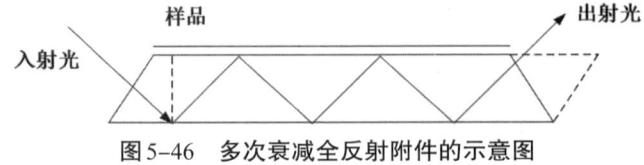

图5-46 多次衰减全反射附件的示意图

一些不熔、不溶且难以粉碎的样品及不透明的涂层也可采用 ATR 光谱进行测试。由于操作简单、无须制样、灵敏度高等优点，衰减全反射光谱应用较广。特别是由于水的衰减系数较小，可用 ATR 检测表面含水的样品，这是它在各种红外光谱技术中最为独特的优点。ATR的缺点在于样品与晶体要有较好的光学贴合。

(3) 漫反射红外光谱

当光照射到样品表面时，一部分光在样品表面产生镜面反射，另一部分光经过折射进入样品内部，在样品内部与样品分子作用而发生反射、折射、散射和吸收，再由样品表面辐射出来。辐射出来的光由于散向空间各个方向而形成漫反射。因漫反射光曾进入样品内部与样品分子发生作用，因此漫反射光载有样品分子的结构信息。

对于固体粉末样品，最常用的是用KBr压片进行透射红外光谱的测试，但有些样品在制样过程中可能会出现晶体结构表面性质变化，还可能同K^+、Br^-发生离子交换。还有一些样品，如橡胶、纤维等高分子材料，也难以在KBr中分散均匀，虽可用溶液法进行检测，但有时很难找到合适的溶剂，因此无法得出材料的表面结构。漫反射光谱（diffuse reflectance spectroscopy，DRS）就可对这类样品进行直接测定。

漫反射技术主要用于难以用压片法测量的粉末、难溶、难熔的表面不规整、不透明的固体粉末或薄膜及污浊液体的检测，几乎不需要进行样品制备即可直接测试得到光谱。

进行漫反射红外光谱测试需要满足一个漫反射附件。测试时，将碱金属卤化物如卤化钾（KCl或KBr），作为基准物，先收集卤化钾的单光束漫反射光谱，再将卤化钾与样品混合研磨，装入样品池，或将样品放置在溴化钾粉末上面，收集混合粉末的单光束漫反射谱，将该谱与卤化钾粉末的漫反射（背景谱）对比相除，经库贝尔卡-芒克方程转换就可得到样品浓度与光谱强度成线性关系的漫反射光谱。卤化钾与样品的比例一般为（1:20）～（1:10）。

(4) 红外光声光谱

很多材料在中红外区域不透明，因此不能直接对它们进行透射分析。对于这些不透明样品，可以分析其在近红外光谱范围的谐波和合成波的吸收谱带，也可使用衰减全反射法进行检测，但这种方法依赖于反射元件的纯度、晶体损坏程度及可重复的光学接触情况等。还可以用镜面反射的方法进行测定，但这种方法要求样品具有镜子一样的平面。另外，还可以使用漫反射技术进行检测，然而，漫反射法无法检测表面光滑的样品，对于硬塑料、头发丝等难以研磨成粉的材料，测试也比较困难。另外，有些样品被制备成粉末后形态不可逆，这时可采用红外光声光谱进行测定。

当样品被周期性调制光照射，吸收一定频率的光后，样品分子就从振动能级的基态跃迁到激发态，然后又从激发态回到基态，能量以热能的形式释放出来。因入射光是周期性的调制光，样品的放热也是周期性的，则样品池内的气体介质会发生周期性扰动，产生"声音"，将此"声音"捕捉下来并转化为光谱信号，就得到光声光谱（photoacoustic spectroscopy，PAS）。

光声光谱最适用于检测具有强烈光散射或不透明的固体样品。例如，含有大量炭黑的黑色样品、深色催化剂、难以粉碎的块状固体和胶团，及其他表面粗糙的样品等，用常规红外光谱进行测试很难获得令人满意的信息，但使用光声光谱就可以很容易进行检测。因光声信号是样品吸收光引起其表面层气体压力变化所产生的，强烈散射的样品只能降低入射光的强度，却一般不会影响光谱的形状。

用光声技术进行测试时，对样品的制备没有特殊要求，不管样品呈粉末、锯齿状、平面状还是KBr压片，都可以得到清晰的谱图。

放在密闭容器里的样品，当用强度经斩波器调制的以一定频率周期性变化的光照射时，容器内能产生与斩波器频率相同的声波，这就是光声效应。光声波谱就是基于光声效应而发展起来的一种分析方法。光声光谱的波长范围可以是紫外光、可见光和红外光。用色散元件、斩波器、锁相放大器和光声池检测的光声光谱是紫外-可见光光声光谱（UV-Vis-PAS）。用干涉仪调制光束、经傅里叶变化和光声探测器检测的光声光谱是红外光声光谱（FTIR-PAS）。紫外-可见光光声光谱仪的光声信号是单音频的，与光辐射的频率无关，其光声检测部分较为复杂，必须配有锁相放大器，因此价格昂贵。红外光声光谱仪的光声信号是宽频带的音频信号，与频率有关，其光声检测部分简单，只需换接一个光声检测器，价格较低。红外光声光谱的分辨率比比紫外-可见光光声光谱高一个数量级。光声光谱仪中因为样品放置的位置与普通红外光谱仪中的有所不同，光程也不同。光声光谱仪中的光声池如图5-47所示，是一个密闭的容器，带有一个能透过红外光的窗片和一个微音器。检测时，将样品放入池腔内，再充入不吸收红外光的气体。样品在调制光的照射下吸收光能被激发，通过无辐射弛豫过程将光能转化为热能。样品被周期性地加热，热量从样品传递给周围气体，引起气体的膨胀或收缩，造成腔体内压力的波动而形成光声信号，灵敏的微音器检测到信号后，经前置放大器放大后，就可以用数据系统进行处理，最后获得光声光谱。

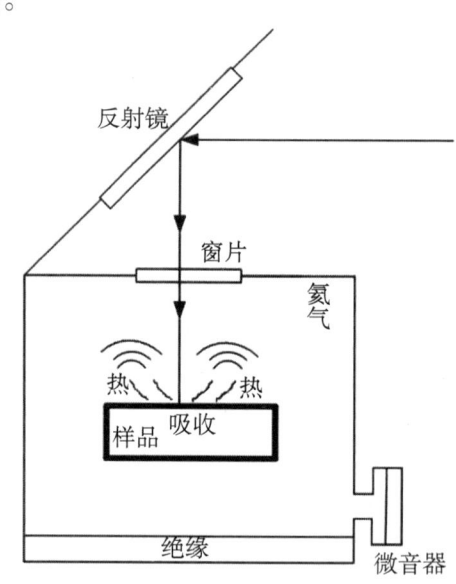

图5-47 光声池示意图

光声光谱的横坐标是波数，纵坐标是光声强度。红外光声光谱能测定各种类型的凝聚相样品，如固体、粉末、凝胶、泡沫体、液体等，但不适合研究大样品。对于大体积的物体，可以用光束偏转检测技术进行光热检测。

（5）反射吸收光谱

红外光照射涂有样品的金属片时，大部分光线被反射，这是镜面反射或外反射。收集并检测反射光的信号，从中减去金属本身对光的吸收，就可获得样品的信号。如果入射角在78°～88°之间，则可测得被增强的光谱信号，这就是红外反射吸收光谱（reflection-absorption spectroscopy，RAS）。

入射光照射到金属表面会发生反射，而入射光和反射光可发生干涉现象，在表面附近形成驻波，具有波节和波腹，振幅在空间各个位置上不恒定。如果红外光以接近垂直的角度入射，即入射角接近零，相干后在金属表面的振幅接近于零。这时光波的电场矢量不能与样品的偶极矩充分作用。因此当入射角较小时，几乎得不到金属表面的样品层的红外光谱。当红外光以大于70°的入射角辐照金属表面的样品时，反射光的相位差与入射光的偏振性有关。如果入射偏振光电矢量垂直于入射面，反射光对任何角度的入射光的相位差都接近180°，这时入射光和反射光相干就导致金属表面光波的振幅接近于零。当入射偏振光电场矢量平行于入射面，反射光的相位差随入射角的大小而变化。如果入射角在70°～88°范围内，相位差接近90°，这时反射光与入射光相干，叠加成椭圆驻波，则在垂直于金属表面的方向上，电场矢量显著增强。因此，大角度入射红外光在金属表面反射产生的叠加现象使红外反射吸收光谱仪收集到的光谱信号是同样厚度样品的透射光谱信号强度的10～30倍。

根据以上分析可得出，如果金属表面样品层的分子是有序排列的，则垂直于表面的偶极矩其红外吸收将呈现明显的增强效应。平行于表面的偶极矩的吸收则会相对地被削弱。因此，红外光反射吸收谱可以用于研究金属表面涂层分子的取向。

5.10.2 时间分辨光谱

用傅里叶变换红外光谱仪对样品进行动态红外测试，根据样品结构随时间变化的快慢，分为三种情况：一种是假稳态，即样品结构变化较慢，这种情况下能记录下起始样品的红外光谱，在整个结构变化过程中，可多次记录经过一定时间间隔后样品结构变化的红外光谱，由此可观察到整个结构随时间变化的情况。第二种情况是样品结构随时间变化较快，时间分辨率在秒数量级。这时可利用红外光谱仪连续快速进行光谱检测，可达到的采集速度取决于迈克尔孙干涉仪的扫描速度和仪器的数据存取效率。第三种情况是样品结构随时间变化非常快，以至于样品结构的变化或瞬间寿命的时间短于红外光谱仪一次扫描的时间。这种瞬态光谱需借助时间分辨光谱技术才能测定。

时间分辨傅里叶变换红外光谱简称时间分辨光谱（FTIR-TRS），是将傅里叶变换红外光谱仪进行快速多重扫描和计算机快速采集及数据处理功能结合起来而形成的一种红外光谱。在常规的傅里叶变换红外光谱仪中，红外光源是稳定的，不会随时间而变化，但迈克尔孙干涉仪扫描得到的干涉图是时域函数，时间分辨光谱的干涉图随时间发生变化。这里一来，样品的瞬时变化时间非常短，以微秒计，如果要在这么短的时间内获得多张干涉图所需的全部数据点，用普通的傅里叶变换红外光谱仪难以实现。在时间分辨光谱检测的过程中，在样品变化的瞬间往往只能得到有限个数据点，变化得越快，所能获得的数据点就越少，通过机械、光、电等外界激发因素让样品多次重复瞬间变化，每重复一次瞬时变化，就可获取一组数据点，反复多次扫描就可完成每次瞬时变化过程的干涉图所需的全部数据点。因此，时间分辨傅里叶红外光谱仪的瞬时变化系统需要完全多次重复，变化体系的时间与傅里叶变换红外光谱干涉仪的扫描有一定相关。为实现时间分辨功能，可采用分样法、慢扫描时间编辑法、快扫描时间编组法及改进的时间编组法。

5.10.3 傅里叶变换红外光谱仪与其他分析仪器联用

（1）色谱-傅里叶变换红外光谱联用

红外光谱法原则上是只能用于纯化合物的测定，用于混合物的分析往往会十分复杂。如果同色谱法联用，将色谱仪作为红外光谱仪的前置分离工具，或者说将红外光谱作为色谱仪的检测器，就可组成一种理想的分析工具。当然这种联用只有在傅里叶变换红外光谱仪出现之后才得以实现。色谱-傅里叶变换红外光谱联用设备包括气相色谱-傅里叶变换红外光谱联用（GC-FTIR）、高效液相色谱-傅里叶变换红外光谱联用（HPLC-FTIR）、超临界流体色谱-傅里叶变换红外光谱联用（SFC-FT-IR）、薄层色谱-傅里叶变换红外光谱（TLC-FTIR）等各种类型。

以GC-FTIR为例，样品进入气相色谱仪后，经色谱柱分离，气相色谱馏分按保留时间顺序进入红外光谱仪的光管，经迈克尔干涉仪调制的干涉光汇聚到光管窗口，经光管镀金内表面多重反射后到达检测器，仪器系统将采集到的干涉图信息经快速傅里叶变换后就可得到气相-红外光谱图，根据图谱就可分析样品中各组分的分子结构。对于高分子化合物，特别是已经交联的高分子材料，需采用裂解色谱技术与傅里叶变化红外光谱仪联用，也就是在气相色谱仪上加一个热解器。这样就可以将高聚物在热解器中加热到几百度或更高温度而使其发生裂解，从而获得若干易挥发的小分子物质，即碎片，将这些碎片送入GC-FTIR进行检测，就可根据所得谱图建立碎片的组成和相对含量与材料的分子结构的对应关系，从而获得材料的结构、组成及各成分的含量等信息。在实际联机操作中，数据采集结束后，一般先进行色谱图重建。借助红外光谱重建色谱图不仅可以判断样品中有多少种组分，还可有序地进行数据处理，或者按需调出某个数据点所对应的干涉图或光谱信息。要获取红外光谱，首先应由重建的色谱图确定气相色谱峰数据点的范围或峰尖位置，其次选取适当数据点处的干涉图信息进行傅里叶变换，就可获得该数据点相对应的干涉图或气相红外光谱。选取气相色谱峰上的数据点时，当峰较弱时，一般选取峰尖的干涉图信息进行变换；当峰较强时，就不一定选取峰尖的干涉图信息；当峰的纯度较高时，一般选峰尖；纯度不高时，当选较峰的前、中、后部或峰肩的干涉图信息。为获得质量高的气相红外光谱图，联机操作时应大量使用差减技术，还应扣除水蒸气和混峰的干扰。

（2）热重分析-傅里叶变换红外光谱联用

热重分析（TGA）是在由程序控制的温度下，检测物质的质量随温度变化的一种技术。将热重分析与傅里叶变换红外光谱联用，可对热重分析中被分析物质受热后所释放的挥发组分进行红外光谱检测。

（3）傅里叶变换红外显微技术

此技术为将显微技术与傅里叶变换红外光谱结合的一种分析技术。可在通过显微镜观察被测样品外观形态或物理微观结构的基础上直接检测样品特定微区的红外光谱。按光路分系统，傅里叶变换红外显微技术一般分为同轴光路显微技术和非同轴光路显微技术，具有透射式和反射式两种操作功能。

透射式红外显微技术用于检测可透过红外光的样品，如厚度小于 20 mm 的薄膜、固体切片和微量液态样品。反射式红外显微技术用于检测样品的表面物质或污染物。

5.11　要点小结

①当样品受到频率连续变化的红外光照射时，分子吸收某些频率的辐射，并由其振动或转动运动引起偶极矩的净变化，产生分子振动或转动能级从基态到激发态的跃迁，从而形成的分子吸收光谱就是红外光谱。红外光谱又称为分子振动转动光谱，是分子中基团的振动和转动能级跃迁产生的吸收光谱。

②影响红外光谱强度的因素有化学键强弱、电子效应（诱导效应、共轭效应和中介效应）、氢键效应、振动耦合效应、费米振动、空间效应、样品状态和制样方法和溶剂效应等。

③红外光谱定量分析的依据是朗伯-比尔定律。

④吸收峰位置、吸收峰强度、吸收峰形状和相关峰是红外光谱解谱四要素，根据这四个要素可进行分子结构进行定性分析。

第六章 拉曼光谱

拉曼光谱与红外光谱一样，是测定分子的振动和转动的光谱。与红外光谱不同的是，拉曼光谱属于散射光谱。

6.1 拉曼光谱概述

拉曼散射理论是1923年由德国物理学家斯梅卡尔（A. Smekal）首先提出的，1928年由印度科学家拉曼（C. Raman）首先在CCl_4的光谱中证实，即当光与分子相互作用后，一部分光的频率会发生变化（体现为光的颜色发生变化），这种效应就被命名为拉曼效应。拉曼也因此荣获1930年的诺贝尔奖物理学奖。研究这些颜色发生变化的散射光，可以得到分子结构的信息。

1928—1940年，拉曼光谱受到广泛的重视，曾是研究分子结构的主要手段。这时可见光分光技术和照相感光技术已经发展起来。

1940—1960年，拉曼光谱的地位有所动摇，主要是因为拉曼散射光太弱（约为入射光强的10^{-6}），因此测试时要求被测样品的体积必须足够大，且样品须无色、无尘埃、无荧光等。到20世纪40年代中期，红外技术的进步和商品化使拉曼光谱的应用一度衰落。

1960年以后，激光技术的问世使拉曼光谱得以复兴。由于激光束的单色性好、亮度高、方向性强、功率密度高和具有偏振性等优点，以激光作为光源，可大大提高激发效率。因此，激光成为了拉曼光谱的理想光源，大大提高了拉曼散射的强度，使拉曼光谱进入了一个新时期。随测试技术的改进和对被测样品要求的降低，拉曼光谱在物理、化学、医药、工业等各个领域都得到了广泛应用，并越来越受到研究者的重视。

近些年来，一些新技术，如电荷耦合器件（charge-coupled device，CCD）检测系统在近红外区域的高灵敏性、体积小而功率大的二极管激光器、与激发激光及信号过滤整合的光纤探头、高口径短焦距的分光光度计等，使提供低荧光本底、高质量的拉曼光谱的体积小、容易使用的拉曼光谱仪得到发展。新技术的集中发展使拉曼光谱应用得更广泛。

6.2 拉曼光谱的基本原理

用波长比试样粒径小得多的单色光照射（气体、液体或透明）样品，如果光不能被样品吸收，那么大部分光将沿入射光束的方向通过样品发生透射，此外，约0.1%的光则按不同的角度散射出去，形成散射光。

在入射光的垂直方向观察发现，一部分光与被照射样品分子发生弹性碰撞，即光子与分子之间没有发生能量交换，碰撞频率与原入射光相同，这种弹性散射称为瑞丽（Rayleigh）散射；还有一部分光与被照射分子发生非弹性碰撞，光子与被照射的样品分子发生能量交换，这部分光很弱，与入射光频率发生位移，形成拉曼散射，这种现象就称为拉曼效应。所以，拉曼散射的产生原因是光子与分子之间发生了能量交换，从而改变了光子的能量。

拉曼散射能级图如图6-1所示。当能量为$h\nu_0$的入射光照射样品分子，处于基态E_0或振动激发态E_1的样品分子被激发到假设的激发态中，即虚态（virtual sate），虚态介于基态和第一电子激发态之间，实际并不存在于散射物质的分子中。随后分子又从虚态跃迁回基态或者振动激发态，没有发生能量交换，频率不变，只有方向发生改变，这就是瑞利散射。瑞利散射光的波长与入射光波长是一致的，散射光强度与散射光波长的四次方成反比，瑞利散射光强按空间方向呈哑铃形角分布，这就是瑞利定律。那么，对于瑞利散射来说，短波的散射更占优势。这就是观察太阳光的散射时见到的是蓝色的原因。如果从虚态跃迁回基态或振动激发态时发生了能量交换，那么分子就不能回到跃迁前的能级，则振动频率和方向都会发生改变，这就是拉曼散射。

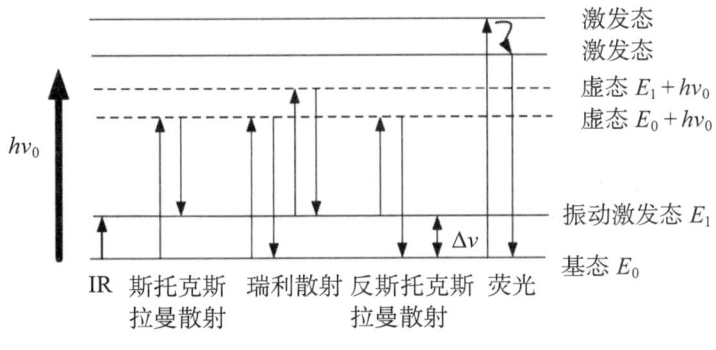

图6-1 拉曼散射能级图

拉曼散射可能出现两种情况：第一种是处于基态能级的分子，与光子碰撞后，分子从入射光子获取确定的能量$h\nu_0$后被激发到假设的激发态——虚态高能级，其能量是$E_0 + h\nu_0$。当分子从虚态跃迁回振动激发态时，放出能量为$\Delta E = h(\nu_0 - \Delta\nu)$的散射光子，这就是斯托克斯线。因光子将一部分能量传递给样品分子，因此斯托克斯散射是波长变长的散射，在散射光谱中，位于瑞利线低频一侧。另一种是处于振动激发态的分子，与光子碰撞后，分子从入射光子获取确定的能量$h\nu_0$并被激发到虚态$E_1 + h\nu_0$。当分子从虚态跃迁回振动基态时，放出能量$\Delta E = h(\nu_0 + \Delta\nu)$的散射光子，这就是反斯托克斯线。因光子从样品分子获得一部分能量，因此反斯托克斯线是波长变短的散射，位于瑞利线高频一侧。

两种情况的拉曼散射中，光子失去或得到的能量与分子得到或失去的能量相等，斯托克斯线或反斯托克斯线与入射光的频率差$\Delta\nu$，被称为拉曼位移。拉曼位移的大小取决于振动激发态与振动基态的能级差，拉曼位移等于入射光频率与散射光频率之差，即

$$\Delta v = \Delta E/h = (1/\lambda_{入射} - 1/\lambda_{散射}) \times 10^7$$

拉曼位移反映了分子振动能级的变化，是由分子结构决定的，由此可判断出分子含有的化学键或基团。不同物质分子的拉曼位移Δv不同。拉曼位移取决于分子振动能级的变化，不同的化学键或基团有不同的振动方式，决定了能级间的能量变化，因此，与不同分子结构所对应的拉曼位移是具有特征性的。这是拉曼光谱进行分子结构定性分析的理论依据，可用于表征分子振动-转动能级的特征物理量，也可作为定性与结构分析的依据。可见，拉曼光谱是一种光与材料分子作用后的散射光谱，属于分子振动和转动光谱。

对应于同一分子能级，斯托克斯线与反斯托克斯线的拉曼位移应该是相等的。但在正常情况下，分子大多数是处于基态而不是振动激发态，因此发生斯托克斯线散射的概率较大，测量得到的斯托克斯的线强度比反斯托克斯线的强度强很多。

上述散射出现的概率大小顺序：瑞利散射>斯托克斯线>反斯托克斯线。随温度升高，反斯托克斯线的强度增加。

6.3 拉曼光谱的表示方法

通常将拉曼散射强度相对波长的函数图称为拉曼光谱。拉曼散射光谱的纵坐标为谱带强度，横坐标为拉曼位移频率为正数的区间，用波数表示，单位为cm^{-1}。

以四氯化碳的拉曼散射（图6-2）为例，一张完整的拉曼光谱包含：一般具有很高强度，与入射光具有相同波长的瑞利散射峰，具有低强度、更长波长的斯托克斯位移峰和低强度、更短波长的反斯托克斯位移峰。

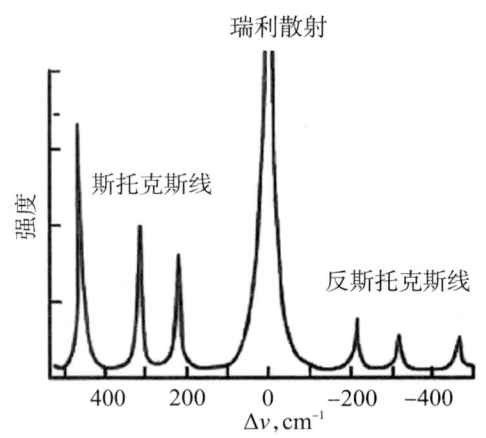

图6-2　四氯化碳的拉曼光谱图（激发波长为488 nm）

拉曼散射谱线具有以下特征。

① 拉曼散射谱线的波数虽然与入射光的波数不同，但对于同一样品，同一拉曼谱线的位移与入射光的波长无关，可用任意频率的光激发，如果用可见光作为入射光，则拉曼线也可以是可见光。拉曼谱线只和样品的振动-转动能级有关。拉曼谱线的强度比入射光则强度弱6个数量级以上。

② 在以波数为变量的拉曼光谱图上，斯托克斯线和反斯托克斯线对称地分布在

高强度的瑞利散射线两侧，这是由于在这两种情况下分别对应于得到或失去了一个振动量子的能量。

③一般情况下，斯托克斯线比反斯托克斯线的强度大。这是由玻耳兹曼分布引起的，处于振动基态上的分子数远大于处于振动激发态上的分子数。

所以在一般拉曼光谱分析中，研究者都采用斯托克斯线研究拉曼位移。对于发荧光的分子，研究者有时用反斯托克斯线研究拉曼位移。

6.4 拉曼光谱与红外光谱的比较

红外光谱反映的是分子对红外光的吸收，拉曼光谱反映的是分子对激发光的散射。红外光谱和拉曼光谱都属于分子振动光谱，都能提供分子振动频率的信息，都是研究分子结构的有力手段。但是他们有以下区别。

（1）物理过程不同

红外光谱测定的是样品的透射或吸收光谱。当红外光穿过样品时，样品分子中的基团吸收红外光并产生振动，使偶极矩发生变化，得到红外吸收光谱，反映的是与某一吸收能量相等的红外光子被分子所吸收。拉曼光谱测定的是样品的散射光谱。当单色激光照射在样品上时，分子的极化率发生变化，从而产生拉曼散射，检测器检测到的是拉曼散射光。

（2）产生机理不同

红外吸收是由于振动引起分子偶极矩或电荷分布变化产生的。拉曼散射是由于键上的电子云分布产生瞬间变形而引起暂时极化，从而产生诱导偶极，当返回基态时发生散射引起的。同时散射的电子云也恢复原态。

一般来说，分子的非对称性振动和极性基团的振动，都会引起分子偶极距的变化，因而这类振动是红外活性的；而分子对称性振动和非极性基团振动，会使分子变形，极化率随之变化，具有拉曼活性。因此，拉曼光谱适用于原子的非极性键的振动，如C—C、S—S、N—N键等的对称性骨架振动，均可从拉曼光谱中获得丰富的信息。而不同原子的极性键，如C=O、C—H、N—H和O—H等，则在红外光谱上有所反映。相反，分子对称骨架振动在红外光谱上几乎看不到。可见，拉曼光谱和红外光谱是相互补充的。

（3）选律不同

红外光谱中，分子的振动是否具有红外活性取决于分子振动时偶极矩是否发生变化。一般极性分子及基团的振动会引起偶极矩的变化，因此通常都具有红外活性。

在拉曼光谱中，也不是所有的分子振动都具有拉曼活性。如果物质质点的大小远远小于入射光的波长，通常就会发生散射现象。根据经典理论，可看作入射光的电磁波使分子极化后而产生散射。分子都是可以极化的，因此产生瑞利散射，而极化率随分子内部运动（振动或转动）而变化，从而产生拉曼散射。由此可得，分子的振动是否具有拉曼活性主要取于分子在运动过程中某一固定方向上分子极化率的变化。

分子振动使原子间距离发生改变，从而引起分子极化率变化时才能产生拉曼散射。只有极化率发生改变的分子振动才具有拉曼活性。拉曼散射强度与分子极化率成正比。所谓极化率就是分子在电场（如光波这种交变的电磁场）作用下其中的电子云变形的难易程度。分子的极化率α是诱导偶极矩ρ与外电场的强度E之比，即

$$\alpha = \rho/E$$

拉曼散射与入射光电场E所引起的分子极化的诱导偶极矩有关，拉曼谱线的强度正比于诱导跃迁偶极矩的变化。

一般非极性分子及基团的振动会引起分子变形，引起极化率变化，从而具有拉曼活性。极化率变化可以用振动所通过的平衡位置两边的电子云形态差异的程度来进行估计。差异越大，电子云相对于骨架的移动越大，极化率就越大。如图6-3所示，CS_2是一个三元线性分子，有$3\times3-5=4$个基本振动。在对称伸缩振动v_1中，振动通过平衡位置的两边没有偶极矩的变化，所以为非红外活性，但电子云形状有明显变化，即极化率发生了变化，所以具有拉曼活性。伸缩振动v_3和v_4是二度简并振动，只发生在相互垂直的两个平面上，与不对称伸缩振动v_2一样，在平衡位置前后的电子云形状相同，即没有极化率变化，因此没有拉曼活性，只有红外活性。

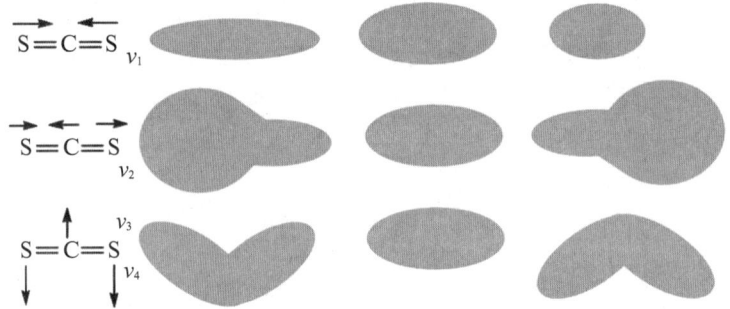

图6-3　二硫化碳分子振动及其电子云和极化率的变化示意图

一般来说，对于任何分子，我们都可以粗略地用下面的原则来判断其是否具有拉曼或红外活性。

①相互排斥规则：凡具有对称中心的分子，若其分子振动具有拉曼活性，则其就是非红外活性的。反之，若具有红外活性，则就是非拉曼活性的。例如，O_2分子只有一个对称伸缩振动，不具有红外活性，但是具有拉曼活性。

②相互允许规则：凡是没有对称中心的分子，若其分子振动具有拉曼活性，则也具有活性红外。例如，H_2O为不具有对称中心的分子，其三个振动既具有红外活性，也具有拉曼活性。

③相互禁阻规则：少数分子振动既不具有红外活性，也不具有拉曼活性。如乙稀分子的扭曲振动，既没有偶极距变化，也没有极化率的变化，在红外光谱和拉曼光谱中都不能观察到振动谱带。

拉曼光谱可提供的定性定量分析，不仅快速、简单、可重复，还无损伤。与红外光谱相比，拉曼光谱具有以下诸多优点。

①拉曼光谱的形成是散射过程，任何形状、尺寸、透明度的样品，只要能被激光照射到，就可直接用拉曼光谱测定，它无须样品准备。样品可直接通过光纤探头或者通过玻璃、石英、和光纤测量。

②水分子极性很强，对红外光吸收明显，因此红外光谱不适用于分析水溶液中的样品，并且含水样品使窗口材料和检测器难以选择。但水的拉曼散射很微弱，所以拉曼光谱可用于测试含水的样品，是研究水溶液中的生物样品和化合物的理想工具。玻璃的拉曼散射也较弱，因此玻璃可作为拉曼光谱仪的理想窗口。这样，固体粉末、高聚物、纤维、单晶和液体样品都可以通过拉曼光谱测定，因为样品可放于玻璃毛细管中进行检测。

③拉曼光谱一次可以同时覆盖测量$40\sim4000\ cm^{-1}$的低频区间及中红外区，可对有机物及无机物进行分析。低波数段测定容易，如金属与氧、氮结合键的振动nM—O和nM—N等。如果让红外光谱覆盖测量相同的区间，如远红外区，则必须改变光束分离器、滤波器和检测器等。

④拉曼光谱的谱峰清晰尖锐，更适合定量研究、数据库搜索，以及运用差异分析进行定性研究。在化学结构分析中，独立的拉曼区间强度可以和官能团的数量相关。

⑤因为激光束的直径在聚焦部位通常只有$0.2\sim2\ mm$，常规拉曼光谱只需要少量的样品就可进行测量。这是拉曼光谱相对常规红外光谱一个很大的优势。而且，拉曼显微镜的物镜可将激光束进一步聚焦至$20\ \mu m$甚至更小，可分析更小面积的样品，因此分辨率很高。时间分辨测定可以跟踪10^{-15} s数量级的动态反应过程。利用共振拉曼效应、表面增强拉曼效应可以提高测定灵敏度。

⑥共振拉曼效应可以用来有选择性地增强生物大分子各发色基团的振动，这些发色基团的拉曼光谱的强度能被选择性地增强$1000\sim10\ 000$倍。

⑦拉曼光谱中很少有谐波和组合波的情况，在形态和解析上较红外光谱简单。

⑧拉曼光谱的选择性高，分析复杂体系时不必将其分离，各特征谱带十分明显。

⑨拉曼光谱利用的退偏振比，能够给出分子振动对称性的明显信息。

红外光谱利用的两个基本参数是波数/频率和光强度，拉曼光谱还有一个重要参数，即退偏振比。激光是线偏振光，而大多数的有机分子是各向异性的，因此在不同方向上的分子被入射光电场极化的程度不同。在红外光谱中，只有单晶和取向高分子才可测出偏振；在激光拉曼光谱中，完全自由取向的分子所散射的光也可能是偏振的，因此一般在拉曼光谱中用退偏振比（或称为去偏振度）ρ表征分子对称性振动模式的强弱。退偏振比ρ可用于确定分子的对称性。退偏振比ρ定义为

$$\rho = \frac{I_\perp}{I_{/\!/}}$$

式中，$I_\perp$是与激光电矢量相垂直的谱线强度，$I_{/\!/}$是与激光电矢量相平行的谱线强度。

退偏振比ρ与分子极化率各向异性度有关，如分子的极化率中各向同性部分为a，各向异性部分为b，则

$$\rho = \frac{3b^2}{45a^2 + 4b^2}$$

对于球形对称振动，$b = 0$，因此$\rho=0$，可知ρ值越小，分子的对称性越高。若分子是各向异性的，则$a = 0$，$\rho = 3/4$。非全对称振动的$\rho = 0\sim3/4$。因此测定拉曼谱线的退偏振比ρ，就可以确定分子的对称性。

$\rho < 3/4$ 的谱带称为偏振谱带，表示分子有较高的对称振动模式。$\rho = 3/4$ 的谱带称为退偏振谱带，表示分子对称振动模式较弱。分别采集平行和垂直两幅光谱，就可求得退偏振比。

⑩红外光谱适用于分子中基团的测定，拉曼光谱更适用于分子骨架的测定。

⑪一些在红外光谱中为弱吸收或强度变化的谱带，在拉曼光谱中可能为强谱带，从而有利于这些基团的检出，如 S—S、C—C、C=C、N=N 等红外吸收较弱的基团，在拉曼光谱中信号较为强烈。

⑫由斯托克斯线和反斯托克斯线的强度比可测定样品体系的温度。

拉曼光谱由于使用激光光源，因此可能在测试中破坏样品。拉曼光谱最大的缺陷就是荧光散射，强烈的荧光会掩盖样品的信号。在一些情况下，荧光强度甚至可以比拉曼散射光强度强 10^6 倍，因此拉曼光谱一般不适用于荧光性样品的测定。

6.5 拉曼光谱与荧光光谱的比较

（1）机理不同

荧光的产生是由处于基态最低振动能级的荧光物质分子受到光照，吸收了和它所具有的特征频率相一致的光后，跃迁到电子激发态的各个振动能级，然后通过无辐射跃迁，返回到第一电子激发态的最低振动能级，接着继续降落到基态的各个不同振动能级，同时发射出相应的光子。而拉曼散射则是处于振动基态的分子吸收了入射光子的能量 $h\nu_0$ 后跃迁到虚态 $E_0 + h\nu_0$，然后从虚态跃迁回振动激发态，放出能量为 $h\nu_0 - \Delta\nu$ 的斯托克斯线；而处于振动激发态的分子吸收了入射光子的能量 $h\nu_0$ 后跃迁到虚态 $E_1 + h\nu_0$，然后又回到基态，同时放出能量为 $h\nu_0 + \Delta\nu$ 的反斯托克斯线。如果入射光是可见光，则拉曼谱线往往也是可见光。

（2）激发光不同

分子荧光光谱只限于被分子所吸收的一些频率的光所激发，拉曼光谱则可被任意频率的光所激发。

（3）光谱强度不同

荧光谱线的强度与激发光的强度处于同一个量级，而拉曼光谱的强度比激发光的强度弱 6 个数量级以上。

6.6 拉曼光谱的特征谱带

拉曼光谱具有以下特征谱带：

①同种分子的非极性键 S—S、C=C、N=N、C≡C 产生强拉曼谱带。因可变形的电子云逐渐增大，因此拉曼谱带随单键→双键→三键逐渐强度增加。

②在红外光谱中，由 C≡N、C=S、S—H 伸缩振动产生的谱带一般较弱或强度可变，而在拉曼光谱中则是强谱带。C—O—O—C 的对称伸缩在 880 cm^{-1} 附近也是强谱带。

③环状化合物的对称伸缩振动常常是最强的拉曼谱带。

④在拉曼光谱中，X=Y=Z、C=N=C、O=C=O 这类键的对称伸缩振动是强谱带。在红外光谱中，这类键的对称伸缩振动是弱谱带。相反，反对称伸缩振动在拉曼光谱中较弱，而在红外光谱中却较强。

⑤C—C伸缩振动在拉曼光谱中是强谱带。

⑥醇和烷烃的拉曼光谱是相似的，因为与C—H和N—H的谱带相比较，O—H的拉曼谱带较弱，而C—O键与C—C键的力常数或键的强度没有很大差别，羟基和甲基的质量仅相差2个单位。

6.7 拉曼光谱仪

瑞利散射强度通常约为入射光强度的10^{-3}或者更低，而强拉曼散射带的强度一般约为瑞利散射强度的10^{-3}，能量很弱。因此在激光问世之前，要获得一张物质分子的拉曼谱图非常不容易。激光的问世，为拉曼光谱仪提供了良好的激发光源。

6.7.1 拉曼光谱仪组成

拉曼光谱仪由激光光源、样品池、分光器、检测系统和数据处理系统等组成，如图6-4所示。

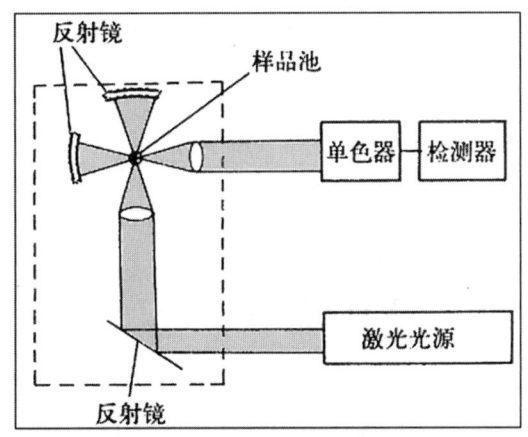

图6-4 拉曼光谱仪结构示意图

（1）激光光源

由于拉曼散射很弱，因此要求光源强度大，一般用激光作为光源。激光能发射出可见光、红外光、紫外光等光线。如具有308 nm、351 nm发射光线的紫外激光器，Ar^+激光器一般在488.0 nm、514.5 nm等可见区发光，而Nd:YAG激光器则在1064 nm的近红外区发光。普通光源由原子或分子自发辐射产生，激光光源是原子或分子受激辐射产生。与普通光源相比，激光以其单色性、功率强及极好的方向性等特点成为了拉曼光谱的理想光源。激光出现以前主要用低压水银灯作为拉曼光谱仪的光源，目前几乎已不再使用。激光光源的使用，使拉曼谱线变得简单且利于解析，也使获得谱图的时间变短，同时因激光是偏振光，去偏振度的测试也变得较为容易。

为了激发拉曼光谱，对光源最主要的要求是具有好的单色性，即线宽要窄，并能够在试样上给出高辐照度。气体激光器能满足这些要求。各种气体激光器可以提供许多条功率水平不同的激发线。最常用的是氩离子（Ar^+）激光，可发出波长为514.5 nm、496.5 nm和488.0 nm的激光，单频输出功率为0.2～2 W左右。也可用氦-氖激光器，其发出的光的波长为 632.8 nm，单频输出功率约为 50 mW。表 6-1 为不同激光器的激发波长。

表 6-1　不同激光器的激发波长

激光器	激发波长（nm）
氦-铬激光器	325
氩离子激光器	488、496.5、514.5
氪离子激光器	530.9、647.1
氩-氪离子激光器	568.2、647.1
氦-氖激光器	632.8
二极管激光器	782、830
染料激光器	600～1000
Nd:YAG 激光器	1064

激发光源的波长可以不同，不会影响其拉曼散射的位移，但对荧光以及某些激发光线会产生不同的结果。

测定共振拉曼光谱需要可调节的激发光源，如氩离子激光泵浦连续波环形染料激光器或高重复频率准分子激光泵浦脉冲染料激光器。

（2）外光路系统及样品装置

激光器之后到单色器之前的一系列光路为外光路系统和试样装置，其作用是分离所需要的激光波长，以便在试样上得到最有效的照射，不仅最大限度地收集拉曼散射光，还应适用于不同状态的试样（固体、液体）在各种不同条件（如高、低温等）下的测试。

由于拉曼散射的效率很低，装置要能以最有效的方式照射样品和聚集散射光，其光学设计是非常重要的。装置通常采用聚焦激光束照射到试样上，以提高试样上的辐照度，产生拉曼散射；也可采用多重反射装置。为减少光热效应和光化学反应的影响，拉曼光谱仪的样品池多采用旋转式样品池。

（3）分光系统

分光系统是拉曼光谱仪的核心部分，它的主要作用是把散射光分光并减弱杂散光。由于测定的拉曼位移较小，分光系统要求有高的分辨率和低的杂散光，一般用双联单色器来实现。由于色散是相加的，两个单色器耦合起来，可以得到较高的分辨率（约 1 cm^{-1}）。双联单色器的杂散光（在 50 cm^{-1} 处）可以达到入射光强度的 10^{-11}。为了进一步降低杂散光，有时需要加一个联动的第三单色器，此时分辨率得到提高，但谱线强度也相应减弱。

（4）检测系统

拉曼光谱仪的检测器将检测到的光信号转变为电信号。因拉曼散射的信号较弱，因此要求检测器具有较高的灵敏度。过去，拉曼光谱仪的检测器一般为光电倍增管，用不同波长激发。散射光在不同的光谱区，要选用合适的光谱响应光电倍增管。为了减少其暗电流（降低噪声），以提高信噪比，需用制冷器冷却光电倍增管。处理光电倍增管输出的电子脉冲的方法主要有直流放大法和光子计数法。经光电倍增管接收后的拉曼散射光被转变为电信号，经直流放大器放大后就可以被记录下来。现在常用由电荷耦合器件（charge coupled device，CCD）构成的多通道检测器。这种检测器被做成阵列，就可以在低噪声下进行快速全光谱扫描，并可进行瞬态多点采集数据。

6.7.2 使用拉曼光谱仪时的注意事项

在使用拉曼光谱仪时需注意以下事项。

①保证使用环境具备暗室条件，无强震动源，无强电磁干扰，另外不可受阳光直射。

②如光学器件表面有灰尘，不允许接触擦拭，可用气球小心吹掉。

③测试前，光源最好预热 5~10 min，以确保光源的稳定性。

④测试时，尽量戴上防护眼镜，严禁直视打开的拉曼探头。

⑤实际测量中，随着狭缝宽度加大，分辨率线性下降，使谱线展宽。

⑥实际测量中，注意调节，把散射光正确地聚焦到入射狭缝上，否则不但会降低分辨率，也会影响信号灵敏度。

⑦提高激发光强度或增加缝宽都能够提高信噪比，但在进行低波数测量时，这样做常常会因为增加了杂散光而适得其反。

⑧在使用普通的拉曼光谱仪进行测试时，一般用长波长的激光谱线作为激发光，这对获得高质量的谱图有利。然而，长波长的激光谱线作为激发光，容易产生荧光干扰。

⑨多选用能产生较强拉曼信号且其拉曼峰不与待测拉曼峰重叠的基质，或外加物质分子作为内标并加以校正。其内标的选择原则和定量分析方法与其他光谱分析方法基本相同。

⑩拉曼光谱仪使用结束后，先关闭激光器，断开光谱仪，关掉软件，让散热风扇吹 1~2 min 后再关电源。

6.8 拉曼光谱的测试与分析

在拉曼光谱的测试中，为了得到高质量的谱图，我们除选用性能优异的拉曼光谱仪外，还须准确地使用光谱仪，才能有效控制和提高仪器分辨率和信噪比。

6.8.1 测试条件的选择

（1）狭缝

出射、入射和中间狭缝是拉曼光谱仪的重要部分。入射、出射狭缝的主要功能是控制仪器分辨率，中间狭缝主要是用来抑制杂散光。对于一个光谱仪，即使用绝对单色光照射狭缝，其出射光也总有一定宽度的光谱分布。这主要是由仪器光学系统的像差以及系统调整等因素造成的，并由此决定了仪器的极限分辨率。在实际测量中，随着狭缝宽度加大，分辨率呈线性下降，谱线展宽。

（2）孔径角的匹配

在实际测量中，应注意把散射光正确地聚焦到入射狭缝中，否则不但会降低分辨率，也会影响信号的灵敏度。

（3）激发功率

提高激发光强度或增加缝宽能够提高信噪比，但在进行低波数测量时，这样做常常会增加杂散光而适得其反。一般应首先尽量降低杂散光，如适当减小狭缝宽度、保证仪器光路准直等，然后再考虑重复扫描、增加取样时间或计算机累加平均等方法来消除激光器、光电倍增管及电子系统带来的噪声。

（4）激发波长

一般情况下，拉曼光谱是不随激发波长的变化而变化的，但激发波长对杂散光及信噪比的影响十分显著。当狭缝宽度不变时，用514.5 nm的氩激光激发样品所产生的杂散光比用488.0 nm的氩激光要小1～2个数量级（±100 cm^{-1} 范围内），并且分辨率有所提高。这是由于长波长激光对仪器内的少量灰尘或试样中缺陷的散射弱，同时由于在狭缝宽度一样时不同波长的光由出射狭缝出射时所包含的谱带宽度不一样，所以一般用长波长的激光谱线作为激发光，对获得高质量的谱图有利。然而，长波长的激光容易产生荧光干扰。不同的激发波长，产生荧光的相对位置不同。激发波长在紫外区域或近红外区域可以避免荧光的干扰。

另外，测试时选择不同激发波长可以分析样品不同层面的信息。

（5）其他

入射激光的功率、样品池厚度和光学系统的参数也对拉曼信号强度有很大的影响，因此多选用能产生较强拉曼信号且其拉曼峰不与待测拉曼峰重叠的基质，或外加物质分子作为内标并加以校正。内标的选择原则和定量分析方法与其他光谱分析方法基本相同。

6.8.2　样品制备

拉曼光谱与红外光谱相同，固、液、气体的样品都可以进行测试。

固体粉末不需要进行特殊处理，只要把粉末放在平底的小玻璃管或毛细管中，样品用量只需5 mg甚至数微克。一般使用玻璃或石英玻璃作为容器，因其可完全透光而不会产生吸收。

液体样品一般在玻璃毛细管中测定。液体可以在水溶液中测定，因为水的干扰吸收带很小，也可以把粉末悬浮在水中。测定时样品量尽可能少，因为在大多数的情况下，激光光束穿透样品的厚度不大于0.2 mm。

能否提高散射强度，样品的放置方式非常重要。气体样品可采用内腔方式，即把样品放在激光器的共振腔内。一般情况下，气体样品采用多路反射气槽。液体和固体样品则放在激光器的外面。液体样品可用毛细管和多重反射槽。粉末样品可装在玻璃管内，也可压片进行测量，还可配成溶液。水的拉曼光谱较弱，干扰小，因此可将样品配成水溶液进行测试。特别对于只能溶解在水溶液中的生物活性分子，拉曼光谱具有独特的优势。一些不稳定或贵重的样品，可不拆封直接用原装瓶进行测试。

6.8.3 拉曼光谱图常规分析方法

由于不引起分子偶极矩改变的振动属于非红外活性的振动，不能形成振动吸收，使红外光谱的应用受到一定程度的限制。但是这些红外非活性的振动信息可以通过拉曼光谱来获得。故拉曼光谱常作为红外光谱分析的补充技术，二者俗称"姐妹光谱"。拉曼光谱和红外光谱都反映了分子的振动频率特征，因此红外光谱的分析方法同样也适用于拉曼光谱。

在进行拉曼光谱分析时，1500 cm^{-1} 被作为分界点。1500 cm^{-1} 以上的谱带必定属于一个基团的频率，解释只要是可靠的，一般就可以确信其推论。1500 cm^{-1} 以下的区域也被称为指纹区，这一区域的谱带可以是基团频率也可以是指纹频率。通常频率越低，谱带就越不会是来自于基团振动，即使在这个区域内有一个谱带具有某一基团的确切频率，也不一定能断定这个基团的存在。

近红外光区的吸收带（0.76~3 μm，或 13 333~4000 cm^{-1}）主要是由低能电子跃迁、含氢原子团（如 O—H、N—H、C—H）伸缩振动的倍频吸收产生。这一区域的光谱可用来研究稀土和其他过渡金属离子的化合物，并适用于水、醇、某些高分子化合物以及含氢原子团化合物的定量分析。

中红外光区吸收带（3~30 μm，或 4000~400 cm^{-1}）是绝大多数有机化合物和无机离子的基频吸收带，是由基态振动能级跃迁至第一振动激发态时，所产生的吸收峰。基频振动是红外光谱中吸收最强的振动，所以这一区域最适用于红外光谱的定性和定量分析。同时，中红外光谱的获得最为成熟、简单，而且目前已积累了大量的数据资料，因此是应用极为广泛的光谱区。

远红外光区吸收带（30~1000 μm，或 400~10 cm^{-1}）是由气体分子中的纯转动跃迁、振动-转动跃迁、液体和固体中重原子的伸缩振动、某些变角振动、骨架振动以及晶体中的晶格振动所引起的。低频骨架振动能灵敏地反映出结构变化，所以对异构体的研究特别方便，此外，还能用于金属有机化合物（包括络合物）、氢键、吸附现象的研究。但是这一区域的光能量弱，除非其他波长的区间内没有合适的分析谱带，一般不在此范围内进行分析。

从拉曼光谱上一般可以获得有关材料的如下信息。
① 由拉曼光谱的位移值（频率）可以获得材料的组成；
② 由拉曼峰频率的改变可获得材料的应力状态；
③ 由拉曼光谱的偏振峰可获得与材料结晶的对称性和取向相关的信息；
④ 由拉曼峰的宽度可获得与材料结晶的性质或品质相关的信息；
⑤ 由拉曼峰的强度可获得与材料的量相关的信息。

6.8.4 荧光抑制或消除的方法

拉曼光谱最大的不足就是存在荧光干扰。拉曼散射光极弱，一旦样品或杂质产生荧光，拉曼光谱就会被荧光所淹没。荧光通常来自样品中的杂质，但有的样品本身也可发射荧光。抑制或消除荧光干扰的方法有如下几种。

(1) 纯化样品

一般来说，荧光来源于样品中的杂质，如果在测试中发现样品中有荧光，应先将样品进行纯化。

(2) 强激光长时间照射样品

一般来说，可选择较大功率的激光对样品进行长时间照射，可消除荧光干扰。虽然无法解释为什么用激光长时间照射样品能够有效地消除荧光干扰，但是在很多情况下用这种方法确实能达到消除荧光干扰的效果。激光功率有时可达几瓦，照射时间从几分钟到几小时不等。具体功率和照射时间根据不同样品进行选择。

(3) 改变激发光的波长

选用不同波长的激发光不会改变样品的拉曼散射相对位移，却可以改变荧光的波长。因为选用的是不同波长的激发光，所以荧光的相对位置不同。因此在测试样品的拉曼光谱时，选择合适的激发波长是消除荧光干扰的首选之举。在实际测试中，研究者也常用这种方法识别荧光峰。

(4) 使用脉冲激光光源

当激光照射到样品时，样品产生荧光和拉曼散射的时间不同。若用脉冲激光光源照射样品，则在 $10^{-11} \sim 10^{-13}$ s 内产生拉曼散射，在 $10^{-7} \sim 10^{-8}$ s 后才产生荧光。因此，测试时可利用产生拉曼散射和荧光的时间差将拉曼散射与荧光分开。

(5) 采用傅里叶变换拉曼光谱仪

傅里叶变换拉曼光谱仪采用 1064 nm 的近红外区激光激发，这样可以抑制电子吸收，既改善了激光对样品的光分解，又可使拉曼光出现在近红外区，荧光出现在可见区。近红外激发的傅里叶变换拉曼光谱仪的优势在于利用近红外激发光激发样品可完全避免荧光对于拉曼散射光的干扰，具有现场检测的特性及对多种复杂样品的适用性。例如，聚氨酯弹性体的拉曼光谱中就有强烈的荧光背景，从而掩盖了材料的特征拉曼谱带。在进行拉曼光谱测定时，要求样品必须对激发辐射透明，即激发的谱线不能被样品所吸收，否则本身已经很弱的拉曼光谱线将被淹没。对于极化率很低的硅酸盐矿物，拉曼效应很弱，因而限制了拉曼光谱在此类矿物上的应用。

(6) 加入荧光猝灭剂

在样品中加入少量的荧光猝灭剂，如1%的硝基苯、KBr、AgI等，就可有效消除荧光的干扰。

(7) 其他方法

利用相干反斯托克斯技术、频率调制光谱法、信号平均法等，也可达到消除荧光干扰的目的。

6.8.5 拉曼光谱用于分析的优缺点

(1) 拉曼光谱用于分析的优点

可用于拉曼光谱测试的样品种类和形式多样，可以是固体、液体、气体或任何形式的混合体系，如浆状物质、凝胶物质或含有固体颗粒的气体等。样品可以是不透明的、高黏性或含悬浮物的液体，这些在近红外或中红外光谱中都是难以测试的。拉曼光谱测试不需要对样品进行前处理，省去了样品的制备过程，避免了一些误差的产生。测试时样品需求量较少，可达毫克甚至微克数量级，适用于微量样品的测试。并且分析过程操作简便，具有测定时间短、灵敏度高等优点。拉曼光谱测试时的采样方式也比较灵活，可对样品进行非接触、无损伤检测，适用于对稀有或珍贵的样品进行分析。另外，水在拉曼光谱中的干扰较低，因此可直接测试含水样品。拉曼光谱对测试水溶性的生物分子具有独特的优势，因此可用拉曼光谱检测活体中的生物物质。

（2）拉曼光谱用于分析的不足

尽管拉曼光谱具有诸多优势，但是在应用上也有以下局限。

①荧光效应会对拉曼光谱带来很大的背景干扰。

②不同振动峰会重叠，且拉曼散射强度容易受光学系统参数等因素的影响。

③在进行傅里叶变换-拉曼光谱分析时，常常会遇到曲线的非线性问题。

④因为在拉曼光谱测试时使用的是高能激光光源，可能破坏样品，也可能对测试人员造成伤害，因此拉曼光谱仪必须具有封闭的安全设计。

⑤任何一种物质的引入，都可能对分析结果产生一定的影响。

6.9 拉曼光谱的应用

拉曼光谱分析技术是以拉曼效应为基础建立起来的分子结构表征技术，其信号来源于分子的振动和转动，含有丰富的分子结构信息及诸多优点。另外，拉曼光谱不仅仅局限于研究分子内的振动，一些晶格及固体的振动同样具有拉曼活性。在某些领域，如高分子或半导体领域，拉曼光谱是重要的分析手段。例如，用普通的拉曼光谱可对半导体、陶瓷等无机材料的剩余应力进行分析，对它们的晶体结构进行解析等。拉曼光谱还是分析合成高分子材料、生物大分子的重要手段，如分子取向、蛋白质的巯基、卟啉环等的分析等。在气相样品中，转动和振动同时存在，一般由此产生的振动或转动光谱被广泛用于研究燃烧和气相反应。拉曼光谱涉及的范围广，涵盖多种学科的检测，因此在化学、材料、物理、高分子、生物、医药、地质、环境、刑侦和考古等领域都有着广泛的应用。拉曼光谱的分析方向有以下几种。

①定性分析：不同的物质具有不同的特征光谱，因此可以通过光谱进行定性分析。

②结构分析：通过光谱谱带对物质进行结构分析。

③定量分析：根据物质对光谱的吸光度的特点，可以对物质的量做出很好的分析。

6.9.1 拉曼光谱在无机化学研究中的应用

测定无机化合物的结构，主要利用拉曼光谱研究无机键的振动方式，以确定某些无机原子团的结构。对于无机体系，拉曼光谱比红外光谱要优越得多，因为在振动过程中，水的极化率变化很小，因此其拉曼散射很弱，干扰很小。例如，汞离子在水溶液中可以以 Hg^+ 或 Hg^{2+} 的形式存在，红外光谱中没有吸收，但在拉曼光谱中的 169 cm^{-1} 附近出现强偏振线，以此可表明 Hg^{2+} 的存在。

在金属配合物中，金属-配位体键的振动频率一般在 100～700 cm^{-1} 的范围内，用红外光谱研究比较困难。然而，这些键的振动常具有拉曼活性，且在此范围内的拉曼谱带易于观测，因此使用拉曼光谱可对配位化合物的组成、结构和稳定性等方面进行研究。配位体在形成配合物后其拉曼光谱一般会出现谱带增多和谱带位移的现象。

许多无机化合物具有多种晶型结构，各自具有不同的拉曼活性，因此使用拉曼散射光谱可以测定红外光谱无法测定的这些无机化合物的晶型结构。

6.9.2 拉曼光谱在有机化学研究中的应用

在有机化学研究中，拉曼光谱可用于测定分子结构和分子相互作用，与红外光谱互为补充，可鉴别一些特殊的分子结构或基团。拉曼位移的大小、强度和拉曼峰的形状是鉴定化学键、官能团的重要依据。利用偏振特性，拉曼光谱还可以作为分子异构体判断的依据。

例如，具有红外活性的分子振动，其偶极矩发生变化；具有拉曼活性的分子振动，其极化率发生变化。因此高度对称的分子振动是具有拉曼活性的，一些非极性基团和碳骨架的对称振动有强的拉曼谱带。高度非对称的振动是具有红外活性的，一些强极性基团的不对称振动有强的红外谱线。一般的有机分子则介于两者之间，可在两种光谱中都有所反映。

例如，$CH_3C{\equiv}CCH_3$ 的伸缩振动在 2200 cm^{-1} 有强的拉曼谱带，C_2H_5—S—S—C_2H_5 的 S—S 键在 500 cm^{-1} 有强的拉曼谱带，但是在红外光谱中却没有观察到它们的谱带。对于强极性基团，如—OH，在红外光谱中有着强烈的吸收峰，但是在拉曼光谱中却很难观察到—OH 的谱带。C=C 的拉曼散射很强，且随结构的变化而发生不同的变化，因此可用拉曼光谱有效测定顺反异构体或双键异构体。

在催化化学研究中，拉曼光谱能提供催化剂本身及其表面分子的结构信息，还可对催化剂合成过程进行实时研究。同时，拉曼散射光谱是研究电极-溶液界面结构和性能的重要方法，能在分子水平深化电化学界面结构、吸附和反应等基础研究并将结果应用于电催化、腐蚀和电镀等领域。

拉曼光谱仪的价格昂贵，拉曼光谱的研究不如红外光谱多，标准图谱有限，因此应用不如红外光谱广泛。

6.9.3 拉曼光谱在材料科学中的应用

拉曼光谱在材料科学中是研究和分析材料结构的重要手段，在相组成界面、晶界等研究中发挥着重要的作用。在固体材料中，拉曼散射激活的机制很多，反映的范围也很广，如分子振动，各种元激发（电子、声子、等离子等），杂质和缺陷等。拉曼散射光谱还能反映材料的晶相结构、颗粒大小、薄膜厚度、固相反应，可用于细微结构的分析及催化剂结构及催化机理的研究等。

（1）薄膜结构材料

对于化学气相沉积法制备的薄膜可以用拉曼光谱进行检测和鉴定，可研究薄膜中的单晶、多晶、微晶和非晶结构，因为晶态结构不同，不仅晶格振动不同，还存在声子色散等现象，所以拉曼光谱也不同。可利用晶粒粒度不同对应的拉曼散射的位移不同，研究晶粒粒度或复合材料中纳米颗粒的大小。例如，用拉曼光谱可研究二氧化钛薄膜孔径的大小，因为拉曼光谱的谱峰会随着粒子的粒径和孔径的大小发生变化。粒径变小会使峰的位置发生偏移，峰的不对称性加宽，峰强变弱。二氧化钛的体相锐钛矿拉曼峰在142 cm^{-1}，制成薄膜后拉曼峰位移到145 cm^{-1}，显示粒径大小为10 nm，与TEM的结果一致。再如，拉曼光谱可用于研究嵌埋在二氧化硅薄膜中量子点锗的颗粒大小。根据声子效应，嵌埋在二氧化硅中的量子点锗的低频拉曼光谱谱峰随着纳米颗粒锗的粒径减小而发生红移、展宽及对称性的消失，可判断量子点锗粒径的变化。在制备非晶硅或多晶硅薄膜的过程中，薄膜的不同厚度处晶化程度可能不同。利用不同波长的激发光在样品中穿透厚度不同，从而得到各厚度层的结构或晶态信息。

（2）超晶格材料

超晶格材料是指两种或两种以上的物质交替周期性地形成的层状材料，如GaAs/AlGaAs、Mn/Zn、Cu/TiO_2等。研究者可通过测定超晶格中应变层的拉曼位移来计算应变层的应力，并根据拉曼峰的对称性，判断晶格的完整性；或者通过拉曼光谱测量相变带来的晶格变化等来实现对材料相变的测量。

（3）半导体材料

当用一定频率的激发光照射半导体晶体时，入射光与晶体中的声子等元激发发生拉曼散射，散射光性质与晶体中的声子等元激发密切相关，通过对散射光频率、强度等性质的分析可获得晶体应力、晶体质量、组分、结温、自由载流子浓度等方面的信息。例如，拉曼光谱可检测出经离子注入后的半导体损伤分布、半导体的组分、外延层的质量、自由载流子浓度等重要信息。

（4）陶瓷材料

傅里叶变换拉曼光谱是陶瓷工业中快速而有效的测量技术。陶瓷工业中的常用原料如高岭土、多水高岭土、地开石和珍珠陶土等都有各自的特征谱带。拉曼光谱比红外光谱更具特征性。

温度不仅会使材料的结构发生相变，还会使能级结构发生变化，从而引起拉曼散射的变化。因此通过测试不同温度下陶瓷材料的拉曼光谱可研究其热稳定性。

6.9.4 拉曼光谱在碳基材料上的应用

不同结构的碳基材料及其衍生物因具有优异的性能，近些年来科学家们对这些物质展开了深入研究。每一种碳的同素异形体都具有清晰可辨的特征拉曼光谱，因此，在研究不同碳基材料的结构时，拉曼光谱成为了非常重要的手段。

（1）石墨的拉曼光谱

石墨由碳原子的六边形网状平面构建而成。理想的石墨晶体点阵结构属于六方晶系，由碳原子组成六角环网状结构的多层叠合体。在六角环中，碳原子以sp^2杂化形式存在。相邻两平面有一个平移操作空间群。

碳材料拉曼光谱的第一序区频率在1100～1800 cm^{-1}。在此范围内，有两条分别代表不同化学结构的特征谱线。1583 cm^{-1}为G（graphite）峰，是石墨的E_{2g}光学膜对称性振动，峰强与激发光的偏振方向无关。出现G峰，表明样品中存在单晶石墨或多晶石墨。在第二序区，存在G′峰，频率取决于激发光能量，$E = 2.414$ eV的激发能量对应的G′峰位于2700 cm^{-1}附近。

对于不同层数的多层石墨，拉曼光谱显示出的G峰和G′峰的不同半峰宽和峰强反映出多层石墨层与层之间的相互作用。多层石墨的G′峰比G峰宽，但强度较弱。因此，可根据这两个峰区分单层石墨与多层石墨。

存在缺陷或无序结构的石墨在1360 cm^{-1}附近会出现拉曼峰，称为D（defect）峰，代表来自石墨布里渊区K点的声子模式。有时在1620 cm^{-1}附近也会出现一个小峰，称为D′峰，同样属于缺陷诱导峰。对于单晶石墨，只有G线，没有D线。存在无序结构的石墨，其碳微晶排列紊乱，因此D线较强。有序程度和石墨化程度越低，D峰的强度越大，而G峰的强度逐渐减弱。D峰和G峰的相对强度比值可以用作判断微晶的有序程度或缺陷多少的依据，比值越小说明结构越规整，缺陷越少。另外，随着激发光能量的增加，D峰会向高能方向移动，这种位移在激发光从近红外到近紫外的能量范围内是线性的，相应斜率为45～50 $cm^{-1} \times eV^{-1}$。

（2）碳纳米管的拉曼光谱

碳纳米管作为一种一维纳米材料，是呈六边形排列的碳原子完美连接的同轴圆管。碳纳米管中碳原子以sp^2杂化为主，同时六角形网格结构存在一定程度的弯曲，形成空间拓扑结构，其中可形成一定的sp^3杂化键，这些p轨道彼此交叠在碳纳米管石墨烯片层外形成高度离域化的大π键。拉曼光谱作为一种无损伤的测试手段，可快速表征碳纳米管的存在，提供碳纳米管在空间分布和结构性质等方面的信息。

单壁碳纳米管的拉曼光谱分别有四种模式的特征峰：160～300 cm^{-1}的呼吸振动模式，对应碳纳米管所有碳原子在径向以相同相位振动，就像碳纳米管在呼吸一样；1250～1450 cm^{-1}的双共振拉曼模式（D峰，来源于缺陷）；1500～1605 cm^{-1}的切向振动模式（G峰）；2500～2700 cm^{-1}的二阶模式。D峰与G峰的比值同样可以用来判断碳纳米管的有序程度或缺陷多少。不同特征峰分别对应着C=C键的不同振动方式，每种振动模式的差异又与碳纳米管的结构密切相关。

因为拉曼光谱的位移可特征性地表征碳纳米管的形变，拉曼光谱可用于检测碳纳米管与聚合物形成的复合物中的一些信息。例如，可根据峰位的偏移和峰宽的改变检测碳纳米管与聚合物的相互作用，可研究聚合物中碳纳米管的取向以及碳纳米管与聚合物复合材料对应力的响应等。

（3）富勒烯

富勒烯是由碳原子构成的非平面五元环、六元环等所构成的封闭式空心球形或椭球形结构的共轭烯，是碳的一种同素异形体。最丰富的富勒烯是C_{60}，也称为巴基球（buckyball）。与石墨相似，每个碳原子以sp^2杂化轨道和相邻的三个碳原子相连，剩余的p轨道在C_{60}分子的外围和空腔形成π键。

拉曼光谱是研究富勒烯的关键实验技术，这是因为富勒烯具有共振拉曼增强效应、谱线简单以及容易获得较强的拉曼谱线。富勒烯的拉曼光谱中一般有10个峰，分别为8个Hg模式、2个Ag模式，分别位于273 cm^{-1}、432 cm^{-1}、497 cm^{-1}、710 cm^{-1}、

772 cm^{-1}、1100 cm^{-1}、1251 cm^{-1}、1424 cm^{-1}、1468 cm^{-1}、1575 cm^{-1}附近。其中，振动频率为 1468 cm^{-1} 的 Ag$_2$ 模式对应着 C$_{60}$ 分子中五元环的切向收缩振动，是 C$_{60}$ 分子的特征振动模式。

经过蓝绿激光辐照、高压或掺杂处理后，C$_{60}$ 晶体的分子间可形成共价键。当 C$_{60}$ 发生聚合反应时，Ag$_2$ 振动将向低频位移。聚合过程通常通过环加成过程完成。利用拉曼光谱可对 C$_{60}$ 的聚合过程进行表征。

（4）金刚石

拉曼光谱属于非破坏性表征，无须对样品进行特殊处理，可对同一样品的分布进行空间分辨的谱线成像，同时金刚石的拉曼光谱具有明显的特征谱线，因此常用拉曼光谱对单晶金刚石及化学气相沉积法制备的金刚石薄膜进行组分含量和完整性研究，也可通过拉曼频率的变化研究金刚石和金刚石薄膜中的应力，还可研究金刚石和金刚石薄膜的掺杂情况。

单晶金刚石属于立方晶系，由四面体结构的 sp^3 杂化键组成，其特征拉曼谱线位于 1332 cm^{-1} 附近，一般来说，1332 cm^{-1} 的拉曼峰比较尖锐，但在纳米金刚石中，由于尺寸的影响，将出现宽化现象，同时强度下降。峰的强度、位置及半峰宽与金刚石晶体的结晶度、缺陷密度、杂质及内应力之间有着明显的关系。实验表明，当金刚石薄膜中含有非金刚石碳时，在 1500～1590 cm^{-1} 之间存在一个宽化的拉曼峰，当非金刚石碳含量减少时，这个宽峰的强度将逐渐减弱，甚至消失。

6.9.5 拉曼光谱在高分子材料上的应用

高分子材料的结构分析一直是一个难点。拉曼光谱的频率、谱带强度、峰形和退偏振比等提供的关于化学键、官能团、分子结构和组成、构象、立体规整性、结晶和取向、分子相互作用、表面和界面等重要信息可用于对高分子材料的结构和性能进行研究。拉曼峰的宽度可表征高分子材料的立体化学纯度。如无规立构或以头-头、头-尾方式链接的高分子，其拉曼峰弱而宽，高度有序的高分子的拉曼谱带则强而尖锐。

同核（C—C、S—S、N—N）单键和多键确立了聚合物结构与拉曼谱带间的对应关系。在 800～1500 cm^{-1} 范围内的 C—C 伸缩振动的强拉曼谱带可用于研究烃类异构体，在此基础上很容易区分伯、仲、叔和环状分子。对于含有烯烃的大分子，拉曼光谱主要检测其主链和侧链中的双键、顺反异构及共轭特征。

大分子中的某些基团沿单键旋转，可生成旋转异构体。在不同的外界条件下，如不同温度或不同浓度下，某些分子可生成一种或几种异构体，有些不同的异构体之间可按一定的规律发生互变，成为互变异构体；还有一些分子受温度或压力的作用可发生相变，有的相变是可逆的，有的相变则不可逆。分子的旋转异构、互变异构和相变都会在分子光谱中表现出来。拉曼光谱是研究这些现象的有效方法之一。拉曼光谱与红外光谱具有互补性，因此结合两种方法可获得丰富的分子结构信息。例如，聚氧化乙烯（PEO）的重复结构单元氧化乙烯（—CH$_2$CH$_2$O—）是螺旋结构，因此不存在对称中心。聚硫化乙烯（PES）分子的重复结构单元为硫化乙烯（—

CH$_2$CH$_2$S—），为证明PES与PEO一样不存在对称中心，分别对PES分子进行红外光谱和拉曼光谱的测试。结果发现，PES的红外光谱和拉曼光谱中仅有两条谱带的频率比较接近，因此推断PES与PEO具有不同的构象。分子结构的对称性决定了光谱的选择定则。比较理论结果与实际测量所得的光谱，就可判断所提出的结构模型是否准确。这种方法在研究小分子和大分子构象上都具有重要作用。

高分子材料在拉伸形变时，链段和链段间的相对位置会发生改变，从而使拉曼光谱发生变化。例如，用纤维增强热塑性或热固性树脂可得到高强度的复合材料，树脂和纤维之间的应力转移效果是决定复合材料力学性能的关键因素。以聚丁二炔单晶纤维增强环氧树脂对环氧树脂进行拉伸，此时外加应力通过界面传递给聚丁二炔单晶纤维，使纤维产生拉伸形变，这时大分子链段和链段之间的相对位置发生了位移，相对应的拉曼光谱也发生变化。当聚丁二炔单晶纤维发生伸长变形时，2085 cm^{-1}处的拉曼谱带向低频区移动。纤维每伸长1%，谱带向低频区移动20 cm^{-1}。普通拉曼光谱仪的测量精度通常为2 cm^{-1}，因此拉曼测量纤维形变程度的精确度可达±0.1%。环氧树脂对激光是透明的，因此可用激光拉曼光谱仪对复合材料中的聚丁二炔纤维的形变及形变分布进行测试，由此可获得材料的临界形变长度。

水和玻璃介质对拉曼散射的吸收极其微弱，因此拉曼光谱可用于玻璃容器中含水体系的反应检测。例如，用拉曼光谱研究聚苯乙烯的悬浮聚合反应，监测聚合过程中聚合物颗粒与工艺要求的偏离情况。

在高分子发生聚合、裂解、水解和结晶等反应的过程中，其相应的拉曼光谱也会发生改变，因此拉曼光谱可用于进行许多高分子反应的动力学研究。

很多高分子材料从晶体到各向同性的液体之间存在多个中间相，某些中间相在一定温度范围内同时具有液体和晶体的特性，此被称为液晶。当液晶分子在固体熔融时产生具有光学各向异性的中间相，其分子规则排列，进一步加热就变成通常的液体。根据分子的排列方式，液晶具有近晶型、向列型和胆甾型三种结构类型。用激光拉曼光谱不仅可测定液晶分子的组成和结构，还可获得液晶分子中间相的类型和相转变与外界温度、压力等条件的定性和定量关系。液晶分子的规则排列表现在晶格振动和分子内部振动的组合，相变时，拉曼光谱的低频区（150 cm^{-1}以下）会有明显变化，较高的频率区一般只会有强度改变。

总之，拉曼光谱由于独特的优势且能反映丰富的分子结构信息，与红外光谱的互补配合对高分子材料的分子结构及其性能的研究具有非常重要的作用。

6.9.6 拉曼光谱在生物学研究中的应用

大多数生化样品都溶于水，而水的拉曼光谱很弱，这就使得用拉曼光谱研究水溶液中的生化样品成为可能。另外，一般生化样品量少，拉曼光谱的测试所需的样品量可低至微克级，因此拉曼光谱被广泛用于多肽、蛋白质、核酸、活细胞和组织等领域的检测。

多肽和蛋白质的分子链是同种或异种α-氨基酸以肽键头尾相连的肽链。这些肽键的振动状态有9种，见表6-2所列。其中，酰胺A和B常被C—H的伸缩振动所遮蔽，酰胺Ⅱ、Ⅳ、Ⅴ、Ⅵ和Ⅶ的拉曼谱线很弱，酰胺Ⅰ的拉曼峰强且宽，为单线，但对各种蛋白质差别不大。酰胺Ⅲ的拉曼谱线很少受其他振动的干扰，且强度较大，是分析和鉴定这类分子的重要参数。

表6-2 肽键的拉曼散射谱线归属

肽键	波数/cm^{-1}	归属
酰胺A	~3300	N—H伸缩振动
酰胺B	~3100	N—H伸缩振动
酰胺Ⅰ	1597~1680	C=O伸缩振动、N—H弯曲振动、C—N伸缩振动
酰胺Ⅱ	1480~1575	C—N伸缩振动、N—H伸缩振动
酰胺Ⅲ	1229~1301	C—N伸缩振动、N—H弯曲振动
酰胺Ⅳ	625~767	O=C—N弯曲振动
酰胺Ⅴ	640~800	N—H弯曲振动
酰胺Ⅵ	537~606	C=O弯曲振动
酰胺Ⅶ	200	C—N弯曲振动

多肽和蛋白质分子的拉曼光谱信息较为丰富。主链上酰胺Ⅰ和酰胺Ⅱ的特征振动谱线可以精确地描述其二级结构。利用酰胺键的伸缩振动频率和二级结构的关系通则，可进行定量计算。

核酸是重要的生物大分子，分为脱氧核糖核酸（DNA）和核糖核酸（RNA）两大类，所有生物细胞都含有这两类核酸。拉曼光谱可提供的核酸分子信息有双键振动区、环伸缩振动区、环呼吸振动区和主链振动区。

双键振动区在1500~1800 cm^{-1}。尿嘧啶U在1690 cm^{-1}附近有C=O伸缩振动的强拉曼谱带。胞嘧啶C在1525~1550 cm^{-1}区间有强的拉曼谱带，因为分子间缔合使谱带变宽并呈不规则形状。嘌呤碱基在1605 cm^{-1}以上没有拉曼谱带。

环伸缩振动区在1200~1400 cm^{-1}，包括环上的双键和C—N键的振动谱带。嘧啶碱基的环伸缩振动区在1215~1350 cm^{-1}区间。尿嘧啶U的强拉曼谱带在1230 cm^{-1}附近，胞嘧啶C的振动向高频移动。嘌呤碱基的环伸缩振动一般在1300 cm^{-1}附近。

环呼吸振动是强的拉曼谱带，在600~800 cm^{-1}区间。嘧啶碱基780 cm^{-1}附近，腺嘌呤碱基在720 cm^{-1}附近，鸟嘌呤碱基的谱带宽，信号较弱，在620~680 cm^{-1}区间。

核糖核酸酯的主链在拉曼光谱中主要有两种振动模式，即—O—P—O—和PO_2^-的对称伸缩振动。—O—P—O—的对称伸缩振动在814 cm^{-1}附近，谱带的强度随主链结构的变化会有所改变。PO_2^-的对称伸缩振动在1100 cm^{-1}，谱带的形状和强度与主链的构型没有明显关系，因此可用作内标。用814 cm^{-1}和1100 cm^{-1}谱带的强度比可定量地表征分子的有序度。当比值为16.4 ± 0.04时，分子为100%有序；当比值为零时，表明分子为无序状态。例如，大肠菌甲酰甲硫氨酸转移核糖核酸在中性常温水溶液中测得的比值是1.37，计算得到的有序度为84%。

拉曼光谱由于检测速度快、操作简单、可无损测试及可原位分析的特点可用于细胞检测，以更好地了解细胞内部和细胞之间的工作机制。例如，可生物降解材料在机体内埋植或注射后常会引起异体反应，巨噬细胞会吞噬材料降解过程中溶蚀的颗粒或直接吞噬微球状材料颗粒。被吞噬的这些材料颗粒在吞噬体内继续降解。常规异体反应测试方法是组织学方法，即用显微镜观察组织对植入材料的反应。虽然组织学方法可以观察到形态学的变化，但是难以在线分析材料在体内降解过程中的化学组成和结构的变化。而拉曼光谱就可利用材料特征谱线的强度和波长的位移，分析材料在体内降解时的结构和组成的变化。例如，用拉曼光谱原位分析聚乳酸共聚物纳米载药颗粒被巨噬细胞吞噬后，微球内部分属于酯键的 1768 cm^{-1} 的谱带随时间明显减弱，说明微球具有本体降解的特性，而这一特性是因为聚乳酸在降解过程中产生的端羧基造成的酸性环境对聚乳酸形成自催化降解机制。

拉曼光谱也可用于生物组织的无损检测，可用于对天然及人工合成的生物组织的化学结构性质的研究，如肺组织、甲状腺组织、上皮组织、颈椎组织等。一般生物组织的荧光背景较高，很容易掩盖拉曼信号，因此用于生物体组织研究的多为近红外拉曼光谱仪。

6.9.7 拉曼光谱在其他领域中的应用

拉曼光谱由于其自身优势，在医药领域的研究中发挥着越来越重要的作用，包括对药片和胶囊中有效成分的定量分析，对中草药有效成分的分析，对中草药的无损鉴别，对药物制剂中不同晶型及低含量成分进行定量研究，对药物稳定性的研究等。

在刑侦中，拉曼光谱可用于枪击爆炸残留物、指纹残留物、车祸现场残留物、墨迹、毒品等各种物质的检测，既不会接触或破坏证物，又可以进行微量检测。

拉曼光谱仪具有非破坏性、携带方便、能进行原位分析、空间分辨率高、光谱分辨率高、适用于大型不规则样品的测试等特点，在考古和文物鉴定中具有得天独厚的优势。在宝石研究和宝石鉴定中，拉曼光谱也有着广泛的应用。

随着技术的革新，拉曼光谱的应用范围还在不断扩大。

6.10 拉曼光谱新技术

6.10.1 傅里叶变换-拉曼光谱仪

与普通拉曼光谱仪相比，傅里叶变换-拉曼光谱仪（FT-Raman）主要的不同之处在于光源为 Nd：YAG 钇铝石榴石激光器，激发波长为 1064 nm。另外，干涉仪傅里叶变换系统代替了分光扫描系统，用于对散射光进行探测。迈克尔孙干涉仪是傅里叶变换-拉曼光谱仪的一个重要组成部分。傅里叶变换-拉曼光谱仪则由激光光源、样品室、光学过滤系统、干涉仪、检测器以及数据处理系统组成。

与传统的拉曼光谱仪相比，傅里叶变换-拉曼光谱仪具有以下明显的优点。

①采用波长为 1064 nm 的近红外激发光源可拓展拉曼光谱的应用范围：样品需要吸收光源的能量，才能发射出荧光。拉曼散射是单纯的光散射过程，无须吸收。大多数样品的荧光吸收带处于可见区，近红外光激发源的能量低于大多数样品荧光激

发所需要的阈值,从而避免了大部分荧光对拉曼光谱的干扰,拓展了拉曼光谱的应用范围。

②测量精度高:在传统的分光扫描系统中,光谱测量精度主要由机械扫描精度确定,难以在长程扫描中保持 0.5 cm^{-1} 的精度,两次扫描的重复精度亦是如此,因此在处理光谱数据时会产生较大的误差。在傅里叶变换-拉曼光谱仪中,迈克尔孙干涉仪采用激光干涉条纹测定光程差,从而大大提高了波数测定的准确性。

③能消除瑞利谱线:瑞利谱线引起的噪声会影响整个拉曼谱线,使较弱的拉曼谱线变得模糊。傅里叶变换-拉曼光谱仪中的滤光系统可以消除瑞利散射。

④测量速度快:特别是多通道系统,能在短时间内获得高精度的拉曼光谱。

⑤操作方便:样品的散射信号只需聚集于直径为 8 mm 的孔。在普通的拉曼光谱仪中,样品的散射信号必须聚集于约 100 mm 宽的狭缝,使得操作较为困难。

傅里叶变换-拉曼光谱仪也具有一些不足,例如,近红外激发源的波长长,受拉曼散射截面随激发线波长呈 $1/\lambda^4$ 规律递减的制约,光散射强度大幅度降低,影响了仪器的灵敏度。另外,傅里叶变换-拉曼光谱仪的单次扫描信噪比不高,在低波数区扫描的结果不如普通拉曼光谱仪。另外,在用滤光片消除瑞利散射时,近瑞利线较弱的拉曼信号也会被滤去,这就使拉曼技术必须进一步得到改进。

6.10.2 共振拉曼光谱仪

在普通的拉曼光谱仪中,使用的激发波长一般远离样品的电子吸收光谱带。当改变激发波长并使其接近或落在样品的电子吸收光谱带内时,一些拉曼光谱谱带的强度将得到明显增强,这种现象就称为共振拉曼散射(resonance Raman scattering,RRS)效应。即以被测样品的紫外可见吸收光谱峰的邻近处波长作为激发波长,则样品分子吸收能量后跃迁至高电子能级并立即回到基态的某一振动能级,就产生共振拉曼散射。共振拉曼散射是电子态跃迁与振动态耦合的结果。如果激发频率与电子跃迁频率一致,就为共振拉曼;如果激发频率接近但未超过分子的电子跃迁频率,就为预共振拉曼散射;如果激发光频率小于电子跃迁频率,就为正常的拉曼散射。

共振拉曼散射这一过程很短,仅持续约 10^{-14} s。而荧光发射是分子吸光后先发生振动弛豫,回到第一电子激发态的第一振动能级,然后返回基态时的发光。荧光寿命一般为 $10^{-6} \sim 10^{-8}$ s。共振拉曼散射光谱强度比普通的拉曼光谱强度可提高 $10^2 \sim 10^6$ 倍,检测限可达 10^{-8} mol/L,而一般的拉曼光谱只能用于测定浓度大于 0.1 mol/L 的样品。因此共振拉曼光谱可用于高灵敏度测定以及状态解析等,如低浓度生物大分子的水溶液测定。共振拉曼光谱的主要不足之处是荧光干扰。

在进行共振拉曼光谱测试时,受共振激发的振动模式一般是全对称模式,且仅与被激发的电子发色团有关,因此共振拉曼光谱获得简化。另外,当分子受激跃迁到较高的电子态后,还能淹没荧光现象,因此共振拉曼光谱也可避免荧光干扰。

在共振拉曼光谱中,仅生色团或与生色团相连基团的振动被有选择地增强,而与此无关的振动则不被增强,所以共振拉曼光谱的谱带数一般会少于普通的拉曼光谱的谱带数目。共振拉曼光谱既可得到有关生色基团的结构信息,又可得到在普通拉曼光谱中失去的但可能是更为重要的分子结构信息。另外，共振拉曼光谱仪所需要的测试浓度较低，这对于有色物质和生物样品极为重要。

例如，用共振拉曼光谱仪确定血红蛋白和细胞色素 c 中 Fe 的氧化态和 Fe 原子的自旋状况。此时共振拉曼光谱仪取决于四个吡咯环的振动方式，与蛋白质有关的其他拉曼峰并不被增强，在极低浓度时也不受干扰。

总结下来共振拉曼光谱具有以下特点和不足。

①基频的强度可以达到瑞利线的强度。

②泛频和合频的强度有时大于或等于基频的强度。

③改变激发频率，使之仅与样品中某一物质发生共振，从而选择性地研究某一物质。

④和普通拉曼散射相比，共振拉曼散射时间短，一般仅持续 $10^{-12} \sim 10^{-5}$ s。

⑤共振拉曼光谱的不足之处在于，需要连续可调的激光器，以满足不同样品在不同区域的吸收。

⑥共振拉曼光谱仪价格较贵，操作没有红外和紫外光谱方便。

⑦随波数增大，共振拉曼光谱的强度变弱。

共振拉曼光谱仪与普通拉曼光谱仪基本相似，但其光源的频率需可调谐，至少在紫外光和可见区可调。光源的谱线宽度要尽可能窄，谱线的单色性要好，频率要稳定，另外光谱分析器需具有高灵敏度和高分辨率。

6.10.3 表面增强拉曼散射光谱法

利用粗糙表面的作用，使表面分子发生共振，可大大提高其拉曼散射的强度，这就是表面增强拉曼散射（surface-enhanced Raman scattering，SERS）效应。表面增强拉曼散射光谱法是用通常的拉曼光谱法测定吸附在胶质金属颗粒如金、银或铜表面的样品，或吸附在这些金属片的粗糙表面上的样品。尽管机理尚不十分明确，但具有共振拉曼效应的分子吸附在这些粗糙化的金、银、铜等的表面时，在共振拉曼效应的基础上信号强度又可以被提高 $10^4 \sim 10^7$ 倍。这种现象被称为表面增强共振拉曼散射（surface-enhanced resonance Raman scattering，SERRS）效应。SERRS 可以使表面检测灵敏度大幅度提高，检测限可低至 $10^{-9} \sim 10^{-12}$ mol/L。表面增强拉曼散射主要用于吸附物种的状态解析等。

发生 SERS 效应的条件是分子吸附或者是非常接近某种纳米结构的表面，因此需借助具有 SERS 活性的基底。如今，SERS 活性基底已经由最初的几种贵金属，如金、银和铜，发展到Ⅷ族过渡金属（Fe、Co、Ni、Ru、Rh、Pd、Pt）和半导体材料（CdTe、ZnO、CuO、CdS、TiO_2）等。

SERS 光谱在深入表征材料各种表面/界面（如固-液、固-气、固-固界面）的结构和形成过程时可提供分子水平的信息，如鉴别分子或离子在表面的键合、构型和取向及材料的表面结构，或者用作免疫检测器等。

SERS 光谱相较于其他检测方法具有以下几条明显的优势。

①超强灵敏性：SERS 的增强因子最高可达 $10^{14} \sim 10^{15}$，这使得单分子检测成为可能。

②高选择性：表面选择定则和共振增强的选择性使得SERS可在极其复杂的体系中仅仅增强目标分子或基团，得到的光谱信息简单清晰。

③检测条件温和：水溶液体系、固态、液态和气态样品都可方便地进行SERS光谱检测。

SERS光谱是一种检测表面/界面分子结构、分子间相互作用、表面分子吸附行为的有效手段，是灵敏度极高的研究表面和界面效应的方法。SERS光谱可应用于研究吸附分子在表面的取向和吸附行为，吸附界面的表面状态，生物大分子的界面取向和构型、构象及结构。SERS光谱在表面科学和电化学领域也是有力的研究手段，在痕量分析、单分子检测、化学和化工、环境科学、食品安全、纳米材料、传感器乃至生物医学检测技术中都发挥着越来越重要的作用，并正向着更精确、更灵敏的方向发展。

6.10.4 电化学原位拉曼光谱法

电化学原位拉曼光谱法利用物质分子对入射光所产生的频率发生较大变化的散射现象，用单色入射光（包括圆偏振光和线偏振光）激发受电极电位调制的电极表面，测定散射回来的拉曼光谱信号（频率、强度和偏振性能的变化）与电极电位或电流强度等的变化关系。一般物质分子的拉曼光谱很微弱，为了获得增强的信号，可采用粗化电极表面的办法，从而得到强度提高$10^4 \sim 10^7$倍的SERS光谱。当具有共振拉曼效应的分子吸附在粗化的电极表面时，得到的是强度再次被增强的SERRS光谱。

电化学原位拉曼光谱法的测量装置主要包括拉曼光谱仪和原位电化学拉曼池两个部分。拉曼光谱仪由激光光源、收集系统、分光系统和检测系统组成。光源一般采用能量集中、功率密度高的激光，收集系统由透镜组构成。分光系统采用光栅或陷波滤光片结合光栅以滤除瑞利散射和杂散光。分光检测系统采用光电倍增管检测器、半导体阵列检测器或多通道的电荷耦合器件。原位电化学拉曼池一般包括工作电极、辅助电极和参比电极以及通气装置。为了避免腐蚀性溶液和气体侵蚀仪器，拉曼池必须配备光学窗口密封体系。在实验条件允许的情况下，为了尽量避免溶液的干扰信号，应采用薄层溶液（电极与窗口间距为$0.1 \sim 1$ mm），这对于显微拉曼系统很重要。光学窗片或溶液层太厚会导致显微系统的光路改变，使表面拉曼信号的收集效率降低。电极表面粗化的最常用方法是电化学氧化-还原循环（oxidation-reduction cycle，ORC）法，一般可进行原位或非原位ORC处理。

目前，电化学原位拉曼光谱法可通过表面增强处理把测检体系拓宽到过渡金属和半导体电极。分析研究电极表面吸附物质的结构、取向及对象的SERS光谱与电化学参数的关系，可对电化学吸附现象做分子水平上的描述。改变调制电位的频率，可得到在两个电位下变化的"时间分辨谱"，以分析体系的SERS谱与电位的关系，解决由于电极表面的SERS活性位随电位变化而带来的问题。

6.10.5 紫外共振拉曼光谱仪

为了避免普通拉曼光谱的荧光作用，使用波长较短的紫外激光光源，可以使产生的荧光与散射分开，从而获得拉曼光谱信息。紫外拉曼光谱适用于荧光背景高的样品，如催化剂、纳米材料以及生物材料的分析。

1998年，中国科学院大连化学物理研究所李灿院士及其研究团队成功研制出我国第一台具有自主知识产权的紫外拉曼光谱仪，解决了国际上拉曼光谱领域长期以来存在的荧光干扰问题，并在国际上最早将其应用到催化剂材料科学领域的研究。2004年，李灿院士研究团队成功研制紫外-可见光全波段共振拉曼光谱仪；2008年，与卓立汉光仪器公司合作，开始将紫外拉曼光谱仪产业化；2010年，成功研制深紫外拉曼光谱仪，获得世界上第一张激发波长低至177 nm的深紫外拉曼光谱。

在催化材料的研究中，李灿院士团队利用紫外共振拉曼光谱技术解决了一系列重要分子筛材料中有关骨架金属活性中心的结构鉴定难题，建立了微孔和介孔分子筛骨架过渡金属杂原子活性中心鉴定的表征新方法，不仅可大幅节约贵金属用量，而且单原子相对均一的催化环境有利于实现化学反应的高选择性，减少副产物，从而实现真正的绿色催化。他们利用紫外拉曼光谱研究了金属氧化物催化材料表面物相结构问题，发现金属氧化物的表面与体相常常具有不同相结构，物相形成过程中表面和体相的相变表现不同步。在太阳能光催化材料研究中，他们发现表面物相结构和光催化活性有直接关联，提出了"表面异相结和异质结增强光催化活性"的概念。他们还发展了水热催化材料合成中的原位紫外拉曼光谱技术，观察到分子筛合成初期的分子碎片以及模板剂与分子碎片的相互作用形成的微孔结构，提出了分子筛初期形成的重要中间体决定最终分子筛结构的机理。他们获得的具有与均相不对称催化相媲美的多相手性催化剂，可以有效地将药物中不起作用或有毒副作用的成分剔除，生产出具有单一定向结构的纯手性药物，从而让药物成分更纯，在治疗疾病时疗效更快、疗程更短。这对手性药物的研究起到了重要的作用。

目前，紫外拉曼光谱已经在化学、物理和生命科学等诸多领域显示出巨大的优越性，成为一项重要的分子光谱技术。我国紫外拉曼光谱研究在国际上的领先地位，极大地促进了我国在这个领域的国际合作研究。

6.10.6 微区拉曼光谱仪

在拉曼光谱仪加上一个微区分析装置作为检测附件，就可以获得微区拉曼光谱。微区分析装置由光学显微镜、电子摄像管、显像荧光屏、照相机等组成。一般利用光学显微镜将激光汇聚到样品的微小部位（直径小于几微米），采用摄像系统可以把图像放大，并通过计算机把激光点对准待测样品的某一区域。经光束转换装置，即可将微区的拉曼散射信号聚焦到单色仪上，获得微区部位的拉曼光谱图。

无论是液体、薄膜、粉体，测定其微区拉曼光谱时都不需要进行特殊的样品制备，均可以直接测定。微区拉曼光谱常用于一些不均匀的样品，如陶瓷的晶粒与晶界的组成、断裂材料的断面组成等。一些不便于直接取样的样品，利用微区拉曼分析具有很强的优势。例如，观测人眼球晶体中白内障病变部位就可以使用拉曼光谱微区分析装置进行。

6.10.7 拉曼光谱成像

化学成像技术（chemical mapping）又称光谱成像技术，把成像技术和光谱技术结合起来。拉曼光谱成像就是将成像技术与拉曼光谱相结合的同时获得样品的拉曼光谱和空间信息，具有快速、灵敏和准确的特点。样品制备简单，无损伤。拉曼光谱成像解决了传统分析化学中的定性、定量的问题，满足了对分析部位准确定位的要求。

拉曼光谱成像系统用显微物镜将激光束聚焦在样品上，通过振镜或移动平台控制测量位置，以同一物镜收集拉曼散射光，记录每一个像素点的拉曼光谱。点扫描式拉曼光谱成像既减少了测试所需的样品量，又减小了测量时所需的激光功率，可实现样品的二维拉曼光谱成像。虽然单点激发采集的拉曼信号一般都较强，但是一些样品对激光强度的限制和本身相对较弱的拉曼信号，使得获取单点拉曼光谱所需时间较长，一般需1～10 s，利用逐点扫描方式进行成像，通常需要几十分钟甚至几小时。

在相同参数条件下，线扫描式拉曼光谱成像速度比点扫描式拉曼光谱成像速度提高了300～600倍。线扫描式拉曼光谱成像使激发光以直线形式聚焦于样品表面，沿x轴照射样品，以激发拉曼信号，直线聚焦激发光在样品表面沿y轴逐线激发拉曼信号，通过获取对应样品每条线的光谱就可以实现样品的二维拉曼光谱成像。虽然线扫描拉曼光谱成像速度有所提高，但是存在像场弯曲等问题，实际采集速度受限于系统的自动聚焦过程。

凝视型拉曼光谱成像是一种直接的拉曼光谱成像，样品的二维成像区域被激发光照射，被激发的拉曼信号一次性直接被电荷耦合器件（CCD）相机捕获。CCD相机不能区分收集到的散射光波长，因此常使用滤光片转轮或可调谐滤光片选择通过拉曼信号的波长，并用CCD检测器检测，实现对一定波长内逐个波长拉曼信号的测量，最终获得拉曼光谱图像。凝视型拉曼光谱的优势是可同时获取样品的空间及光谱信息，但因使用分光技术逐波长进行测量，当测量的波长数量较多时，拉曼光谱图像的采集速率会受到严重影响。

快照型拉曼光谱成像只需要一次采集就可同时获取样品的空间和光谱信息，拉曼光谱图像采集速度显著提高。其核心是以二维探测器一次性采集所有拉曼光谱图像，避免了扫描过程造成的伪影。但是这种方法往往需要较高分辨率的探测器及长时间的数据后处理等。

针孔共聚焦显微技术进一步改善了拉曼光谱的空间分辨率。普通的显微拉曼系统中，整个"视场"体积内（激光腰部直径×激光穿透深度）全部样品的拉曼信号都被探测器收集。在针孔共聚焦显微拉曼光谱系统中，因激光焦点-共焦针孔-探测器狭缝光学共轭系统的存在，可对收集散射光的样品体积进行有效筛选，去除焦点以外的样品信号。因此，显微共聚焦拉曼光谱的优势在于改善了空间分辨率，可对样品进行光学切片测量。

拉曼光谱成像使拉曼测试的空间分辨率提高到亚微米和微米尺度，把传统的单点分析扩展到对一定空间范围内的样品同时进行对比分析。拉曼光谱成像可提供样品的化学组成及各组成的空间分布，测定样品中的颗粒或聚集体的尺寸和数目，可显示半导体材料上的应力分布及分子取向，可通过不同状态的细胞、组织及器官不同的拉曼光谱图像揭示待测样品的病理状况，从而有效分辨正常组织和病变组织等，因此被越来越广泛地应用到生物医药、生物医学检测、食品、环境、电子等各种领域。

6.10.8 近场拉曼光谱成像

常规远场拉曼光谱由于受到衍射分辨极限的限制，分辨率无法突破半波长尺度，反映的仅是一定区域内化学组分的平均信息。如需获取超衍射极限的化学分辨信息，就要用扫描近场光学显微技术（scanning near-field optical microscopy，SNOM）的亚波长尺度光源对样品进行激发。SNOM使用光作为检测媒介，将带有小孔的针尖逼近样品表面的近场区域，以进行逐点扫描。针尖上的小孔及针尖与样品表面的距离尺度都小于可见光的半波长，因此SNOM可获取亚波长尺度的光场分布信息。

近场拉曼光谱能获得更高的空间分辨率及较低的背景散射。瑞利散射明显减小，在获得样品拉曼光谱的同时可得到近场的形貌图。探针的金属尖端局域增强了隐失场，如果隐失场在纳米尺度衰减时产生了强电场梯度效应，并与样品的拉曼光谱发生作用，产生梯度场拉曼效应（GFR），那么近场拉曼光谱中将出现远场拉曼光谱中不可能出现的一些振动模式，更多的振动模式使近场拉曼光谱的拉曼选择定则与远场拉曼光谱的不同。

近场拉曼光谱成像可逐点扫描特定区域内每点的拉曼光谱，以某一波数的峰强变化分布作图，表示出具有特定振动模式的空间分布。借助SNOM超越衍射极限的空间分辨能力，可直观地获得样品表面的化学分辨图像。

近场拉曼光谱成像由于具有与去物质介观分子结构、振动特性等对应的特有性质，已经被应用于化学、生物分子、半导体和纳米材料等越来越多的领域。例如，用近场拉曼光谱成像技术可在纳米尺度上对带有蛋白质的磷脂样品进行拉曼光谱成像。再如，单独使用光学显微技术很难对生物膜的不同位置进行空间分辨，结合近场拉曼光谱成像技术，就可对生物膜上三个不同位置进行细节上的光谱表征，由拉曼特征峰分析材料不同的分子组成。

6.10.9 变温拉曼光谱仪

变温拉曼光谱仪是在拉曼光谱仪上增加了原位变温附件，使得温度范围可以从液氮温度（-195 ℃）至1000 ℃，可自动设置变温程序的仪器。

变温拉曼光谱仪适于分析随温度变化发生的相变、形变、样品的降解、结构变化等。

6.11 要点小结

①当单色激光照射在样品上时，分子吸收某些频率的辐射，引起分子振动，使原子间距离发生改变，从而造成分子的极化率变化，于是便产生拉曼散射，由此形成的分子散射光谱就是拉曼光谱。其信号来源于分子的振动和转动，含有丰富的分子结构信息及一些晶格及固体的振动信息。

②拉曼位移是拉曼光谱中的重要参数，反映了分子振动能级的变化，由分子结

构决定，由此可判断出分子含有的化学键或基团。

③水的拉曼散射很微弱，所以拉曼光谱可用于测试含水的样品，是研究水溶液中的生物样品和化合物的理想工具。

④拉曼光谱适用于分子骨架分析。

⑤拉曼光谱最大的不足就是含有荧光干扰，可通过纯化样品、采用强激光长时间照射样品、改变激发波长、使用脉冲激光光源、采用傅里叶变换拉曼光谱仪或加入荧光猝灭剂等方法加以改善。

⑥在拉曼光谱上一般可以获得有关材料的以下信息。

（i）通过拉曼光谱的位移值（频率）可以获得材料的组成。

（ii）通过拉曼峰频率的改变可获得材料的应力状态。

（iii）通过拉曼光谱的偏振峰可获得与材料结晶的对称性和取向相关的信息。

（iv）通过拉曼峰的宽度可获得与材料结晶的性质或品质相关的信息。

（v）拉曼峰的强度与材料的量相关。

第七章 核磁共振波谱

7.1 核磁共振波谱概述

过去几十年，波谱学已全然改变了化学家、生物学家和生物医学家的日常工作，波谱技术成为探究大自然中分子内部秘密的最可靠、最有效的手段。核磁共振波谱（nuclear magnetic resonance，NMR）是其中应用最广泛的研究分子性质的通用技术。从分子的三维结构到分子动力学、化学平衡、化学反应性和超分子集体、有机化学的各个领域都可用核磁共振波谱进行研究。

射频波（无线电波，$\lambda=1\sim 3$ m，$1/\lambda \leqslant 1\times 10^{-2}$ cm^{-1}）与处于磁场中的分子内自旋核相互作用，引起核自旋能级的跃迁而产生共振吸收，检测电磁波被吸收的情况就可以获得核磁共振波谱。核磁共振波谱反映原子核对射频辐射（4～1000 MHz）的吸收，这种吸收只有在高磁场中才能产生。

核磁共振波谱与红外光谱和紫外光谱一样，是物质分子与电磁波相互作用而产生的，都属于分子吸收波谱。可以根据核磁共振谱图上的共振峰的位置、强度和精细结构研究分子结构。

核磁共振现象是1938年拉比（I. Rabi）在分子束实验中发现的低能电磁波（无线电波）与物质相互作用的一种基本物理现象，是指处于外磁场中的物质原子核系统受到相应频率（兆赫数量级的射频）的电磁波作用时，在其磁能级之间发生的共振跃迁现象。拉比还用核磁共振观察了原子的核自旋和核磁矩。他因发明了精确测定一些核磁属性的方法而获得1944年诺贝尔物理学奖。1945—1946年，哈佛大学的珀赛尔（E. Purcell）发现了液体和固体状态下的核磁共振信号，他和斯坦福大学的布洛克（F. Bloch）建立了核磁共振理论及精确检测核磁共振的方法和手段，他们因此获得1952年的诺贝尔奖物理学奖。1950年，普罗克特（W. G. Proctor）和虞福春等发现处于不同化学环境中的同种原子核有不同的共振频率，即化学位移，又发现因相邻自旋核而引起的多重谱线，即自旋-自旋耦合，由此建立了核磁共振频率和化学环境的关系，使核磁共振波谱成为解析化学结构的有力工具。1951年，阿诺德（J. Arnold）发现乙醇的NMR信号与结构的关系。1953年，奥弗豪斯（A. Overhauser）在电子自旋和核自旋样品中发现去耦可使信号增强的效应，即核间奥氏效应（nuclear overhauser effect，NOE）。同年，瓦里安公司试制了第一台商品化的NMR仪器。1956年，第一张脱氧核糖核酸酶的核磁共振图谱产生。1965年，厄恩斯特（R. Ernst）与安德森（W. Anderson）等人实施了脉冲傅里叶变换核磁共振实验，将信号采集由频域转到时域，使信号累积变得容易，提高了检测的灵敏度，使检测天然丰度较低的核（如 ^{13}C、^{15}N 和 ^{17}O 等）成为可能，由此产生了傅里叶变换核磁共振谱。1971年，詹纳（E. Jenner）提出具有两个独立时间变量的二维核磁共振概念。随后厄恩斯特在1974年获得了世界上第一张二维核磁共振图谱，同时建立了二维核磁共振谱理论，从此核磁共振技术进入全新的时代。厄恩斯特获得1991年诺贝尔化学奖。1973年，劳特布尔（P. Lauterbur）发现将物体放于稳定磁场，再加上一个不均匀的磁场，再用适当电磁波辐照物体，于是据物体释放的电磁波就可绘制出物体某个断面的内部图像。随后曼斯菲尔德（P. Mansfield）进一步证实和改进了这种方法，并发现不均匀磁场的快速变化可使上述方法更快地绘制物体内部的结构图形，由此核磁断层摄影成像技术出现，可无损地测定和观察物体及生物活性体内非均匀体系的图像。曼斯菲尔德和劳特布尔也因此获得2003年诺贝尔医学奖。这项技术逐渐发展成了现在的功能性磁共振成像（functional magnetic resonance imaging，fMRI）。1985年，牛胰蛋白酶抑制剂（bovine pancreatic trypsin inhibitor）在溶液中的结构第一次由乌特利希（K. Wüthrich）用核磁共振图谱表征出来，建立了核磁共振技术测定溶液中生物大分子三维结构的方法，这位瑞士科学家由此获得2002年诺贝尔奖化学奖。

近几十年来，随着超导磁体和脉冲傅里叶变换技术的普及，NMR的新技术和新方法不断涌现，如差谱技术、极化转移技术、固体核磁共振技术等。核磁共振波谱长盛不衰、快速发展，使其应用范围日益扩大，样品用量减少，灵敏度大幅提高，由只能测溶液试样发展到可测固体样品。核磁共振波谱可对样品进行无损测试，可提供多种分子结构信息，与元素分析、紫外光谱、红外光谱、质谱等方法配合，已成为分子结构测定的有力工具，是分子结构分析的重要根据之一。目前核磁共振波谱的应用已经渗透到不同学科的各个领域，广泛应用于有机化学、生物化学、药物化学、环境科学、材料科学、物理学、临床医学及众多工业领域。

7.2 核磁共振波谱的基本原理

在磁场的激励作用下，一些具有磁性的原子核存在着不同的能级，如此时外加一个能量，使其恰好等于原子核相邻两个能级的差值，则原子核就可以吸收能量（这一过程称为共振吸收），吸收能量后的核就从低能态跃迁到高能态，同时产生核磁共振信号，从而得到核磁共振波谱，这就是核磁共振波谱法（nuclear magnetic resonance spectroscopy，NMRS）。原子核所吸收能量的数量级相当于射频频率范围的电磁波，所以，核磁共振就是研究磁性原子核对射频能的吸收。经常研究的是 ^1H 核和 ^{13}C 核的共振吸收波谱；除此之外，还有 ^{19}F、^{31}P、^{15}N、^{29}Si 等核磁共振波谱。

核磁共振波谱是建立在原子核磁性能基础上的一种光谱技术。布洛克和珀塞尔分别从核磁感应及量子光学中的能量吸收对核磁共振现象进行了解释。

7.2.1 核的自旋运动

原子由原子核和绕核运动的电子所组成。原子核由质子和中子组成，其中质子数目即原子序数，决定了原子核所带电荷数。原子核的质量数是对原子内所有质子和中子的相对质量取近似整数值相加而得到的数值。原子核的质量数和所带电荷数是原子核最基本的属性。一般的原子核表示方法是在元素符号的左上角标出原子核的质量数，左下角标出所带电荷数，如 ^1_1H、$^{12}_6C$、^2_1H 等。质子数相同而中子数不同的同一元素的不同核素互称为同位素。因同位素间有相同的质子数、不同的中子数，即它们所带电荷数相同而质量数不同，固原子核的表示方式可简化为只在元素符号的左上角标出质量数，如 ^1H、^{12}C 和 ^2H 等。

原子核是带有正电荷的粒子，有自旋现象。自旋会产生磁场。因此，原子核可看作一个绕自旋轴转动的小磁铁。有自旋现象的原子核，具有自旋角动量（**P**）。角动量表示为质量乘以角速度（单位是角度/秒）。核的自旋角动量是量子化的，可用自旋量子数（I）表示，在量子力学中用自旋量子数 I 描述原子核的运动状态。原子核在自旋时产生的磁场具有方向性，可用磁矩 μ 来表示。核的磁矩（μ）是表示自旋核磁性强弱特性的矢量参数。磁矩的方向可用右手定则确定。磁矩 μ 和角动量 **P** 都是矢量，方向相互平行。按照自旋量子数的不同，可将核分为以下两类。

① 自旋量子数 $I = 0$：原子核没有自旋现象，不产生核磁矩，不产生核磁共振信号，不能用核磁共振波谱进行测定。

② 自旋量子数 $I > 0$：原子核有自旋现象，核磁矩不为零，能发生核磁共振吸收，产生核磁共振信号。

实验证明，自旋量子数 I 的值与核的质量数和所带电荷数有关，即与核中的质子数和中子数有关。见表7-1所列，质量数和质子数都是偶数的原子核，如 ^{12}C、^{16}O、^{32}S 等，其自旋量子数 $I = 0$，即没有自旋现象，无核磁共振现象发生。质量数是偶数，质子数是奇数的原子核，其自旋量子数 I 为整数（如 $I = 1, 2, 3\cdots$），如 ^2H 和 ^{14}N，具有核磁共振活性。对于 $I \geqslant 1$ 的核，可把它们看成是绕主轴旋转的椭球体，其电荷分布不均匀，有电四极矩存在，核磁共振信号复杂。两个大小相等、方向相反的电偶极矩相隔一个很小的距离排列就构成了电四极矩。有些原子核相当于一个点电荷加一个电四极矩的作用即具有电四极矩，如，^2H、^{27}Al、^{17}O 等。质量数是奇数的核，其自旋量子数为半整数（如 $I = 1/2, 3/2, 5/2\cdots$），其中自旋量子数 $I = 1/2$ 的核，如 ^1H、^{13}C、^{15}N、^{29}Si、^{19}F 和 ^{31}P 等。这类原子核可看作核电荷均匀分布的球体，并像陀螺一样绕自旋轴转动，有磁矩产生，类似一个小磁铁，它们的核磁共振现象较为简单，是目前研究的主要对象。其中研究最多、应用最广的是 ^1H 和 ^{13}C 核磁共振波谱。

表7-1　自旋量子数 I 与原子的质量数及质子数的关系

质量数	质子数	I	自旋核电荷分布形状	NMR信号	原子核
偶数	偶数	0	非自旋球体	无	^{12}C、^{16}O、^{32}S
奇数	奇或偶数	1/2	自旋球体	有	^1H、^{13}C、^{15}N、^{29}Si、^{19}F、^{31}P、^{113}Cd
奇数	奇或偶数	3/2, 5/2 ⋯	自旋椭球体	有	^{11}B、^{17}O、^{35}Cl、^{79}Br、^{127}I
偶数	奇数	1, 2, 3 ⋯	自旋椭球体	有	^2H、^6Li、^{14}N、^{58}Co、^{10}B

当无外加磁场时，核的自旋取向是无规则的。如果将原子核置于外加磁场中，则核可形成规则的自旋取向。在外加磁场中，自旋量子数为I的核，共有$2I+1$个自旋取向。每个自旋取向用磁量子数（m）表示，描述原子轨道在空间伸展的方向，是根据线状光谱在磁场中能发生分裂，显示微小能量差别的现象提出的，可取$m = I$，$I-1$，$I-2$，0，…，$-I$。如氘核的自旋量子数$I=1$，则共有$2I+1=2\times1+1=3$个自旋取向，即$m = 1$，0，-1。核由自旋产生的角动量是由自旋量子数I决定的。根据量子力学理论，原子核的总角动量P与自旋量子数I的关系为

$$P=\frac{h}{2\pi}\sqrt{I(I+1)}$$

式中，h为普朗克常数，I可以是0、$1/2$、1、$3/2$等值。

自旋量子数不为零的原子核都具有磁矩μ，磁矩μ随角动量P的增加成正比地增加，即

$$\mu=\gamma p=\frac{\gamma h}{2\pi}\sqrt{I(I+1)}$$

式中，γ为磁旋比（magnetogyric ratio），是原子核的基本属性之一。显然，不是所有原子核都自旋并产生磁矩。不同的原子核具有不同的磁旋比。

7.2.2 核磁共振现象

若将$I\ne0$的自旋核放入强度为B_0的外磁场中，核因受到外磁场B_0产生的磁场力作用，一方面绕自旋轴自旋，同时又由于自旋轴与外加磁场成一定的角度q，自旋的核受到一个外力矩作用，使得核在自旋的同时还绕顺磁场方向的一个假设轴（静磁场轴）做回旋运动，这种运动被称为拉莫尔进动（larmor procession），核的进动频率$v_{进动}$为

$$v_{进动}=\gamma B_0/2p$$

式中，γ是核的磁旋比，B_0是外加磁场强度。

由于磁矩与外磁场相互作用，核磁矩相对外加磁场有不同的取向。每种取向各对应一定的能量。对于具有自旋量子数I和磁量子数m的核，量子能级的能量E可表示为

$$E=-\frac{m\mu}{I}\beta B_0$$

式中，B_0是以 T 为单位的外加磁场强度；β是一个常数，称为核磁子，大小为5.049×10^{-27}J×T^{-1}；μ是以核磁子单位表示的原子核的磁矩，质子的磁矩为2.7927β。

对于自旋量子数$I=1/2$的核，如^{1}H和^{13}C，磁量子数$m = +1/2$和$m = -1/2$，即在外加磁场B_0中，这些核只有两种自旋取向。当$m = +1/2$时，自旋取向与外磁场方向一致，能量较低；当$m = -1/2$时，自旋取向与外磁场方向相反，能量较高。对于^{1}H，当$m = +1/2$时，其能量$E_{+1/2}$为

$$E_{+1/2}=-\frac{1/2\,\mu\beta B_0}{1/2}=-\mu\beta B_0$$

当 $m = +1/2$ 时，其能量 $E_{-1/2}$ 为

$$E_{-1/2} = -\frac{-1/2\,\boldsymbol{\mu\beta B}_0}{1/2} = \boldsymbol{\mu\beta B}_0$$

由量子力学的选律可知，只有 $\Delta m = \pm 1$ 的跃迁才是允许的，因此，发生跃迁的两个相邻能级间的能量差为

$$\Delta E = E_{-1/2} - E_{+1/2} = 2\boldsymbol{\mu\beta B}_0$$

因此，ΔE 随外加磁场的强度 $\boldsymbol{B}_0$ 的增加而增加。

一般自旋量子数为 I 的核，其相邻两个能级间的能量差为

$$\Delta E = m\boldsymbol{\mu\beta B}_0/I$$

图 7-1 是磁能级与外磁场强度 $\boldsymbol{B}_0$ 的关系示意图。当 $B_0 = 0$ 时，$\Delta E = 0$，即外磁场不存在时，能级是简并的，只有当磁核处于外磁场中，原来简并的能级才能裂分为 $(2I+1)$ 个不同能级。外磁场强度 $\boldsymbol{B}_0$ 越大，不同能级间的间隔越大。

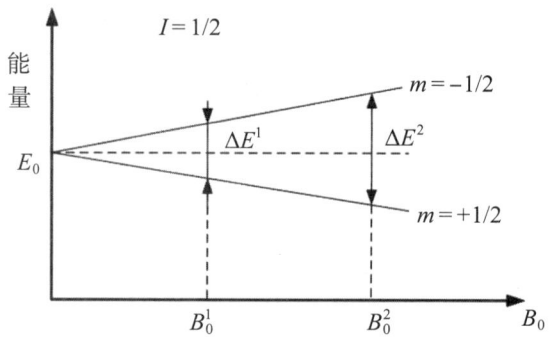

图 7-1 磁能级与外磁场强度 $\boldsymbol{B}_0$ 的关系示意图

不同取向的磁核进动方向相反。$m = +1/2$ 的核进动方向为逆时针，处于低能级；$m = -1/2$ 的核进动方向为顺时针，处于高能级。

如果以射频照射处于外磁场 $\boldsymbol{B}_0$ 中的核，且射频频率 v 恰好满足

$$hv = \Delta E \text{ 或 } v = \boldsymbol{\mu\beta B}_0/Ih = v_{\text{进动}} = \gamma \boldsymbol{B}_0/2\pi$$

则处于低能态的核将吸收射频能量而跃迁到高能态。这种现象称为核磁共振现象。

对自旋量子数 $I=1/2$ 的同一核来说，因磁矩 $\boldsymbol{\mu}$ 为一定值，β 和 h 为常数，所以发生核磁共振时，照射频率 v 的大小取决于外磁场强度 B_0 的大小。在外磁场强度 B_0 增加时，为使核磁共振现象发生，照射频率也应相应增加；反之，则减小。如，若将 ^{1}H 核放在磁场强度为 1.4092 T 的磁场中，发生核磁共振时的照射频率须为

$$v = (2.79 \times 5.05 \times 10^{-27} \times 1.4092)/(1/2 \times 6.6 \times 10^{-34})$$
$$\approx 60 \times 10^6 \text{ Hz} = 60 \text{ MHz}$$

如果将 ^{1}H 放入磁场强度为 4.69 T 的磁场中，则所需共振频率 v 应为 200 MHz。

对于 $I = 1/2$ 的不同核来说，若同时放入磁场强度固定为 B_0 的磁场中，则共振频率 v 取决于核本身的磁矩 μ 的大小。磁矩 μ 大的核，发生共振时所需的照射频率也大；反之，则小。例如，^{1}H、^{19}F 和 ^{13}C 核的磁矩分别为 2.79、2.63、0.70 核磁子，在磁场强度为 1 T 的磁场中，其共振频率分别为 42.6 MHz、40.1 MHz、10.7 MHz。

若固定照射频率，改变磁场强度，对不同的核来说，磁矩 μ 大的核，共振所需磁场强度将小于磁矩小的核。如果 $\mu_H > \mu_F$，则 $B_H < B_F$。表7-2列出了一些常见原子核的性质。

表7-2 一些常见原子核的性质

原子核	天然丰度（%）	自旋量子数	磁矩（核磁子）	磁旋比（$T^{-1} \times s^{-1}$）	绝对灵敏度	共振频率（MHz）
^1H	99.98	1/2	2.79	26.75×10^7	1.00	300
^2H	1.5×10^{-2}	1	0.86	—	1.45×10^{-6}	46.05
^{13}C	1.11	1/2	0.70	6.73×10^7	1.76×10^{-4}	75.43
^{14}N	99.63	1	0.40	—	1.01×10^{-3}	21.67
^{15}N	0.37	1/2	−0.28	-2.71×10^7	3.85×10^{-6}	30.40
^{17}O	3.7×10^{-2}	5/2	−1.89	—	1.08×10^{-5}	40.67
^{19}F	100	1/2	2.63	25.18×10^7	0.83	282.23
^{31}P	100	1/2	1.13	10.84×10^7	6.63×10^{-2}	121.44

由此可得出，核磁共振产生的条件：磁核在外磁场中做拉莫尔进动，如果外界电磁波的频率正好等于磁核拉莫尔进动的频率，则磁核可以吸收这一频率的电磁波能量，从而产生核磁共振现象。外磁场的存在是核磁共振产生的必要条件。没有外磁场，磁核不会做拉莫尔进动，就不会有不同的取向，简并的能级也不会发生分裂，因此就不可能产生核磁共振现象。

7.2.3 核磁共振中的弛豫过程

所有的吸收波谱都具有这样一个共性，即当外界电磁波的能量恰好等于分子中某种能级的能量差，分子吸收电磁波能量从较低能级跃迁到较高能级，相应频率的电磁波强度减弱。与此同时还存在另一个相反过程，即在电磁波作用下处于高能级的粒子回到低能级，发出一定频率的电磁波，因此电磁波强度增强，这种现象称为受激发射。吸收和发射具有相同的几率。如高低能级上的粒子数相等，电磁波的吸收和发射正好相互抵消，这时观察不到净吸收信号。一般情况下，平衡状态下处于高、低能态的粒子数的比例服从玻尔兹曼分布：

$$\frac{N_j}{N_0} = e^{-\left(\frac{\Delta E}{kT}\right)}$$

式中，N_j 和 N_0 分别代表处于高能态和低能态的粒子数，ΔE 是两种能态的能级差，k 是玻尔兹曼常数，为 $1.380\,66 \times 10^{-23}\,J \times K^{-1}$，$T$ 是绝对温度。在紫外光谱和红外光谱中，电子能级和分子振动能级的能级差较大，自发辐射的过程足以保证低能级上的粒子数始终占优势。但在核磁共振波谱中，外磁场作用造成能级分裂的能量差比电子能级差和分子振动能级差小4～8个数量级，自发辐射几乎为零，因此如要在一定时间内检测到核磁共振信号必须使处于高能态的原子核回到低能态，以保证处于低能态的原子核数始终大于处于高能态中的数量。这种从激发状态回到玻尔兹曼平衡的过程就是弛豫（relaxation）过程。

弛豫过程对于检测核磁共振信号非常重要，因根据玻尔兹曼分布，在核磁共振条件下，处于高能态的原子核数量较多。若将10^6个质子放入温度为25 ℃磁场强度为4.69 T（200 MHz）的磁场中，则处于高能态的核与处于低能态的核的数量比为

$$\frac{N_j}{N_0} = e^{-\left[\frac{2 \times 279K \times (5.05 \times 10^{-27})J \cdot T^{-1} \times 4.69T}{1.38 \times 10^{-23} J \cdot K^{-1} \times 293K}\right]}$$

$$\frac{N_j}{N_0} = e^{-3.27 \times 10^{-5}} = 0.999\,967$$

则处于低能态的核的数量只比处于高能态的核的数量有微弱的优势。如果没有弛豫过程，在电磁波的持续作用下，^{1}H吸收能量不断由低能态跃迁到高能态，其净效应是吸收，产生核磁共振信号，此时，核的玻尔兹曼分布被破坏。这个微弱的差距很快就会消失，最后导致无法观测到核磁共振信号。为此，被激发到高能态的核必须通过适当的途径将其获得的能量释放到周围环境中去，使核从高能态降回原来的低能态，产生弛豫过程。即，那么弛豫过程是核磁共振现象发生后得以保持的必要条件。

如果没有弛豫过程，那么核磁共振信号一旦产生，将很快达到饱和而消失。由于核外被电子云包围，所以不可能通过核间的碰撞释放能量，只能以电磁波的形式将自身多余的能量向周围环境传递。弛豫过程一般有两种，即自旋-晶格弛豫和自旋-自旋弛豫。

自旋-晶格弛豫（spin–lattice relaxation）是自旋核与周围分子（如固体中的晶格，液体中的周围同类分子或溶剂分子等）交换能量的过程，又称纵向弛豫（longitudinal relaxation）。自旋核都是处于周围分子的包围中。核周围的分子相当于很多小磁体，这些小磁体快速运动产生瞬息万变的小磁场，被称为波动磁场，是许多不同频率的交替磁场的总和。如果其中某个波动磁场的频率与核自旋产生的磁场频率一致，自旋核就会与此波动磁场产生能量交换，将能量传递给周围分子而跃迁到低能态，这就是纵向弛豫。纵向弛豫的结果是高能态的核数目减少，就整个自旋体系而言，总能量下降。

纵向弛豫过程所经历的时间用T_1表示。T_1越小，纵向弛豫过程的效率越高，越有利于核磁共振信号的测定。一般液体及气体样品的T_1很小，仅为几秒钟。固体样品因为分子的热运动受限，T_1很大，有的甚至为几个小时。因此测定核磁共振波谱时一般多采用液体试样。

自旋-自旋弛豫（spin–spin relaxation），是核与核之间的能量交换过程，又称横向弛豫（transverse relaxation）。自旋核在外磁场作用下吸收能量从低能态跃迁到高能态。如果在一定距离内存在其他相邻的自旋核，当两个核的频率相同时，就会产生能量交换，高能态的核将能量传递给另一个核后跃迁回低能态，接收能量的核则从低能态跃迁到高能态。能量交换后，两个核的取向也发生交换，各种能级的核的总数不变，系统的总能量不变。可见，横向弛豫过程只是完成了同种磁核取向和进动方向的交换，对恢复玻尔兹曼平衡没有贡献。

横向弛豫过程所需的时间用T_2表示。一般的液体或气体样品的T_2约为 1 s。固体或黏度很大的样品,由于核与核间比较靠近,有利于磁核间的能量转移,因此T_2很小,只有$10^{-4} \sim 10^{-5}$ s。

弛豫时间T决定了核在高能态的平均寿命,从而影响核磁共振谱线的宽度。由于

$$1/T = 1/T_1 + 1/T_2$$

因此弛豫时间T取决于T_1和T_2中的较小者。由此所引起的核磁共振谱线的加宽可以用海森伯测不准原理进行估算。从量子力学来说,微观粒子的能量E和测量时间t不可能同时精确测定,但两者的乘积是常数,即

$$\Delta E \Delta t \approx h$$

因为$\Delta E \approx h\Delta v$,所以$\Delta v \approx 1/\Delta t = 1/T$。式中,$\Delta v$是因能级宽度$\Delta E$产生的谱线宽度(单位是周/秒),与弛豫时间成反比。固体样品的T_2很小,所以常规获得的谱线很宽。因此在进行常规核磁共振波谱测试时固体样品需配制成溶液进行检测。

7.2.4 核磁共振原理小结

以$I=1/2$的核为例,将核磁共振基本原理总结为以下5点。

① 当外磁场B_0不存在时,自旋体系的核磁矩μ是任意的,体系处于混乱状态。

② 当外磁场B_0存在时,核磁矩μ有不同取向,且围绕B_0做进动,一部分核磁矩μ的取向与B_0方向相同,处于低能态,它们围绕B_0作逆时针方向的进动;另一部分核磁矩μ的取向与B_0方向相反,处于高能态,它们围绕B_0做顺时针方向进动。按玻尔兹曼分布,处于低能态核的数量多于处于高能态核的数量。

③ 由于矢量的加和性,大量核在两个方向的进动总效果是两种取向核磁矩数目之差数量的核沿与B_0相同方向的圆锥面进动。这些核磁矩μ的矢量和被称为宏观磁化矢量M。M处于平衡时为M_0。

④ 如在垂直于B_0的方向上施加射频场B_1,则处于低能态的核吸收B_1的能量发生共振,从低能态跃迁到高能态,宏观磁化矢量M偏移平衡位置M_0,若持续不断施加B_1,直到高能态上的核数目与低能态上的核数相等,达到饱和。

(5) 当射频场B_1作用停止,弛豫过程开始。由于横向弛豫时间T_2较小,经过一定时间后,横向弛豫结束,纵向弛豫还在进行,再持续一段时间后,纵向弛豫也结束,宏观磁化矢量回到平衡状态。

7.3 化学位移

由式$v = \gamma B_0/2p$可知,核的共振频率由外部磁场强度和核的旋磁比决定。若原子核的共振磁场强度只与其磁旋比、电磁波照射频率有关,那么,试样中符合共振条件的同种核,如^1H或^{13}C,都会发生共振,且各自只产生一个单峰,这对测定化合物的结构毫无意义。实验发现,核磁共振波谱实际上反映的是同种核的不同化学环境。

7.3.1 化学位移的产生

任何原子核都被电子所包围,受周围不断运动着的电子影响。按照楞次定律,

在外磁场作用下，核外电子会产生环电流，并感应产生一个与外磁场方向相反的次级磁场，这种对抗外磁场的作用称为电子的屏蔽效应。电子的屏蔽效应使原子核实际上受到的磁场强度，不完全与外磁场强度相同。此外，分子中处于不同化学环境中的原子核，其核外电子云的分布情况也各异，因此，不同化学环境中的原子核会受到不同程度的屏蔽作用。在这种情况下，原子核实际上受到的磁场强度 B 等于外加磁场 B_0 减去其外围电子产生的次级磁场 B'，其关系可表示为 $B = B_0 - B'$，由于次级磁场的大小正比于所加的外磁场强度，即 $B_0 \propto B'$，故上式可写成

$$B = B_0 - \sigma B_0 = B_0(1-\sigma)$$

式中，σ 为屏蔽常数，表示屏蔽效应的大小，与原子核外的电子云密度（即，所处的化学环境）有关。

则当原子核发生核磁共振时，应满足如下条件：

$$\nu_{共振} = \mu\beta 2\boldsymbol{B}/h = \mu\beta 2\boldsymbol{B}_0(1-\sigma)/h$$

或

$$\boldsymbol{B}_0 = \nu_{共振} h/2\mu\beta(1-\sigma)$$

屏蔽常数 σ 不同的原子核，其共振吸收峰将分别出现在不同的核磁共振谱或不同磁场强度区域。实验证明，在相同频率的电磁波照射下，化学环境不同的原子核将在不同的磁场强度处出现吸收峰。显然，核外电子云密度越大，核受到的屏蔽效应越强，σ 值也越大，而实际受到的外磁场强度降低就越多，共振频率降低的幅度也越大。要维持核以原有的频率共振，即发生共振吸收就势必增加外加磁场强度。这种原子核因周围的电子云密度不同而引起共振条件（核的共振频率或外磁场强度）发生变化，即引起共振吸收峰位移的现象就称为化学位移（chemical shift）。

化学位移的大小与原子核所处的化学环境密切相关。若固定照射频率，则 σ 大的原子核的化学位移出现在高磁场处，而 σ 小的原子核的化学位移出现在低磁场处，因此可以根据化学位移值的大小分析原子核所处的化学环境，即分析其分子结构。

屏蔽常数 σ 与原子核所处的化学环境有关，其中主要包括以下几项影响因素：

$$\sigma = \sigma_d + \sigma_p + \sigma_a + \sigma_s$$

式中，σ_d 表示抗磁（diamagnetic）屏蔽大小，σ_p 表示顺磁（paramagnetic）屏蔽大小，σ_a 表示邻接核的各向异性（anisotropic）的影响，σ_s 表示溶剂、介质等因素的影响。

抗磁屏蔽是指核外球形对称的 s 电子在外磁场感应下产生对抗磁场，使原子核受到的磁场稍有降低。顺磁屏蔽是指核外非球形对称的电子云产生的磁场所起的屏蔽作用，与抗磁屏蔽产生的磁场方向相反，起到增强外磁场的作用。s 电子是球形对称的，对顺磁屏蔽没有贡献，而 d、p 电子是各向异性的，对顺磁屏蔽都有贡献。有时分子中的其他原子或化学键的存在使所讨论原子核的核外电子运动受阻，电子云呈非球形，这时也会对顺磁屏蔽 σ_p 有所贡献。除核外电子类型的影响外，相邻基团的各向异性及溶剂、介质的性质也会影响屏蔽常数。但相比之下，σ_d 和 σ_p 的影响比（$\sigma_a + \sigma_s$）大。对于 ^1H，核外只有 s 电子，因此 σ_d 是主要影响因素，而除 ^1H 以外的其他原子核，σ_p 比 σ_d 要重要许多。

原子核的各种磁屏蔽因素归纳如图 7-2 所示。

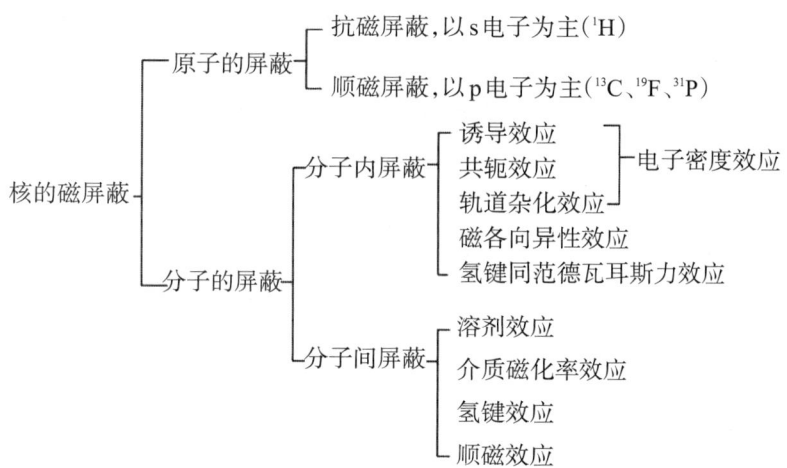

图 7-2　原子核的各种磁屏蔽因素归纳

7.3.2　化学位移的表示

不同化学环境的原子核，受到不同程度的屏蔽效应的影响，因而出现在核磁共振波谱的化学位移值不同。实际中产生共振的这些条件差异很小，则化学位移值的变化非常小，往往只有百万分之一，因而化学位移的绝对值难以精确测定。例如，选用 100 MHz 的仪器检测 ^{1}H，即，这时 ^{1}H 的共振频率为 100 MHz，处于不同化学环境下的 ^{1}H 核因屏蔽作用引起的共振频率差别范围为 0～1500 Hz，仅为共振频率的百万分之十几，显然要进行这样微小差别的测定是非常困难的。因此，在实际操作时应采用标准物质为基准，测定相对的频率变化值，用于表示化学位移。

另外，由于共振频率与外磁场强度 B_0 成正比，在磁场强度不同的情况下同一种化学环境的核共振频率不同。如果用磁场强度或频率表示化学位移，则使用不同型号即不同照射频率的仪器所获得的化学位移值不同。例如，1，2，2-三氯丙烷（$CH_3CCl_2CH_2Cl$）有两种化学环境不同的 ^{1}H，在氢谱中出现两个吸收峰。其中 CH_2 与电负性大的 Cl 原子直接相连，则其核外电子云密度较小，即受到的屏蔽作用较小，因此 CH_2 的吸收频率比 CH_3 大。在 60 MHz 的核磁共振仪上测得的谱图中，CH_3 与标准物的吸收峰相距 134 Hz，CH_2 与标准物的吸收峰相距 240 Hz。如果在 100 MHz 的核磁共振仪中测定其核磁共振波谱，对应数据为 223 Hz 和 400 Hz。由此可见，同一种化合物在不同仪器上测得的谱图若以共振频率表示，将没有简单且直观的可比性。

为消除磁场强度变化所产生的影响，以使在不同核磁共振仪上测定的数据统一，通常用试样和标样共振频率之差以及所用仪器频率的比值 σ 来表示。σ 被称为化学位移常数，是一个相对数值，用来表示化学位移，由于这个数值很小，故通常乘以 10^6，这样对于固定磁场改变射频的扫频式仪器就有

$$\delta = \frac{(\nu_s - \nu_0)}{\nu_0} \times 10^6 = \frac{\Delta\nu}{\nu_0} \times 10^6$$

式中，ν_s 为样品磁核的共振频率，ν_0 是标准物磁核的共振频率（一般 $\nu_0 = 0$），$\Delta\nu$ 是样品与标准物的共振频率差，即样品峰和标准物峰之间的差值。因 $\Delta\nu$ 的数值相对于 ν_0 较

小，而v_0与仪器的振荡器频率相近，所以v_0常用振荡器频率代替。位移常数δ无量纲单位。因v_s和v_0数值很大，而其差值Δv却很小，通常为几十到几千赫兹，因此δ值很小，一般只有百万分之一的数量级，为便于读写在后面乘以10^6，则我们常常会以ppm（即百万分之一）来表示为δ值的单位。

对于固定射频频率改变外磁场强度的扫场式仪器，则有

$$\delta = \frac{(B_s - B_0)}{B_0} \times 10^6$$

式中，B_s和B_0分别是样品磁核和标准物磁核产生共振吸收时的外磁场强度。

化学位移常数δ，其实是相对位移。如，当使用200 MHz的核磁共振谱仪时，某位移值为200 Hz，采用相对位移时，就用200 Hz除以200 MHz，得到的相对位移是百万分之一，也就是1 ppm。用δ表示化学位移，就可使同一物质在不同磁场强度的不同核磁共振仪测得的数据一致。

例如，1，1，2-三氯丙烷中CH_3的化学位移如用δ值表示，则在60 MHz和100 MHz的仪器上测定时分别为以下结果。

60 MHz仪器：

$$\delta = \frac{134}{60 \times 10^6} \times 10^6 = 2.23$$

100 MHz仪器：

$$\delta = \frac{223}{100 \times 10^6} \times 10^6 = 2.23$$

对于CH_2，通过计算可知，其δ值均为4.00。

7.3.3 标准物质

在进行样品δ值测定时，研究者一般都以适当的化合物作为标准物，将其直接加入样品溶液，测定相对的频率变化值，用于表示化学位移。理想的标准物应该满足以下条件。

①化学性质高度不活泼，与样品不容易发生化学反应和分子间缔合。

②结构对称，磁核具有相同的化学环境（即使磁各向同性或接近磁各向同性），因此无论在氢谱还是碳谱中都只有一个吸收峰。

③信号峰出现在高场，则一般化合物的峰在其左边。

④溶解性好，易溶于有机溶剂。

⑤易挥发，便于样品吸收。

在核磁氢谱和碳谱中，最常用的标准物是四甲基硅烷（TMS），为化学惰性，结构中4个CH_3的共12个H呈球形分布，是磁各向同性，核磁共振信号为单峰，信号强。沸点较低，只有27℃，容易除去，与许多有机化合物互溶。Si的电负性（1.9）比C的电负性（2.5）小，分子中的氢核与碳核处在高电子密度区，产生的屏蔽效应大，产生的核磁共振信号所需的磁场强度比一般化合物中的氢核和碳核产生的核磁共振信号所需的磁场强度要大得多。信号在高场，易辨认，与大部分样品的信号之间一般不会互相重叠干扰。大部分样品的信号都在TMS核磁共振信号的左边。

在 ^1H 谱和 ^{13}C 谱中都规定 TMS 的 $\delta = 0$，位于图谱的右边，在其左边的 δ 值为正值，在其右边的 δ 值为负。大多数化合物的氢核和碳核的 δ 值都是正值。当外磁场强度自左向右逐渐增大时，δ 值却自左向右逐渐减小。凡是 δ 值较小的核，就称其处于高场。不同的核屏蔽常数 σ 的变化幅度不同，δ 值的变化幅度也不同。如 ^1H 的 δ 值小于 20，^{13}C 的 δ 值大部分在 0~250，^{195}Pt 的 δ 值却可达到 13 000。

TMS 是非极性溶剂，不溶于水，以有机溶剂为溶剂的样品常用 TMS 作为标准物。强极性的样品需用重水作为溶剂，在测试核磁共振波谱时需用其他的标准物，如，2，2-二甲基-2-硅戊烷-5-磺酸钠（DDS），叔丁醇，丙醇等。这些标准物的氢谱和碳谱可能会出现一个以上的核磁共振峰，使用时需注意校正不同标准物所引起的化学位移值的变化，还需与样品的共振峰加以区别。对于需要在升温条件下测量的样品，可使用六甲基二硅醚（HMDS）作为标准物。

7.3.4 化学位移的测定

化学位移是相对于标准物而测定的，测定时一般将标准物和样品一起溶解于合适的溶剂中。

每种化学溶剂都有其独特的物理化学特性。例如，苯的特性是芳香型，甲醇的特性是极性和能形成氢键。这两种溶剂都可以对同一溶质以不同方式相作用，因此溶质的化学位移值依据不同的溶剂而有所不同。溶剂的另一种特性是其质子性或非质子性。质子溶剂是指含有酸性氢的溶剂，相反，非质子溶剂不含有酸性氢。通常酸性氢是可以交换的，如那些可以与氧原子（如羟基中的氧原子）、氮原子（如氨基中的氮原子）、或者硫原子（如巯基中的硫原子）相连的氢，这些酸性氢很难与 C 原子相连。通常非极性溶剂是非质子溶剂，如氯仿、苯、戊烷等，而极性溶剂可以有质子溶剂，也可以有非质子溶剂。典型的极性质子溶剂是水、甲醇和乙醇等。典型的非质子极性溶剂有二甲亚砜（DMSO）、丙酮、$N，N$-二甲酰胺（DMF）和吡啶等。

化学位移的测定方法有两种。固定照射电磁波的频率，不断改变磁场强度 B_0，从低场（低磁场强度）向高场（高磁场强度）变化。当 B_0 正好与分子中某种化学环境的核的共振频率满足共振条件时，就会产生核磁共振信号，这种方式称为扫场。固定磁场强度 B_0 而改变照射频率的方法称为扫频。一般仪器多采用扫场的方式。

7.3.5 自旋-自旋耦合与裂分

按化学位移的讨论可推论，样品分子中有几种化学环境不同的磁核就会在核磁共振波谱中显示几个信号峰。1915 年，古托斯基（G. Gutowsty）等人发现在 $POCl_2F$ 溶液的 ^{19}F 核磁共振谱中存在两条谱线，但 $POCl_2F$ 分子中只有一个 F 原子，这种现象显然不能再用化学位移进行解释，由此他们发现了自旋-自旋耦合现象。

前面讨论的化学位移考虑的是磁核的电子环境，即核外电子云对核产生的屏蔽作用，却忽略了同一分子中磁核之间的相互作用。磁核间的相互作用较小，对化学位移没有明显的影响，但对峰的形状却有着重要的影响。例如，1，2，2-三氯乙烷通过低分辨核磁共振谱仪获得的核磁共振氢谱只有两条谱线，CH_2 在 $\delta = 3.95$ ppm，

CH在 δ = 5.77 ppm。采用高分辨核磁共振谱仪得到的谱线是两组多重峰，如图7-3所示，即以 δ = 3.95 ppm 为中心的二重峰和以 δ = 5.77 ppm 为中心的三重峰。多重峰的间距为6 Hz。多重峰的出现是由于 CH_2 和 CH 两个基团上的相邻氢核相互干扰而引起的。

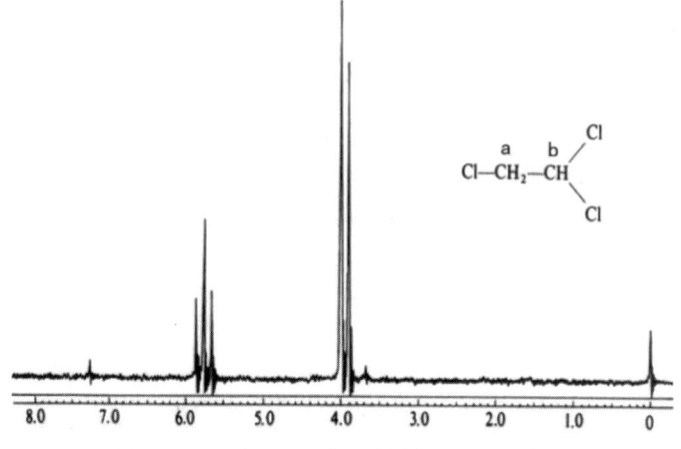

图7-3　1，2，2-三氯乙烷的 ^{1}H-NMR 谱图

一个自旋核，相当于一个小磁铁，产生局部磁场。如果自旋核X邻近没有其他自旋核存在，则核X在核磁共振谱图中出现一个峰。如果核X邻近有另一个自旋核Y存在，则核Y自旋产生的小磁场 ΔB 就会干扰核X。如果核Y的自旋量子数 I = 1/2，则在外磁场 B_0 中核Y有两种不同取向，即 m = +1/2 和 m = −1/2。它们各自产生两个强度相等、方向相反的小磁场，其中一个方向与外磁场方向相反，起到减弱外磁场强度的作用；另一个与外磁场方向相同，起到增强外磁场强度的作用。这时核X的共振频率就修正为

$$\nu_{共振1} = \mu\beta 2B/h = \mu\beta 2[B_0(1-\sigma)+\Delta B]/h$$

$$\nu_{共振2} = \mu\beta 2B/h = \mu\beta 2[B_0(1-\sigma)-\Delta B]/h$$

即核X原来应在频率 $\nu_{共振}$ 的出峰不再出现，而在原位置两侧各出现一个共振峰 $\nu_{共振1}$ 和 $\nu_{共振2}$，即核X在受到邻近自旋量子数为1/2的Y核干扰后，其共振峰被分裂为双重峰。如果在外磁场中核Y的两种取向概率近似相等，则两个裂分峰的强度近似相等。在核X受到核Y干扰的同时，核Y也受到核X的干扰，因此其共振峰也裂分为双重峰。

例如，1，2，2-三氯乙烷分子中，CH_2 的两个氢核自旋组合方式有四种，见表7-3所列。CH_2 的自旋组合产生3种不同的局部磁场，分别是 $B_0 + 2B'$、B_0 和 $B_0 - 2B'$，使其邻位CH上的氢核实际受到三种磁场作用，因此其核磁共振氢谱呈现三重峰，且为对称分布，如图7-2所示，各峰的面积之比为1∶2∶1。同样，CH的氢核也出现两种取向，产生 $B_0 + B'$ 和 $B_0 - B'$ 两个不同的磁场，使 CH_2 的氢核核磁共振峰裂分为两重峰，峰的面积比为1∶1。

表7-3　1，2，2-三氯乙烷分子CH_2中氢核的自旋耦合

取向组合		氢核局部磁场	CH上氢核实受磁场
H_1	H_2		
↑	↑	$+2B'$	$B_0 + 2B'$
↑	↓	0	B_0
↓	↑	0	B_0
↓	↓	$-2B'$	$B_0+(-2B')$

注：外磁场B_0的方向为-，H_1和H_2是CH_2上两个氢核的磁场。

这种在同一分子中自旋核与自旋核间相互作用的现象就称为"自旋-自旋耦合"，由自旋-自旋耦合产生谱线裂分的现象被称为"自旋-自旋裂分"。由自旋耦合产生的裂分谱线间距就称为耦合常数（coupling constant），用J表示，单位为Hz。耦合常数是核自旋裂分强度的量度，表示耦合的磁核间相互干扰程度的大小，与外加磁场无关，只与两个磁核在分子中相隔的化学键数目和种类有关，是分子结构的属性。通常在J的左上角标示两核相距的化学键数目，右下角标注相互耦合的两个核的种类。例如，$^{13}C—^{1}H$间耦合只相隔一个化学键，则表示为$^{1}J_{C-H}$；$^{1}H—C—C—^{1}H$中的两个^{1}H间相隔3个化学键，其耦合常数则表示为$^{3}J_{H-H}$。J的大小还与化学键的性质及立体化学因素有关，是核磁共振波谱提供的极为重要的参数之一。

再如$CH_3CH_2—I$，其结构式如下：

$$H_a\underset{H_a}{\overset{H_a}{-}}C\underset{H_b}{\overset{H_b}{-}}C-I$$

CH_3上的氢以H_a表示，其邻近的CH_2上有两个氢，以H_b表示。下面分析H_b对H_a的影响。因为H核的自旋量子数$I = 1/2$，在磁场中可以有两种取向，即$m = +1/2$（以↑表示）和$m = -1/2$（以↓表示），于是H_b的自旋取向的排布方式就有以下几种情况。

①两个氢核取向一致，其方向与外磁场方向一致，相当于在外磁场周围增加了两个小磁场，这样，发生共振所提供的外加磁场小于B_0，共振信号在小于B_0的地方出现。

②两个氢核方向相反，相当于增加两个方向相反的小磁场，它们对H_a的影响相互抵消，共振信号仍在B_0处出现。

③两个氢核取向一致，却与外磁场方向相反。相当于增加两个与外磁场方向相反的小磁场，共振信号将在大于B_0处出现。

因此，当没有H_a信号时，H_b只有一个峰，但H_a信号存在时，就有自旋耦合现象发生，使其信号峰发生裂分。同样当没有H_b信号时，H_a只有一个峰，但H_b信号存在时，就有自旋耦合现象发生，使其发生信号裂分。

裂分数目等于自旋耦合种类，谱线裂分的数目N与邻近核的自旋量子数I及核的

数目 n 有如下关系：

$$N = 2n \times I + 1$$

当 $I = 1/2$ 时，$N = n + 1$，这就是"$n+1$"规律，即磁核旁有 n 个等同的其他磁核，其峰的裂分数为 $n+1$。裂分谱线的强度之比遵循二项式 $(a+b)^n$ 的展开系数，n 是邻近的同种磁核的数目。这一规律只适合于一级自旋系统光谱谱线的裂分。

原子核间的自旋耦合作用通过成键电子间接传递，不是通过空间磁场传递，因此耦合作用的传递程度有限。在饱和烃分子中，自旋-自旋耦合作用一般只传递到第三个单键。在共轭体系中，耦合作用可沿共轭链传递到第四个键以上。

耦合机制的解释是由雷梅西（R. Remsey）提出的费米接触机制。假设由单键链接的原子 X 和原子 Y，二者的自旋量子数都是 1/2，形成化学键的两个电子围绕 X 核和 Y 核快速运动。其中任一电子与 X 核或 Y 核在空间某点上可存在一定时间。电子与核靠近时，如两者的自旋取向相反，就称为比较稳定的一对。如 X 核的取向 $m = +1/2$，则靠近它的电子自旋就为 $m = -1/2$。根据泡利不相容原理，成键轨道上的另一个电子的自旋必然是 $m = +1/2$，则 Y 核的自旋取向就是 $m = -1/2$，体系能量降低。当 Y 核的取向 $m = +1/2$ 时，体系能量升高。即，Y 核的两种自旋取向会影响 X 核的能级状态和跃迁能量。同样，X 核的两种自旋取向也会影响 Y 核的能级状态和跃迁能量。当 X 核与 Y 核的自旋取向相同时，能级上升，相应的无耦合作用时增加的数值以 $J/4$ 表示。当 X 核与 Y 核的自旋取向相反时，能级下降，相应的无耦合作用时降低的数值为 $J/4$。则无耦合时，X 核由低能级向高能级跃迁所需的能量为 ΔE_X。Y 核对其有耦合作用时，跃迁能量为 ΔE_{X1} 和 ΔE_{X2}，与没有耦合作用时相比，分别改变了 $-J/2$ 和 $+J/2$。同样无耦合时，Y 核由低能级向高能级跃迁所需的能量为 ΔE_Y，X 核对其有耦合作用时跃迁能量为 ΔE_{Y1} 和 ΔE_{Y2}，与没有耦合作用时相比分别改变了 $-J/2$ 和 $+J/2$。在核磁共振谱图上，X 核与 Y 核在没有耦合时各自表现为一条谱线，当两核发生耦合作用时，在原谱线左右各出现一条新谱线，原谱线消失，即，各自的原谱线发生裂分成为二重峰，两条谱线间的距离为 J。因此，X 核与 Y 核间的耦合作用是相互的。

在核磁共振研究中约定，如果发生耦合作用的两个核取向相同，则能量较高，$J > 0$，为正值；如果两核取向相反，则能量较低，$J < 0$，为负值。J 值的正负在核磁共振波谱中并不能显示，因此，一般只考虑 J 绝对值的大小。

7.4 核磁共振波谱仪

核磁共振波谱仪是检测和记录核磁共振现象的仪器。按射频的照射方式，高分辨率核磁共振波谱仪分为两种类型：连续波核磁共振波谱仪（CW-NMR）和脉冲傅里叶核磁共振波谱仪（PFT-NMR）。

7.4.1 连续波核磁共振波谱仪

如图 7-4 所示，连续波核磁共振波谱仪主要由磁体、探头、射频发射器、频率和磁场扫描单元、信号放大、接收和显示单元等部分组成。

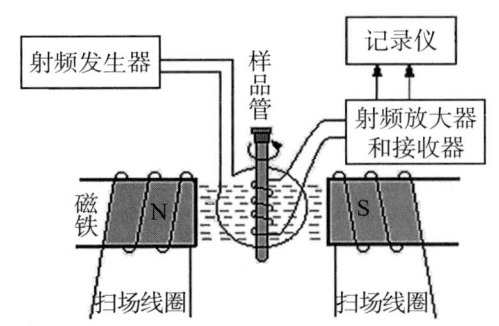

图 7-4　连续波核磁共振波谱仪基本结构示意图

(1) 磁体

磁体是核磁共振波谱仪最基本的组成部件，提供强而稳定、均匀的外磁场，可以在一定的范围内连续地精确改变。核磁共振波谱仪使用的磁体有三种类型，分别是永久磁铁、电磁铁和超导磁体。由于永久磁铁和电磁铁获得的磁场一般不超过 2.5 T，最多只能制作 100 MHz 的核磁共振波谱仪，而超导磁体可使磁场强达 10 T 以上，且磁场稳定、均匀，可制作 200 MHz 以上的核磁共振波谱仪。频率越大，磁场强度越大，仪器越灵敏，得到的图谱越简单，越容易解析。目前已有 1000 MHz 的核磁共振谱仪，但超导核磁共振波谱仪价格高昂，使用还不十分普遍。

超导磁体是用铌-钛超导材料绕成的螺旋管线圈，置于液氦杜瓦瓶中，在线圈上逐步加上电流（即升场），当达到要求后撤去电源。因超导材料在液氦温度下的电阻为零，电流始终保持原来的大小，形成稳定的永久磁场。为减少液氦的蒸发，研究者常使用双层杜瓦瓶，在外层杜瓦瓶中加入液氮，有利于保持低温。因运行过程中消耗液氮和液氦，超导磁体的维护费用也很高。

核磁共振波谱仪对磁场的稳定和均匀性要求很高，因此，除磁体外还有许多辅助装置用于微调，以消除因温度或电流等变化所产生的对磁场强度的影响。磁体上有一个扫描线圈，又称为亥姆霍兹线圈，内通直流电，产生一个附加磁场，用于调节原有磁场的强度，做到连续改变磁场强度，以进行扫描。将射频发生器的频率固定，以进行磁场扫描，使各种磁核在不同磁场强度下发生共振，从而得到核磁共振波谱图，这种方法称为扫场。一般这种连续波扫描的仪器，从低磁场强度，即左边开始向高磁场强度的右边进行扫描，磁场强度的增加数值换算成频率被记录下来。测试时，电磁铁要发热，因此要用水冷却，使其温度变化小于 0.1 ℃/h。这种连续波扫描的仪器已基本不再生产。目前主要是超导磁体的脉冲傅里叶变换核磁共振波谱仪。

(2) 探头

探头装在磁极间隙内，用于检测核磁共振信号，是仪器的心脏部分。探头包括试样管座、发射线圈、接收线圈、预放大器和变温元件等。发射线圈和接收线圈相互垂直，分别与射频发生器和射频接收器连接。样品管座位于线圈的中心，用于放置样品管。待测样品放在样品管内，再置于绕有接收线圈和发射线圈的套管内。样品管座连接有气动涡轮机，使样品管能沿其纵轴以每分钟几百转的速度旋转，以提高作用于其上的磁场的均匀性。磁场和频率源通过探头作用于试样。变温元件用于控制探头温度。

（3）射频发生器和音频调制

射频发生器也称射频振荡器，用于产生与外磁场强度相匹配的射频，提供能量，使磁核从低能级跃迁到高能级，其作用相当于红外或紫外光谱仪中的光源。所不同的是，根据核磁共振的基本原理，在相同的外磁场中，不同种类的磁核因磁旋比不同而有不同的共振频率。一般来说，连续波核磁共振波谱仪的频率是固定的，因此，同一台仪器用于测定不同种类的磁核需要不同频率的射频发生器。核磁共振波谱仪的型号习惯上用 ^1H 的共振频率表示，而不是以磁场强度或其他种类磁核的共振频率表示。例如，300 MHz 的核磁共振波谱仪是指 ^1H 共振频率为 300 MHz，即外磁场强度为 7.0463 T。

高分辨核磁共振波谱仪要求有稳定的射频频率和功能，为提高基线的稳定性和磁场锁定能力，必须用音频调制磁场，因此仪器通过恒温下的石英晶体振荡器得到基频，再过倍频、调频和功率放大得到所需要的射频信号源。从石英晶体振荡器中得到的音频调制信号经功率放大后输入探头调制线圈。

（4）接收单元

射频接收器用于接收含有样品核磁共振信号的射频输出，并将接收到的射频信号传送到放大器并放大。射频接收器相当于红外和紫外光谱仪中的检测器。

从探头预放大器得到的载有核磁共振信号的射频输出，通过射频接收线圈，接收共振信号，再经一系列检波、放大后，显示在示波器和记录仪上，得到纵坐标是共振峰强度的核磁共振谱图。

样品管外的射频振荡线圈与扫描线圈及射频接收器线圈，三者互相垂直，互不干扰。

（5）扫描单元

扫描单元是连续波核磁共振波谱仪特有的一部分，用于控制扫描速度和扫描范围等参数。核磁共振波谱仪的扫描方式有两种：一种是保持频率恒定，线性地改变磁场，称为扫场；另一种是保持磁场恒定，线性地改变频率，称为扫频。许多仪器同时具有这两种扫描方式。扫描速度的大小会影响信号峰的显示效果。

下面以扫场为例，简述连续波核磁共振波谱仪的工作过程。因样品中不同化学环境的磁核共振条件稍有差别，扫场线圈在磁体产生的外磁场基础上连续做微小改变，扫过可能发生共振的全部区域，当磁场强度与某化学环境中磁核的共振条件相符合时，磁核就吸收射频发生器发出的电磁波能量，从低能级跃迁到高能级，射频接收器接收吸收信号经放大后记录下来。例如，将整个扫描时间划分为若干个时间单元，在某一时间单元里只有一种化学环境的磁核因满足条件发生共振而被记录下来，或因没有符合共振条件的磁核而只记录基线。连续波核磁共振波谱仪是一种单通道仪器，只有依次逐个扫描设定的磁场范围，即所有时间单元，才能得到完整的谱图。为记录无畸变的核磁共振谱图，扫描磁场的速度必须慢，以使磁核的自旋体系和环境始终保持平衡。但速度太慢，不仅增加实验时间，而且信号容易饱和。相反，扫描速度太快，会造成峰形变宽，分辨率降低。

（6）信号累加

核磁共振波谱测定的主要难题在于核磁共振信号很弱，为提高信噪比（S/N），通常将试样重复扫描数次，并使各点信号在计算机中进行累加，这样就可提高连续波核磁共振波谱仪的灵敏度。因信号频率固定，信号强度（S）与扫描次数n成正比。噪声（N）是随机的，与扫描次数n的平方根成正比，则$S/N \propto \sqrt{n}$，即信噪比扩大了$\sqrt{n}$倍。用连续波核磁共振波谱仪进行测试，如果扫描一次所用时间为250 s，为使信噪比提高10倍，应扫描100次，则需花费时间25 000 s。如果要进一步提高信噪比，就需要更长的时间。这种方法不仅费时，而且仪器难以在如此长的扫描时间内保持稳定，从而容易致使信号发生漂移。

7.4.2 脉冲傅里叶变换核磁共振波谱仪

连续波核磁共振波谱仪采用的是单频发射和接收方式，在某一时刻内，只能记录谱图中很窄一部分的信号，即单位时间内获得的信息很少。在这种情况下，对于核磁共振信号很弱的核，如^{13}C、^{15}N等，即使采用累加技术，也得不到良好的结果。

为了提高单位时间内的信息量，可采用多通道射频发射器，每个通道同时发射不同频率，使处于不同化学环境的磁核同时满足共振条件，产生的信号再采用多通道接收器同时接收，这样只需一个时间单元就可检测和记录整个谱图，大幅度节省测试时间，使重复扫描以提高信噪比的方法得以实现。例如，在100 MHz核磁共振波谱仪中，质子共振信号的化学位移范围为10时，相当于1000 Hz，若扫描速度为2 Hz·s^{-1}，则连续波核磁共振波谱仪需500 s才能扫完全谱。如果具有1000个频率间隔1 Hz的射频发射器和接收器同时工作，则只要1s就可扫完全谱。显然，后者大大提高了分析速度和灵敏度。

傅里叶变换核磁共振波谱仪与连续波核磁共振波谱仪一样，也具有磁体、射频发生器、射频接收器、探头等部件。不同之处在于，傅里叶变换核磁共振波谱仪不采用扫描磁场或频率的方法采集不同化学环境磁核的共振信号，而是在外磁场保持不变的条件下，以适当宽度的射频脉冲作为多通道射频发射器，使所选的所有磁核同时被激发，从低能级跃迁到高能级，然后通过弛豫逐步恢复玻尔兹曼平衡。在此过程中，射频接收器接收到的是磁核多条谱线混合的随时间衰减的信号，称为自由感应衰减（free induction decay，FID）信号，属于时域函数。FID信号虽然包含所有受激磁核的信息，但彼此很难区别，需以快速傅里叶变换作为"多通道接收器"变换得出各条谱线在频率中的位置及其强度。这就是脉冲傅里叶变换核磁共振波谱仪的基本原理。

脉冲的作用时间非常短，为微秒级，如果做累加测量，则脉冲需要重复，时间间隔也一般小于几秒。傅里叶变换核磁共振波谱仪的测定速度很快，除可进行磁核的动态过程、瞬变过程、反应动力学等方面的研究外，还易于实现累加技术。因此，从共振信号强的^{1}H、^{19}F核到共振信号弱的^{13}C、^{15}N核，均能测定。

7.5 样品的制备和测试

进行核磁共振波谱测试的样品可以是液体或固体，但固体样品分子的快速运动受到限制，化学位移各向异性等各种作用的存在使谱线增宽严重，因此固体核磁共振技术分辨率相对于液体较低。在液体样品中，分子的快速运动将导致核磁共振谱线增宽的各种相互作用，如化学位移各向异性和耦合作用等，被平均掉，从而获得高分辨的液体核磁共振谱图。因此一般多采用溶液进行检测，这样更能体现分子结构的相关性。对于难溶物或溶解后结构发生改变的化合物或刻意讨论四级矩相邻关系的化合物才采用固体核磁共振波谱仪进行测试。如晶体、微晶粉和胶质这样的固体，偶极耦合和化学位移的磁各向异性将在磁核自旋系统占据主导，这时如果使用液体核磁共振波谱仪，那么共振谱线将严重增宽，不利于研究。我们这里主要讨论液体样品的核磁共振谱图测试。

（1）样品管

进行核磁共振波谱测试的样品管通常用硬质玻璃制成。根据仪器和实验的要求，可选择不同外径（$\Phi=5$、8、10 mm）和不同长度（17.8 cm、20.3 cm）的样品管。微量操作还可使用微量试样管。为保持旋转均匀并得到良好的分辨率，管壁应均匀而平直。样品管一般配有聚四氟乙烯塞子。

（2）溶剂

进行液体核磁共振波谱测试时，一般将样品溶解在一定的溶剂中。核磁共振波谱测试对溶剂的一般要求为，不产生干扰样品测试的核磁共振信号，样品在其中有较好的溶解性，不与样品发生反应。

进行氢谱和碳谱测定时，所用的溶剂一般是氘代溶剂，即溶剂中的 ^1H 全部被 ^2D 所取代。应尽可能使用高氘代度、高纯度的溶剂。注意，氘原子会对其他磁核信号产生裂分。常用的氘代溶剂有氘代氯仿（$CDCl_3$）、氘代丙酮（CD_3COCD_3）、氘代甲醇（CD_3OD）、氘代水（D_2O）、氘代二甲亚砜（CD_3SOCD_3）等。除氘代试剂外，溶剂还可以是不含质子的溶剂或只有一种已知位移值的质子溶剂，如四氯化碳（CCl_4）、二硫化碳（CS_2）、三氟乙酸（CF_3COOH）等。氘代试剂常会因存在残余的未被氘代的 ^1H 而导致产生相应的共振信号，以及可能存在的残留水的共振信号。表 7-4 是一些常见氘代溶剂的氢谱和碳谱的 δ 值。

表 7-4　常见氘代溶剂在氢谱和碳谱中的残留信号

溶剂	分子式	δ_H (ppm)	峰的多重性	δ_C (ppm)	峰的多重性	可能残留的水峰 (ppm)
氘代氯仿	$CDCl_3$	7.26	1	77.1	3	1.56
氘代丙酮	CD_3COCD_3	2.04	5	29.8	7	2.84
				206.3	1	
氘代二氯甲烷	CD_2Cl_2	5.32	3	53.8	5	—
氘代苯	C_6D_6	7.15	1(宽)	128.1	3	—

续表

溶剂	分子式	δ_H (ppm)	峰的多重性	δ_C (ppm)	峰的多重性	可能残留的水峰 (ppm)
氘代二甲亚砜	CD_3SOCD_3	2.50	5	39.5	7	3.33
氘代甲醇	CD_3OD	3.31	5	49.7	7	4.87
		4.78	1			
氘代水	D_2O	4.79	1	—	—	4.79
氘代吡啶	C_5D_5N	7.19	1(宽)	123.3	3	4.80
		7.55	1(宽)	135.5	33	
		8.71	1(宽)	149.9		

需注意根据样品的溶解度选择合适的溶剂，特别对于低温测试及高聚物溶液测试等，样品的溶液黏度不能太大。如果黏度太大，则可用适当溶剂稀释或升温以进行测试。进行高温测试时，需选低挥发性溶剂。所用溶剂不同，有时得到的核磁共振信号会有较大的差别。用D_2O作为溶剂进行测试时，需注意样品分子中的活泼氢有时会和D_2O的氘发生交换反应。

适用于氢谱（^1H-NMR）的溶剂同样也适用于氟谱（^{19}F-NMR），在进行含氟样品测试时，应注意样品中的氟原子对其他磁核的耦合作用。

配制溶液时，样品的浓度取决于实验的要求及仪器的类型，测定非主要成分时需要更高的浓度。溶液的体积取决于样品管的大小及仪器的要求，通常样品溶液的高度应达到线圈高度的2倍以上。一般来说，溶剂体积不少于0.5 mL，样品量约5 mg，碳谱所需样品量会多些。分子量越大，所需的样品量就越多。对于傅里叶变换核磁共振波谱仪，样品量可大大减少，^1H谱有时只需1 mg左右，甚至可少至几微克，^{13}C谱则需要几到几十毫克试样。如果样品量较少，则可选用微量核磁管。

复杂分子或大分子的核磁共振波谱有时即使在强磁场的情况下也难以获得一级谱，此时可选择合适的化学位移试剂，使被测样品的核磁共振峰发生位移，从而使重合的峰分开。常用的化学位移试剂一般是过渡元素或稀土元素的一些配合物。

（3）标准试样

标准样品的添加量一般约为10 g/L。常用标准样品四甲基硅烷（TMS）的共振峰$\delta = 0$。在高温的条件操作时以六甲基二硅醚（HMDS）为标准试样，其共振峰$\delta = 0.04$。在水溶液中测试时一般采用3-甲基硅丙烷磺酸钠（DDS）作为标准试样，其共振峰$\delta = 0$。

（4）测试

将测试时样品管放入样品支架并放进核磁共振波谱仪中，先进行样品和仪器的调谐，再仔细对仪器匀场，使仪器达到最佳工作状态；设置合适的实验参数，采样，完成后再进行图谱处理，并分段积分。

通过同一个实验通常可同时得到定性和定量数据。对于核磁共振图谱定量分析，实验参数的正确设置非常重要，以保证每个峰的积分面积与磁核数成正比。必须保证有足够长的弛豫时间，以使所有激发核都能完全弛豫，因而定量分析通常需要更长的实验时间。

7.6 核磁共振氢谱

核磁共振氢谱（^{1}H-NMR），也称质子磁共振谱（proton magnetic resonance，PMR）。由于质子的磁旋比较大，天然丰度接近100%，核磁共振测定的绝对灵敏度在所有磁核中最大，因此 ^{1}H NMR 是发展最早、研究最多、应用最为广泛的核磁共振波谱。在很长一段时间里，核磁共振氢谱几乎成了核磁共振波谱的代名词。

典型的 ^{1}H-NMR 谱图如图 7-2 所示。图中的横坐标是化学位移 δ，其数值代表了核磁共振峰的位置，即质子的化学环境，是 ^{1}H-NMR 谱图提供的最重要的信息。

一般来说，$\delta = 0$ 处是标准物的共振峰。图的横坐标从左向右代表磁场强度增强的方向，即频率减小的方向，也是 δ 值减小的方向。谱图的右端称为高场（upfield），左端称为低场（downfield）。谱图的纵坐标为共振峰的强度。仪器可对峰面积进行自动积分，也可手动积分，得到的数值用阶梯式积分曲线高度来表示。共振峰强度的精确测量依据的是对各峰的台阶状的积分曲线，每一个台阶的高度代表其下方对应的峰的面积。在 ^{1}H-NMR 谱中，同一类氢核的个数与其相应共振峰的面积成正比，峰面积之比等于质子数之比，积分高度之比也等于质子数之比。共振峰的积分面积或积分高度是 ^{1}H-NMR 谱图中又一个重要的参数。

一个化合物究竟有几组吸收峰，取决于分子中氢核的化学环境。有几种不同类型的氢核，就有几组吸收峰。氢核所处的化学环境相同的就是等性质子，只呈现出一种信号，即具有相同化学位移 δ。氢核所处的化学环境不相同的就是不等性质子，会产生不同的信号，即具有不同的化学位移 δ。核磁共振氢谱的信号数目就等于质子种类的数目。信号数是 ^{1}H-NMR 谱图提供的第三个重要参数。

谱图中有的共振峰是多重峰，这是自旋-自旋耦合引起的峰的裂分。共振峰的裂分数是 ^{1}H-NMR 谱图提供的第四个重要参数。

在核磁共振中，一般来说，相邻碳上的不同种类的氢才可发生耦合，相间碳上的氢（如 H—C—C—C—H）不易发生耦合，同种相邻氢也不发生耦合（如 Br_2CHCHBr_2 中的H）。

自旋耦合是通过化学键传播的。一般只考虑两个或三个键的两个核间的耦合，相隔四个或四个以上单键的耦合基本为零，有远程耦合的情况除外。

7.6.1 核的等价性

要理解核的等价性，首先要了解分子的对称性。

（1）分子的对称性

分子的对称因素包括对称面、对称轴、对称中心和更迭对称轴等。

①对称面：

如果有一个平面能把分子分成两部分，其中一部分正好是另一部分的镜像，则这个平面就是分子的对称面。

②对称轴：

如果分子沿某轴旋转$2\pi/n$或其倍数后能够呈现本来的构型，则此旋转轴就是分子的n阶对称轴。有时分子会有几个对称轴，阶次最高的对称轴称为分子的主轴。

③对称中心：

如果分子中有一点P，从分子中任何一个原子A向P点引一条直线AP，再延长，如果延长线遇到分子中和A相同的原子B，且$AP=PB$。则P点是此分子的对称中心。

④更迭对称轴：

分子围绕一个一定的轴旋转$2\pi/n$或其倍数后，再用一面垂直于此轴的镜子将分子反映，这时所得的镜像如果能与原分子叠合，则此轴就是这个分子的n阶更迭对称轴。

绕对称轴旋转，通过对称面反映和对称中心反映；绕更迭对称轴旋转，通过垂直于此轴的平面反映，所有这些动作都是对称操作。考虑对称性时不能将分子想象成平面，而一定要从分子的立体构型观察对称性。

（2）化学等价

在核磁共振波谱中，有相同化学环境的核具有相同的化学位移。这种有相同化学位移的核互为化学等价。分子中，如果通过对称操作或快速运动机理，一些核可以互换而分子不变，则这些核就是化学等价的核。在非手性条件下，这些核具有严格相同的化学位移。

化学不等价的两个核或基团在化学反应中表现出不同的反应速率，在波谱测量中有不同的结果。

例如，在对硝基苯甲醛中，H_a和H_a（或H_b和H_b）的化学环境相同，是化学等价的，它们的化学位移相同。又如，苯环上六个氢的化学环境相同，是化学等价的，它们的化学位移也相同。1，2-二氯环丙烷中的H_a和H_b是化学等价的，H_c和H_d也是化学等价的。二氟甲烷中的H_a和H_b、二氟乙烯中的H_a和H_b同样是化学等价的。这些质子可以通过对称轴旋转而互换。

化学等价有等位质子和对映异位质子两种。可通过对称旋转而互换的质子为等位质子，等位质子在任何环境（手性或非手性）中都是化学等价的。

没有对称轴，但具有其他对称因素的质子为对映异位质子。在非手性溶剂中，对映异位质子具有相同的化学性质，是化学等价的，但在光学活性溶剂或酶产生的手性环境中，对映异位质子在化学上不等同，在核磁共振谱图上也不等同。例如，下面分子A中两个质子就属于对映异位质子，分子B中的两个烯氢有对称轴，是等位质子，而分子C中的两个烯氢有对称面，是对映异位质子。

分子中不能通过对称性操作进行互换的质子称为非对映异位质子，这类质子在任何化学环境中都是化学不等价的。在一般情况下，它们具有不同的化学位移，虽然有可能偶尔会有相同的化学位移，但只是巧合而已。例如，下面几个分子中亚甲基上的质子就是非对映异位质子。

非对映异位不仅对原子适用，对基团也同样适用。

（3）磁等价

磁等价也称磁全同，是指分子中化学等价的核对其他任何原子核（$I=1/2$ 的所有核）都有相同的耦合作用，这些化学等价的核就称为磁等价。

例如，在二氟甲烷 CH_2F_2 中，H_a 和 H_b 质子的化学位移相同，并且它们对 F_a 或 F_b 的耦合作用也相同，即 $J_{HaFa} = J_{HbFa}$，$J_{HbFb} = J_{HaFb}$，因此，H_a 和 H_b 互为磁等价核。但在分子二氟乙烯 $H_aH_bC=CF_aF_b$ 中，两个质子的化学位移虽然相同，对F的耦合作用却不相同，即 H_a 对 F_a 的耦合作用不同于 H_b 对于 F_a 的耦合作用，因此，这里的 H_a 和 H_b 是磁不等价的。

虽然磁等价的核之间有自旋干扰，会发生耦合，但是并不产生峰的裂分。只有磁不等价的核之间发生耦合时，才会产生峰的裂分。

化学等价的核不一定是磁等价的，而磁等价的核一定化学等价。

①快速运动机理：

在分析核的等价性时，必须考虑分子内部的运动，如化学键的旋转、环的反转及分子内几个活泼氢之间的快速交换等。如果分子内部的运动速度快于核磁共振测定的时间标度，则分子中本来不等价的核将表现为等价。如果分子内部运动速度相对较慢，则核的不等价性就体现出来。

例如，CH_3CH_2X 分子有很多构象，从其中之一的纽曼投影式可看到 H_1、H_2 和 H_3 磁不等价，H_4 和 H_5 也是磁不等价的。但在室温下，分子绕C—C键高速旋转，各个质子都处于一个平均环境，因此 CH_3 中的3个质子磁等价，CH_2 中的两个质子也为磁等价。

环己烷在室温下因环的快速反转，使低温下同碳上构象为非对映异位的平伏键和直立键质子变成了对映异位质子，即化学等价。

如 OH、NH 和 SH 等基团中的常见的活泼氢能发生快速相互交换作用，形成氢键，因此 δ 值很不固定，耦合情况也较为复杂。一般交换速度为 OH>NH>SH。巯基 SH 的质子交换速度较慢，同碳上的质子一样，与邻近碳上的质子有耦合作用。NH 的质子交换速度比 SH 快，与其他质子有无耦合作用同氨基碱性有关。例如，N-甲基苯胺的甲基为单峰，而 N-甲基-2，5-二氯苯胺的甲基为双峰。当分子内有几个不同羟基时，因活泼氢的快速交换，谱图上可能只有一个单峰。例如，羟基酸中的羧基质子和羟基质子只产生一个单峰，即化学位移相同。羧基质子和羟基质子快速交换后，产生的单峰是一个综合平均的信号。当分子中有多个活泼氢，快速交换后，在谱图上产生平均信号的化学位移 $δ_r$ 可以用下面公式计算：

$$δ_r = \sum N_i δ_i.$$

式中，N_i 是第 i 种活泼氢的摩尔分数，$δ_i$ 为第 i 种活泼氢的 δ 值。

当羟基发生缔合时，与自由羟基可不发生交换或交换缓慢，这时两个羟基就不等同。例如，下面的分子形成了含分子内氢键的羟基，其化学位移为 11.6 ppm，而自由羟基的化学位移是 6.0 ppm。

胺形成盐后，对其 NH 和邻近的 CH 的化学位移都有影响，且铵离子的 NH 交换速度大大降低，NH 之间及 NH 与邻近的 CH 之间都表现出耦合关系。

②质子的磁不等价性：

没有对称因素，化学位移不相等的质子肯定磁不等价。常见的磁不等价的质子有以下几种。

（i）双键的同碳质子：

例如，在二氟乙烯中，两个 ^{1}H 和两个 ^{19}F 虽然化学环境相同，是化学等价的，但是由于 H_a 与 F_a 是顺式耦合，与 F_b 是反式耦合。同样 H_b 和 F_b 是顺式耦合，与 F_a 是反式耦合。所以 H_a 和 H_b 磁不等价，$J_{HaFa}≠J_{HbFa}$，$J_{HaFb}≠J_{HbFb}$。

（ii）单键带有双键性质时，有可能得到磁不等价质子：

例如，在 R—CO—NH$_2$ 分子中，因 N 上的孤对电子与羰基共轭使 C—N 键带有一定双键的性质，因此 NH$_2$ 上的两个质子磁不等价。用于质子等价性的判断规则，也适用于简单基团，例如，室温下 N，N-二甲基甲酰胺的两个甲基质子化学位移分别为 2.84 ppm 和 3.0 ppm。

（iii）单键不能自由旋转、环不能自由反转时会有磁不等价质子：

固定在环上的 CH$_2$ 的两个质子为磁不等价。例如，1-甲基-3，5-二苯基吡唑啉分子的五元环上的 CH$_2$ 的两个质子就是磁不等价的。

[结构式：1-甲基-3,5-二苯基-2-吡唑啉]

再如，d-11 环己烷（$C_6D_{11}H$）在 -57℃ 到室温只出现一个单峰，当温度小于 -57℃ 时，出现两个核磁共振峰。这是因为在较高温度下，d-11 环己烷可以快速反转，使其中的质子在平伏键和直立键上高速互变，因此只出现一个共振峰。低温下，分子中的质子在平伏键和直立键上的化学位移不同，平伏键的构象比直立键的构象稳定，于是出现两个共振峰，直立键上的质子在较高场，平伏键上的质子在较低场。

③与不对称碳原子相连的 CH_2 上的两个质子为磁不等价：

$R—CH_2—CR'R''R'''$ 中的 CH_2 上的两个质子就是磁不等价的。这里的不对称碳原子只要是三个取代基不同即可，不一定必须是手性碳原子。例如，$CH_2Br—CHBr—CH_2Br$ 中的 CH 上的碳原子不是手性碳，却是不对称碳原子，则与其相连的 CH_2 上的两个质子为磁不等价。与手性碳原子相连的 CH_2 上的两个质子磁不等价。例如，在 2-一氯丁烷中，H_a 和 H_b 磁不等价。

④与不对称碳原子相连的氧原子上的 CH_2 中的两个质子为磁不等价：

例如，下面分子结构中标注*号的 CH_2 中的两个质子就是磁不等价的。

[分子结构图]

⑤硫原子引起的非对映异位：

对于含硫分子，如亚磺酸酯、亚砜等，硫原子具有四面体结构，因此会使其中的 CH_2 上的两个质子不等价。

[亚磺酸酯结构图]

⑥取代苯环上的对称质子是磁不等价：

例如，甲苯上的质子 A 和 A'，虽然 $\delta A = \delta A'$，但是 $J_{AB} \neq J_{A'B}$，$J_{AB'} \neq J_{A'B'}$，因此质子 A 和 A' 磁不等价，B 与 B' 磁不等价。

[甲苯结构图，标注 A、A'、B、B']

7.6.2 耦合常数与分子结构的关系

自旋耦合产生峰的裂分后,每组共振峰内两峰间的间距称为耦合常数,用 J 表示。J 的大小表示自耦合作用的强弱,反映磁核间的干扰作用。与化学位移不一样,J 的大小不因外磁场的变化而改变,受外界条件如溶剂、温度、浓度变化等的影响也很小,是一个与仪器和测试条件无关的参数。

由于耦合作用是通过化学键成键电子传递的,因此,J 的大小与氢核之间相隔的键数,即相隔距离有关。随着键数的增加,J 逐渐变小。一般说来,间隔 3 个单键以上时,J 趋近于零,此时的耦合作用可忽略不计。除此之外,耦合常数还与影响电子云分布的因素,如单键、双键、取代基性质、立体构型等有关。因此耦合常数可用于判断样品分子结构。

耦合常数有正负的区别,但在图上表现出来的裂分距离及由两个质子化学位移差计算出来的耦合常数值是其绝对值的大小,与正负无关。一般,通过偶数个键耦合的耦合常数为负值,通过奇数个键耦合的耦合常数为正值。

(1) 同碳耦合(^2J 或 $J_{同}$)

两个氢原子同在一个碳原子上(H—C—H)通过两个键发生耦合就称为同碳耦合。其耦合常数用 ^2J 或 $J_{同}$ 表示,一般为负值。影响同碳耦合常数的因素一般有杂化成分、取代基的电负性、邻位 π 键、环状结构及末端双键的类型等。

①杂化成分的影响:

氢核与碳连接时,sp^3 杂化轨道上的氢的耦合常数为 $-10 \sim -15$ Hz,sp^2 杂化的 C=CH$_2$ 型的氢的耦合常数为 $+2 \sim -2$ Hz,环丙烷类的耦合常数是 $-3 \sim -9$ Hz。

②取代基的电负性:

直接连在碳上的两个氢所在碳的取代基的电负性会影响耦合常数。电负性越高,耦合常数越大(绝对值越小)。相隔一个碳原子的取代基的电负性增加,耦合常数减小。例如,CH_4 的 $^2J = -12.4$ Hz,CH_3Cl 的 $^2J = -10.8$ Hz,CH_2Cl_2 的 $^2J = -7.5$ Hz。

③邻位 π 键(C=C、C=O、C≡C 等):

邻位 π 键使 ^2J 减小。例如,下面分子的 B 位 C 的邻位是羰基,因此 J_{BB} 比 J_{AA} 的负值更大。在开链分子中,如果有关键能自由旋转,每个邻位 π 键对 ^2J 的贡献是 -1.9 Hz。

④环系的影响:

对于脂环化合物,环上同碳质子的 ^2J 值会随键角的增加而减小,即向负的方向变化。环己烷中的 CH_2 的 $^2J = -12.6$ Hz,环丁烷体系中的 CH_2 的 $^2J = -10.9 \sim -14.0$ Hz,环丙烷中的 CH_2 的 $^2J = -3.1 \sim -9.1$ Hz。

⑤末端双键的类型:

烯类化合物末端的双键质子的 ^2J 为 $+3 \sim -3$ Hz。在 Y—CH=CH$_2$ 体系中,^2J 随邻位取代基 Y 电负性的增大而向负值方向变化,见表 7-5 所列。

表 7-5　Y—CH=CH$_2$体系中 Y 的电负性对 ^2J 的影响

Y	R	COOR	NR$_2$	OCOR	OR	Br	Cl	F
电负性	2.5	2.5	3.0	3.5	3.5	3.0	3.25	3.95
^2J	1.8	1.7	0	−1.4	−1.9	−1.8	−1.4	−3.2

(2) 邻碳耦合（^3J 或 $J_邻$）

氢原子在两个相邻的碳上，通过三个键（如 H—C—C—H）发生的耦合被称为邻碳耦合，耦合常数用 ^3J 或 $J_邻$ 表示，一般为正值。

在开链脂肪族化合物这类饱和型邻位耦合中，当 C—C 可自由旋转时，σ 键自由旋转的平均化，使 ^3J 数值为 6~8 Hz。当构型固定时，^3J = 0~18 Hz。^3J 的大小与双面夹角、取代基电负性、环系因素有关。在烯烃化合物中，烯氢的邻位耦合是通过二个单键和一个双键（如 H—C=C—H）发生作用的。由于双键的存在，反式结构的双面夹角为 180°，顺式结构的双面夹角为 0°，因此 $^3J_反$ 大于 $^3J_顺$，$^3J_反$ = 11~18 Hz，$^3J_顺$ = 6~14 Hz。

① ^3J 与双面夹角的关系：

分子中的双面夹角（也称二面角）如图 7-5 所示。

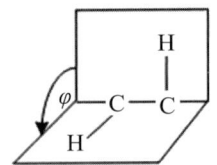

图 7-5　分子中的双面夹角

双面夹角与 ^3J 的关系按卡普拉斯方程为：

$$J = J^{0°}\cos^2\varphi - C\ (0° \leqslant j \leqslant 90°)$$
$$J = J^{180°}\cos^2\varphi - C\ (90° \leqslant j \leqslant 180°)$$

式中，C 为常数，$J^{0°}$ 和 $J^{180°}$ 随不同结构类型调整，φ 是双面角，φ 为 90° 时 ^3J 的值最小，φ 为 0° 和 180° 时 ^3J 的值最大，且 $J^{180°} > J^{0°}$。

② 取代基的影响：

在 Y—CH—CH— 的结构中，取代基 Y 的电负性增加，^3J 下降。

③ 双键的影响：

双键的 ^3J 的影响虽尚未出现规律，但是其构象对 ^3J 是有明显影响的，例如：

$$\underset{^3J=8\ \text{Hz}}{\text{H}_a\text{C}=\text{C}\text{H}_b\ (\text{O}\cdots\text{O})} \qquad \underset{^3J\sim 2.6\ \text{Hz}}{\text{H}_a\text{C}=\text{C}\text{H}_b\ (\text{O}\cdots\text{O})} \qquad \underset{^3J=10\sim 12\ \text{Hz}}{\text{H}_2\text{C}=\text{CH}-\text{CH}=\text{CH}_2}$$

④ 环状化合物的影响：

^3J 与环状化合物的结构也密切相关，例如：

$J_{AB(cis)}$=7.0～13.0 Hz	$J_{AB(cis)}$=4.0～12.0 Hz	$J_{AB(cis)}$=5.0～10.0 Hz
$J_{AB(trans)}$=4.0～9.5 Hz	$J_{AB(trans)}$=2.0～10.5 Hz	$J_{AB(trans)}$=5.0～10.0 Hz

⑤H_2C=CHX 型烯烃的构型：

H_2C=CHX 型结构中，任何情况下 $J_{trans} > J_{cis}$ 都成立，例如：

Cl—CH=CH—Cl，J_{cis} = 5.6 Hz，J_{trans} = 12.1 Hz；

Br—CH=CH—Br，J_{cis} = 4.7 Hz，J_{trans} = 11.8 Hz。

(3) 芳香环及杂环的耦合常数

芳香环中的耦合常数都为正值。苯环氢的耦合可分为邻、间、对位三种耦合。邻位含三个键，耦合常数较大，为 6.0～9.4 Hz，一般在 8 Hz 左右；间位含四个键，耦合常数较小，为 0.8～3.1 Hz；对位含五个键，耦合常数最小，为 0.2～1.5 Hz。对位的耦合在普通的操作中不容易观察到。

由于键角的改变，五元芳香环的邻位耦合常数小于六元环的邻位耦合常数。对于间位耦合，由于其几何位置有利于远程耦合，因此五元环的间位耦合常数与芳香环的大小关系不明显。

(4) 远程耦合

当两个磁核相隔键数为 4 或 4 以上时的耦合称为远程耦合。远程耦合的发生需要具有特定的结构因素，远程耦合常数一般较小，通常 J = 0～3 Hz，在核磁共振氢谱中不容易区分出远程耦合引起的共振峰裂分。常见的远程耦合有以下两种类型。

①π系统形：

通过三个单键和一个双键（如 H—C=C—C—H）的耦合作用称为烯丙型（allylic）远程耦合，耦合常数为负值，大小为 0～3 Hz。丙烯型远程耦合常数的大小与双面角有关，当双面夹角 φ 为 90°时，耦合常数最大，当 φ 为 0°和 180°时，耦合常数最小，例如：

通过四个单键和一个双键（如 H—C—C=C—C—H）的远程耦合称为高丙烯型（homoallylic）耦合，其耦合常数为正值，大小为 0～4 Hz。高丙烯型远程耦合与两个双面角有关，当两个夹角 φ 和 φ' 都是 90°时，耦合常数最大；当 φ 和 φ' 中任何一个为 0°或 180°时，高丙烯型的耦合常数就等于零，例如：

例如，下面几个分子为典型的丙烯型和高丙烯型远程耦合。

J_{AX}=1.3 Hz(高丙烯型)　　　J_{BX}=2.5 Hz(高丙烯型)　　　J_{AB}=7.5～11.0 Hz
J_{BX}=1.1 Hz(丙烯型)　　　　J_{AX}=1.5 Hz(丙烯型)　　　　(有两个耦合通道)

一般来说，炔和叠烯类化合物传递耦合作用的能力较大。炔键的π电子呈圆柱形对称，利于传递耦合作用，甚至有的通过9个键后耦合常数仍不为零。叠烯两端质子的耦合常数较大，如：

CH$_3$(A)—C≡C—C≡C—C≡C—CH$_2$(B)—OH，　　J_{AB} = 0.4 Hz
H—C≡C—CH$_3$，　　　　　　　　　　　　　　　J = 2.93 Hz
CH$_3$—C≡C—CH$_3$，　　　　　　　　　　　　　　J = 2.7 Hz
CH$_3$(K)—CH(A)=C=CH(B)Cl，　　　　　　　J_{AB} = 5.8 Hz, J_{BK} = 2.4 Hz

② W形耦合：

在饱和化合物中有共平面的W形通道存在时，其中，X、Y、Z可以是碳，也可以间杂有N或O，其远程耦合常数^4J为1～2 Hz，例如：

例如，下面两个分子就属于W形远程耦合。

J_{AB}=1.7 Hz　　　　　　　J_{AB}=0.5～2.0 Hz

（5）F原子和P原子的耦合

在核磁共振氢谱中，共振峰的重数不仅与邻近的氢核个数和耦合情况有关，还与邻近的其他I = 1/2的核有关，主要是^{13}C、^{19}F和^{31}P。它们的信号不会出现在核磁共振氢谱中，但却可以与邻近的^{1}H发生耦合而使氢核的共振信号发生裂分。除非是^{13}C标记的化合物，一般情况下，^{13}C的丰度很低，与^{1}H的耦合产生的峰很小，在谱图上往往不易辨认，而^{19}F和^{31}P的天然丰度为100%，因此含有^{19}F和^{31}P的化合物在其核磁共振氢谱中可清楚地看到因它们与^{1}H的耦合而产生的共振峰的裂分。^{19}F和^{31}P使^{1}H产生的峰的裂分依然符合"n+1"规则。$^2J_{HF}$和$^3J_{HF}$一般是十几到几十赫兹，$^2J_{HP}$和$^3J_{HP}$的大小变化更大，为几赫兹到几百赫兹。例如，分子Ph—PO（OCH$_3$）$_2$的核磁共振氢谱中两个OCH$_3$是等价的，但甲基质子受到P的耦合作用影响裂分为二重峰。

（6）耦合作用的一般规则

耦合作用的一般规则可总结为以下几点。

①一组磁等价的核如果与另外 n 个磁等价的核相邻时,这一组核的峰被裂分为 $2nI+1$ 个峰。其中,I 是自旋量子数。

②如果某组核既与一组 n 个磁等价的核耦合,又与另一组 m 个磁等价的核耦合,且两种耦合常数不同,则裂分峰的数目为 $(n+1)(m+1)$。

③因耦合而产生的多重峰相对强度可用二项式 $(a+b)n$ 展开的系数表示,n 是磁等价核的个数。

④裂分峰组的中心位置是该组磁核的化学位移值。

⑤磁等价的核之间相互也有耦合作用,但没有共振峰的裂分现象。

7.6.3 影响核磁共振氢谱中化学位移的因素

化学位移能反映质子的类型和所处的化学环境,与分子结构密切相关,是由于核外电子云产生的对抗磁场所引起的,因此,凡是使核外电子云密度改变的因素,都能影响化学位移。影响因素有两类,一是分子结构因素,即所谓的质子的化学环境,主要从各类质子外部不同的电子云环流及影响屏蔽效应的化学键各向异性效应两方面考虑,如诱导效应、共轭效应和化学键的各向异性效应,分子内氢键效应,范德瓦耳斯力等;外部因素,即测试条件,如溶剂效应、分子间氢键的形成等。外部因素对非极性碳上的质子影响不大,主要对 OH、NH、SH 及一些带电荷的极性基团影响明显。

从质子外部电子云环流的影响来看,若某种影响使质子周围的电子云密度降低,则屏蔽效应降低,即去屏蔽效应增加,质子共振峰移向低场,化学位移增大;反之亦反。

(1) 诱导效应

核外电子云的抗磁性屏蔽是影响质子化学位移的主要因素。核外电子云密度与邻近原子或基团的电负性大小密切相关。一些电负性基团如卤素、硝基、氰基等,具有强烈的吸电子能力,如果与同质子相连的碳原子链接,则其吸电诱导作用使与之邻接的质子的周围电子云密度降低,质子受到的抗磁性屏蔽减小,即减少了电子云对质子的屏蔽,使质子的共振频率向低场移动,δ 增大。一般说来,在没有其他影响因素存在时,屏蔽作用将随相邻基团的电负性的增加而减小,化学位移则随之增加。例如,F 的电负性为 4.0,远大于 Si 的电负性 (1.8),在分子 CH_3F 中,质子的化学位移为 4.26 ppm,而在 $(CH_3)_4Si$ 中,质子的化学位移为 0 ppm。

对于 CH_3—X 型分子,X 电负性增加,则 ^1H 的 δ 增加。连接的电负性基团数目越多,吸电诱导效应的影响越大,相应的质子的 δ 值越大。例如,一氯甲烷、二氯甲烷和三氯甲烷中质子的 δ 分别为 3.05 ppm、5.30 ppm 和 7.26 ppm。

电负性基团的吸电诱导效应沿化学键延伸,相隔的化学键越多影响越小,δ 随着相隔距离的增大而减小。例如,甲醇、乙醇和正丙醇中的甲基随着 OH 的距离增加,δ 逐渐减小,分别为 3.39 ppm、1.18 ppm 和 0.93 ppm。

(2) 共轭效应

极性基团通过 π-π 共轭和 p-π 共轭作用使较远的碳原子上的质子受到影响,同诱导效应一样，也会使电子云的密度发生变化。如使质子周围的电子云密度降低，则屏蔽作用减弱，化学位移增大。

例如，在化合物乙烯醚（Ⅰ）、乙烯（Ⅱ）及α,β-不饱和酮（Ⅲ）中，若以乙烯（Ⅱ）为标准（$\delta = 5.28$ ppm），则可以清楚地看到，乙烯醚上由于存在p-π共轭，氧原子上未共享的p电子对向双键方向推移，使β-H的电子云密度增加，造成β-H的化学位移减小（$\delta = 3.57$ ppm 和 $\delta = 3.99$ ppm）。在α,β-不饱和酮中，由于存在π-π共轭，电负性强的氧原子把电子拉向自己，使β-H的电子云密度降低，因而化学位移增高（$\delta = 5.50$ ppm 和 $\delta = 5.87$ ppm）。

（3）磁各向异性效应

研究者在考察多重键化合物的核磁共振谱时，发现用诱导效应并不能解释其质子所出现的实际δ。例如，炔基的氢有一定的酸性，可见其周围电子云密度较低。根据诱导效应，预示其质子峰应出现在烯基氢质子峰的低场方向。但实际情况恰好相反，烯基的化学位移为4.5～7.5 ppm，炔基的δ则为1.8～3.0 ppm。这种现象可用这些化合物的磁各向异性性质加以解释。

在外磁场的作用下，由电子构成的化学键，尤其是π键，会产生一个各向异性的附加小磁场，通过空间作用影响邻近的氢核，其特征具有方向性，作用的大小及正负是距离和方向的函数，因此称为各向异性效应。各向异性的小磁场的有些区域在磁场方向上与外加磁场一致，将增加外磁场的作用，使受影响的氢核的共振峰向低场方向移动，δ增大，这就是去屏蔽效应（deshielded etlect），用"–"表示。有些区域的小磁场方向与外磁场方向相反，削弱了外磁场，受影响的氢核的共振峰向高场方向移动，δ值减小，这就是屏蔽效应（shielded etlect），用"+"表示。

① 单键的各向异性效应：

C—C是由碳原子的sp³杂化轨道重叠而成。sp³杂化轨道非球形对称，因此会产生各向异性效应，在沿着单键键轴的方向会产生一个锥形的各向异性效应，如图7-6所示，C—C键是去屏蔽区的轴，位于去屏蔽区的质子其δ增大。C—C键上的两个碳原子上的氢都受到C—C键的去屏蔽效应影响，因此，甲基、亚甲基和次甲基随着碳原子上的质子被其他碳原子取代而受到的C—C键各向异性效应增大，去屏蔽作用增大，δ增大。C—C的σ电子产生的各向异性效应较小。

如图7-7所示，在构象固定的六元环中，C_1上有两个氢，分别是平伏氢H_e和直立氢H_a，均受到C_1—C_2和C_1—C_6两个单键的去屏蔽和屏蔽效应，两种作用相互抵消。C_2—C_3和C_5—C_6两个单键的作用使H_a处于屏蔽区，δ较低，而H_e处于去屏蔽区，δ较高，两者的δ相差越0.5 ppm。

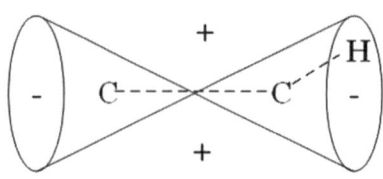

图7-6　C—C的各向异性效应

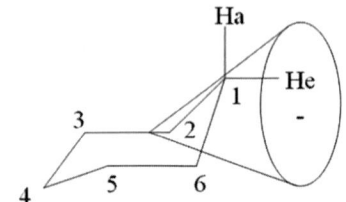

图7-7　环己烷中C—C的各向异性效应

②双键的各向异性效应：

双键是由 sp^2 杂化形成的平面分子，π电子在平面上下形成环电流，图 7-8 所示为碳–碳双键的各向异性效应。在外磁场作用下，π电子产生的感应磁场与外磁场方向相反，起屏蔽作用，即在平面上下形成两个锥形的屏蔽区，双键所在平面的感应电流方向与外磁场方向一致，为去屏蔽区，如图 7-8 所示，烯氢正好处于去屏区，所以其共振峰在低场，δ = 4.5～5.7 ppm。

同理，羰基碳上的质子与烯烃双键碳上的质子相似，正好处于羰基平面上，也处于去屏蔽区，存在去屏蔽效应，但因氧原子电负性的影响较大，受到很强的去屏蔽效应，如图 7-9 所示，醛基质子的共振信号出现在更弱的磁场区，δ 较大，为 9.0～10.5 ppm。再如，在下面分子中，羰基有两个烯碳上的 β-H，因为顺式 β-H 受到的羰基去屏蔽效应强，因此其 δ 较大。

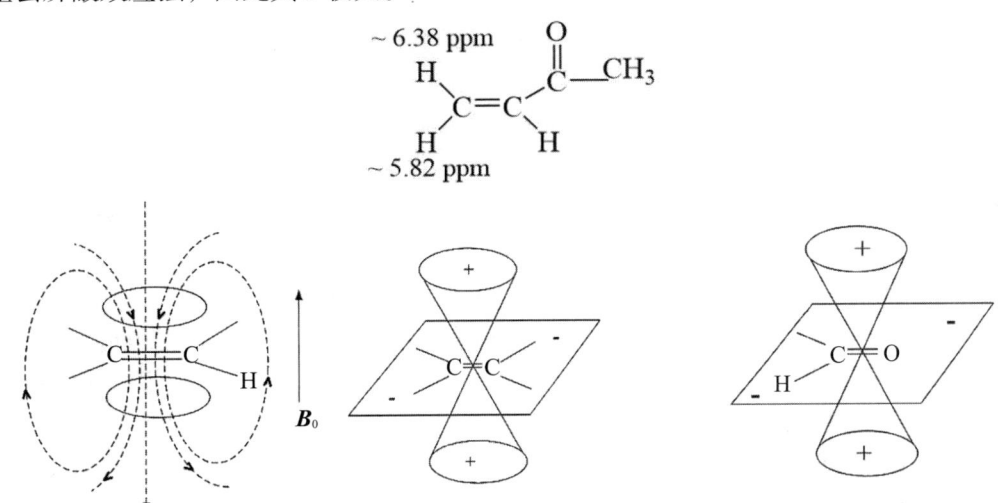

图 7-8　烯键的各向异性效应示意图　　图 7-9　醛基的各向异性效应示意图

③三键的各向异性效应：

C—C 由碳原子 sp^3 杂化轨道重叠而成，C=C 和 C≡C 分别由 sp^2 和 sp 杂化轨道形成的。s 电子是球形对称的，离碳原子近，离氢原子较远。则杂化轨道中 s 电子成分越多，成键电子越靠近碳核，离质子越远，对质子的屏蔽作用越小。sp^3、sp^2 和 sp 杂化轨道中 s 电子的成分逐渐增加，因此成键电子对质子的屏蔽作用依次减小，δ 应该依次增大。但实际测得乙烷、乙烯和乙炔的质子的 δ 分别为 0.88 ppm，5.25 ppm 和 1.88 ppm。乙炔的 δ 反而小于乙烯。这是因为三键的 sp 杂化形成线性分子，两对π电子互相垂直，并同时垂直于键轴，π电子围绕碳碳σ键呈圆柱体状分布，形成环电流，所产生的感应磁场与外加磁场方向如图 7-10 所示。从图中可见，炔氢正好处于屏蔽区内，屏蔽效应较强，因此两种相反效应共同作用才使炔氢的 δ 为 2～3 ppm。

例如，乙炔分子是线性的，三键沿轴方向对称。当分子的对称轴与外加磁场方向一致时，键上的π电子将垂直外加磁场，由此可感应出与外加磁场方向相反的对抗磁场。因此，位于键轴上的炔氢质子受到很大的屏蔽作用。很明显，在这种情况下，炔氢质子峰出现在较高的磁场位置处。当乙炔分子的对称轴与外磁场方向垂直时，由于不可能产生感应磁场，因此就不会对质子产生屏蔽作用。在溶液中，乙炔分子是随机取向的，各种取向都介于这两个极端取向之间。分子运动平均化所产生的总效应，使乙炔分子有很大的屏蔽作用。

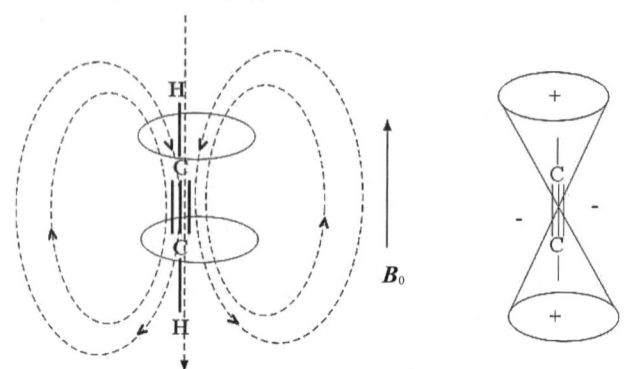

图7-10　三键的各向异性效应示意图

④苯环的各向异性效应：

苯环的6个碳原子都是sp^2杂化的，每个碳原子的sp^2杂化轨道与相邻的碳原子形成6个碳–碳σ键，每个碳原子又以sp^2杂化轨道与氢原子的s轨道形成碳–氢σ键。因sp^2杂化轨道的夹角是120°，则6个碳原子和6个氢原子处于同一平面。每个碳原子上还有一个垂直于此平面的p轨道，6个p轨道彼此重叠，形成环状π键。离域的π电子在平面上下形成两个环状电子云。如图7-11所示，在方向垂直于苯环平面的外磁场B_0作用下，π电子环流产生一个各向异性的感应磁场。在苯环平面的上下方，感应磁场的方向与外磁场方向相反，形成较强的屏蔽效应，在苯环的四周则产生一个与外磁场方向一致的感应磁场，起到去屏蔽作用。苯环上的氢原子正好位于去屏蔽区，因此δ值较大，大约为7.3 ppm。芳香环的δ值约为6.5～8.5 ppm。

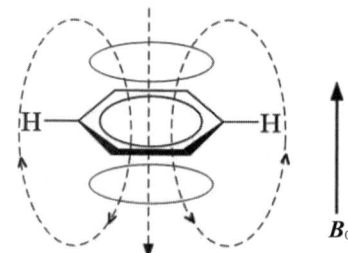

图7-11　苯环π电子环流和各向异性效应示意图

⑤三元环体系的各向异性效应：

三元环的屏蔽效应很强，在环平面的上下是屏蔽区，环丙烷的质子δ为0.22 ppm即证实了其屏蔽效应。

（4）范德瓦耳斯效应

范德瓦耳斯效应也称为空间效应。当两个原子在空间的距离为范德瓦耳斯半径之和时，由于受到范德瓦耳斯力的作用，电子云相互排斥，使原子核周围的电子云密度降低，屏蔽作用降低，δ增大，这种现象被称为范德瓦耳斯效应，与相互影响的两个原子间的空间距离有关。例如,当两个原子相距 0.17 nm 时,范德瓦耳斯效应对化学位移的影响约为 0.5 ppm,距离为 0.20 nm 时,影响约为 0.2 ppm。如果原子间距离大于 0.25 nm 时,可不再考虑范德瓦耳斯效应的影响。

(5)氢键的影响

一般来说,A—H⋯B 形式的氢键对其中氢原子造成去屏蔽作用,δ 增大。理论上认为,氢键的存在将氢原子拉向 B 原子,而 B 原子的核外电子对氢原子的核外电子起排斥作用,降低氢原子上的电子密度,导致去屏蔽效应。

例如,—OH、—NH$_2$、—SH、—COOH 等基团可形成氢键。当两个电负性基团靠近形成氢键的质子时,分别通过共价键和氢键产生吸电子诱导效应,使质子周围的电子云密度降低,引起较大的去屏蔽作用,从而使共振信号明显地移向低场,δ 明显变大。

氢键的键能远小于化学键,在溶液中氢键很容易形成和断裂。这一特点决定了氢键易受溶剂、温度和浓度的影响。核磁共振氢谱对氢键十分敏感,无论是分子间还是分子内的氢键,都可以在氢谱中观察到。相关氢原子的化学位移同样受溶剂、温度和浓度的影响。氢键的形成和断裂速度是 10^5 s^{-1},因此核磁共振观察到的是有关氢原子的平均值。

对于分子间形成的氢键,化学位移的改变与溶剂的性质、温度及浓度有关,因此相应的 δ 不固定,随测试条件的改变会在较大范围内发生变化。例如,R—OH,δ=0.5~5.5 ppm;Ph—OH,δ=4.0~7.7 ppm;R—COOH,δ=10.5~12.0 ppm;R—NH$_2$,δ = 0.5~5.0 ppm。

氢键的形成是一个放热过程,温度升高不利于氢键的形成。在较高温度下测定会使这类共振峰向高场移动,δ 变小。因此,可通过改变测试温度进行核磁共振氢谱的测定,观察共振峰的位移以确定能形成氢键的基团。

在非极性溶剂中,浓度越低,越不利于形成氢键。在非极性溶剂的稀溶液中,可以不考虑氢键的影响。这时各种形成氢键的基团上的质子显示其固有的化学位移。但是,随着浓度的增加,会形成氢键,使形成氢键的质子共振峰向低场移动,δ 变大。例如,正丁烯-2-醇的质量分数从 1% 增至 100% 时,羟基的化学位移从 δ = 1 增至 δ = 5,变化了 4 个单位。对于分子内形成的氢键,其化学位移的变化与溶液浓度无关,只取决于它自身的结构。

(6)溶剂效应

同一种样品在不同溶剂中进行核磁共振氢谱测试,其化学位移可能会有所差别。这种因溶剂不同而使化学位移改变的效应称为溶剂效应。产生溶剂效应的原因是溶剂的各向异性效应或溶剂与样品之间发生相互作用,如形成氢键、瞬时配合物等。不同的溶剂对同一样品的影响不同。例如,苯和吡啶的磁各向异性效应较大,对一些样品分子可能产生明显的影响。同一种溶剂对同一分子中不同基团的影响也不相同,有时可巧妙利用溶剂效应使叠加的共振峰分开或者鉴别某些特殊基团的存在。

一般样品分子在 CCl$_4$ 和 CD$_3$Cl 中的核磁共振谱图重现性好。例如,N,N-二甲基甲酰胺分子中,由于氮上的孤对电子与羰基形成 p-π 共轭,碳氮单键带有一定的双键性，旋转困难，使氮上的两个取代甲基与羰基处于同一个平面之内，因此两个取代甲基处于不同的化学环境，化学位移不同。在氘代氯仿中，样品分子与溶剂没有作用，处于羰基氧同一侧的甲基因空间位置靠近氧原子，受到电子云屏蔽效应大，在较高场共振，δ约为2.88 ppm。处于另一侧的甲基在较低场，δ约为2.97 ppm。由于分子中电荷的分布不均匀，当苯逐渐加入N,N-二甲基甲酰胺的氘代氯仿溶液时，苯和N,N-二甲基甲酰胺形成分子复合物。苯环的电子云吸引N,N-二甲基甲酰胺带正电的一端而尽可能远离负电端。由于苯环的磁各向异性，N,N-二甲基甲酰胺的两个甲基在苯环不同的屏蔽区，处于羰基氧另一侧的甲基受到屏蔽效应大，其化学位移减小，而处于羰基氧同侧的甲基受到去屏蔽效应较大，其化学位移增大。于是两个甲基化学位移随苯的加入而发生变化，最后，两个共振峰的位置发生互换。总之，电子云密度减小，屏蔽作用减少，化学位移增大。

由于存在溶剂效应，因此在报道和查阅样品的核磁共振氢谱数据时，一定要标注或注意测试时所用的溶剂。如是混合溶剂，还需说明两种溶剂的比例。

样品溶液处理不当，也会影响谱图。例如，有些化合物会与溶剂发生反应，因此在测试时要临时配制新鲜的溶液而不能利用已放置很久的溶液，否则就会改变共振谱图的形状。另外，如溶液中有灰尘混入，测试时又未经过滤，则易导致局部磁场的不均匀性，而使共振谱线加宽。若其中混有铁质，结果就更为严重，有时甚至会使谱线丧失所有细节，甚至达到不能辨认的程度。

(7) 温度的影响

温度对碳上的质子化学位移影响较小，但对某些化合物分子来说，温度会影响活泼氢与其他质子的耦合，还会影响氢键的形成。另外，对于分子的构型等都会产生影响，从而使核磁共振波谱发生改变。如低温下环烷烃构型翻转受阻，则此时的核磁共振氢谱与室温下的不同。

(8) 活泼氢的影响

在含氢化合物中，—OH基团中的氢是常见的一种活泼氢。其化学位移由于温度、浓度、氢键等因素的影响变化范围较大，从而会改变核磁共振图谱的形状。对于含—OH基团的样品，若纯度很高，—OH的交换速度就很慢，因而可以观察到它与邻近氢所发生的耦合，如乙醇—OH中的氢可以表现为与邻位CH_2的氢原子耦合而裂分成三重峰。若在乙醇中加入痕量的酸或碱，会加快交换速度，使三重峰立即变成单峰。

另外，实验发现，在不同浓度的乙醇中（溶剂为CCl_4），—OH峰在核磁共振氢谱上出现的位置可以变化很大。这是由于这种氢核的化学位移对氢键非常敏感。随着乙醇浓度的增大，—OH形成的氢键也得到增强，导致其化学位移移向低场，而与此同时，甲基和亚甲基的化学位移则变化非常小。

7.6.4 各类质子的化学位移

质子的化学位移主要取决于质子的化学环境。同样，可以根据质子的化学位移推测质子的化学环境和分子结构。各种质子的化学位移大体有个范围，有些类型的质子还可以通过不同的公式进行估算。这些公式是经验公式，对不同化合物的计算误差不同。

在有机化合物中，95%以上的质子化学位移在0~10 ppm的范围内。当有羟基存在时，因为可以形成稳定的分子内氢键，所以羟基的信号可超过10 ppm，甚至达到18 ppm。顺磁环电流产生去屏蔽效应，甚至可以使被影响质子的化学位移大于20 ppm。一些化合物中个别基团的质子处于朝向芳香大环体系的屏蔽区，则共振峰的化学物位移$\delta < 0$。

7.6.4.1 饱和碳上质子的化学位移

开链饱和碳链化合物中存在旋转构象的高速平均化，使远程屏蔽对这些基团的影响较小，主要受诱导效应和磁各向异性效应的影响。烷烃类化合物的化学位移范围为0.23~1.5 ppm。其中甲烷的δ最小，为0.23 ppm，随甲烷上的质子被烷基取代，δ逐渐增大。长链大分子烷烃类化合物的端甲基共振峰的δ最小且小于1，其余的亚甲基和次甲基一般集中在$\delta = 1.25$ ppm附近。甲基和β-亚甲基的虚假耦合使前者变为变形的三重峰，通过积分比可粗略地估计分子链长度。烷烃中支链的存在增强了甲基的信号，在$\delta < 1$处重叠产生分辨率较差的峰包。根据甲基、亚甲基和次甲基的积分比，可以获取支链的信息。如支链是甲基，则在$\delta < 1$处产生二重峰（$J = 7~8$）。叔丁基是9个质子的强单峰。核磁共振波谱是确定各种异构长链烷烃及长链烷烃衍生物结构的简单且重要的方法之一。

（1）单取代支链烷烃

烷烃的质子被其他基团取代后，化学位移变化较大。同碳上有取代基时δ变化范围大，一般为1.5~4.0 ppm，α位上的取代基影响较小，δ变化在0.2~0.7 ppm范围内，β位上的取代基影响更小。表7-6为同碳、邻位碳和间位碳上有取代基的甲基、亚甲基和次甲基的化学位移。

表7-6 烷基化合物RY的化学位移

Y	CH_3Y	CH_3CH_2Y		$CH_3CH_2CH_2Y$			$(CH_3)_2CHY$		$(CH_3)_3CY$
	CH_3	CH_3	CH_2	CH_3	α-CH_2	β-CH_2	CH_3	CH	CH_3
H	0.23	0.86	0.86	0.91	0.91	1.33	0.91	1.33	0.89
—CH=CH_2	1.71	1.00	2.00	—	—	—	—	1.73	1.02
—C≡CH	1.80	1.15	2.16	0.97	2.01	1.50	1.15	2.59	1.22
—C_6H_5	2.35	1.21	2.63	0.95	2.59	1.65	1.25	2.89	1.32
F	4.27	1.24	4.36	—	—	—	—	—	—
Cl	3.06	1.33	3.47	1.06	3.47	1.81	1.55	4.14	1.60
Br	2.69	1.66	3.37	1.06	3.47	1.89	1.73	4.21	1.76
I	2.16	1.88	3.16	1.03	3.16	1.88	1.89	4.24	1.95
—OH	3.39	1.18	3.59	0.93	3.49	1.53	1.16	3.94	1.22
—O—	3.24	1.15	3.37	0.93	3.27	1.55	1.08	3.55	1.24

续表

Y	CH$_3$Y	CH$_3$CH$_2$Y		CH$_3$CH$_2$CH$_2$Y			(CH$_3$)$_2$CHY		(CH$_3$)$_3$CY
	CH$_3$	CH$_3$	CH$_2$	CH$_3$	α-CH$_2$	β-CH$_2$	CH$_3$	CH	CH$_3$
—OC$_6$H$_5$	3.73	1.38	3.98	1.05	3.86	1.70	1.31	4.51	—
—OCOCH$_3$	3.67	1.21	4.05	0.97	3.98	1.56	1.22	4.94	1.45
—OCOC$_6$H$_5$	3.88	1.38	4.37	1.07	4.25	1.76	1.37	5.22	1.58
—OSO$_2$—C$_6$H$_4$CH$_3$	3.70	1.13	3.87	0.95	3.94	1.60	1.25	4.70	—
—CHO	2.18	1.13	2.46	0.98	2.35	1.65	1.13	2.39	1.07
—COCH$_3$	2.09	1.05	2.47	0.93	2.32	1.56	1.08	2.54	1.12
—COC$_6$H$_5$	2.55	1.18	2.92	1.02	2.86	1.72	1.22	3.58	—
—CO$_2$H	2.08	1.16	2.36	1.00	2.31	1.68	1.21	2.56	1.23
—CO$_2$CH$_3$	2.01	1.12	2.28	0.98	2.22	1.65	1.15	2.48	1.16
—CONH$_2$	2.02	1.13	2.23	0.99	2.19	1.68	1.18	2.44	1.22
—NH$_2$	2.47	1.10	2.74	0.93	2.61	1.43	1.03	3.07	1.15
—NHCOCH$_3$	2.71	1.12	3.21	0.96	3.18	1.55	1.13	4.01	—
—SH	2.00	1.31	2.44	1.02	2.46	1.57	1.34	3.16	1.43
—S—	2.09	1.25	2.49	0.98	2.43	1.59	1.25	2.93	—
—S—S—	2.30	1.35	2.67	1.03	2.63	1.71	—	—	1.32
—CN	1.98	1.31	2.35	1.11	2.29	1.71	1.35	2.67	1.37
—NC	2.85	—	—	3.30	—	—	1.45	4.83	1.44
—NO$_2$	4.29	1.58	4.37	1.03	4.28	2.01	1.53	4.44	—

  从表中数据可发现，取代基对a-H的影响较大，与烷烃相比，化学位移的变化达0.5~4.0 ppm，对β-H的影响相对减小，化学位移变化为0.2~1.0 ppm，对γ-H的影响更小，化学位移变化约为0.05~0.3 ppm，对δ-H基本没有影响。这一现象充分证明诱导效应随着化学键的数目增加而快速降低。

  烯丙基的甲基共振范围是1.5~2.3 ppm，大部分在1.7 ppm左右，确切数值因双键的取代情况而异。通常，与双键上的烯烃质子存在烯丙基远程耦合会使甲基的信号成为宽的单峰或裂分为很多小的多重峰。烯烃质子也因耦合变宽或裂分为很小的四重峰。和双键相连的亚甲基、次甲基的共振范围为1.9~2.9 ppm，多重耦合使峰形变得很复杂，往往会与其他信号重叠交错，难以辨认。

  氧原子的电负性会使α-C上的电子云密度大大降低，增加了α-H的化学位移，如甲醇中甲基的为3.40 ppm。其他甲氧基的共振峰视氧原子另一端连接的基团会有所差别。一般同氧连接的烷基α-H，其化学位移的范围为3.2~5.5 ppm，在此范围内其他信号较少。

醇的α-H其δ为3.3～4.5 ppm，由峰形的裂分情况和积分比值可估计醇的级别。醇的酰化能引起α-H共振峰向低场位移，这种现象称为酰化位移，常用来进一步确认醇的级别。通常羟基酰化后，在大约δ = 2 ppm处增加了乙酰基的特征尖峰，叔醇虽然没有α-H，但可由乙酰化后乙酰基信号的增强来确定羟基的存在。羟基的乙酰化要在样品管外进行，有时可在样品污染的情况下直接往样品管中滴加三氟乙酸酐，使羟基三氟乙酰化，此时α-H向低场位移更大，δ变大更明显。

在胺类化合物中，氮原子的电负性比氧原子弱，与相应的含氧化合物相比，一般与氮相连的饱和碳上的质子共振在高场。因受分子中不同化学环境影响，有时二者可能交叉出现。胺类盐化后，降低了对α-H的屏蔽作用，使其共振峰向低场移动，δ变大；对β-H的影响很小，这种现象称为酸化位移，可在溶剂从氘代氯仿变为氘代乙酸或三氟乙酸的谱图中获得。即，在用氘代氯仿作溶剂后，往样品管中滴加1～2滴三氟乙酸，然后再进行测试。此方法可用于确定氨基的存在。另外，在强酸条件下，—NH的变换速度减慢，常可观察到其与α-H的耦合，由此根据峰的裂分情况可判定胺的级别。

苯环上的甲基的δ为2.3～2.9 ppm，芳香杂环上甲基的共振峰范围更宽。芳环上的甲基在芳香环远程屏蔽的去屏蔽区，其共振峰总是低于与双键相连的甲基，与邻位芳香质子有远程耦合，因此是稍微变宽的单峰。甲苯的甲基δ = 2.34 ppm，当苯环上还有其他取代基时，甲基的位移将发生变化，变化值取决于苯环上取代基的磁各向异性及磁取代基对苯环π电子的影响。通常共轭效应对π电子的影响起主要作用。苯环上甲基与取代基间的相对位置主要由芳香质子信号的位置和裂分情况决定。

当亚甲基和次甲基同苯环相连时，其共振信号相较于甲基往往会向低场移动，移动值大约为0.2～0.5 ppm。

在开链分子中，同—COX（X = H、R、OH、OR、NH$_2$等）相连的甲基化学位移范围较窄，一般δ = 2.0～2.2 ppm。当X是芳香环时，稍微向低场方向移动，可以达到约2.5 ppm。X是卤素时，$\delta \approx$ 2.8 ppm。分子中有远程屏蔽影响时，范围变宽。这些甲基的信号是含有三个质子的尖峰。在红外光谱确定了羰基的存在后，核磁共振氢谱上的这个信号归属将更为明确。

同—COX相连的亚甲基和次甲基，其信号相较于甲基会相应地向低场移动，δ增高约0.3～0.5 ppm。

（2）多取代直链烷烃

对于多取代烷烃，多个取代基的不同位置影响会造成亚甲基和次甲基的化学位移有很大的变化。在非光学活性分子中，可自由旋转的亚甲基上X、Y的取代基不含质子时，此亚甲基的信号是包含两个质子的单峰。

当邻位有两个以上取代基时，质子的化学位移可以用表7-6中的数据叠加进行粗略估算。

①邻位有取代的甲基（CH$_3$—CXYZ）的化学位移：
$$\delta_{CH_3} = 0.86 + (\delta_X - 0.86) + (\delta_Y - 0.86) + (\delta_Z - 0.86)$$

式中，δ_X、δ_Y 和 δ_Z 是表 7-6 中 CH_3—CH_2Y 的甲基的 δ，其中的 Y 分别是这里的 X、Y 和 Z 取代基。

例如，估算 $CH_3C(CH_3)(CN)OH$ 中甲基的化学位移：

$\delta = 0.86 + (1.31 - 0.86) + (1.18 - 0.86) + (0.91 - 0.86) = 1.68$ ppm（实测 1.63 ppm）。

② 邻位有取代的亚甲基（CH_3CH_2CXYZ）的化学位移：

$$\delta_{CH_2} = 1.33 + (\delta_X - 1.33) + (\delta_Y - 1.33 + (\delta_Z - 1.33)$$

式中，δ_X、δ_Y 和 δ_Z 是表 7-6 中结构 $CH_3CH_2CH_2Y$ 的亚甲基的 δ 值，只是表中的 Y 分别是这里的 X、Y 和 Z 取代基。

例如，估算 $CH_3CH_2CHBrCOOH$ 中亚甲基的化学位移值：

$\delta = 1.33 + (1.89 - 1.33) + (1.68 - 1.33) = 2.24$ ppm（实测 2.07 ppm）。

同一碳原子上有两个或两个以上取代基时可按舒里经验公式计算亚甲基和次甲基质子的化学位移，即

$$\delta = 0.23 + \sum \delta_i$$

其中，0.23 是甲烷的化学位移，δ_i 是与亚甲基或次甲基相连的取代基的影响参数（表 7-7）。舒里经验公式适用于 X—CH_2—Y 或 CHXYZ 结构，同实测值相比，估算亚甲基时的误差较小，大多在 0.1~0.3 ppm 范围内，估算次甲基时，误差较大，0.5 ppm，有时甚至可达 1 ppm。尽管如此，在很多情况下，次甲基的信号是只有一个质子的单峰，因为在确定共振峰归属时，估算值仍然具有一定参考价值。

表 7-7 舒里经验公式中各取代基的 δ 值

取代基	δ (ppm)	取代基	δ (ppm)	取代基	δ (ppm)
—H	0.17	R—C≡C—C≡C	1.65	—Br	2.33
—CH_3	0.47	—$CONR_2$	1.59	—OR	2.36
—CH_2R	0.67	—SR	1.64	—NO_2	2.46
—CF_3	1.14	—CN	1.70	—CL	2.53
—C=C—	1.32	—COR	1.70	—OH	2.56
R—C≡C	1.44	—I	1.82	—N=C=S	2.86
—COOR	1.55	—Ph	1.85	—OCOR	3.13
Ar—C≡C	1.65	—NHCOR	2.27	—OPh	3.23
—NR_2	1.57	—S—C≡N	2.30	—F	3.60

7.6.4.2 不饱和碳上质子的化学位移

（1）烯氢（4.5~7.0 ppm）

C=C 中碳原子杂化轨道中的 s 成分增加，同碳相连质子的屏蔽效应减弱，另外，烯氢处于双键远程屏蔽的去屏蔽区，因此烯氢的共振峰位置相较于相应烷烃质

子向低场移动，δ增大，其值为 5.28 ppm 左右。当双键上有简单取代基时，一般都与烯氢处于同一平面，对烯氢的影响较简单，只与取代基本身的性质及相对位置有关。取代烯烃中质子的 δ = 4.5～6.5 ppm，个别可达 7.0 ppm 以上。在此共振范围内除了芳烃质子外，其他信号较少。表 7-8 为一般烯氢的化学位移范围。

表 7-8　一般烯氢的化学位移范围

结构类型	δ (ppm)
环外双键	4.4～4.9
末端双键	4.5～5.2
开链双键	5.3～5.8
环内双键	5.3～5.9
末端连烯	4.4
一般连烯	4.8
α,β-不饱和酮	α-H, 5.3～5.6, β-H, 6.5～7.0

烯氢的化学位移可用以下经验公式计算：

$$\delta = 5.25 + Z_{同} + Z_{顺} + Z_{反}$$

式中，5.25 是乙烯的化学位移值，$Z_{同}$ 是同碳取代基对烯氢化学位移的影响参数，$Z_{顺}$ 是顺位取代基对烯氢化学位移的影响参数，$Z_{反}$ 是反位取代基对烯氢化学位移的影响参数。一般情况下，同碳取代基使化学位移增大，顺位取代基的化学位移大于反位取代基的化学位移。常见取代基对烯氢化学位移的影响参数见表 7-9 所列。

表 7-9　常见取代基烯氢化学位移的影响参数

取代基	$Z_{同}$	$Z_{顺}$	$Z_{反}$	取代基	$Z_{同}$	$Z_{顺}$	$Z_{反}$
—H	0	0	0	—OR(R 饱和)	1.22	−1.07	−1.21
—R	0.45	−0.22	−0.28	—OR(R 共轭)	1.21	−0.60	−1.00
—R(环)	0.69	−0.25	−0.28	—OCOR	2.11	−0.35	−0.64
—CH₂S—	0.71	−0.13	−0.22	—Cl	1.08	0.18	0.13
—CH₂F(Cl, Br)	0.70	0.11	−0.04	—Br	1.07	0.45	0.55
—CH₂C=O、—CH₂—CN	0.69	−0.08	−0.06	—I	1.14	0.81	0.88
—CH₂Ar	1.05	−0.29	−0.32	>N—R	0.80	−1.26	−1.21
—C=C	1.00	−0.09	−0.23	>N—R(共轭)	1.17	−0.53	−0.99
—C=C(共轭)	1.24	0.02	−0.05	>N—C=O	2.08	−0.57	−0.72
—CN	0.27	0.75	0.55	—Ar	1.38	0.36	−0.07
—C≡C	0.47	0.38	0.12	—Ar(固定)	1.60	—	−0.05

续表

取代基	$Z_{同}$	$Z_{顺}$	$Z_{反}$	取代基	$Z_{同}$	$Z_{顺}$	$Z_{反}$
—C=O	1.10	1.12	0.87	—Ar(邻位有取代基)	1.65	0.19	0.09
—C=O(共轭)	1.06	0.91	0.74	—SR	1.11	−0.29	−0.13
—COOH	0.97	1.41	0.71	—SO$_2$	1.55	1.16	0.93
—COOH(共轭)	0.80	0.98	0.32	—SF$_5$	1.68	0.61	0.49
—COOR	0.80	1.18	0.55	—SCN	0.80	1.17	1.11
—COOR(共轭)	0.78	1.01	0.46	—CF$_3$	0.66	0.61	0.31
—CHO	1.02	0.95	1.17	—SCOCH$_3$	1.41	0.06	0.02
—CO—N<	1.37	0.98	0.46	—PO(Et)$_3$	0.66	0.88	0.67
—COCl	1.11	1.46	1.01	—F	1.54	−0.40	−1.02
—CH$_2$O —CH$_2$I	0.64	−0.01	−0.02	—CH$_2$—N<	0.58	−0.10	−0.08

(2) 甲酰

键合在羰基上的质子处于羰基远程屏蔽的去屏蔽区,加上氧的吸电子效应,因此共振峰的δ较大。醛基的化学位移范围很窄,δ = 9.3～10.1 ppm,甲醛的δ = 9.61 ppm,RCH$_2$CH$_2$O(R为直链或支链烷基)的δ = (9.71 ± 0.02) ppm。同其他化合物相反,由于sp^{2}杂化碳原子电负性竞争,电子从双键移出,增强了羰基的屏蔽效应,因此双键的引入和羰基共轭会产生向高场的位移,δ降低。

醛基的邻近处有苯环或炔基时,芳香环可减弱对醛基的屏蔽,使其共振峰接近甚至超过δ = 10 ppm,而炔基的影响相反,可增强屏蔽作用,使δ < 9.5 ppm。

甲酸酯和甲酰胺的共振峰范围很窄,大部分在δ = 7.8～8.2 ppm,远程耦合使甲酸酯的信号呈很小的裂分(J=1)或呈变宽的单峰。甲酰伯胺或仲胺的质子信号是J ≈ 7的三重或二重峰,加入重水后,氨质子被氘交换消失,甲酰基也变为单峰。

(3) 炔氢

C≡C的磁各向异性效应的屏蔽作用使炔氢的共振峰出现在高场,δ = 1.6～3.4 ppm范。乙炔的δ = 1.80 ppm,一个炔氢被取代后,另一个炔氢的δ值见表7-10所列。

表7-10 炔氢的化学位移

化合物	δ (ppm)	化合物	δ (ppm)
H—C≡C—H	1.80	CH$_3$—C≡C—C≡C—C≡C—H	1.87
R—C≡C—H	1.73～1.88	HO—CRR′—C≡C—H	2.20～2.27
Ph—C≡C—H	2.71～3.37	RO—C≡C—H	~1.30
C=C—C≡C—H	2.60～3.10	PhSO$_3$CH$_2$—C≡C—H	2.55
—CO—C≡C—H	2.13～3.28	CH$_3$—NH—CO—CH$_2$—C≡C—H	2.55
C≡C—C≡C—H	1.75～2.42	X—CH$_2$—C≡C—H (X为卤素,—N<,—O—等)	2.00～2.40

从表中可发现，电负性基团的吸电子效应可通过三键传递，使炔氢的共振峰向低场移动，δ 增高。

炔氢的共振信号与其他类型的氢有重叠，但炔氢没有邻位氢，只有远程耦合作用，一般是尖锐的单峰或耦合常数很小的裂分，参考耦合常数可以将其与其他质子加以区别。

（4）芳氢的化学位移

芳香环和芳杂环上质子的化学位移受到以下三个因素影响：环电流效应产生的磁各向异性效应、所在碳原子上的电荷密度及取代基或杂原子的远程屏蔽。当苯环上的氢被取代后，苯环的邻、间、对位的电子云密度发生变化，取代基对邻位质子的影响最大，化学位移向高场或低场移动。这种影响通过共轭效应可传导给四个以上的键。如果取代基多于一个，立体位阻效应也会影响化学位移。

因取代基的引入形成了多旋体系从而引起多重峰的复杂化，且芳氢的共振峰位置常随溶液浓度发生变化，欲获取芳氢的确切化学位移比较困难。芳氢的化学位移取决于芳环的芳香性，随芳环的芳香性增加化学位移向低场移动，δ 增加。稠环芳氢的信号低于单芳香环信号，特别是同时与多个环相邻的质子，化学位移更向低场移动。电负性取代基的引入或环上的碳被电负性杂原子取代，将使化学位移向低场移动，其中靠近取代基的质子及同取代基或杂原子共轭的碳上的质子受到的影响最大，供电基团对环上质子的影响较小。杂环芳氢的化学位移受溶剂的影响较大，一般 α 位的杂芳氢的吸收峰在较低场。

一般情况下，给电子基团，如烷基、羟基、醚基和氨基等，对各个位置的影响相似，会增大其电子云密度，使芳氢的化学位移减小，信号近似为单峰。吸电子基团减弱芳氢的电子云密度，使其化学位移增大，但对不同位置的芳氢影响有所差别。例如，羰基、硝基、三氯甲基等对不同位置的质子产生的屏蔽效应不同。对邻位质子的影响最小，对间位质子的共振影响最大，易产生复杂的谱图，使解析变得十分困难。

苯的化学位移 $\delta = 7.28$ ppm，苯上的质子被取代后，衍生物芳氢的化学位移 $\delta = 6.0 \sim 8.5$ ppm。取代基的引入会使邻位、对位和间位质子各自产生特征性的化学位移变化。取代基对芳氢的影响具有加和性，取代基较少的苯环芳氢的化学位移可按下面的经验式进行计算：

$$\delta = 7.28 + \sum S_i$$

式中，7.28 是苯氢的化学位移值，S_i 为取代基对芳氢的影响参数，见表7-11所列。

表7-11　取代基对苯氢化学位移的影响参数

取代基	$S_邻$	$S_间$	$S_对$	取代基	$S_邻$	$S_间$	$S_对$
—H	0	0	0	—NHCH$_3$	−0.80	−0.22	−0.68
—CH$_3$	−0.20	−0.12	−0.22	—N(CH$_3$)$_2$	−0.66	−0.18	−0.67
—CH$_2$CH$_3$	−0.14	−0.06	−0.17	—NHNH$_2$	−0.60	−0.08	−0.55
—CH(CH$_3$)$_2$	−0.13	−0.08	−0.18	—N=N—Ph	0.67	0.20	0.20

续表

取代基	$S_邻$	$S_间$	$S_对$	取代基	$S_邻$	$S_间$	$S_对$
—C(CH$_3$)$_3$	0.02	−0.08	−0.21	—NO	0.58	0.31	0.37
—CF$_3$	0.32	0.14	0.20	—NO$_2$	0.95	0.26	0.38
—CCl$_3$	0.64	0.13	0.10	—SH	−0.08	−0.16	−0.22
CHCl$_2$	0	0	0	—SCH$_3$	−0.08	−0.10	−0.24
—CH$_2$OH	−0.07	−0.07	−0.07	—S—Ph	0.06	−0.09	−0.15
—CH=CH$_2$	0.06	−0.03	−0.10	—SO$_3$CH$_3$	0.60	0.26	0.33
—CH=CH—Ph	0.15	−0.01	−0.16	—SO$_2$Cl	0.76	0.35	0.45
—C≡CH	0.15	−0.02	−0.01	—CHO	0.56	0.22	0.29
—C≡C—Ph	0.19	0.02	0	—COCH$_3$	0.62	0.14	0.21
—Ph	0.37	0.20	0.10	—COC(CH$_3$)$_3$	0.44	0.05	0.05
—F	−0.26	0	−0.20	—CO—Ph	0.47	0.13	0.22
—Cl	0.03	−0.02	−0.09	—COOH	0.85	0.18	0.27
—Br	0.18	−0.08	−0.04	—COOCH$_3$	0.71	0.11	0.21
—I	0.39	−0.21	0	—COO—Ph	0.90	0.17	0.27
—OH	−0.56	−0.12	−0.45	—CONH$_2$	0.61	0.10	0.17
—OCH$_3$	−0.48	−0.09	−0.44	—COCl	0.84	0.22	0.36
—O—Ph	−0.29	−0.05	−0.23	—COBr	0.80	0.21	0.37
—OCOCH$_3$	−0.25	0.03	−0.13	—CH=N—Ph	~0.60	~0.20	~0.20
—OCOPh	−0.09	0.09	−0.08	—CN	0.36	0.18	0.28
—OSO$_2$CH$_3$	−0.05	0.07	−0.01	—Si(CH$_3$)$_3$	0.22	−0.02	−0.02
NH$_2$	−0.75	−0.25	−0.65	—PO(OCH$_3$)$_2$	0.48	0.16	0.24

大多数化合物的对位和间位二取代苯的估算值与实测值只相差 0.1 ppm，邻位二取代苯的估算值偏离较大，这是相邻取代基的立体效应所致。因此，用此经验式对三取代或多取代结构进行化学位移的估算，偏离可能更大，但利用取代参数的加和性，结合峰的裂分和耦合常数，在确定多取代苯的质子归属时仍然很有用处。

（5）活泼氢的化学位移

醇、烯醇、羧酸、胺、酰胺和硫醇等化合物中的 —OH、—NH$_2$、—SH 等属于常见的活泼氢基团。这些氢性质活泼，不断进行着分子间或分子内的交换，处于动态平衡。由于受活泼氢的相互交换作用及氢键形成的影响，同一种分子的同一个活泼氢在不同条件下的化学位移很不固定。一般交换速度为—OH > —NH > —SH。当交换速度足够快时，样品中几种不同的活泼氢会呈现一个综合的平均活泼氢信号。例如，羧酸在水溶液中和水有以下交换：

$$RCOOH_a + HOH_b \rightleftharpoons RCOOH_b + HOH_a$$

则两种质子的平均化学位移可按下式计算：

$$\delta = \delta_a \times N_a + \delta_b \times N_b$$

式中，δ_a，δ_b分别为羧酸和水的活泼氢化学位移，N_a、N_b分别为羧酸和水的摩尔分数。

活泼氢的共振峰形和化学位移值受到交换速度和氢键强弱的影响。样品测试的外界条件如溶液、温度、浓度及杂质等，都会影响交换速度和热力学平衡状态，从而影响活泼氢的共振峰位置及峰形。从峰形看，羟基氢的共振峰一般较尖，而且羟基氢交换快，在常温下看不到与邻近氢的耦合，在低温下可看到与邻近氢的耦合。例如，甲醇在-10 ℃～15 ℃时其羟基氢均呈现为一个尖峰，但在-54 ℃时，就裂分为多重峰了，且化学位移向低场方向移动，δ增大。高温使—OH、—NH等的氢键程度降低，δ减小。

由于活泼氢性质活泼，易于彼此交换，容易与重水交换生成OD、ND和SD等基团，使原来的信号消失。因此，识别活泼氢可采用重水交换。

简单羧基在非极性溶剂中通过氢键以二聚体形式存在。羧酸氢的共振峰范围很窄，$\delta = 10\sim13$ ppm，受浓度影响很小。极性溶剂会部分破坏二聚体，羧基和水及醇的交换很快，可以获得尖锐的单峰，出峰的位置取决于浓度。利用这种特性可在样品管内滴加三氟乙酸，使水的信号发生移动，从而排除干扰。在DMSO溶液中，羧基的交换速度减慢，共振峰的峰形变平坦，且往往淹没在噪声中而难以观察。

各种类型的羟基峰形和出峰位置变化很大，从核磁共振氢谱中鉴别复杂化合物中的羟基信号往往比较困难。对于多羟基化合物更是如此，有时甚至出错，在进行核磁共振氢谱解析时一定要注意。

7.6.5　核磁共振氢谱的解析

核磁共振波谱一般分为一级谱和高级谱。一级谱又称低级谱，比较容易解析。

7.6.5.1　一级谱波

（1）一级谱的得出条件

满足下面两个条件的核磁共振谱就是一级谱。

①相互耦合的磁核，其化学位移差$\Delta\nu$至少是耦合常数J的6倍，即$\Delta\nu/J \geqslant 6$。这里，$\Delta\nu$和J的单位都是Hz，$\Delta\nu = \Delta\delta \times$仪器磁场强度（MHz）。如用60 MHz的仪器所测得核磁氢谱中，如$CHCl_2$—CH_2Cl中$\delta_{CH} = 5.85$ ppm，$\delta_{CH_2} = 3.96$ ppm，$J = 6.5$ Hz，在60 MHz的仪器中$\Delta\nu = (5.85 - 3.96) \times 60 = 113.4$ Hz，$\Delta\nu/J = 113.4/6.5 = 17 > 6$，所以该化合物在60 MHz仪器中的核磁谱是一级谱。再如，同样在60 MHz的仪器中，乙醇的CH_3和CH_2的化学位移差是146 Hz，其耦合常数为7 Hz，146/7 > 6，则此图谱即为一级谱。

②在此自旋体系中，同一组磁核（化学位移相同）的各个磁核必须是磁等价的。

（2）一级谱的特点

一般来说，一级谱的吸收峰数目、相对强度和排列次序有如下特征。

①磁等价的磁核之间，尽管有耦合，但不发生裂分。相邻的核为磁等价，即只有一个耦合常数J。如没有其他磁核的耦合，则应该是单峰。例如，丙酮中甲基的三个质子为磁等价，则甲基出一个峰。1，2-二氯乙烷的四个质子也是磁等价质子，虽然在两个碳上，但仍为一个峰。

②磁不等价的磁核间有耦合，裂分峰数将由相邻原子中磁等价的核数n来确定，计算式为$2nI+1$。对于氢核来说，自旋量子数$I=1/2$，计算式为$n+1$。例如，乙醇分子中亚甲基峰的裂分数由邻近的甲基质子数目确定，即3+1=4，为四重峰；甲基质子峰的裂分数由邻接的亚甲基质子数确定，即2+1=3，为三重峰。

③化学位移δ在裂分峰的对称中心，可直接读出，峰形左右对称，还有内侧高、外侧低的倾斜效应，也称屋脊效应。

④耦合常数可从图上的数据直接计算。找出耦合裂分的两个峰，裂分峰之间的距离（Hz）就是耦合常数J。也可由这两个裂分峰的化学位移差$\Delta\delta$计算耦合常数，$J(Hz)=\Delta\delta\times$仪器磁场强度(MHz)。

⑤裂分峰的强度比为积分面积之比，为二项式$(x+1)^n$展开式中各项系数之比。多重峰通过中点作对称分布，中心位置为化学位移值。例如，在化合物$CH_3CH_2COCH_3$中，右侧的甲基质子与其他质子被三个以上的键分开，因此只能观察到一个峰。中间的—CH_2—质子则具有3+1=4，即四重峰，且面积之比为1：3：3：1。左侧甲基质子则具有2+1=3，即三重峰，其面积之比为1：2：1。

⑥不同类型质子的积分面积（或积分高度）之比等于质子的个数比。

(3) 核磁共振氢谱的一级谱解析

核磁共振氢谱可以提供以下信息。

①吸收峰的组数：可说明分子中化学环境不同的质子有几组，可以据此判断有几种不同类型的氢核。

②化学位移：即质子吸收峰出现的频率，可说明分子中的每种质子的电子环境，即邻近有无吸电子或推电子基团，可以据此判断各类型质子所属的化学结构。

③峰的强度（峰面积或积分曲线高度）：可以判断各类质子的相对数目。

④峰的裂分个数及耦合常数：说明分子中质子的化学环境，即基团间的连接关系，可以据此判断相邻氢核的数目。

一般核磁共振谱图的横坐标是化学位移δ，单位是ppm，从左向右δ逐渐减小而相应磁场强度逐渐增大。纵坐标是信号强度。

解析核磁共振氢谱时，一般由简到繁，先解析和归属易确定的基团和一级谱，再解析难确认的基团和高级谱。在很多情况下，比较复杂的化合物只靠一张核磁共振氢谱难以确定其结构，需综合各种测试数据加以解析。必要时有针对性地进行一些特殊分析，如通过重氢交换确认活泼氢，用双共振技术及二维核磁谱确认指配的基团及基团间的关系，特别是二维谱，在新化合物的结构解析中非常有用。

核磁共振氢谱一级谱的一般解析分为以下12步。

①先检查谱图质量：

检查基线是否平坦，TMS信号的位移值是否为零，样品中有无干扰杂质，如有铁等顺磁杂质或氧气，会使谱线变宽，应先除去。积分线没有信号处是否平坦等。

②识别杂质峰：

氘代试剂中由于有少量没有被氘代的质子存在，会在谱图上相应的位置出峰。溶剂中常有少量水，也会出峰，不同溶剂中微量水峰的位置不同。另外，还要判断谱图是否还有其他杂质峰，如硅胶杂质、硅油杂质等。

使用普通溶剂，除了得出正常的质子峰，还要注意是否有旋转边峰和卫星峰。旋转边峰是因为核磁共振测试样品时样品管快速旋转而产生，以强峰为中心，左右等距处各出现一个弱峰。此间距一般与样品管旋转速度相关。旋转边峰一般出现在固体核磁谱图和低分辨的液体核磁谱图中，由于磁场空间不均匀而造成。对于现在的高分辨核磁共振波谱仪（≥400 MHz），测试液体样品时不再需要旋转，因此仪器工作状态正常时一般就不存在旋转边峰。卫星峰是由于低丰度自旋核与氢核的耦合而产生的以强峰为中心，左右等距处各出现一个的弱峰，如 $^{13}C-^{1}H$ 之间、$^{29}Si-^{1}H$ 之间的精细耦合。卫星峰的解析对于分子结构的分析，特别是超共轭体系和立体结构的分析具有助力作用。

③计算分子不饱和度：

若已知分子式，则根据分子式先计算分子的不饱和度。

④积分，算出各组峰的氢原子数：

由积分曲线求出各组峰的积分面积或积分曲线高度，若分子总的氢原子个数已知，则可根据积分面积或积分曲线高度之比算出每组峰的氢原子个数。也可以一个确定的结构单元为基准，确定其他各组峰的氢原子数目。因积分面积或积分曲线高度的测量不可能绝对准确，在确定每组峰的氢原子个数时，必须注意分子可能存在对称性及化学结构上的合理性。例如，在高场的组峰确定有4、6和9个氢原子，分别表示分子中存在2个CH_2，两个CH_3或3个CH_2、3个CH_3，即分子具有一定的对称性。如果在高场明显没有重叠的组峰确定有5或7个氢原子，则显然不具有合理性。

⑤推测邻近基团质子数：

由峰的裂分个数与耦合常数找出耦合关系，结合各组质子的相对面积比，推测邻近基团质子个数。

⑥推测与质子相连的原子类型：

由化学位移值及峰形推测与质子相连的原子类型。如是碳原子上的氢原子，可推测是饱和碳、烯碳还是苯环碳上的氢。一般先解 CH_3-O-、CH_3-N-、CH_3-Ar、CH_3CO-、$CH_3-C=$基团。这里需特别注意貌似化学等价实则不是化学等价的质子或基团。例如，连在同一个碳原子上的质子或相同基团，因单键不能自由旋转或因与手性碳原子直接相连等原因而不是化学等价。这种情况会影响峰的组数，并且使峰的裂分复杂化。

⑦解析低场处的峰：

解析低场处化学位移$\delta >10$ ppm的基团，如—COOH、—CHO及分子内氢键信号。

⑧最后解析芳氢：

一般芳氢的δ在6.5～8.0 ppm附近，找出耦合常数有大有小的峰和其他质子的峰。

⑨活泼氢鉴定：

—OH、—NH₂、—SH、—COOH等基团中活泼氢的核磁共振信号比较特殊，解析时需注意，活泼氢多数能形成氢键，其化学位移值不固定，随测试条件在一定区域内变动，在溶液中会发生交换反应。当交换反应速度很快时，体系中存在的多种活泼氢在核磁共振谱图上只显示一个平均的活泼氢信号，且它们与相邻含氢基团的谱峰不再产生耦合裂分现象。例如，用二甲亚砜（DMSO-d₆）作为溶剂，羟基能与其强烈缔合而使交换速度大大降低，此时在图谱上可以观察到不同羟基的信号以及羟基与邻碳上质子耦合裂分的信息。根据裂分峰的个数可以区别伯、仲叔羟基。当样品很纯、不含痕量酸或碱时，交换速度也很慢，羟基同样会与邻碳质子相互耦合，原来的裂分情况会发生相应的变化。

根据活泼氢的这些特征，可通过实验将其与其他氢核的信号加以区别。一种方法是改变实验条件，如样品浓度、测试温度和溶剂等，共振信号发生变化的就是活泼氢。在低温下活泼氢与邻近质子有耦合，在常温下一般不考虑—OH、—COOH及部分—NH的活泼氢与其他质子的耦合。另一种方法是采用重水交换法进行识别，即先测试正常的氢谱，然后在样品溶液中滴加1~2滴重水后振荡均匀再进行测试，所得氢谱再与原谱图比较。如有活泼氢，则其与重水中的氘快速交换，原来的活泼氢信号消失。交换速度顺序为OH＞NH＞SH，巯基在一般条件下不显示快交换反应。

⑩推出可能结构：

将分析出的各结构单元组合连接起来成为可能的结构式。对于简单结构的化合物，有时只有一种结构式，对结构比较复杂的化合物，往往可列出很多可能的结构式，可首先排除与谱图明显不符的情况，再与经验公式的估算值进行比较，但因实际情况比经验式的情况复杂，估算值和实测值有时差距较大。也可参考计算机软件根据分子式模拟出分子的可能谱图，此方法只能作为参考，不能作为依据。

⑪若谱图复杂，可进行简化：

如$\Delta v/J < 6$，这时的图谱已经不再是一级谱，可进行简化。

⑫综合分析，验证结果：

综合参考IR、UV、MS、和^{13}C-NMR等其他数据，推断解析分子结构，验证解析结果。已知物可与标准图谱对照。

在解析图谱时，必须弄清某组质子是化学等价还是磁等价，这样才能正确分析图谱。

7.6.5.2 高级谱

（1）高级谱的得出条件

当所得到的谱图$\Delta v/J < 6$时，就是高级谱。高级图谱比一级图谱复杂得多，具体表现在如下几方面。

①峰间的裂距不一定等于耦合常数，多重峰的中心位置不等于化学位移。因此，化学位移和耦合常数通常不能从共振谱图中直接读出，而要通过计算才能获得。

②由于发生了附加裂分，谱峰的裂分数不再像一级谱那样符合$2nI+1$规律。

③组内各峰之间强度关系复杂。吸收峰的强度（面积）比不能用二项式展开式系数来预测。

高级谱图不能用一级谱的方法进行解析，而通常是将其相互耦合的磁核组划分为不同的自旋体系，不同的自旋体系有不同的解析方法。方法比较复杂，在此不作介绍。

（2）高级谱的简化

对于高级谱，通常可以采用一些辅助实验手段进行简化，如加大仪器的磁场强度、去耦法、加入位移试剂等实验手段。

①加大磁场强度：

耦合常数 J 是不随外磁场强度的改变而变化的。共振频率的差值 Δv 却随外磁场强度的增大而逐渐变大。加大外磁场强度，就可以增加 $\Delta v/J$ 的值，直到 $\Delta v/J \geqslant 6$，即可获得一级图谱，便于解析。因此，使用高磁场强度的仪器便于获得一级谱，从而简化谱图的分析。

②自旋去耦法与核间奥氏效应：

复杂分子中常常有许多不同种类的质子，其中一些质子的化学位移很接近，使得核磁共振谱图中的谱峰发生重叠，自旋耦合产生的谱峰裂分使重叠现象更加严重，造成谱图解析困难。一些核磁共振的特殊技术可以简化谱图，双共振（double resonance）就是其中很重要的一种。

在测试核磁共振谱图时，除了使用一个交变磁场（射频场）使所需检测的磁核发生共振外，还同时使用第二个较强的交变磁场，满足样品中另一种磁核（干扰磁核）在外加磁场中的共振条件。这样，在同一外磁场中，样品的两种核会同时发生核磁共振，这种方法就称为双共振。

双共振有多种类型，按照发生双共振的磁核种类可分为同核双共振和异核双共振。如 ^1H 和 ^1H 同时发生共振就是同核双共振，表示为 $^1H\{^1H\}$，大括号前是被检测磁核，大括号内是干扰磁核。^{13}C 和 ^1H 同时发生共振就是异核双共振，表示为 $^{13}C\{^1H\}$。所使用的第二交变磁场强度不同，双共振测试的结果也不同。这里仅介绍最常使用的自旋去耦（spin decoupling）和磁核的核间奥氏效应。

自旋去耦可简化谱图，是双共振中最常使用的方法，也是最重要的方法。自旋去耦的原理为：化学位移不同的 H_a 与 H_b 核之间存在耦合时，因 H_b 有两种自旋倾向，对 H_a 有不同的影响，使 H_a 的共振峰发生裂分。在正常扫描的同时，采用另一强的射频照射 H_b 核，照射的频率恰好等于 H_b 核的共振频率，此时，H_b 核由于受到强的辐射，便在-1/2 和+1/2 两个自旋态间迅速往返，达到自旋饱和，从而使 H_b 核如同一个非磁性核，不再对 H_a 产生耦合作用。在这种情况下，H_a 核的谱线将变为单峰。这种技术就是去耦法，也称双照射法。去耦法不仅可以简化图谱，而且可以确定与去耦质子有耦合关系的全部磁核。

在自旋去耦法中，如果去耦磁核与测定磁核相同，即为同核去耦，质子-质子去耦就属于这种，如果去耦磁核与测定磁核不同，即为异核去耦。

例如，在巴豆醛的核磁共振谱图中，各基团间的耦合使烯烃质子峰形十分复杂。但是，通过对甲基质子去耦之后，烯烃质子的信号便大为简化，从而有利于图谱解析。

$$\text{O=CH-CH=CH-CH}_3 \quad \text{巴豆醛}$$

核间奥氏效应与自旋去耦法类似，也是一种双共振技术。当分子中有空间位置靠近的两个磁核，如质子 H_a 和 H_b，当采用自旋去耦法照射 H_b 且使干扰场的强度正好达到使被干扰的 H_b 谱线饱和，这时 H_a 的共振信号会加强，这种现象就称为核间奥氏效应。用这种方法可以识别谱峰的归属，研究分子的立体化学问题。

产生 NOE 的原因是两个磁核位置很近，达到饱和的一个磁核（如 H_b）通过横向弛豫将能量转移给另一个磁核（如 H_a），于是 H_a 吸收的能量增多，共振信号增强。两个磁核之间的空间距离相近是发生 NOE 的充分条件，与两个磁核间相隔的化学键数目无关，大小与两个磁核间距离的六次方成反比。当核间距离超过 0.3 nm 时，NOE 就观察不到了。

例如，3-甲基丁烯酸的 ^{1}H-NMR 谱图中，C_3 上两个甲基的共振峰被 2-位上的烯氢耦合而发生裂分，在 $\delta = 1.42$ ppm 和 $\delta = 1.97$ ppm 各出现一组两重峰，但无法确定两个甲基各自对应的 δ 值。

$$\begin{array}{c} H_3C \\ \diagdown \\ C=C \\ \diagup \diagdown \\ H_3CCOOH \\ 1 \end{array}$$

这时采用双共振法，以另一频率的射频照射 $\delta = 1.97$ ppm 的 CH_3，2-位的烯氢信号在 $\delta = 5.66$ ppm 的七重峰减少为四重峰，信号强度没有明显变化。例如，这一频率的射频照射 $\delta = 1.42$ ppm 的 CH_3 时，2-位烯氢信号也从七重峰减少为四重峰，同时信号强度增强了 17%。这说明 $\delta = 1.42$ ppm 的 CH_3 与烯氢处于靠近的位置，$\delta = 1.97$ ppm 的 CH_3 处于烯氢的反位，与羧基处于同一侧。

③ 位移试剂：

由于分子中有些质子的化学环境比较接近，使谱峰发生重叠，给谱图的解析带来困难。一些镧系金属离子的有机络合物可与分子中某些官能团作用，从而影响核外电子对质子的屏蔽效应，增大共振质子的化学位移。这种在不增加外磁场强度的情况下，使样品分子中的质子信号发生位移的试剂被称为位移试剂（shift reagent）。位移试剂中铕（Eu）和镨（Pr）的络合物能产生较大的化学位移，对谱线宽度的增加也不明显，是目前最常用的试剂。Eu 和 Pr 等金属离子都含有未成对电子，在试样中加入络合物 Pr（DPM）$_3$ 或 Eu（DPM）$_3$ 后，络合物中的 Pr^{3+} 或 Eu^{3+} 也可能再与含有孤对电子的官能团，如 —NH_2、—OH、—C=O、SO_2、—O—、—C≡N 等基团进行配位，此时，中心离子 Eu^{3+} 或 Pr^{3+} 的孤对电子的磁场将强烈地改变相应化合物中质子的化学位移，对离配位键越近的质子改变越大。这样，原来重叠的共振信号便有可能展开。在一定浓度范围内，质子化学位移变化的大小与位移试剂的浓度成正比，但位移试剂的浓度达到一定值后，样品中的质子化学位移值将不再改变。位移试剂的最佳用量需通过实验进行确定。

位移试剂对带孤对电子的化合物都有明显的增大位移、展开谱图的作用，一般

来说，对常见官能团的位移影响大小的顺序为

$$—NH > —OH > —C≡O > —O— > —COOR > —CN$$

值得注意的是，在使用 Eu^{3+} 或 Pr^{3+} 络合物测定核磁共振谱时，为了避免溶剂与被分析试样之间对金属离子的配位竞争，一般采用非极性溶剂，如 CCl_4、$CDCl_3$、C_6D_6 等。

7.6.6 核磁共振氢谱的应用

核磁共振氢谱能提供的参数主要有化学位移、质子的裂分峰数、耦合常数以及各组峰的积分面积或积分高度等。这些参数与有机化合物的结构有着密切的关系。因此，核磁共振氢谱是鉴定有机分子、金属有机化合物、高分子化合物以及生物分子结构和构象等的重要工具之一。此外，核磁共振氢谱还可应用于定量分析、化学动力学研究、配合物研究、相对分子质量测定、反应机理研究、反应程度检测及手性化合物对映体测定等方面的研究。

（1）结构鉴定

核磁共振氢谱像红外光谱一样，是一种非常有用的结构解析工具，有时仅根据图谱本身，就可鉴定或确认一些化合物。化学位移提供原子核的化学环境信息，谱峰多重性提供相邻基团情况以及立体化学信息，耦合常数大小可用于确定基团的取代情况，谱峰强度（或积分面积）可确定基团中质子的个数等。一些特定技术，如双共振实验、化学交换、使用位移试剂、各种二维谱等，可用于简化复杂图谱、确定特征基团以及确定耦合关系等。

对于结构简单的样品，可直接通过氢谱的化学位移、耦合情况（耦合裂分的峰数及耦合常数）及每组信号的质子数来确定，或通过与文献值（图谱）比较来鉴别质子的类型、确定样品的结构，以及是否存在杂质等。与文献值（图谱）比较时，需要注意实验条件，如溶剂种类、样品浓度、化学位移参照物、测定温度等的影响。核磁共振氢谱特别适用于鉴别 $CH_3O—$、$CH_3CO—$、$CH_2=C—$、$Ar—CH_3$、$CH_3CH_2—$、$(CH_3)_2CH—$、$—CHO$、$—OH$ 等。对复杂的未知物，通常需要配合其他分析手段，如红外光谱、紫外光谱、质谱、元素分析等得出的数据，推定其结构。下面举例说明用核磁共振氢谱进行分子结构分析鉴定。

【例 7-1】 某化合物分子式为 C_4H_8O，核磁共振谱图上共有三组峰，化学位移 δ 分别为 1.05 ppm、2.13 ppm 和 2.47 ppm，积分曲线高度分别为 3、3 和 2，试问各组氢核数为多少？

解： 积分曲线总高度 = 3 + 3 + 2 = 8。

因分子中有 8 个氢，根据积分曲线高度比可知 δ = 1.05 ppm 有 3 个氢，δ = 2.13 ppm 有 3 个氢，δ = 2.47 ppm 有 2 个氢。

【例 7-2】 有一未知液体，沸点为 218 ℃，分子式为 $C_8H_{14}O_4$。其红外图谱指出，有 $\nu_{C=O}$ 吸收，无芳香环结构。其核磁共振氢谱如图 7-12 所示，试推断其结构。

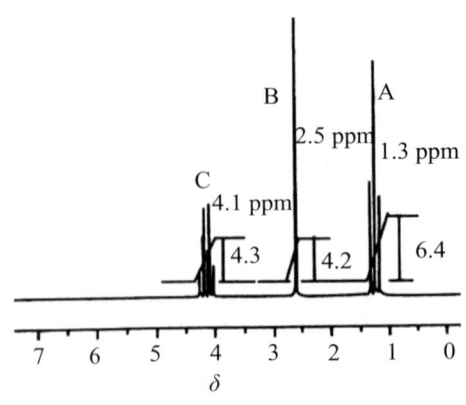

图7-12 未知化合物的 ^{1}H-NMR 谱图

解： 该化合物的不饱和度为 $1+8+(0-14)/2 = 2$。

红外图谱显示有羰基，则其中至少有一个羰基。无苯环，有三种质子存在。各峰的δ和峰的裂分数见表7-12所列。

表7-12 未知化合物核磁共振氢谱中各峰的信息

序号	δ (ppm)	裂分数	峰强比	积分曲线高度	J (Hz)
A	1.3	三重峰	1：2：1	6.5	8
B	2.5	单峰	—	4.2	—
C	4.1	四重峰	1：3：3：1	4.3	8

共有14个氢原子，根据积分曲线高度，计算各峰的氢原子数：

A峰，氢原子数 = 6.5 × 14(6.5+4.2+4.3)= 6 个；

B峰，氢原子数 = 4.2 × 14/6.5+4.2+4.3)= 4 个；

C峰，氢原子数 = 4.3 × 14/(6.5+4.2+4.3)= 4 个。

则化学位移δ = 1.3 ppm 的 A 峰有—CH_3存在。因该组峰氢原子数为6，表明有两个化学环境相同的—CH_3。该峰为三重峰，且强度比为 1：2：1，故与其相连的是—CH_2—。从上述分析可知，分子中应存在两个—CH_2—CH_3基团。

化学位移δ = 2.5 ppm 的 B 峰为单峰。有4个氢，可能是两个化学环境相同的CH_2，加之红外光谱指出存在C=O基，则初步推断为—CO—CH_2CH_2—CO—，这两个CH_2上的4个氢核为磁等价质子。

化学位移δ = 4.1 ppm 的 C 峰存在亚甲基。该峰含4个氢，可能为两个CH_2，为四重峰，其面积之比为 1：3：3：1，则邻近有3个质子与其发生耦合，故可知亚甲基旁邻接甲基，且该峰δ较大，应是与氧原子相连。耦合常数与 δ = 1.3 ppm 组峰的相等，说明它们是相互邻接的氢核，则推断其结构可能为两组—OCH_2CH_3。

综合上述分析，该化合物可能的结构为

$$CH_3CH_2O-\overset{O}{\underset{\|}{C}}-CH_2CH_2-\overset{O}{\underset{\|}{C}}-O-CH_2CH_3$$

核对该结构化合物的状态和沸点，与已知条件相符合。

查询相关标准图谱，如图 7-13 所示，证明此结构推断正确。

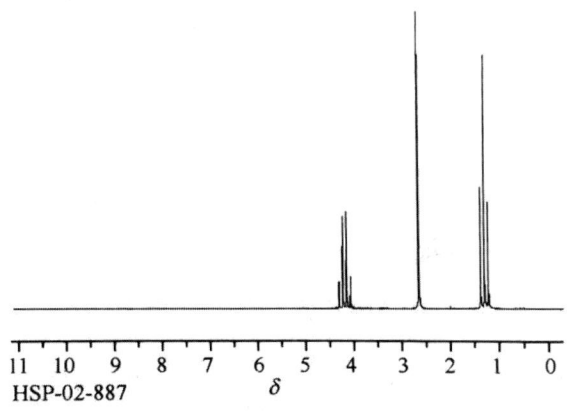

图 7-13　该化合物的标准 ^{1}H-NMR 谱图

（2）定量分析

与其他核相比，氢核的核磁共振波谱更适用于定量分析。在合适的实验条件下，两个信号的积分面积或积分高度与产生这些信号的质子数成正比关系，这不仅是对化合物进行结构测定时的重要参数之一，而且也是定量分析的重要依据，即

$$\frac{A_1}{A_2} = \frac{N_1}{N_2}$$

式中，A_1、A_2 为相应信号的积分面积（或积分高度），N_1、N_2 为相应信号的总质子数。如果两个信号来源于同一分子中不同的官能团，上式则变化为

$$\frac{A_1}{A_2} = \frac{n_1}{n_2}$$

式中，n_1、n_2 分别为相应官能团中的质子数。

如果两个信号来源于不同的化合物，则

$$\frac{A_1}{A_2} = \frac{m_1 \times n_1}{m_2 \times n_2} = \frac{\dfrac{W_1}{M_1} \times n_1}{\dfrac{W_2}{M_2} \times n_2}$$

式中，m_1 和 m_2 分别是化合物 1 和化合物 2 的分子个数，W_1 和 W_2 分别是它们的质量。

由此可知，核磁共振氢谱定量分析可采用绝对定量和相对定量两种方法。在绝对定量方法中，将精密称量的样品和内标混合配制溶液，进行核磁共振氢谱测定后获得谱图，比较样品特征峰的峰面积与内标峰的峰面积计算样品的含量（纯度）。则样品的质量为

$$W_\mathrm{s} = \frac{A_\mathrm{s} \times M_\mathrm{s} \times n_\mathrm{R}}{A_\mathrm{R} \times M_\mathrm{R} \times n_\mathrm{s}} \times m_\mathrm{R} = \frac{\dfrac{A_\mathrm{s}}{n_\mathrm{s}} \times M_\mathrm{s}}{\dfrac{A_\mathrm{R}}{n_\mathrm{R}} \times M_\mathrm{R}} \times W_\mathrm{R}$$

式中，m 和 M 分别表示质量和相对分子质量，A 为积分面积或积分高度。n 为被积分信号对应的质子数。下标 R 和 s 分别代表内标和样品。

合适的内标物不与待测样品相互作用，能溶于分析溶剂中，应有合适的特征参考峰，最好是适宜宽度的单峰，并与样品峰分离；内标物的分子量与特征参考峰质子数之比合理，其质子是等权重的。常用的内标物有 1, 2, 4, 5-四氯苯、1, 4-二硝基苯、对苯二酚、对苯二酸、苯甲酸苄酯、顺丁烯二酸等。内标物的选择根据样品的性质而定。内标法是核磁共振氢谱定量分析中常用的方法。

相对定量法主要用于测定样品中杂质的相对含量或混合物中各组分的相对含量。样品中各组分的摩尔百分比 x_i 按下式计算：

$$x_i = \frac{A_1/n_1}{A_1/n_1 + A_2/n_2} \times 100$$

式中，A_1 和 A_2 分别为两种分子各自对应的特征峰的积分面积或积分高度，n_1 和 n_2 是两种分子中积分信号对应的质子数。

当以被测物的纯品为外标物时的定量方法为外标法，计算方法与内标法相似，其计算式为

$$m_s = \frac{A_s}{A_R} \times m_R$$

式中，A_s 和 A_R 分别为样品和外标物同一基团的积分高度。

用核磁共振技术进行定量分析的最大优点是，不需引进任何校正因子或绘制工作曲线，即可直接根据各共振峰的积分面积或高度的比值，求算自旋核的数目。

【例 7-3】正丙苯和异丙苯混合物的 ^{1}H-NMR 谱图如图 7-14 所示，求两种异构体的相对含量。

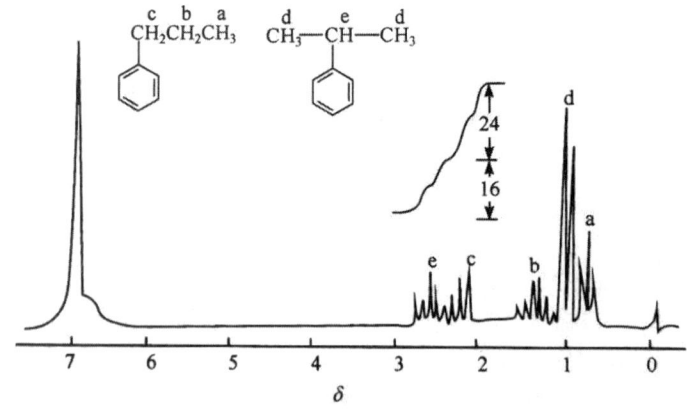

图 7-14　正丙苯和异丙苯混合物的 ^{1}H-NMR 谱图

解：这两种异构体的芳氢共振峰在 6.92 ppm 附近，是典型的单取代芳氢的共振峰，其余的共振峰分别为

正丙苯，δ_a = 0.72 ppm，三重峰；δ_b = 1.35 ppm，六重峰；δ_c = 2.30 ppm，三重峰。
异丙苯，δ_d = 1.00 ppm，双峰；δ_e = 2.60 ppm，应是七重峰，现显示的是五重峰。

根据δ_c和δ_e的积分曲线高度，即可求出两个化合物的相对含量。

$$异丙苯的含量 = \frac{\delta_e 峰积分高度}{\frac{1}{2}\delta_c 峰积分高度 + \delta_e 峰积分高度} \times 100\%$$

$$= \frac{16}{\frac{1}{2} \times 24 + 16} \times 100\% = 57\%$$

正丙苯的含量 = 1 − 57% = 43%

（3）配位化合物的研究

配位化合物的电子构型和磁性对其核磁共振波谱有较大影响。反磁性配合物没有未成对电子，其核磁共振波谱不受中心金属离子的磁性影响，可以依据配体的波谱特点进行解析。顺磁性配合物因受中心金属离子未成对电子的影响，可观察到接触位移（contact shift）或超精细相互作用。

接触位移是由原子核受不对称电子自旋造成对磁场的影响而引起的核磁共振信号位移。未成对电子通过空间与核相互作用还可引起假性接触位移。含有f电子的顺磁性配合物三（β-二酮）铕（III）加入含有氨基、羟基等能与金属相互作用的分子中，可展开谱图，提高分辨率，这就是我们前面提到过的位移试剂。

配合物的核磁共振波谱测定大部分是用于结构分析和鉴定。反磁性配合物的核磁共振波谱比较简单。如双（β-二酮）配合物的顺反异构体可以用核磁共振波谱加以判别。IVA族金属除Pb（IV）外都可与β-二酮形成[$M^{IV}Cl_2$（β-dik）$_2$]配合物。对称的β-二酮，如乙酰丙酮，与M^{IV}的配合物有两种异构体。一种的4个甲基位移相等，如下面的结构A，出单峰；一种的4个甲基化学位移两两相等，如下面的结构B，出两个强度相等的甲基峰。若核磁共振氢谱测出有两个强度相等的甲基峰，则可以确定为结构B。

（4）聚合物的研究

核磁共振波谱是聚合物研究中很重要的一种方法，可用于分析聚合物的分子结构，确定共聚物的组成，研究动力学过程等。在一般的核磁共振波谱中，聚合物溶解在溶剂中，通过其链段快速的局部运动（纳秒到皮秒范围），可得到高分辨的核磁共振波谱。溶解的大分子所占的体积远远大于它们的分子体积，且通过大分子链间的缠绕及对周围溶剂分子的包封形成高黏度的溶液。然而，核磁共振的频率和由此产生的共振峰的宽度，都取决于与所测磁核直接相邻的局部结构及运动的动力学。例如，共聚物的组成测定可以根据聚合物中不同片段特征质子的积分面积和积分高度的比进行计算而获得。

（5）相对分子质量的测定

在一般的碳氢化合物中，氢的重量分数较低，因此，单纯由元素分析的结果来确定化合物的相对分子质量是较困难的。核磁共振氢谱中每摩尔质子的峰的积分面积近似相等，以一定质量（m_R）的已知相对分子质量（M_R）的分子为标样，其物质的量为 m_R/M_R，将标样加入一定质量（m_s）的未知待测样品中，如果未知待测样品的相对分子质量为 M_s，则其物质的量为 m_s/M_s。用核磁共振波谱仪测定标样和样品互不相干扰的特征基团的积分面积或积分高度为 A_R 和 A_s，如果标样和待测分子互不干扰的特征基团的质子数分别为 n_R 和 n_s，则可按下式计算未知物的相对分子质量或平均相对分子质量 M_s：

$$M_s = \frac{A_R \times m_s \times n_s \times M_R}{A_s \times m_R \times n_R}$$

(6) 在化学动力学研究中的应用

研究化学动力学是核磁共振谱法的一个重要应用。例如，研究分子的内旋转，测定反应速率常数等。虽然用核磁共振技术难以观察到分子结构中构象的瞬时变化，但是，通过研究核磁共振波谱对温度的依赖关系，可以获得某些动力学信息。例如，在室温时，因 N,N-二甲基乙酰胺中的有部分双键性质，因此阻碍了N—C键的活化能，N—C键便可以自由旋转。根据出现一个峰时的温度，可以计算该过程的活化自由能。

(7) 手性化合物对映体测定

手性化合物两个对映体的测定也可以使用核磁共振波谱完成。一般情况下，互为对映体的两个分子，其核磁共振谱图没有区别，因此只有给对映体制造一个手性和不对称环境，使它们处于非对映的条件下才可能使两个对映体的化学位移产生差别，从而进行区别和测定。

可以用旋光性试剂与两个对映体反应，将它们转变为非对映体后进行测定。还可在两个对映体中加入手性溶剂或手性位移试剂。使用这两种方法后，两个对映体的同一种基团上质子的化学位移值不相等而被分开，由两个对映体同一种基团质子的积分面积比还可以求出两种对映体的物质的量的比。因此这个方法还可以用于检测手性化合物的纯度。

(8) 在超分子化学中的应用

超分子化学是研究分子通过分子间非共价键相互作用而形成的分子聚集体的化学，研究分子间弱的相互作用，如，氢键、配位键、疏水作用等以及它们之间的协同作用而形成的分子聚集体的组装、结构和功能。超分子化学是研究生命科学、材料科学、合成化学和信息科学等的有力工具。核磁共振波谱是研究超分子化学的有力手段，在研究分子识别、分子组装、仿生体系、分子器件和多相催化等方面有重要应用。

超分子结合建立在分子识别的基础之上，主体对客体的选择性结合并产生某种特定功能成为分子识别的依据。主体和客体在结合前后，其核磁共振谱图会产生变化，根据这些变化就可以分析作用部位和进行结构分析。

7.7 核磁共振碳谱

大多数有机化合物和高分子化合物的骨架是由碳原子构成的，因此观察和研究碳原子的核磁共振信号对研究有机化合物，特别是高分子材料的分子结构，具有十分重要的意义。

从前面的讨论得知，自旋量子数 $I = 0$ 的磁核不产生核磁共振信号。自然界大量存在的 ^{12}C，其 $I = 0$，因此没有核磁共振信号。1957年劳特布尔（P. Lauterbur）第一次观察到天然有机物的 ^{13}C NMR 信号。虽然 $I = 1/2$ 的 ^{13}C 核有核磁共振信号，但天然丰度仅为1.108%，信号很弱，使 ^{13}C-NMR 的应用受到极大的限制。在早期的核磁共振研究中，核磁共振氢谱是主要的研究对象。20世纪60年代后期，脉冲傅里叶变换仪器的出现使 ^{13}C-NMR 的研究和应用工作得以迅速发展。虽然自然界中具有磁矩的同位素有100多种，但迄今为止，只研究了其中较少磁核的共振行为。除 ^1H-NMR 外，目前研究最多、应用最广的就是 ^{13}C-NMR，其次是 ^{19}F 谱、^{31}P 谱、^{15}N 和 ^{29}Si 谱。

7.7.1 核磁共振碳谱的特点

与 ^1H-NMR 相比，^{13}C-NMR 具有以下特点。

（1）基本原理与 ^1H-NMR 相同

^{13}C 与 ^1H 的自旋量子数 I 都为/2，有着相同的基本原理，都是原子核在强磁场存在下分裂成不同能级，当用一定频率的射频照射样品时，处于特定结构环境中的原子核就会吸收相应频率的射频而实现共振跃迁，获得反映不同结构环境的共振吸收频率。^{13}C-NMR 和 ^1H-NMR 一样，都属于吸收光谱。

（2）提供分子骨架信息

^{13}C-NMR 比 ^1H-NMR 的优越性还体现在，^1H-NMR 只能提供分子的"外围"结构信息，而从 ^{13}C-NMR 可获得有机分子骨架的结构信息，如，^{13}C NMR 可直接得到羰基（C=O）、腈基（C≡N）和季碳原子等的信息，而在 ^1H-NMR 上无法直接获取这些基团的信号。

（3）信号强度低

^{13}C 的磁旋比 $\mu = 0.702$，约为 ^1H 核的 1/4，^{13}C 信号弱，^{13}C-NMR 谱图的相对灵敏度仅是 ^1H NMR 谱图的 1/5700，所以 ^{13}C 核的测定十分困难。此外，^{13}C 核的纵向弛豫时间为 10^{-8}–10^3 s，明显大于 ^1H 核，则 ^{13}C 的谱线易饱和。^{13}C-NMR 谱图的发展较其他核，如 ^{19}F、^{31}P、^{15}N 等都缓慢很多。直到傅里叶变换和去耦技术的应用，通过成千次信号累加，^{13}C-NMR 的测定才成为可能，并逐渐发展成为常规测试手段。

为提高 ^{13}C-NMR 谱图的信号强度，往往通过提高仪器灵敏度来实现；或者提高仪器外加磁场强度和射频场功率，但射频场功率过大容易发生饱和；或者增大样品浓度，增大样品体积，从而增加样品中碳核的数量；或者采用双共振技术，利用核间奥氏效应增强信号强度；或者采用多次累加扫描，这是常用的最有效方法。多次累加扫描时，信号 S 正比于扫描次数，噪声 N 正比于扫描次数的平方根，则信噪比 S/N，即信号强度正比于扫描次数的平方根。如扫描累加100次，S/N 增大10倍。所以 ^{13}C NMR 的测定往往需要高强度磁场的仪器和较长时间的信号累积才能获得信噪比较好的谱图。

（4）化学位移范围宽

^1H-NMR 谱图的化学位移主要范围约为 0～10 ppm，少数谱线会再超出约 5 ppm，

一般不超过20 ppm。而^{13}C-NMR谱的化学位移范围在0～250 ppm，特殊情况下会再超出50～100 ppm，比氢谱大10倍以上。由于较宽的化学位移，峰间重叠的可能性较小，对于化学环境有很小差异的磁核也可以区别。例如，对于相对分子质量在200～400 g/mol之间的化合物，往往可以观测到各个碳的共振峰。因此，^{13}C-NMR谱的分辨率较高。

（5）耦合常数大

由于^{13}C的天然丰度低，与之相连的碳原子也是^{13}C的几率很小，所以^{13}C-NMR谱图中一般不考虑天然丰度化合物中的^{13}C—^{13}C耦合，而碳原子常与氢原子连接，^{13}C—^{1}H之间可以发生耦合，其耦合常数的数值较大，一般在125～250 Hz。因^{13}C的天然丰度很低，这种耦合对^{1}H-NMR谱图的影响很小，但对^{13}C-NMR谱的影响却很明显，这种影响会使^{13}C-NMR谱中各个裂分的谱线彼此交叠，变得复杂，以致很难识别。因此常规的^{13}C-NMR都是进行过质子噪声去耦处理的谱图，这样就去掉了全部^{13}C—^{1}H之间的耦合，使谱图变得简单，可以做到一个碳原子对应一个峰。同时几个峰合并为一个峰，增加了峰的强度，提高了灵敏度。除了峰合并的影响外，有些峰的强度还会受到核间奥氏效应的影响而增强。对于化学环境不同的碳原子，去耦时受到的核间奥氏效应的影响不同，峰强度的变化也不同。核间奥氏效应增益效果随碳的类型不同，强度顺序为：$CH_2 \geq CH \geq CH_3 > C$。因此，这时的^{13}C-NMR谱线的峰强不能定量地反映碳原子数量。如果要进行定量分析，需要采用特殊的脉冲序列。

（6）弛豫时间长

^{13}C的自选-晶格弛豫和自旋-自旋弛豫比^{1}H慢很多，有的化合物中的一些碳原子弛豫时间可以达到几分钟，这使T_1和T_2的测定比较方便。不同类型碳原子的弛豫时间相差也很大，一般T_1的长短为：$CH_2 < CH < CH_3 \ll C$。这样就可以通过测定弛豫时间而得到更多的结构信息和运动状况。但正是由于不同种类碳原子弛豫时间不同，去耦造成的核间奥氏效应大小也不相同，所以常规^{13}C-NMR的质子噪声去耦谱不能直接用于定量分析。

（7）共振方法多

^{13}C-NMR除了利用质子噪声去耦法外，还可利用许多其他共振方法，以获得不同的分子结构信息。例如，偏共振去耦法可获得^{13}C—^{1}H之间的耦合信息，门控去耦法可获得定量信息等，因此^{13}C-NMR比^{1}H-NMR谱可获得更丰富的分子结构信息，解析结论更加清楚。

（8）谱图简单

虽然^{13}C—^{1}H之间的耦合常数较大，但它们的共振频率相差很大，因此CH、CH_2、CH_3等都构成简单的自旋体系，因此，即使不去耦的碳谱也比氢谱简单，可当作一级谱解析。

与^{1}H-NMR谱相似，^{13}C-NMR谱中最重要的参数是化学位移，在一些特殊谱图中，耦合常数和峰面积也是重要的参数。另外，在氢谱中不常用的弛豫时间，如T_1，在碳谱中因与分子大小、碳原子类型等因素有密切联系而被广泛应用，例如，用于判断分子的大小、形状，估计碳原子上的取代数、识别季碳、解释谱线强度、研究分子运动的各向异性、研究分子链的柔顺性和内运动、研究空间位阻及研究有机物分子和离子的缔合、溶剂化等。

7.7.2 核磁共振碳谱的化学位移

^{13}C-MR谱图中，化学位移是最重要的参数，直接反映了所观察的磁核周围的基团、电子分布情况，即磁核所受屏蔽作用的大小。碳谱的化学位移对于磁核的化学环境很敏感，范围也比氢谱宽很多。不同结构和化学环境的碳原子，其化学位移从高场到低场的顺序与其连接的氢原子的化学位移值有一定对应性，但又非完全相同。例如，饱和碳在较高场，炔碳其次，烯碳和芳碳在较低场，羰基碳在更低场。而在氢谱中化学位移从高场到低场的顺序为饱和烃氢、炔氢、烯氢、醛基氢。

碳谱与氢谱类似，要满足 $B_0 = \nu_{共振} h/2\mu\beta(1-\sigma)$，各种碳原子受到的屏蔽作用不同，屏蔽常数不同，因此化学位移值不同。碳的屏蔽常数σ是四项因素的加和：

$$\sigma = \sigma_d + \sigma_p + \sigma_a + \sigma_s$$

(1) σ_d是抗磁屏蔽项

可主要来源于孤立原子核的核外电子，可认为是原子部分对屏蔽的贡献。在静磁场B_0的作用下，对于单个自由电子，如处于球形对称的s电子，核外电子会绕原子核旋转，产生与静磁场方向相反的诱导磁场对抗静磁场，使作用于原子核的实际磁场降低。σ_d项反映由核周围局部电子引起的抗磁屏蔽的大小。核上电子云密度越大，抗磁屏蔽越大，化学位移移向高场，化学位移小。σ_d在分子中变化不大，在没有p电子的氢原子周围，σ_d起最重要的作用，σ_d是影响^{1}H-NMR谱中化学位移的最重要的因素，但在^{13}C-NMR谱中不是决定因素。

(2) σ_p是顺磁屏蔽项

σ_p与原子核的成键方式密切相关。分子中碳原子的进动频率大于孤立的^{13}C原子核的值，表明分子中的^{13}C比单个^{13}C受到的去屏蔽作用大。σ_p主要反映与p电子有关的顺磁屏蔽的大小，与电子云密度、激发能量和键级等因素有关，反映的是各向异性、非球形局部电子环流的贡献。分子中其他原子和化学键的存在，使核的核外电子运动受阻。电子云非球形，其产生的磁场为顺磁屏蔽。σ_p是决定^{13}C-NMR谱化学位移的主要因素。

根据卡普拉斯公式，顺磁屏蔽σ_p为

$$\sigma_p = -K(\Delta E)^{-1} r_{2p}^{-3} \sum Q$$

式中，ΔE为平均电子激发能，$(r_{2p})^{-3}$为2p电子和原子核距离立方倒数的平均值，是决定σ_p的主要因素，r表示原子核与2p轨道的距离，主要取决于原子核上的有效核电荷。碳原子上电荷密度增加，则2p轨道趋于扩大，$(r_{2p})^{-3}$迅速下降，即顺磁效应降低，碳的化学位移值移向高场。2p轨道上电子增加，顺磁效应降低，化学位移移向高场。2p轨道上增1个电子可使相应的^{13}C共振向高场移动。当碳上有电负性基团相连时，碳原子密度下降，轨道收缩，r减小，$(r_{2p})^{-3}$增大，$|\sigma_p|$增大，碳原子的共振峰向低场移动。Q与原子核的2p轨道电子的电子密度及与其相连核的键的键级有关，负号表示顺磁屏蔽，$|\sigma_p|$越大，去屏蔽越强，其共振位置越往低场移动，化学位移越大。

(3) σ_a是邻近核的各向异性屏蔽项

在所观察的碳核周围有许多其他原子核存在，这些原子核的电子环流各向异性

影响对碳原子可产生正的或负的效应。σ_a只取决于这些邻近原子核的性质与几何位置，而与其性质无关。

(4) σ_s受溶剂和介质等因素的影响

除了位移试剂对碳谱中的化学位移值影响很大外，溶剂的影响较小。在这四项因素中，σ_p顺磁屏蔽项是^{13}C-NMR谱中化学位移的决定因素。

对于分子的不同构型和构象，碳核比氢核更为敏感。碳原子是分子的骨架，分子间的碳核相互作用较小；而氢核处于分子边缘，分子间的氢核相互作用较大，因此分子内的相互作用对于碳核就显得更为重要。如分子的立体异构、链接运动、序列分布、不同温度下分子内的旋转、构象的变化等，在碳谱的化学位移值和谱线的形状上会有所反映，这对于研究分子结构和分子运动、动力学和热力学过程都有重要意义。

与氢谱一样，碳谱也常用四甲基硅TMS作为内标物，其信号为0，把出现在TMS低场一边（左边）的信号定为正值，右边的信号定为负值。除TMS外，我们可以以二硫化碳（192.5 ppm）、二氧六环（67.4 ppm），或DSS[DSS各碳的位移为NaO$_3$S—CH$_2$: 7.25 ppm；—CH$_2$: 21.15 ppm；—CH$_2$: 17.7 ppm；—SiMe$_3$: 0 ppm]为内标物，也可以以各种溶剂的峰作为参照峰。

表7-13为常见基团中^{13}C的化学位移。^{13}C-NMR中常用的溶剂也是氘代试剂和不含质子的溶剂，表7-14列出了常见溶剂中^{13}C的化学位移值。

表7-13 常见化学基团中^{13}C的化学位移

基团结构	基团名称	δ(ppm)	基团结构	基团名称或碳位置	δ(ppm)
>C=O	酮	225～175	—	环丙烷	5～-5
—	α,β-不饱和酮	201～180			
—	α-卤代酮	200～160			
—HC=O	醛	205～175	>C—C<	季C	70～35
—	α,β-不饱和醛	195～175			
—	α-卤代醛	190～170			
—COOH	羧基	185～160	—O—C<	季C	85～70
—COCl	酰氯	182～165	>N—C<	季C	75～65
—CONHR	酰胺	180～160	—S—C<	季C	70～55
(—CO)$_2$NR	酰亚胺	180～165	X—C<	卤代烃季C	75(Cl)～35(I)
—COOR	羧酸酯	175～155	>C—CH<	叔C	60～30
(—CO)$_2$O	酸酐	175～150	—O—CH<	叔C	75～60
—(R$_2$N)$_2$CS	硫脲	170～150	>N—CH<	叔C	70～50
>C=NOH	肟	165～155	—S—CH<	叔C	55～40
(RO)$_2$CO	碳酸酯	160～150	X—CH<	卤代烃叔C	65(Cl)～30(I)

续表

基团结构	基团名称	δ(ppm)	基团结构	基团名称或碳位置	δ(ppm)
>C=N	甲亚胺	165～145	>C—CH$_2$—	仲C	45～25
—N≡C	异氰化物	150～130	—O—CH$_2$—	仲C	70～40
—C≡N	氰化物	130～110	>N—CH$_2$—	仲C	60～40
—N=C=S	异硫氰化物	140～120	—S—CH$_2$—	仲C	45～25
—S—C≡N	硫氰化物	120～110	X—CH$_2$—	卤代烃仲C	45(Cl)～-10(I)
—N=C=O	异氰酸盐(酯)	135～115	>C—CH$_3$	伯C	30～-20
—O—C≡N	氰酸盐(酯)	120～105	—O—CH$_3$	伯C	60～40
>X—C=	杂芳环	155～135	>N—CH$_3$	伯C	45～20
>C=CX	杂芳环	140～115	—S—CH$_3$	伯C	30～10
>C=CY—	芳环(C取代)	145～125	X—CH$_3$	卤代烃伯C	35(Cl)～-35(I)
>C=C<	芳环	135～110	—	—	—
>C=C<	烯烃	150～110	—	—	—
—C≡C—	炔烃	100～70	—	—	—
—C—C—	烷烃	55～5	—	—	—

表7-14 常见氘代溶剂中 ^{13}C 的化学位移（以TMS为标准）

溶剂	质子化合物的δ(ppm)	氘代化合物的δ(ppm)
乙腈	1.7(CH$_3$)	1.32(CH$_3$)(七重峰) 118.26(单峰)
环己烷	27.5	26.94
丙酮	30.4(CH$_3$)	29.84(CH$_3$) 206.26(单峰)
二甲亚砜	40.5	39.52(七重峰)
甲醇	49.9	49.0(七重峰) 30.2(七重峰)
二氯乙烷*	54.0	53.52
二氧六环*	67.4	67.14
氯仿	77.2	77.16(三重峰)
四氯化碳	96.0(单峰)	—
苯	128.5	128.06(三重峰)
乙酸*	178.3(COOH)	20.81(CH$_3$)(七重峰) 175.99(CO)(单峰)
二硫化碳	192.5	—

*溶剂为氘代氯仿。

7.7.3 影响碳谱化学位移的因素

核磁共振波谱的化学位移主要受屏蔽作用影响，氢谱的决定因素是抗磁屏蔽项，碳谱的决定因素是顺磁屏蔽项。因为氢原子处在分子的末端，邻近分子对其影响较大，如氢键缔合等因素对氢原子的化学位移就有较大影响。碳原子位于分子骨架上，因此分子间效应对碳原子的影响较小，对碳原子而言，分子内部的相互作用就显得比较重要。^{13}C-NMR 谱图化学位移的分布范围约为 400 ppm，因此对分子构型和构象的微小差异也很敏感。

一般情况下，对于宽带去耦的常规谱，几乎化合物的每个不同种类的碳均能分离开。碳原子在碳谱中的化学位移与很多因素有关，如碳杂化轨道、诱导效应、空间效应、超共轭效应、重原子效应、测定条件、溶解样品的溶剂、溶液的浓度、测定时的温度等，其中杂化轨道状态和化学环境是最主要的因素。

（1）碳的杂化类型

杂化状态是影响碳谱中化学位移的重要因素，一般碳原子的化学位移与该碳上氢原子化学位移的次序基本上平行。某个碳原子的化学位移大，则其上面的氢原子的化学位移也大。一般情况而言，屏蔽常数 $\sigma_{sp^3} > \sigma_{sp^2} > \sigma_{sp}$，则 sp^3 杂化的碳原子的化学位移出现在最高场，sp 杂化的碳原子次之，sp^2 杂化的碳原子信号出现在最低场，即各碳原子的 δ：$CH_3 < CH < CH_2 <$ 季碳（无杂原子取代），见表 7-15 所列。

表 7-15　碳原子的杂化类型对 ^{13}C 化学位移值的影响

碳原子杂化类型	典型基团	^{13}C 的 δ（ppm）
sp^3	CH_3、CH、CH_2、—CH—X	0～70
sp	—C≡CH、—C≡C—、杂原子取代的 sp^3—C	50～130
sp^2	—C=C—、—CH=CH_2、苯环碳	100～165
	—C=O	150～220

（2）诱导效应

碳原子上有电负性取代基、杂原子以及烷基连接时，都能使该碳原子的核磁共振信号向低场位移，δ 增大，位移的大小随取代基电负性的增大而增加，随相隔键数的增多而减弱，这就是诱导效应。电负性基团会使邻近碳原子去屏蔽，随取代基电负性增加，碳原子 2p 轨道吸电子的能力也增加，顺磁屏蔽项中的 $(r_{2p})^{-3}$ 项增加，去屏蔽效应增加。例如，卤代物中与卤素原子直接连接的碳原子的化学位移：$\delta_{C-F} > \delta_{C-Cl} > \delta_{C-Br} > \delta_{C-I}$；碘原子上众多的电子还会对碳原子产生屏蔽效应。碳原子上连接的电负性基团越多，去屏蔽效应越强，δ 增加越多。取代基对碳原子化学位移的影响还随电负性基团的距离增大而减小。取代烷烃中，α 效应较大，δ 的差异可达几十 ppm，β 效应较小，大约有 10 ppm，γ 效应则与 α 和 β 效应的符号相反，是负值，即使 δ 向高场移动数也很小。对于有超过三个键的取代基，其取代效应一般都很小，个别情况下化学位移会有 1～2 ppm 的变化。饱和环中有杂原子时，与直链烷烃相似，同样有 α、β 和 γ 取代效应。其示意图如下。

环己烷 26.9；四氢吡喃 24.3, 27.4, 68.8；哌啶 24.9, 26.8, 46.9；四氢噻喃 26.6, 27.8, 29.1

（3）空间效应

碳谱的化学位移对分子的几何形状非常敏感，相隔几个键的碳，如果它们空间非常靠近，就会互相产生强烈的影响，这种短程非成键相互作用被称为空间效应。

格兰特（A. Grant）提出了一个空间效应的简单公式，由空间效应引起的位移增量 $\Delta\delta_{St}$ 不仅取决于质子和质子间的距离 γ_{HH}，而且取决于 H···H 轴和被干扰的 C—H 键之间的夹角 θ，即

$$\Delta\delta_{St} = C \times F_{HH} \times \gamma_{HH} \times \cos\theta$$

式中，F_{HH} 为质子之间的排斥力，是 γ_{HH} 的函数；C 为常数，$\Delta\delta_{St}$ 的符号取决于 θ，可正可负，其示意图如下。

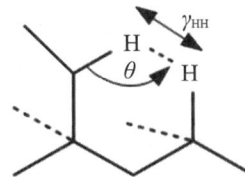

例如，苯乙酮中若乙酰基邻近有甲基取代，则苯环和羰基的共平面发生扭曲，羰基碳的化学位移与扭曲角 ϕ 有关。

苯乙酮 195.7, $\phi=0$；邻甲基苯乙酮 199.0, $\phi=28°$；2,6-二甲基苯乙酮 205.5, $\phi=50°$

空间上接近的碳原子上的氢原子间的斥力作用使相连碳上的电子密度有所增加，从而增大屏蔽效应，化学位移向高场移动。

一般来说，取代烷基越大、分枝越多，碳原子的 δ 也越大，例如，碳原子的 δ：伯碳＜仲碳＜叔碳＜季碳，碳原子上取代基数目越多，δ 也越大，即取代基的密集性越大，δ 向低场方向移动越多。另外，各种取代基团均使 γ-碳原子的共振位置稍移向高场，这称为 γ-旁式效应。

（4）共轭效应和超共轭效应

不饱和的化合物中，有三个或三个以上互相平行的 p 轨道形成大 π 键，这种体系称为共轭体系。共轭体系中，π 电子云扩展到整个体系的现象称为电子离域或离域键。当发生电子离域时，出现能量降低、分子趋于稳定、键长平均化等现象，被称为共轭效应。当一个 σ 键里的电子（通常是 C—H 或 C—C）和一个邻近的半满或全空的非键 p 轨道或反键的 π 轨道或全满的 π 轨道之间相互作用，使整个体系变得更稳定的现象，被称为超共轭效应。这是由于这些相互作用能够生成一个较大的分子轨道。烷基上 C 原子与极小的氢原子结合，由于电子云的屏蔽效应很小，这些电子比较容易

与邻近的π电子（或p电子）发生电子的离域作用，这种涉及σ轨道的离域作用的效应就是超共轭效应。超共轭体系比共轭体系作用弱，稳定性相对较差，共轭能较小。

当第二周期的杂原子N、O和F处在被观察的碳的γ位并且是对位交叉时，则观察到杂原子使γ碳的化学位移不是移向低场而是向高场位移2～6 ppm。这就是因为超共轭效应提高了γ-C的电荷密度。

在苯环的氢被取代基取代后，苯环上碳原子的化学位移变化是有规律的。苯环取代因有共轭系统的电子环流，取代基对邻位和对位碳原子的化学位移影响较大，对间位碳的化学位移影响较小。取代苯环中，给电子基团取代能使邻、对位碳的电子云密度增加，对应碳的化学位移减少（移向高场）。吸电子基团取代能使邻、对位碳的电子云密度减小，对应碳的化学位移增加（移向低场）。芳香环上有杂原子时，取代效应也与饱和环不同。如苯氢被—NH或—OH取代后，这些基团的孤对电子离域到苯环的π电子体系上，增加了邻位和对位碳上的电荷密度，屏蔽增加，碳原子的δ减小。例如，苯氢被吸电子基团—CN或—NO$_2$取代后，苯环上π电子离域到这些吸电子基团上，减少了邻、对位碳的电荷密度，屏蔽减小，碳原子的δ增大。

在不饱和羰基化合物的羰基与具有孤对电子的取代基相连的系统中，这些基团的给电子共轭使羰基碳的正电荷分散，则其共振峰向高场移动，化学位移$\delta_{C=O}$下降，如下所示。

—CHO	—CO—CH$_3$	—COOH	—CONH$_2$	—COCl	—COBr	—COI	$\delta_{C=O}$
201	204	177	172	170	167	160	ppm

201.5　　192.4　　190.7　　$\delta_{C=O}$ ppm

（5）重原子效应

大多数电负性基团的作用是去屏蔽的诱导效应，但对较重的卤素，除诱导效应外，还有一种重原子效应，即随着原子序数的增加，抗磁屏蔽增大，化学位移降低。重原子的核外电子多，使抗磁屏蔽项增加从而产生重原子效应。见表7-16所列，化合物的化学位移随卤素种类和取代基的数目的变化呈现不同的变化。

表7-16　卤代甲烷中碳原子的化学位移值　　　　单位：ppm

化合物	Cl	Br	I
CH$_3$X	25.1	10.2	−20.5
CH$_2$X$_2$	54.2	21.6	−53.8
CHX$_3$	77.7	12.3	−139.7
CX$_4$	96.7	−28.5	−292.3

这主要是诱导效应引起的去屏蔽作用和重原子效应的屏蔽作用的综合作用结果。对于碘化物，由于原子数的增大，表现出屏蔽作用。对于溴化物，当溴原子较多时，也表现出屏蔽作用。

（6）氢键

氢键的形成使羰基碳原子更缺少电子，共振移向低场，即化学位移增大。例如，邻羟基苯甲醛及邻羟基苯乙酮中分子内氢键的形成，使羰基碳原子的去屏蔽效应增大，δ 增加。

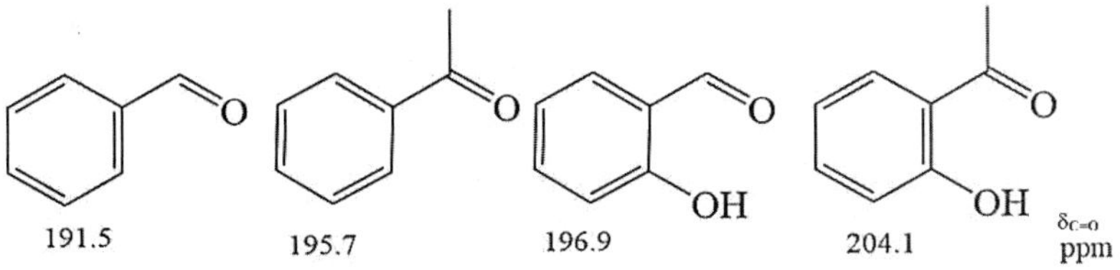

| 191.5 | 195.7 | 196.9 | 204.1 | $\delta_{C=O}$ ppm |

（7）缺电子效应

如果碳带正电荷，即缺少电子，这时其屏蔽作用大大减弱，化学位移将处于低场。例如，叔丁基正碳离子 $(CH_3)_3C^+$ 的 δ 高达 327.8 ppm。缺电子效应也可以用来解释羰基碳的 δ 为什么处于较低场。

（8）电场效应

含 N 化合物中，如含 —NH_2 的化合物，质子化作用后生成 —NH_3^+，则其电场使化学键上电子移向 α—C 或 β—C 碳，从而使它们的电子密度增加，屏蔽作用增大，与未质子化的中性胺相比，其 α—C 或 β—C 的化学位移向高场偏移 0.5～5 ppm。这个效应可用来分辨含氮化合物。

（9）邻近基团的各向异性效应

磁各向异性的基团对核屏蔽的影响可造成一定的差异。这种差异一般不大，且很难与其他屏蔽的贡献分清，但有时很明显。例如，异丙基与手性碳原子相连时，异丙基上两个甲基因受到较大的各向异性效应影响，碳原子的化学位移差别较大。当异丙基与非手性碳原子相连时，两个甲基碳受到各向异性效应的影响较小，其化学位移的差别也较小。

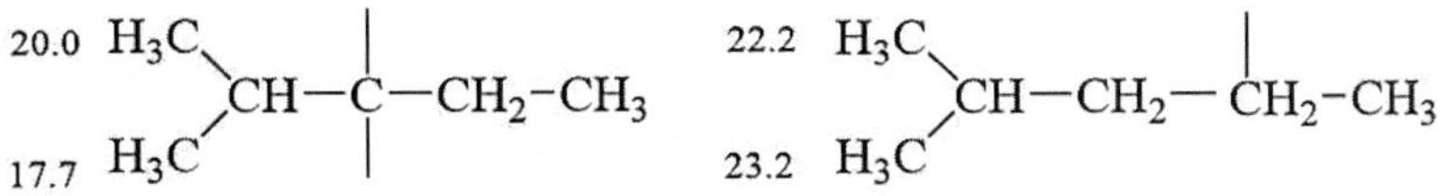

再如，大环环烷 $(CH_2)_{16}$ 的 $\delta = 26.7$ ppm，当环烷中有苯环时，苯环的影响可以使环上各碳的 δ 受到不同的屏蔽或去屏蔽作用，在苯环平面上方屏蔽区的碳，其 δ 可达 26.2 ppm。

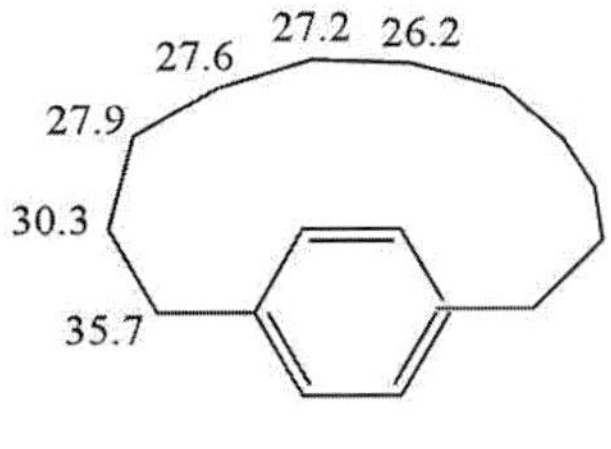

（10）分子构型

分子构型对化学位移也有不同程度的影响。如，下图烯烃的顺反异构体中，烯碳的化学位移相差1～2 ppm。顺式的化学位移在高场，δ较小，与烯碳相连接的饱和碳的化学位移相差会更多一些，为3～5 ppm，顺式也在高场。

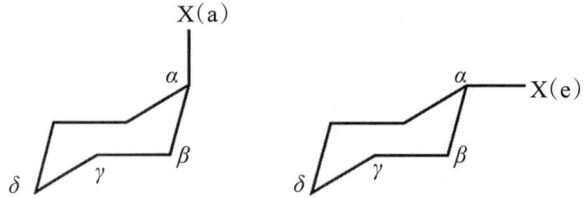

环己烷上取代基处于α键（直立键）或e键（平伏键）时，对环上各个碳的化学位移影响也不相同。环己烷上碳原子的化学位移为26.6 ppm，如有取代基X时，各碳的化学位移见表7-17所列。由表中数据可见，取代基在平伏键时取代效应较大。

表7-17 取代基对环己烷各个碳原子δ的影响

X	取向	$\delta_{\alpha\text{-C}}$ (ppm)	$\delta_{\beta\text{-C}}$ (ppm)	$\delta_{\gamma\text{-C}}$ (ppm)	$\delta_{\delta\text{-C}}$ (ppm)
OH	a	56	32	20	26
	e	70	35	24	25
Cl	a	60	34	21	26
	e	60	38	27	25

多环的大分子、高分子聚合物等的空间立构、差向异构及不同的规整度、序列分布等都可以使化学位移产生很大的差别。

（11）介质效应

不同的溶剂、介质，不同的浓度及不同的pH都会使碳谱的化学位移发生改变。变化范围一般为几到几十ppm左右。即，介质效应主要有稀释效应、溶剂效应和pH效应。

不同溶剂引起的化学位移变化就称为溶剂位移效应。一般是样品分子中的氢原子与极性溶剂通过氢键缔合产生去屏蔽效应而引起。通常溶剂对碳原子的化学位移影响比对氢原子的化学位移影响大。一般化合物分子中碳原子的化学位移在不同溶剂中会有一定差别。表7-18展示了苯胺在不同溶剂中碳原子的δ。

表 7-18　苯胺的 δ_C 与溶剂的关系

溶剂	$\delta_{C\text{-}1}$(ppm)	$\delta_{邻位C}$(ppm)	$\delta_{同位C}$(ppm)	$\delta_{对位C}$(ppm)
CCl_4	146.1	115.3	129.5	118.8
CD_3COOD	134.0	122.5	129.9	127.4
CD_3SO_3D	128.9	123.1	130.4	130.0
DMSO-d_6	149.2	114.2	129.0	116.5
$(CD_3)_2CO$	148.6	114.7	129.1	117.0

容易离解的样品分子在溶液稀释时会使化学位移发生很小的变化。当样品分子中含有—COOH、—OH、—NH₂ 和—SH 等基团时，pH 的改变会使碳原子的化学位移发生明显变化。例如，羰基碳原子在 pH 增大时受到屏蔽作用，从而使其化学位移向高场移动。

（12）温度效应

温度变化会使化学位移发生变化。当分子中存在构型、构象变化，内运动或有交换过程时，温度的变化直接影响着动态过程的平衡，从而使谱线的数目、分辨率和形状发生明显变化。降低温度有利于分子间氢键形成。利用温度效应可以研究分子特别是高分子的构型和构象。

（13）顺磁离子效应

顺磁物质对于碳原子的位移和线宽有强烈的影响。如稀土元素铕 Eu（II）、镨 Pr（II）、镱 Yb（II）等的盐，包括氯化物、硝酸盐、过氯酸盐等，即它们的 β-二酮配合物等，常作为 ^{13}C-NMR 的位移试剂。将这些试剂加入样品后，稀土元素离子的孤对电子与样品分子中的极性基团（如—OH、—NH₂、—SH、—COOH、羰基等）发生作用，使样品分子中碳原子的化学位移发生诱导的、附加的化学位移，从而将重叠在一起的谱线分开，提高分辨率。

（14）^{13}C 同位素边峰

若样品分子中同时含有 ^{13}C 和 ^1H，那么它们可以发生耦合。在放大的或者在非重氢溶剂的溶剂峰中可以观察到由于这种耦合产生的 ^{13}C 边峰。它在共振图谱上出现的形式和旋转边峰类似，也是左右对称地出现在主峰两旁，但两者很易区别，因为同位素边峰不会因样品管转速的改变而改变其距主峰的距离。

7.7.4　各类碳的化学位移

碳原子在 ^{13}C-NMR 中的化学位移与许多因素有关，其中最主要的是碳的杂化类型及化学环境。饱和烃中 sp^3 杂化碳原子的 δ 为 0～70 ppm，炔烃中 sp 杂化碳原子的 δ 是 50～130 ppm，烯烃和芳烃中 sp^2 杂化碳原子的 δ 为 100～165 ppm，羰基碳的 δ 为 150～220 ppm。表 7-19 为几种常见碳原子的化学位移范围。

表 7-19　几种不同碳原子的化学位移大致范围　　　　　　　　　　单位：ppm

化合物类型	碳	δ	化合物类型	碳	δ
链烷	R_4C	0～70	氰	$R-C\equiv N$	117～126
炔烃	$R-C\equiv C-R$	50～130	酮和醛	$R(R')-C=O$	174～225
链烯	$R_2C=CR_2$	100～165	羧酸衍生物	$R'-COX$	150～186
醇	$C-OH$	40～90	芳香环	—	82～160
醚	$C-O-C$	55～90			
硝基	$C-NO_2$	60～80			

注：R 为烷基、芳基或 H；X 为 OR、NR_2、卤素。

各类碳原子的化学位移顺序与氢谱中各类碳原子上对应质子的化学位移顺序有很好的一致性。如果质子在高场，则与此质子相连的碳原子也在高场。反之，如质子在低场，则与其相连的碳原子也在低场。

对未知样品进行鉴定和谱图识别时，常常可以用一些经验计算方法来预估其化学位移。这些方法都是经大量化合物的实验数据的累积、归纳整理而得出的经验规律。要进行确切的标识，还需找一些结构类似的化合物进行对比，验证计算规律的正确性。一般来说，碳原子化学位移的近似估算通式为

$$\delta_c(k) = B + \sum_i n_{ik} A_i$$

式中，$\delta_c(k)$ 是 k 位置的碳原子的化学位移，B 是常数，即某种基准物质的化学位移，n_{ik} 是取代基的个数，i 是取代基 α、β、γ 等位置，A_i 是 i 位取代基的取代参数。A_i 值来源于经验归纳，有一定误差。当取代基较多时，误差较大，有时需附加修正项。

（1）烷烃碳的化学位移

饱和烷烃中的碳原子为 sp^3 杂化，其化学位移一般在 -2.68～55 ppm 之间，其中 CH_4 的屏蔽效应最大，δ_c 为 -2.68 ppm。

CH_4 的氢原子被 CH_3 取代，则中心碳的化学位移增加，每增加一个 CH_3，因去屏蔽效应，中心碳原子的化学位移增加约 9 ppm，这一现象被称为 α 取代效应。CH_4 的氢原子被 CH_3 逐个取代后，其中心碳原子的 δ_c 逐渐增加为 5.9 ppm、16.1 ppm、25.2 ppm 和 27.9 ppm。

如果是 β-H 被甲基取代，则 α 位碳原子的 δ_c 向低场移动 9.0 ppm 左右，这一现象称为 β 效应。

如果是 γ-H 被甲基取代，则 α 位碳原子的 δ_c 向高场方向移动 2.5 ppm 左右，这一现象与 α 效应和 β 效应相反，称为 γ 效应。

γ 位及更远的甲基对碳原子的化学位移影响很小。

烷烃 δ_c 的估算一般以开链烷烃为基础，有两种经典的也是通用的估算方法，即格兰特-保罗法和林德曼-亚当斯法。两种方法计算的结果虽有一些差别，但基本一致。这里仅介绍格兰特-保罗法的烷烃碳化学位移的经验估算公式，以甲烷为基准，根据邻近各碳原子的类型，估算出各碳原子的化学位移值：

$$\delta_C(k) = -2.68 + \sum_l n_{kl}A_l + \sum_j \beta_{k(j)}$$

式中，-2.68 为 CH_4 的 δ 值（ppm），n_{kl} 为取代基的数目，A_l 和 $\beta_{k(j)}$ 为位移参数，见表 7-20 所列，l 为离 k 位置的碳原子的化学键数目，$\beta_{k(j)}$ 中的 k 是 k 位置的碳原子的类型，j 是 k 位置的碳原子相连的碳原子的类型。碳原子的类型如下所示。

$$1: -CH_3 \quad 2: -CH_2- \quad 3: -\overset{|}{\underset{|}{C}}H- \quad 4: -\overset{|}{\underset{|}{C}}-$$

表 7-20　格兰特–保罗法的位移参数

A_l	参数值 (ppm)	$\beta_{k(j)}$ (ppm)			
A_1	9.09	$\beta_{11} \approx 0$	$\beta_{21} \approx 0$	$\beta_{31} \approx 0$	$\beta_{41} = -1.50$
A_2	9.40	$\beta_{12} \approx 0$	$\beta_{22} \approx 0$	$\beta_{32} = -3.64$	$\beta_{42} = -8.36$
A_3	-2.49	$\beta_{13} = -1.12$	$\beta_{23} = -2.50$	$\beta_{33} = -9.47$	
A_4	0.31	$\beta_{14} = -1.12$	$\beta_{24} = -7.23$		
A_5	0.11				

【例 7-4】估算下面结构中各个碳原子的 δ。

$$\underset{1}{CH_3}-\underset{2}{\overset{\overset{\displaystyle CH_3}{|}}{CH}}-\underset{3}{CH_2}-\underset{4}{CH_2}-\underset{5}{CH_2}-\underset{6}{CH_3}$$

解：$\delta_{C1} = -2.68 + A_1 n_{k1} + A_2 n_{k2} + A_3 n_{k3} + A_4 n_{k4} + A_5 n_{k5} + \beta_{13}$
　　　　 $= -2.68 + 9.09 + 9.40 \times 2 - 2.49 + 0.31 + 0.11 - 1.12 = 22.0$（ppm）

$\delta_{C2} = -2.68 + A_1 n_{k1} + A_2 n_{k2} + A_3 n_{k3} + A_4 n_{k4} + \beta_{32}$
　　　 $= -2.68 + 9.09 \times 3 + 9.40 - 2.49 + 0.31 - 3.64 = 28.2$（ppm）

用同样方法求出 δ_{C3}、δ_{C4}、δ_{C5}、δ_{C6}，结果列于下表。

	δ_{C1}	δ_{C2}	δ_{C3}	δ_{C4}	δ_{C5}	δ_{C6}
估算值 (ppm)	22.0	28.2	38.7	29.3	23.0	13.8
实测值 (ppm)	22.4	28.1	38.9	29.7	23.0	13.6

对于没有其他取代基的开链烷烃，如果直链上有 4 个以上碳原子时，端甲基在 13~14 ppm，分支侧链的甲基随结构不同变化范围较大，在 4~30 ppm。长直链中间的、距端甲基 4 个碳原子或 4 个碳原子以上的亚甲基，其化学位移在 29.5~30.0 ppm 范围内。开链烷烃的叔丁基的甲基约在 30 ppm 附近。一般情况下，碳原子上的取代基越多，化学位移越往低场移动，δ 越大。碳原子的 α 位取代基越多，其 δ 也越往低场移动。

（2）取代烷烃碳的化学位移

取代链状烷烃的 δ_C 的近似计算建立在烷烃 δ_C 的估算基础上，可按下面的经验式进行：

$$\delta_C(k) = \delta_C(k, RH) + \sum_i A_{Ki}(R_i).$$

式中，$\delta_C(k)$ 为相对于取代基 R_i 在 k 位置（$k = \alpha, \beta, \gamma \cdots$）的碳原子的 δ，$\delta_C(k, RH)$ 是在未取代的烷烃中 k 位置的碳原子的 δ，$A_{ki}(R_i)$ 为取代基 R_i 对 k 碳原子的位移增量，见表 7-21 所列。取代基在烷基链端（n）和在烷基链侧（iso）的位移增量是不相同的。计算时，应先计算无取代时烷烃上各碳原子的 δ，然后再进行估算。

表 7-21 取代基对碳原子的位移增量经验参数

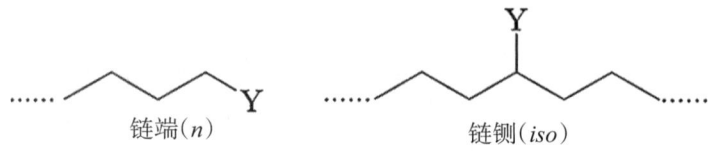

链端（n） 链铡（iso）

Y	A_α (ppm)		A_β (ppm)		A_γ (ppm)	A_δ (ppm)	A_ε (ppm)
	n	iso	n	iso			
—CH₃	9.0	6	10.0	8	−2.0	—	—
—C≡CH	4.5	—	5.5	—	−3.5	0.5	0
—CH=CH₂	20.0	—	6.0	—	−0.5	0	0
—Ph	23.0	17	9.0	7	−2.0	0	0
—COOH	20.0	16	2.0	2	−3.0	0	0
—CONH₂	22.0	—	2.5	—	−3.0	−0.5	0
—COOCH₃ —COOC₂H₅	22.5	17	2.5	2	−3.0	0	0
—COO⁻	24.5	20	3.5	3	−2.5	0	0
—COCl	33.0	28	2.0	2	−3.5	0	0
—COCH₃	29.0	23	3.0	1	−3.5	0	0
>CO	23.0	—	3.0	—	3.0	0	0
—CHO	30.0	—	−0.5	—	−2.5	0	0
>C=NOH（反式）	16.0	—	4.5	—	−1.5	0	0
>C=NOH（顺式）	11.5	—	0.5	—	−2.0	0	0
—CN	3.0	1	2.5	3	−3.0	0.5	0
—NC	27.5	—	6.5	—	−4.5	0	0
—NO₂	61.5	57	3.0	4	−4.5	−1.0	−0.5
—NR₃⁺	30.5	—	5.5	—	−7.0	−0.5	−0.5
—NH₃⁺	26.0	24	7.5	6	−4.5	0	0

续表

Y	A_α (ppm)		A_β (ppm)		A_γ (ppm)	A_δ (ppm)	A_ε (ppm)
	n	iso	n	iso			
—NR$_2$	40.5	—	5.0	—	−4.5	−0.5	0
—NHR	36.5	30	8.0	7	−4.5	−0.5	−0.5
—NH$_2$	28.5	24	11.5	10	−5.0	0	0
—SH	10.5	11	11.5	11	−3.5	0	0
—S—	10.5	—	11.5	—	−3.5	−0.5	0
—SCH$_3$	20.5	—	6.5	—	−2.5	0	0
—OH	49.0	41	10.0	8	−6.0	0	0
—OCOCH$_3$	52.0	45	6.5	5	−4.0	0	0
—O—	57.0	51	7.0	5	−5.0	−0.5	0
—I	−7.0	4	11.0	12	−1.5	−1.0	0
—Br	20.0	26	10.0	10	−4.0	−0.5	0
—Cl	31.0	32	10.0	10	−5.0	−0.5	0
—F	70.0	63	8.0	6	−7.0	0	0

【例7-5】估算下面分子中$C_2 \sim C_6$的δ_C。

$$HOCH_2\underset{4}{}-\underset{3}{CH_2}-\underset{2}{CH_2}-\overset{\overset{O}{\|}}{C}-O-\underset{5}{CH_2}-\underset{6}{CH_3}$$

解：可先将分子拆分为A和B两段，如下所示。

$$\underset{A}{HOCH_2\underset{4}{}-\underset{3}{CH_2}-\underset{2}{CH_2}-\overset{\overset{O}{\|}}{C}-O-R} \qquad \underset{B}{R-\overset{\overset{O}{\|}}{C}-O-\underset{5}{CH_2}-\underset{6}{CH_3}}$$

按烷烃的估算经验式分别计算出A和B烷烃的δ_C值：

$\delta_{C2} = 15.8$ ppm；$\delta_{C3} = 15.5$ ppm；$\delta_{C4} = 15.8$ ppm；$\delta_{C5} = 6.4$ ppm；$\delta_{C6} = 6.4$ ppm。

从表7-19中查出各取代基所对应的参数，再对A和B段分子中各碳原子的δ_C进行修正，则

$\delta_{C2} = 15.8 + 22.5 - 6 = 32.3$ (ppm)（实测值31.1 ppm）

$\delta_{C3} = 15.5 + 10 + 2.5 = 28.0$ (ppm)（实测值27.9 ppm）

$\delta_{C4} = 15.8 + 49 - 3 = 61.8$ (ppm)（实测值61.8 ppm）

$\delta_{C5} = 6.4 + 52 = 58.4$ (ppm)（实测值60.6 ppm）

$\delta_{C6} = 6.4 + 6.5 = 12.9$ (ppm)（实测值14.2 ppm）

取代基的影响是各种因素的综合结果，计算结果与实际测试值间会有一定差

别，特别是多种取代基或多个取代基存在的情况，取代效应的加和性使问题更加复杂，计算误差增大。尽管如此，估算值对于核磁共振碳谱的解析仍然具有较好的参考作用。

（3）环烷烃及取代环烷烃碳的化学位移

环烷烃中的碳原子的化学位移与环的大小无明显关系，除环丙烷外，环烷烃中碳原子的化学位移变化幅度不超过 6 ppm。见表 7-22 所列，环丙烷碳的 $\delta = -2.8$ ppm，其余环烷烃，从五元环到十元环，化学位移无较大变化。当环烷烃张力较大时，δ_C 在较高场，五元环以上的环烷烃 δ_C 在 26 ppm 左右。

表 7-22 环烷烃碳原子的化学位移

碳原子数	3	4	5	6	7	8	9	10
δ_C (ppm)	-2.8	23.1	26.3	27.6	28.2	26.6	25.8	25.0
碳原子数	11	12	13	14	15	16	17	—
δ_C (ppm)	15.4	23.2	25.0	24.6	26.4	26.5	26.7	—

甲基取代的环己烷，平伏键取代甲基的碳原子化学位移为 22~23 ppm，直立键取代甲基 δ_C 为 18~19 ppm，取代环己烷的环碳的碳原子可用下面经验公式计算：

$$\delta_C(k) = 27.6 + \sum A_{ks}(R_i) + K$$

式中，$\delta_C(k)$ 是取代环己烷分子中所讨论的碳原子的 δ_C 值，此碳原子处于取代基的 k 位置（$k = \alpha, \beta, \gamma \cdots$），$A_{ks}$ 为取代基 R_i 对 k 位置的碳原子产生的位移增量，A 的角标 k 表示取代基相对 k 位置的碳原子的位置，s 表示 a（直立键）或 e（平伏键），K 仅用于两个（或两个以上）甲基取代时的空间因素校正项，其数值取决于两个取代甲基的空间关系。大基团取代使被取代碳原子的 δ 有较大增加。取代基对环己烷碳原子产生的位移增量见表 7-23 所列。

表 7-23 取代环己烷碳环的碳原子 δ_C 值计算时的位移增量

R_i	$A_{\alpha e}$ (ppm)	$A_{\alpha a}$ (ppm)	$A_{\beta e}$ (ppm)	$A_{\beta a}$ (ppm)	$A_{\gamma e}$ (ppm)	$A_{\gamma a}$ (ppm)	$A_{\delta e}$ (ppm)	$A_{\delta a}$ (ppm)
—CH₃	6	1.5	9	5.5	0	-6.5	-0.3	0
—F	64	61.0	6	3.0	-3	-7.0	-3.0	-2
—Cl	33	33.0	11	7.0	0	-6.0	-2.0	-1
—Br	25	28.0	12	8.0	1	-6.0	-1.0	-1
—I	3	11.0	13	9.0	2	-4.0	-2.0	-1
—CN	1	0	3	-1.0	-2	-5.0	-2.0	-1
—NC	25	23.0	7	4.0	-3	-7.0	-2.0	-2
—OH	43	39.0	8	5.0	-3	-7.0	-2.0	-1
—OCH₃	52	47.0	4	2.0	-3	-7.0	-2.0	-1
—OCOCH₃	46	42.0	5	3.0	-2	-6.0	-2.0	0
—NH₂	24	—	10	—	-2	—	-1	—

取代甲基的空间因素校正项：$\alpha_a\alpha_e$（-3.8 ppm）、$\alpha_e\beta_a$（-2.9 ppm）、$\alpha_e\beta_e$（-2.9 ppm）、$\alpha_a\beta_e$（-3.4 ppm）、$\beta_a\beta_e$（-1.3 ppm）、$\beta_e\gamma_a$（-0.8 ppm）、$\beta_a\gamma_e$（+1.6 ppm）、$\gamma_a\gamma_e$（+2.0 ppm）。

一些饱和环烷烃类化合物的δ_C有时也遵循某些开链烷烃δ_C的规律，如取代基越多，δ_C向低场移动越多，α碳取代越多，δ_C越在低场。

（4）烯碳的δ_C值

烯碳为sp^2杂化，其化学位移范围为100～165 ppm，与芳环碳δ_C范围重叠。乙烯碳原子的δ_C为123.3 ppm，一般$\delta(>C=)>\delta(-CH=)>\delta(H_2C=)$。与相应烷烃相比，除了$\alpha$碳原子的$\delta_C$向低场位移4～5 ppm，其他$\beta$，$\gamma$，…碳原子和对应烷烃碳原子的$\delta_C$一般相差在1 ppm以内，因此，在链状烯烃或取代链状烯烃δ_C的估算中，除了α碳原子外，其余饱和碳原子都可以按链状烷烃或取代链状烷烃的方法计算，烯碳δ_C的计算是以乙烯碳原子为基准，烯碳的δ_C的经验估算公式为

$$\delta_C(k) = 123.3 + \Sigma n_{ij}A_i + Z$$

式中，123.3是乙烯的δ_C，A_i是取代基对碳原子化学位移的增量（表7-24），n_{ij}为相对于烯碳的j位取代基的数目，$j = \alpha$、β、γ、α'、β'、γ'；α、β、γ表示同侧的碳，α'、β'、γ'表示异侧碳；Z为修正值，取决于双键上取代基的位置。

表7-24　取代基对烯碳原子的化学位移增量　　　　　单位：ppm

取代基	$A_{\gamma'}$	$A_{\beta'}$	$A_{\alpha'}$	A_α	A_β	A_γ
—C—	1.5	-1.8	-7.9	10.6.0	7.2	-1.5
—C_6H_5			-11.0	12.0		
—C(CH_3)			-14.0	25.0		
—Cl		2.0	-6.0	3.0	-1.0	
—Br		2.0	-1.0	-8.0	0	
—I			7.0	-38.0		
—OH			-1.0		6.0	
—OR			-1.0	-39.0	29.0	2.0
—OCOCH₃			-27.0	18.0		
—CHO			13.0	13.0		
—COCH₃			6.0	15.0		
—COOH			9.0	4.0		
—COOR			7.0	6.0		
—CN			15.0	-16.0		

校正项：$\alpha\alpha'$（顺），0.0；$\alpha\alpha'$（反），-0.1；$\alpha\alpha$，-4.8；$\alpha'\alpha'$，2.5；$\beta\beta$，2.3。

用经验计算公式估算得到的烯烃衍生物中烯碳的δ_C与实测相比一般都会有较大的误差。当双键碳原子上有两个烷基取代时，此碳原子的计算δ_C一般偏高。

取代烯$C_\beta H_2=C_\alpha HX$中α—C的δ_C值变化范围约为70 ppm，β—C的变化范围约55 ppm。$C_\beta H_2=C_\alpha HX$中烯碳的δ_C值见表7-25所列。

表 7-25　$C_\beta H_2 = C_\alpha HX$ 中烯碳的 δ_C 值（ppm）

X	$\delta_{\alpha-C}$	$\delta_{\beta-C}$	X	$\delta_{\alpha-C}$	$\delta_{\beta-C}$
—H	122.8	122.8	—CH_3	133.1	115.0
—Cl	126.1	117.4	—CH_2Br	133.2	117.7
—Br	115.6	122.1	—CH_2Cl	133.7	117.5
—I	85.4	130.5	—CH_2OH	139.1	113.7
—OCH_3	153.1	85.5	—$CH_2OCH_2CH_3$	135.8	114.7
—OCH_2CH_3	152.9	84.6	—CN	107.7	137.8
—$OCH(CH_3)_2$	—	90.6	—CHO	136.4	136.0
—$O(CH_2)_3CH_3$	151.6	83.1	—$COCH_3$	138.5	129.3
—OCH_2CH_2Cl	—	88.2	—COOH	128.0	131.9
—OAc	141.7	96.4	—$COOCH_3$	128.7	129.9
—$NCO(CH_2)_3$	130.0	94.3	—$COOCH_2CH_3$	129.8	130.5
—$SiCl_3$	131.8	138.7	—$SO_2CH=CH_2$	137.8	131.4

除末端烯碳外，烯碳和芳碳的谱线在同一区域，这与氢谱不同。另外，在碳谱中烯碳总是成对出现，可利用这一特征区别烯碳。烯烃中的饱和碳 δ_C 与相应的烷烃接近。双键对邻近碳原子的影响不大，α 碳原子向低场移动约 4～5 ppm，β、γ、δ 碳位移很小。环丙烯的两个烯碳 δ_C 取决于两侧取代基，两侧取代基相差越大，δ_C 差别就越大，差值一般在 10～30 ppm 的范围。顺、反异构的烯烃烯碳 δ_C 相差不大一般只有 1 ppm 左右，顺式在高场，但 α 位的 CH_2 其 δ_C 差别较大，顺式在较高场约 3～5 ppm。共轭双烯中两个烯碳的 δ_C 比较接近，与顺反异构体相似，Z 式的烯碳 δ_C 比 E 式在较高场，端烯碳除外。形成共轭双键时，中间碳原子键级减小，共振移向高场。叠烯中间的烯碳在很低场，约为 200 ppm，两端的烯碳却移向高场。烯醇类的—OH 如连接在 α 碳上，对烯碳 δ_C 基本没有影响，但乙酰化后，同侧烯碳向高场移动 4～6 ppm，另一侧烯碳向低场移动 3～4 ppm。这一特征可用于鉴别烯碳。

（5）炔碳的 δ_C 值

炔基碳为 sp 杂化，化学位移介于 sp^3 与 sp^2 杂化碳之间，为 60～90 ppm，其中含氢炔碳（≡CH）的共振信号在很窄的范围内（67～70 ppm），有碳取代的炔碳（≡CR）在相对较低场（74～85 ppm），两者相差约为 15 ppm。不对称的中间炔如 2-炔和 3-炔，两个炔碳 δ_C 差很小，仅有 1～4 ppm，这可用于判断链端是否有炔基存在。与炔碳相邻的饱和碳所受影响比烯键大很多，碳原子向高场位移常大于 10 ppm。当 C≡C—H 变为 C≡C—CH_3 时，甲基的存在使相邻的炔 C-1 发生去屏蔽效应，δ_{C-1} 约为 6.5 ppm，使另一端的 C-2 屏蔽效应增加，δ_{C-2} 约为 5.0 ppm。烷基以外的取代基对炔碳的影响很大，其化学位移超过一般的炔碳范围，其炔碳 δ_C 的变化范围可达 100 ppm 左右，会把相邻的炔碳拉向低场，而把另一端的炔碳推向高场。但当苯环取代或卤素取代时，因存在共轭效应，δ_C 变化较小。表 7-26 所列为一些常见取代炔烃的化学位移值。共轭炔烃和共轭烯烃类似，中间两个炔碳的 δ_C 比较接近，两侧炔碳的 δ_C 与相邻的结构有关。

表7-26　常见取代炔（$R-C_\alpha \equiv C_\beta - X$）的$\delta_C$

R	X	$\delta_{\alpha\text{-}C}$ (ppm)	$\delta_{\beta\text{-}C}$ (ppm)	R	X	$\delta_{\alpha\text{-}C}$ (ppm)	$\delta_{\beta\text{-}C}$ (ppm)
H	—SCH$_2$CH$_3$	81.6	72.8	C$_2$H$_5$	OC$_2$H$_5$	36.2	88.3
H	—OCH$_2$CH$_3$	24.4	89.6	C$_2$H$_5$	SCH$_3$	67.5	92.9
H	—C$_4$H$_9$	66.0	83.0	C$_4$H$_9$	Cl	68.8	56.7
H	—C$_6$H$_5$	77.7	83.3	C$_4$H$_9$	Br	79.8	38.4
H	—C(CH$_3$)$_2$OH	70.0	88.5	C$_4$H$_9$	I	96.8	−3.3
H	—C(CH$_3$)(C$_2$H$_5$)OH	71.2	88.0	C$_4$H$_9$	OCOCH$_3$	87.0	97.4
CH$_3$	—OCH$_3$	28.2	88.6	C$_6$H$_5$	C$_6$H$_5$	89.9	89.9
CH$_3$	—C$_6$H$_5$	79.8	85.7	C$_2$H$_5$	C$_2$H$_5$	82.0	82.0

炔烃的估算公式是以乙炔为基准的，乙炔的δ_C为71.9 ppm，则

$$\delta_C(k) = 71.9 + \sum_i A_i(R_i) + \sum_i A_i'(R_i')$$

式中，A_i和A_i'是取代基对碳原子化学位移值的增量（表7-27），$i = \alpha、\beta、\gamma、\alpha'、\beta'、\gamma'$；$\alpha、\beta、\gamma$表示同侧的碳，$\alpha'、\beta'、\gamma'$表示异侧碳，如下图所示。

$$-\underset{H_2}{C_{\gamma'}}-\underset{H_2}{C_{\beta'}}-\underset{H_2}{C_{\alpha'}}-C \equiv C_k - \underset{H_2}{C_\alpha}-\underset{H_2}{C_\beta}-\underset{H_2}{C_\gamma}-$$

表7-27　炔烃烷基取代基对δ_C的增量　　　　　　　　　　　　　　单位：ppm

δ'	γ'	β'	α'	α	β	γ	δ
0.56	−1.31	2.32	−5.69	6.93	4.75	−0.13	0.51

（6）芳香环碳和杂芳环碳的δ_C

苯环的δ_C为128.5 ppm，除了联苯撑外，几乎所有芳烃都在123～142 ppm，取代芳烃的δ_C基本都在100～170 ppm。当苯环上氢原子被其他基团取代后，被取代碳原子的δ有明显变化，最大幅度可达35 ppm，邻、对位碳原子的δ有较大变化，间位碳原子的δ几乎不变化。一般取代基电负性越强，被取代碳原子的δ越大。与未取代时相比，取代碳原子峰高减弱，取代后缺少质子，T_1（纵向弛豫时间）增大，NOE减少。如取代基烷基分枝多，则被取代碳原子δ增加较多。多数被取代苯环的δ_C受取代基影响多数向低场位移，只有少数屏蔽效应较大的取代基，如碘、溴等重原子，被取代碳原子的δ向高场位移。给电子基团，特别是一些有孤对电子的基团，即使电负性大也能使邻、对位碳原子δ向高场位移。吸电取代基则使邻、对位碳原子δ向低场位移。如硝基取代的邻位碳原子δ移向高场。

取代芳香环中取代基对芳环碳的δ_C的影响具有加和性，环上第k个碳原子的δ_C可用下式估算：

$$\delta_C(k) = 128.5 + \sum_i A_i(R_i)$$

式中，A_i 是环上第 i 个位置上取代基 R_i 对第 k 个碳的化学位移的贡献。取代基中各基团的 A_i 值见表 7-28 所列。一些常见杂芳环的 δ_C 值见表 7-29 所列。

表 7-28 取代芳环中各基团的 A_i 值　　　单位：ppm

R	A_{C-i}	$A_{邻位}$	$A_{间位}$	$A_{对位}$	R	A_{C-i}	$A_{邻位}$	$A_{间位}$	$A_{对位}$
—H	0.0	0.0	0.0	0.0	—NHCH$_3$	21.7	-16.2	0.7	-11.8
—CH$_3$	9.3	0.6	0.0	-3.1	—N(CH$_3$)$_2$	22.4	-15.7	0.8	-11.8
—CH$_2$CH$_3$	15.7	-0.6	-0.1	-2.8	—N(CH$_2$CH$_3$)$_2$	19.3	-16.5	0.6	-13.0
—CH(CH$_3$)$_2$	20.1	-2.0	0.0	-2.5	—(Ph)$_2$	19.3	-4.4	0.6	-5.9
—CH$_2$CH$_2$CH$_2$CH$_3$	14.2	-0.2	-0.2	-2.8	—NHCOCH	11.1	-9.9	0.2	-5.6
—C(CH$_3$)$_3$	22.1	-3.4	-0.4	-3.1	—NHNH$_2$	22.8	-16.5	0.5	-9.6
—△	15.1	-3.3	-0.6	-3.6	—N=N—Ph	24.0	-5.8	0.3	2.2
—CH$_2$—Ph	12.6	-0.1	0.4	-2.5	—N$^+$≡N	-12.7	6.0	5.7	16.0
—CH$_2$Cl	9.1	0.0	0.2	-0.2	—NC	-1.8	-2.2	1.4	0.9
—CH$_2$Br	9.2	0.1	0.4	-0.3	—NCO	5.7	-3.6	1.2	2.8
—CF$_3$	2.6	-3.1	0.4	3.4	—NO	37.4	-7.7	0.8	7.0
—CH$_2$OH	13.0	-1.4	0.0	-1.2	—NO$_2$	19.6	-5.3	0.8	6.0
—△O	9.2	-3.1	-0.1	-0.5	—SH	2.2	0.7	0.4	-3.1
—CH$_2$NH$_2$	14.9	-1.6	-0.2	-2.0	—SCH$_3$	9.9	-2.0	0.1	-3.7
—CH$_2$CN	1.6	-0.7	0.5	-0.7	—SC(CH$_3$)$_3$	4.5	9.0	-0.3	0.0
—CH=CH$_2$	7.6	-1.8	-1.8	-3.5	—SO$_2$Cl	15.6	-1.7	1.2	6.8
—C≡CH	-6.1	3.8	0.4	-0.2	—SO$_2$H	15.0	-2.2	1.3	3.8
—Ph	13.0	-1.1	0.5	-1.0	—CHO	9.0	1.2	1.2	6.0
—F	35.1	-14.3	0.9	-4.4	—COCH$_3$	9.3	0.2	0.2	4.2
—Cl	6.4	0.2	1.0	-2.0	—COOH	2.4	1.6	-0.1	4.8
—Br	-5.4	3.3	2.2	-1.0	—COO$^-$	7.6	0.8	0.0	2.8
—I	-32.3	9.9	2.6	-0.4	—COOCH$_3$	2.1	1.2	0.0	4.4
—OH	26.9	-12.7	1.4	-7.3	—CONH$_2$	5.4	-0.3	-0.9	5.0
—O$^-$	39.6	-8.2	1.9	-13.6	—COCl	4.6	2.9	0.6	7.0
—OCH$_3$	30.2	-14.7	0.9	-8.1	—CN	-16.0	3.5	0.7	4.3
—O—Ph	29.1	-9.5	0.3	-5.3	—P(Ph)$_2$	8.7	5.1	-0.1	0.0
—OCOCH$_3$	23.0	-6.4	1.3	-2.3	—Si(CH$_3$)$_3$	13.4	4.4	-1.1	-1.1
—NH$_2$	19.2	-12.4	1.3	-9.5					

表 7-29　常见杂芳环的 δ_C

化合物	δ_C (ppm)				
	C-2	C-3	C-4	C-5	C-6
吡啶	150.6	124.5	136.4	124.5	150.6
哒嗪	—	152.6	127.7	127.7	152.6
嘧啶	159.2	—	157.6	122.6	157.6
吡嗪	146.1	146.1	—	146.1	146.1
呋喃	142.8	109.8	109.8	142.8	—
噻吩	125.6	127.4	127.4	125.6	—
吡咯	118.7	108.4	108.4	118.7	—
*咪唑	135.7	—	121.8	121.8	—

*咪唑所用溶剂为氘代丙酮，其余化合物所用的溶剂为氘代氯仿。

（7）醇类碳的 δ_C 值

烷烃中的 H 被—OH 取代后，由于氧原子的吸电子作用，与相应的烷烃相比，醇中的 α 碳向低场位移 35～52 ppm，β 碳向低场位移 5～12 ppm，而 γ 碳向高场位移 0～6 ppm。表 7-30 为常见直链醇类化合物的 δ_C。

表 7-30　常见直链醇的 δ_C　　　　　　　　　　　　　　单位：ppm

化合物	C-1	C-2	C-3	C-4	C-5	C-6	C-7	C-8	C-9	C-10
甲醇	49.3	—	—	—	—	—	—	—	—	—
乙醇	57.3	17.9	—	—	—	—	—	—	—	—
丙醇	63.9	26.1	10.3	—	—	—	—	—	—	—
丁醇	61.7	35.3	19.4	13.9	—	—	—	—	—	—
戊醇	62.1	32.8	28.5	22.9	14.1	—	—	—	—	—
己醇	62.2	33.1	26.1	32.3	23.1	14.5	—	—	—	—
庚醇	62.2	33.2	26.4	29.7	32.4	23.1	14.2	—	—	—
辛醇	62.2	33.2	26.4	30.0	29.9	32.4	23.1	14.2	—	—

续表

化合物	C-1	C-2	C-3	C-4	C-5	C-6	C-7	C-8	C-9	C-10
壬醇	62.3	33.2	26.5	30.1	30.2	29.9	32.5	23.2	14.3	—
癸醇	62.3	33.2	26.4	30.1	30.1	30.2	29.9	32.5	23.1	14.3
2-丙醇	25.4	63.7	25.4	—	—	—	—	—	—	—
2-丁醇	22.9	69.0	32.3	10.2	—	—	—	—	—	—
2-戊醇	23.6	67.3	41.9	19.4	14.2	—	—	—	—	—
2-己醇	23.6	67.5	39.5	28.6	23.2	14.2	—	—	—	—

（8）胺类碳的 δ_C

烷烃中的 H 被—NH_2 取代后，沿烷基链中各取代效应的平均 δ_C 发生位移，NH_3^+ 的效应较弱。表 7-31 为脂肪胺 R_n–NH_{3-n} 中碳原子的 δ_C。

表 7-31 脂肪胺 R_n–NH_{3-n} 中碳原子的 δ_C 单位：ppm

R	n	C-1	C-2	C-3	C-4	C-5	C-6
甲基	1	28.3	—	—	—	—	—
	3	47.5	—	—	—	—	—
乙基	1	36.9	19.0	—	—	—	—
	3	58.2	13.8	—	—	—	—
丙基	1	44.5	27.3	11.2	—	—	—
	3	57.1	21.7	12.5	—	—	—
丁基	1	42.3	36.7	20.4	14.0	—	—
戊基	1	42.5	34.0	29.4	23.0	14.3	—
	3	50.8	30.7	30.3	23.3	14.6	—
己基	2	50.4	31.1	27.8	32.3	23.1	14.5

（9）羰基碳的 δ_C

因为羰基碳会发生 n→π* 跃迁，所需能量小，所以羰基碳原子的共振位置一般在最低场。羰基碳化学位移比烯碳更趋于低场，一般为 150～220 ppm 之间，且干扰较少，只有丙二烯及叠烯的中间碳原子及具有强去屏蔽效应的芳碳在此区域内会有共振峰。由于没有 NOE 效应，峰的强度较小。醛基碳的 δ_C 在 190～205 ppm 之间，当醛基的质子被甲基取代后，羰基碳的 δ_C 仅向低场移动约 5 ppm，即，酮的 $\delta_{C=O}$ 在 195～220 ppm，在羰基化合物中，其羰基碳的化学位移最大。醛酮的羰基使邻近的 α-C 发生去屏蔽效应。当羰基与具有孤对电子的杂原子或不饱和基团相连，因 p-π 共轭使羰基碳的屏蔽效应增加，羰基碳原子的电子短缺得以缓和，共振移向高场方向，如羧酸及衍生物的羰基碳的 δ_C。当羰基与烯键或苯环共轭后，向 $\delta_{C=O}$ 高场位移。

与其他羰基化合物相比，醛酮羰基的 δ_C 在最低场。环状或开链烷基取代脂肪酮的

δ_C约为200~200 ppm。A-卤代酮的δ_C约为170~200 ppm，α,β-不饱和酮的δ_C为190~210 ppm。酰羰基的δ_C为170~190 ppm，邻醌的δ_C较对醌要小。与相应的甲基酮相比，醛羰基的δ_C一般小5~10 ppm。在相同条件下，醛羰基的信号比酮羰基的信号强。在偏共振谱中醛羰基的信号是双峰。一些常见醛、酮和脂环酮羰基的δ_C见表7-32和表7-33所列。

表7-32 常见醛、酮羰基碳的δ_C 单位：ppm

R	RCHO	RCOCH$_3$	RCOR
甲基	199.6	205.1	205.1
乙基	201.8	206.3	209.3
丙基	201.6	206.6	—
烯丙基	—	204.7	—
乙烯基	192.4	197.2	—
丙烯基	191.4	196.5	—
苯基	191.0	196.0	195.2
奈基	192.5	199.5	—

表7-33 常见脂环酮羰基碳的δ_C值 单位：ppm

化合物	$\delta_{C=O}$	化合物	$\delta_{C=O}$
环丁酮	208.2	环己酮	208.8
环戊酮	213.9	3-环己烯酮	207.9
3-环戊烯酮	215.9	2-环己烯酮	197.1
2-环戊烯酮	208.1	环庚酮	211.7

羧基羰基碳的δ_C为165~185 ppm，形成相应的阴离子后产生去屏蔽效应。酯羰基碳的δ_C为160~180 ppm。在酯RCOOR′中羰基碳的δ_C与R和R′都有关系。在一些脂肪族羧酸和脂肪酸衍生物中，羰基碳的δ_C见表7-34所列。

表7-34 常见脂肪酸及其衍生物中羰基碳的δ_C 单位：ppm

R	RCOOCH$_3$	CH$_3$COOR	RCOOH
甲基	170.7	170.7	177.2
乙基	173.3	170.4	180.4
丙基	173.0	169.9	179.6
丁基	—	170.0	179.7
异丁基	—	169.9	—

续表

R	RCOOCH$_3$	CH$_3$COOR	RCOOH
异丙基	175.7	167.1	183.0
环丁基	174.0	—	181.4
环戊基	175.0	—	182.8
乙烯基	165.3	—	169.7、171.0
丙烯基(顺式)	166.2	—	169.8、172.5
丙烯基(反式)	166.0	—	169.3、172.1
丁烯基(顺式)	—	—	172.7
丁烯基(反式)	—	—	173.1
戊烯基(顺式)	—	—	172.7
戊烯基(反式)	—	—	173.0

羧酸酐羰基的 δ_C 与相应羧酸的羰基相比屏蔽效应增大，δ_C 为 150～175 ppm。酰氯羰基的 δ_C 与相应的羧酸羰基相比屏蔽效应增大，而酰溴和酰碘的羰基屏蔽效应更大些。酰胺羰基碳的化学位移范围为 160～180 ppm，氮原子上取代基相对于羰基的构象对羰基的 δ_C 有明显的影响。例如，在 N-甲基甲酰胺中，两个异构体羰基的 δ_C 相差 3.3 ppm。表 7-35 和 7-36 分别为常见酰卤羰基碳的 δ_C 和酸酐羰基的 δ_C。

表 7-35　常见酰卤羰基碳的 δ_C　　　　　　　　　　单位：ppm

化合物	$\delta_{C=O}$	化合物	$\delta_{C=O}$
CH$_3$COCl	168.6	PhCOCl	168.7
CH$_3$COBr	166.5	ClCH$_2$COCl	169.7
CH$_3$COI	159.8	Cl$_2$CHCOCl	161.2
CH$_3$CH$_2$COCl	174.5	Cl$_3$CCOCl	163.5
(CH$_2$CH$_2$COCl)$_2$	174.3		

表 7-36　常见酸酐羰基碳的 δ_C　　　　　　　　　　单位：ppm

化合物	$\delta_{C=O}$	化合物	$\delta_{C=O}$
乙酸酐	167.3	三氟乙酸酐	151.5
丙酸酐	170.8	丁烯二酸酐	165.9
丁二酸酐	173.1	邻苯二甲酸酐	163.6
戊二酸酐	168.2	苯甲酸酐	162.8

7.7.5 耦合常数

核间的自旋耦合作用是通过成键电子的自旋相互作用造成的，与分子取向无关，这是一种标量耦合。实验发现两个磁核之间的相互作用与其自旋量子数 I 的标量积成正比，即

$$E = J_{12} \times I_1 \times I_2$$

式中，J_{12} 为耦合常数。耦合常数由分子结构决定，与外磁场大小及外界条件无关。

在核磁共振氢谱中，质子之间的耦合裂分数目和耦合常数是重要的参数，可用来判断相邻基团的结构。同样，在碳谱中也存在耦合现象。因 ^{13}C 的天然丰度很低，因此只考虑 ^{13}C—^1H 耦合，或 ^{13}C 与邻近的其他丰核之间的耦合，而不考虑 ^{13}C—^{13}C 耦合。碳谱中谱线的裂分数目与氢谱一样，取决于相邻耦合原子的自旋量子数 I 和原子数 n，可用 $2nI+1$ 规律来计算，如在 $CDCl_3$ 中，碳为三重峰，在 CD_3COCD_3 中，甲基碳原子为 $2 \times 3 + 1 = 7$ 重峰。峰强度比仍符合二项式展开项系数之比。在碳谱中最重要的参数是峰的个数及其化学位移。在只考虑 $^1J_{CH}$ 耦合时，各个碳在耦合谱中的峰数和相对强度见表 7–37 所列。

表 7–37　几种常见碳原子在耦合谱中的峰数和相对强度

碳原子体系	峰数	峰数代号	多重峰相对强度
季碳	1	s	1
—C≡CH	2	d	1∶1
—CH₂	3	t	1∶2∶1
—CH₃	4	q	1∶3∶3∶1

裂分谱线之间的距离就是耦合常数 J。^{13}C—^1H 耦合是碳谱中最重要的耦合，其中 $^1J_{CH}$ 是最重要的参数，一般在 120～320 Hz。

杂化轨道 s 成分的多少影响 $^1J_{CH}$ 的大小，s 成分增多，$^1J_{CH}$ 增大。经验证明，$^1J_{CH} \approx 5 \times (s\%)$ (Hz)，$s\%$ 表示 s 成分的比例。

CH₄　　　　　（sp³ 杂化 $s\% = 25\%$）　$^1J = 125$ Hz
CH₂=CH₂　　（sp² 杂化 $s\% = 33\%$）　$^1J = 157$ Hz
C₆H₆　　　　（sp² 杂化 $s\% = 33\%$）　$^1J = 159$ Hz
HC≡CH　　　（sp 杂化 $s\% = 50\%$）　$^1J = 249$ Hz

$^1J_{CH}$ 还与键角有关，与脂环烃环大小有密切关系，见表 7–38 所列。

表7-38 不同大小环的 $^1J_{CH}$ 值（单位：Hz）

△	□	⬠	⬡	开链
161	136	131	127	125
△	N△	O△	S△	O(a,b)
220	172	175	170.5	a149, b133

电负性基团的取代改变碳核的有效电荷密度，因此也会影响 $^1J_{CH}$ 的大小。受取代基的电负性影响，取代基电负性越大，碳核的有效核电荷增加越多，$^1J_{CH}$ 也增大越多，见表7-39所列。

表7-39 取代基电负性对 $^1J_{CH}$ 的影响

	CH_4	CH_3Cl	CH_3F	CH_2F_2	CHF_3
$^1J_{CH}$ (Hz)	125.0	150.0	149.1	184.5	239.1

质子与邻位碳原子的耦合 $^2J_{CCH}$ 在 $-5\sim60$ Hz。$^2J_{CCH}$ 一般数值不大，与杂化及取代基有关。在 $^2J_{CCH}$ 中，两个碳原子的杂化状态都影响它的数值。s 成分增加，$^2J_{CCH}$ 增大，耦合的碳原子上有电负性取代基，$^2J_{CCH}$ 增大。

含氟或磷元素的化合物，还要考虑 $^{13}C-^{19}F$ 或 $^{13}C-^{31}P$ 间的耦合作用。

7.7.6 核磁共振碳谱的特殊测试方法

在 ^{13}C-NMR谱中，因碳与其相连的质子耦合常数很大，$^1J_{CH}$ 在 $100\sim200$ Hz，而且 $^2J_{C-CH}$ 和 $^3J_{C-C-CH}$ 等也有一定程度的耦合，以致耦合谱的谱线交叠，使谱图复杂化。为了节省分析时间或使用较少的样品量，通常采用一些特殊的测定方法将碳谱进行简化。例如，核磁双共振及二维共振就是最重要的方法。核磁双共振又分为若干种不同的方法，如质子宽带去耦和偏共振去耦等。在 ^{13}C-NMR测定中，常规的测试就是质子宽带去耦。去耦法又称双共振法，分为同核双共振（如 $^1H-^1H$）和异核双共振（如 $^{13}C-^{13}C$）。通常采用符号 A{X} 表示，A 表示被观察的核，X 表示被另一射频照射干扰的核。在核磁共振碳谱中，因 $^{13}C-^{13}C$ 耦合可忽略，故双共振都是异核双共振，质子去耦的双共振表示为 $^{13}C\{^1H\}$。不同的共振法得到的谱图形状和用途有较大的区别。为了最大限度地得到 ^{13}C-NMR谱的信息，一般选用三种质子去耦法：质子宽带去耦法（proton broad band decoupling method）、偏共振去耦法（off-resonance decoupling method）、选择性去耦法（selective decoupling method）。

7.7.6.1 常用的三种去耦法

（1）质子宽带去耦法

质子宽带去耦也称为质子噪声去耦（proton noise decoupling），是最常见的测定碳谱的方法。是在测定 ^{13}C 核的同时，用很宽的频带（覆盖样品中所有氢核的共振频率，相当于自旋去耦的频率）照射样品，以除掉 ^1H 对 ^{13}C 的全部耦合。质子宽带去耦法使每个磁性等价的 ^{13}C 核的共振峰成为单峰。如，CH_3、CH_2、CH 和季碳皆是单峰。其他核如D、^{19}F和^{31}P对碳的耦合此时一般还存在，峰的重数由核的个数和自旋量子数确定，用$2nI_x + 1$计算。例如，$I_D = 1$，$I_F = 1/2$，$I_P = 1/2$。一般在分子中没有对称因素和不含氘、F和P等元素时，每个碳原子都出一个峰，互不重叠（偶然会有两个碳原子的化学位移相同，发生峰重合的现象）。这样不仅谱图大为简化，让研究者更容易对信号进行分别鉴定并确定其归属，同时去耦时伴随效应NOE效应在对氢核去耦的过程中会使碳谱信号强度增大，提高了信噪比。不同碳原子的NOE效应不同，因此在去耦时各谱线将有不同程度的增强。另外，因不同种类碳原子的纵向弛豫时间T_1也不相同，当重复扫描时，脉冲间隔时间不能使分子中所有碳核的磁化强度矢量恢复到平衡状态，T_1值较大的碳核其谱线强度较弱，T_1值较小的碳核其谱线强度会比较强。因此，由于各碳原子的NOE效应和T_1不同，质子宽带去耦法得出的谱线强度不能定量地反映碳原子的数目。图7-15（a）为对二甲氨基苯甲醛的质子宽带去耦谱。

质子去耦法完全除去了^{1}H与^{13}C核直接相连的耦合信息，因而也失去了对结构解析有用的有关碳原子类型的信息，只能反映碳原子种类的个数（即有几种不同种类的碳原子），这对分析图谱是不利的。

（2）偏共振去耦法

偏共振去耦也称为不完全去耦，可以作为质子宽带去耦法的补充，以获得分子的其他结构信息，如与碳原子连接的氢原子的个数、耦合情况等。偏共振去耦法是使用一个较弱的干扰射频照射氢核，这个射频因不满足任何一个质子的共振条件而与各种质子的共振频率偏离，使与碳原子直接相连的质子和碳原子之间在一定程度上去耦，但还留下部分自旋耦合作用。通常从偏共振去耦法测得的C—H耦合常数比本来的耦合常数小，称为剩余耦合常数J_R。但峰的裂分仍保持原来的数目，因此可以得到与碳原子直接相连的质子数。例如，对甲基进行照射，若干扰射频远离甲基质子的共振频率时，则没有影响，得到耦合谱，为四重峰；如果干扰射频逐渐接近甲基质子的共振频率，则得到偏共振去耦谱，虽然仍然得到四重峰，但四个峰的裂距逐渐变小。当干扰射频的频率使甲基质子发生共振时，甲基碳原子的共振峰称为单峰，即此时获得的是质子去耦谱。

J_R与照射频率偏置程度有关。偏共振去耦的目的是降低^1J，去掉氢核对碳核的远程耦合$^2J_{CH}$和$^3J_{CH}$，改善因耦合产生的谱线重叠而又保留了耦合信息，从而确定碳原子级数。进行^{1}H去耦时，将去耦频率放在偏离^{1}H共振中心频率几百到几千赫兹处，这样谱中出现几十赫兹的J_{C-H}，而长距离耦合则消失了，从而避免谱峰交叉现象，便于识谱。

利用不完全去耦技术可以在保留NOE使信号增强的同时，仍然看到CH$_3$（伯碳）四重峰、CH$_2$（仲碳）三重峰和CH（叔碳）二重峰，以及不与^{1}H直接键合的季碳等单峰。

图7-15（b）为对二甲氨基苯甲醛的质子偏共振去耦谱。偏共振谱现在一般被无畸变极化转移（DEPT）谱所替代。

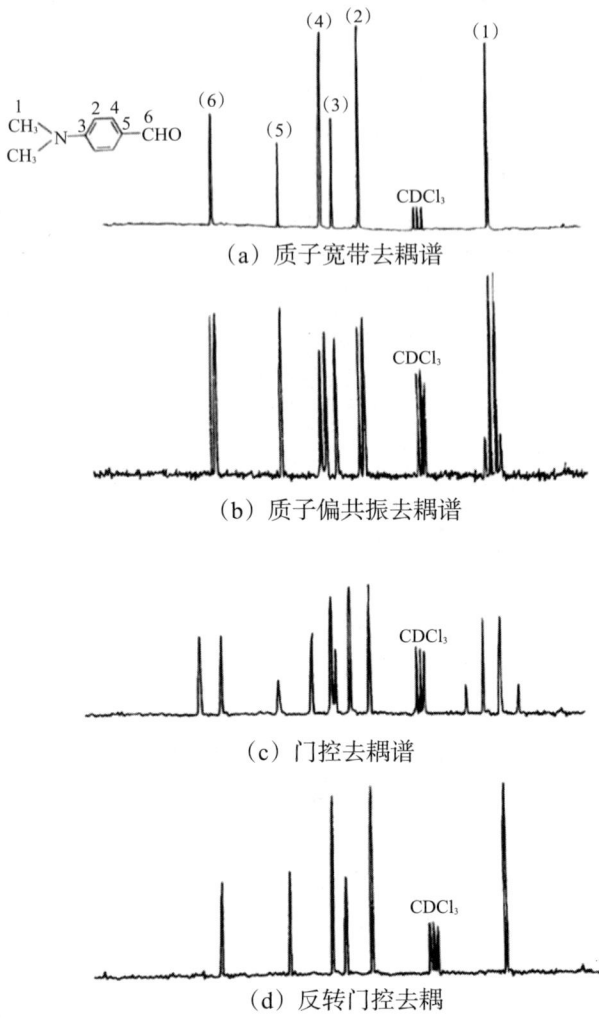

图 7-15 不同测定方法获得的对二甲氨基苯甲醛的核磁共振碳谱（以 $CDCl_3$ 为溶剂）

（3）选择性去耦法

选择性去耦法是归属碳原子的重要方法之一，特别当分子的氢谱已全部归属时更有利。选择性去耦是用一个功率很小的射频以某一特定质子的共振频率照射分子，观察得到的碳谱。结果是只有与被照射质子相连的碳原子发生质子去耦，且由于 NOE 效应，峰的强度增强。连有其他质子的碳原子，由于干扰射频和其他质子的共振频率相差很大，只引起偏共振去耦，所以谱线的裂距减小，但裂分数没有改变。

通常获得的核磁共振碳谱为质子宽带去耦谱图，为区分碳原子的级数，可做偏共振去耦和选择性去耦，用某一特定质子共振频率的射频照射该质子，以去掉被照射质子对碳原子的耦合，使碳原子成为单峰，从而确定相应碳原子信号的归属，用于识别各类碳原子信号。

如图 7-16 所示，甲苯中甲基氢和芳氢的化学位移差别很大，当用选择性去耦法处理芳氢时，芳氢的耦合被去除，但甲基的远程耦合没有完全去除，谱图上仍然可以观察到C_1和C_2与甲基氢原子耦合的剩余裂分情况。

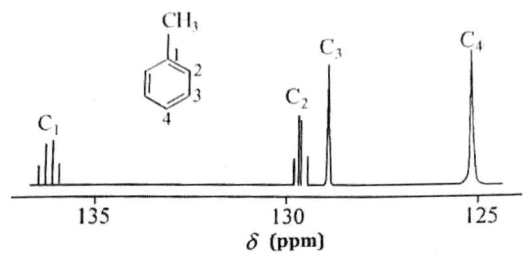

图7-16　甲苯的选择性去耦谱低场部分

7.6.6.2　其他去耦法

除以上三种常用的去耦法外，还有门控去耦法、反门控去耦法和无畸变极化转移增强法。

（1）门控去耦法

质子宽带去耦法不能获得C—H的耦合信息，偏共振去耦法只能看到一个C—H耦合的剩余耦合裂分，看不到远程耦合。为了得到真正的C—H键或远程耦合，需要对质子不去耦。但一般耦合谱的测试需要很长时间，且要累加很多次。采用带NOE的不去技术，就可改善质子宽带去耦法和偏振去耦法的缺陷。这种技术被称为门控去耦法（gated decoupling），也叫交替脉冲法。接收自由感应衰减信号时，共振峰具有多重性，除接收自由感应衰减信号外，都去耦，且伴有NOE。

门控去耦是在发射脉冲前预先加一个去耦照射射频n_2，这时自旋体系被去耦，粒子分布改变，伴有NOE，然后发射脉冲n_1，进行自由感应衰减信号的接收，n_2被关掉，磁核迅速恢复耦合。磁核的弛豫时间T_1为秒数量级，发射脉冲为微秒级，NOE的衰减与弛豫时间同数量级，所以接收的自由感应衰减信号是具有耦合的，同时有NOE增强的信号。

图7-15（c）展示了对二甲氨基苯甲醛的门控去耦谱。

（2）反门控去耦法

反门控去耦法（inverse gated decoupling）也属于一种门控去耦法。在脉冲傅里叶变换核磁共振波谱仪中，有用以控制射频脉冲发射时间的发射门和用以控制接受器工作时间的接收门。门控去耦是用发射门及接收门控制去耦的实验方法，反门控去耦法是用加长脉冲间隔，增加延迟时间，尽可能抑制NOE，使谱线强度能代表碳原子数目的方法。由此方法测得的碳谱被称为反门控去耦谱，也称为定量碳谱。

反门控去耦法的目的是得到宽带去耦谱，同时消除NOE，保持碳原子数目与信号强度成比例。反门控去耦法可用于分子中碳原子数目的定量。一般的宽带质子去耦，因NOE引起信号强度的增大，会由于各种碳原子杂化轨道状态和分子环境的不同而出现差异，因此信号强度与碳原子个数不成比例。

图7-15（d）为对二甲氨基苯甲醛的反门控去耦谱。

（3）无畸变极化转移增强法

质子噪声去耦法可以简化碳谱，但却损失了碳原子和氢原子之间的耦合信息，因此无法获得分子中碳原子的级数。偏共振去耦法既保留了碳原子和氢原子间的耦合裂分，又由于耦合常数较小而使谱图较为简化，但对于一些复杂的分子或生物大分子等，多重峰仍会彼此交叠，再加上有些磁核的次级效应和碳谱的信号较低等特性，对各种碳原子的级数更难区分。用于碳原子级数确定的方法有很多，如，J 调制法、连接质子测试（attached proton test）法、不灵敏核极化转移增强（insensitive nuclei enhanced by polarization transfer）法和无畸变极化转移增强（distortionless enhancement of polarization transfer，DEPT）法等。其中，最常用的是 DEPT 法。

在傅里叶变换核磁共振实验中，采用多种脉冲组成一个脉冲序列，称为多脉冲实验。多脉冲因采用的脉冲序列不同而衍变出若干不同的方法。极化转移技术就是其中的一种。由一种磁核的极化变化而引起与其耦合的另一种磁核的极化变化就称为极化转移。

极化转移技术可克服偏共振去耦法中共振谱线发生重叠和归属复杂分子的碳谱时的一些困难，与质子宽带去耦谱相比，可准确归属 CH、CH_2、CH_3 和季碳，且测试时间比 ^{13}C 的偏共振谱短。但极化转移技术要求仪器具有多脉冲器、射频脉冲有 45°、90° 和 135° 等相位移控制装置。一般来说，20 世纪 80 年代后的核磁共振波谱仪都可以进行这样的测量。

DEPT 的常规测定方法为，通过改变照射 ^1H 核的脉冲宽度（或设定不同的弛豫时间），使不同类型的 ^{13}C 信号在谱图上呈单峰，并分别呈现正向峰或倒置峰。

在 DEPT 实验中，信号强度仅与脉冲倾倒角 q 有关（图 7-17）。

CH：$I = I_0 \sin\theta$

CH_2：$I = I_0 \sin 2\theta$

CH_3：$I = 0.75 I_0 (\sin\theta + \sin 3\theta)$

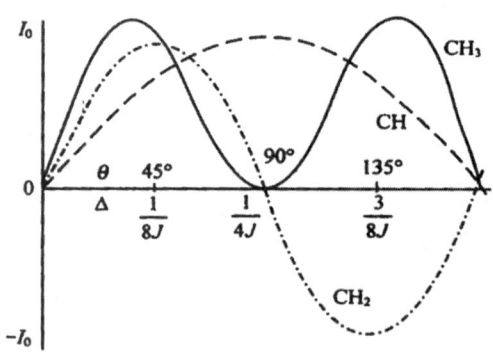

图 7-17　DEPT 信号强度与脉冲倾倒角的关系

脉冲倾倒角 θ 与耦合常数 J 无关，在实验中只要分别将 θ 发射脉冲设置为 45°、90° 和 135°，做三次实验，就可以区分各种碳，其中不含季碳的信号。三次实验分别对应 DEPT 的三种谱图，分别为

DEPT-45° 谱，$\theta = 45°$，这种谱图中季碳不出峰，其余的 CH_3、CH_2 和 CH 都出正向峰。

DEPT-90°谱，$\theta= 90°$，这种谱图中除CH出正向峰外，其余种类的碳原子不出峰。

DEPT-135°谱，$\theta= 135°$，这种谱图中CH_3和CH出正向峰，CH_2为倒置峰，季碳不出峰。

DEPT信号强度与倾倒角的关系图如图7-17所示。化合物$C_{17}H_{17}O_6Cl$的三种DEPT谱与质子噪声去耦谱的区别如图7-18所示。

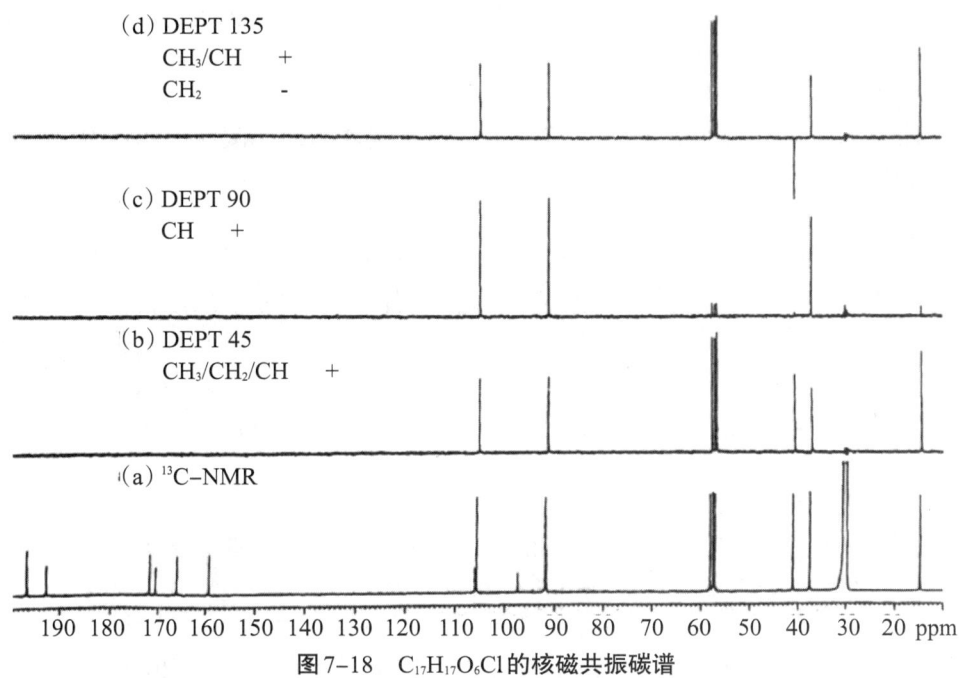

图7-18　$C_{17}H_{17}O_6Cl$的核磁共振碳谱

(a) 质子噪声去耦谱；(b) DEPT-45°谱；(c) DEPT-90°谱；(d) DEPT-135°谱。

7.7.7 核磁共振碳谱的解析

核磁共振碳谱是测定有机化合物及高分子化合物分子结构非常重要的一种工具，它可以提供许多分子结构信息，特别是在解决其他方法难以解决的分子骨架的确定，立体化学构型、构象，分子运动性质等问题时，核磁共振碳谱不但可以提供分子中碳原子的种类，还可获得碳原子在分子中所处的环境信息。

核磁共振碳谱的一般解析步骤为如下。

（1）检查谱图是否合格

检查谱图的基线是否平坦，出峰是否正常，清楚测试条件和方法。

（2）计算不饱和度

充分了解样品已知的信息，如相对分子量、分子式、元素分析数据和其他波谱分析的数据，如已知分子式则先计算出不饱和度。

（3）鉴别谱图中的真实谱峰

区分出杂质峰、溶剂峰，不要遗漏季碳的谱线。

①溶剂峰：与核磁共振氢谱一样，核磁共振碳谱测定时所采用的溶剂为氘代试剂。除氘代水等少数不含碳原子的氘代溶剂外，氘代试剂中的碳原子在碳谱中均有相应的共振峰，且由于氘代的缘故在质子噪声去耦谱中往往呈现多重峰，裂分数符

合 $2n+1$ 规律。由于弛豫时间这一因素，氘代试剂的量虽大，但其峰强并不太高。这和氢谱中的溶剂峰不同，氢谱中的溶剂峰是因氘代不完全而产生。常用的氘代氯仿在碳谱中呈三重峰，中心谱线位置在 77.0 ppm。

②杂质峰：碳谱中的杂质峰可参考氢谱中的杂质峰加以判别。一般杂质峰均为较弱的峰。当杂质峰较强而难以确定时，可采用反门控去耦法测定定量碳谱。在定量碳谱中，各峰的积分面积或积分高度与分子中的碳原子数成正比，明显不符合比例关系的峰一般就是杂质峰。

③参数的选择会：当参数选择不当时，有可能遗漏掉季碳原子的谱峰，对谱图产生不利影响。

(4) 分子对称性的分析

在质子噪声去耦谱中，一条谱线代表一种类型的碳原子。若谱线数目等于分子中碳原子的数目，说明分子无对称性。若谱线数目少于碳原子的数目，说明分子有一定的对称性，有相同化学环境的碳原子在同一位置出峰。然而，当化合物较为复杂，碳原子数目较多时，则应考虑不同类型碳原子的化学位移的偶然重合。由于质子噪声去耦谱中峰强度与碳原子数不成正比，当分子中有对称因素时需用反门控去耦（非 NOE 方式）测定碳原子数。

(5) 碳原子 δ 的分区

被测分子中的碳原子在碳谱中的化学位移的大小顺序与碳原子上氢原子在氢谱中的化学位移大小顺序是一致的。碳谱大致可分为三个区：

①羰基或叠烯区，$\delta > 150$ ppm，一般 $\delta > 165$ ppm。$\delta > 200$ ppm 只能属于醛、酮类化合物，靠近 160～170 ppm 的信号则属于连接杂原子的羰基，如酸、酯和酸酐；

②不饱和碳原子区（炔碳除外），$\delta = 90～160$ ppm。烯碳原子和芳碳原子在这个区域出现。当其直接与杂原子相连时，δ 值可能会大于 160 ppm。叠烯的中央碳原子的共振峰位置也大于 160 ppm。由前两类碳原子可计算相应的不饱和度，此不饱和度与分子不饱和度之差表示分子中成环的数目；

③脂肪链碳原子区，$\delta < 100$ ppm。饱和碳原子若不直接连接氧、氮、氟等杂原子，一般其 δ 小于 55 ppm。炔碳原子 $\delta = 70～100$ ppm，其谱线在此区，这是不饱和碳原子的特例。

(6) 碳原子级数的确定

由偏共振去耦或脉冲序列如 DEPT（包括 DEPT-45°、DEPT-90°和 DEPT-135°）谱图参照质子噪声去耦谱进行分析，由此可确定化合物分子中碳原子的级数，根据碳原子级数计算与碳原子相连的氢原子数。若此数目小于分子中的氢原子数，表明分子中含有活泼氢，二者之差值即为活泼氢的原子数。

(7) 推出结果式

结合上述几项推出化合物分子的结构单元，组合出可能的结构式。

(8) 确定结构式

对推出的结构进行碳谱指认，通过指认排除不合理结构，选出最合理的结构式，此即正确的结构。分子中含有较为接近的基团或骨架时，很难将所有谱线进行归属，这时可参考氢谱或采用碳谱估算的方法辅助结构确定，也可参照文献和标准谱图进行结构确定。用计算机模拟得到的数据也可提供参考，如Chemdraw软件和MestReNova软件都有根据分子结构式模拟 ^{1}H-NMR和 ^{13}C-NMR谱图的功能，或配合其他测试手段，如红外、紫外光谱等进行综合分析。

7.7.8 核磁共振碳谱在结构测定中的应用

与 ^{1}H-NMR一样， ^{13}C-NMR可通过共振峰在谱图中的强弱、化学位移、峰的自旋-自旋裂分和耦合常数确定化合物结构，是确定有机化合物、生物化学物质和高分子化合物的结构最重要的方法。由于普遍的 ^{13}C-NMR谱采用了去耦技术，使峰面积受到一定程度的影响，因此与 ^{1}H-NMR不同的是，普通的 ^{13}C-NMR谱主要应用化学位移确定结构。

1-甲基-1-氯环己烷用KOH/C$_2$H$_5$OH处理生成烯烃，产物可能是1-甲基环己烯，也可能是亚甲基环己烷，如图7-19所示。

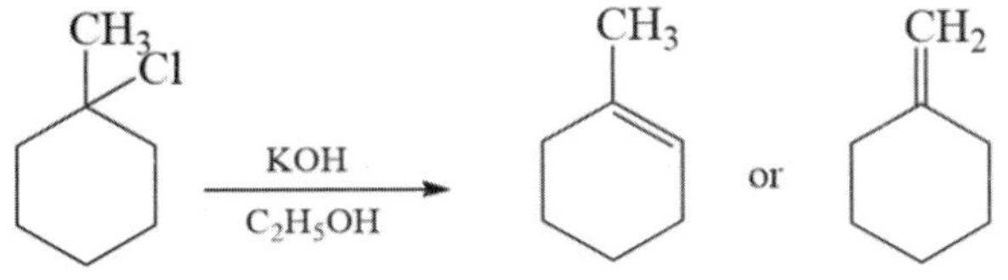

图7-19　1-甲基-1-氯环己烷生成烯烃的反应式

如果对反应产物进行质子噪声去耦谱检测，就可判定其消去方向。1-甲基环己烯有5个sp^{3}杂化碳原子，在δ = 10~50 ppm的范围内应有5个峰；2个sp^{2}杂化的碳原子，应该在δ = 100~150 ppm呈现两个峰。而亚甲基环己烷虽然也有5个sp^{3}杂化碳原子，但因分子对称性，在δ = 10~50 ppm范围内只出现3个峰。产物的质子噪声去耦谱如图7-20所示，与1-甲基环己烯相符。

图7-20　1-甲基-1-氯环己烷生成烯烃产物的质子噪声去耦谱

【例7-6】分子式为C$_9$H$_{12}$NOCl的化合物，结构式如下：

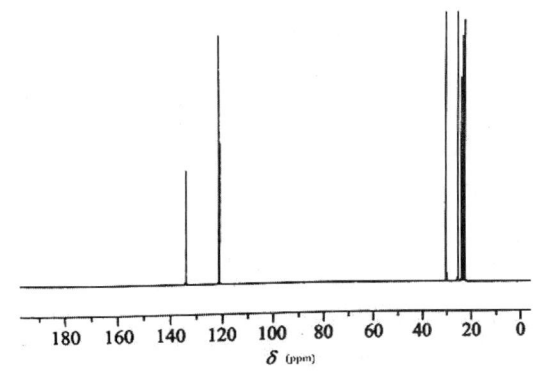

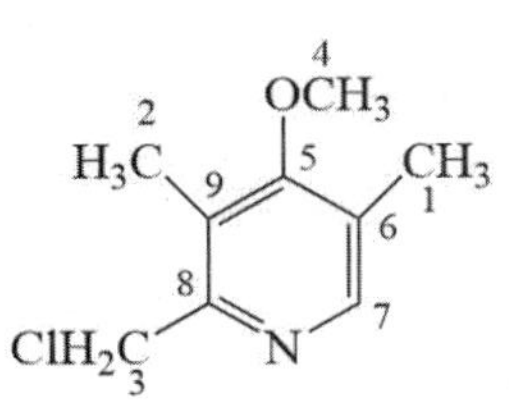

其 ^{13}C 质子噪声去耦谱与 DEPT-135°谱如图 7-21（a）和（b）所示，溶剂是氘代氯仿，请对碳谱中各谱线进行识别。

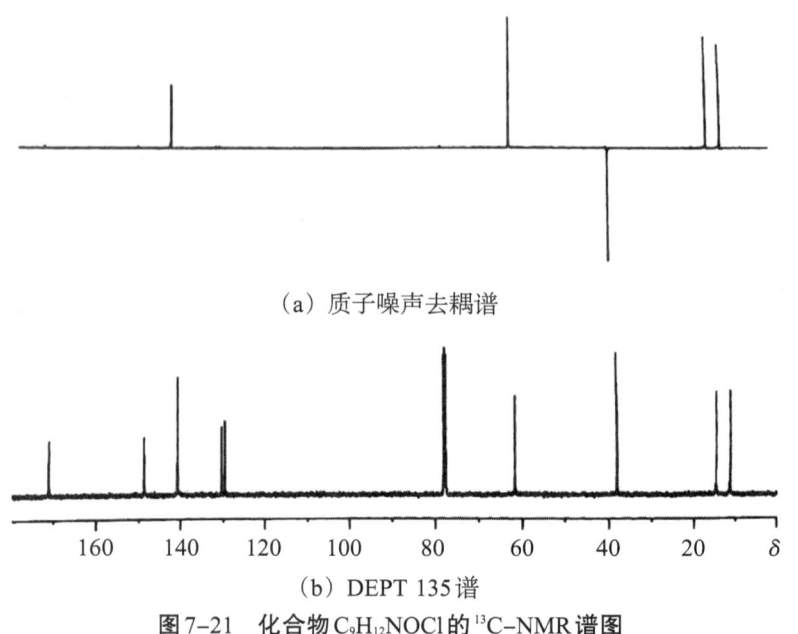

（a）质子噪声去耦谱

（b）DEPT 135 谱

图 7-21　化合物 $C_9H_{12}NOCl$ 的 ^{13}C-NMR 谱图

解： ①谱图的基线平整，出峰正常，分别为在氘代氯仿中检测获得的质子噪声去耦谱和 DEPT-135°谱。

②分子的不饱和度 = 1 + 9 +（1-13）/2 = 4。

③鉴别谱图中的溶剂峰和杂质峰。

在质子噪声去耦谱中共有 12 条谱线，其中 77.7 ppm 处为溶剂氘代氯仿的化学位移，是三重峰，剩下的 9 条谱线是样品峰。

④分子的对称性分析：

从化合物的分子结构式分析发现此化合物没有对称性，其分子式表明分子中共有 9 个碳原子，这与谱图中共有 9 个样品峰相符。

⑤碳原子 δ 的分区：

按碳谱化学位移分区规律，此化合物的碳谱可分为二个区域，即不饱和碳原子区域和脂肪链碳原子区域。不饱和区域有 5 条谱线，饱和区域有 4 条谱线。从化合物结构分析，在不饱和区中，171.0 ppm、148.6 ppm 和 140.9 ppm 处的谱线应是与杂原子相连的不饱和碳原子 C_5、C_7 或 C_8；在饱和区中，61.5 ppm 和 38.1 ppm 处的谱线应是与杂原子相连的饱和碳原子 C_4 或 C_3。

⑥碳原子级数的确定：

从 DEPT-135°谱中共有 5 条谱线，其中 38.1 ppm 是负峰，11.4 ppm、14.8 ppm、61.5 ppm 和 140.9 ppm 是正峰，则，38.1 ppm 处的谱线属于—CH_2Cl 基团中的碳原子 C_3，11.4 ppm、14.8 ppm、61.5 ppm 和 140.9 ppm 处的谱线是—CH_3 或＝CH—基团中的碳原子，其中 140.9 ppm 处的谱线为吡啶环上的＝CH—基团中的碳原子 C_7，11.4

ppm 和 14.8 ppm 处的谱线是两个—CH_3 基团中的碳原子 C_1 和 C_2，61.5 ppm 处的谱线为—OCH_3 基团中的碳原子 C_4，其余 4 条谱线是季碳原子。

⑦确定谱线归属结果：

综上所述，可确定 C_3、C_4 和 C_7 原子所对应的碳谱谱线分别为 38.0 ppm、61.6 ppm 和 140.7 ppm。另外，根据经验可认为在不饱和区中还有 2 条因与杂原子相连而产生的谱线 171.0 ppm 和 148.6 ppm，它们分别对应 C_5 和 C_8 原子，因为与氧原子相连的碳原子谱线和与氮原子相连的碳原子谱线相比，前者在较低场，剩下 2 条在 129.5 ppm 和 130.3 ppm 处的谱线是 C_6 或 C_9 和 C_9 或 C_6。饱和区留下的在 11.4 ppm 和 14.8 ppm 处的 2 条谱线是 C_1 或 C_2 和 C_2 或 C_1。这些谱线的进一步指认可从核磁共振二维谱图中获得。

7.8 核磁共振新技术

核磁共振分析能够提供三种结构信息：化学位移、耦合常数和各种核的信号强度比。通过分析这些信息，可以了解特定原子的个数、化学环境、邻接基团的种类，甚至连分子骨架及分子的空间构型也可以确定，所以 NMR 在化学、生物学、医学和材料科学等领域的应用日趋广泛；并涌现了较多的新技术、新进展。

7.8.1 ^{31}P-NMR 和 ^{19}F-NMR

^{31}P 也有一些尖锐的共振峰，其化学位移范围可达 700 ppm。当外磁场强度为 4.7 T 时，^{31}P 的共振频率为 81.0 MHz。已有大量关于磷核化学位移和结构相关性的研究。以 ^{31}P 共振谱为基础的应用可提供大量信息，特别是在生物化学领域中。

^{19}F 核的磁旋比十分接近 ^1H。因此，若将它们都放在 4.69 T 的磁场中，^{19}F 核发生共振需要的频率为 188 MHz。比 ^1H 核（200 MHz）略微低一点。因此，对质子共振仪对一些小的变动，就可用来研究 ^{19}F 谱。实验证明，^{19}F 核的化学位移范围可达 300 ppm，在测定 ^{19}F 的峰位时，溶剂起着重要的作用。当然，与质子峰比较，氟的化学位移与结构关系还有待进一步研究。

7.8.2 固体高分辨率核磁共振

一般测定核磁共振波谱需要将样品用溶剂溶解并配置成一定浓度的溶液。对于一些难溶的样品，找不到合适的溶剂时，可采用固体核磁共振波谱进行测试，以研究其分子结构。

固体状态下，因氢谱中同核质子间存在强烈的耦合作用，很难获得高分辨率的核磁共振氢谱，这使得碳谱在固体研究中占有重要的地位。

在液体中，因分子的快速运动可把原子核受到的各种各向异性作用平均化，而固体中的原子核却受到各种"静"的各向异性作用，另外，固体的弛豫时间短，所以固体核磁的共振峰比较宽、强度较低。

为了获得较高分辨率的固体核磁共振谱图，一般采用交叉极化(cross polarization，CP)结合魔角旋转（magic angle spinning，MAS）的方法和偶极去耦（dipolar decoupling，DD）等措施，再加上适当的脉冲程序就可以方便地研究固体材料分子的化学组成、构型、构象及动力学。进行魔角旋转时，样品在旋转轴与磁场方向的夹角 q 等于 54°44′ 的情况下高速旋转，可消除磁核自旋之间的直接偶极相互作用和化学位移的各向异性影响，从而使共振峰变窄。由于 ^{13}C 自然丰度较低，磁旋比小，^{13}C 的核磁共振波谱测试比氢谱困难，采用交叉极化，把 ^{1}H 较大的自旋状态的极化转移给较弱的 ^{13}C，可提高测试信号的强度，从而提高测试灵敏度。偶极去耦技术用高能辐射消去 ^{1}H 和 ^{13}C 之间的异核偶极作用，以减小碳原子核的共振峰宽。魔角旋转、交叉极化和偶极去耦技术的结合可大大提高测试灵敏度，使共振峰变窄，获得高分辨率的固体核磁共振波谱。

综合各项技术能获得高分辨率的固体核磁共振谱图的原因，其关键在于成功解决了固体核磁测试中的两个问题：

①固体中化学位移的各向异性通过样品的高速旋转，旋转轴倾斜到与磁场方向夹角为 54°44′ 时，可使这些各向异性作用消失；

②固体中原子核的自旋晶格弛豫时间很长，一次采样后磁化矢量要恢复到热平衡状态所需时间很长，有时可达数小时乃至几天。交叉极化技术可将平衡时间缩短到可以接受的程度，从而使实验得以顺利进行。

固体核磁共振波谱仪还需有固体探头。

固体核磁共振技术在分子结构分析中具有独特的作用，可保留材料的固体状态，能对处于不同化学环境的物质进行定量分析，可解析材料可能发生的动力学过程，以及利用偶极作用等获取材料中元素空间距离的信息，特别是对原子局部结构环境的解析大大优于 X 射线衍射。因 X 射线衍射表征的是固体物质中的长程有序，给出的是平均化的结构信息。但很多材料，特别很多新型功能材料，在长程结构上都有或多或少的无序性，因此对于表征固体中某种原子核的局部结构，固体核磁共振就显得非常重要。

目前固体核磁共振波谱仪可用于进行无机材料（固体催化剂、玻璃、陶瓷等）、高分子固体材料、有机固体材料、医药中间体、有机发光中间体、活性分子和生物材料等的分子结构分析，动力学研究，表面化学研究，表面吸附，矿物分析，催化剂结构和性能测定等。随着固体核磁技术的发展，其在各种材料的结构和性能方面的应用将不断深入。

7.8.3　二维核磁共振谱

二维核磁共振谱（two-dimensional NMR spectra，2D NMR）可看作是核磁共振一维谱的扩展。在 NMR 的测量中，自由感应衰减信号通过傅里叶变换表达为谱线强度与频率的关系，这就是前面讨论的一维谱，只有频率一个变量。二维谱有两个时间变量，经过傅里叶变换得到两个独立的关于频率变量的谱图。不同的 2D NMR 方法得到的谱图不同，两个坐标轴所代表的参数也不相同。

2D NMR 实验的时间轴按物理意义一般分为预备期、发展期、混合期和检测期。预备期一般由一个或多个脉冲及延迟所构成，是一个较长的时期，使实验体系回到平衡状态，为下一步创造初始条件。发展期的初期用一个或几个脉冲激发体系，使之处于非平衡状态，发展期的时间是变化的。混合期建立信号检测的条件。混合期不是必不可少的，其有可能不存在，主要视二维谱图的种类而定。在检测期内以通常的方式检测自由感应衰减信号。

一个脉冲序列结束之后，得到一个自由感应衰减信号。这样的实验反复进行多次，可使灵敏度提高，信噪比增大。得到的自由衰减信号对两个不同的时间变量分别进行傅里叶变换，就得到两个频率变量的函数，即 2D NMR。采用不同的脉冲序列就可得到不同的 2D NMR 谱。

二维核磁共振波谱的表现方式有以下 4 种。

（1）堆积图

堆积图是一种准三维立体图，是由很多"一维"谱线紧密排列而成，两个频率变量为二维的，信号强度为三维的，如图 7-22（a）所示。这种图有立体感，能直观地显示谱峰的信息，但会使大峰后面的小峰被遮蔽，且画图很费时，所以一般少用。

（2）平面等值线图

平面等值线图又称为平面等高线图。最中心的圆圈表示峰的位置，最外圈表示信号的某一定强度的截面，第二、三、四圈分别表示强度依次增高的截面，圆圈的数目表示峰的强度，如图 7-22（b）所示。一般二维核磁共振波谱常用这种表现方式，是把堆积图用一个平行于轴 F_1 和 F_2 的平面平切后所得。平切位置对图的信息量有影响。这种图的优点是易于找出峰的频率、作图快，缺点是强信号的最低等高线会波及很宽的范围，从而掩盖附近的弱信号，或者它们之间发生干涉而产生假信号。

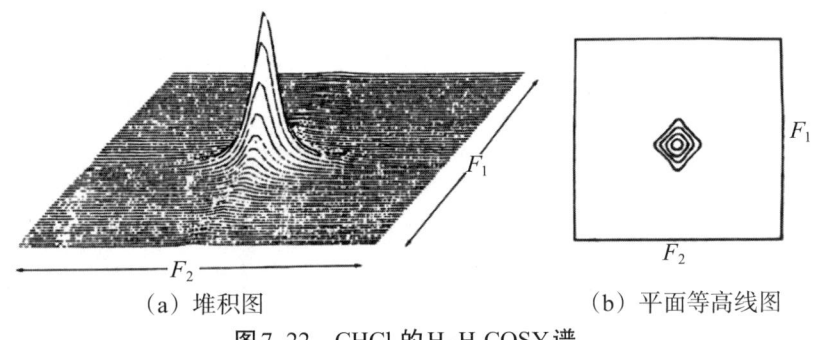

(a) 堆积图　　　　　　　(b) 平面等高线图

图 7-22　CHCl$_3$ 的 H-H COSY 谱

（3）截面图

只记录二维核磁共振全谱的某个剖面，剖面常与一个频率轴平行或成 45°。

（4）积分投影图

积分投影图是一维形式的图，由对垂直与投影轴的剖面上的信号强度进行积分而得到。

2D NMR 一般分为二维 J 分解谱（J resolved spectroscopy）、二维化学位移相关谱（chemical shift correlation spectroscopy）和多量子谱（multiple quantum spectroscopy）三类。

二维 J 分解谱也称为 J 谱，或称为 δ-J 谱，一般不提供比一维谱图更多的信息，只是将不同的 NMR 信号分解在两个不同的轴上，使重叠在一起的一维谱的化学位移和耦合常数分解在平面上，使谱图比一维谱容易解析。二维 J 分解谱分为同核或异核 J 分解谱。

通常所测得的核磁共振波谱是单量子跃迁（$\Delta m = \pm 1$）产生的。发生多量子跃迁时

Δm为大于1的整数。用特定的脉冲序列可以检出多量子跃迁，得到多量子跃迁的二维谱。

二维化学位移相关谱也称为δ-δ谱，是二维核磁谱图的核心，检测核的是自旋耦合及偶极相互作用等核自旋间的相互作用，表明共振信号的相关性，也分为同核位移相关谱和异核位移相关谱。二维相关谱可分为同核化学位移相关谱、异核化学位移相关谱、化学交换和NOE二维谱等种类。

同核位移相关谱（correlated spectroscopy，COSY）中使用最多的是H–H COSY，是^{1}H核与^{1}H核之间的位移相关谱，通常简称COSY。COSY谱的水平轴F_2和垂直轴F_1方向的投影都是氢谱，一般列于上方及左侧或右侧。COSY谱本身是正方形，当$F1$和$F2$谱宽不等时是矩形。正方形中有一条对角线，一般由左下至右上。对角线上的峰称为对角峰（diagonal peak）。对角线外的峰称为交叉峰（cross peaks）或者相关峰（correlated peaks）。每个相关峰或交叉峰反映两个峰组间的耦合关系，如图7-23所示。

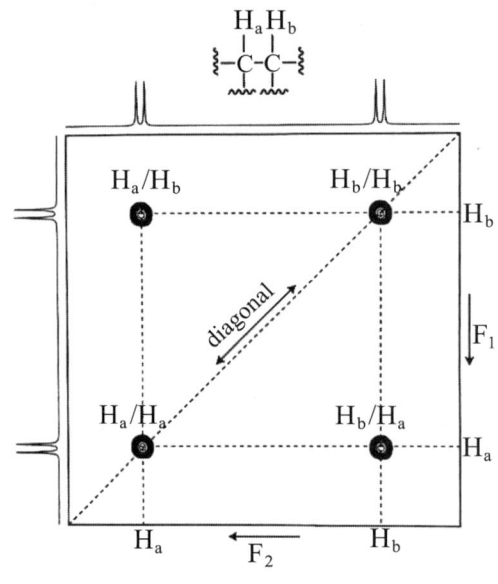

图7-23　COSY谱示意图

COSY的解谱过程如图7-24所示，首先取任意交叉峰作为出发点，通过它作垂线与某对角线峰及上方的氢谱中的某组峰相交，则它们就是构成此交叉峰的一个峰组。再通过该交叉峰作水平线，与另一对角线峰相交，通过该对角线峰作垂线，又会与氢谱中的另一个峰组相交，这就构成了该交叉峰的另一峰组。因此，通过COSY谱，从任意交叉峰都可确定相应的两个峰组的耦合关系而不用考虑氢谱中的裂分峰形。COSY一般主要反映^3J耦合关系，但有时也会出现少数反映长程耦合的相关峰。当^3J较小时，如两面角接近90°时，^3J很小，也可能没有相应的交叉峰。

异核位移相关谱中最常见的是C–H COSY谱，这种谱是^{13}C和^{1}H核之间的位移相关谱，反映了碳核和氢核间的关系。C–H COSY谱分为直接相关谱和远程相关谱。直接相关谱是把直接相连的碳原子和氢原子关联起来，矩形的二维谱中间的峰称为交叉峰或相关峰，反映了直接相连的碳核与氢核的存在，在此谱图中季碳没有相关峰。远程相关谱是将相隔两个到三个化学键的碳核和氢核关联起来，甚至能跨越季碳、杂原子等，交叉峰或相关峰比直接相关谱多很多，因此对于推测和确定化合物的结构非常有用。

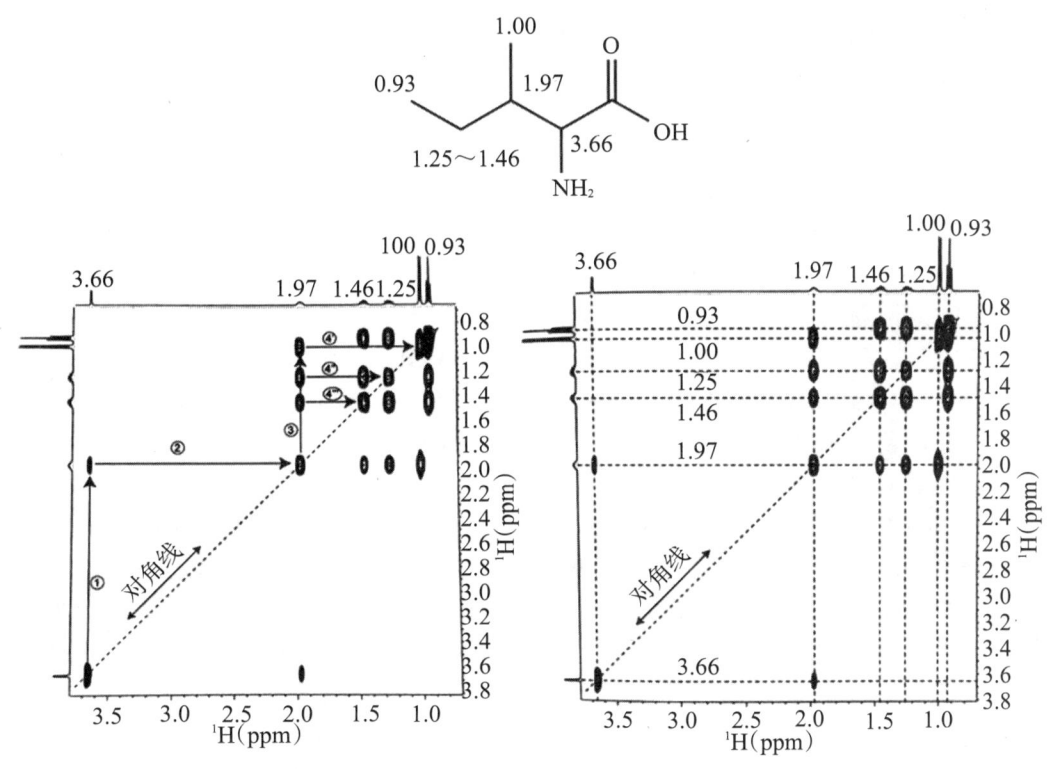

图7-24　COSY解谱示意图

异核位移相关谱的测定有两种方法。一种是对异核（非氢核）进行采样，是正相实验，所测得的谱图称为C–H COSY或长程C–H COSY、远程 ^{13}C-^{1}H 化学位移相关谱（correlation spectroscopt via long rang coupling，COLOC）。因是对异核进行采样，所以灵敏度低，欲获得较好信噪比的谱图必须加入较多的样品，累加较长的时间。另一种方法是对氢核进行采样，为反相实验，是目前常用的方法，所得谱图为 ^{1}H 检测的异核多量子相干（^{1}H detected heteronuclear multiple quantum coherence，HMQC）谱、^{1}H 检测的异核单量子相干（^{1}H detected heteronuclear single quantum coherence，HSQC）谱、^{1}H 检测的异核多键相干实验（^{1}H detected heteronuclear multiple bond coherence，HMBC）谱或长程异核多量子相干（long range heteronuclear multiple quantum coherence）谱。因样品为氢核材料，所以样品用量可减少，累加时间也可缩短。HMQC和HSQC反映的是 ^{1}H 和 ^{13}C 以 $^{1}J_{CH}$ 相耦合，HMBC对应的是长程相关谱，反映的是 ^{1}H 和 ^{13}C 与 $^{n}J_{CH}$ 相耦合。

无论是正相实验还是反相实验，所测得的谱图形式是一样的，一维是氢谱，另一维是碳谱。解谱方法也是相同的。其区别在于正相实验中水平轴 F_2 方向的投影是全去耦碳谱，垂直轴 F_1 方向的投影是氢谱。反相实验获得的谱图正好相反。

二维NOE谱（nuclear overhause effect spectroscopy）简称为NOESY谱，反映了分子中核与核之间空间距离的关系，与二者间相距多少化学键无关。因此对确定化合物结构、构型、构象及生物大分子，如蛋白质分子，在溶液中的二级结构等有重要意义。

NOESY谱与 ^{1}H-^{1}H COSY谱十分相似，其F_2和F_1上的投影都是氢谱，也有对角峰和交叉峰，图谱解析方法和COSY相同，不同的是图中交叉峰不表示两个氢核之间有耦合关系，而是表示两个氢核间的空间位置接近程度。由于NOESY谱是由COSY谱发展而来，因此谱图中常常出现COSY峰，即J耦合交叉峰，所以在解析时需对照其 ^{1}H-^{1}H COSY谱将J耦合交叉峰扣除。

二维核磁共振谱图还有许多，如COSYLR或LRCOSY谱，即优化长程耦合的COSY（COSY optimised for long range coupling）谱，用于确认^{3}J耦合以上的氢核与氢核之间的长程耦合关系。

TOCSY谱（total correlation specroscopy）和HOHAHA谱（homonuclear hartman-hahn spectroscopy）称为总相关谱，可从某一个氢核的谱峰出发，找到与它处于同一耦合体系的所有氢核谱峰的相关峰。TOCSY和HOHAHA的用途及谱图外观是一样的，只是测试时所用的脉冲序列不同。

二维核磁共振谱（2D NMR）可用于分析较为复杂的分子结构，通过对2个时间函数自由感应衰减（FID）的二次傅里叶变换，将通常挤在一维NMR谱中的一个频率轴上的NMR谱在二维空间展开，从而较清晰地提供了更多的信息。由于2D NMR简化了谱图的解析，使NMR技术成为研究生物大分子在溶液中的结构和动力学性质的有效而重要的手段。通过同核^{1}H-^{1}H全相关谱（TOCSY）研究分子结构中各种氢核的相关关系，再通过异核相关谱（HMQC、HMBC）来研究分子结构中碳与氢的互相键合与耦合关系，还可以通过空间效应谱（NOESY）来研究更为复杂的分子空间立体结构。

【例7-7】某未知化合物分子式为$C_{20}H_{27}N_5O_5$，^{1}H-NMR谱及重水交换谱如图7-25所示，溶剂为氘代二甲亚砜（DMSO-d_6），TMS为内标物。已知该化合物的结构中含有6个活泼氢及以下3个片段：

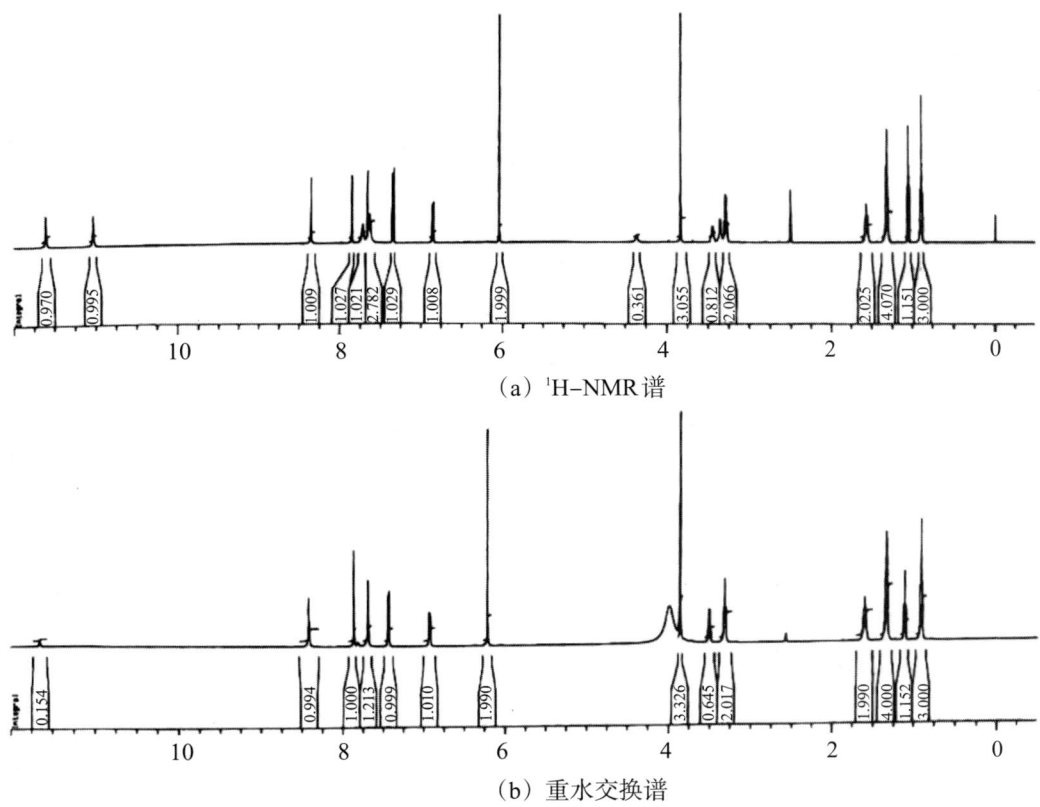

(a) ^{1}H–NMR 谱

(b) 重水交换谱

图 7-25　未知化合物的 ^{1}H–NMR 谱和重水交换谱

请对此化合物氢谱中上述结构片段相关的 13 组氢原子和相关碳谱中 17 个碳原子进行分析识别。

解：①谱图的基线平整，出峰正常，分别为在 DMSO-d_6 中检测获得的氢谱及重水交换谱，TMS 为内标物。

②溶剂峰识别：

在此化合物的氢谱中共有 21 组谱线，其中 δ_H = 0.00 ppm 是 TMS 的共振峰，δ_H = 2.50 ppm 的谱线是 DMSO-d_6 中未被完全氘代的甲基峰，δ_H = 3.35 ppm 的谱线是 DMSO-d_6 中的水峰。

③杂质峰的识别：

在重水交换谱中共有 17 组谱线，δ_H = 2.50 ppm 是溶剂峰，δ_H = 3.99 ppm 的谱线属于重水交换后的水峰及活泼氢经交换后产生的峰。剩下的 14 组谱线中峰面积比由高场到低场为 3∶1.2∶4∶2∶2∶0.8∶3∶2∶1∶1∶1.2∶1∶1∶0.2，则 δ = 1.11 ppm、3.51 ppm、7.69 ppm 及 11.65 ppm 的谱线与其他谱线的峰面积无比值关系。对照谱图（a）可知 7.69 ppm 和 11.65 ppm 的谱线是未完全与重氢（D）交换而残存的活泼氢信号。δ_H = 1.11 ppm 和 3.51 ppm 的谱线则可认为是杂质峰。

④化学位移的分区：

高场部分（0.8～4.5 ppm）为饱和区，共有5组谱线，其中δ_H = 3.83 ppm的谱线为单峰，有3个H，应是与杂原子相连的甲基CH_3，因此可确定为甲氧基的氢原子H-1。3.29 ppm处的谱线是三重峰，有2个H，应是与杂原子相连的亚甲基CH_2，则可确定为H-7。δ_H = 0.89 ppm处的谱线是三重峰，有3个H，则是结构中的端甲基上的氢原子H-11。其余2条谱线难以鉴别，需借助其他解析方法，如化学位移估算或者测定二维COSY谱进行识别。

低场部分（6～12 ppm）为不饱和区，共有10组谱线是化合物的峰。其中，δ_H = 7.64 ppm、7.73 ppm、11.03 ppm和11.60 ppm的峰在重水交换后变小，说明是活泼氢，在此不进行讨论。从分子结构分析，除了H-12和H-13是对称结构外，其余氢核都不对称，所以可认为δ_H = 6.05 ppm的单峰（2个H）的谱线是H-12和H-13的峰。δ_H = 6.86 ppm的双峰（1个H），7.35 ppm的双峰（1个H）和7.67 ppm的双峰（1个H）应是吲哚环上的H-2、H-3和H-4，但具体归属哪个位置，同样可借助二维COSY谱进行识别。H-5和H-6的谱线都是单峰，有1个H，因此应是谱图中的δ_H = 7.86 ppm、8.36 ppm的谱线，因它们是C=N基团中碳原子上的H，所以它们的化学位移接近，需借助其他二维谱图辅助鉴别。

未知化合物的二维COSY谱如图7-26所示。根据上述分析已知δ_H = 0.89 ppm的谱峰属于甲基氢原子H-11，从此谱线出发向F_2轴作垂线，可找到一个交叉峰，从此交叉峰出发向F_1轴作水平线与一个对角峰相交，然后再从这个对角峰出发向上作垂线，找到另一组谱线δ_H = 1.32 ppm，由此可知0.89 ppm处的谱线与1.32 ppm处的谱线相关，即1.32 ppm（有4个H）的谱线对应于同甲基H-11直接相连的亚甲基上的2个H-10。从1.32 ppm的谱线出发继续向下向F_2作垂线，又可找到另一个交叉峰，从这个交叉峰出发向F_1轴作水平线与另一个对角峰相交，再从这个对角峰出发向上作垂线，可找到另一组谱线δ_H = 1.57 ppm，即1.32 ppm的谱线与1.57 ppm的谱线相关。同样方法可得到1.57 ppm的谱线与3.29 ppm的谱线相关，由此确定1.57 ppm的谱线对应的是H-8，1.32 ppm的谱线还对应另一个亚甲基H-9。同样在低场部分可得到6.86 ppm的谱线与7.35 ppm处的谱线相关，另外还与7.67 ppm的谱线相关，但从谱图上可见其交叉峰较弱，表明是远程耦合，则可确定6.86 ppm的谱线对应于H-2，7.35 ppm的谱线对应于H-3，7.67 ppm的谱线对应于H-4。

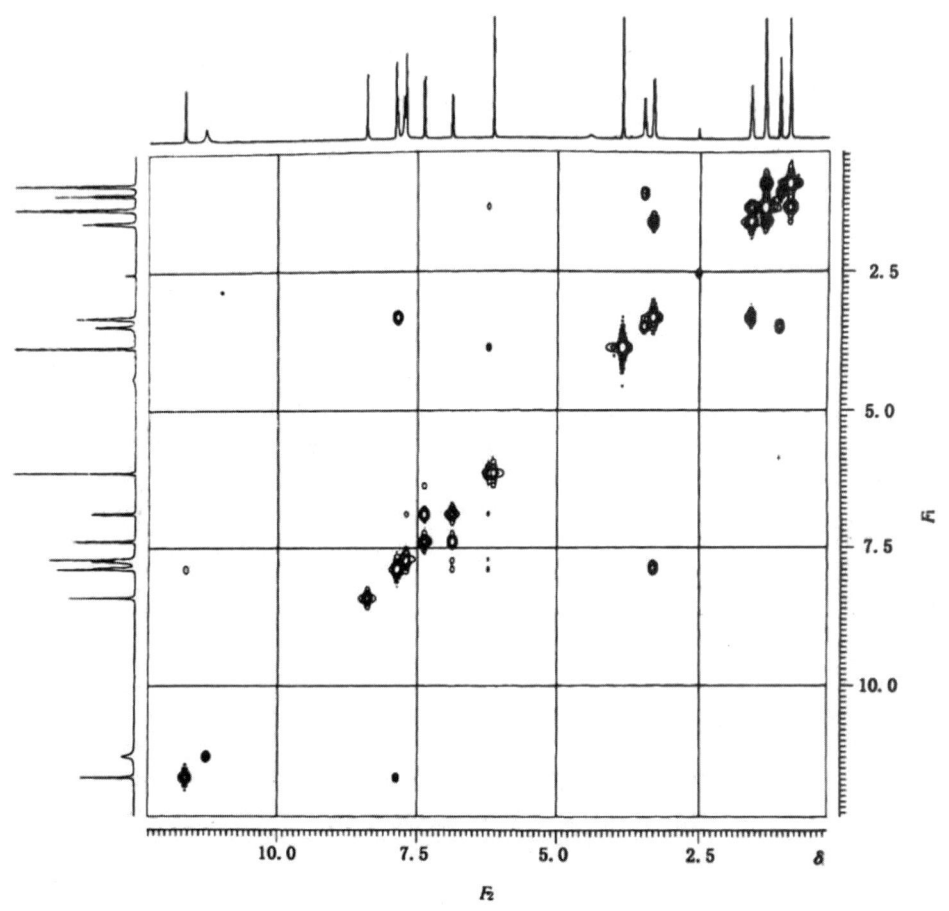

图7-26　未知化合物的 ^{1}H-^{1}H COSY谱

氢原子识别结果见表7-40所列。

表7-40　未知化合物三个结构片段中的氢原子在氢谱中的归属

	H-1	H-2	H-3	H-4	H-5	H-6	H-7	H-8	H-9	H-10	H-11	H-12	H-13
δ_H(ppm)	3.80	6.86	7.35	7.67	7.86 或 8.36	8.36 或 7.86	3.29	1.57	1.32	1.32	0.89	6.05	6.05

未知化合物的定量碳谱和DEPT-135°谱如图7-27所示。溶剂为DMSO-d_6，TMS为内标物。则δ_C = 39.50 ppm的谱线（7重峰）是溶剂中甲基的共振峰。

定量碳谱中δ_C = 18.60 ppm、56.13 ppm的谱线峰面积与其他谱线的峰面积没有比例关系，为杂质峰。这与氢谱所得结果对应。

根据DEPT-135°谱可确定定量碳谱中δ_C = 13.91 ppm、55.25 ppm的谱线属于甲基中的碳原子，21.87 ppm、28.37 ppm及40.98 ppm的谱线属于亚甲基中的碳原子，103.98 ppm、112.65 ppm、131.91 ppm、136.09 ppm及144.97 ppm的谱线属于烯碳，其余的峰属于季碳。由此可知，13.91 ppm的谱线属于C-15，55.25 ppm的谱线属于C-1，

40.98 ppm的谱线属于C-11，21.87 ppm和18.37 ppm的谱线属于C-12、C-13和C-14。

于是根据已有这两个碳谱只有C-15、C-1和C-11三个碳原子所对应的谱线确定。其余12个碳原子的对应关系可采用二维HMQC谱和HMBC谱相结合进行鉴别。

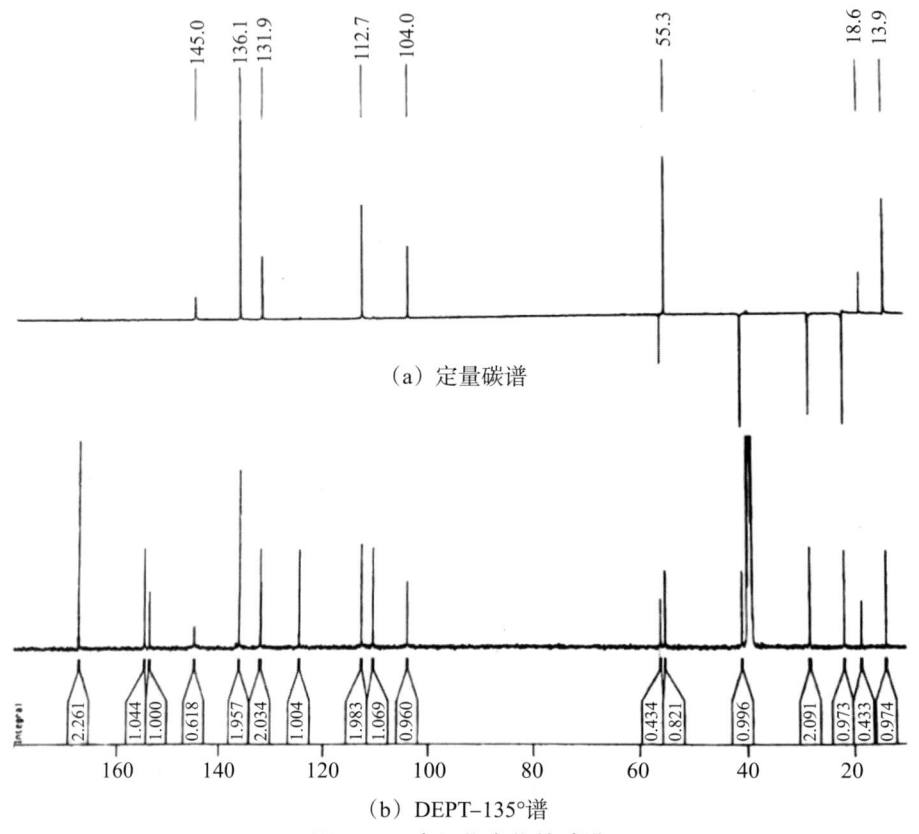

(a) 定量碳谱

(b) DEPT-135°谱

图 7-27　未知化合物的碳谱

图 7-28 为未知化合物的 HMQC 谱。从 HMQC 谱的横坐标，即已知氢谱谱线出发向下作垂线找到交叉峰，再从此交叉峰出发向纵坐标，即 F_1 轴的碳谱作水平线，就可找到与其相关的碳谱谱线。也可从已知的碳谱谱线出发作水平线找到相应的交叉峰，再从交叉峰向横坐标，即 F_2 轴的氢谱作垂线，找到与之相关的氢谱谱线。

如从 H-1 的 3.80 ppm 谱线出发向下作垂线，可获得一个交叉峰，再从此交叉峰向碳谱作水平线，就可找到与之相关的碳谱谱线为 55.25 ppm。以此方法就可将氢谱中的氢原子与碳谱中的谱线对应起来。碳原子识别结果见表 7-41 所列。

表 7-41　未知化合物三个结构片段部分中的碳原子在碳谱中的归属

	C-1	C-3	C-4	C-7	C-9	C-10	C-11
δ_C (ppm)	55.25	112.65	112.65	103.98	131.96 or 144.97	144.97 or 131.96	40.98
	C-12	C-13	C-14	C-15	C-16	C-17	
δ_C (ppm)	28.33	21.87 或 28.33	28.33 或 21.87	13.91	136.09	136.09	

在图 7-28 HMQC 谱图上，氢谱中的 6.86 ppm 和 7.35 ppm 谱线都对应于碳谱中 112.65 ppm 的谱线，表明这两个碳原子在碳谱中有相同的化学位移，在定量碳谱中已反映出其积分值为 2。另外，氢谱中 1.32 ppm 的谱线对应于碳谱中 21.87 ppm 和 28.33 ppm 的谱线，表明这两个亚甲基在氢谱中有相同的化学位移，但在碳谱中化学位移值不同。

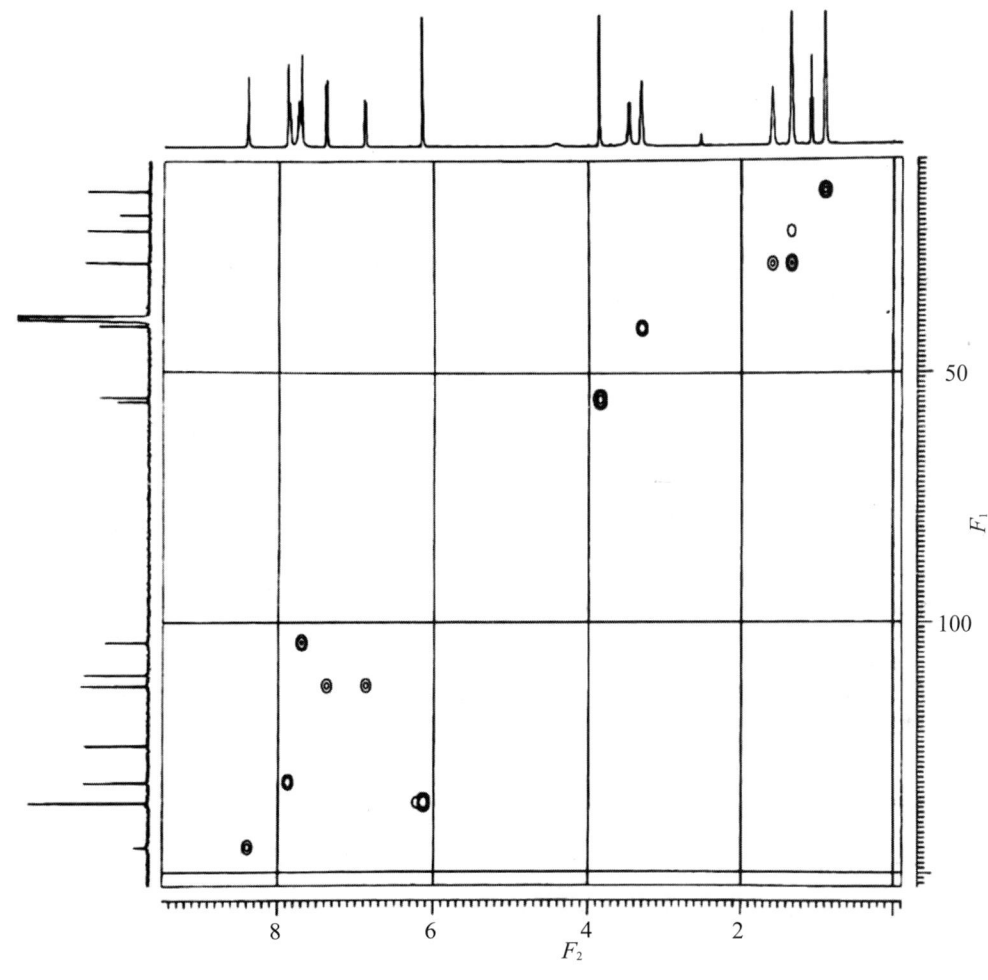

图 7-28　未知化合物的 HMQC 谱图

至此，C-9、C-10 及 C-13、C-14 仍然无法确定，另外季碳也未确定，因此采用 HMBC 谱进行进一步的碳原子识别。

HMBC 谱的解析方法与 HMQC 谱的解析方法类似。可从 HMBC 谱的横坐标，即 F_2 轴的氢谱上有关谱线出发向下作垂线，找到一系列的交叉峰，再从这些交叉峰向纵坐标，即 F_1 轴的碳谱作水平线，就可找到一系列与之相关的碳谱谱线。也可从已知的碳谱出发作水平线，找到一系列交叉峰后再作垂线，找到与之相关的氢谱谱线。

图 7-29 为未知化合物的 HMBC 谱。从纵坐标的碳谱中 28.33 ppm 的谱线出发作

水平线，可找到4个交叉峰，再从这4个交叉峰分别向横坐标作垂线，找到与之相关的氢谱谱线分别为0.89 ppm、1.32 ppm、1.57 ppm和3.29 ppm，表明此谱线所对应的碳原子与H-11、H-10、H-9、H-8和H-7相关。再从21.87 ppm的谱线出发作水平线，可找到3个交叉峰，由此分别向横坐标作垂线找到与之相关的氢谱谱线为0.89 ppm、1.32 ppm和1.57 ppm，表明此谱线所对应的碳原子与H-11、H-10、H-8和H-8相关，但与H-7无关，则可知21.87 ppm的谱线所对应的碳原子是C-14，28.33 ppm的谱线所对应的碳原子是C-13和C-12，定量碳谱也表明此谱线的积分值是2，即有2个碳原子。

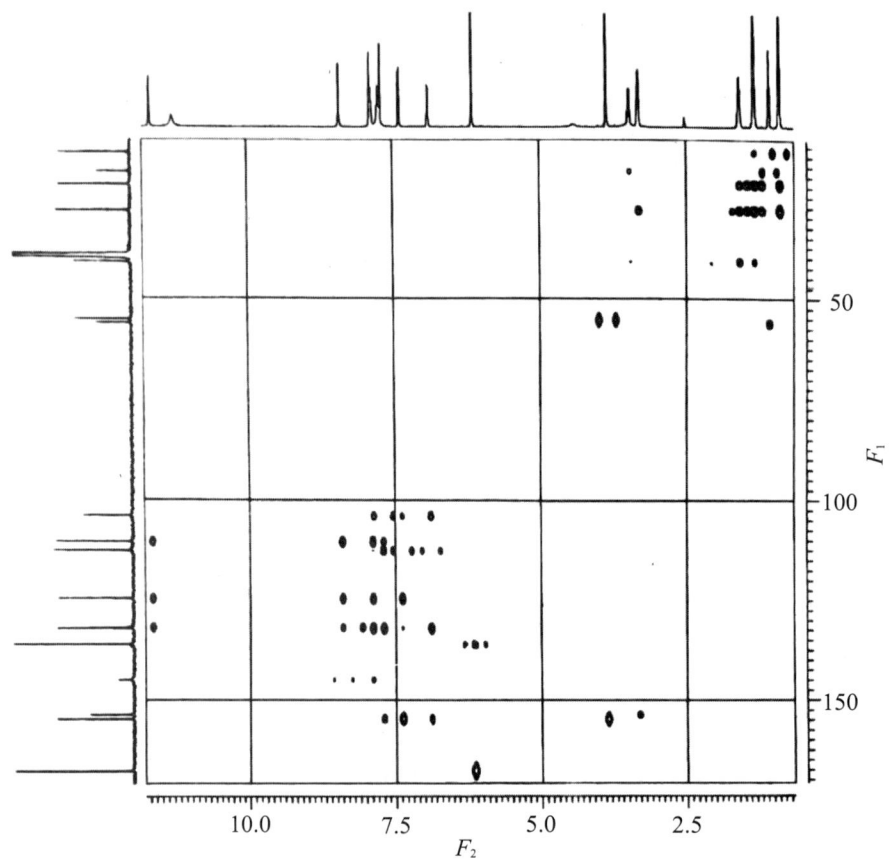

图7-29　未知化合物的HMBC谱图

从未知化合物的结构片段分析可得，HMBC谱中C-5与H-2、H-4和H-5相关，C-6与H-6相关。因此，从横坐标的氢谱中相应的谱线6.86 ppm、7.67 ppm或8.36 ppm向下作垂线，各找到一系列交叉峰，再以此向纵坐标作水平线，找到其中一条同时与这3组峰相关的碳谱谱线为132.05 ppm，即为C-5。同样从7.35 ppm、7.86 ppm和8.36 ppm向下作垂直线，也可找到一系列交叉峰。再以此向纵坐标作水平线，找到其中一条同时与这3组峰相关的碳谱谱线为124.60 ppm，即为C-6。

由此还可确定 H-5 和 H-6 分别对应的谱线为 7.86 ppm 和 8.36 ppm，再由 HMQC 谱又得到 C-9 的 δ_C = 131.96 ppm 和 C-10 的 δ_C = 144.97 ppm。用同样的方法可得到 C-2 和 C-8 所对应的谱线分别为 154.67 ppm 和 110.45 ppm。

至此，未知化合物三个结构片段中所有碳原子的归属已完成，结果列于表 7-42。

表 7-42　未知化合物三个结构片段中的全部碳原子在碳谱中的归属

	C-1	C-2	C-3	C-4	C-5	C-6	C-7	C-8	C-9
δ_C (ppm)	55.25	154.67	112.65	112.65	132.05	124.60	103.98	110.45	131.96
	C-10	C-11	C-12	C-13	C-14	C-15	C-16	C-17	
δ_C (ppm)	144.97	40.98	28.33	28.33	21.87	13.91	136.09	136.09	

7.8.4　核磁共振成像

核磁共振成像全称为核磁共振电子计算机断层扫描技术，是根据生物磁性核，如氢核，在磁场中表现的共振特性进行成像的新技术。1971年达马迪安（R. Damadian）最先将核磁共振成像（magnetic resonance imaging，MRI）用于临床医学，发现肿瘤组织的纵向弛豫时间（T_1）和横向弛豫时间（T_2）比正常组织的长。1978年，劳特布尔等用核磁共振设备获得了第一幅人体头、胸和腹部的核磁共振图像。1980年，霍克斯（R. Hawkes）等证实了MRI多平面成像的优点，并首次报告了用MRI检查颅内病变的结果，同年商品化的MRI仪器出现。目前MRI技术成为了各国重要的临床影像诊断技术。

MRI是利用生物体不同组织在外磁场影像下产生不同的共振信号而成像，用于临床诊断的大部分是氢核磁共振成像。生物体内不同组织的含水量不同，同一组织发生病变时，变形部位周围的免疫反应和细胞浸润增加了局部的含水量，造成正常组织和病变组织的含水量存在差异，于是不同组织间、正常与病变组织间的T_1或T_2值存在差别，因此临床MRI都采用T_1或T_2成像。MRI检测时对机体无损伤，可对多种疾病提供准确诊断，但有30%以上的检测必须使用核磁共振成像造影剂以缩短成像时间，同时提高成像对比度和清晰度。

随着2D、3D NMR的发展，人们很快认识到NMR成像对研究人体和动物解剖具有巨大潜力。由于含水量和弛豫时间的差异，利用适当的NMR脉冲序列就可以区别不同的生物组织，获得有明显不同的正常和病理组织的图像，从而为研究人体深层次的思维活动开辟了新天地。

7.8.5　电子顺磁共振波谱

电子顺磁共振（electron paramagnetic resonance，EPR）也称为电子自旋共振（electron spin resonance，ESR），是直接检测和研究含有未成对电子的顺磁性物质的分析方法。因电子的磁共振不仅指电子自旋磁矩的磁共振，电子轨道磁矩的贡献也不能忽视，因此称这种检测手段为电子顺磁共振比较合适。

EPR是1945年由前苏联物理学家扎沃伊斯基（Y. Zavoisky）首先提出。截至今天，EPR在理论、实验技术、仪器结构性能等方面都有了很大的发展。尤其是计算机技术和固体器件的使用，使EPR谱仪的灵敏度、分辨率都有了数量级的提升，从而拓展了EPR波技术的应用范围。

EPR技术是研究含有一个电子或多个未成对电子物质的波谱技术，因此要求样品至少含有一个未成对电子，所研究的体系主要有自由基、三重态物种、过渡金属配合物（多自旋体系）等顺磁性物质。EPR技术目前在物理学、化学、医学、生命科学、材料学等领域内获得了越来越多的应用。

7.8.5.1 物质的磁性

物质的原子、分子和离子在外磁场作用下，主要有抗磁、顺磁和铁磁三种磁化现象。

（1）抗磁性

物质本身并不呈现磁矩，但由于其内部电子的轨道运动，在外磁场作用下会产生拉莫尔进动，感应出一个诱导磁矩，其方向与外磁场方向相反，具体表现为与外磁场方向相反的一个附加磁场，但磁化强度与外磁场强度成正比，并随着外磁场的消失而消失。这种性质称为抗磁性，这类物质被称为抗磁性物质或逆磁性、反磁性物质。

（2）顺磁性

物质的分子或离子本身具有永久磁矩，在没有外磁场作用时，原子、分子或离子由于热运动使它们的排列方向无序，其永久磁矩指向各方向的机会相等，因此对物体内任何体积，各分子、离子磁矩的矢量和等于零。当有外磁场存在时，永久磁矩顺着外磁场方向排列，产生一个磁场，该磁场的磁化方向与外磁场方向相同，磁化强度与外磁场强度成正比。在外磁场作用下，具有永久磁矩的分子、离子也会感应出一个方向与外磁场方向相同的诱导磁矩。因此，在外磁场作用下，所得到的附加磁场应该是两种磁场的矢量和。这种性质被称为顺磁性，这类具有永久磁矩的物质就被称为顺磁物质。

（3）铁磁性

铁磁性是顺磁性的特殊情况。其特点是物质的磁化强度与外磁场强度不存在正比关系，而是随着外磁场强度的增加而剧烈增加，并且在外磁场消失后，物质的磁性呈现滞后现象。

7.8.5.2 顺磁共振产生条件

根据泡利不相容原理，分子轨道上不能存在两个自旋态相同的电子，因而各个轨道上已经成对的电子自旋运动产生的磁矩相互抵消，只有存在未成对电子的物质才具有永久磁矩，它在外磁场中呈现出顺磁性。

产生顺磁共振的原理与核磁共振相似，差别在于顺磁共振是由未成对电子的自旋产生的磁矩所引起的共振吸收。由于电子自旋磁矩在磁场中方向量子化，磁矩取向不同，因此能量不同，产生的磁能级也不同，那么当外加磁场电磁波的频率和磁能级间隔相同时，电磁波被吸收，产生电子顺磁共振。

当含有未成对电子的物质置于磁感应强度为 B_0 的外磁场中时，电子的磁矩 μ 与外

磁场的相互作用能为

$$E = -\boldsymbol{\mu}\boldsymbol{B}_0 = -\mu B_0 \cos\theta = -\mu_z \boldsymbol{B}_0 = m_s g_e \beta_e \boldsymbol{B}_0$$

式中，θ 是 $\boldsymbol{\mu}$ 与 $\boldsymbol{B}_0$ 的夹角，μ_z 是 $\boldsymbol{\mu}$ 沿着 B_0 方向的投影，m_s 是电子的磁量子数，g_e 是无量纲因子，称为电子的朗德因子，简称 g 因子，自由电子的 g 因子为 2.0023。β_e 是电子的玻尔磁子，为 9.27×10^{-24} J/T。

则两个磁能级间的能级差为

$$\Delta E = g_e \beta_e \boldsymbol{B}_0$$

如果只有一个未成对电子，则沿磁场方向的分量 m_s 只取 ±1/2 两个值，其两种可能状态的能量分别为

$$E_\alpha = \frac{1}{2} g_e \beta_e \boldsymbol{B}_0$$

$$E_\beta = \frac{1}{2} g_e \beta_e \boldsymbol{B}_0$$

当 $B_0 = 0$ 时，$E_a = E_b = 0$，表明两种自旋的电子具有相同的能量。当 $B_0 \neq 0$ 时，分裂为两个能级，能级差为

$$\Delta E = g_e \beta_e \boldsymbol{B}_0$$

这种现象称为塞曼分裂（Zeeman splitting）。分裂的能级差与 $\boldsymbol{B}_0$ 的大小成正比。即，顺磁物质分子中未成对电子在外界磁场作用下产生能级分裂。如果在垂直于 $\boldsymbol{B}_0$ 的方向上施加频率为 $h\nu$ 的电磁波，由于磁能级跃迁的选律是 $\Delta m_s = \pm 1$，所以当满足下面条件：

$$h\nu = g_e \beta_e \boldsymbol{B}_0$$

式中，h 为普朗克常数。

由此可知，处于两个能级间的电子受激跃迁，其净结果是部分处于低能级中的电子吸收电磁波能量跃迁到高能级中。这就是电子顺磁共振现象。

受激跃迁产生的吸收信号经系统处理可获得电子顺磁共振吸收谱线，即 EPR 谱。EPR 谱的谱线形状反映了共振吸收强度随磁场变化的关系。通常，现代 EPR 波谱仪记录的是吸收信号的一次微分线性，即一次微分谱。

电子顺磁共振波谱与核磁共振波谱都属于磁共振波谱，主要有以下区别。

①电子顺磁共振波谱研究的是电子磁矩与外磁场的相互作用，是由通常认为的电子塞曼效应所引起。核磁共振波谱研究的是原子核在外磁场中的原子核塞曼能级间的跃迁。即电子顺磁共振波谱和核磁共振波谱研究的分别是电子磁矩和原子核磁矩在外磁场中重新取向所需的能量。

②电子顺磁共振波谱的共振频率在微波段，核磁共振波谱的共振频率在射频波段。

③电子顺磁共振波谱的灵敏度比核磁共振波谱的灵敏度高，电子顺磁共振波谱检出所需自由基的绝对浓度约在 10^{-8} M 数量级。

④两种仪器在结构上有差别。电子顺磁共振通常利用恒定频率，采取扫场的方法，而核磁共振波谱一般利用恒定磁场，采取扫频的方法。

7.8.5.3 电子顺磁共振波谱仪

电子顺磁共振波谱仪主要由微波系统、磁铁系统、谐振腔和检测系统四部分组成。

(1) 微波系统

微波系统又称为速调管，是为仪器提供必要的共振频率的电磁波发生器。现代电子顺磁共振波谱仪通常备有X波段和Q波段的微波系统。X波段又称3 cm波段，其中心频率为9.4 GHz，中心波长为3.2 cm。Q波段的中心频率为35 GHz，中心波长为8 mm。

(2) 磁铁系统

磁铁系统为仪器提供稳定的磁场。EPR波谱仪由电磁铁产生磁场。磁铁的均匀性和稳定性是获得良好EPR谱图的关键所在。

(3) 谐振腔

谐振腔又称样品腔，是EPR波谱仪的核心部件，是使样品在磁场和电磁中都处于合适的方向的腔体，能把微波能量集中于腔中的样品处，并使其在外磁场作用下产生共振吸收。

(4) 检测系统

检测系统包括检波器、放大器、记录器等。

7.8.5.4 EPR谱测试方法

EPR谱的测试最常用的有以下三种方法。

(1) 直接测试法

电子顺磁共振波谱是直接研究和检测顺磁性物质的最直接和有效的方法。由于顺磁物质含有未成对电子，所以大多数都呈现活泼的化学性质。但因结构不同，活泼性也不同。以自由基为例，有的自由基分子中存在共轭体系、电子离域和未成对电子分散到更多原子上的情况，这就增加了未成对电子的电子云分散性，于是提高了自由基的稳定性。有的自由基中存在空间位阻，或存在螯合作用等，这些也提高了自由基的稳定性。例如，三苯甲基自由基及目前常使用的大多数氮氧自由基都是非常稳定的顺磁物质。对于性质稳定的顺磁物质可以直接进行测试，用于鉴定自由基的存在，是研究自由基分子结构最直接、最简单的方法。

(2) 自旋捕获法

自旋捕获法是用于检测短寿命自由基的方法，被广泛用于有机化学、电化学、高分子化学、生物学、医学和药学等反应过程中低浓度、短寿命自由基的检测和结构研究。

自旋捕获法的原理是用逆磁性的不饱和化合物，即自旋捕获剂和反应中的不稳定自由基加成生成另一种较为稳定的自由基，即自旋加合物。通过研究自旋加合物的EPR谱，从而获得不稳定自由基的结构信息。

常用的自旋捕获剂有2-甲基-2亚硝基丙烷（MNP）、亚硝基杜烯（ND）、三正丁基亚硝基苯（TBN）、苯基正丁基硝酮（PBN）和二甲基氧化吡咯（DMPO）等。

(3) 自旋标记法和自旋探针法

自旋标记法是将一种稳定的顺磁性分子用共价结合的方式引入被研究体系分子的特定部位，利用其波谱特性反映该顺磁分子所处相关环境的物理、化学性质。

常用的自旋标记物为氮氧自由基，其性质稳定，比较易于合成多种所需的标记物。根据EPR谱提供的信息，可获得被研究体系的极性、黏度、分子的空间构象、排列的有序性及动力学性质。

自旋探针法与自旋标记法的唯一区别是探针分子以非价键结合方式引入被研究体系。

常用的探针分子除氮氧自由基外，还可为金属离子，如Cu^{2+}、Mn^{2+}或较稳定的氮氧化合物，在一定条件下，生成具有EPR信号的氮氧自由基。常用的氮氧自由基有吡啶烷氮氧自由基、吡咯烷氮氧自由基、咪唑烷氮氧自由基等。

自旋标记法和自旋探针法能使一些抗磁性的物质也成为EPR研究的对象，从而拓展了EPR的应用范围。

7.9　要点小结

①核磁共振产生的条件是存在外磁场，且外磁场频率正好等于磁核拉莫尔进动的频率。而磁核自旋弛豫过程是核磁共振现象发生后得以保持的必要条件。

②因原子核所处化学环境改变而引起共振条件（原子核的共振频率或磁场强度）发生变化的现象被称为化学位移。化学位移是核磁共振波谱中重要的参数，一般使用相对化学位移。

③影响化学位移的因素有电子效应（诱导效应和共轭效应）、磁各向异性效应、氢键、溶剂效应、范德瓦耳斯效应、活泼氢、碳原子杂化状态、空间效应、电场效应、重原子效应、顺磁离子效应及温度效应等。

④相邻原子核发生干扰会产生自旋裂分现象。峰的裂分数符合（$2nI+1$）规则，其中I是自旋量子数，n是核的数目。

⑤核磁共振波谱可用于对分子结构进行定性和定量分析。一般定性解析有以下步骤。

①检查谱图质量。
②识别杂质峰。
③根据分子式计算分子不饱和度。
④积分获得峰面积或峰高，算出各组峰的氢原子数。
⑤根据化学位移、质子数及裂分峰数目推测碳的级数、分子的对称性及相应结构单元等。
⑥分析剩余结构单元，计算不饱和度。
⑦将分析出的结构单元组合成可能的结构。
⑧对分析出的分子结构进行验证，排除不合理结构。

第八章 色谱法

8.1 色谱法概述

8.1.1 色谱法的发展

色谱法的起源可以追溯到1850年，隆格（F. Lunge）将一滴染料混合液滴到吸墨纸上，染料在纸上扩散成一层一层的圆环。1861年，申拜恩（C. Schoenbein）将一滴无机盐混合溶液滴到含自身质量20%的水分的滤纸上，各种盐以不同速度向四周扩散成层，这就是液液色谱法的雏形。1897年，达伊（D. Day）将石油加压流过沸石，发现石油被分为几层。1900年，克利特卡（S. Kritka）发现石油通过碳酸钙细分柱时可分成不同部分。

1903年，俄国植物学家茨维特（M. Tswett）在研究植物叶片的色素成分时，将植物叶片的萃取物倒入填有碳酸钙的直立玻璃管内，然后加入石油醚使其自由流下，结果色素中各组分互相分离形成各种不同颜色的谱带，这种方法因此得名色谱法（chromatography）。之后此法逐渐被应用于无色物质的分离，"色谱"二字虽已失去原来的含义，但仍被人们沿用至今。

在茨维特的实验中，将填入玻璃管内静止不动的碳酸钙称为固定相；自上而下流动的石油醚称为流动相，作用是推动混合物流动；装有固定相的玻璃管被称为色谱柱。即色谱法共使用固定相和流动相两相，混合物在两相间反复分配而达到分离的目的。

1930年代初，库恩（R. Kuhn）把茨维特的方法用于类胡萝卜素的分离，从此色谱法开始被应用于各种领域。1935年，科学家第一次用苯酚和甲醛合成了有机离子交换剂，能交换阳离子和氢离子。后来又合成了阴离子交换剂，既可用于离子交换，又可用于色谱分离，这就是现在的离子交换色谱法的雏形，至1950年离子交换色谱法已经成型。

1938年，科学家将糊状Al_2O_3浆液在玻璃板上铺成均匀薄层，用于分离植物中的药用成分，这就是薄层色谱法的起源。1949年，Macllean在Al_2O_3中加入淀粉黏合剂制成薄层板，发展了薄层色谱法。

1940年，马丁（A. Martin）和辛格（R. Synge）提出液液分配色谱，以吸附在硅胶上的水作为固定相，有机溶剂作为流动相，实现了某些氨基酸的分离。1941年，他们预言了以气体代替液体作为流动相来分离各类化合物的可能性。1952年，两人又成功研究了在惰性载体表面涂渍一层均匀的有机化合物膜作为固定相，并以气体为流动相，用来分离脂肪酸混合物，这就是气-液色谱。因前述成就，1952年他们获诺贝尔奖化学奖。

1944年，康斯坦因（A. Consden）用纤维（滤纸）作固定载体，以吸附在滤纸上的水作溶剂，根据组分在两相中溶解度不同，即渗透率（速率）不同而使各组分彼此分离，该方法称为纸色谱法。

1952年，詹姆斯（G. James）和马丁用气-液色谱法分析了脂肪酸和脂肪胺等混合物，并提出气相色谱法塔板理论。1954年，雷（R. Ray）首次将热导检测器用于气相色谱。1955年，第一台商业化的气相色谱仪由美国珀金埃尔默公司生产问世，其采用热导检测器作为检测系统。1956年，斯塔尔（H. Stahl）开发出薄层色谱板涂布器，使因手工涂布带来的实验误差大大降低，薄层色谱法因此得到广泛应用。1956年，迪姆特（J. Van Deemter）发展了速率理论。1956—1957年，格洛里（D. Glory）开创了开管柱气相色谱法，习惯上将其称为毛细管气相色谱法。1957年，霍姆斯（O. Holmes）等首次将气相色谱与质谱联用。1965年，吉丁斯（J. Giddlings）总结和扩展了前人的色谱理论，奠定了色谱的理论基础。1968年，研究人员将高压泵和化学键合固定相应用于液相色谱法，发展了高效液相色谱法。1975年，离子色谱的出现和各种金属螯合物色谱的迅速发展，使色谱法已被用于无机阴、阳离子和金属元素的分析。

20世纪50—60年代是以气相色谱为突破口的大发展时期，70年代进入以高效液相色谱为代表的现代色谱时代。20世纪60—70年代GC-MS、GC-FTIR（傅里叶变换红外光谱）等联用成功，使色谱联用技术成为分离、鉴定、剖析复杂混合物的最有效工具。20世纪70年代，计算机技术被引入色谱领域，出现了由计算机控制的全自动色谱仪。80年代以来，高效液相色谱的应用范围和文献数量已超过气相色谱。

20世纪80年代初，乔根森（J. Jorgenson）发展了毛细管区带电泳（capillary zone electrophoresis，CZE）。20世纪90年代，科学家结合高效液相色谱法和毛细管区带电泳法的优点，发展了毛细管电色谱法（capillary electro chromatography，CEC）。2000年6月，人类基因组计划已经基本完成了工作草图，其中CZE起到重要作用。

在较长时期内，色谱法主要应用在有机分析领域。随着科技的发展，如今的色谱法在有机物、无机物和生物化学领域的研究和分析中都具有重要的地位。

自茨维特创立色谱法后该法已经经历了一百多年的发展，至今色谱法依然还在发展之中。可以说，色谱法的发展历史就是新方法和新技术发展的历史。

8.1.2 色谱法的定义和特点

色谱法又称色谱分析、色层法或者层析法，是利用物质在两个相对运动的相间的多次平衡分配原理，即利用各物质在两相间分配系数的差别，对物质进行分离和分析的方法。色谱分析法的程序是先分离，后分析。

色谱法中一定存在有两相，即固定相和流动相。两相中，相对固定不动的一相称为固定相，移动的一相称为流动相。

当流动相中的样品混合物经过固定相时，会与固定相发生作用。由于各组分在性质和结构上的差异，与固定相相互作用的类型、强弱也有差异，因此在同一推动力的作用下，不同组分在固定相滞留时间长短不同，从而按先后不同的次序从固定相中流出。因此，色谱法就是使混合物在流动相的携带下通过色谱柱而分离出各种组分进行分析的方法。其本质就是利用各组分在两相中分配系数或吸附能力的差异而进行分离。

电泳分析法虽然不是基于两相相对运动分离不同的组分，但其分离过程、仪器结构、分离通道的形状和所用的一些名词和术语都与色谱法相似，所以一般将电泳法也归类为色谱法。

色谱法以其高超的分离能力为特点，其分离效率远远高于其他分离技术（如蒸馏、萃取和离心等方法）。色谱法具有以下优点。

①分离效率高：

色谱法可以对复杂混合物进行分离，对多组分和复杂样品进行测定，如同系物、同分异构体和手性异构体。

②样品用量少。

③检测灵敏度高：

可检测出浓度为ug/L级甚至ng/L级的物质。

④分析速率快：

利用色谱法一般在几分钟到几十分钟内就可以完成一次复杂样品的分离和分析。一些小内径、薄液膜、短毛细管柱的色谱分析比常规色谱方法的分析速度5～10倍。

⑤应用范围广：

气相色谱适用于沸点低于400 ℃的各种物质的分析。液相色谱法适合于高沸点、热不稳定等几乎所有物质的分离和分析。色谱法几乎可用于所有化合物的分离和测定，无论是有机物、无机物、低分子或高分子化合物，甚至有生物活性的生物大分子也可进行分离和测定。

⑥分离和测定一次完成，方便与多种波谱仪联用。

⑦易于实现自动化，可在工业流程中使用。

虽然色谱法优点明显，但也存在其自身不足，主要体现在对分离后的组分进行定性较为困难，常需以纯物质作为对照。一般来说，色谱的定性分析需要保留值，但在一定色谱条件下，一个保留值常常能对应多个化合物。因此常采用多种技术联用的方法来克服此缺点。如将色谱法与波谱法、质谱法等分析技术联用，实现未知化合物的分离和鉴定。常见的联用设备有气相色谱-质谱联用仪（GS-MS）、气相色谱-傅里叶变换红外光谱仪（GS-FTIR）、液相色谱-质谱仪（LC-MS）、区带-质谱仪（CZE-MS）、气相色谱-等离子体发射光谱仪等。

8.1.3 色谱法的应用

色谱法自产生开始就对科学的进步和生产的发展起着重要的作用。随着人工智能、自动化技术的进步，色谱技术也得到了迅猛的发展，并在诸多领域得到了广泛的应用。

（1）工业生产

20世纪30～40年代，色谱法揭开了生物世界的奥秘，人类得以知道自然界中有许多相似的物质。50年代开始，色谱法被用于石油工业研究。60~70年代，色谱法是石油化工、化学工业的主要检测手段。

（2）科学研究

在科学研究中，气相色谱可用于痕量分析、环境分析、农药残留分析、生物材料残留分析等；高效液相色谱可用于环境污染物检测、中草药有效成分测定，或用于药物动力学研究等领域；高效液相与质谱联用，可用于生物物质、有机化合物的分离和鉴定；高效液相与核磁联用可用于化合物分离与鉴定；毛细管区带电泳、毛细管电色谱法适用于蛋白质和DNA的检测研究。20世纪末，色谱法作出了重大贡献。目前，色谱法已广泛用于生命科学、材料科学、环境科学、医学、药学、食品和航天科学等诸多领域中对人类基因组计划和蛋白质组学的研究中。各种色谱仪目前已经成为各类研究室中极为重要的仪器。

8.2 色谱法分类

色谱法种类很多，其分类方法也五花八门。

8.2.1 按两相物理状态分类

色谱的两相分别是流动相和固定相。根据流动相的物理状态划分，流动相是气体的色谱称为气相色谱（gas chromatography，GC），流动相为液相的色谱称液相色谱（liquid chromatography，LC）。当流动相是在接近其临界温度和压力下工作的液体，而这种液体在常温和常压下是气体，这种色谱就称为超临界流体色谱（supercritical fluid chromatography，SFC）。

根据固定相是固体还是液体，气相色谱又可分为气-固色谱(gas-solid chromatography，GSC）和气-液色谱（gas-liquid chromatography，GLC）。同理，液相色谱亦可分为液-固色谱（liquid-solid chromatography，LSC）和液-液色谱（liquid-liquid chromatography，LLC）。对超临界流体色谱而言，同样可分为超临界流体-液相色谱（supercritical fluid-liquid chromatography）和超临界流体-固相色谱（supercritical fluid-solid chromatography）。

对于固定相是液体的色谱，其固定相可以是附着在惰性载体上的薄层有机化合物液体。随着色谱技术的发展，也可通过化学反应将固定液键合到载体表面，这种化学键合固定相的色谱又称化学键合相色谱（chemical bonded phase chromatography，CBPC）。

气-固色谱和液-固色谱的分离机理是吸附和脱附；气-液色谱的分离机理是溶解和挥发；液-液色谱的分离机理是溶解和洗脱。

8.2.2 按固定相的固定方式分类

根据固定相的固定方式，色谱法分为柱色谱和平面色谱。

（1）柱色谱

固定相装于柱内的色谱法，称为柱色谱（column chromatography）。柱色谱又分为填充柱色谱和毛细管柱色谱。

填充柱色谱是将固定相填充到玻璃柱或不锈钢柱内的色谱。当柱子内径小到0.5mm、0.25mm甚至几十微米时，称为毛细管。把固定相涂在毛细管内壁上，柱是中空的，这样的色谱称为毛细管柱色谱。

（2）平面色谱

固定相呈平面状的色谱称为平面色谱（planar chromatography）。平面色谱分为纸色谱和薄层色谱。

所谓纸色谱是以滤纸为载体，以吸附在滤纸上的水为固定相的色谱法。流动相则是含一定比例水的有机溶剂，使样品在滤纸上展开以进行分离。

把固定相研磨成粉末固定涂布在平板（玻璃板或铝箔或其他板等）制成薄膜的色谱法称为薄层色谱（thin layer chromatography，TLC）。

8.2.3 按分离原理分类

根据不同的分离原理，色谱法可分为吸附色谱法、分配色谱法、离子交换色谱法、排阻色谱法、毛细管电泳法和毛细管电色谱法等。

（1）吸附色谱法

此法利用各组分在吸附剂（固定相）上的吸附能力的差异而将其分离，称为吸附色谱法（adsorption chromatography）。

（2）分配色谱法

此法利用不同组分的两相分配系数或溶解度的不同而将其分离，称为分配色谱法（partition chromatography）。分配色谱中流动相的极性大于固定相极性的液相色谱称为反相色谱（reversed phase chromatography，RPC）；流动相极性小于固定相极性的液相色谱称为正相色谱（normal phase chromatography，NPC）。反相色谱是液相色谱中应用最广泛的一种模式，其流动相一般为具有酸（碱）性、离子强度低的水溶液以及一定比例的能和水互溶的乙腈、甲醇、四氢呋喃等有机溶剂，固定相一般为孔径在 30 nm 以上的烷基键合硅胶。

（3）离子交换色谱法

此法利用不同组分（离子）在给定离子交换剂中的亲和力大小差异而实现分离，称为离子交换色谱法（ion exchange chromatography）。

（4）排阻色谱法

此法利用凝胶对分子的大小和形状不同的组分所产生的阻碍作用不同而实现分离，称为凝胶渗透色谱法（gel permeation chromatography）或尺寸排阻色谱法（size exclusion chromatography）。

（5）毛细管电泳法

此法利用不同组分在电场中迁移速率的不同，即电泳淌度的差别实现分离，是以毛细管为分离通道，以高压直流电场为驱动力的新型液相色谱分离技术，称为毛细管电泳法（capillary electrophoresis）。

（6）毛细管电色谱法

此法在毛细管柱中填充或在毛细管壁涂布、键合色谱固定相，用电渗流或电渗流结合压力流来推动流动相，利用组分在两相间的分配比例差异和在电场中电泳淌度的差别而进行分离，称为毛细管电色谱法（capillary electrochromatography）它是高效液相色谱法和高效毛细管电泳法的有机结合。

近来年，研究者发明了利用不同组分与固定相（固定化分子）的高专属性亲和力进行分离的技术，称为亲和色谱法（affinity chromatography）。这种方法将具有生物活性的配位基键合在非溶性载体或基质表面形成固定相，利用蛋白质或生物大分子等样品与亲和色谱固定相表面配位基的亲和力不同而实现分离，常用于蛋白质等样品的分离或纯化。此外还有疏水色谱法（hydrophobic interaction chromatography），利用不同组分与固定相的疏水作用不同而实现分离。离子对色谱法（ion-pair chromatography），主要包括正相离子对色谱和反相离子对色谱。在正相离子对色谱中，含有离子对试剂的水溶液被涂渍到硅胶表面和孔隙中，流动相为与水不相溶的有机溶剂。反相离子对色谱是最常用的离子对色谱方法，通常选用化学键合型的非极性表面为固定相，兼有反相色谱和离子色谱的特点，可看作是离子色谱和反相色谱的拓展和延伸。

以上各类色谱法，虽然原理各不相同，但除毛细管电泳法外，其余都是根据混合物中不同组分在两相间分配比例（即广义的分配系数）不同而实现分离。广义的分配系数包括前述的吸附系数、气-液和液-液色谱法中的分配系数（狭义的分配系数）、选择性系数和渗透系数。这些色谱中，被分离物质运动的动力都是各种压力。如气相色谱是载气压力，液相色谱和超临界流体色谱是泵的压力，平板色谱是毛细管的虹吸作用产生的压力。当使被分离物质运动的压力来自电压时，就是毛细管电色谱。

8.2.4 按展开方式分类

除了以上几种分类方法外，按照色谱展开方式的不同，还可将色谱法分为迎头色谱法、顶替色谱法和冲洗色谱法。

（1）迎头色谱法

迎头色谱法（frontal method）又称前沿色谱法。该方法以样品为流动相，使其连续地通过色谱柱，吸附或溶解度最小的组分先流出色谱柱，然后流出的是次弱的组分，以此类推，实现样品分离。这种方法只有第一种组分的纯度较高，其他流出物皆为混合物，因此不能实现各组分的完全分离，应用较少。

（2）顶替色谱法

顶替色谱法（displacement method）又称置换色谱法，是以吸附能力或其他作用力比被分析组分强的物质为流动相的色谱分析方法，样品中各组分与固定相都有较强的作用力，当使用比样品组分与固定相作用力更强的物质作为流动相时，各组分依照与固定相作用力的差别而依次被洗脱下来，从而得到各组分的完全分离色谱，实现样品组分的纯化与制备。

（3）冲洗色谱法

冲洗色谱法（elution method）又称洗脱色谱法或淋洗色谱法，是以吸附能力或其他作用力比被分析组分弱的物质作为流动相的色谱分析方法。在色谱柱中通过流动相的连续流动，样品组分被带动，在色谱柱内向前移动，经色谱分离后，样品中不同组分依据与固定相和流动相相互作用的差别，依次流出色谱柱。这种方法是液相色谱分析中应用最广泛的一种。

8.2.5 按应用领域分类

按照应用领域可将色谱法分为分析色谱法、制备色谱法和流程色谱法。

（1）分析色谱法

所谓分析色谱法是实验室用于分析某种或几种物质的色谱法，又可分为实验室用色谱法和便携式色谱法。这类色谱法的特点是色谱柱较细，分析的样品量少。

（2）制备色谱法

制备色谱法是指通过使用一些制备纯物质的大型制备色谱仪来完成一般分离方法难以完成的纯物质的制备任务，如色谱纯试剂的制备、蛋白质的纯化等。可分为实验室用制备型色谱法和工业大型制造纯物质制备色谱法。

（3）流程色谱法

流程色谱法是指工业生产流程中在线连续使用色谱仪（目前主要是工业气相色谱仪），来完成化肥生产、石油精炼、石油化工和冶金工业等的实时测量，包括采样、预处理和解吸等过程。

8.3 色谱图及相关术语

8.3.1 色谱图

混合物样品（如A+B）经色谱柱分离后信号被检测器记录下来。组分从色谱柱流出时，各个组分在检测器上所产生的信号随时间变化，所形成的曲线就是色谱流出曲线，即色谱图。色谱图是记录了各个组分流出色谱柱的情况的谱图。

尽管色谱法的种类繁多，但上述各种色谱，包括毛细管电泳所得到的色谱图都大同小异。其横坐标是与流动相有关的信息，一般为流动相流出时间或流出体积。纵坐标是与流动相中被分离和检测的各组分有关的信息，一般是各组分在检测器上的响应值或浓度。色谱图是直角坐标系内的带有峰形的曲线，如图8-1所示。色谱曲线由基线和色谱峰组成。曲线上突起部分是色谱峰。如果进样量很小，浓度很低，在吸附等温线（气-固吸附色谱）或分配等温线（气-液分配色谱）的线性范围内，则色谱峰是对称的。正常色谱峰近似于对称形态的正态分布曲线（高斯曲线）。不对称色谱峰有前延峰（leading peak）和拖尾峰（tailing peak）、骑峰（distorted peak）、平头峰（flat peak）、分叉峰（split peak）、肩峰（shoulder peak）、鬼峰（ghost peak）。

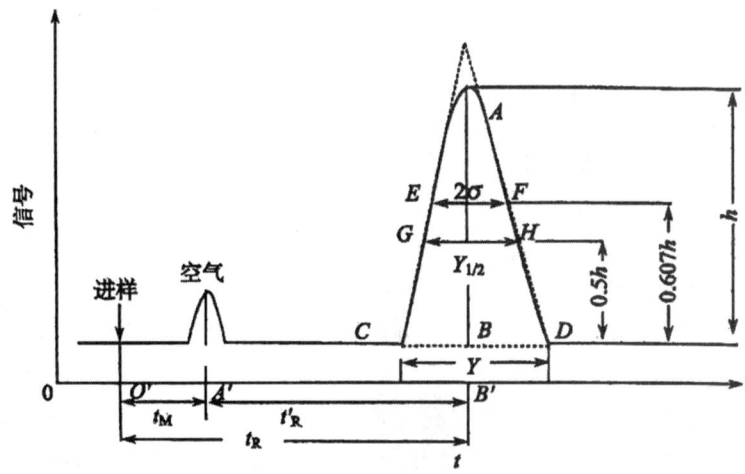

图8-1 典型的色谱流出曲线

在柱色谱中，将色谱柱中的流出物通过检测器时产生的信号值对时间或流动相流出体积作图，就是柱色谱的色谱图。在平板色谱中，可用扫描的方法绘制色谱图。使平面色谱斑点扫描时产生的响应信号值对此斑点与原点间距离作图，得到的就是平面色谱的色谱图。

由各种不同类型的色谱法得到的色谱图可以提供每个色谱峰的流出时间、出峰时流动相的流出体积及各峰在检测器上的响应强度等基本信息或数据。通过对这些信息或数据的处理，并结合其他方法，就可以进行定性或定量的分析。

8.3.2 色谱图常用术语

为了规范对各类色谱图的描述，国家标准局制定了有关色谱图的相关术语。

（1）色谱图（chromatography）

色谱图是指色谱柱流出物通过检测器系统时所产生的响应信号对时间或流动相流出体积所作的曲线图。如图8-1所示。

（2）基线（baseline）

在正常操作条件下，仅有流动相通过检测器系统时产生的响应信号的曲线被称为基线。

在实验操作条件下，当没有待测物时，只有流动相通过检测器，检测器响应信号随时间的变化曲线（即色谱柱后没有样品组分流出时的流出曲线）就是基线，反映的是仪器噪声随时间变化的关系。稳定的基线应该是一条水平直线。

（3）基线噪声（baseline noise）

基线的上下波动被称为噪声。操作条件变化不大时，通常可以得到如同一条直线的稳定基线。噪声是与被测样品无关的、检测器输出信号的随机扰动变化，是由各种原因引起的基线起伏，有短期噪声和长期噪声之分。短期噪声俗称毛刺，因信号频率的波动而引起，基线呈绒毛状，是比色谱峰的有效值频率更高的基线扰动。

短期噪声的存在并不影响色谱峰的分辨，但对检出限有一定影响。短期噪声通常来自于仪器的电子系统和泵的脉冲，可以采用滤波的方法加以消除。长期噪声是输出信号随机、低频的变化情况，是由与色谱峰频率相类似的基线扰动构成。长期噪声可能是有规律的波动，导致基线呈波浪形，也可能是无规律的波动，引起色谱分辨困难。对不同类型的检测器，长期噪声的主要可能来源不同：有的可能来自于检测器本身的部件不稳定，也可能是由于流动相中含有气泡或流动相被污染，还可能是由于温度变化和流速波动等。对于示差折光检测器，长期噪声的来源可能是周围环境和流动相流速变化引起的温度和压力的波动，使检测池内液体的折射率发生改变。通过改进检测器的设计可以降低长期噪声。

（4）基线漂移（baseline drift）

基线漂移是基线随时间变化的定向缓慢变化，即基线随时间的增加向单一方向的偏离。基线是比色谱峰更低频率的输出扰动，不会使色谱模糊，但仍需经常进行调整以保证实验的有效性。造成漂移的可能原因包括：电源电压不稳、温度及流动相流速的缓慢变化、固定相从色谱中冲洗下来、更换的新溶剂在柱中尚未达到平衡等。

基线漂移和基线噪声多是由光、电、温度、干扰等引起，可以用以衡量仪器性能的好坏。噪声越小越好，基线电流越低越好。在测定检出限时，需要在最佳条件下，即在最低的基线电流和最小的噪声下进行。

（5）色谱峰（chromatographic peak）

当组分进入检测器时，色谱流出曲线将偏离基线。检测器输出的信号随检测器中的组分的浓度或质量而改变，直至组分全部离开检测器，此时绘出的曲线中的凸起部分称为色谱峰，即从色谱柱中流出的组分通过检测系统时所产生的响应信号的微分曲线。理论上，正常色谱峰应为对称峰形，符合正态分布，即高斯分布。曲线有最高点，以此点横坐标为中心，曲线对称地向两侧快速单调下降。但实际上，一般情况下都是不对称的色谱峰。

（6）不对称色谱峰（asymmetric peak）

不对称色谱峰通常是由操作条件的选择不当或色谱柱固定液的选择不当造成的。常见的有6种，如图8-2所示。

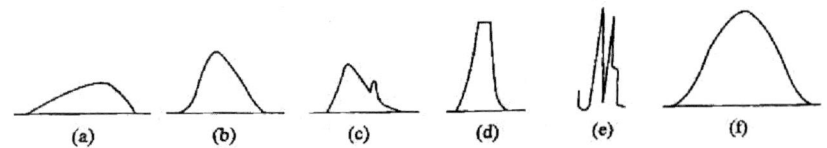

图8-2 不对称色谱峰

(a) 前伸峰；(b) 拖尾峰；(c) 骑峰；(d) 平头峰；(e) 分叉峰；(f) 馒头峰。

前伸峰（leading peak）：为前沿平缓、后边陡起的不对称色谱峰。可能是由于吸附困难、分流比不当、流动相（pH、盐浓度）选择不当、温度不当等造成的。

拖尾峰（tailing peak）：为前沿陡起、后沿平滑的不对称色谱峰。造成拖尾峰的可能原因包括：吸附太强或脱附太弱、过载、进样器温度或柱温低、色谱柱严重流失或污染、气化室死体积太大、进样体积太大、进样器污染或气化室中的玻璃内衬被进样垫堵塞、载气系统漏气、放大器不佳、电容充放电不好等。如果其他色谱峰不拖尾而只有主峰拖尾，也可能和物质本身性质有关。

骑峰：骑峰是没有分开的色谱峰，特点是前一较大峰拖尾，后一较小峰骑于其背上，故得此名。改换色谱柱或减小前一峰的拖尾（如改变温度、流动相的溶解性等），可改善分离效果。

平头峰：该色谱峰不是尖峰，其顶部有一平台。平头峰大部分属于过饱和峰，可以通过增加分流比、减小进样量来改善色谱峰形。如果是由于分离因素造成的，需要更换色谱柱以及改用程序升温方式进行分离。液相色谱法中因进样量过大、流动相配比不当或流动相流速太小等也会引起平头峰。

分叉峰：为未完全分开而重叠在一起的色谱峰，是由于分离不完全所致。改变实验条件可以实现有效分离。

馒头峰：为峰形矮而胖的色谱峰。多为固定相选择不当所致。

除上述6种常见的情况外，还有一种可能会出现的不对称色谱峰，即鬼峰。

鬼峰为在不应出现的地方出现的色谱峰，在通常的检验过程中一般不会出现，但当温度控制不好、样品前处理不彻底时，在检验过程中有可能会出现。它是对检验人员的绝对挑战。如果鬼峰是因电信号干扰引起的，就要从外部环境方面加以考虑，如加装稳定电源、清除电信号连接线的氧化层、与周围的大型用电设备隔离、改善仪器接地条件等。如果鬼峰是在色谱分离过程中出现的，就需要考虑色谱条件，如尽可能增长两次进样时间间隔或改变色谱条件、以使样品中所有的组分都出峰，或增加载气净化器、清洗净化器等。

为了对峰形是否对称进行界定，引入对称因子f_s，又称拖尾因子。拖尾因子的定义为特定峰高对峰半宽度的比，（通常是在10%峰高处）如图8-3所示。f_s可表示为

$$f_s = \frac{b}{a}$$

对称峰的拖尾因子等于1，拖尾峰的此因子大于1，前伸峰的此因子小于1。

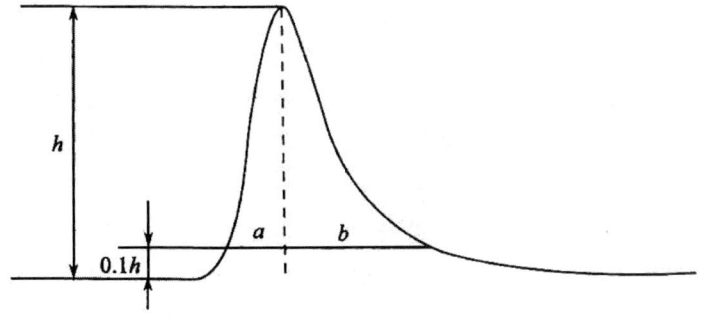

图8-3　拖尾因子的计算

（7）峰高（peak height，h）

色谱峰顶点与基线之间的垂直距离就是峰高，以h表示。峰的高低与组分浓度有关。峰越高越窄，越容易进行分析。

（8）区域宽度

色谱峰的区域宽度是色谱流出曲线的重要参数，是用于衡量柱效率及反映色谱操作条件的动力学因素，是用来衡量色谱峰宽度，即峰宽 W（peak width）的参数。如图8-1所示，区域宽度通常有以下3种表示方法。

①标准偏差 σ（standard deviation）：

标准偏差是正态分布曲线 $x=\pm1$ 时（拐点）的峰宽的一半。对于正常峰，标准偏差是在峰高的0.607倍处的谱峰宽度的一半。标准偏差 σ 的大小说明组分在流出色谱柱过程中的分散程度。σ 越小，流出组分分散程度越小、极点浓度越高、峰形越瘦、柱效率越高；反之，σ 越大，峰形越胖、柱效率越低。在 $t_R+\sigma$ 和 $t_R-\sigma$ 间的面积为峰面积的68.3%。

②半峰宽 $Y_{1/2}$（peak width at half-height）：

由于0.607倍峰高处的色谱峰宽不好测量，因此区域宽度还常用半峰宽表示。半峰高是峰高一半处对应的峰宽。它与标准偏差的关系为：$Y_{1/2}=2.354\sigma$。

③峰底宽 Y（width of peak base）：

峰底宽是色谱峰两侧拐点上所作切线与基线的交点间的距离。它与标准偏差 σ 和半峰宽 $Y_{1/2}$ 的关系是：$Y=4\sigma=1.699Y_{1/2}$。

（9）色谱峰面积 A（peak area）

色谱峰面积是色谱峰与峰底所围的面积。

对于对称的色谱峰 $A=1.065hY_{1/2}$，

对于非对称的色谱峰 $A=1.065h(Y_{0.15}+Y_{0.85})/2$。

（10）保留值

保留值是描述待测样品中各组分在色谱柱中停留情况的物理量，可描述各组分的色谱峰在色谱图中的位置，反映各组分在两相间的分配过程，一般用时间 t 和所消耗流动相的体积来表示。组分在固定相中溶解性能越好，或固定相的吸附性越强，则该组分在柱中滞留的时间越长，消耗的流动相体积越大。当固定相、流动相固定，条件一定时，组分的保留值是个定值。保留值由色谱分离过程中的热力学因素决定，有以下几种表述方式。

①保留时间 t_R（retention time）：

保留时间 t_R 是由时间表示的保留值，是样品从进柱到出现信号极大值时所需要的时间。当操作条件不变时，一种组分有一个 t_R 定值，可作为定性参数。

②死时间 t_0（dead time）：

不被固定相吸附或溶解的物质（如空气、甲烷）进入色谱柱时，从进样到出现信号极大值所需的时间称为死时间 t_0，即流动相通过色谱柱的空隙所需要的时间，其值正比于色谱柱的空隙体积。直接测定死时间 t_0 需选合适的物质。在气相色谱法中，可检测惰性气体（空气、甲烷等）流出色谱柱所需的时间来测定 t_0。如使用火焰离子化检测器时，用甲烷进行检测；使用热导检测器时，用空气进行测定。在液相色谱法中，可通过实验测定和计算获得死时间 t_0，从而获得分配比。在实验测定中如使用示差折光检测器，则用重水、重氢甲醇作探针测定死时间 t_0。如使用紫外检测器，反相色谱用 NaCl、NaNO₃ 水溶液作探针进行测定，正相色谱用 CCL₄ 作探针进行测定。因为这些物质不被固定相吸附或溶解，故其流动速度将与流动相流动速度 μ 相近，在计算中常用 $t_0 = L/\mu$ 计算死时间，其中 L 是柱长，μ 是流动相的平均流速。对于非全多孔型固定相，$\mu = 3F/d^2$。对于全多孔固定相，$\mu = 1.5F/d^2$，其中 F 为流动相的体积流速（流量），d 为柱内径。

③调整保留时间 t_R'（adjusted retention time）：

某组分的保留时间扣除死时间后的保留时间称为该组分的调整保留时间，即 $t_R' = t_R - t_0$。

由于组分在色谱柱中的保留时间 t_R 包含了组分随流动相通过柱子所需的时间和组分在固定相中滞留所需的时间，所以 t_R 实际上是组分在固定相中保留的总时间。

④死体积 V_0（dead volume）：

不被固定相滞留的组分从进样到出现峰最大值流经色谱柱所消耗的流动相体积称死体积，即色谱柱在填充后，柱管内固定相颗粒间所剩留的空间、色谱仪中管路和连接头间的空间以及检测器的空间的总和。当后两项很小可忽略不计时，死体积可由死时间与操作条件下色谱柱中流动相的平均流量 F_c(cm³/min) 计算，即

$$V_0 = t_0 F_c$$

⑤保留体积 V_R（retention volume）：

保留时间是色谱法定性的基本依据，但同一组分的保留时间常受到流动相流速的影响，因此实践中有时用保留体积来表示保留值。

从进样开始到被测组分在柱后出现色谱峰极大值时所通过的流动相的体积被称为保留体积 V_R，与保留时间和流动相的平均流量有关。保留时间与保留体积关系为

$$V_R = t_R F_c$$

⑥调整保留体积 V_R'（adjusted retention time）

某组分的保留体积扣除死体积后的体积被称为该组分的调整保留体积 V_R'。

$$V_R' = V_R - V_0 = t_R' F_c$$

⑦相对保留值 $r_{2,1}$（relative retention value）：

在相同操作条件下，某组分 2 的调整保留值与组分 1 的调整保留值之比，称为相对保留值。相对保留值可以是保留时间比，也可以是保留体积比；可用 $r_{2,1}$ 表示，也可用 α 表示，α 也被称为分离因子。相对保留值常用于表示在一定色谱条件下，被测化合物和标准化合物的调整保留值之比。

$$r_{2,1} = \alpha = t_{R2}'/t_{R1}' = V_{R2}'/V_{R1}'$$

相对保留值表示的是固定相对这两种组分的选择性，只与柱温、固定相和流动相性质有关，而与柱内径、柱长、填充情况及流动相流速无关。当柱内径、柱长、填充情况及流动相流速发生变化时，相对保留值保持不变。在色谱法中，特别是在气相色谱法中，相对保留值被广泛用作定性的依据。在定性分析中，通常固定一个色谱峰作为标准（s），然后再求其他峰（i）对这个峰的相对保留值，即

$$\alpha = t_R'(i)/t_R'(s)$$

式中，$t_R'(i)$ 为后出峰的调整保留时间，所以 α 总是大于 1 的。相对保留值往往可作为衡量固定相选择性的指标，又称选择因子。

8.4 色谱法基本理论

色谱分析的目的是将样品中各组分彼此分离。色谱的分离是基于混合物中各组分在流动相和固定相间分配系数差异。当两相作相对运动时，混合物中的各组分在两相间反复多次（$10^3 \sim 10^6$ 次）分配，从而使混合物中的组分得以分离。要达到组分完全分离，两峰间的距离（由组分在两相间的分配系数决定）必须足够远，即与色谱法过程的热力学性质有关。如果两峰间虽有一定距离，但是每个峰都很宽，以致彼此重叠，则组分还是不能达到完全分离。各个色谱峰的宽或窄是由组分在色谱柱中的传质和扩散行为决定的，即与色谱过程的动力学性质有关。因此，色谱行为要从热力学和动力学两方面来研究。

8.4.1 分配平衡

在一定温度下，组分在流动相和固定相之间所达到的平衡被称为分配平衡，组分在两相中的分配行为或分配能力常采用分配系数 K 和分配比 k 表示。其中，分配系数 K 的差异是所有色谱分离实质性的原因。

8.4.1.1 分配系数 K

色谱的分离是基于样品组分在固定相和流动相之间反复多次的分配过程，而吸附色谱的分离是基于反复多次的吸附—脱附过程。这种分离过程经常用样品分子在两相间的分配来描述，而描述这种分配的参数称为分配系数 K。

分配系数 K 是指在一定温度和压力下，组分在固定相和流动相之间分配达平衡时的浓度的比值，即

$$K = 溶质在固定相中的浓度 / 溶质在流动相中的浓度 = C_s / C_m$$

其中，C_s 是每毫升固定相中溶解溶质的质量，即组分在固定相中的浓度（g/mL）；C_m 是每毫升流动相中含有溶质的质量，即组分在流动相中的浓度（g/mL）。

分配系数 K 对应不同的色谱有不同的名称。在吸附色谱法中，分配系数表示每平方米吸附剂表面吸附的组分量与每毫升流动相中所含有的组分量之比，被称为吸附系数。在分配色谱法中，分配系数表示每毫升固定液中所溶解的组分量与每毫升流动相中所含的组分量之比。在离子色谱法中，分配系数表示每克离子交换剂的组分量与每毫升流动相中所含的组分量之比，这时 K 被称为选择性系数。在排阻色谱法中，分配系数表示渗入凝胶孔穴内组分含量占总量的份数，这里 K 被称为渗透系数。

分配系数是由组分和固定相的热力学性质决定的，是每一个溶质的特征值，仅与固定相和温度这两个变量有关，与两相体积、柱管的特性以及所使用的仪器无关。每个组分在各种固定相上的 K 值不同。样品中的各组分具有不同的 K 值是分离的基础。对于气相色谱，K 主要取决于固定相的性质，如溶解吸附能力、相似相溶程度。对于液相色谱，K 则取决于固定相和流动相的性质。选择适合的固定相可改善分离效果。固定相分为固体固定相和液体固定相两类。固体固定相有固体吸附剂和聚合物固定相；液体固定相是载体和固定液的组合。不同固定相对于同一物质的溶解度、挥发或吸附、脱附能力不同，只有找到合适的固定相才可以实现相似组分的分

离。流动相的组成、pH值、离子强度、极性都会影响分配系数的大小，选择合适的流动相可改善分离效果。一定温度下，组分的分配系数越大，出峰就越慢。某组分的分配系数 $K = 0$ 时，则其不被固定相保留，最先流出。

利用分配系数 K 可在一定程度上定量地解释待测组分在色谱柱中得以分离的原因。

8.4.1.2 分配比 k

实际中也常用分配比表征色谱的分配平衡过程。分配比又称容量因子、容量比，用 k 表示，是指在一定温度和压力下，组分在两相间分配达平衡时，分配在固定相和流动相中的质量比。即

$$k = 组分在固定相中的质量 / 组分在流动相中的质量 = m_s / m_m$$

k 越大，表明组分在固定相中的量越多，相当于柱的容量越大，因此又称分配容量或容量因子，是衡量色谱柱对被分离组分保留能力的重要参数。k 值也取决于组分及固定相的热力学性质，不仅随柱温、柱压变化而变化，而且还与流动相及固定相的体积有关。

$$k = m_s / m_m = C_s V_s / C_m V_m$$

式中，C_s、C_m 分别为组分在固定相和流动相的浓度，单位为 g/mL；V_m 为柱中流动相的体积，即柱内固定相颗粒间的空隙体积，近似等于死体积。

在分配色谱法中，V_m 表示固定液间的空隙体积；在吸附色谱法中，V_m 表示吸附剂颗粒间的空隙体积；在离子色谱法中，V_m 表示离子交换剂颗粒间的空隙体积；在排阻色谱法中，V_m 表示凝胶填料间的空隙体积。V_s 为柱中固定相的体积，在各种不同类型的色谱中有不同的含义。例如，在分配色谱中，固定相为液体时，V_s 表示固定液的体积，固定相为固体时，V_s 表示色谱柱内固体填料的体积。在排阻色谱法中，V_s 则表示固定相的孔体积，在气-固色谱中，V_s 为吸附剂表面容量。

分配比 k 可直接从色谱图中测得

$$k = (t_R - t_0) / t_0 = t_R' / t_0 = V_R' / V_0$$

分配系数 K 与分配比 k 的关系为

$$K = k \times \beta$$

其中，β 称为相比率，是色谱柱内流动相与固定相的体积之比，反映各种色谱柱的不同特点，是色谱柱柱型和结构的重要参数。填充柱内有填料，V_m 较小，因此 β 较小；毛细管柱为空心结构，V_m 较大，所以 β 较大。因此毛细管柱的相比率比填充柱的相比率大很多：后者一般为 6~35，而前者为 50~1500。

8.4.1.3 分配系数 K 及分配比 k 与选择因子 α 的关系

对 A、B 两组分的选择因子，用下式表示：

$$\alpha = t_R'(B) / t_R'(A) = k_{(A)} / k_{(B)} = K_{(A)} / K_{(B)}$$

选择因子 α 可以把实验测量值 k 与热力学性质的分配系数 K 直接联系起来，α 对固定相的选择具有实际意义。如果两组分的 K 或 k 相等，则 $\alpha = 1$，两个组分的色谱峰必将重合，说明两个组分不能分开。两组分的 K 或 k 相差越大，则分离得越好。因此两组分具有不同的分配系数是色谱分离的先决条件。

8.4.1.4 色谱基本保留方程

基本保留方程可以表示为

$$t_R = t_0(1+k)$$

如果载气流量恒定，也可用保留体积表示，则

$$V_R = V_m + KV_s$$

这就是色谱基本保留方程。说明色谱柱确定后，V_m 和 V_s 都为定值。由此可见，分配系数不同的各组分具有不同的保留值，因而在色谱图上有不同位置的色谱峰。

8.4.2 塔板理论

色谱理论需解决色谱分离过程的热力学和动力学问题，即不仅应说明组分在色谱柱中移动的速率，而且应说明组分在移动过程中引起区域扩宽的各种因素。相应地，色谱理论主要包括溶剂效率和柱效率两方面的内容。

溶剂效率与组分和固定相（液相色谱法中还需考虑流动相）间分子间作用力的不同有关，这是色谱热力学过程，以相对保留值 $r_{2,1}$ 表示。相对保留值只与柱温、固定相和流动相的性质有关，与其他色谱操作条件无关，所以要提高溶剂效率就要从选择固定相（或流动相）入手。

柱效率是指组分通过色谱柱后其区域宽度的增加量，与组分在两相中的扩散和传质情况有关，这是色谱的动力学过程，以理论塔板数 n 或理论塔板高度 H 表示。要提高柱效率就必须改善色谱柱性能和操作条件。

塔板理论和速率理论均以色谱过程中分配系数恒定为前提，故称为线性色谱理论。塔板理论是速率理论和分离度的理论基础。

塔板理论是色谱分析方法的热力学平衡理论，最早在1941年由马丁和辛格提出。该理论把各组分在色谱柱中的分离过程比作在精馏塔中的分馏过程。精馏塔是分离不同沸点混合物的一种装置。在塔的底部加热，利用各组分的挥发性不同，经过在塔片上的多次气液平衡过程后，低沸点组分在塔顶流出液中含量高，高沸点组分在塔底含量高，最终达到分馏目的。在色谱柱中组分因容量因子不同而得到分离，相当于精馏塔中各组分因挥发性不同而得到分馏。

塔板理论是分馏中的半经验理论，即把色谱柱比作一个精馏塔，沿用精馏塔中塔板的概念来描述组分在两相间的分配行为。由此将塔板理论用于色谱分析法，同时引入理论塔板数作为衡量柱效率的指标。塔板理论建立在以下假设的基础上。

①色谱柱是由一系列连续的、相等水平的塔板组成。色谱柱分为 n 个塔板，n 为理论塔板数。每一块塔板的高度用 H 表示，称为理论塔板高度，简称板高 H。

②所有组分开始都加在第0号塔板上，试样沿轴（纵）向的扩散可忽略。

③在每块塔板内，各组分在两相间分配并达到平衡，平衡是瞬间建立的，然后随着流动相按一个一个塔板的方式向前移动。

④流动相以脉冲形式进入色谱柱，每次的进量恰好是一个塔板体积 ΔV。

⑤在所有塔板上，同一组分的分配系数为常数，和组分在某一塔板上的量无关。

⑥沿色谱柱方向不存在塔板-塔板间组分的纵向扩散。

因此，对一个色谱柱来说，若色谱柱长度固定为L，每块塔板高度H越小，则塔板数目越多，溶质平衡的次数越多，分离的效果越好，柱效率越高。溶质平衡的次数等于理论塔板数，即

$$n = L/H \text{ 或 } H = L/n$$

式中，n称为理论塔板数。与精馏塔一样，色谱柱的柱效随理论塔板数n的增加而增加，随板高H的增大而减小。H越小，n越多，分离效果越好，可用H、n评价柱效。

塔板理论指出，当溶质在柱中的平衡次数，即理论塔板数n大于50时，可得到基本对称的峰形曲线。在色谱柱中，n值一般很大，如气相色谱柱的n为$10^3\sim10^6$，因此这时的流出曲线可趋近于正态分布曲线。当样品进入色谱柱后，只要各组分在两相间的分配系数有微小差异，经过反复多次的分配平衡后，仍可获得良好的分离。

根据色谱柱流出曲线，当浓度为最大浓度的一半时，可推导出理论塔板数n与半峰宽$Y_{1/2}$及峰底宽Y的关系式为

$$n = 5.54(t_R/Y_{1/2})^2 = 16(t_R/Y)^2$$

从公式可以看出，在t_R一定时，如果色谱峰很窄，则n越大，H越小，柱效率越高。可见，单位柱长的塔板数n越大，分配次数越多，柱效率越高。用不同物质计算可获得不同的n。n越大，柱效率越高。n与t_R和Y有关，色谱流出曲线可以对色谱柱的柱效率进行评价。

在实际工作中，由公式$n = L/H$和$n = (t_R/Y_{1/2})^2 = 16(t_R/Y)^2$计算出来的$n$和$H$有时并不能充分地反映色谱柱的分离效能，就是因为采用t_R计算时，没有扣除死时间t_0，所以常用有效塔板数n_{eff}表示柱效率：

$$n_{eff} = 5.54(t_R'/Y_{1/2})^2 = 16(t_R'/Y)^2$$

有效板高H_{eff}可表示为

$$H_{eff} = L/n_{eff}$$

因为在相同的色谱条件下，对不同的物质计算的塔板数不一样，因此，在说明柱效率时，除应注明色谱条件外，还应指出用什么物质进行测量。

【例8-1】已知某组分峰的峰底宽为40 s，保留时间为400 s，计算此色谱柱的理论塔板数。

解：$n = 16(t_R/Y)^2 = 16\times(400/40)^2 = 1600$（块）。

塔板理论是一种半经验理论，其成功之处在于用热力学的观点定量说明了组分在色谱柱中移动的速率，解释了流出曲线的形状，并提出了计算理论塔板高度、塔板数的公式和评价柱效率高低的参数，具有开创性。但是，色谱过程不仅受热力学因素的影响，而且还与分子的扩散、传质等动力学因素有关，因此塔板理论只能定性地给出塔板高高的概念，却不能解释塔板高高受哪些因素影响，不能说明为什么在不同的流速下、可以测得不同的理论塔板数，也无法解释色谱峰变宽的原因和在不同载气流速下同一色谱柱塔板高度不同的实验结果，无法指出提高柱效率的途径。另外，柱效率的好坏不能表达出被分离组分的实际分离效果。例如，当两组分的分配系数K相同时，无论n有多大都无法分离。使用塔板理论，如遇到不对称色谱峰，计算中会产生较大的误差，（最高可达到10%～20%）；色谱峰越接近正态分布，误差越小。检测器信号与浓度应有线性响应，否则n值不真实。

尽管这个理论并不完全符合色谱柱的分离过程（实际上色谱分离和一般的分馏塔分离有很大的差别），但是因为其形象简明，因此一直沿用。

8.4.3 速率理论

如前文所述，用塔板理论来说明色谱柱内各组分的分离过程并不十分合理，这是因为色谱柱内并没有真正的塔板。同一试样进入同一色谱柱，当流动相速度变化时，得到不同的色谱图，测得的 n 和 H 也不同，这充分说明塔板理论不足以说明色谱柱的分离过程。

速率理论是在塔板理论的基础上发展起来的，吸收了塔板理论中塔板高度 H 的概念，赋予了其新的意义（即色谱峰形增宽的量），阐明了影响色谱峰增宽的因素，指明提高和改进色谱柱柱效率的途径，并充分考虑了组分在两相间的扩散和传质过程，从而在动力学基础上较好地解释了影响板高度的各种因素。该理论模型对气相、液相色谱都适用。

影响色谱峰增宽的因素包括柱内谱带增宽和柱外谱带增宽。柱内谱带增宽是指由纵向扩散、传质阻力等因素造成组分在色谱柱内移动而引起谱带宽度增加的现象。柱外谱带增宽是指因进样系统、检测器和连接管道等内部的死体积产生的谱带增宽，也称为非色谱柱部分的谱带增宽，或称为非色谱柱部分对谱带宽度的贡献。柱外谱带增宽又分为柱前谱带增宽和柱后谱带增宽。柱前谱带增宽是由进样引起的。例如，液相色谱法在进样时，大都是将样品注入色谱柱顶端滤塞上或注入进样器的液流中，由于进样器的死体积及注样时液流扰动造成了色谱峰的不对称和增宽。若将样品直接注入色谱柱顶端填料上的中心点，或注入填料中心内 1～2 mm 处，则可减少样品的柱前扩散，峰的不对称性得到改善，柱效率会显著提高。柱后谱带增宽是由接口和检测器流通池体积变化所引起的。由于分子在液体中有较低的扩散系数，因此在组分从液相色谱进入检测器的过程中，这种扩散作用较为显著。因此，连接管的体积、检测器的死体积应尽可能小。若流动相流量为 20 mL/s，则连接管的体积应小于 30 μL。

1956 年，荷兰学者范迪姆特等在研究气液色谱时，提出了色谱过程动力学理论，即速率理论，导出了范迪姆特方程式，其数学简化式为

$$\text{理论塔板高度 } H = A + (B/u) + Cu$$

式中，u 为流动相的线速度，A、B、C 为常数，分别代表涡流扩散系数、分子扩散项系数和传质阻力系数。

速率理论提出，影响塔板高度 H 的三项因素为涡流扩散项、分子扩散项和传质阻力项。在流动相流速一定时，当 A、B 和 C 最小时，理论塔板高度 H 才最小，n 才最大，此时柱效率高。当 A、B 和 C 最大时，理论塔板高度 H 才最大，n 才最小，此时柱效率低。当流动相流速一定时，降低 A、B 和 C，可减小塔板高度 H，提高柱效。存在一个最佳流动相流速。

（1）涡流扩散系数 A

在填充色谱柱的过程中，如图 8-4 所示，当组分分子随流动相向色谱柱出口迁移时，流动相由于受到固定相颗粒阻碍，不断改变流动方向，使组分分子在前进过程中形成紊乱的类似涡流的流动，故称涡流扩散。

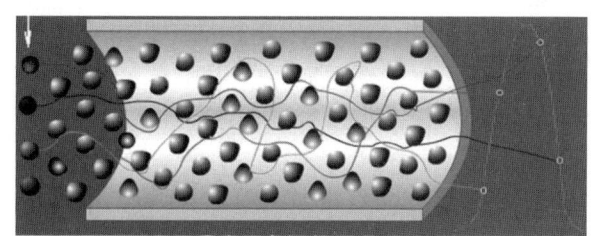

图 8-4　涡流扩散示意图

涡流扩散项也称多径项，是由于填充物颗粒大小的不同及填充物的不均匀性，使组分在色谱柱中运动的路径长短、方向不一。同时，进入色谱柱的相同组分到达柱口时间并不一致，引起了色谱峰的变宽，柱效率变差。色谱峰变宽的程度由下式决定：

$$A = 2\lambda d_p$$

上式表明，A 由固定相引起，与固定相填充物的平均直径 d_p 的大小和填充不规则因子 λ 有关，与流动相的性质、线速度和组分性质无关。为了减少涡流扩散、提高柱效，应使用细而均匀的颗粒，并且填充均匀。对于空心毛细管，不存在涡流扩散，因此 $A = 0$。对于小直径色谱柱，固定相颗粒的平均直径 d_p 是影响涡流扩散的主要原因；对于大直径的色谱柱，固定相粒径的均匀性是影响涡流扩散的主要原因。因此，固定相颗粒越小，填充得越均匀，柱效率越高。

（2）分子扩散项 B/u 系数

分子扩散项也称纵向扩散项，是由于组分分子在色谱柱中的扩散而使色谱峰变宽，柱效率变差。纵向分子扩散是由浓度梯度造成的。如图 8-5 所示，组分从色谱柱入口进入，其浓度分布呈"塞子"状。随着流动相向前推进，由于存在浓度梯度，"塞子"必然自发地向前和向后扩散，造成谱带展宽。分子扩散由组分分子自身的扩散引起，还与色谱柱的柱型和流速有关。毛细管中心是空的，所以在其中的扩散更严重。

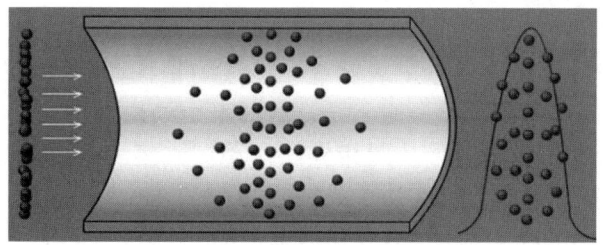

图 8-5　分子扩散示意图

分子扩散项系数可表示为

$$B = 2\gamma D_g$$

式中，γ 是填充柱内流动相扩散路径弯曲的因素，也称弯曲因子，反映了填充物对分子扩散的阻碍程度，通常为小于 1 的常数。对于填充柱而言，$\gamma = 0.5 \sim 0.7$；对于毛细管柱，$\gamma = 1.0$。D 为组分在流动相中的扩散系数，单位为 cm^2/s。D_g 是样品分子在气相中的扩散系数，单位为 cm²/s。气相扩散系数 D_g 比液相扩散系数 D_m 大得多（前者约为后者的 10^5 倍）。在液相中分子因纵向扩散而引起的峰变宽很小，可忽略不计；在气相中，当载气流速 u 较小时分子扩散较大。

综上所述，可得出以下结论。

①纵向扩散与组分在色谱柱内的停留时间有关，流动相流速 u 小，组分停留时间长，纵向扩散就大。因此，为降低纵向扩散的影响，要加大流动相速度 u，减小保留时间。对于液相色谱，组分在流动相中的纵向扩散可以忽略。

②D_g 与流动相和组分性质有关，D_g 反比于流动相相对分子质量的平方根，相对分子质量大的组分，其扩散系数 D_g 小，所以采用相对分子质量较大的流动相，可使纵向扩散降低。

③D_g 随色谱柱温度增高而增加，但反比于柱压。

（3）传质阻力项系数 C

物质系统因浓度不均匀而发生的物质迁移过程称为传质。影响传质过程进行速度的阻力称为传质阻力，传质阻力包括流动相传质阻力和固定相传质阻力。组分分子在两相中的传质阻力使两相分配不能瞬间达到，造成色谱峰变宽，柱效率变差，如图 8-6 所示。

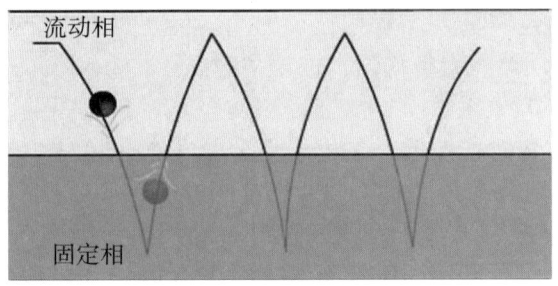

图 8-6　传质阻力示意图

因此，组分的传质阻力系数也包括两部分，即

$$C = C_m + C_s$$

其中，C_m 是流动相传质阻力系数，表示组分从流动相移动到固定相表面进行两相之间的质量交换时所受到的阻力。该阻力会造成质量交换变慢，引起色谱峰变宽。C_s 是固定相传质阻力系数，表示组分从两相界面移动到固定相内部发生质量交换达分配平衡后，又返回两相界面的过程中所受到的阻力。

由于气相色谱以气体为流动相，液相色谱以液体为流动相，它们的传质过程不完全相同。

①气相色谱：

对于气相色谱，其流动相传质为气相传质过程，即试样组分从气相移动到固定相表面的过程。这一过程中试样组分将在两相间进行质量交换，即进行浓度分配。有的分子还来不及进入两相界面就被气相带走，有的则进入两相界面又来不及返回气相。这样使得试样在两相界面上不能瞬间达到分配平衡，引起滞后现象，从而使色谱峰变宽。对于填充柱，流动相传质阻力系数 C_m 被称为气相传质系数，计算公式为

$$C_{\mathrm{m}} = \frac{0.1k^2}{(1+k)^2} \times \frac{d_{\mathrm{p}}^2}{D_{\mathrm{g}}}$$

式中，k 为分配比或容量因子，d_{p} 是固定相颗粒的平均粒径，D_{g} 是组分在气相中的扩散系数。

由上式看可出，气相传质阻力与填充物粒度 d_{p} 的平方成正比，与组分在载气流中的扩散系数 D_{g} 成反比。因此，采用粒度小的填充物和相对分子质量小的气体（如氢气）做载气，可使 C_{m} 减小，提高柱效率。

在气相色谱中，固定相传质为液相传质过程，即试样组分从固定相的气-液界面移动到液相内部，并发生质量交换，达到分配平衡，然后又返回气-液界面的传质过程。这个过程也需要一定的时间，期间，气相中组分的其他分子仍随载气不断向色谱柱出口运动，于是造成峰形扩张。这里固定相传质系数 C_{s} 被称为液相传质阻力系数，计算公式为

$$C_{\mathrm{s}} = \frac{2}{3} \times \frac{k}{(1+k)^2} \times \frac{d_{\mathrm{f}}^2}{D_{\mathrm{s}}}$$

式中，k 是分配比，d_{f} 是固定液液膜厚度，D_{s} 分别是组分在气相和液相中的扩散系数。

由上式看出，固定相的液膜厚度 d_{f} 越薄，组分在液相的扩散系数 D_{s} 越大，则液相传质阻力就越小。通过降低固定液的含量可以降低液膜厚度，但 k 也随之变小，又会使 C_{s} 增大。当固定液含量一定时，液膜厚度随载体的表面积增加而降低，因此，一般采用表面积较大的载体来降低液膜厚度。但如果表面积太大，会由于吸附造成拖尾峰，也不利于分离。另一方面，虽然提高柱温可增大 D_{s}，但也会使 k 减小。为了保持适当的 C_{s}，应控制适宜的柱温。

将各项参数带入范迪姆特方程，就得出气相色谱的速率方程：

$$H = 2\lambda d_{\mathrm{p}} + \frac{2\gamma D_{\mathrm{g}}}{u} + \left[\frac{d_{\mathrm{p}}^2}{D_{\mathrm{g}}} + \frac{2}{3} \times \frac{k}{(1+k)^2} \times \frac{d_{\mathrm{f}}^2}{D_{\mathrm{s}}}\right]u$$

从式中可得，为提高柱效率（即减小 H），应注意以下几点：

(i) 采用粒度适当小而均匀的载体，柱填充应均匀；

(ii) 固定液液膜应薄而均匀，并且不易流失；

(iii) 载气流速 u 小的时候，B/u 是影响 H 的主要因素，选相对分子质量大的载气，如氮气；载气流速 u 大的时候，C 是影响 H 的主要因素，选相对分子质量小的载气，如氢气和氦气；

(iv) 采用适当的柱温。

② 液相色谱（液-液分配色谱）：

液相色谱与气相色谱在许多方面有相似之处，如分离原理、组分在固定相上的保留规律等。液相色谱中，当样品以柱塞状或点状注入色谱柱后，在液体流动相的带动下实现各个组分的分离，并引起色谱峰形的增宽，这一过程与气相色谱分离过程相似，也符合速率理论。气相色谱的速率方程也同样适用于液相色谱，但分子扩散项和传质阻力项的意义不同。气相色谱的速率方程中包括气相传质阻力项和液相传质阻力项，而液相色谱的速率方程中除了包括移动流动相传质阻力项和固定相传

质阻力外，还有滞留流动相传质阻力项。因此采用液体作为流动相时，液相色谱的色谱峰比气相色谱峰宽。影响色谱峰增宽的主要物理参数见表8-1所列。

表8-1 影响色谱峰增宽参数的主要物理性质

参数	气相	液相
扩散系数 D(cm²/s)	10^{-1}	10^{-5}
密度 r(g/cm³)	10^{-3}	1
黏度 h[g/(cm×s)]	10^{-4}	10^{-2}

因此，液相色谱的速率方程为

$$H = H_e + H_d + H_m + H_s + H_{sm}$$

式中，H是理论塔板高度，H_e是涡流扩散项，H_d是分子扩散项，H_m是移动流动相传质阻力项，H_s是固定相传质阻力项，H_{sm}是滞留流动相传质阻力项。

涡流扩散项的含义与气相色谱相同，即

$$H_e = 2\lambda d_p$$

式中，λ是固定相的填充不均匀因子，d_p是固定相颗粒平均粒径。

对于分子扩散项，有

$$H_d = C_d D_m$$

式中，C_d为填充系数，D_m为组分在流动相（液相）中的扩散系数。对于液相色谱，这一项很小，可以忽略。

传质阻力项分为移动流动相传质阻力项H_m、固定相传质阻力项H_s和滞留流动相传质阻力项H_{sm}。

移动流动相传质阻力项H_m是指在流动相区域内的传质阻力。溶质分子随流动相在固定相颗粒间移动，遇到固定相颗粒时，溶质分子在紧挨颗粒边缘的流动相层流中的移动速率比在中心层流的移动速率慢，故色谱柱内流动相的流速不均匀，从而使色谱峰增宽。与此同时，也会有些组分分子从移动快的层流向移动慢的层流扩散，这样会使不同层流中的组分分子的移动速率趋于一致而减小色谱峰形扩散。移动流动相传质阻力可用下式表示：

$$H_m = \frac{C_m d_p^2}{D_m} u$$

式中，C_m是移动流动相传质阻力系数，d_p是固定相颗粒平均粒度，D_m是组分在流动相中的扩散系数。

C_m是k的函数，取决于色谱柱直径、形状和填充状况。当柱的填料填充紧密时，C_m会降低。当d_p减小，柱效率会提高。D_m越大，黏度越低，越利于溶解和吸附，柱效越率高。流速u要适当低，以减小移动流动相传质阻力，提高柱效率。

固定相传质阻力项H_s是指溶质分子从液体流动相转移进入固定相和从固定相移出重新进入液体流动相的过程，会引起色谱峰的明显增宽。H_s可用下式表示：

$$H_s = \frac{C_s d_f^2}{D_s} u$$

式中，C_s 是固定相传质阻力，是常数，d_f 是固定相液膜厚度，D_s 是组分在固定液中的扩散系数。

C_s 是常数，与 k 有关。在分配色谱中，C_s 与固定液液膜厚度的平方成正比；在吸附色谱中，C_s 与吸附和解吸速率成反比。只有在厚涂层的深孔离子交换树脂或解吸速率慢的吸附色谱中，C_s 才有明显影响。当采用单分子层的化学键合固定相时，C_s 的影响可以忽略。

载体上涂敷的液膜厚度 d_f 应较小。当载体无吸附效应或吸附剂固定相表面具有均匀的物理吸附作用时，可减少由于固定相传质阻力所带来的色谱峰增宽。选用在固定液内的扩散系数 D_s 较大的样品分子，柱效率会较高。此外，流动相的流速 u 要适当低。综上，要从改善传质、加快溶质分子在固定相上的解吸过程方面着手提高柱效率。

滞留流动相的传质阻力项 H_{sm} 指在流动相滞留区域内的传质阻力。固定相的多孔性会造成部分流动相滞留在固定相的微孔内停滞不动，并与固定相进行质量交换。固定相的微孔越深，传质速率就越慢，对峰形的影响越大，柱效率越低。滞留流动相传质阻力项 H_{sm} 可用下式表示：

$$H_{sm} = \frac{C_{sm} d_p^2}{D_m} u$$

式中，C_{sm} 是滞留流动相传质阻力系数，d_p 是固定相颗粒的平均粒径，D_m 是组分在流动相中的扩散系数。

C_{sm} 是常数，与颗粒微孔中被流动相所占据部分的份数和分配比 k 有关。固定相的粒度 d_p 越小，传质速率越快，柱效率越高。样品分子在流动相中的扩散系数 D_m 越大，柱效率越高。适当降低流动相流速 u、改进固定相的结构、减小滞留流动相传质阻力是提高液相色谱柱效率的关键。高效液相色谱仪固定相的设计就是基于这一考虑。

将各参数代入速率方程中，得出液相色谱的速率方程为

$$H = 2\lambda d_p + \frac{C_d D_m}{u} + \left[\frac{C_m d_p^2}{D_m} + \frac{C_s d_f^2}{D_s} + \frac{C_{sm} d_p^2}{D_m} \right] u$$

液相色谱的速率方程与气相色谱的速率方程形式基本一致，主要区别在于 D_m 比 D_g 小 4~5 个数量级，因此液相色谱的速率方程中分子扩散项 $C_d D_m / u$ 可以忽略不计。影响理论塔板高度 H 的主要因素是传质阻力项。速率理论给出了影响柱效率的内在因素并阐述了提高柱效率的方法，为操作条件的选择提供了理论指导。影响柱效率的因素和提高柱效率的途径包括以下各方面。

(i) H 随 d_p 减小，因此应采用粒度小而均匀且空穴小的载体和液膜薄的固定液作固定相。粒度 d_p 越小，板高越小，受线速度影响就越小。液相色谱中常用空穴小的薄壳型载体，所产生的滞留流动相传质阻力小。实际上，d_p 不能太小。因为 d_p 太小的固定颗粒不容易填充均匀，固定相颗粒越小，柱流速越慢，且如果固定相颗粒太小就不得不采取高压技术才能使流动相流速符合实验要求，这样会使仪器系统的运行压力变大。受色谱仪所能承受的压力限制，色谱柱不能太长。如果缩短色谱柱，所施加的压力可以减小，但柱外效应将相应增加。对于粒度大而均匀的颗粒而言，球形或近球形的规则体容易填充均匀。目前，高效液相色谱常用填料的粒度为 3~10 μm，最好为 3~5 μm，但不能小于 3 μm。一般柱长为 10 cm，粒度分布的相对标准偏差小于 5%。

(ii) 当流速 u 较低时，分子扩散项起主要作用；流速 u 较高时，传质阻力项起主要作用。其中，流动相传质阻力项对板高的贡献几乎是一个定值。在流速 u 较时，固定相传质阻力项成为影响板高的主要因素，随着速度 u 增高，板高值越来越大，柱效率急剧下降。当传质阻力项为主要因素时，应采用 D_m 大的低黏度的溶剂作为流动相。

(iii) 适当提高柱温，可以降低流动相的黏度，增大 D_m，从而减小传质阻力。但如果柱温过高，分子扩散加剧，D_m 增大，柱效率会降低。液相色谱采用恒温操作，不能通过增加柱温显著改善传质。因此，改变洗脱液组成、极性等是改善分离效果的最直接方式。

(iv) 进样时间会影响柱效率，应尽可能使其短一些。不可逆的吸附可导致严重的峰增宽和拖尾。为减小柱外谱带增宽，进样系统、检测器和连接管道各连接处的死体积虽不可避免，但要求尽可能小。

(v) 根据范迪姆特公式作 LC 和 GC 的 H–u 图，如图 8-7 所示。LC 和 GC 的 H–u 图十分相似，对应某一流速都有一个板高的极小值，这个极小值就是柱效率的最高点。LC 板高极小值比 GC 的极小值小一个数量级以上，说明液相色谱的柱效率比气相色谱高得多。LC 的板高最低点对应的流速比起 GC 的流速亦小一个数量级，这说明对于 LC，为了取得良好的柱效率，流速不一定要很高。流动相的流速 u 增加，H 增大，柱效率降低，谱带增宽，此时可增加柱长弥补 H 的增加。适当降低 u 可以降低 H，但 u 太低会增大分子扩散项并减慢分析速度。选择合适的 u 才能使柱效率达到最佳。

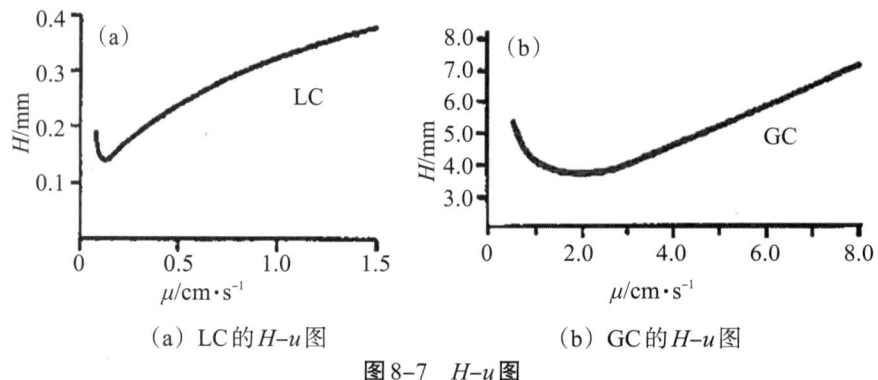

(a) LC 的 H–u 图 (b) GC 的 H–u 图

图 8-7 H–u 图

GC 中的最佳流速可通过实验和计算方法求得。将 $H = A + B/u + Cu$ 微分后获得

$$u_{最佳} = \sqrt{B/C}$$

$$H_{最小} = A + B/u_{最佳} + Cu_{最佳}$$
$$= A + B\sqrt{B/C} + C\sqrt{B/C} = A + 2\sqrt{B/C}$$

通过测三种流速 u 对应的板高 H，解三元一次方程，求出 A、B、C 即可求出 $u_{最佳}$ 和 $H_{最小}$。

实际工作中，为缩小分析时间，可选略高于 $u_{最佳}$ 的流速，常用 $2u_{最佳}$。

8.4.4 色谱基本分离方程

塔板理论、速率理论和分离度是色谱的三大理论，是色谱理论的基础。分离的可能性取决于试样混合物中各组分在流动相和固定相间的分配系数的不同。塔板理论和速率理论都难以描述物质的实际分离程度。而分离度就解释了在什么情况下，相邻两组分能够被完全分开。

分离度受色谱分离过程中保留值之差和区域宽度两种因素的综合影响。保留值之差受色谱热力学的控制，区域宽度受色谱动力学的控制。分离度把色谱动力学因素（塔板数n）和色谱热力学因素（相对保留值$r_{2,1}$）结合在一起，是表示色谱柱在一定色谱条件下对混合物综合分离能力的指标。

8.4.4.1 分离度

分离度R是色谱柱的总分离效能指标，既能反映柱效率又能反映选择性。分离度又叫分辨率，其定义为相邻两组分色谱峰保留值之差与两组分色谱峰底宽总和一半的比值，即

$$R = 2(t_{R2} - t_{R1})/(Y_1+Y_2)$$

上式中，分子反映了溶质在两相中分配行为对分离的影响，是色谱分离的热力学因素；分母反映了动态过程溶质区带的扩宽对分离的影响，是色谱分离的动力学因素。从式中可知，两溶质保留时间相差越大，色谱峰越窄，分离度越好。

R值越大，表明相邻两组分分离越好。一般来说，假设峰形对称且满足正态分布条件。当$R<1$时，两峰有部分重叠，两峰的分离程度不佳，不能完全分离。当$R=1$时，假定峰1和峰2的峰底宽相等，即$Y_1 = Y_2 = 4\sigma$，则$t_{R2} - t_{R1} = 4\sigma$；如相邻两峰外侧没有其他组分的峰干扰且两峰的峰高和峰面积相等，分离后各峰露出的面积为各自峰全部面积的95.4%，即分离程度为95.4%，峰内侧重叠约为4.6%，两峰基本完全分离。当$R=1.5$时，两峰的分离程度可达99.7%，达到完全分离。通常用$R \geq 1.5$作为相邻两色谱峰已完全分离的标志。

色谱分离过程中关于分离度具有以下4种情况，如图8-8所示。

① 柱效率较高，ΔK（分配系数）较大，完全分离。
② ΔK不是很大，柱效率较高，峰较窄，基本上完全分离。
③ 柱效率较低，ΔK较大，但分离的效果不好。
④ ΔK小，柱效低，分离效果差。

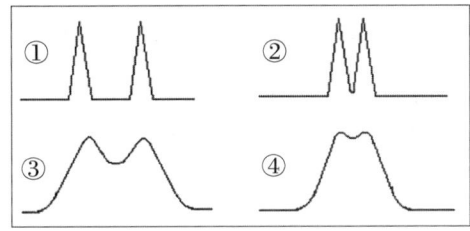

图8-8 关于分离度的四种情况

【例8-2】已知物质A和B在一根30.00 cm长的柱上的保留时间分别为16.40 min和17.63 min。不被保留的组分通过该柱的时间为1.30 min。峰底宽度分别为1.11 min和1.21 min，计算：

①柱的分离度；

②柱的平均塔板数。

解：①柱的分离度：
$$R = 2(t_{R2} - t_{R1})/(Y_1+Y_2) = 2(17.63 - 16.40)/(1.11+1.21) = 1.06$$
②柱的平均塔板数：
$$n_1 = 16(t_{R1}/Y_1)^2 = 16(16.40/1.11)^2 = 3493$$
$$n_2 = 16(t_{R2}/Y_2)^2 = 16(17.63/1.21)^2 = 3397$$
$$n_{平均} = (3493+3397)/2 = 3445$$

8.4.4.2 分离度与柱效能、选择性的关系

柱效能是指色谱柱在分离过程中的分离效能，常用 n 和 H 来描述。对单个组分而言，n 越大，H 越小，柱效率越高。对多个组分的分离来说，则无法用 n 或 H 来描述柱效率，这是因为当 n 的值较大、H 的值较小时，有可能几个组分的峰值并不能完全分开。

选择性是描述两个相邻组分在同一固定相中热力学分布行为的重要参数，用相对保留值 $r_{2,1}$ 表示。$r_{2,1}$ 越大，保留时间相差越大，分离越好（但未考虑峰宽因素）。

图 8-9 说明了柱效率和选择性对分离度的影响。图(a)中两色谱峰距离近并且峰形宽，两峰严重重叠，这表示选择性和柱效率都很差。图(b)中虽然两峰距离拉开了，但峰形仍很宽，说明选择性好，但柱效率低。图(c)中分离最理想，说明选择性好，柱效率也高。

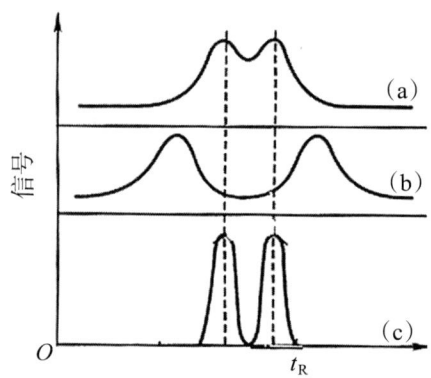

图 8-9　柱效率和选择性对分离度的影响

分离度受柱效（n）、选择因子（α 或 $r_{2,1}$）和容量因子（k）三个参数的控制。对于难分离的两种组分，由于它们的分配系数差别很小，可合理地假设 $k_1 \approx k_2 = k$，$Y_1 \approx Y_2 = Y$。

由 $n = 16 \times (t_R/Y)^2$，得
$$\frac{1}{Y} = \frac{\sqrt{n}}{4} \times \frac{1}{t_R}$$

则分离度 R 可表示为
$$R = \frac{\sqrt{n}}{4} = \frac{r_{2,1}-1}{r_{2,1}} \times \frac{k}{k+1} = \frac{\sqrt{n}}{4} \times \frac{a-1}{a} \times \frac{k}{k+1}$$

这就是基本色谱分离方程式。

式中第一项为柱效率项，由塔板数 n 决定，n 越大，则柱效率越高，分离的效果越好。若通过增加柱长来增加 n，t_R 会增大。因此降低板高才是增大 R 最好的办法。

式中第二项为选择性项。$r_{2,1}$ 的微小变化，会使分离度有较大改善，即 $r_{2,1}$ 越大，t_{R2}' 与 t_{R1}' 相差越大，分离越好。$r_{2,1}=1$ 的两组分无法分离。

式中第三项为柱容量项。分配比 k 大一些对分析有利，但如果 k 过大，t_R 过长，峰形过宽，将影响检测灵敏度。一般 $1 < k < 10$。

在实际应用中，往往用有效塔板数 n_{eff} 代替 n，由于有效塔板数 n_{eff} 与理论塔板数 n 和分配比 k 有关，存在如下关系式：

$$n = 2 \times \frac{k+1}{k} \times n_{eff}$$

相应地，基本的色谱方程的表达式可转换为

$$R = \frac{\sqrt{n_{eff}}}{4} \times \frac{r_{2,1}-1}{r_{2,1}}$$

则

$$n_{eff} = 16R^2 \times \left(\frac{r_{2,1}}{r_{2,1}-1}\right)^2$$

由此可以看出，具有一定相对保留值 $r_{2,1}$ 或 α 的两个组分，分离度直接与有效塔板数 n_{eff} 有关，说明有效塔板数能正确地代表柱效率。分离度与理论塔板数的关系还受热力学性质的影响。当固定相确定，且被分离的两个组分的 $r_{2,1}$ 确定后，分离度将取决于 n。这时，对于一定理论板高的色谱柱，分离度的平方与柱长成正比，即

$$(R_1/R_2)^2 = n_1/n_2 = L_1/L_2$$

这说明用较长的色谱柱可以提高分离度，但延长了分析时间。因此，提高分离度的一种方法是制备出一根性能优良的色谱柱，通过降低板高提高分离度。

【例 8-3】在一定条件下，两个组分的调整保留时间分别为 85 s 和 100 s，要达到完全分离，即 $R=1.5$。计算需要多少块有效塔板？若填充柱的塔板高度为 0.1 cm，柱长是多少？

解：$r_{2,1} = 100/85 = 1.18$

$$n_{eff} = 16R^2 \times \left(\frac{r_{2,1}}{r_{2,1}-1}\right)^2 = 16 \times 1.5^2 \times \left(\frac{1.18}{0.18}\right)^2 = 1547 \text{（块）}$$

$$L_{eff} = n_{eff} \cdot H_{eff} = 1547 \times 0.1 = 155 \text{（cm）}$$

即柱长为 1.55 m 时，两组分可以得到完全分离。

【例 8-4】有一根 1 m 长的柱子，分离组分 1 和组分 2 得到色谱图。图中横坐标 1 为记录笔走纸距离。组分 1 和 2 的走纸距离分别为 4.5 mm 和 49 mm，不被保留的组分的走纸距离为 5 mm。若欲得到 $R=1.2$ 的分离度，有效塔板数应为多少？色谱柱要加到多长？

解：先求出组分 2 对组分 1 的相对保留值 $r_{2,1}$：

$$r_{2,1} = \frac{t_{r_2}'}{t_{r_1}'}$$

$$= \frac{49 \text{ mm} - 5 \text{ mm}}{45 \text{ mm} - 5 \text{ mm}} = 1.1$$

$$R = \frac{2(t_{r_2} - t_{r_1})}{Y_1 + Y_2}$$

$$= \frac{49 \text{ mm} - 45 \text{ mm}}{5 \text{ mm}} = 0.8$$

代入公式　求出有效塔板数 n_{eff}：

$$n_{\text{eff}} = 16 \times (0.8)^2 [1.1/(1.1-1)]^2 = 1239（块）$$

若使 $R=1.2$，则

$$n_{\text{eff}} = 16R^2 \times \left(\frac{\gamma_{2,1}}{\gamma_{2,1}-1}\right)^2 = 16 \times 1.2^2 \times \left(\frac{1.1}{0.1}\right)^2 = 2788（块）$$

因此，欲使分离度达到1.2，需有效塔板2788块，则所需柱长为

$$L = (2788/1329) \times 1 = 2.25 (\text{m})$$

【例8-5】已知某色谱柱的理论塔板数为3600，组分A和B在该柱上的保留时间为27 mm和30 mm，求两峰的峰半宽和分离度。

解：由于

$$Y = 1.7 Y_{1/2} \quad n = 16\left(\frac{t'_r}{Y}\right)^2,$$

由此可知

$$Y = \frac{4t'_r}{\sqrt{n}}$$

$$Y_1 = 27/(3600/16)^{1/2} = 1.8 (\text{mm})$$
$$(Y_1)_{1/2} = 1.8/1.7 = 1.06 (\text{mm})$$
$$Y_2 = 30/(3600/16)^{1/2} = 2.0 (\text{mm})$$
$$(Y_2)_{1/2} = 2.0/1.7 = 1.18 (\text{mm})$$
$$R = 2(30 - 27)/(1.8 + 2) = 6/3.8 = 1.6$$

【例8-6】已知一色谱柱在某温度下的速率方程的 $A=0.08$ cm，$B=0.65$ cm²/s，$C=0.003$ s，求最佳线速度 u 和最小塔板高度 H。

解：欲求 $u_{最佳}$ 和 $H_{最小}$，要对速率方程进行微分，即

$$dH/du = d(A + B/u + Cu)/du$$
$$= -B/u^2 + C$$
$$= 0$$

由最佳线速：$u_{最佳} = (B/C)^{1/2}$，最小板高：$H_{最小} = A + 2(BC)^{1/2}$，可得

$$u_{最佳} = (0.65/0.003)^{1/2} = 14.7 (\text{cm/s})$$
$$H_{最小} = 0.08 + 2(0.65 \times 0.003)^{1/2} = 0.1683 (\text{cm})$$

【例8-7】已知物质A和B在一根30.00 cm长的柱上的保留时间分别为16.40 min和17.63 min。不被保留的组分通过该柱的时间为1.30 min。峰底宽度分别为1.11 min和1.21 min，计算：

①柱的分离度；

②柱的平均塔板数；

③达到1.5分离度所需的柱长度。

解：
①柱的分离度：
$$R = 2(17.63 - 16.40)/(1.11 + 1.21) = 1.06$$
②柱的平均塔板数：
$$n_1 = 16(16.40/1.11)^2 = 3493$$
$$n_2 = 16(17.63/1.21)^2 = 3397$$
$$n_{平均} = (3493 + 3397)/2 = 3445$$
③达到1.5分离度所需的柱长度
$$R_1/R_2 = (n_1/n_2)^{1/2}$$
$$n_2 = 3445(1.5/1.06)^2 = 6898$$
$$L = nH = 6898 \times (300/3445) = 60 \text{(cm)}$$

8.5 色谱定性和定量分析

从色谱流出曲线中可获得许多重要信息：
①根据色谱峰的个数，可以判断样品中所含组分的最少种数；
②根据色谱峰的保留值，可以进行定性分析；
③根据色谱峰的面积或峰高，可以进行定量分析；
④色谱峰的保留值及其区域宽度，是评价色谱柱分离效率的依据；
⑤色谱峰两峰间的距离是评价固定相（或流动相）选择是否合适的依据。

8.5.1 色谱的定性分析

色谱定性分析就是根据各色谱峰确定样品中的各组分。由于各种物质在一定的色谱条件下均有确定的保留值，因此保留值可作为一种定性指标。在色谱分析中利用保留值定性是最基本的定性方法。两种相同的物质在相同的色谱条件下应该具有相同的保留值，但是不同物质在同一色谱条件下，也可能具有相似或相同的保留值，即保留值不具有专属性。因此仅根据保留值对一个完全未知的样品定性是困难的。在了解样品的来源、性质、分析目的的基础上，对样品组成做初步的判断，再结合下列的方法则可确定色谱峰所代表的化合物。

作为影响保留值的因素，色谱中的固定相和流动相在气相色谱和液相色谱中不完全相同，因此保留值定性方法在气相色谱和液相色谱中不尽相同，下文将分别进行介绍。

8.5.1.1 气相色谱中用保留值定性的方法

（1）利用保留值与已知物对照定性

在一定的色谱条件下，一个未知物只有一个确定的保留值。因此将已知纯物质在相同色谱条件下的保留值与未知物的保留值进行比较，就可以定性鉴定未知物。若二者相同，则未知物可能是已知的纯物质；如不同，则未知物就不是该纯物质。

纯物质对照法定性只适用于对组分性质已有所了解、组成比较简单且有纯物质作为对照的未知物。此方法要求操作条件稳定、一致，且操作人员必须严格控制操作条件，尤其是流速。

在气相色谱中，为避免载气流速和温度的微小变化而引起的保留时间的变化对定性分析结果带来的影响，可采用下面三种方法。

①相对保留值法：

相对保留值是指在相同的色谱条件下，待测组分与参比组分的调整保留值之比。当载气的流速和温度发生微小变化时，被测组分与参比组分的保留值同时发生变化，而它们的比值，即相对保留值则保持不变。相对保留值仅随固定相性质及柱温的变化而变化，与其他操作条件无关。因此在柱温和固定相一定时，相对保留值为定值，可作为定性的较为可靠的参数。

相对保留值测定方法是在某一固定相及柱温下，分别测出组分i和基准物质s的调整保留值，两个调整保留值之比就是相对保留值。用已求出的相对保留值与文献中相应的值比较即可定性。

通常选择容易得到纯品的、与被分析组分相近的物质作基准物质，如正丁烷、环己烷、正戊烷、苯、对二甲苯、环己醇、环己酮等。

②加入已知物增加峰高的方法：

加入已知物增加峰高的方法适用的场景包括：当未知样品中组分较多，所得色谱峰过密，用相对保留值法不易辨认；或操作条件不易控制，或仅作未知样品指定项目分析时均可使用此法。这种方法首先获得未知样品的色谱图，然后在未知样品中加入一定量的已知纯物质，在相同色谱条件下进行测试，获得已加入纯物质的未知样品的色谱图。对比两张色谱图，峰高增加的组分就可能是这种已知纯物质。

这种方法既可避免载气流速的微小变化对保留时间的影响，进而影响定性分析结果，又可避免色谱图图形复杂时准确测定保留时间的困难，是确定复杂样品中是否含有某一组分最好的方法。

③利用双色谱系统定性的方法：

这种方法是通过改变色谱条件来改变分离选择性，使不同物质显示不同保留值。如，选用极性差别较大的两种不同固定液来制备色谱柱，不同物质具有不同保留值。

(2) 根据文献保留值数据定性

在利用已知标准物直接对照定性时，已知标准物质的获取往往会较为困难，一个实验室中也不可能备有许多已知标准物。根据文献保留值对照定性的方法就可以解决这个问题，即利用已知物的文献保留值与未知物的测定保留值进行比较对照，从而进行定性分析。为保证已知物的文献保留值和未知物的实测保留值具有可比性，需从理论上保证保留值的通用性及可重复性。

1958年，匈牙利色谱学家科瓦茨（E·Kováts）首先提出以保留指数 I（retention index）作为保留值的标准用于定性分析。

保留指数又称为柯瓦茨指数，表示物质在固定液上的保留行为，是目前使用最广泛且国际公认的定性指标。它具有重现性好、标准统一及温度系数小等优点。保留指数是一种相对保留值，通常以色谱图上位于待测组分两侧的相邻正构烷烃的保留值为基准，用对数内插法求得。每个正构烷烃的保留指数规定为其碳原子数乘以100，即

$$I = 100\left[z + \frac{\lg V'_{R_i} - \lg V'_{R_z}}{\lg V'_{R_{(z+1)}} - \lg V'_{R_z}}\right] = 100\left[z + \frac{\lg t'_{R_i} - \lg t'_{R_z}}{\lg t'_{R_{(z+1)}} - \lg t'_{R_z}}\right]$$

式中，z 是正构烷烃原子数，i 是待测组分。

保留指数的物理意义在于，它是与被测物质具有相同调整保留时间的假想的正构烷烃的碳数乘以100。保留指数仅与固定相的性质、柱温有关，与其他实验条件无关。不同实验室测定的保留指数的重现性较好，其准确度也较好，精度可达±0.03个指数单位。只要柱温与固定相相同，就可应用文献值进行鉴定，而不必用纯物质进行对照。

用保留指数定性时需知道被测的未知物属于哪一类化合物，然后在文献中查找分析该类化合物所用的固定相和柱温等色谱条件。必须使用文献上给出的色谱条件进行未知物分析，并计算其保留指数，然后再与文献中所给出的保留指数值进行对照，得出未知物的定性分析结果。如分析未知物的色谱条件与文献给出的不同，则分析结果毫无意义。

与用已知物直接对照定性相比，保留指数定性虽避免了寻找已知标准物质的困难，但也有一定的局限性。对一些多官能团化合物和结构比较复杂的天然化合物，无法采用保留指数定性，因为这些化合物的保留指数在文献上少有记载。

同一物质在同一根色谱柱上的保留指数与柱温通常成线性关系，利用这个规律可用内插法求出不同温度下的保留指数。例如，某物质的保留指数在100 ℃时为654，150 ℃时为688，用内插法可求得在125 ℃时为671。由于不同物质的这个线性关系往往不平行，因此可利用两个或三个不同温度时的保留指数进行对照，使定性分析的结果更加可靠。

保留指数定性与用已知物直接对照定性一样，定性结果往往也需要其他方法加以确认。

（3）利用保留值经验规律定性

①双柱定性法：

前面两种方法都是在同一根色谱柱上进行分析比较，这种定性分析结果的准确度往往不高，特别是难以区分一些同分异构体。例如，1-丁烯和异丁烯在阿皮松、硅油等非极性色谱柱上有相同的保留值，如改用极性色谱柱，1-丁烯和异丁烯将有不同的保留值。用两根不同的色谱柱，将未知物的保留值与已知物的保留值或文献上的保留值或保留指数进行对比，可以大大提高定性分析的准确度，这就是双柱定性法。

用双柱定性法时，所选择的两根色谱柱的极性差别应尽可能大。极性差别越大，定性分析结果的可信度越高。

由于非极性柱上各物质的出峰顺序基本是按沸点高低排列，而在极性柱上各物质的出峰顺序主要由其化学结构决定，因此双柱定性法在同分异构体的确认中具有很重要的作用。

在双柱选择上，还可以考虑选用氢键缔合能力有较大差异的不同色谱柱来对一些形成能力不同的化合物进行定性分析。如果两种纯化合物在性能（如极性或氢键形成能力等）不同的两根或多根色谱柱上有完全相同的保留值，则这两种纯化合物基本可认定为同一种化合物。使用的色谱柱越多，可信度越高。

②碳数规律定性：

实验证明，同系物间，一定温度下调整保留值（或者相对保留值）的对数与该分子的碳原子数成线性关系，即

$$\lg V_R' = A_2 n + C_2$$

式中，A_2 和 C_2 是与固定相和被分析物的化学性质有关的常数，n 是分子中的碳原子数。

利用碳数规律可在已知同系物中几个组分保留值的情况下，推出同系物中其他组分的保留值，然后与未知物的色谱图进行对比分析。

在用碳数规律定性时，应先判断未知物类型，才能寻找适当的同系物。同时，要注意当碳原子数 $n=1$ 或 2 时，以及碳原子数较大时，可能与线性关系发生偏差。

这一规律适用于任何同系物或假同系物，如有机化合物中含有硅、硫、氮、氧等元素的原子数及某些重复结构单元（如苯环、C=C、亚胺基等）的数目均与调整保留值的对数成线性关系。

③沸点规律定性：

实验证明，同族具有相同碳原子数目的碳链异构体的调整保留值（或相对保留值）的对数值与沸点成线性关系，即

$$\lg V_R' = A_3 T_b + C_3$$

式中，A_3 和 C_3 是经验常数，T_b 是组分的沸点，V_R' 是组分的调整保留体积。

与碳数规律定性一样，对碳链异构体也可以根据其中几个已知组分的调整保留值的对数与相应的沸点作图，然后根据未知组分的沸点，在图上求出相应的保留值，再与色谱图上的未知峰对照，进行定性分析。

8.5.1.2 液相色谱中用保留值定性的方法

与气相色谱相比，液相色谱的分离机理要复杂许多，不仅要考虑吸附和分配，还要考虑离子交换、体积排阻、亲核作用、疏水作用等。气相色谱中组分的保留行为只与固定相种类和柱温有关，而与流动相种类无关。液相色谱中，组分的保留行为也不仅仅只与固定相有关，还与流动相的种类及组成有关，因此液相色谱中影响保留值的因素比气相色谱要多许多，在气相色谱中的一些保留值的规律在液相色谱中不再适用，也不能直接用保留指数定性。

液相色谱中保留值定性的方法主要是直接用未知物质与已知标准物对照的方法。当未知物质的保留值与某一已知标准物完全相同时，则未知物质可能与此已知标准物是同一物质。特别是在改变色谱柱或改变洗脱液的组成时，如果未知物质的保留值与已知标准物的保留值仍完全相同，则可以基本认定未知峰与标准物是同一物质。

在利用文献中的保留值数据进行比对和定性分析时要特别注意，由于液相色谱柱的填柱技术比较复杂，液相色谱所使用的色谱柱的重现性目前还很不理想。即使是同一批号的色谱柱，重现性也不一致，则使用文献上的保留值数据进行分析受到限制。因此，文献上记载的保留值数据只能作为定性分析的参考。可根据这些数据和对样品的了解选用已知标准物，再用这些已知标准物与未知物在同一色谱条件下直接进行对比。

最简单的保留值定性方法是将已知标准物加入样品中，若使某一色谱峰增高，且在改变色谱柱或洗脱液的组成后，仍能使这个峰增高，则可基本认定这个峰所代表的组分与已知标准物质为同一物质。

8.5.1.3 平面色谱中用保留值定性的方法

由于平面色谱流动相的流动方式与柱色谱不同，所以在平面色谱中，组分被固定相保留的情况不用保留时间和保留体积描述，而是用比移值 R_f 描述。

比移值是平面色谱中溶质迁移距离与流动相迁移距离之比，如图 8-10 所示，即

$$R_f = d_s / d_m$$

式中，d_m 是原点到流动相前沿的距离，d_s 是原点到溶质斑点中心的距离。

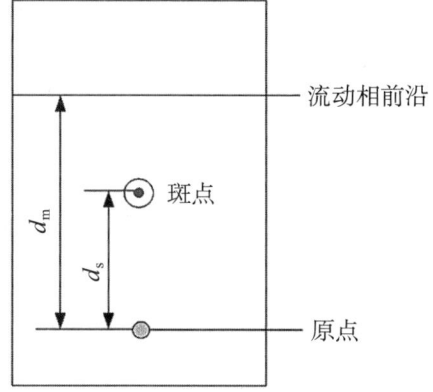

图 8-10　比移值定义

在平面色谱中，主要是对比未知组分和已知标准物质的比移值。比移值与固定相（薄板上的涂层或纸）的性质、展开剂的性质（极性、组成等）、被分离组分的性质及展开时的温度有关。为了获得真实的重现性好的比移值，在实验中必须注意保证以下事项：展开槽密闭不泄漏，平板周围空间被展开剂蒸汽所饱和填充，无边缘效应，固定相与流动相沿分离轨迹无梯度变化，展开剂的前沿位置能正确测定。

在平面色谱分析中，文献上各类化合物的比移值可供定性分析时参考，但最好的定性分析方法是将未知样品和已知标准物点在同一块平板上同时进行展开，然后比较未知物的斑点和已知标准物的斑点是否在同一位置。当改变固定相或展开剂的组成时，若未知物的斑点与已知标准物的斑点仍在同一位置上，则可基本确定未知物与已知标准物是同一物质。

为提高用比移值定性的可靠性，可用相对比移值 R_{is} 进行定性。

相对比移值是被测组分与参比物质的比移值之比，即

$$R_{is} = R_{fi} / R_{fs}$$

式中，R_{fi} 和 R_{fs} 分别为在同一平板上，在同一展开条件下测得的被测组分 i 和参比物质 s 的比移值。

由于被测组分和参考物是在同一平板上、在完全相同的展开条件下展开，因此相对比移值的重现性和可比性都大于比移值，用相对比移值定性的可信度也高于用比移值。在平面色谱中用文献值进行定性分析时，最好选用相对比移值。

8.5.2 定量分析

定量分析的任务是求出混合样品中各组分的百分含量。色谱定量分析与大部分仪器的定量分析一样属于一种相对定量方法,而不是绝对定量方法,是根据检测器的响应值与被测组分的量在某些条件下成正比的关系进行定量分析。色谱定量的依据是:当操作条件一致时,被测组分的质量(或浓度)与检测器给出的响应信号(色谱峰的峰高或峰面积)成正比,即

$$m_i = f_i \times A_i \text{ 或 } m_i = f_i \times h_i$$

式中,m_i 为被测组分 i 的质量,A_i 为被测组分 i 的峰面积,h_i 是被测组分的峰高,f_i 为被测组分 i 的校正因子(比例系数),f_i 与检测器的性质和被测组分的性质有关。

通过色谱图上的峰面积或峰高,可以计算样品中溶质的含量。

可见,进行色谱定量分析时需要:

①准确测量检测器的响应信号,即峰面积或峰高;

②准确求得比例常数校正因子;

③正确选择合适的定量计算方法,将测得的峰面积或峰高换算为组分的百分含量。

(1) 峰面积的测量方法

峰面积是色谱图提供的基本定量数据,其测量的准确与否直接影响定量结果。对于不同峰形的色谱峰应采用不同的测量方法。

①对称峰面积的测量是以峰高乘以半峰宽的方法,即

$$\text{对称峰的面积 } A = h \times Y_{1/2}$$

②不对称峰面积的测量采用峰高乘平均峰宽的方法。

对于不对称峰的测量如仍用峰高乘以半峰宽,误差会较大,因此采用峰高乘平均峰宽,即

$$A = 1/2 \times h(Y_{0.15} + Y_{0.85})$$

式中,$Y_{0.15}$ 和 $Y_{0.85}$ 分别为峰高 0.15 倍和 0.85 倍处的峰宽。

对于其他的不同峰形还有不同的测量方法,可根据实际情况进行测量和计算。

(2) 定量校正因子的测定

色谱定量分析的依据是被测组分的量与其峰面积成正比。但是峰面积的大小不仅取决于组分的质量,还与它的性质有关。当两个质量相同的不同组分在相同条件下使用同一检测器进行测定时,所得的峰面积并不相同。由于同一检测器对不同物质具有不同的响应值,即检测器对不同物质的灵敏度不同,相同的峰面积并不意味着有相等的质量。因此,混合物中某一组分的百分含量并不等于该组分的峰面积在各组分峰面积总和中所占的百分比。由此可知,不能直接利用峰面积计算物质的含量。为了使峰面积能真实反映出物质的质量,需要对峰面积进行校正,即在定量计算中引入校正因子。

定量校正因子的物理意义就是单位峰面积所对应组分的质量。校正因子分为绝对校正因子和相对校正因子。

①绝对校正因子:

对同一个检测器,等质量的不同物质的响应值不同,但同一物质的响应值只与该物质的质量或浓度有关,则定量绝对校正因子可表示为

$$f_i = m_i/A_i = C_i/A_i$$

式中,A_i 是组分的峰面积,m_i 是组分的质量,C_i 是组分的浓度。f_i 值与组分 i 的质量绝对值成正比,所以称为绝对校正因子。

在定量分析时,要精确求出 f_i 值比较困难。一方面是由于精确测量绝对进样量较为困难,另一方面是因为峰面积与色谱条件有关,要保持测定 f_i 值时的色谱条件相同,需严格控制色谱条件。另外,即便能够得到准确的 f_i 值,也由于没有统一的标准而无法直接应用。为此提出相对校正因子的概念来解决色谱定量分析中的计算问题。

②相对校正因子:

相对定量校正因子 f_i' 定义为

$$f_i' = f_i/f_s$$

式中,f_i 是物质的绝对校正因子,f_s 是基准物质的绝对校正因子,即某组分 i 的相对校正因子 f_i' 为组分 i 与标准物质 s 的绝对校正因子之比,

$$f_i'(m) = (m_i/A_i)/(m_s/A_s) = (m_i/m_s) \times (A_s/A_i)$$

可见,相对校正因子 $f_i'(m)$ 就是当组分 i 的质量与标准物质 s 相等时,标准物质 s 的峰面积是组分 i 峰面积的倍数。若某组分质量为 m_i,峰面积为 A_i,则 A_i 的数值与质量为 m_i 的标准物质的峰面积相等。也就是说,通过相对校正因子,可以把各个组分的峰面积分别换算成与其质量相等的标准物质的峰面积,于是比较标准就得到了统一,这就是归一化法求算各组分百分含量的基础。

(ⅰ)相对校正因子的表示方法。

上面介绍的相对校正因子中,组分和标准物质都是以质量表示的,故又称为相对质量校正因子。若以摩尔数表示校正因子时就是摩尔校正因子 $f_i(M)$,也可以用摩尔数表示相对摩尔校正因子 $f_i'(M)$,即

$$f_i'(M) = \frac{f_i(M)}{f_s(M)} = \frac{m_i/M_i A_i}{m_s/M_s A_s} = \frac{A_s m_i M_s}{A_i m_s M_i} = f_i'(m) \cdot \frac{M_s}{M_i}$$

凡文献查获的校正因子都是指相对校正因子,可用 f_M'、f_m' 分别表示摩尔校正因子和质量校正因子。

此外,当以物质的体积表示时,相对校正因子就是体积相对校正因子,表示单位峰面积所代表的组分体积。

相对校正因子的倒数可定义为相对响应值 S'(分别为相对质量响应值 S_m'、相对摩尔响应值 S_M')。通常所指的校正因子都是相对校正因子。

(ⅱ)相对校正因子的测定方法。

相对校正因子只与被测物和标准物以及检测器的类型有关,而与操作条件无关。因此,f_i' 可从文献中查出引用。若文献中查不到所需的 f_i',也可以自行测定。热导检测器(thermal conductivity detector,TCD)常用苯作为标准物,火焰离子化检测器(flame ionization detector,FID)常用正庚烷作为标准物。

测定相对校正因子最好是用色谱纯试剂。若无纯品，也要确切知道该物质的百分含量。测定时首先准确称量标准物和待测物，然后将它们混合均匀后进样，分别测出其峰面积，再进行计算。用一个标准，把所有组分的峰面积较正到标准物的峰面积上，再进行比较计算。

（3）定量计算方法

①归一化法：

当试样中各组分都出峰时，可用归一化法进行定量。把所有出峰组分的含量之和按100%计的定量方法称为归一化法。其计算公式如下：

$$P_i\% = (m_i/m) \times 100\%$$
$$= A_i f_i' / (A_1 f_1' + A_2 f_2' + \cdots + A_n f_n') \times 100\%$$

式中，$P_i\%$为被测组分i的百分含量，A_1、$A_2 \cdots A_n$为组分1~n的峰面积，f_1'、$f_2' \cdots f_n'$为组分1~n的相对校正因子。

当f_i'为质量相对校正因子时，得到质量百分数，当f_i'为摩尔相对校正因子时，则得到摩尔百分数。

归一化法的优点是简单、准确，不需要标准物质，不必准确称量和准确进样，操作条件变化时对定量结果影响不大。但此法在实际工作中仍有一些限制，例如，样品的所有组分必须全部流出且都出峰，需测出所有组分的峰面积和校正因子f_i'，某些不需要定量的组分也必须测出其峰面积及f_i'。此外，测量低含量尤其是微量杂质时，误差较大。

②内标法：

当样品各组分不能全部从色谱柱流出，或有些组分在检测器上无信号，或只需对样品中某几个出现色谱峰的组分进行定量时可采用内标法。

所谓内标法，是将一定量的纯物质作为内标物加入准确称量的试样中，根据试样和内标物的质量以及被测组分和内标物的峰面积可求出被测组分的含量。由于被测组分与内标物质量之比等于峰面积之比，即

$$m_i/m_s = A_i f_i' / A_s f_s'$$

所以，

$$m_i = m_s A_i f_i' / A_s f_s'$$

式中，下标s代表内标物，i代表组分。

若试样质量为m，则

$$P_i\% = (m_i/m) \times 100\% = m_s A_i f_i' / m A_s f_s' \times 100\%$$

内标法的关键是选择合适的内标物。内标物必须符合以下条件：

（i）内标物应是样品中原来不存在的纯物质，性质与被测物相近，能完全溶解于样品中，但不能与样品发生化学反应；

（ii）内标物的色谱峰应尽量靠近被测组分的色谱峰位置，或位于几个被测物色谱峰的中间，且能与这些色谱峰完全分离；

（iii）内标物的质量应与待测物质的质量接近，以保持色谱峰大小差不多；

（iv）内标物与被测组分的物理化学性质相近（如化学结构、挥发性、极性即溶解度等），当操作条件变化时，更有利于内标物及待测组分作匀称变化。

内标法的优点是：

(ⅰ) 因为 m_s/m 比值恒定，所以结果与进样量无关，只需被测组分与内标物都出峰，进样量不必准确；

(ⅱ) 因为该法是通过测量 A_i/A_s 比值进行计算的，操作条件稍有变化时对结果没有明显影响，因此定量结果比较准确；

(ⅲ) 适用于低含量组分的分析，且不受归一法使用上的局限。

内标法的主要缺点首先是每次分析都要用分析天平准确称出内标物和样品的质量，这对常规分析来说比较麻烦。其次，在样品中加入一个内标物，显然对分离度的要求比原样品更高。

③标准曲线法：

常用的标准曲线法实际上就是外标法。当样品中各组分不能完全流出，又没有合适的内标物时，可以采用标准曲线法。首先用纯物质配制一系列不同浓度的标准试样，在一定的色谱条件下准确定量进样，测量峰面积（或峰高），绘制标准曲线。样品测定时，要在与绘制标准曲线完全相同的色谱条件下准确进样。根据所得的峰面积（或峰高），从曲线上查出被测组分的含量。

标准曲线法的优点是操作简单，计算方便，不需要相对校正因子。缺点是要求准确进样，还需要保持操作条件稳定。

一般气相色谱法常采用归一化法和内标法进行定量，液相色谱法常用标准曲线法定量。

8.6 气相色谱法

气相色谱法是用气体作为流动相的色谱法。作为流动相的气体称为载气，对样品和固定相呈惰性，专门用于载送样品。气相色谱分析过程可简单地概括为载气载送样品经过色谱柱中的固定相，使样品中的各组分分离，然后再分别检测。

根据固定相的状态不同，又可将其分为气-固色谱和气-液色谱。气-固色谱是用多孔性固体为固定相，分离的主要对象是一些永久性的气体和低沸点的化合物。但由于气-固色谱可供选择的固定相种类甚少，分离的对象不多，且色谱峰容易产生拖尾，所以实际应用较少。气相色谱多用高沸点的有机化合物涂渍在惰性载体上作为固定相，一般只要在450 ℃以下有1.5～10 kPa的蒸汽压，且热稳定性好的有机及无机化合物都可用气-液色谱分离。由于在气-液色谱中可供选择的固定液种类很多，有较好的选择性，所以气-液色谱有广泛的实用价值。

8.6.1 气相色谱法的流程

用气相色谱法分离样品的基本过程如图8-11所示。由高压钢瓶供给的流动相载气，经减压阀、净化器、流量调节器和转子流速计后，以稳定的压力、恒定的流速连续流过气化室、色谱柱、检测器，最后放空。

气化室与进样口相接,其作用是把从进样口注入的液体试样瞬间气化为蒸汽,以便随载气带入色谱柱中进行分离。分离后的样品随载气依次进入检测器,检测器将组分的浓度(或质量)变化转换为电信号,电信号经放大后,由记录仪记录下来,即获得色谱图。

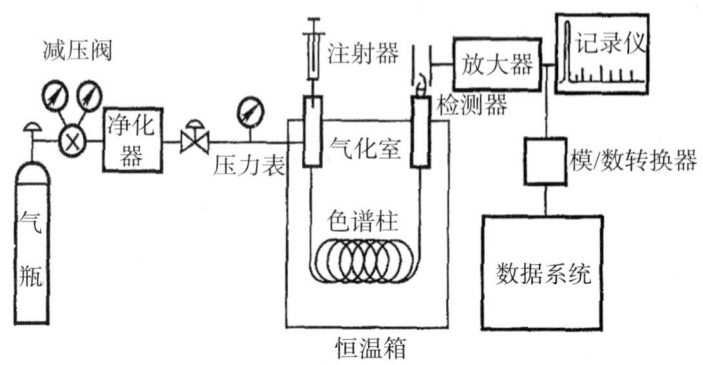

图8-11 气相色谱法的过程示意图

8.6.2 气相色谱仪的结构

气相色谱仪由五大系统组成,即载气系统、进样系统、分离系统、控温系统以及检测和记录系统。

8.6.2.1 载气系统

气相色谱仪的载气系统由载气及所流经的管路组成,是一个让载气连续运行的、管路密闭的气路系统,为色谱分析提供载气、燃气、助燃气等,包括气源、气体净化、气体流速控制和测量系统。通过载气系统可以获得纯净的、流速稳定的载气。载气系统的气密性、载气流速的稳定性以及测量流量的准确性,对色谱结果均有很大的影响,因此必须注意控制。

载气由气体钢瓶或气体发生器产生。气体钢瓶的压力为 $1.5 \times 10^4 \sim 2.0 \times 10^4$ kPa,气体发生器的压力为 300~400 kPa。载气的作用是携带组分在气路系统中移动以达到分离混合物的目的。载气从气源流出后依次流经减压阀、净化干燥管、针型阀、流量计、进样口、色谱柱、检测器,最后放空。为了分离和检测的需要,一般选择不干扰样品分析的气体作为载气。

气相色谱中采用载气的种类和纯度主要取决于所用检测器的种类、色谱柱中填料的性质及分析项目的要求。常用的载气有氮气和氢气,也可用氦气、氩气、二氧化碳气和空气。氮气的相对分子质量较大,扩散系数小,柱效率相对较高,常用作火焰离子化检测器(FID)的载气。在使用热导检测器(TCD)时,由于其导热系数低、灵敏度差、定量线性范围较窄,所以除分析氢气外,一般不用氮气作载气。氢气的相对分子质量较小、导热系数较大、黏度小。TCD的工作原理表明,载气的导热系数与组分的导热系数相差越大,灵敏度越高,所以用TCD检测时几乎都采用氢气作为载气,这样获得的定量线性范围较宽。

空气和氧气常被用作辅助气体。辅助气体用量较大，因此最常用的辅助气体是空气。

载气需经过装有活性炭或分子筛或硅胶的净化器，以除去载气中的水、氧等不利的杂质。载气中的水分会影响气–固色谱中固定相的活性、寿命和气–液色谱的分离效率。当使用分子筛作填料时，一定要除去二氧化碳和水，这是因为分子筛对二氧化碳和水的吸附性很强，会降低柱效率，甚至使色谱柱失效。载气中不应含有待测物质。当使用FID作检测器时，需要除去载气中的烃类等有机物质。当使用氦离子化检测器（helium ionization detector，HID）时，要求He的纯度在99.99%以上，水的含量应小于30～50 mg/mL。当使用电子捕获检测器（electron capture detector，ECD）时，要求载气中电负性较强的组分（如氧气、硫化氢）的含量尽可能小。

净化器中装有净化剂，串联在气源与稳压阀之间，可对载气进行净化。常见的净化剂有硅胶、活性炭和分子筛。硅胶用于除去大量的水分，活性炭用于除去气体中相对分子质量较大的有机杂质，对一般有机化合物杂质具有一定吸附能力。分子筛具有均匀的孔径和极高的比表面积，同时具备热稳定性好、吸附能力强、内表面积大、强度高等特点，适用于除去载气中微量的水分、二氧化碳及相对分子质量较小的有机杂质。钯作净化剂可用于除去氢气中的氧气。铜作净化剂可用于除去氮气中的氧气。

载气流速的变化对样品的分离、保留值等有很大的影响。载气的流速是指单位时间内通过色谱柱的气体的体积，以mL/min计。正确选择载气流速可提高色谱柱的分离效能，缩短分析时间。对于填充柱，载气流速范围常选用30～100 mL/min。一般载气流速的误差要小于1%，如50 mL/min的实际流速为50 ± 0.5 mL/min。由于整个系统在一定操作条件下的阻力不变，而一般柱出口处均保持大气压，所以只要控制载气在入柱时的压力稳定，载气的流速就可以稳定。流速的调节和稳定是通过减压阀、稳压阀和针形阀串联使用后达到的。

色谱仪长期使用后会造成管路的污染和堵塞，所以要定期对气路系统进行维护。

清洗气路的连接金属管时，应先将金属管两端接头拆下，将该段管子从色谱仪中取出，这时需先把管外壁的灰尘擦洗干净，以免清洗管内壁时产生污染。清洗管内壁时先用无水乙醇进行疏通处理，以除去管路中大部分颗粒状堵塞物，即易被乙醇溶解的有机物，以及水分。若发现管路依然不通，可用洗耳球加压吹洗，若仍无效，可考虑用细钢丝疏通管路。如果还是不通，可用酒精灯加热管路，使堵塞物高温碳化而达到疏通目的。

用无水乙醇清洗完成后，如管路内壁不再有易被乙醇溶解的污染物，可加热管路并用干燥气体进行吹扫，然后将该管路装回原气路待用。如通过分析样品过程，判断内壁可能还有不易被乙醇溶解的污染物时，可针对具体物质的溶解特性选择其他清洗液。清洗液的选择顺序一般是先使用高沸点溶剂，再使用低沸点溶剂浸泡和清洗。可供选择的清洗液有苯、甲醇、蒸馏水、氟利昂、乙醚、丙酮、石油醚等。

针形阀、稳压阀和稳流阀的调节需缓慢进行。稳压阀在不工作时，必须放松调节手柄。针形阀在不工作时，阀门应处于打开的状态。对于稳流阀，在气路通气前，必须先打开其阀针。流量的调节应从大流量调到所需的流量。针形阀、稳压阀和稳流阀都不可以作为开关使用。各种阀的进、出气口不能反接。

使用转子流量计时要注意气源的清洁。如遇载气中含有微量水分，玻璃管壁上会吸附一层水雾，造成转子跳动，或因灰尘落入玻璃管中造成转子卡住等现象，应对转子流量计进行清洗。旋松上下两只大螺钉，小心取出两边的小弹簧及转子，用热风把锥形管吹干后再重新安装。安装时注意转子和锥形管不能放倒，锥形管应垂直放置，以免转子和管壁产生不必要的摩擦。

使用皂膜流量计时应注意保持流量计的清洁、湿润；肥皂水应为澄清的肥皂液，或其他起泡的液体，如烷基苯磺酸钠等；使用完毕应清洗干净，然后晾干或吹干放置。

8.6.2.2 进样系统

色谱仪通过进样系统将样品快速、定量地加到柱中，然后进行色谱分离。进样系统包括进样器和将样品瞬间气化的气化室两部分。

进样系统的作用是使液体或固体试样在进入色谱柱之前瞬间气化，然后快速定量地转入色谱柱中。进样量的大小、进样时间的长短、试样的气化速度等都会影响色谱的分离效果以及分析结果的准确性和重现性。

（1）进样器

液体样品的进样一般采用微量注射器，气体样品则常用色谱仪配置的推拉式六通阀或旋转式六通阀定量进样。

使用微量注射器时需注意以下事项。

①在正确抽取样品前，先将注射器针头浸在试液中，抽动注射器活塞以便试液润湿注射器和活塞表面，抵消液相的毛细管作用，减小取样误差。

②先抽取大于要注入样品量的样品，然后将针头抽出液面，排出过量样品。如果针头在没过液面时就把过量样品排出，可能引起样品量偏少。

③每次都应从相同的角度读取注射器的刻度值。

④在进样前，用无毛的绢绸擦去针头外面附着的样品。

⑤为了保证样品量的最大精确性，不应使用注射器的最大容量。

⑥当使用带可拆针头的注射器时，针头的安装要牢固。必须注意针头中死体积的影响，同时注意排出注射管内的气泡。

⑦每次的进样条件应一致，即用同样的时长、以同样的方式、用同样的样品、且操作过程要平稳，注射既要迅速又要准确。

⑧尽可能地手握注射器的非刻度区，尽量防止手接触针管、针头时的热传递。

全自动液体进样器可将清洗、润冲、取样、进样、换样等过程自动完成，一次可同时放置数十个试样注射器。

(2) 气化室

气化室的作用是使瞬间进入的较大体积（0.1~10 mL）的液体或固体样品迅速气化，呈"塞子"状被载气带入色谱柱内进行分离。气化室多由不锈钢构成，外面由加热炉加热，装有玻璃或不锈钢填料以增加传热面积。气化室要满足以下要求：

①密封性好——进样口采用厚度为 5 mm 左右的硅橡胶隔垫密封，让注射器针头方便穿过，又能起很好的密封作用以及承受一定的工作温度和压力；

②热容量大，以便使样品瞬间气化，而气化室本身的温度却无明显下降；

③无催化效应，以免样品变质，可在气化室内衬以石英玻璃等；

④死体积小，使载气能及时把气体的样品组分一起带入柱内，防止样品变质，又能减少谱带扩张等现象；

⑤为了防止污染，清洗要方便。

气化温度的选择取决于试样的沸点、稳定性和进样量。气化温度可等于试样的沸点或稍高于沸点。对于热不稳定的试样，气化温度应低一些。进样量大时气化温度应高一些。气化室温度应高于柱温 30~50 ℃或 30~70 ℃，以保证气化效果。

(3) 进样量和进样速度

色谱柱有效分离的样品量随色谱柱内径大小、固定液用量的不同而不同。柱内径大，固定液用量高，可适当增加进样量。但进样量不宜过大，应控制在峰高或峰面积与进样量成线性关系的范围内。若进样量过大，会引起色谱柱超负荷，造成柱效率下降、峰形扩张、保留时间改变甚至出现重叠峰、平顶峰等畸形峰；若进样量太小，则有的组分不能出峰。对于填充柱而言，气体进样量应为 0.1~10 mL，液体进样量应为 0.1~5 mL。对于毛细管柱而言，进样量要小于 1 mL。对于微量组分分析，有时需适当增加进样量。色谱柱越粗、越长、固定液含量越高，允许的进样量就越大。在实际分析中，最大允许的进样量应控制在峰面积或峰高与进样量成线性关系的范围内。

进样速度要快，须在 1 s 内完成，形成浓度集中的"塞子"状样品。如果进样时间短，样品在载气中扩散程度小，则有利于分离。如果进样时间长，试样的起始宽度相应增加，峰增宽，则影响分离效果甚至不出峰。进样时间以不超过色谱峰半峰宽的 1/3 为宜。也有人认为，当进样量小于 1 mL 时，进样速度应控制为 0.5~1 mL/s。

8.6.2.3 分离系统

分离系统由色谱柱、柱箱和恒温控制系统组成。色谱柱是色谱仪的核心部分，作用是分离样品。柱箱一般为配备隔热层的不锈钢壳体，内装恒温风扇和测温热敏元件，由电阻丝加热、电子线路控温。

色谱柱主要有填充柱和毛细管柱两类。

填充柱主由不锈钢或玻璃材料制成，内装固定相，一般内径为 2~4 mm，长 1~3 m。填充柱的形状有 U 形和螺旋形两种。

毛细管柱又叫空心柱，分为涂壁、多孔层和涂载体空心柱。毛细管柱的材质主要为玻璃或石英。内径一般为 0.2~0.5 mm，长度为 30~300 m，呈螺旋形。分流进样时，液体样品进入热的进样口并迅速汽化。少量蒸汽进入色谱柱，大部分则从分流/吹扫出口排出。柱流量与分流流量之比由用户控制。分流进样主要用于高浓度样品分析，这一过程中大部分蒸汽从分流/吹扫出口排出。分流进样也用于不能稀释的样品。毛细管柱的主要局限是样品载荷量小。因此，通常有必要分流或抛弃一部分样品，使少部分样品混合物真正进入色谱柱。不分流进样时，样品全部进入色谱柱，主要用于浓度很低的痕量样品的分析。

色谱柱的分离效果除与柱长、柱径和柱形有关外，还与所选用的固定相和柱填料的制备技术以及操作条件等许多因素有关。

色谱柱内的固定相有以下两种：

①固定液涂覆在载体上，载体的作用是提供一个大的惰性表面，以承载固定液，使其形成液膜薄层；

②固体吸附剂。

(1) 气-液色谱固定相

气-液色谱固定相由载体和固定液组成。

气-液色谱固定相的载体（担体）应是一种化学惰性、多孔型的固体颗粒，是固定液的支持骨架，使固定液能在其表面上形成一层薄而均匀的液膜。载体的表面结构和孔径分布决定了固定液在载体上的分布以及液相传质和纵向扩散情况。

载体应有如下特点：

①具有多孔性，即比表面积大，表面孔径分布均匀，使固定液与试样接触面积大；

②化学惰性且具有较好的浸润性；表面没有吸附性或吸附性很弱，更不能与被测物起化学反应；

③热稳定性好；

④具有一定的机械强度，使固定相在制备和填充过程中不易碎裂；

⑤粒度均匀、细小（过细会导致柱压增大），这有利于提高柱效；载体的粒度一般为柱内径的1/20～1/25。分析柱常用40～60目、60～80目、80～100目和100～120目的载体；当需要长柱或制备色谱柱时，为减小柱压，采用3～6 mm内径的色谱柱，载体粒度一般为60～80目。

载体可以分成硅藻土类和非硅藻土类两类。

硅藻土类载体是以单细胞海藻骨架组成，主要成分是无定型二氧化硅与少量无机盐（如铁盐、铝盐等），是天然硅藻土经煅烧等处理后而获得的具有一定粒度的多孔性颗粒。按其制造方法的不同分为红色载体和白色载体。

红色载体因含少量三氧化二铁颗粒而呈红色，机械强度高，孔径小，比表面积大，能涂敷较多的固定液，色谱分离效率高。但其表面存在吸附中心三氧化二铁，催化活性强，所以分析极性物质时有拖尾现象，因此常用于分析非极性或弱极性物质。较为常见的有6201型红色载体。

白色载体是天然硅藻土在煅烧时加入少量碳酸钠之类的助熔剂，使活性三氧化二铁转变为白色铁硅酸钠，其表面孔径较粗，比表面积较小，机械强度不如红色载体，柱效率低，但表面活性中心显著减少，对极性物质的吸附和催化活性小，适用于涂渍低含量固定液，因此可用于分析极性物质。较为常见的有101型和102型的白色载体。

非硅藻土类载体分为氟载体、玻璃微球载体和高分子多孔微球载体。

氟载体是用聚四氟乙烯制成的多孔型载体，具有吸附性小、耐腐蚀性强的特点，且热稳定性好、形状规则、大小均一，用于分析强极性组分、强腐蚀性气体，如二氧化硫、氯气和氯化氢等气体，还能分析具有化学活性的组分，但其润湿性差、表面积较小、强度低，柱效率不高。

玻璃微球载体是一种有规则的颗粒小球，具有热稳定性好、形状规则、大小均一、机械强度高的特点，能分析高沸点样品，分析速度快，但其比表面积较小、固定液涂量低、强度低，柱效率不高。

高分子多孔微球载体是多孔聚合物微球，如苯乙烯和二乙烯共聚物。其分离作用被认为具有吸附、分配和分子筛三种功能，具有热稳定性好、耐高温的特点，最高使用温度可达200～300 ℃，其比表面积大、耐腐蚀，可用于分析强极性组分。

选择载体时应遵循如下原则：

①红色载体用于分析烷烃、芳香烃等非极性、弱极性组分；
②白色载体用于分析醇、胺、酮等极性组分；
③当固定液含量> 5%时，可选用表面积大的硅藻土型载体；
④当固定液含量< 5%时，应选用比表面积小的载体，如果拖尾，则可加入减尾剂；
⑤对于高沸点组分，可选用玻璃微球载体；
⑥对于强腐蚀性组分，可选用氟载体。

普通硅藻土载体的表面并非完全惰性，而是具有相当数量的硅醇基（Si–OH），呈现一定的酸碱性，并有少量的金属氧化物。因此，其表面既有吸附活性，又有催化活性，也可以与样品分子形成氢键。如果涂渍的固定液量较低，则不能将其吸附中心和催化中心完全遮盖。分析极性样品时，将会造成色谱峰的拖尾；如用于分析萜烯和含氮杂环化合物等化学性质活泼的试样时，有可能发生化学反应和不可逆吸附。为此，在涂渍固定液前，应对载体进行预处理，使其表面钝化。常用的预处理方法有以下几种：

①酸洗（除去碱性基团）：用3 mol/L的盐酸或6 mol/L的盐酸溶液浸煮载体2 h，过滤后用去离子水洗至中性，于110 ℃烘干16 h，可除去载体表面的三氧化二铁等金属氧化物，减少活性中心；

②碱洗（除去酸性基团）：酸洗后，用10%氢氧化钠的甲醇溶液回流或浸泡载体，然后以甲醇和水洗至中性，干燥，可除去载体表面的三氧化二铝等酸性位点。

③硅烷化（消除氢键结合力）：用硅烷化试剂与载体表面的硅醇、硅醚基团反应，以消除载体表面羟基的氢键结合能力，使载体钝化，改进载体的性能；常用的硅烷化试剂有二甲基二氯硅烷；

④釉化（表面玻璃化、堵塞微孔）：将待处理载体在20 g/L的硼砂水溶液中浸泡48 h，间歇搅拌数次后，吸滤，并于120 ℃烘干后，于860 ℃灼烧70 min，于950 ℃保持30 min，最后用水煮沸20～30 min，过滤后干燥，过筛备用；处理后的载

体吸附性能降低，强度大，可用于分析强极性物质；分析一般极性和非极性样品时，载体不必用此法进行处理。

⑤涂减尾剂（堵塞微孔、覆盖活性中心）：由于吸附剂的表面积较大，微孔多，分离过程中的扩散阻力大，可能使色谱峰拖尾。涂减尾剂可堵塞微孔，覆盖活性中心，使吸附性减弱并趋于均匀，从而改善色谱峰的峰形，提高柱效率；减尾剂有两类：一类是高沸点有机固定液或表面活性剂，如氧化铝涂1%～2%液体石蜡或硅油用于分离C_1～C_6的烃；再如，司盘80、吐温60、吐温80、聚乙二醇等。另一类是无机化合物，如氢氧化钾、氢氧化钠、磷酸、硝酸银、氯化铜、钼酸钠等。虽然减尾剂可以使色谱峰趋于对称，提高柱效率并减少保留时间，但是选择性却降低了。

除了上述方法外，其他凡是可以除去活性位点或用物理覆盖以达到钝化载体表面目的的方法都可以用来对载体进行预处理。

气相色谱的固定相可分为液体固定相和固体固定相两类，其中液体固定相是将固定液均匀涂渍在载体上而成。

气相色谱的固定液主要是由高沸点有机化合物组成，在操作温度下呈液态，有特定的使用温度范围。

不是所有的高沸点有机化合物都可以做固定液，固定液应满足以下要求。

①挥发性小，操作温度下有较低蒸气压，以免固定液流失。通常，固定液有一个"最高使用温度"，此温度决定了色谱柱的最高使用温度。

②热稳定性好，操作温度下呈液态，不发生分解，不发生聚合或交联等现象。

③化学稳定性好，不与被测物质或载气发生化学反应。

④黏度和凝固点低，以便在载体表面能均匀分布，对载体有较好浸润性，能形成均匀的液膜，对待测物质组分有适当的溶解能力；

⑤具有高的选择性，对沸点相同或相近的不同物质有尽可能高的分离能力。

固定液能牢固地附着在载体表面上不被流动相带走，样品中被测组分在固定液中的溶解度或分配系数的大小不同，这些现象都与组分和固定液分子间相互作用力不同有关。

分子间的作用力是一种极弱的吸引力，主要包括静电力（定向力）、诱导力、色散力和氢键力等。

在极性固定液上分离极性组分时，分子间的作用力主要是静电力。被分离组分的极性越大，与固定液间的相互作用力就越强，因而该组分在柱内的滞留时间就越长。

在极性固定液上分离非极性和可极化物质的混合物时，极性分子与非极性分子之间存在诱导力。在极性分子永久偶极矩电场的作用下，非极性分子也会极化中产生诱导偶极矩，极性分子与非极性分子之间的作用力就是诱导力。极性分子的极性越大，非极性分子越容易被极化，则诱导力就越大。当样品中有非极性分子和可极化的组分时，可用极性固定液的诱导效应进行分离。如苯（沸点为80.1 ℃）和环己烷（沸点为80.8 ℃）沸点接近，偶极矩为零，均为非极性分子，若用非极性固定液，很难使二者分离。但苯比环己烷容易极化，故采用极性固定液就能使苯产生诱导偶极矩，从而在环己烷之后流出。固定液的极性越强，两者分离得越远。

在非极性固定液中分离非极性组分时，色散力起主要作用。

在含有—OH、—COOH、—COOR、—NH$_2$、=NH等官能团的固定液中分离含氟、含氧、含氮化合物时，氢键起主要作用。

目前用于气相色谱的固定液有数百种，一般按其化学结构类型和极性进行分类。

①按固定液的化学结构分类：

把具有相同官能团的固定液放在一起，按官能团的类型不同进行分类，这样便于分与按组"结构相似"的原则选择固定液。固定液按化学结构一般分为以下几类。

烃类：这一类固定液极性最弱，如角鲨烷、液体石蜡、聚乙烯等，适用于非极性物质的分析。样品基本按沸点高低出峰。

聚硅氧烷类：这一类固定液极性较弱，种类多，应用最广，温度范围宽（50～350 ℃）。引入不同的取代基可以改变极性，如引入甲基、苯基等。

醇、醚类：这一类固定液极性较强，容易形成氢键，选择性取决于氢键作用力大小。其中，聚乙二醇使用最多。聚乙二醇的稳定性和使用温度范围比聚硅氧烷要差些。以聚乙二醇为固定液的色谱柱寿命较短，且容易受环境（有氧环境等）和温度影响，但因其极性较强，对极性物质有特殊的分离效能，因此仍是常用的固定液。为了提高分离效能，对聚乙二醇固定液进行改性。用酸性化合物改性的聚乙二醇固定液可用于分离酸类化合物，用碱性化合物改性的聚乙二醇固定液可用于分离碱类化合物。

酯类：这一类固定液极性较强，分子中同时含有极性基团和非极性基团，如邻苯二甲酸二壬酯（DNP）、聚丁二酸二乙二醇酯（DEGS）等固定液中，就都二者兼有。

②按固定液的相对极性分类：

极性是固定液重要的分离特性，按相对极性对其进行分类是一种简便而常用的方法。

将强极性固定液β,β'-氧二丙腈的相对极性设为100，用1表示；非极性固定液角鲨烷的相对极性设为0，用2表示；待测固定液的极性为P，用x表示。将上述三种固定液分别制成三根色谱柱，分别分离正丁烷–丁二烯或环己烷–苯，则

$$P_x = 100 - 100\frac{(q_1 - q_x)}{(q_1 - q_2)}$$

式中，q_1是苯和环己烷或丁二烯和正丁烷在β,β'-氧二丙腈上的调整保留体积比的对数，即

$$q_x = \lg \frac{t'_R(\text{苯})}{t'_R(\text{环己烷})}$$

$$\text{或}\, q_2 = \lg \frac{t'_R(\text{丁二烯})}{t'_R(\text{正丁烷})}$$

其中，q_x 是苯和环己烷或丁二烯和正丁烷在待测固定液上的调整保留体积比的对数，q_2 是苯和环己烷或丁二烯和正丁烷在角鲨烷上的调整保留体积比的对数。

按 P 的数值将固定液的极性从 0~100 以 20 为间隔分为五级，如图 8-12 所示，则

P 在 0~+1 间，为非极性固定液；

P 在 +1~+2 间，为弱极性固定液；

P 在 +3 左右，为中极性固定液；

P 在 +4~+5 间，为强极性固定液。

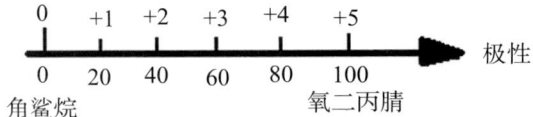

图 8-12　固定液的相对极性

对固定液极性的评价是一个很复杂的问题。罗胥耐德（L. Rohrschneider）提出以苯、乙醇、甲乙酮、硝基甲烷、吡啶五种物质代表五种不同的作用力，以角鲨烷固定液为基准，由此提出罗氏常数。

1970 年，麦克雷诺（W. McReynolds）提出改进方案，以非极性固定液角鲨烷为基准，选用 10 种物质作为探测物来表征不同固定液的分离特性。常用 5 种物质，包括苯、1-丁醇、2-戊酮、1-硝基丙烷、吡啶作为麦氏常数的基准物，其计算方法为

$$X' = I_{\text{P苯}} - I_{\text{S苯}}$$
$$Y' = I_{\text{P丁醇}} - I_{\text{S丁醇}}$$
$$Z' = I_{\text{P2-戊酮}} - I_{\text{S2-戊酮}}$$
$$U' = I_{\text{P硝基丙烷}} - I_{\text{S硝基丙烷}}$$
$$S' = I_{\text{P吡啶}} - I_{\text{S吡啶}}$$

式中，采用重现性好的保留指数 I 代替调整保留值，下标 p 表示待测固定液，s 表示角鲨烷固定液。$I_{\text{P苯}}$ 为以苯作为探测物时在待测固定液上的保留指数，$I_{\text{S苯}}$ 为以苯作为探测物时在角鲨烷固定液上的保留指数，以此类推。X'、Y'、Z'、U' 和 S' 为麦氏常数。

两者的差值可表征以标准非极性固定液角鲨烷为基准时待测固定液的相对极性。将 5 种探测物的 ΔI 值之和 $\sum \Delta I$ 称为总极性，其平均值称为平均极性。

固定液的总极性越大，则极性越强。不同固定液的麦氏常数相近，表明它们的极性基本相同。麦氏常数越小，则固定液的极性越接近于非极性固定液的极性。麦氏常数中某特定值，如 X' 或 Y' 值越大，则表明该固定液对相应的探测物所表征的极性越强。因而利用麦氏常数有助于固定液的评价、分类和选择。表 8-2 是用麦氏常数表征的常见固定液的分离性质。

表8-2　常见固定液的麦氏常数

常见固定液	名称	极性	使用温度/℃	麦氏常数					
				X'	Y'	Z'	U'	S'	$å$
角鲨烷	2,6,10,15,19,23-六甲基二十四烷	非极性	20～150	0	0	0	0	0	0
OV-101	聚甲基硅氧烷	非极性	20～350	17	57	45	67	43	234
OV-SE-30	聚甲基硅氧烷	非极性	100～350	16	55	44	65	42	227
SE-54	1%乙烯基、5%苯基、聚甲基硅氧烷	弱极性	50～300	19	74	64	93	62	312
OV-17	50%苯基、聚甲基硅氧烷	中极性	0～375	119	158	462	243	202	884
OV-210	50%三氟丙基、聚甲基硅氧烷	极性	0～275	146	238	358	468	310	1520
OV-225	25%氰丙基、25%苯基、聚甲基硅氧烷	极性	0～265	228	369	338	492	386	1813
PEG-20M	聚乙二醇	强极性	25～275	322	536	368	572	510	2308
FFAP	聚乙二醇衍生物	强极性	50～250	340	580	397	602	627	2546
OV-275	聚二氰烷基硅氧烷	强极性	25～250	629	872	763	110	849	4219

用麦氏常数反应的固定液平均极性只适用于族与族之间结构不同的化合物的分离，不适用于按沸点规律或同系物的分离。

在选择固定液时，一般按"相似相溶"的规律选择，即要求固定液的性质与待测组分的性质（官能团、极性）有相似性时，分子间的作用力强、溶解度高、分配系数大、选择性高、分离效果好。在应用中，应根据实际情况并从如下几个方面考虑。

第一，分离非极性样品一般选用非极性固定液。这种情况下，被分离组分和非极性固定液之间的作用力主要是色散力。分离时，样品中各组分基本上按沸点从低到高的顺序流出色谱柱，沸点低的组分先流出，沸点高的组分后流出。如果被分离组分是同系物，由于色散力与分子量成正比，各组分按含碳的数目顺序分离。若样品中含有相同沸点的烃类和非烃类化合物，则极性化合物先流出。常用的非极性固定液有角鲨烷、甲基硅油、阿皮松等。

第二，中等极性的样品应先选用中等极性固定液，如邻苯二甲酸二壬酯、聚乙二醇己二酸、甲基硅油等。在这种情况下，被分离组分与固定液分子之间的作用力主要为诱导力和色散力。分离时组分基本上按沸点从低到高的顺序流出色谱柱。但对于同沸点的极性和非极性物质，由于此时诱导力起主要作用，使极性化合物与固定液的作用力加强，所以非极性组分先流出。

第三，强极性的样品应选用强极性固定液，如β,β'-氧二丙腈、聚丙二醇己二酸等。此时，被分离组分与固定液分子之间的作用主要是静电力（定向力），样品中的组分一般按极性从小到大的顺序流出色谱柱，即极性小的物质先流出，极性大的后流出。对含有极性和非极性组分的样品，非极性组分先流出。

第四，分离极性和非极性混合物时，可选用非极性固定液，也可选用极性固定液，具体应视被分离组分的性质而定。如果待分离各组分间的主要差别是沸点，应选用非极性固定液；若主要差别是极性，则应选极性固定液。

第五，分离具有酸性或碱性的极性试样，可选用带有酸性或碱性基团的高分子多孔微球，被分离组分一般按相对分子质量大小顺序分离。此外，还可选用极性强的固定液，并加入少量的酸性或碱性添加剂，以减小谱峰的拖尾。

第六，对于能形成氢键的样品，一般选用强极性和氢键型固定液，如腈醚和多元醇固定液等。此时样品中各组分按和固定液之间形成氢键的能力大小顺序分离，不易形成氢键的先流出，最易形成氢键的后流出。

第七，对于复杂的难分离组分，可选用两种或两种以上的混合物固定液配合使用，以增加分离效果。

固定液的性质对分离起决定作用。一般来讲，载体的比表面积越大，固定液用量可以越高，允许的进样量也就越多。

目前填充色谱柱常用低固定液含量的色谱柱，其固定液膜薄，能提高柱效率，并可缩短分析时间。但是，固定液量越低，液膜越薄，允许的进样量也就越少。因此，固定液用量根据具体情况决定。

固定液的配比（固定液与载体质量比）一般用5∶100到25∶100，有的也低于5∶100。

(2) 气-固色谱固定相

用气相色谱分析永久性气体及气态烃时，常采用固体吸附剂作固定相。在固体吸附剂上，永久性气体及气态烃的吸附热差别较大，故可以实现令人满意的分离。气-固色谱法中，固定相分为固体吸附剂和聚合物固定相。

①常用的固体吸附剂：

可作为气-固色谱固定相的固体吸附剂主要有强极性的硅胶、弱极性的氧化铝、非极性的活性炭和特殊作用的分子筛等。由于吸附剂的性能与制备、活化条件等有关，不同来源的同种吸附剂，甚至同一来源的不同批次的吸附剂，其色谱分离效能都不相同。

固体吸附剂的吸附容量大，分配比k比气-液色谱大，适合分析永久性气体和气态烃，且热稳定性好、柱温上限高、价格便宜，但柱效率低，吸附活性中心易中毒。固体吸附剂需进行活化处理后才可以装柱使用。一般情况下，吸附等温线不呈线性，峰不对称。此外，固体吸附剂表面结构不均匀，重现性不好。

固体吸附剂适用于分析火焰离子化检测器（FID）检测效果不好的气体，或对热导检测器（TCD）响应差的惰性气体，以及低沸点有机化合物的分析，如氢气、氧气、氮气、一氧化碳、二氧化碳和甲烷等，都适合采用此类固定相。

②聚合物固定相：

聚合物固定相是人工合成的多孔共聚物形成的高分子多孔微球。它既是载体又起固定相的作用，可在活化后直接用于分离，也可作为载体，在其表面涂渍固定液后再使用。

由于是人工合成的，其孔径的大小及表面性质可受控制。如圆柱形颗粒填充均匀，数据重现性好；在无液膜存在时，没有"流失"问题，有利于大幅度程序升温。这类高分子多孔微球特别适用于有机物中痕量水的分析，也可用于多元醇、脂肪酸、腈类和胺类的分析。高分子多孔微球分为极性和非极性两种。非极性的是由苯乙烯、二乙烯苯共聚而成；极性的是在苯乙烯、二乙烯苯共聚物中引入极性基团而成。

8.6.2.4 温度控制系统

温度直接影响色谱柱的选择分离效果、检测器的灵敏度和稳定性。温度控制系统主要指对色谱柱、气化室、检测室的温度控制。

色谱柱的温度控制方式有恒温和程序升温二种。对于沸点范围很宽的混合物，一般采用程序升温法进行温度控制。程序升温指在一个分析周期内，柱温随时间由低温向高温作线性或非线性变化，以达到用最短时间获得最佳分离的目的。

检测器和气化室须有各自独立的温控装置。

8.6.2.5 检测系统

如果没有检测系统，色谱法只是一种物质的分离方法，只有在配置了检测系统后才能称为色谱分析法。检测系统能及时、准确地把色谱柱流出的组分检测出来。不但可以证明组分的存在，还可以用定量的信号（如峰高或峰面积），表示其存在量。

根据检测原理的差别，气相色谱检测器可分为浓度型和质量型两类。

浓度型检测器测量的是载气中通过检测器的组分的浓度的瞬间变化，即检测器的响应值正比于组分的浓度。如热导检测器（TCD）、电子捕获检测器（ECD）就属于这一类检测器。浓度型检测器是非破坏性检测器，峰面积随载气流量的增大而减小。峰高不随载气流量变化，但半峰宽随流量增大而减小。

质量型检测器测量的是载气中所携带的样品进入检测器的质量变化，即检测器的响应信号正比于单位时间内组分进入检测器的质量。如火焰离子化检测器（FID）和火焰光度检测器（FPD）就属于这一类检测器。质量型检测器的峰面积不随载气流量变化，但峰高随载气流量的增大而增大。

（1）检测器的性能指标

优良的检测器应对各种化合物或特定化合物有较高的灵敏度，检出限低，能在较宽的样品浓度范围内迅速响应且线性关系和稳定性良好，死体积小，因操作条件改变而产生的噪声和漂移较小，定量方便，结果准确，牢固耐用，安全性好，且结构简单，价格便宜。评价检测器性能的指标有灵敏度、检出限、最小检测量、测定限、线性范围、响应时间和精密度。对于通用性检测器要求适用范围广，选择性检测器要求选择性好。

①灵敏度：

检测器的灵敏度又称响应值或应答值，是评价一个检测器的好坏及与其他类型检测器相比较的重要指标之一。它是指一定浓度或一定质量的物质通过检测器时所给出信号的大小，用符号 S 表示。

（i）浓度型检测器的灵敏度。

浓度型检测器的响应信号 R 与载气中组分的浓度 c 成正比，即 $R \propto c$。具体关系为 $R = S_c c$，$S_c = R/c$。其中，S 为比例常数，即检测器的灵敏度；下标 c 表示浓度型。此处，R 是色谱峰的峰高 h，所以也可以表示为 $S_c = h/c$。

当使用色谱工作站时，S_c 可用以下公式表示：

$$S_c = \frac{F_0 A}{m}$$

式中，A 是峰面积，单位为 mV/min；F_0 是柱出口的载气流量，单位为 mL/min；m 是进入检测器中组分的质量，单位是 mg；S_c 是每毫升载气中有 1 mg 被测物通过检测器时所能产生的信号值（mV）。

浓度型检测器的进样量与峰面积成正比；当进样量一定时，峰面积与载气流量成反比，这就要求在定量时一定要保证载气流量恒定。虽然公式中 S_c 随 F_0 的增大而增加，但 A 随 F_0 的增大而减小，所以 S_c 不随 F_0 的变化而变化。

（ii）质量型检测器的灵敏度。

对于质量型检测器，其灵敏度与单位时间内进入检测器的某组分的质量有关，即 $R \propto dm/dt$，具体关系为

$$R = S_m dm/dt$$

其中，S_m 为比例常数，即检测器的灵敏度，下标 m 表示质量型。因为 R 是色谱峰的峰高 h，所以 S_m 也可表示为

$$S_m = R/(dm/dt) = h/(dm/dt)$$

当使用色谱工作站时，S_m 可用以下公式表示：

$$S_m = \frac{A}{m}$$

式中，A 是峰面积，单位为 mV·s；m 是进入检测器中组分的质量，单位为 g；S_m 是每秒钟有 1 g 物质进入检测器时所能产生的信号值（mV）。

质量型检测器的进样量与峰面积 A 成正比。当进样量一定时，峰面积与流量无关。

②检出限：

灵敏度只能表示检测器对某物质产生信号的大小。有时，基线波动也会随着响应信号的增大而成比例增大。所以只用灵敏度 S 不能很好地评价一个检测器的性能。为此引入检出限 D。

检出限以浓度（或质量）表示，是指由特定的分析步骤能够合理地检测出的最小分析信号，进而求得的最低浓度或质量。

检出限一般有仪器检出限、分析方法检出限之分。仪器检出限（instrument detection limit，IDL）是指分析仪器能检出能与噪声相区别的小信号的能力，而方法检出限（method detection limit，MDL）不但与仪器噪声有关，而且还取决于方法全部流程的各个环节（如取样、分离富集、测定条件优化等），即分析者、环境、样品性质等对检出限也均有影响，实际工作中应说明获得检出限的具体条件。

通常认为，检出限是指产生大小等于三倍噪声的信号 R 时进入检测器单位体积流动相中被测物的量（D_c，单位为 mg/mL）或单位时间进入检测器的量（D_m，单位为 g/s）。

此处"噪声"表示噪声的大小,用 R_N 表示,信号 R 是指色谱峰高 h。检出限是依据噪声指标计算出来的。无论仪器条件是否最佳,都可以求得一个相应的检出限。当 $h=3R_N$ 时,$D=3R_N/S_m$。当 S 为 S_c 时,$D_c=3D_N/S_c$,单位为 mg/mL(或 mL/mL)。当 S 为 S_m 时,$D_m=3R_N/S_m$,单位为 g/s。一般来说 D 值越小,仪器越敏感。

③最小检验量:

最小检验量是指产生三倍于噪声信号时所需进入色谱柱的该物质的质量,用 m^0 表示,单位是质量单位。

由于

$$S_c = \frac{F_0 A}{m}$$

则

$$m = \frac{F_0 \times 1.065 Y_{1/2} h}{S_c}$$

由于

$$S_m = \frac{A}{m}$$

则

$$m = \frac{1.065 Y_{1/2} h}{S_m}$$

因为当 $h=3R_N$ 时,$\dfrac{h}{S_c}=D_c$,此时 $m=m_c^0$,则

$$\frac{h}{S_m} = D_m, \quad 此时 m=m_m^0$$

则

$$m_c^0 = F_0 \times 1.065 Y_{1/2} D_c \quad (单位:\frac{mL}{min} \cdot min \cdot \frac{mg}{mL} = mg)$$

$$m_m^0 = 1.065 Y_{1/2} D_m \quad (单位:s \cdot \frac{g}{s} = g)$$

检出限 D 是用来表征检测器性能的指标,而最小检测量 m^0 是产生的色谱峰高等于三倍噪声时进入色谱仪的被测物的质量。检出限 D 只与检测器的性能有关,而最小检测量 m^0 不仅与检测器的性能有关,还与半峰宽 $Y_{1/2}$ 和操作条件 F_0 有关。色谱峰的半峰宽越窄,m^0 就越小。

④测定限:

测定限是指定量范围的两端,分为测定上限和测定下限。测定上限是指在限定误差能满足预定要求的前提下,用特定方法能够准确地定量测定待测物质的最大浓度或质量;测定下限是指在测定误差能满足预定要求的前提下,用特定方法能够准确地定量测定待测物质的最小浓度或质量。

与检出限不同,测定限不仅受到测定噪声的限制,还受到空白背景绝对水平的限制。只有当分析信号比噪声和空白背景大到一定程度时才能可靠地分辨与检测出测定限,且噪声和空白背景越大,实际能测定的浓度就越高。这说明高的噪声和空白背景值会使测定限变差。

检出限是指产生一个能可靠地被检出的分析信号所需要的某物质的最小浓度或质量，而测定限是指定量分析实际可以达到的极限。测定限在数值上应总是高于检出限。

⑤线性范围：

检测器的线性范围是指信号与进样量（即被测物质的浓度或质量）的关系成线性的范围，通常以线性范围内被测物最大 c_{max}（或 m_{max}）与最小 c_{min}（或 m_{min}）的比值来表示。它表示检测器对不同浓度样品的适应性，此范围越宽越好。一般情况下，TCD 和 FID 的线性范围分别是 10^5 和 10^7。使用毛细管柱时，由于毛细管柱的柱容量小，线性范围多为 10^2。

⑥响应时间：

使一个恒定浓度（或质量）的样品连续通过检测器，可以得到一个信号强度，当样品浓度（或质量）突然变为另一值时，信号达到新平衡条件下信号强度的63%时所需的时间被称为响应时间（response time），即从组分进入检测器到产生63%的响应信号时所需的时间。它主要是指检测器对输出信号所产生的滞后时间。响应时间越小越好，FID 和 ECD 的响应时间为 10^{-3} s，而 TCD 的响应时间为 0.5 s。

对于一个性能良好的检测器，要求它能迅速而真实地反映通过它的物质的浓度变化情况，即需要响应速度快。为此，除了检测器对信号的响应要快以外，检测器的死体积要小，电路系统的滞后时间应尽可能地短（一般应小于1 s），同时，记录仪的全行程时间也要短（小于1 s）。

⑦精密度：

精密度是指多次重复测定同一量的同一样品时各测定值之间彼此相符合的程度，表征测定过程中随机误差的大小。精密度表示测量结果的再现性，是保证准确度的先决条件。一般说来，测量精密度不好，就不可能有良好的准确度。精密度一般用相对标准偏差（RSD）来表示：

$$RSD = \frac{\sqrt{\frac{\sum(x_i - \bar{x})^2}{n-1}}}{\bar{x}}$$

计算 RSD，对于检测器性能的研究时，要求 $n=11$；对于实验方法的研究，要求 $n=6$；对于实验条件的研究时，要求 $n=3\sim5$。

（2）检测器

气相色谱法常用的检测器主要有热导检测器（TCD）、火焰离子化检测器（FID）、电子捕获检测器（ECD）、火焰光度检测器（flame photometric detector, FPD）、热离子化检测器（thermionic detector, TID）、光离子化检测器（photo ionization detector, PID）、氩离子化检测器（argon ionization detector, AID）等。

①热导检测器：

热导检测器是一种结构简单，性能稳定，线性范围宽，对无机、有机物质都有响应，灵敏度适中的检测器，因此在气相色谱中广泛应用。热导检测器是根据各种物质和载气的导热系数不同，采用热敏元件进行检测的。

桥路工作电流、载气、热敏元件的电阻值、电阻温度系数、热导池的池体温度等因素都会影响热导池的灵敏度。

通常载气与样品的导热系数相差越大，灵敏度越高。由于被测组分的导热系数一般都比较小，故应选用导热系数高的载气。常用载气的导热系数大小顺序为 H_2 > He > N_2。因此，在使用热导检测器时，为了提高灵敏度，一般选用 H_2 为载气。

当桥路工作电流和钨丝温度一定时，如果降低池体的温度，将使得池体与钨丝的温差变大，从而可提高热导检测器的灵敏度。但是，池体温度不能太低，一般检测器的温度应略高于柱温，以防组分在检测器内冷凝。

②火焰离子化检测器：

火焰离子化检测器（FID）简称氢焰检测器，是典型的质量型检测器和通用型检测器，具有结构简单、灵敏度高、死体积小、响应快、稳定性好的特点，是目前常用的检测器之一。FID 对有机化合物具有很高的灵敏度，适用于痕量有机化合物的分析。但是，它仅对含碳有机化合物有响应，对某些物质，如永久性气体、水、一氧化碳、二氧化碳、氨气、氮气、氮的氧化物、硫化氢、二氧化硫、四氯化碳等含氢少或不含氢的化合物不产生信号或者信号很弱。

火焰离子化检测器以氢气和空气燃烧的火焰作为能源，利用含碳化合物在火焰中燃烧产生离子，在外加电场作用下，使离子形成离子流，根据离子流产生的电信号强度，检测被色谱柱分离出的组分。

影响火焰离子化检测器灵敏度的因素有气体流量和配比的选择、极化电压和检测器温度等。

火焰离子化检测器一般用氮气作为载气。氢气的流量较低时，火焰温度低，易熄灭，检测器灵敏度低；氢气流量过大，又会导致噪声增大。氢气与氮气的流量比一般为 1：1～1：1.5。空气作为助燃气提供氧气，流量较低时，检测器的灵敏度较低；流量高于一定值后，在一定范围内对测定没有影响。氢气与空气的流量比一般为 1：10～1：20。通常氮气、氢气和空气的流量分别为 30 mL/min、40 mL/min、400 mL/min。

检测器温度不是影响灵敏度的主要因素。温度为 80～200 ℃时，灵敏度几乎不变，但在 80 ℃以下，灵敏度降低。

在使用 FID 时，需注意防止因氢气泄漏进入柱箱而引起爆炸，另外需防止烫伤。点火时需将 FID 升温到 120 ℃以上，点火困难往往是由气流不通所致。喷嘴和电极需定期清洗，电极要绝缘，否则需再次点火。使用时应注意 FID 的线性范围，使用填充柱时，高浓度的样品会超出线性范围上限而造成误差；使用毛细管柱时，如果进样量过小，线性范围会很窄，这可能会带来分析误差。

③电子捕获检测器：

电子捕获检测器（ECD）在应用上仅次于热导池和火焰离子化检测器，是一种具有高选择性的浓度型检测器，只对具有电负性的物质（如含有卤素、硫、磷、氧等元素的物质）有响应，且被检测物质的电负性越强，检测器灵敏度越高。检测下限为 10^{-14} g/mL。ECD 对大多数烃类没有响应。

ECD 是一种具有高灵敏度和高选择性的检测器，常用来分析痕量的具有电负性元素的组分，如蔬菜、农副产品上的农药残留量，大气、水中的痕量污染物等。

ECD的线性范围较窄，因此，在定量分析时应特别注意。

影响ECD灵敏度的因素有载气纯度、载气流量、进样量和检测器温度等。

ECD常用超纯氮气和氩气作为载气，纯度要求在99.99%以上。例如，载气中的氧气、水等含有电负性元素的物质，会大大降低基流，减小灵敏度。为保证良好的基流，载气流量一般控制在50～100 mL/min。如果分离时需要较低流量（30～60 mL/min），则应在柱后通入补加气。

ECD的线性范围较小，为10^2～10^4。为获得良好的分析效果，进样量的选择必须适当，要求组分产生的峰高不超过基流的30%，高浓度样品须经稀释后再进样。

由于受放射源最高使用温度的限制，使用氚-钛源时，ECD的温度应低于150 ℃，使用氚-钪源时应低于325 ℃，使用镍源时应低于400 ℃，因为放射源在高温下会分解熔化或称为热解。

使用ECD时，注意每六个月进行一次放射源的泄漏检查。

④火焰光度检测器：

火焰光度检测器（FPD）又叫硫磷检测器，是一种对含硫、磷的化合物具有高选择性和高灵敏度的质量型检测器。该检测器主要由火焰喷嘴、滤光片、光电倍增管构成。

硫、磷化合物在富氢火焰中燃烧时会生成化学发光物质，并能发射出特征频率的光，FPD记录这些特征光的光谱，即可检测含硫、磷的化合物。

FPD具有FID和原子发射检测器（atomic emission detector，AED）的特点，所以影响FPD灵敏度的因素也与影响这两种检测器的相似。火焰温度随H_2流量的增大而升高；空气流量较低时，对响应信号有较大影响，对此可选择调至一最佳值；检测器的温度应大于100 ℃，以防内部积水而增大噪声；光电倍增管不能接受强光，否则灵敏度降低；FPD的喷嘴、石英玻璃窗使用一段时间会被玷污，灵敏度会降低，需定期清洗。

⑤热离子化检测器：

热离子化检测器早期也称为碱焰离子化验检测器（alkali flame ionization detector，AFID）、氮磷检测器（nitrogen phosphorous detertor，NPD），其结构与FID极为相似，不同之处是在TID的喷嘴和收集极之间有一个含有碱金属硅酸盐的陶瓷珠或玻璃珠。化合物受热分解会产生大量电子，使信号值比没有碱金属玻璃珠时大大增加，因而提高了检测器的灵敏度。所用的碱金属有Na、Rb和Cs。这种检测器对N比对P的灵敏度大10倍，比对C的灵敏度大10^4～10^6倍，比FID的灵敏度大50～500倍，多用于含微量氮、磷化合物的分析，如农药和杀虫剂等。TID是高灵敏度、高选择性、宽线性范围的检测器。

与FID不同的是，TID在火焰喷嘴和信号收集极之间有碱金属加热极和碱金属加热线圈。加热的碱金属盐形成温度为600～800 ℃的等离子体。样品在等离子体中电离，产生的信号被记录下来。

TID的灵敏度与氢气的流量有关。TID在本质上是一种氢火焰离子化检测器（FID），产生电流的大小与火焰的温度有关，火焰的温度又与氢气的流量有关，所以必须很好地选择和控制氢气的流量。研究表明，氢气的流量变化0.05%，将使TID离子流改变1%。

TID的灵敏度还和基流、空气和载气的流量有关。一般来说，它们的流量增加，碱金属盐温度下降，灵敏度降低。载气的种类对灵敏度也有一定的影响，氮气作载气比氦气作载气可使灵敏度提高10%，这是因为氦气会使碱金属盐过冷，造成样品分解不完全。

与FID一样，FID的极化电压在300 V左右时才能有效地收集正、负电荷。TID的收集极必须是负极，收集极位置需要优化调整。

碱金属盐的种类也会影响检测的精密度和灵敏度，对精密度的优劣次序为K > Rb > Cs，对N的灵敏度优劣次序为Rb > K > Cs。

⑥光离子化检测器：

光离子化检测器（PID）的核心部件是光源紫外灯和热离子化室，利用光源辐射的紫外光使激发解离电位较低的化合物被电离而产生电信号。PID是一种非破坏性的浓度型检测器，其中紫外灯寿命短，且不能分析永久性气体。目前PID已经成为常用的气相色谱检测器，尤其是便携式气相色谱仪，并被广泛用于环境检测、商品检验和石油化工等领域。

载气的种类、纯度和流量对PID的灵敏度有影响。电离电位大于12 eV的气体均可作为PID的载体，如氦气、氩气、氢气和氮气等。通常应将载气净化，载气纯度要求大于99.99%，以防止有机杂质产生噪声。由于PID为浓度型检测器，其峰面积会随载气流量的增加而减小，操作时通过柱的载气流量和尾吹气流量应尽量小。尾吹气流量增加，峰高的响应值会降低。

PID的温度选择应高于柱温，但PID的响应值会随温度升高而下降。当用10.2 eV的氪气等时，PID的使用温度不应超过100~120 ℃。

PID检测器所承受的压力较低时，获得的色谱峰形较好，分离度提高。

⑦氩离子化检测器：

氩离子检测器（AID）的结构与ECD的相似。一般以高纯氩气（99.99%）为载气，在放射源照射下，经高压电离产生的电子流（即基流）趋于饱和，同时产生大量被激发的亚稳态氩原子。激发氩原子的是氢的放射性同位素氚，其物理、化学性质与氢极为相似，可用金属钪或钛进行固定，制成氚-钪或氚-钛β射线放射源，最高使用温度分别为325 ℃和225 ℃，否则有释放氚气的危险。

当载气中混有一定量有机化合物时，会与亚稳态的氩原子碰撞产生电子，通过这种"雪崩"方式产生大量电子，增加离子流，在高压电场作用下，经放大后输出信号。

载气的种类、纯度和流量会影响AID的灵敏度。电离电位大于12 eV的气体都可作为AID的载气，但纯度要求达到99.99%以上。AID是浓度型检测器，其峰面积响应会随载气流量的增加而减小，所以应尽可能减小载气流量。

检测器的温度也会影响AID的灵敏度。AID的温度应高于柱温，AID的响应值会随温度升高而降低。

⑧定性检测器：

质谱仪、傅里叶变换红外光谱仪、原子发射光谱仪等仪器可以与气相色谱仪联用，作为气相色谱仪的定性检测器，可对分离后的组分进行定性分析，弥补气相色谱的不足。

8.6.3 气相色谱法的应用

气相色谱法由于具有分离效率高、灵敏度高、选择性好、分析速度快等特点，被广泛地应用于石油化工、环境、食品、药物和临床研究、农药残留、精细化工、聚合物研究、法庭科学及合成工业等多种领域的定性和定量分析。

气相色谱分析的对象是在气化室温度下能变为气态的物质。水、乙醇和可能被柱强烈吸附的极性物质会引起柱效率下降，需除去。非挥发组分会产生噪声，同时慢慢分解，因此会产生杂峰。稳定性差的组分会生成新物质，由此产生杂峰。为保护色谱柱、降低噪声、防止生成新物质（杂峰），色谱分析特别是定性分析中，需要在进样前对样品进行处理。

气相色谱定量分析的依据是组分含量与峰面积成正比。定量分析方法如前所述，有归一化法定量、外标法定量和内标法定量。

一般来说，气相色谱检测方法的建立依据为

$$H = A + \frac{B}{u} + Cu$$

$$R = \frac{\sqrt{n}}{4} + \frac{r_{2,1}-1}{r_{2,1}} + \frac{k}{k+1}$$

（1）气相色谱法操作条件的选择

①色谱柱选择（固定相、固定液、液膜厚度、柱长）：

由分离度 R 的定义可得

$$(R_1/R_2)^2 = n_1/n_2 = L_1/L_2$$

即柱越长，理论塔板数越高，分离越好。但柱过长，分析时间会增加且峰宽也会增加，导致总分离效能下降，因此柱长 L 要根据 R 的要求（$R=1.5$），选择刚好使组分得到有效分离的长度为宜。

②载气及其流速 u 的选择：

u 较小时，选择分子量较大的载气（N_2，Ar）；u 较大时，选择分子量较小的载气（H_2，He）。

③柱温的选择：

柱温是重要的操作变数，直接影响分离效能和分析速度。柱温不能高于固定液的最高温度，否则固定液会挥发流失。

在使最难分、离的组分能尽可能好地分离前提下，应尽可能采取较低的柱温，但以保留时间适宜、峰形不脱尾为度。柱温一般为组分平均沸点。对于高沸点（300～400 ℃）混合物，保证其在较低温度下进行（低于沸点100～200 ℃）分析。沸点不太高的（200～300 ℃）混合物可在中等柱温下进行分析，固定液质量分数为5%～10%，柱温比平均沸点低100 ℃。对于沸点在100～200 ℃的混合物，柱温可选在其平均沸点的2/3，固定液质量分数为10%～15%。对于气体、气态烃等低沸点混合物，柱温选在其沸点及沸点以上，且应在室温50 ℃以下分析，固定液质量分数一般为15%～25%。对于组分复杂，沸点范围较宽的试样，宜采用程序升温。

气化室温度、检测室温度高于柱温30～70℃为宜。合适的气化室温度既能保证样品迅速且完全地气化,又不引起样品分解。

温度的选择是否合适,可通过实验检查。重复进样时,若出峰数目变化、重现性差,则说明气化温度过高。若峰形不规则,出现平头峰或宽峰,则说明气化温度太低。若峰形正常,峰数不变,峰形重现性好,则说明气化温度合适。

④进样量的选择:

进样量一般按以下规格选择:液体试样0.1～5 μL,气体试样0.1～10 mL。如果进样量太多,会使几个峰叠在一起,分离效果不好。如果进样量太少,含量少的组分可能会因检测器灵敏度不够而不出峰。最大进样量应控制在峰面积或峰高与进样量成线性关系的范围内。

⑤进样技术的选择:

进样要求速度快、时间短,进样时间应在一秒以内。如果进样时间过长,试样原始宽度变大,半峰宽必将变宽,甚至峰出现变形。

使用微量注射器进样时,首先用丙酮抽洗10次,再用被测试液抽洗10次。抽取稍多于需要量的试液以排除气泡,调整进样量后用滤纸吸取针杆处黏附的试液,接着用针头刺穿硅橡胶垫,平稳、敏捷地推进针筒,在样品注入后快速拔出。

(2) 气相色谱法的特点和适用范围

气相色谱法是先分离后检测,对多组分混合物,如同系物、异构体等,可同时进行各组分的定性和定量分析。气相色谱分析过程中,组分在气相中的传质速率快,与固定相相互作用次数多,可选择的固定液种类多,可供使用的检测器灵敏度高、选择性较好。

对性质极为相似的物质,也可通过因固定相和样品组分间的不同作用力,其分配系数有较大差别,从而将其分离。例如,氢原子的三种同位素分离,有机化合物的顺式和反式异构体、旋光异构体的分离,芳香烃中邻、间、对异构体的分离等。

气相色谱法的样品需要量极少,仅为mg～ng级。一般能检测出mg/g～ng/g级的待测组分,当使用高灵敏度的检测器时,可测定10^{-11}～10^{-14}g的物质,因此非常适于微量和痕量分析。

由于气体的黏度小,扩散速度快,在两相间的传质快,有利于高效快速地分离,因此气相色谱法的分析速度快,一般只需几分钟至几十分钟即可完成一个试样的分析,若采用自动化操作则更为快速。例如,用毛细管柱进行色谱分析,则数十分钟就能确定轻油中的150余种组分。

气相色谱法不仅可以测定气体,还可以测定液体、某些固体及包含在固体中的气体物质。气相色谱法能测定大量有机化合物和部分无机化合物,甚至能测定具有生物活性的物质。目前,气相色谱法已广泛应用于石油、化工、医药、卫生、化学、生物、轻工、农业、环保、科研等许多领域,成为必需的分离分析方法。在操作温度下,热稳定性能良好的气体、固体、液体物质,沸点在500℃以下,相对分子质量在400以下的物质,原则上均可用气相色谱法进行测定。

如果是裂解气相色谱法,应用范围将更加广泛。此外,反应气相色谱法可以利用适当的化学反应将难挥发的试样转化为易挥发的物质,扩大了气相色谱法的应用范围。

气相色谱法在缺乏标准样品的情况下，定性较困难，因此如果没有已知纯物质的色谱图对照，或者没有相关的色谱数据，将很难判断某一色谱峰代表什么物质。色谱联用仪器将色谱的高分离效能与其他定性、定结构性能强的仪器相结合，能有效地克服这一缺点。

沸点太高、相对分子质量太大或热不稳定的物质都难以用气相色谱法进行分析。气相色谱法可以分析的有机化合物仅占全部有机化合物的15%～20%，但这些有机化合物已涵很广的应用领域。

因此，必须全面地认识气相色谱法，掌握它的特点，充分发挥它的长处，正视它的局限性，这样才能使它发挥更大的作用。

8.7 薄层色谱法和柱色谱法

按照操作形式，色谱分为柱色谱和平面色谱。其中，平面色谱又分为纸色谱和薄层色谱，它们的流动相都是液体，所以属于液相色谱。

纸色谱是以滤纸为载体的色谱，按分离原理属于分配色谱。固定液为纸上吸附的水分，载体为滤纸，固定相为载体上的水，流动相为有机溶剂和水的混合物。纸色谱分离的实质是根据不同物质在两相间分配能力的不同而进行分离。

纸色谱法用于定性分析时以比移值作为定性指标，最好用标准品在相同实验条件下进行平行对照。如果两者的比移值相同，且显斑对照的结果也相同，才可断定是同一种物质。定量分析时，需要将各斑点用有机溶剂洗脱下来，利用比色分析或分光光度法定量，也可用电荷耦合器件摄像然后利用吸光度定量。

纸色谱法可以是在一条滤纸上同时展开多个样品，也可以是在多条滤纸上同时展开样品。样品一般不需要经过预处理就可以分离。纸色谱能分离测定无机化合物和有机化合物。这种方法简便、仪器便宜、操作费用低，但分离效率较低，费时较长，不能定性和定量具有挥发性的组分，也不适合于复杂混合物的分析。

纸色谱法常用于染料（多数是偶氮类化合物）、农药、医药、有机酸或碱类和糖类化合物、蛋白质、氨基酸及中草药中有效成分的分离分析，也可用于易溶于水的无机离子和有机化合物分离，是一种小型的液相色谱，经常作为高效液相色谱的一种预试方法。

薄层色谱法常用TLC表示，又称薄层层析法，其流动相为液体。如固定相是固体吸附剂，则为固-液吸附薄层色谱法；如固定相是液体，则为分配薄层色谱法。常用的是吸附薄层色谱法，这种方法将细粉状吸附剂作为固定相，均匀涂布于表面光滑的平板（玻璃板、塑料或铝片）上，进行色谱分离和分析。与纸色谱法类似，薄层色谱法中，待点样、展开后，与适宜的对照物按同样的方法所得的色谱图做对比，得以完成样品鉴定、杂质检查或含量测定。薄层色谱法既适用于分析少量样品，也适用于分离大量样品，以达到制备的目的。例如，把薄层板的宽度加大到30～40 cm，样品溶液点连成一条线；薄层板的厚度加厚到2～3 mm，可分离的质量可达到几百毫克。

与气相色谱相比，薄层色谱法更适合分析热不稳定、难以挥发的样品。目前，薄层色谱法的自动化程度不及气相色谱法和高效液相色谱法，并且分离效果也不及高效液相色谱法，因此用薄层色谱法分析成分太复杂的混合物样品还是比较困难。

8.7.1 薄层色谱法原理

薄层色谱法中，样品在薄层板上的吸附剂（固定相）和溶剂（移动相）之间进行分离。由于各种化合物的吸附能力各不相同，在展开剂上移时，它们进行不同程度的解吸，从而达到分离的目的。

溶液中某组分的分子在运动中碰到固体表面时，分子会吸附在固体表面，在两相的界面上分配，这就是吸附作用。

任何一种固体表面都有一定程度的吸引力，这是因为固体表面的质点（离子或原子）和内部质点的受力情况不同。固体内部的质点相互作用是对称的，力场相互抵消。固体表面的质点内向的一面受到固体内部质点的作用力大，而表面层所受到的作用力小，所受到的力不对称。固体表面的剩余作用力是固体可以吸附液体组分分子的原因，也是吸附作用的实质。

吸附分为物理吸附和化学吸附。

物理吸附的作用力是分子间的一般作用力，即范德瓦耳斯力，没有化学键的生成和破坏，所以物理吸附具有普遍性。物理吸附一般无选择性，吸附速度快，吸附过程可逆，分子吸附在固体表面上所放出的吸附热数值较小（一般为21~42 kJ/mol），被吸附的分子可以是单层也可以是多层的。

化学吸附作用力除分子的一般作用力外，还有类似的化学键力，如分子与固体表面共用电子或电子的转移等产生的力。由于被吸附分子与吸附剂之间有成键的可能，因此化学吸附有选择性，易吸附，不易脱吸附。化学吸附的速率慢，需要在较高温度下才能发生，吸附热数值较大（为42~420 kJ/mol），被吸附的分子一般是单层的。

物理吸附和化学吸附可并行发生，在一定条件下可相互转化。例如，低温时的物理吸附，在温度升高到一定程度后可转化为化学吸附。在吸附过程中，溶质、溶剂和吸附剂三者既相互联系又相互竞争。溶剂和吸附剂间竞争溶质，溶剂与溶质和吸附剂也有吸附的竞争，吸附剂在溶质和溶剂间也竞争吸附。薄层色谱法依据不同的吸附作用力进行分离。

在吸附薄层色谱法中，主要发生物理吸附。物理吸附具有普遍性、无选择性，因此，一方面任何溶质都被吸附剂吸附，另一方面，吸附剂也可吸附溶剂分子。吸附过程是可逆的，即被吸附的物质在一定条件下可以被解吸出来。

解吸也具有普遍性。因此，在原点上的溶质与吸附剂间的平衡就不断地遭到破坏，即吸附在原点上的物质不断被解吸。

解吸出来的物质溶解于展开剂中并随之向前移动，遇到新的吸附剂表面，溶质和展开剂又会部分地被吸附而建立暂时的平衡，但这种暂时的平衡又被不断移动上来的展开剂所破坏，因而又有一部分物质解吸出来并随展开剂向前移动。

吸附—解吸—吸附的交替构成了吸附色谱法的分离基础，吸附力弱的组分首先被展开剂解吸下来、推向前去，比移值大。吸附力强的组分被保留下来，解吸较难、被推移得不远，比移值小。

吸附规律可以帮助判定组分与吸附剂之间作用力的强弱。

类似于组分与固定液之间的作用力，组分与吸附剂之间的作用力也有色散力、静电力、诱导力和氢键。前三者即为一般范德瓦耳斯力，属于物理吸附。这四种作用力的强弱顺序为氢键 > 静电力 > 诱导力 > 色散力。一般认为，极性强的组分吸附能力强。

烃与吸附剂之间不能形成氢键，饱和烃的吸附能力最小。如分子中还有羟基、羧基、氨基、亚胺基、硝基、酯基、醛基等官能团时，则会有显著的氢键作用力存在，吸附力增强。单官能团有机化合物在硅胶或氧化铝上的吸附力大小次序为：磺酸 > 羧酸 > 酰胺 > 伯胺 > 酚 > 醇 > 醛 > 酮 > 酯 > 叔胺 > 腈 > 硝基化合物 > 醚 > 烯烃 > 卤代烃（I > Br > Cl > F）> 烷烃。

随着分子中双键数目增加，特别是双键处于共轭位置时，吸附作用力增大。芳香环的影响比双键大，芳香化合物随着环的数目增加，吸附作用力增加，例如，苯环 > CH_2=CH—CH=CH_2 > CH_3—CH=CH—CH_3。

同系物中，相对分子质量越大，吸附力也越强。

分子中极性官能团数目增加，一般情况下吸附作用力增加；但若两个官能团处于邻位而发生分子内氢键缔合时，将使分子与吸附剂形成氢键的力量削弱，其吸附作用力将小于不发生分子内氢键缔合的同位异构体。例如，对硝基苯甲醛 > 邻硝基苯甲醛，对羟基苯甲醛 > 邻羟基苯甲醛。

在薄层色谱法中，凭上述规律判断组分与吸附剂之间的作用力强弱，估算比移值。这里讨论的规律在气–固色谱和液–固色谱中也适用。依此规律也可以对相似物质进行定性鉴别。

在平面色谱中，比移值 R_f 是最重要的定性参数，在薄层色谱中，如前所述：

$$R_f = \frac{d_m}{d_s} = \frac{ut}{u_0 t} = \frac{u}{u_0} = R'$$

式中，d_m 是原点到流动相前沿的距离，d_s 是原点到溶质斑点中心的距离，u 是组分分子的移动速率，u_0 是流动相分子的移动速率，t 是所用时间，R' 是单位时间内一个组分分子在流动相中出现的概率，即在流动相中停留的时间分数。如 $R'=1/3$，则表示待测分子有 1/3 的时间在流动相中，2/3 的时间在固定相中。组分在流动相和固定相中的量分别为 $C_m V_m$ 和 $C_s V_s$，则

$$\frac{1-R'}{R'} = \frac{C_s V_s}{C_s V_s} = \frac{KV_s}{V_m}$$

式中，K 为分配系数，则

$$R' = \frac{V_m}{V_m + KV_s} = \frac{1}{1+k}$$

因此可获得

$$R_f = \frac{1}{1+k}$$

由此可见，R_f 与 k 有关，即与组分性质、薄层板和展开剂的性质有关。色谱条件一定时，R_f 只与组分性质有关，因此 R_f 是薄层色谱法的定性参数。

当 $R_f = 0$，$k = \infty$ 时，表示该组分停留在原点，完全被固定相所保留，全吸附，不发生展开。这时可增加展开剂的极性，使组分偏向于吸附到展开剂中，如仍不能提高 R_f，则表明组分极性过高，这时可降低硅胶的吸附活性，减少吸附以增大比移值 R_f。

当 $R_f = 1$，$k = 0$ 时，表示组分不被固定相保留、不发生吸附，发生全展开。这时可降低展开剂极性或增加硅胶的吸附活性以降低比移值 R_f。

对于极性组分，当采用硅胶薄层板时，展开剂极性增大，k 降低，R_f 增大，表明容易洗脱。展开剂极性减小，k 增大，R_f 降低，这时不容易洗脱。

R_f 的范围为 0～1。R_f 为 0.2～0.8 最为常见，为 0.3～0.5 时呈现的是最佳结果。欲获得良好的分离，R_f 值应在 0.15～0.75 之间，否则应更换展开剂并重新分离。通常样品的极性越大，R_f 值越小。在一定的操作条件下（即色谱条件一定时），比移值 R_f 只与组分性质有关，因此可作为定性参数，用以鉴定化合物。R_f 除了取决于物质的结构外，还与薄层板和展开剂的性质有关，也与吸附剂的含水量、薄层厚度、展开剂纯度、温度等外界因素有关。改变展开剂的极性和吸附剂的活性可改变被分离组分的 R_f，使其落在合适的范围内。

薄层色谱也可用塔板理论、速率理论和分离度进行分离情况分析，但采用比移值 R_f 更为直观。

8.7.2 薄层色谱法的用途和特点

（1）薄层色谱法的用途

薄层色谱法主要有以下几种用途。

①化合物的定性检验：在条件完全一致的情况下，纯化合物在薄层色谱中呈现一定的移动距离，称比移值（R_f 值），利用薄层色谱法可以鉴定化合物的纯度或确定两种性质相似的化合物是否为同一物质。但影响比移值的因素很多，如薄层的厚度，吸附剂颗粒的大小，酸碱性，活性等级，外界温度和展开剂纯度、组成、挥发性等，要获得重现性好的比移值比较困难。为此，在测定某一试样时，最好用已知样品进行对照，在薄层色谱中可通过与已知标准物对比的方法进行未知物的鉴定。

②快速分离少量（几到几十微克，甚至 0.01 μg）物质。

③跟踪反应进程：在进行化学反应时，常利用薄层色谱法观察原料斑点逐步消失的过程，来判断反应是否完成。

④化合物纯度的检验：纯物质只出现一个斑点，且无拖尾现象。

薄层色谱法特别适用于挥发性较小或在较高温下易发生变化而不能用气相色谱分析的物质。

（2）薄层色谱法的特点

与纸色谱法相比，薄层色谱法的设备简单、操作方便，只需一块薄层板和一个层析缸，就可进行复杂混合物的定性和定量分析。

薄层色谱法的实验操作与纸色谱法相同，都有点样、展开和显色这些步骤，但薄层色谱法比纸色谱法快速。一般纸色谱法需要几十分钟到几个小时，而薄层色谱法只需几分钟到几十分钟就可完成。此外，这两种方法均既可用于有机化合物，又可用于无机化合物的分析，这是薄层色谱法和纸色谱法共有的优点。

由于普遍采用硅胶、氧化铝作吸附剂，薄层色谱法可以采用腐蚀性的显色剂，如浓硫酸，然后小心加热使有机化合物碳化，显出棕色斑点，适用于难以检测出的化合物。在同样情况下，纸色谱法则无法检出。

薄层色谱法的扩散作用小，斑点比较密集，检出限较低。纸色谱法由于纤维的性质引起斑点的扩散作用严重，减低了单位面积内样品的浓度，从而提高了检出限。

薄层色谱法可以广泛地选用各种固定相，如硅胶、氧化铝、硅藻土、聚酰胺等，同时又可以广泛地选用各种流动相，与纸色谱法相比有显著的灵活性。

与高效液相色谱法相比，薄层色谱法的吸附剂性质和流动相性质的运动情况均会影响分离效率。薄层色谱是定时展开色谱，分离后的组分均能被检测，分析时间可控；薄层板为一次性材料，分离过程不发生交叉污染，多个样品可同时分离。高效液相色谱法的固定相和流动相的性质也会影响分离效果。高效液相色谱是柱长一定的洗脱色谱，分离后的组分并非均能被检测，分析时间不可控，但色谱柱可反复使用。

样品的预处理包括固体样品溶解、样品溶液稀释和浓缩、均相溶液制备和化学衍生化。薄层色谱法分析的样品经过浓缩后可直接点样，样品预处理较为简单。高效液相色谱法分析的样品需要经过过滤，有些为了得到信号，还需要衍生化处理等，预处理过程比较复杂和严格。

薄层色谱法的溶剂可以任意选择，点样体积是唯一需要准确控制的参数。高效液相色谱法对溶解样品的溶剂和样品的浓度有严格要求，溶剂的极性需要调节，样品的浓度要适中。

在色谱分离方面，薄层色谱法可同时分析多个样品，方便灵活，适合于不同极性的各类物质的分离，可通过改变流动相的组成和比例达到分离的目的。纸色谱法和薄层色谱法均以正相色谱为主导，流动相的极性比固定相小。高效液相色谱法每次进一个样，分析和平衡时间较长，恒组分洗脱适用于极性范围较窄的样品，梯度洗脱适用于极性范围宽的样品并需要更多时间。高效液相色谱法常用反相色谱，流动相的极性比固定相极性大。

选择吸收光度检测器时，薄层色谱法中的吸附剂使被分析样品不透明，不适合在线检测；而高效液相色谱法采用的是均相液体，符合比尔定律，可在线检测，检出线性范围宽。

经典的薄层色谱法的固定相为一次性材料，样品的预处理简单；固定相和流动相选择范围宽，有利于不同性质化合物的分离；具有多路柱效应，可同时分离多个样品；分离样品所需要的展开剂用量极少，既节约溶剂又减少污染；使用不同的展开方式，适用于难分离物质对的分离，在同一薄层色谱上可根据被分离化合物的性质选择不同显色剂和检测方法来进行定性或定量分析。

现代薄层色谱法是在高效薄层板上进行组分分离，并以仪器代替原来的手工操作，以得到分辨率极高的色谱图，再配以高质量的薄层扫描仪，大大提高了定性和定量分析结果的重现性和准确性。

全自动点样仪的点样方式及形状有接触式点状点样、喷雾式带状点样、方形点样等。点样平台最大可放 20 cm × 20 cm 的不同厚度的薄层板，最厚可达 4 mm。点样体积为 100 nL～1 mL。

现代薄层色谱法的薄层扫描仪的测量方式有：反射吸收、反射荧光、透射吸收、透射荧光等。波长范围为 190～800 nm，光源一般为氘灯、卤钨灯、高压汞灯等。波长的准确度大于 1 nm，波长的重现性大于 0.2 nm。

8.7.3 薄层色谱法的仪器装置

薄层色谱法的仪器装置包括吸附剂、薄层板、黏合剂、指示剂和层析缸等。

（1）吸附剂

液相色谱法中常用的固体吸附剂，如硅胶和氧化铝，也可用作薄层色谱法的吸附剂。薄层色谱法有以下常见吸附剂。

①硅胶：常用的极性吸附剂，具有表面吸附活性中心，略带酸性。硅胶有硅胶 H 与硅胶 G，硅胶 H 为不含黏合剂的硅胶，硅胶 G 是含有煅石膏黏合剂的硅胶。

②氧化铝：也是常用的极性吸附剂，具有表面活性中心，略带碱性。

③聚酰胺是一种特殊的有机薄层材料，与化合物形成氢键的能力与溶剂有关。其在水中与化合物形成氢键的能力最强，在有机溶剂中较弱，在酰胺类溶剂中能力最弱。

④硅藻土：为中性吸附剂。

⑤纤维素吸附剂：具有一定的黏性。

化合物的吸附能力与它们的极性成正比，具有较大极性的化合物吸附较强，相应地 R_f 值较小。常见化合物吸附能力一般为酸和碱 > 醇、胺、硫醇 > 酯、醛、酮 > 芳香族化合物 > 卤代物、醚 > 烯 > 饱和烃。

薄层色谱法使用的吸附剂及选择原则与柱色谱法相同。主要区别在于薄层色谱法要求吸附剂粒度更细，一般粒度不超过 250 目，并要求粒度均匀。展开距离视薄层板吸附剂的粒度大小而定。薄层板吸附剂的粒度越细，展开距离越短。一般来说，吸附剂粒度不超过 10 cm，否则引起色谱扩散影响分离效果。薄层板吸附剂的颗粒过大，展开剂移动速度过快，分离效果不好。反之，颗粒过小，溶剂移动过慢，斑点不集中，效果也不理想。

吸附剂的选择首先取决于样品组分的性质，即它们的溶解性、酸碱性、极性以及是否与吸附剂起化学反应等；其次要考虑吸附剂、载体是否容易得到及其价格等。

（2）薄层板

薄层板是在基板上铺一层吸附剂或吸附了固定相的载体而形成的层析板，需要有以下特点：具有一定的机械强度、化学惰性、耐一定温度、表面光滑平整、洗净后不附水珠、干燥、厚度均匀、价格便宜。最常用的基板材料是玻璃，也可用铝箔或其他金属板或塑料板作为基板。

薄层板规格有 5 cm × 10 cm、10 cm × 20 cm、20 cm × 20 cm、2.5 cm × 7.5 cm。薄层板在市场上有售，德国默克公司是全球最大的薄层板供应商。如果薄层色谱法仅作为监测手段，也可用显微镜所用载玻片为基板自制薄层板。

将吸附剂、黏合剂、水在研钵中搅拌均匀，调成糊状且没有气泡和板结后，将糊状的吸附剂材料滴加到平板上即可制备出薄层板。薄层板制备得好坏直接影响色谱的结果。薄层应尽量均匀且厚度固定，否则会导致在展开时前沿不齐，色谱结果也不易重复。

如果使用硅胶 H，因其自身不含黏合剂，要制成硅胶 H 型的薄层板，需加入黏合剂（0.4 %～1.0%的水溶液）。制备时，在烧杯中放入 0.8 g 羧甲基纤维素钠，加入 100 mL 蒸馏水，加热并充分搅拌至全溶。取上述溶液 37 mL 置于研钵，加入硅胶 H 15 g，研磨成匀浆。将配制好的浆料倾注到清洁干燥的载玻片上，拿在手中轻轻地左右摇晃，使其表面均匀平滑，平放，在室温下晾干后进行活化，活化后的薄层板置于干燥器中待用。

如果使用硅胶 G，因其自身就含有黏合剂（煅石膏），因此仅加一定量的水就可制成硅胶 G 型薄层板。制备时，称取硅胶 G 5 g，加入蒸馏水 15 mL，研磨均匀后，取三分之一倾注在预先洗净晾干的玻璃板上，迅速振动玻璃板，使表面均匀平整，阴干后活化备用。整个操作需迅速，以免因煅石膏吸水凝固而影响薄层的均匀性。

薄层板的活化是将涂布好的薄层板置于室温晾干后，放在烘箱内加热，活化条件根据需要而定。硅胶板一般在烘箱中渐渐升温，维持 105～110 ℃ 活化 30 min。氧化铝板在 200 ℃ 烘 4 h 可得到活性为 Ⅱ 级的薄层板，在 150～160 ℃ 烘 4 h 可得活性为 Ⅲ～Ⅳ 级的薄层板。活化后的薄层板放在干燥器内保存待用。

（3）黏合剂

为了加强固定相颗粒的附着能力，并增加薄层板湿润性，常在涂敷前在吸附剂中加入黏合剂，以改善色谱的分离。黏合剂分为无机黏合剂和有机黏合剂。

无机黏合剂多采用煅石膏。将硫酸钙在无烟炉火中或坩埚内煅至酥松，取出晾凉，打碎后即可获得煅石膏。含有煅石膏的薄层板以 G（gypsum）标识。普通硅胶 G 含有 13%～15%的煅石膏，制备型硅胶 G 含有 30%煅石膏，氧化铝 G 含有 9%煅石膏。

有机黏合剂多采用羧甲基纤维素钠，它是纤维素羧甲基醚的钠盐，为白色或乳白色纤维状粉末或颗粒，具有吸湿性，分散在水中，呈澄清的胶状液，对热稳定，具有黏合作用，在半固体制剂中作为凝胶基质。有机黏合剂在牙膏、纸和食品中有广泛使用。羧甲基纤维素钠溶液匀浆涂铺的薄层板强度高，色谱分离性能好。但是，含羧甲基纤维素钠的薄层板不适合用浓硫酸喷雾显色，且容易霉变降解。

煅石膏和羧甲基纤维素钠都是制作薄层板常用的黏合剂。煅石膏是利用熟石膏吸水后凝固的性质而使吸附剂黏结为均匀、结实的薄层。羧甲基纤维素钠则是可溶于水的大分子化合物，因其分子间的作用力起到黏结作用，使吸附剂在薄层板上形成坚固的薄层。

（4）指示剂

有些化合物既没有颜色也不发出荧光，也没有合适的显色剂可使之显色，同时还没有可生成荧光衍生物的条件，于是常将这类化合物点在含有无机荧光物质（如掺锰的硅酸锌或掺银的硫化锌、硫化镉等）的荧光板上进行分离。分离后将薄层板置于紫外灯下观察，此时薄层背景呈现出荧光，而在含有化合物的位置，由于一部分光被化合物吸收，照射到薄层板上的紫外光强度会有所减弱，因此产生的荧光强度也会减弱，于是化合物呈暗色斑点。这种方法可用以确定化合物的比移值，进一步可进行定性分析。在定量时可根据斑点荧光减弱的程度测定化合物的含量，也可用荧光猝灭的方法确定被测物的位置，然后用紫外区的波长测定其含量。

荧光指示剂的用量为1.5%～2.0%。短波荧光指示剂一般是锰激活的硅酸锌，在254 nm紫外光的照射下发出荧光，显示绿色。长波荧光指示剂常用银激活的硫化锌或硫化镉，在366 nm紫外光照射下发出荧光，显蓝色。能够得到色谱的"视觉印象"是薄层色谱与所有其他色谱技术相比的主要优势。这种薄层板把分离和显斑过程结合在一起，避免了喷雾显色和蒸汽显色带来的问题，使定性更方便，缩短了分析时间，提高了效率。

含有荧光指示剂的薄层板以F（fluorescence）标识。例如，硅胶HF254表示的就是不含黏合剂，但含有254 nm荧光指示剂的硅胶。硅胶GF254就是含黏合剂，同时还含有254 nm荧光指示剂的硅胶。硅胶HF254+366表示的是不含黏合剂，但同时含有254 nm和366 nm荧光指示剂的硅胶。

8.7.4 薄层色谱法的实验操作及条件选择

进行薄层色谱实验时，首先选择薄层板，配置样品溶液，然后点样、展开、干燥和显色。

（1）配置样品溶液

配置的样品溶液，一般选用甲醇、乙醇、丙酮、氯仿等挥发性有机溶剂。最好用与展开剂极性相似的溶剂溶解样品，配成0.5%～1%的试液。

（2）点样

点样的方法与纸色谱法相同，分为手动点样和自动点样。点样装置为毛细玻璃管、微量注射器，或自动薄层色谱点样仪。

先用铅笔在距薄层板一端1～1.5 cm处轻轻画一条横线作为起始线，然后用毛细管吸取样品溶液，在起始线上小心点样。点样原点的大小对最后斑点的面积影响很大，因此须严格控制，点的直径一般不超过2～3 mm。若因样品溶液太稀，可重复点样，但应待前次点样的溶剂挥发后方可重新点样，以防样点过大，造成拖尾、扩散等现象，进而影响分离效果。若在同一板上点不止一个样，样点间距离应为1.5～2.0 cm。点样要轻，不可刺破薄层。

点样量的多少与薄层的性能、厚薄及显色剂的灵敏度有关。一般来说，样品量最小为纳克级别，常用量为几至几十微，制备型的分离可以点样至毫克量。总之，点样量随分离目的而定。

（3）展开

薄层色谱的展开需要在密闭容器中进行。为使溶剂蒸气迅速达到平衡，可在展开槽内衬一张滤纸。在层析缸中加入配好的展开溶剂，使其高度不超过1 cm。将点好的薄层板小心地放入层析缸中，点样一端朝下，浸入展开剂中。盖好瓶盖，观察展开剂前沿上升到一定高度时取出，尽快在板上标记展开剂前沿位置。晾干，观察斑点位置，计算R_f值。

薄层色谱法中，当吸附剂活性为一定值时，如Ⅱ或Ⅲ级，对多组分样品能否获得满意的分离效果取决于展开剂的选择。展开剂的选择，需根据样品的极性、溶解度和吸附剂的活性等因素进行综合考虑。

展开剂首先要求对被分析组分有良好的溶解性，可以使组分分开，使待测组分的比移值为0.2～0.8，定量测定时最好为0.3～0.5。展开剂不能与待测组分或吸附剂发生化学反应，沸点适中，黏度较小，展开后组分斑点圆且集中。混合展开剂最好现场配置，以免影响组分比例。

按极性不同，展开剂分为弱极性、中等极性与强极性。各种展开剂按其极性不同的排序为：烷烃＜烯烃＜醚类＜硝基化合物＜二甲胺＜酯类＜酮类＜醛类＜硫醇＜胺类＜酰胺＜醇类＜酚类＜羧酸。

展开剂的极性比被分离物质的极性要小些，即展开剂对被分离物质需有一定的解吸能力，否则，被分离物质会发生对展开剂的强吸附，以致被分离物质随着溶剂前沿向前移动，而不能达到分离的目的。在吸附薄层色谱法中，展开剂的极性越大，对同一化合物的洗脱能力越强，比移值越大。反之，比移值越小。如果比移值$R_f > 0.5$，则减小极性溶剂的比例，以降低洗脱能力。如$R_f < 0.3$，则增强极性溶剂的比例，以提高洗脱能力。当比移值R_f调至适当值后，进行等强度溶剂系统的替换直到分离度符合要求。

图8-13是斯塔尔设计的展开剂选择条件简图，其中（a）为被分离化合物的极性，（b）为吸附剂的活性，（c）为展开剂的极性。若将这三个因素各自固定为圆周的三分之一，转动圆盘正中的三角形，如果角A指向极性物质，则角B指向活度小的吸附剂，角C就指向选用极性展开剂。如转到A'，B'，C'处则又要做另外的选择组合。

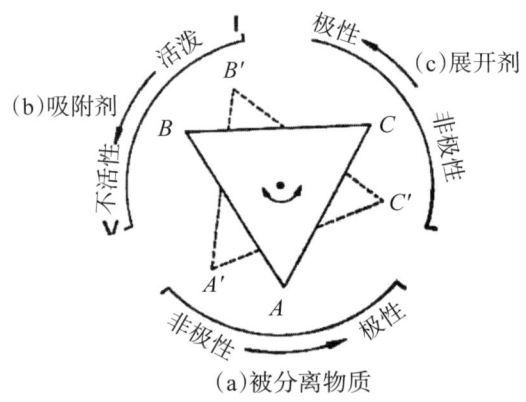

图8-13 化合物极性、吸附剂极性和展开剂极性间的关系

对于多元展开剂，各种溶剂作用不同。极性较大的溶剂可以使化合物在薄层上移动；极性较小的溶剂可降低极性大的溶剂的洗脱能力，使R_f值降低；中等极性的溶剂往往起着使极性相差较大的溶剂混合均匀的作用。在展开剂中加入少量酸或碱可以使某些极性物质斑点集中，提高分离度。用黏度太大的溶剂时需要加入一种溶剂以降低展开剂的黏度，加快展开速度。例如，环己烷-丙酮-二乙胺-水（10∶5∶2∶5）多元展开剂中，水是极性大的溶剂，环己烷是极性小的溶剂，后者的加入可以降低

分离物质的 R_f 值；丙酮起着混匀整个系统及降低展开剂黏度的作用；少量二乙胺的加入控制了展开剂的 pH 以使分离后的斑点不致拖尾，分离清晰。

在吸附薄层色谱的展开过程中，必须严格控制空气的相对湿度以及展开槽中的水蒸气，微量的水也能对色谱分离结果产生较大的影响。硅胶薄层板吸附水蒸气的速度很快，0.25 mm 厚、20 cm× 20 cm 长宽的薄层板在 50% 相对湿度中约 3 分钟就失去活性的一半，而 15 min 时吸附的水分已达到最大值。因此，点样速度的快慢、空气相对湿度的大小，都可以影响分离结果以及重现性。适宜的相对湿度范围也同溶质和溶剂的极性有关。

展开过程中，在薄层板中部的 R_f 值比在边缘的 R_f 值小的现象称为边缘效应（edge effect）。将展开槽用展开剂蒸气饱和后再进行展开，就可以消除边缘效应。

展开时还需注意，层析缸须密闭，目的是使层析缸被展开剂蒸气饱和并使展开剂组分不变。为避免边缘效应，先将层析缸用展开剂蒸气饱和后再进行展开。常规薄层板最长展距为 20 cm，高效薄层板展距最长为 10 cm。展开时，不要让展开剂前沿上升至底线。否则，无法确定展开剂上升的实际高度，即无法求得 R_f 值和准确判断出产物中各组分在薄层板上的相对位置。

(4) 显色

展开完毕后，把薄层板从层析缸中取出，用铅笔划出或用小针刺出展开剂前缘的位置，随即进行显色，以确定各个斑点的位置、R_f 值和显色情况。被分离物质如果是有色组分，展开后薄层色谱板上即呈现出有色斑点。如果化合物本身无色，可根据化合物的性质，用物理检出法、化学检出法、酶与生物检出法和放射性检出法进行显色。例如，可用碘蒸气熏的方法显色，还可使用腐蚀性的显色剂如浓硫酸、浓盐酸和浓磷酸等。对于含有荧光剂的薄层板，在紫外光下观察，展开后的有机化合物在亮的荧光背景上呈暗色斑点。

①物理检出法：

(i) 可用紫外光照射：一般来说，对于未知化合物，展开后在用显色剂以前，都应先在紫外灯下进行察看。紫外光常用两种波长，分别为 254 nm 与 365 nm。如果化合物能吸收紫外光并放出荧光，则可用此荧光定位。

(ii) 可用碘蒸气熏的方法显色：元素碘的最大特点是与物质的反应往往是可逆的，当化合物定性以后在空气中放置时，碘即升华挥发，组分可以回到原来的状态，有利于薄层的进一步处理。

(iii) 水可作为一种非破坏性显色剂：用于硅胶薄层，当许多疏水性化合物展开后，用水喷薄层板，对光观察，在半透明的薄层板上，将显出白色不透明的斑点。

②化学检出法：

化学检出法是通过在薄层板上使用一种或数种化学试剂与被检出物质发生反应，生成有颜色的化合物而定性。这种试剂叫显色剂。显色剂一般分为两类，即通用显色剂和专属性显色剂。

通用显色剂有以下几种。

(i) 浓硫酸或 50% 的硫酸溶液：绝大多数有机物质，喷此种显色剂后立刻或在加热到110～120 ℃并经数分钟后出现棕色或黑色斑点。

（ii）酸碱指示剂溶液：如0.3%溴甲酚氯甲醇溶液，在使待测组分绿色背景上显现黄色斑点，表示是脂肪族羧酸。

常用的通用显色剂还有5%磷钼酸乙醇、碱性高锰酸钾溶液、硝酸银-氢氧化铵试剂、荧光显色剂等。

专属性显色剂指能使某一类或少数几类官能团或化合物显色的试剂。向待测组分喷浓度为2%的2,4-二硝基苯肼乙醇溶液喷后，在120 ℃加热10 min，醛酮在黄橙色背景上显红色或橙色斑。专属性显色剂有以下几种。

在色谱分析的综合技术中，尤其对痕量组分的检测，衍生化反应已成为重要手段之一。在薄层色谱中，有些化合物本身无色，又无紫外光吸收或不发出荧光，同时也找不到合适的显色剂，或者有性质近似的化合物共存以致很难分离，这时可考虑在原位上进行适当的化学反应，使之产生紫外光吸收，或发出荧光，或显色，或使其性质发生较大差异以利于分离。

③生物与酶检出法（bioautography）：

生物检出法（又称生物自显影法）是用生物检定法检出薄层上具有生物效应的物质（如抗生素）的方法。基于检出物质的生物活性，将薄层板与已培养有适当微生物的琼脂表面接触，并置于适宜温度的培育箱内，经过一段时间后可观察到抑菌点。有抗生素的斑点处的培养基上面的微生物生长受到抑制，整个琼脂板出现了抑菌点，由此抑菌点可对该抗生素组分定性。酶检出法实际上是一种酶抑制技术，用于薄层色谱法检出某些有机磷农药。

④放射显影法（autoradiography）：

放射显影法是用含放射性同位素的化合物在薄层上显示位置的方法。具体方法是使薄层上同位素的辐射透过照相底片，显影以后由于银粒的存在而显出潜影。在一定剂量范围内，放射性物质斑点使底片所呈暗度与斑点中放射性物质的浓度成正比。因此不仅可定位，还可定量。

（5）薄层色谱的定量测定

展开后，可对薄层分离所得斑点中的化合物进一步定量，其测定方法可分为两大类：一类为洗脱测定法，即将所需测定的斑点中的组分用适当溶剂洗脱，再选用适当方法定量；另一类为直接测定法，即在色谱分离后，直接用肉眼观察比较或用仪器扫描斑点，从而测定其含量。

①洗脱测定法：

首先定位斑点，然后用吸集器将斑点位置的吸附物吸下，用洗脱溶剂洗脱，收集洗脱液后用适合的方式进行分析。分析方法有以下几种。

（i）紫外分光光度法：将洗脱液调整至一定体积，在此化合物最大吸收波长处测定。同时把样品斑点相应位置薄层吸附剂同样取下，作为空白对照。

（ii）比色法：选择灵敏度高、专属性好的比色反应测定化合物含量，是比较常用的方法。

（iii）其他方法：如极谱、库仑滴定、荧光测定等。

②直接测定法：

（i）目测法：

样品经色谱分离后，直接观察所得斑点的大小和颜色的深浅，并与标准品在相同条件下展开所得到的一系列已知不同浓度的标准斑点相比较，从而近似地判断样品中所测成分的含量。

（ii）测面积法：

展开后色谱上的斑点面积与化合物含量间应符合一定的线性关系。

（iii）仪器测定法：

用光密度计，或称薄层扫描仪（TLC scanner）扫描定量。这种方法已成为薄层定量的主要方法。

8.7.5 特殊的薄层色谱法

为使薄层色谱技术更好地发挥作用，改进分离效果，缩短分离时间，提高其定性和定量的能力，可在原有基础上采用一些特殊的薄层色谱技术，如高效薄层色谱（high performance thin-layer chromatography，HPTLC）、棒状薄层色谱（rod-TLC）和超薄层色谱（ultra thin-layer chromatography，UTLC）。

（1）高效薄层色谱（HPTLC）

高效薄层色谱法是在普通薄层基础上发展起来的一种更为灵敏、精细的薄层色谱技术，是采用小颗粒吸附剂制备的均匀薄层，分离效率比普通薄层提高三倍，检出灵敏度增加，分析时间缩短。

高效薄层色谱法由于吸附剂颗粒小，流动相展开速度慢，平衡易于达到，质量传递的阻滞作用往往可以忽略不计，展开后斑点的大小主要由化合物分子扩散系数决定。化合物展开后只要不走在溶剂前沿，均呈小而圆整的斑点。

（2）棒状薄层色谱（rod-TLC）

棒状薄层色谱法是将样品点在薄层棒上，经点样、展开后，将被分离后的色谱棒通过适当的机械传动装置，水平地穿过检测器火焰的中心，使化合物燃烧裂解，形成离子碎片和自由电子，再由电极收集它们并产生与化合物量成正比的电流信号，而测出各物质的含量。

（3）超薄层色谱（UTLC）

超薄层色谱法于2002年德国第24届国际色谱研讨会上首次被提出。此法用四氯烷基硅（键合铅）制成整块硅胶板，而不用颗粒状吸附剂。硅胶板厚度为10 μm，有孔径为1~2 μm的大孔和孔径为3~4 nm的中孔。超薄层板取代了玻璃板，不需要载体，展程为1~3 cm，缩短了分析时间，节约了展开剂。超薄层色谱法具有高分离效率和多选择性的特点，可用于分离药物、酚类、增塑剂、甾族化合物等。

8.7.6 柱色谱法

柱色谱也称为柱层析，是将吸附剂（固定相）装入一根带有下旋塞或无下旋塞的玻璃管中，将样品溶于溶剂，随洗脱剂（流动相）沿着色谱柱下移，从而进行分离的方法。

柱色谱实验一般有三个操作步骤，即装柱、上样、展开及洗脱。

（1）装柱

装柱是柱色谱最关键的操作，装柱的好坏直接影响分离效果。

装柱前，应先将玻璃柱洗净、干燥，垂直固定在铁架台上。在柱底铺一小块脱脂棉，再铺约0.5 cm厚的石英砂，然后进行装柱。

装柱有干、湿两种方法。

①湿法装柱：

将固定相（如硅胶）用洗脱剂调成糊状。在柱内先加入约3/4柱高的洗脱剂，再将糊状物边震荡边倒入柱中，同时，打开下旋塞，用一干净干、燥的烧杯接收洗脱剂。待糊状物全部装完后，用接收到的洗脱剂转移残留的固定相，并将柱壁上的固定相淋洗下去。装柱过程中，应不断轻敲色谱柱，以使固定相填充均匀、无气泡。整个装柱过程中，柱内洗脱剂的高度始终不能低于固定相最上端，否则柱内会出现裂痕和气泡。

②干法装柱：

在色谱柱顶端放一干净、干燥的漏斗，将干燥的吸附剂（固定相）倒入漏斗中，使其成为细流并连续不断地装入柱中。在干法装柱的过程中，要轻轻敲打柱身，使其填充均匀，然后打开下旋塞，从顶端加入洗脱剂冲柱，以排除气泡，并保留一定液面。

（2）上样

柱色谱的上样方法也分为干法和湿法。

干法就是把待分离的样品用少量溶剂溶解后加入少量硅胶，拌匀后再旋蒸去除溶剂。如此得到的粉末再小心加到柱子的顶层。干法上样比较麻烦，但可以保证样品层的平整。

湿法上样就是用少量溶剂（最好就是展开剂，如果展开剂的溶解度不好，则可以用极性较大的溶剂，但必须少量）将样品溶解后，再用胶头滴管转移得到的溶液，沿着层析柱内壁均匀加入，然后用少量溶剂洗涤后，再次加入。湿法较方便，是常用的上样方法。

（3）展开及洗脱

用湿法上样时，将样品溶解在最少量的洗脱剂中。滴加前，打开下旋塞，使洗脱剂流出，恰好下降到固定相表面时，关闭下旋塞，将样品迅速全部滴加于柱顶端后，用事先戳孔的圆形滤纸盖住样品表面，以防加洗脱剂时搅动柱顶表面。

样品加完后，打开下旋塞，再立即加入洗脱剂进行洗脱。色谱带的展开过程就是样品的分离过程，可按颜色段收集各组分。

洗脱过程中需注意，洗脱剂应连续平稳地加入，不能中断。洗脱剂流出速度应控制在每分钟5～10滴。如果下移速度太快，分离效果不好；太慢，则会造成色谱扩散或成分破坏，影响分离效果。

洗脱剂可以以薄层色谱选择的同样样品所使用的展开剂为依据。因为薄层色谱所用硅胶比柱色谱所用硅胶细很多，因此一般柱色谱所用洗脱剂比薄层色谱用的展开剂极性低一半就可以达到比较好的分离效果。当所分离物质的极性差别较大时，可采用梯度洗脱的方法，即逐渐增加溶剂的极性，使吸附在硅胶上的不同化合物逐个被洗脱。极性小的样品常用的洗脱剂为乙酸乙酯/石油醚系统。极性较大的样品用甲醇/氯仿系统洗脱。极性大的样品用甲醇/水/正丁醇/醋酸系统洗脱。有拖尾现象时可以加入少量氨水或冰醋酸。对于很难分离的化合物，一是增加色谱柱的长度和直径，二是减小洗脱剂的极性，这样可以很好地将混合物分开。在同样能洗脱的情况下，尽量使用毒性小的洗脱剂。如，乙酸乙酯/石油醚系统和二氯甲烷/石油醚系统，在同样都能洗脱的情况下，应该用毒性小的乙酸乙酯/石油醚系统。

8.8 高效液相色谱法

高效液相色谱法（high performance liquid chromatography，HPLC）是在20世纪60年代末，以经典液相色谱法为基础，引入气相色谱的理论，采用高效固定相、高压输液系统和高灵敏度的在线检测器，从而发展起来的一种以液体作流动相的新型分离分析技术。随着科学和技术的不断改进与发展，此法目前已成为极为重要、应用广泛的分离分析手段。

8.8.1 高效液相色谱法的特点

高效液相色谱法是在气相色谱法和经典色谱法的基础上发展起来的。高效液相色谱法和经典液相色谱法没有本质的区别，不同点仅仅是高效液相色谱法比经典液相色谱法有更高的效率并实现了自动化操作。经典的液相色谱法中，流动相在常压下输送，所用的固定相柱效率低，分析周期长。而高效液相色谱法引用了气相色谱法的理论，对流动相进行高压输送（最高输送压力可达$4.9×10^7$Pa）。

从速率理论可知，要提高柱效率，需要把固定相的粒度d_p减小。要缩短分析时间，则要将流动相的速度加快。高效液相色谱法的色谱柱是以特殊的方法用小粒径的填料填充而成，从而使柱效率大大高于经典液相色谱法（每米塔板数可达几万或几十万），同时柱后连有高灵敏度的检测器，可对流出物进行连续检测。因此，高效液相色谱法具有分析速度快、分离效能高、自动化等特点。

与经典液相色谱相比，高效液相色谱具有如下优点。

①经典的液相色谱柱只能进行一次分离，第二次分离必须更换固定相。高效液相色谱的色谱柱可重复使用，柱寿命一般为一年以上。

②经典的液相色谱进行一次分离往往需要几个小时甚至十多个小时，而高效液相色谱使用粒度更细的固定相填充色谱柱，增加了色谱柱的塔板数，同时以高压驱动流动相，使分离工作得以在几十分钟甚至几分钟内完成。

③经典液相色谱法只能离线检测，而高效液相色谱法可在线检测，大大提高了灵敏度。

④经典液相色谱法进样量大，一般为毫升级；高效液相色谱的进样量小，一般为微升级。

⑤经典液相色谱法在常压下操作，填料颗粒大，直径一般为75～600 mm，柱效率低，分析时间长，难以实现复合混合物的分离。高效液相色谱法在高压下操作，其压力可达兆帕级，填料的粒度往往小于10 mm，柱效率高，分离能力强。

液相色谱法所涉及的基本概念，如保留值、塔板数、塔板高度、分离度、选择性等，与气相色谱法一致。液相色谱法所用基本理论，如塔板理论与速率方程，也与气相色谱法基本一致。但由于在液相色谱法中以液体代替气相色谱法中的气体作为流动相，而液体和气体的性质不相，且液相色谱法所用的仪器设备和操作条件也与气相色谱法不同，所以，液相色谱法与气相色谱法有以下几个方面的差别。

①应用范围不同：

气相色谱仪能分析在操作温度下能气化而不分解的物质。对高沸点化合物、非挥发性物质、热不稳定化合物、离子型化合物及高聚物的分离和分析较为困难，致使其应用受到一定程度的限制。据统计，只有大约20%的有机物能用气相色谱进行分析。

液相色谱则不受样品挥发度和热稳定性的限制，非常适用于分子量较大、难气化、不易挥发或对热敏感的物质、离子型化合物及高聚物的分离分析。这些物质占有机物的70%～80%。

②液相色谱能完成难度较高的分离工作，这是因为：

（i）气相色谱的流动相载气对色谱而言是惰性的，只起到运载样品的作用，不参与分配平衡过程。流动相与样品分子无亲和作用，不起分离作用，样品分子只与固定相相互作用。而在液相色谱中，流动相液体也与固定相争夺样品分子，为提高选择性增加了一个因素。因此液相色谱可改变流动相组成，如选用不同比例的两种或两种以上的液体作流动相，增大分离的选择性，进行更有效的分离。

（ii）液相色谱的固定相类型多，如离子交换色谱和排阻色谱等，分析时选择余地大，而气相色谱则不可能。

（iii）液相色谱法通常在室温下操作，一般有利于色谱分离条件的选择。

③气相色谱中的载气一般无毒，易于处理。液相色谱的流动相除水溶液外一般有毒，处理费用较高。

④由于液体的扩散性比气体的小10^5倍，溶质在液相中的传质速率慢，柱外效应就显得特别重要；而在气相色谱中，柱外区域扩张可以忽略不计。

⑤液相色谱的样品制备简单，回收也比较容易，而且回收是定量的，适用于大量制备。

⑥气相色谱柱，特别是毛细管柱，可以很长，有的可达上百米，柱效率很高，理论塔板数可达10^4～10^6。高效液相色谱的色谱柱采用高效填料，色谱柱不会太长，一般为10～25 cm，柱效率低于气相色谱的色谱柱，理论塔板数一般只有几千到几万。

⑦液相色谱的检测器种类很多，尚缺乏通用的检测器，但气相色谱有发展成熟的高灵敏度通用型检测器。

⑧气相色谱仪的制造难度小，价格较便宜，运行和操作简单。高效液相色谱仪器比较复杂，制造难度大，价格昂贵，运行和操作比气相色谱仪难。在实际应用

中，这两种色谱技术是互相补充的。

高效液相色谱以液体作为流动相，液体流经色谱柱时，受到的阻力较大，为使其能迅速通过色谱柱，必须对流动相施加高压。高效液相色谱仪中供液压力和进样压力一般为15~30 MPa，甚至达到50 MPa。因此，高效液相色谱所需的分析时间较短，一般都小于1 h，流动相在色谱柱内的流量一般可达1~10 mL/min，甚至可达100 mL/min，已经近似于气相色谱的流量。由于采用了新型固定相，如化合键合固定相，高效液相色谱的柱效率很高，有时一根色谱柱可分离几十种以上的组分。高效液相色谱仪目前已经广泛采用高灵敏度的检测器，如紫外光检测器和荧光检测器，进一步提高了分析的灵敏度。高效液相色谱的高灵敏度还体现在所需要的试样少，微升级别的样品量就足以进行分析。由于采用高压输液泵、高灵敏度的检测器和高效微粒固定相，高效液相色谱适合分析高沸点、不易挥发、相对分子质量较大、不同极性、热不稳定的有机及生物样品。

综上所述，高效液相色谱法具有柱效率高、选择性高、分析速度快、灵敏度高、重复性好、应用范围广等优点。这种方法已成为现代分析技术的重要手段之一，目前在化学、化工、医药、生化、环保、农业等科学领域应用广泛。

8.8.2 高效液相色谱仪

20世纪80年代以来，由于具有高速、高效、高灵敏度、适用范围广、易于大量制备分离等固有特点，高效液相色谱仪得到了广泛的应用。这一现象反映了科研和生产部门对高效液相色谱这一技术的迫切需求，也反映了液相色谱技术本身的发展情况，特别是其中材料的飞速发展。例如，高效填料和微电子技术的进步和应用有力地推动了高效液相色谱仪不断完善和更新，同时也对仪器的研制和生产提出了越来越高的要求。

为了保证样品组分得到高效分离，高效液相色谱仪除了必须具有高柱效率的色谱柱外，还必须保证仪器的进样装置、柱结构、检测池及各部分连接管道具有尽可能小的死体积，以减小柱外效应造成的谱带增宽。为了能准确并重复地给出测量结果，高效液相色谱仪必须精确地控制和再现工作条件，如流动相的压力、流速，色谱柱和检测器的温度，梯度洗脱的化学成分变化的比例。为了使流动相高速地通过色谱柱和检测器流通池，要求仪器必须具有高压输液装置。为保证快速处理分析数据，要求仪器配有快速记录仪和自动数据处理装置。另外，仪器的输液系统必须采用耐酸、碱腐蚀的材料制成，而且载液和样品需具有化学稳定性。仪器还必须具有多种检测器和不同类型、规格的色谱柱，以适应各种不同类型的复杂样品的分离和分析需要。还应具有梯度洗脱装置，以适应复杂样品分离条件的改善和选择。另外应满足一机多用，即仪器既可以用作分离，又可以用作一定量样品的制备分离。

高效液相色谱仪最主要的功能是对液体样品组分实现分离并检测，一般由高压输液系统、进样系统、分离系统、检测系统、数据处理和记录系统及温度控制装置等部件组成。

分析样品前，先选择适当的色谱柱和流动相。流动相使用前要先经过脱气处理，然后开泵，通过高压输液泵将其以稳定的流速输送到分析系统，冲洗色谱柱，待色谱柱达到平衡而且基线平直后，用微量注射器把样品注入进样口，然后流动相会把试样带入色谱柱进行分离。分离后的组分依次流入检测器的流通池，最后和洗脱液一起排入流出物收集器。当有样品组分流过流通池时，检测器把组分浓度转变成电信号，经过放大，用记录器记录下来，就得到色谱图。色谱图是定性、定量分析和评价柱效率高低的依据。有的仪器会在分析柱的入口端装有与分析柱相同固定相的短柱，一般柱长为5~30 mm，作为保护柱，可以经常更换且更换方便。虽然采用保护柱会损失一定柱效率，但可以保护分析柱，延长分析柱寿命。

8.8.2.1 高压输液系统

高压输液系统由溶剂贮存器、脱气装置、高压输液泵、过滤器、梯度洗脱装置和压力表等部件组成。高压输液泵是高压输液系统的核心部件。

（1）溶剂贮存器

溶剂贮存器也称为储液器，用以存储足够量的、符合要求的流动相，以满足和保证色谱分离分析工作顺利进行。储液器应有足够的容积（0.5~2.0 L），以连续供应流动相，且保证流动相流速稳定、流量可调，结构上能方便对溶剂进行脱气处理。由于高效液相色谱仪所用的色谱柱直径小、固定相粒度小、流动相阻力大，必须借助高压输液泵使流动相以较快的速度流过色谱柱，因此储液器需耐一定压力（约15~45 MPa），所以必须有一定机械强度以保证安全，还需耐腐蚀，且容器材料对所接触的各种溶剂具有化学稳定性。高效液相色谱仪的储液器一般由玻璃、不锈钢或氟塑料制成，容量为1~2 L，常直接使用溶剂瓶。

（2）脱气装置

流动相中溶解的气体（主要是氧气）会与样品、流动相或固定相发生化学反应，在流动相由色谱柱进入检测器时，会逸出气泡，影响泵的工作。气泡还会导致柱效率下降及严重的基线噪声、灵敏度下降，甚至导致仪器无法正常工作。此外，这些气体会引起溶剂pH的变化，给分离或分析结果带来误差。某些溶剂，如甲醇、四氢呋喃，与溶解的氧可形成紫外吸收络合物，使背景吸收增加，灵敏度降低，梯度洗脱时造成基线漂移或形成鬼峰。进行荧光检测时，这些气体的存在会引起对芳香烃、脂肪醛、酮的猝灭现象，荧光响应甚至降低至95%。如果用电化学方法检测氧化还原反应是否发生，氧的影响更大。因此，需要将溶解的氧除去。

除去流动相中的溶解氧将大大提高紫外光检测器的性能，也将改善荧光检测的灵敏度。常用的脱气方法有在线脱气法和离线脱气法。离线脱气法不能维持溶剂的脱气状态，在停止脱气后，气体又将逐渐溶解到溶剂中，在1~4 h内，溶剂又将被环境气体所饱和。在线脱气法更为实用，具体可分为以下几类：

① 低压脱气：

低压脱气是采用电磁搅拌、水泵减压抽真空或加热，以提高抽气效率进行脱气的方法。减压抽真空过滤脱气是指在溶剂进入储液器之前对溶剂进行脱气和过滤。因为低沸点溶剂易损失而影响溶剂的组成，所以这种方法不适合多元流动相的脱气。

②顶替法脱气：

顶替法脱气即在进行色谱操作前和操作中，将氦气吹入溶剂中，以氦气彻底吹扫流动相来进行脱气，被认为是较好的脱气方法。氦气在液体中的溶解度最小，可排除痕量氧，这种方法不能将溶剂脱气，只是用低溶解度的惰性气体将空气替换出来。一般来说，有机溶剂中的气体容易脱去，而水溶液中的气体难以脱去。这种连续脱气法在电化学检测时经常使用，但因氦气较贵，难以普及。

③超声波振荡脱气：

超声波振荡脱气是将溶剂储瓶置于超声波水浴中，使用500 mL液体脱气15~20 min。这种方法不影响溶剂的组成。进行超声波水浴脱气时应注意避免溶剂瓶与超声槽底部或内壁接触，以免溶剂瓶破裂。溶剂瓶内液面不要高出水面太多，以保证脱气效果。

④在线真空脱气：

在线真空脱气装置是将脱气系统与输液系统串联，使流动相流经脱气单元内的塑料膜管线。由于塑料膜管线的膜允许气体通过，而液体无法通过，由此通过微型真空泵将脱气单元减压，实现在线脱气。在线真空脱气是常用的在线脱气方法。脱气时流动相的流量不能太大，以3 mL/min为宜。

（3）高压输液泵

高压输液泵是高效液相色谱仪的关键部件之一，其功能是将溶剂贮存器中的流动相以恒定的压力或流速连续不断地送入色谱系统，使样品在色谱柱中完成分离过程。由于液相色谱仪所用色谱柱柱径较小，所填固定相粒度很小，因此对流动相的阻力较大。为了使流动相能较快地流过色谱柱，需用高压泵输运流动相。

高效液相色谱仪要求高压输液泵输出压力高、流量恒定、无脉动，以获得较高的定性、定量分析的精密度。流动相流量恒定是色谱峰分离的最基本要求，因为流量的恒定直接影响峰面积的重复性和定量的精度。流量的变化也将影响组分的保留值和分辨率，导致检测器噪声加大，灵敏度下降。一般流量的相对标准偏差应小于0.5%。

为使分离条件更灵活，要求高压输液泵有较大的调节范围，可以在0.1~100 mL/min之间任意调节。对于常规分离分析，要求泵的流量范围为0.1~10 mL/min。对于制备型仪器，因其色谱柱的直径和容量大，要求高压输液泵有足够大的流量输出，如100 mL/min。

此外，高压输液泵还应耐腐蚀、耐酸、耐碱、耐磨损、密封性好。因为流动相常用有机溶剂，有时还要加入缓冲盐或少量酸或碱等成分。直接接触流动相的部位都应具有良好的化学稳定性。进行离子交换分离的高压输液泵更应耐酸、耐碱、耐腐蚀，且高压下密闭性良好、无泄漏。

为了达到高效、高速的分离目的，需采用细颗粒高效填料，填料直径为10 mm、5 mm或更小。因为柱阻力相当大，液体的流动相高速通过时需要很高的压力，这就要求有较高的输送压力，一般为25~50 MPa。

当分析的对象十分复杂时，为了找到较佳的分离条件，实际应用中需要经常更换溶剂，这样就要求尽量小的泵死体积，便于迅速更换溶剂和进行梯度洗脱。

高压输液泵按输液性能不同可分为恒压泵和恒流泵两大类。按机械结构不同，通常将输液泵分为四种类型，即液压隔膜泵、气动放大泵、螺旋注射泵和往复柱塞泵。其中前两种为恒压泵，后两种为恒流泵。恒压泵保持泵压力不变，流量随阻力而变化；当阻力恒定时，流量可以达到恒定。恒流泵则保持流量不变，压力随阻力变化；当阻力恒定时，可以达到恒压。恒流泵是能给出恒定流量的泵，其流量与流动相的黏度和柱渗透压无关。由于稳定的流量更有利于提高色谱柱的分离效能，因此现代高效液相色谱仪一般均用恒流泵。螺旋注射泵具有间歇式供液、更换溶剂与清洗不方便等缺点。现在最常用的是往复柱塞泵。往复柱塞泵通常分为单柱塞泵和双柱塞泵，其中双柱塞泵又分为双柱塞并联泵和双柱塞串联泵（又称双柱塞补偿泵）。由于双柱塞并联泵需要更多的单向阀，增加了污染的风险，因此目前应用最多的是双柱塞补偿泵。

（4）过滤器

溶剂中的机械杂质，如果进入输液管道、进样阀或色谱柱，容易产生阻塞现象，使色谱系统不能正常运行。除非在溶剂的标签上表明"已滤过"，所用的溶剂在进入储液器之前必须经过滤膜过滤并且在进入色谱系统之后也要经过多处过滤器以除去微生物和杂质微粒，色谱纯试剂也不例外。

①滤膜过滤：

滤膜主要用于色谱分析中溶剂及样品的过滤，对保护色谱柱、输液泵、管路系统和进样阀具有良好的作用。滤膜已被广泛应用在重量分析、微量分析、胶体分离及无菌实验中。常用滤膜的直径为13 mm、25 mm、50 mm。

用滤膜过滤时，特别要注意分清有机相滤膜和水相滤膜。有机相滤膜为疏水性，一般用于过滤有机溶剂，过滤水溶液时流速低或根本无法过滤。水相滤膜为混合纤维树脂膜，具有亲水性，只能用于过滤水溶液，严禁用于过滤有机溶剂，否则滤膜会被溶解。用溶有滤膜过滤的溶剂不得用于高效液相色谱仪。对于混合流动相，可在混合前分别过滤；如需混合过滤，则首选有机相滤膜。

醋酸纤维素滤膜适用于水溶液，具有较低的蛋白质吸附。尼龙滤膜适用于水溶液及多种有机溶剂，溶解性低，易吸附蛋白，可灭菌。聚四氟乙烯滤膜具有疏水性，耐所有溶剂、酸和碱，溶解性低。聚偏氟乙烯滤膜具有亲水性，耐多种有机溶剂（卤代烃类除外），具有较低的蛋白吸附。聚丙烯滤膜具有亲水性，耐有机溶剂，具有极低的蛋白吸附。

②溶剂入口的过滤头：

溶剂入口的过滤头为溶剂过滤器，作用是除去溶剂中的固体颗粒。在使用液相色谱仪时，经常会碰到溶剂过滤头被污染或堵塞的情况。要测试过滤头是否堵塞，可将过滤头从瓶盖组件处拔下，如果管线中充满溶剂，当过滤头没有堵塞时，溶剂会自由滴出；如果过滤头已经堵塞，则没有溶剂或只有很少的溶剂滴出。玻璃材料的过滤头发生堵塞时，不推荐用超声波清洗，因为超声波很容易破坏玻璃过滤头的过滤板。对此，推荐用稀硝酸（35%左右）浸泡，浸泡大约1 h后，再用水洗净过滤头。不锈钢材料的过滤头可以用超声波清洗。

③高压输液泵出口球阀上的筛板：

高压输液泵出口球阀上的筛板可进一步除去溶剂中的杂质。

④高压输液泵入口和出口及进样阀间的过滤器：

高压输液泵的活塞和入口球阀滤芯的机械加工紧密度非常高，微小的机械杂质进入流动相会导致上述部件损坏，同时机械杂质在柱头的积累会造成柱压升高，使色谱柱不能正常工作。因此，在高压输液泵入口和出口及进样阀之间设有过滤器。过滤器的滤芯由不锈钢材料烧结而成，孔径为 2～3 mm，耐有机溶剂的腐蚀。如发现载流减小的现象，可能是过滤器堵塞，可将其浸入稀硝酸溶液，在超声波清洗器中振荡 10～15 min，即可将堵塞的固体杂质洗出。如清洗后仍不能达到要求，则更应更换滤芯。

⑤高压输液泵排气阀内部的滤芯：

高压输液泵是单向泵，阀体都是单向阀，防止流动相倒流。排气阀内部的滤芯是溶剂的过滤纯化装置。

⑥在线过滤器：

高效液相色谱仪有两个在线过滤器，一个是通用溶剂过滤器，一个是低扩散柱入口过滤器。通用溶剂过滤器是溶剂的过滤纯化装置，安装在液相色谱泵和进样器之间，使溶剂在进入进样器之前除去其中的颗粒物质。低扩散柱入口过滤器是溶剂和样品在进行分离前的最后一道过滤装置，适用于所有液相色谱仪。这种过滤器连接在色谱柱之前，是一种小体积的锥形插件，是直径只有 2.1 mm 的筛板，可除去来自溶剂和样品的颗粒杂质，以减小柱外效应引起的谱带增宽。

（5）梯度洗脱装置

液相色谱法的洗脱方式分为等度洗脱和梯度洗脱。等度洗脱（isocratic elution）是指在统一分析过程中，流动相的组成保持恒定不变，适用于分离性质差别小、组分种类不多的样品。对于样品中各组分性质差别较大、组分种类多的样品，如采用等度洗脱，则先流出的一些组分分离不完全，后流出的一些组分分离度太大，且出峰晚、峰形较差。为使保留值相差很大的多种组分在各自适宜的条件下分别流出色谱柱，提高分离性效率并加快分析速度，需要按一定的程序连续改变流动相的组成。梯度洗脱（gradient elution）就是在分离过程中使两种或两种以上不同极性的溶剂按一定程序连续改变它们之间的比例，从而使流动相的强度、极性、pH 或离子强度相应地变化，达到提高分离效果、缩短分析时间的目的。

梯度洗脱装置分为两类：一类是外梯度装置（又称低压梯度），其作用是流动相在常温常压下混合，其作用是用高压泵压至柱系统，仅需一台泵即可。另一类是内梯度装置（又称高压梯度），将两种溶剂分别用泵增压后，按电器部件设置的程序，注入梯度混合室混合，再输至柱系统。

梯度洗脱的实质是通过不断地变化流动相的强度，来调整混合样品中各组分的 k 值，使所有谱带都以最佳平均 k 值通过色谱柱。梯度洗脱在液相色谱中所起的作用相当于气相色谱中的程序升温，所不同的是，在梯度洗脱中，溶质 k 值的变化是通过溶剂的极性、pH值和离子强度来实现的，用于分离组分性质差别较大的复杂样品，而程序升温是以改变温度来影响溶质的k值，用于分离宽沸程的混合样品。

梯度洗脱可以缩短分析周期、提高分离效果、改善峰形、减少拖尾、增加检测灵敏度。

8.8.2.2 进样系统

样品在进入高效液相色谱仪前需用0.45 mm滤膜过滤后，方可进入进样系统。样品需借助进样系统才能被有效地送入色谱柱进行分离。进样系统应满足如下要求：在进样时对整个系统的压力和流量影响小，与样品、流动相的接触部位应具有良好的化学稳定性，保证中心进样，进样的重复性好，还应密封性能好及具有尽可能小的死体积，便于实现自动化。

进样系统分为手动进样和自动进样。高效液相色谱仪普遍使用的进样装置是微量注射器、带定量管的手动六通阀进样器和自动进样器。高效液相色谱仪的进样方式可分为隔膜进样、停流进样、六通阀进样和自动进样。

8.8.2.3 分离系统

分离系统包括色谱柱、恒温器（柱温箱）和连接管等部件。其中，色谱柱是色谱仪分离系统的心脏部件，包括柱管与固定相两部分，柱管内有流动相通过。

对于高效液相色谱仪的色谱柱，要求柱效率高、选择性好、分析速度快等；应避免突然变化的高压冲击；还应在要求的pH范围和柱温范围内使用；应使用不损坏色谱柱的流动相；进样前应将样品进行必要的净化，以免进样后对色谱柱造成损伤；每次工作结束后，应用强溶剂冲洗色谱柱。色谱柱涉及以下方面内容。

（1）柱管

色谱柱的柱管材料一般用内部抛光的不锈钢制成，其内径为2～6 mm，柱长为10～50 cm，柱形多为直形。不锈钢管具有耐腐蚀、易纯化、耐高压的特点，但其内表面光洁度对柱效率的影响很大。因此，色谱柱内壁必须仔细抛光，使其内壁特别光滑，这样便于在干法填充时保证填充均匀，提高柱效率。内壁还应常用氯仿、甲醇、水依次清洗，再用50%的硝酸对内壁进行钝化处理形成一层氧化物后再装填固定相。

（2）固定相

色谱柱的另一组成部分为固定相。HPLC的固定相分为三类，即：固定液涂覆在载体上形成的液-液色谱固定相，采用固体吸附剂形成的液-固色谱固定相和采用化学键合形成化学键合相色谱固定相。其中，化学键合相色谱不是严格意义上的液-液色谱，也不是严格意义上的液-固色谱，而是二者兼而有之。

对于HPLC的固定相，要求其填料粒度较小且分布均匀，机械强度高、耐压，传质速率快，化学性质稳定，不与流动相发生反应。

（3）柱装填

为使色谱柱达到最佳柱效率，除柱外死体积要小外，还要有合理的柱结构及装填技术，以尽可能减少填充床以外的死体积。即使采用最好的技术，在柱中心部位和沿管壁部位的填充情况也不同。靠近管壁的部位较疏松，流速较快，会使谱带增宽，这就是管壁效应。这种管壁效应影响的范围大约是从管壁向内算起30倍于固定相填料粒度的厚度。

色谱柱装填好坏对柱效率影响很大。对某些填充剂，如多孔玻璃微珠等，当粒度大于20 mm时，较容易装柱，一般采用干法装柱。当粒度小于20 mm时，宜采用湿法装柱，因为小颗粒表面存在局部电荷，具有很高的比表面自由能，在干燥条件下倾向于颗粒间相互聚集，会产生较宽的颗粒范围并黏附于管壁，不利于获得较高的柱效率。湿法装柱时，先以合适的溶剂或混合溶剂作为分散介质，使固定相填料微粒在介质中高度分散，调成匀浆，然后在高压泵作用下，快速将匀浆压入装有洗脱液的色谱柱内，制成具有均匀、紧密填充床的高效柱，经冲洗后，即可待用。

（4）柱结构

色谱柱两端装有烧结的不锈钢过滤片或多孔的聚四氟乙烯过滤片，以阻止填料倒出或进入检测器。过滤片可拆卸，以便清洗并除去过滤片内的杂质。在一般液相色谱仪中，柱外效应对柱效率的影响远远大于管壁效应。柱头死体积常是降低柱效率的重要原因，过滤片与接头螺母间不得有任何死体积。进样器到色谱柱、色谱柱到检测器连接管除应具备耐化学腐蚀性和优良的密封性能外，还需避免任何死体积以达到减小柱外效应，保持高柱效率的目的。使用两根以上的色谱柱时，柱与柱之间用厚壁的聚四氟乙烯管连接。

在进样阀后加流路过滤器（0.5 mm烧结不锈钢片），滤去来源于样品和进样阀垫圈的微粒。在流路过滤器和分析柱之间加保护柱，也称前置柱或预柱，其内的填充物和分析柱完全一样，淋洗溶剂由于先经过前置柱而被其中的固定相饱和，再流过分析柱时就不再洗脱其中固定相，从而保证分离性能不受影响。保护柱属于易耗品。

（5）柱温

色谱柱的工作温度对于色谱的准确性和效率有明显的影响。一般来说，低温运行可提高分离的选择性，但适当提高柱温可提高对样品的溶解能力，增强柱材料的活性和吸附性，降低溶液黏度，改善传质作用，提高柱效率，缩短分析时间，提高分离速度。

多数流动相是低沸点溶剂，因而液相色谱恒温装置的最高温度一般不超过100 ℃，常用20～50 ℃。控温装置有水浴式、电加热式、恒温箱式三种。常采用恒温箱式加热系统保持和调节色谱柱的温度。温度过高将造成流动相气化，从而使分析工作无法进行。

（6）色谱柱的再生

色谱柱价格昂贵，将其回收再生可延长色谱柱的使用寿命。有反相洗脱再生和正相洗脱再生两种方法。反相色谱柱可用水、乙腈、氯仿（或异丙醇）、乙腈和水为流动相依次冲洗，顺序不能颠倒，每种流动相的冲洗体积为柱体积的20倍左右。正相色谱柱可以用正庚烷、氯仿、乙酸乙酯、丙酮、乙醇和水为流动相依次冲洗，顺序不能颠倒，每种流动相的冲洗体积为柱体积的20倍左右。离子交换色谱柱以稀酸缓冲液冲洗，可使阳离子交换树脂再生；以稀碱缓冲液冲洗，可使阴离子交换树脂再生。

（7）色谱柱的柱效率评价

按规定，进行HPLC分析前，需进行"系统适用性试验"，给出分析状态下最小的理论板数、分离度、重复性和拖尾因子（对称因子）。分析样品时，需检验柱性能是否合乎要求。评价的建议条件为流动相流量应为1 mL/min，进样量应为10 μL，检定波长应为254 nm。

硅胶柱以苯、萘、联苯及菲为样品，以无水己烷为流动相。反相色谱柱以尿嘧啶、硝基苯、萘和芴为样品，以甲醇-水（85∶15）或乙腈-水（60∶40）为流动相。正相色谱柱以四氯乙烯、邻苯二甲酸二甲酯、邻苯二甲酸二正丁酯和肉桂醇，或偶氮苯、氧化偶氮苯及硝基苯为样品，以正庚烷为流动相。按上述条件，测得各组分的 $Y_{1/2}$ 和 t_R，求出理论塔板数 n 及相邻组分的分离度 R，综合分析以得出色谱柱柱效率的评价。

8.8.2.4 流动相

在气相色谱中，可供选择的流动相的种类有限，且其性质相差不大，因此要改变柱效率，主要考虑选择合适的固定相。而在液相色谱中，不同种类的流动相能显著地改善柱效率，所以选择流动相在液相色谱中非常重要。

液相色谱的流动相又称淋洗液或洗脱液。改变流动相的组成，其极性也发生改变，可显著改变组分的分离状况。

高效液相色谱仪的流动相是液体，对组分有亲和力，并参与固定相对组分的竞争。流动相的选择将直接影响组分的分离度。选择流动相应注意以下几点。

①流动相必须具有合适的极性，对于待测样品应具有良好的选择性。

②流动相要与检测器匹配。对于紫外光吸收检测器，应注意选用检测波长长于流动相溶剂的紫外光截止波长。

③流动相应尽可能选择高纯度试剂。由于高效液相色谱仪灵敏度高，对流动相溶剂的纯度要求也高。不纯的溶剂会使检测器噪声增加，引起基线不稳，或产生伪峰。痕量杂质的存在将使截止波长增加 50～100 nm。杂质长期积累会损坏色谱柱。在制备色谱时，不纯的流动相会使收集馏分的纯度降低。

④所选流动相应化学稳定性好，能很好地溶解样品，但不与样品发生反应或聚合，也不能对固定相产生不可逆的作用，进而引起柱效率损失或保留特性发生变化。例如，在液-固色谱中，硅胶吸附剂不能是碱性胺类溶剂或含有碱性杂质的溶剂，氧化铝吸附剂不能是酸性溶剂。在液-液色谱中，流动相与固定相应不互溶。样品在流动相中应有适宜的溶解度，以防止产生沉淀并在色谱柱中沉积。

⑤流动相一般应选择低黏度的试剂。若使用高黏度溶剂，势必增高压力，不利于分离。常用的低黏度溶剂有丙酮、乙醇、乙腈等。但黏度过低的溶剂也不宜采用，例如戊烷、乙醚等，因为它们易在色谱柱或检测器内形成气泡，同样影响分离。

⑥所选流动相需容易精制、纯化，毒性小，不易着火，价格应尽量低。

（1）流动相的类别

按流动相的组成将流动相分为单组分流动相和多组分流动相。按流动相的极性又分为极性、弱极性和非极性流动相。通常情况下使用混合溶剂作为流动相比使用单一溶剂的效果好。以多组分溶剂按一定比例混合作为流动相时，可调整需要的溶剂强度，以灵活调节流动相的极性、增加选择性、改进分离或调整保留时间。调整溶剂强度的通常是一种非选择性溶剂。

按色谱的用途，流动相分为正相色谱流动相（正相洗脱）和反相色谱流动相（反相洗脱）。在使用亲水性固定液时，常采用疏水性流动相。当流动相的极性小于固定液时，称为正相色谱流动相，其洗脱方式称为正相洗脱或正相展开。在分离极性很大的化合物时，也可采用极性很大的氨基和氰基等极性键合固定相。反相色谱的流动相通常是用强极性的水作基础溶剂，再加入一定量的能与水互溶的具有较强极性的调整剂，如二甲亚砜、乙二醇、甲醇、乙腈、丙酮、对二氧六环、乙醇、四氢呋喃、异丙醇等。大多数流动相都是水或者缓冲液与极性有机溶剂乙腈或甲醇的混合物。甲醇的毒性比乙腈小5倍，且价格也只是乙腈的百分之六左右，因此反相色谱中最常用的流动相是甲醇–水。

（2）流动相的选择

流动相的选择应根据被分析物的特点进行。

正相色谱法中流动相的选择以溶剂的极性为主要依据，常用极性表示溶剂的洗脱能力。这里常用斯奈德（L. Snyder）提出的溶剂极性参数P'，常见溶剂的P'值见表8-3。P'越大，溶剂的极性越强，在正相色谱中的洗脱能力越强。混合溶剂的极性系数为各种纯溶剂极性参数与体积分数乘积的和，即

$$P' = \sum_{i=1}^{n} P' \varphi_i$$

式中，P'是溶剂的极性参数，φ是溶剂的百分浓度。

表8-3　常见溶剂的斯奈德极性参数P'

溶剂	正戊烷	正己烷	苯	乙醚	二氯甲烷	正丙醇	四氢呋喃	氯仿
P'	0.0	0.1	2.7	2.8	3.1	4.0	4.0	4.1
溶剂	乙醇	乙酸乙酯	丙酮	甲醇	乙腈	乙酸	水	
P'	4.3	4.4	5.1	5.1	5.8	6.0	10.2	

选择正相色谱流动相时，常以极性较小的烷烃，如己烷或戊烷做底剂，配以一定比例的极性改性剂，如乙醚、氯仿或二氯甲烷、四氢呋喃、乙酸乙酯、乙醇等，共同作为流动相。如组分保留时间太长，可提高溶剂的极性，或在低极性溶剂中逐渐增加极性溶剂的比例来缩短保留时间。反之，降低溶剂极性可延长保留时间。

常用溶剂的极性顺序为：水 > 甲酰胺 > 乙腈 > 甲醇 > 乙醇 > 丙醇 > 丙酮 > 二氧六环 > 四氢呋喃 > 甲乙酮 > 正丁酮 > 乙酸乙酯 > 乙醚 > 异丙醚 > 二氯甲烷 > 氯仿 > 溴乙烷 > 苯 > 甲苯 > 四氯化碳 > 二硫化碳 > 环己烷 > 己烷 > 庚烷 > 煤油。

反相色谱法常用溶剂强度因子S表示溶剂的洗脱能力。表8-4为常见溶剂的S值。强度因子S越大，溶剂强度越大，洗脱能力越大。在选择反相色谱流动相时，常以强度小的水为基础剂，配以一定比例的纯甲醇、乙腈或四氢呋喃。如组分的保留值太大，可增加溶剂强度或在水中逐渐增加强度因子大的溶剂比例，使保留值降低。反之，降低溶剂强度，以使保留值增加。混合溶剂的强度因子为各种纯溶剂强度因子与体积分数乘积的和，即

$$S = \sum_{i=1}^{n} S_i \varphi_i$$

式中，S是溶剂的强度因子，φ是溶剂的百分浓度。

表8-4 反相色谱法常用溶剂的强度因子 S

溶剂	水	甲醇	乙腈	丙酮	二噁烷	乙醇	异丙醇	四氢呋喃
S	0.0	3.0	3.2	3.4	3.5	3.6	4.2	4.5

无论正相或反相洗脱，一般均采用多元溶剂系统。

(3) 流动相的储存

流动相一般储存于玻璃容器内，不能储存于塑料容器中，这是因为许多有机溶剂，如甲醇、乙酸等，可浸出塑料表面的增塑剂，导致溶剂受污染。这种被污染的溶剂如用于高效液相色谱系统，会造成色谱柱堵塞或柱效率降低。

储液容器一定要盖严，防止溶剂挥发引起流动相组成的变化，也可防止氧和二氧化碳溶于流动相。流动相的储液容器要定期清洗，特别是盛水、缓冲溶液和混合溶液的容器，以除去底部沉淀的杂质和可能生长的微生物。因为甲醇能防腐，所以盛放甲醇的容器内无。

磷酸盐、乙酸盐缓冲液很容易霉变，应尽量现场配制使用，不宜储存。如果确实需要储存，可于冰箱冷藏，并在3天内使用，用前要重新过滤。卤代溶剂可能含有微量的酸性杂质，能与高效液相色谱系统中的不锈钢材料发生反应。另外，卤代溶剂与水的混合物较容易分解，不能存放太久。卤代溶剂，如四氯化唐、氯仿等，与各种醚类如乙醚、二异丙醚、四氢呋喃等混合后，可能会反应生成一些对不锈钢有较强腐蚀性的产物，应尽量不采用这种混合流动相，或现用现配。卤代溶剂，如二氯甲烷，与一些反应性有机溶剂如乙腈混合静置时，还会产生结晶。总之，卤代溶剂最好现场配制使用。如果是与干燥的饱和烷烃混合，则不会产生类似问题。

高效液相色谱仪中使用的水应为超纯水，杂质越少，电导率越小，电阻越大，检测越灵敏。超纯水常用于溶液的配制、基线的校正和反相柱的洗脱。

8.8.2.5 检测器

检测器是高效液相色谱仪的关键部件之一，作用是得到与色谱洗脱液中被测组分相关的、实际可测量的电信号，用于定性和定量分析。

由于流动相的流动速度慢，检测器和色谱系统的死体积和结构不当容易造成色谱峰增宽的现象。如果色谱检测池的体积较大，那么被分离后的各组分和流动相在池内可能再次混合。另外，检测池的空腔也应是光滑、无死体积的，以免造成峰形拖尾。用于高效液相色谱仪的检测器需要具备灵敏度高、重复性好、线性范围宽、死体积小以及对温度和流量的变化不敏感等特点。目前，在高效液相色谱仪中尚无一种理想的真正通用的检测器。实际应用中，一般按需求结合各种检测器的特点加以选择。

在液相色谱仪中，按响应值与浓度或质量间的关系将检测器分为浓度型和质量型两种。例如，荧光、紫外光、质谱、电导检测器属于浓度型检测器，示差折光检测器、电导检测器、蒸发光散射检测器和红外光检测器属于质量型检测器。

按照适用范围和对不同化合物响应信号不同可将液相色谱的检测器分为两类。一类是溶质性检测器，它仅对被分离组分的物理或物理化学特性有响应。属于此类检测器的有紫外光、荧光、电化学检测器等。另一类是总体检测器，它对试样和洗脱液总的物理和化学性质有响应。属于此类检测器有示差折光检测器、电导检测器、蒸发光散射检测器等。

8.8.3 液–固色谱法

和气相色谱一样，液相色谱分离系统也由固定相和流动相组成。液相色谱的固定相可以是吸附剂、化学键合固定相（或在惰性载体表面涂上一层液膜）、离子交换树脂或多孔性凝胶，流动相是各种溶剂。待分离的混合物由流动相液体推动进入色谱柱，然后根据各组分在固定相及流动相中的吸附能力、分配系数、离子交换作用或分子尺寸大小的差异进行分离。

液相色谱分离的实质是样品分子与流动相或洗脱液以及固定相分子间的作用，作用力的大小决定色谱过程的保留行为。

根据分离机制不同，高效液相色谱可分为：液–固吸附色谱、液–液分配色谱、化合键合相色谱、离子交换色谱、离子对色谱、亲和色谱、分子排阻色谱、疏水作用色谱、胶束色谱和电色谱等类型。

液–固色谱也称吸附色谱，是最古老的色谱。1906年，茨维特发明的色谱就是液–固色谱。液–固色谱的固定相是固体吸附剂。吸附剂是一些多孔的固体颗粒物质，位于其表面的原子、离子或分子的性质不同于在内部的原子、离子或分子的性质。表层的键因缺乏覆盖层结构而受到扰动。因此，表层一般处于较高的能级，存在一些分散的具有表面活性的吸附中心。液–固色谱法是根据各组分在固定相上的吸附能力的差异进行分离，即溶质和溶剂分子在固体吸附剂表面的活性中心发生竞争吸附，故也被称为液–固吸附色谱。

液–固色谱法以表面吸附性能为依据，常用于分离极性不同的化合物，也能分离具有相同极性基团、但基团数目不同的样品。因异构体有不同的空间排列方式，吸附能力不同，所以对具有不同官能团的化合物和异构体具有不同的吸附性能和较高的选择性。吸附剂吸附试样的能力，主要取决于吸附剂的比表面积和理化性质、试样的组成和结构以及洗脱液的性质等。当组分与吸附剂的性质相似时，易被吸附，呈现高保留值；当组分分子结构与吸附剂表面活性中心的几何结构相适应时，组分分子易于被吸附。因此，吸附色谱是分离几何异构体的有效手段。不同的官能团具有不同的吸附能力，因此，吸附色谱法可按族分离化合物。

一般而言，凡是能用薄层色谱法成功分离的化合物都可用液–固色谱法进行分离。液–固色谱法的特点是分离速度快、灵敏度高、分离效果好。但吸附色谱对同系物没有选择性（即对分子量的选择性小），不能用该法分离分子量不同的化合物。另外，对于强极性分子或离子型化合物的分离，液–固色谱法有时会发生非线性等温吸附，常会引起峰的拖尾现象。液–固色谱可分离的组分分子相对分子质量不能过大或过小，一般为500～2000 g/mol。强吸附性物质在吸附剂表面会发生不可逆吸附，所以液–固色谱法不适用于分析此类物质。此外，分析强极性分子时，可采用离子对色谱；对于离子型化合物，可采用离子交换色谱。

(1) 液–固色谱法的分离原理

液–固色谱法的固定相是固体吸附剂，属于一种多孔性固体物质，表面具有活性吸附中心，该方法利用活性吸附中心对样品中各组分吸附能力的差异实现分离。被分离组分分子与流动相分子竞争吸附于吸附剂表面。流动相中的被分离组分分子 X_m 与吸附剂表面的 n 个溶剂分子 Y_s 竞争吸附后，置换了溶剂分子，被吸附到吸附剂表面的称为 X_s，而溶剂分子被置换下来，回到流动相中的称为 Y_m。吸附过程可表示为

$$X_m + nY_s \rightleftharpoons X_s + nY_m$$

式中，m 表示流动相，s 表示固定相。

当吸附过程达到平衡后，吸附平衡常数 K（也称为吸附系数）可表达为

$$K = \frac{[X_s][Y_m]^n}{[X_m][Y_s]^n}$$

溶质分子在吸附剂表面的吸附能力越强，K 值越大，则保留值越大。溶剂分子在吸附剂表面的吸附能力越强，K 值越小，则保留值越小。

(2) 液–固色谱法的固定相

液–固色谱法的固定相所采用的固体吸附剂，按其性质可分为极性和非极性两种类型。极性吸附剂包括硅胶、氧化铝、氧化镁、硅酸镁、分子筛及聚酰胺等。非极性吸附剂最常见的是高强度多孔活性炭微粒，此外还有多孔石墨化炭黑、碳多孔小球，及高交联度的高分子多孔微球。

极性吸附剂可进一步分为酸性吸附剂和碱性吸附剂。酸性吸附剂包括硅胶和硅酸镁等，碱性吸附剂有氧化铝、氧化镁和聚酰胺等。酸性吸附剂适用于分离碱性溶质，如脂肪胺和芳香胺。碱性吸附剂则适用于分离酸性溶质，如酚、羧酸和吡咯衍生物等。

各种吸附剂中，最常用的是硅胶，其次是氧化铝。在现代液相色谱中，硅胶不仅作为液–固吸附色谱固定相，还可作为液–液分配色谱的载体和键合相色谱填料的基体。

硅胶属于酸性吸附剂，表面 pH = 5，是目前液–固色谱使用最多的固定相，可分为无定型多孔硅胶、球形全多孔硅胶、薄壳硅胶、非多孔硅胶、表面多孔硅胶等。

①无定型多孔硅胶：国产代号 YWG，d_p 为 5～10 μm，比表面积约 300 m²/g，但柱渗透性差，涡流扩散项较大。

②球形全多孔硅胶：为近似球形的颗粒，国产代号 YQG，d_p 为 3～10 μm，比表面积可达 500 m²/g，具有载样量大、涡流扩散项小、柱渗透性好的特点，是目前广泛使用的高效液相色谱仪中的极性固定相。

③表面多孔硅胶：固定相颗粒的平均直径 d_p 为 35 μm，样品容量小，柱效率高，适合于极性范围宽的样品。

④堆积硅珠：为二氧化硅溶胶加凝结剂聚结而成，又称堆积硅珠硅胶，国产代号 YQG，d_p 为 3～5 μm，具有球形全多孔硅胶的全部优点，且传质阻力更小，样品容量更大，是较为理想的高效填料。

氧化铝属于碱性吸附剂，具有与硅胶相同的良好物理性质，但在水性流动相中不稳定。氧化铝分为球形和无定形，粒度为 5～10 μm。氧化铝适合分离溶于有机溶

剂的极性、弱极性的非强离解化合物,尤其适合分离芳香族化合物。其分离几何异构体的能力优于硅胶。但是,用氧化铝分离酸性易离解化合物易形成死吸附。

非极性吸附剂中,高分子多孔微球多使用交联苯乙烯-二乙烯苯、聚甲基丙烯酸酯、聚酰胺等制造,它们刚性小,易压缩,溶剂或溶质易渗入聚合物载体内部,致使载体颗粒膨胀,利于传质。常见的有国产YSG系列和日立3010胶等。

(3) 固定相的活化

硅胶是高效液相色谱仪中最常用的固定相,其含水量与表面活性成反比。含水量越大,吸附活性越低,越容易脱附。实验表明,对所有化合物而言,k值随硅胶含水量的增加而降低。为了得到具有重现性的分离,必须在使用过程中保持硅胶的含水量恒定。

将硅胶在真空、200 ℃条件下加热,可得到具有标准活性的硅胶。经这样处理的硅胶失去了全部物理吸附水,活性最强。但是干燥和彻底活化的硅胶不适用于高效液相色谱分析,这是因为彻底活化的硅胶可能发生不可逆的吸附或反应,使样品发生变化或导致较大损失,从而使保留性质发生变化、柱效率变差。为了避免这些不利因素,硅胶在装柱前需进行去活化处理。

硅胶等活性吸附剂在装柱前需加入一定量的水或其他活性试剂,使硅胶的吸附活性适当降低。以硅胶表面50%~75%的比表面积形成水单分子层作为硅胶减活的标准,相当于向表面积为100 m^2的硅胶加0.02~0.04 g水(硅胶标签上标有比表面积,单位为m^2/g)。若被分析物吸附性能差,需要较高活性的硅胶,则可适当减少水的加入量。也可在洗脱液中加入少量极性或中等极性的溶剂,使吸附剂去活化,以减少色谱峰的拖尾,提高柱效率。

(4) 液-固吸附色谱流动相

流动相的性质和组成对液-固色谱的分离有着极为重要的影响。

当流动相与固定相间的作用力大于溶质与固定相间的作用力时,溶质易脱附。在液-固色谱中,选择流动相的基本原则是:极性大的样品用极性较强的流动相,极性小的样品则用弱极性流动相。

为了获得合适的溶剂极性,常混合使用两种、三种或更多种不同极性的溶剂。如果样品组分的分配比k的范围很广,则使用梯度洗脱。

8.8.4 液-液色谱法

液-液色谱又称液-液分配色谱。在液-液色谱中,一个液相作为流动相,而另一个液相则涂渍在很细的惰性载体或硅胶上作为固定相。流动相与固定相应互不相溶,两者之间应有明显的分界面。液-液分配色谱的分离过程与两种互不相溶的液体在一个分液漏斗中进行的溶剂萃取相类似。

与气-液分配色谱法一样,这种分配平衡的总结果导致各组分的差速迁移,从而实现分离。分配系数K或分配比k小的组分,保留值小,先流出柱。然而,与气相色谱法不同的是,液-液色谱的流动相的种类对分配系数有较大的影响。

(1) 液-液色谱的固定相

液-液色谱的固定相由固定液和载体组成。

①固定液：

原则上，气相色谱的固定液都可用于液相色谱。固定液应能很好地溶解样品而不与流动相混溶，因此可以是不易挥发的液体，也可以是难挥发的高聚物或键合物，但因液相色谱的流动相也会影响分离，流动相极性的微小变化都会使组分的保留值出现较大的差异，因此在液相色谱中常用的只有极性不同的几种固定液，如β,β'-氧二丙腈（ODPN）、聚乙二醇（PEG）、聚酰胺、羟乙基聚硅氧烷、正十八烷（ODS）、角鲨烷等，其极性依次减弱。

②载体：

凡是液-固色谱中的固定相都可作为液-液色谱的载体，且要求载体不能与样品组分起作用，样品在流动相与固定相之间是真正的分配分离，而不能是既有分配又有吸附的混合形式。这是因为如果存在吸附，那么常常会造成色谱峰的拖尾。此外，载体还应不具有活性，可用硅烷化技术掩蔽活性表面。

常用的载体有下列几类：

（i）表面多孔型载体（薄壳型微珠载体）：由直径为30～40 mm的实心玻璃球和厚度约为1～2 mm的多孔性外层所组成。

（ii）全多孔型载体：由硅胶、硅藻土等材料制成，是直径30～50 mm的多孔型颗粒。

（iii）全多孔型微粒载体：由纳米级别的硅胶微粒堆积而成，又称堆积硅珠。这种载体粒度为5～10 mm。因为颗粒小，所以柱效率高，是目前使用最广泛的一种载体。

（2）液-液色谱的流动相

在液-液色谱中，除一般要求外，还要求流动相对固定相的溶解度尽可能小，因此固定液和流动相的性质往往处于两个极端。例如，当固定液是极性物质时，所选用的流动相通常是极性很小的溶剂或非极性溶剂。

以极性物质作为固定相，非极性溶剂作流动相的液-液色谱，称为正相分配色谱，适用于分离极性化合物。反之，如选用非极性物质作为固定相，而极性溶剂作为流动相的液-液色谱，称为反相分配色谱。后者适用于分离芳烃、稠环芳烃及烷烃等化合物。

8.8.5　化学键合相色谱法

液相色谱中，采用将固定液机械地涂渍在载体上组成固定相的方式。即使选用与固定液不互溶的溶剂作为流动相，在色谱过程中固定液仍会有微量溶解。此外，流动相经过色谱柱的机械冲击，会造成固定相不断流失。即使将流动相预先用固定相液体饱和，或在色谱柱前加一个前置柱，使流动相先通过前置柱再进入色谱柱，仍难以完全避免固定液的流失。

20世纪70年代初，科研人员发明了一种新型的固定相，即化学键合固定相。这种固定相是通过化学反应把各种不同的有机基团键合到硅胶（载体）表面的游离羟基上，以此代替机械涂渍的液体固定相。这不仅避免了液体固定相流失的困扰，还大大改善了固定相的功能，提高了分离的选择性。

(1) 化学键合相色谱法的分离机理

化学键合相既不是全部的吸附过程，也不是典型的液-液分配过程，而是双重机制兼而有之，按键合量的多少而各有侧重。化学键合相中硅胶基质的含水量高时，相当于载体表面覆盖了一层水，此水可看作固定液，分离的机理是液-液分配色谱。含水量低时，分离机理是液-固吸附色谱原理。化学键合相存在着双重分离机制，即由键合基团的覆盖率决定分离机理。当键合基团覆盖率高时，以分配机理为主。当键合基团覆盖率少时，以吸附机理为主。

(2) 化学键合相色谱法的固定相

通过化学反应的方法使固定液的官能团进行键合，在硅胶表面所形成的固定相，称为化学键合相。其优点包括：使用过程不易流失、化学性质稳定、在pH为2~8的溶液中不发生变质、热稳定性好（一般在70 ℃以下稳定）、载样量大（比硅胶高约一个数量级）、适用于梯度洗脱。

化学键合相一般用硅胶（薄壳型或全多孔微粒型）作载体，具有分配作用和一定的吸附作用，吸附作用的大小根据键合的覆盖率大小而定。在进行键合反应前，要对硅胶进行酸洗、中和、干燥活化等处理，然后再使硅胶表面的硅羟基与各种有机物或有机硅化合物反应，将载体表面残存的硅羟基除去，这称为封尾（又称封顶或遮盖）。所形成的键合相称为封尾键合相。完全封尾的键合相无吸附作用，缺点是疏水性强。化学键合相的键合方式可分为以下四种。

①硅酸酯型（≡Si—O—C）键合相：

使醇与硅胶表面的硅羟基进行酯化反应，在硅胶表面形成硅酸酯型键合相。反应生成的单分子层键合相虽然牢固，但酯化表面易水解，因此流动相水量要少。如果用高醇化合物作为流动相，则易发生酯交换反应，从而改变固定相的性能，因而不能使用。硅酸酯键合相可用硅胶基质与氧二丙腈、聚乙二醇键合而成。一般用极性小的溶剂洗脱来分离极性化合物。

②硅氮型（≡Si—N=）键合相：

如果用$SOCl_2$将硅胶表面的硅羟基先进行卤化，使其成为卤化硅胶，再与各种有机胺反应，就可以得到各种具有不同极性基团的硅氮型键合相。这种键合相键合牢固，对有机溶剂和pH为3~8的水溶液稳定。正相氨基、氰基键合相就属于这一类型，适用于糖类的分离。可用非极性或强极性的溶剂作为流动相。

③硅碳型（≡Si—C）键合相：

将硅胶表面氯化后，再与格氏试剂反应，使Si—Cl键转化为Si—C键，就可获得硅碳型键合相。在这类键合相中，有机基团直接键合在硅胶表面上，稳定性高，但金属有机化合物会包藏在有机层内，不容易被清洗出来，从而影响柱性能，因此应用不多。

④硅氧烷型（≡Si—O—Si—C）键合相：

使硅胶与有机氯硅烷或烷氧基硅烷反应形成Si—O—Si—C键型的单分子膜，就可获得硅氧烷型键合相。这类键合相可制成不同极性的固定相，极性从疏水的烷基到极性的氨基、醚基、氰基等均有。醚基键合相既可用于正相色谱法，也可用于反相色谱法。反相C_8、C_{18}柱的固定相就采用这种键合方式。残余的硅羟基对分析结果的稳定性和重复性有影响，对此可进行"封尾"。硅氧烷型键合相具有相当的耐热性和化学稳定性，是目前应用最为广泛的键合相。

化学键合相按极性分为极性键合相、弱极性键合相、非极性键合相和离子型键合相四类。

极性键合相基于极性键合基团和待分离分子间的氢键作用实现分离，强极性组分的保留值较大。极性键合相含有的极性基团主要有—CN、—NH$_2$、二醇基、丙氨基、乙基氰等。

弱极性的醚基键合相、二羟基键合相应用较少，可以作为正相或反相固定相，视流动相的极性而定。

非极性键合相的应用最为广泛，尤其是C$_{18}$（octadecylsilyl，ODS）反相键合相，在反相液相色谱中发挥着重要的作用，可以完成70%～80%的高效液相色谱分析任务，其性能主要取决于含碳量、覆盖度和碳链的长度。含碳量为覆盖在硅胶表面的"毛刷"烷基所含碳的质量分数，随键长增长，含碳量从3%增至22%。覆盖度为硅胶被键合后，在硅胶中的有效羟基与硅烷化试剂反应的程度。通过发生反应使羟基被覆盖而不再发生作用。碳链的长度有C$_1$～C$_{18}$十八种，与溶质的保留值大小有关。非极性键合相的烷基链长对样品容量、溶质的保留值和分离选择性都有影响。一般而言，样品容量随烷基链长的增加而增大，且长链烷基可增大溶质的保留值，并可能改善分离的选择性。短链烷基键合相具有较高的覆盖度，分离极性化合物时色谱峰的对称性较好，苯基键合相、苯甲基键合相与短链烷基键合相的性质相似。C$_{18}$柱的稳定性较高，这是因为长的烷基链保护了硅胶基质。但带有疏水基团的饱和碳氢化合物的C$_{18}$上基团的空间体积较大，作用的有效位点少，分离高分子化合物时柱效率较低。硅胶表面可以键合不同的官能团，适用于各种类型色谱和样品的分析。由于暴露在外的是疏水性基团，因此分析的对象是疏水性和非极性物质。当短链键合基团的覆盖度较高时，也可以分析极性稍大一些的组分。

当硅胶基质键合上的各种离子交换基团，如阴离子交换基团—NR$_3$Cl、阳离子交换基团—SO$_3$H等，即可形成离子型化学键合固定相，适用于分离样品中的离子型组分。

（3）反相键合相色谱法

根据化学键合相与流动相之间相对极性的强弱，可将化学键合相色谱法分为极性化学键合相色谱法和非极性化学键合相色谱法。在极性键合相色谱法中，由于流动相的极性比固定相的极性小，极性化学键合相色谱法属于正相色谱法。但是，弱极性键合相既适用于正相色谱，也适用于反相色谱。用弱极性或中等极性键合相与极性大于固定相的流动相所组成的色谱系统称为非典型反相键合相色谱系统。通常所说的反相色谱是指非极性键合色谱。反相色谱法在现代液相色谱中的应用最为广泛。

在反相化学键合相色谱中，一般采用非极性键合固定相，如十八烷基硅烷键合相（硅胶—C$_{18}$H$_{37}$，简称ODS或C$_{18}$）、硅胶-苯基等。用强极性的溶剂作为流动相，如甲醇/水、乙腈/水、水和无机盐的缓冲液等。这一类称为典型的反相键合相色谱法。

目前，对于反相色谱的保留机制还没有一致的看法，大致有两种观点：一种认为其属于分配色谱，另一种认为其属于吸附色谱，下文将简述分配色谱的观点。

分配色谱的作用机制是假设混合溶剂（水+有机溶剂）中极性弱的有机溶剂吸附于非极性烷基配合基表面，组分分子在两相溶剂中进行分配。

反相键合相表面具有非极性烷基官能团和未被取代的硅醇基，分离机理较为复杂，有疏溶剂理论、双保留机理、顶替吸附-液相相互作用模型等。其中，疏溶剂理论是把非极性的烷基键合相看作是在硅胶表面上覆盖了一层键合的十八烷基的"分子毛"。这种"分子毛"有强疏水特性。当用水与有机溶剂所组成的极性溶剂作为流动相来分离有机化合物时，一方面，非极性组分分子或组分分子的非极性部分，由于疏水的作用，将会从水中被"挤"出来，与固定相表面上的疏水烷基之间产生缔合作用，进而保留在固定相中。另一方面，被分离物的极性部分受到极性流动相的作用，将会离开固定相，并减少其保留作用，此即解缔过程。显然，这两种作用力之差，决定了分子在色谱中的保留行为。

一般地，固定相的烷基或分离分子中非极性部分的表面积越大，或者流动相表面张力及介电常数越大，则缔合作用越强，分配比 k 也越大，洗脱能力越低，保留值越大。反之，分配比 k 减小，保留值也减小。在反相键合相色谱中，对于结构相近的组分，极性大的组分先流出，极性小的组分后流出。

（4）正相键合色谱法

在正相化学键合色谱法中，一般采用极性键合固定相，硅胶表面键合的是极性的有机基团，化学键合相的名称由键合上去的基团而定。最常用的有氰基（—CN）、氨基（—NH$_2$）、二醇基（DIOL）键合相。流动相一般用比化学键合相极性小的非极性或弱极性有机溶剂，如烃类溶剂，或在其中加入一定量的极性溶剂（如氯仿、醇、乙腈等），以调节流动相的洗脱强度。

一般认为正相色谱的分离机制属于分配色谱，主要靠组分分子与固定相之间的范德瓦耳斯力、氢键作用力的差别而进行分离。正相色谱通常用于分离极性化合物。

组分的分配比 k 随其极性的增加而增大，但随流动相中极性调节剂的极性增大（或浓度增大）而降低。同时，极性键合相的极性越大，组分的保留值越大。分离结构相近的组分时，极性大的组分后出峰。

正相化学键合相色谱法主要用于分离异构体、极性不同的化合物，特别是用来分离不同类型的化合物。

（5）离子型键合相色谱法

当以薄壳型或全多孔微粒型硅胶为基质，化学键合各种离子交换基团[如—SO$_3$H、—CH$_2$NH$_2$、—COOH、—CH$_2$N（CH$_3$）Cl等]时，就形成所谓的离子型键合相色谱。其分离原理与离子交换色谱一样，只不过填料是一种新型的离子交换剂。

（6）化学键合相色谱法的特点

化合键合相的表面没有深度凹陷的液坑，比一般液体固定相传质快。由于采用的是化学键合的方式将固定液固定到硅胶表面，因此没有固定液流失，增加了色谱柱的稳定性和寿命，耐流动相冲击。化学键合相耐光、耐水、耐有机溶剂，较稳定；可键合不同的官能团，提高了选择性；利于梯度洗脱，也利于匹配灵敏的检测器和馏分收集器。这些特点正是化学键合相色谱柱柱效率高的原因。

总结下来化学键合相色谱法具有下列优点。

①化学键合色谱法适用于分离几乎所有类型的化合物。一方面通过控制化学键合反应，可以把不同的有机基团键合到硅胶表面上，从而大大提高了分离的选择性；另一方面可以通过改变流动相的组成和种类来有效地分离非极性、极性和离子型化合物。

②键合到载体上的基团不易被剪切而流失，这不仅解决了由于固定液流失所带来的困扰，还特别适用于梯度洗脱，为复杂体系的分离创造了条件。

③键合固定相对不太强的酸及各种极性的溶剂都有很好的化学稳定性和热稳定性。

④固定相柱效率高，使用寿命长，分析重现性好。

8.8.6 离子交换色谱法

1848年，汤普森（R. Thompson）在研究土壤的碱性物质交换的过程中发现了离子交换现象，但直到20世纪40年代，人们才研发出具有稳定交换特征的聚苯乙烯离子交换树脂。到了20世纪50年代，氨基酸分析仪的诞生使离子交换色谱法开始被应用于生物学领域。1969年，全多孔键合离子交换剂出现，进而发展出高压、高速、高效的近代离子交换色谱，使氨基酸的分析时间从22 h减少到1 h。1975年以来，离子交换色谱法克服了检测上的困难，标志着进入了色谱法以离子色谱为代表的新阶段。

离子交换色谱法以离子交换树脂为固定相，其上有固定离子基团及可交换的离子基团。该方法根据样品中电离组分对固定在交换基体上带有相反电荷的解离部位的亲和力的不同，对离子型化合物进行分离，属于液相色谱法中的一种。

离子交换色谱法主要用于分离离子型化合物或可解离化合物，常用于无机离子和生物物质的分离。例如，碱金属、碱土金属、稀土金属等金属离子混合物的分离，性质相近的镧系和锕系元素的分离，食品添加剂及污染物的分析以及氨基酸、蛋白质、糖类、核糖核酸、药物等样品的分离等。

(1) 离子交换色谱法的分离原理

离子交换色谱法中的固定相是离子交换树脂，树脂上有固定基团和可交换离子基团。当流动相带着样品组分电离生成的离子通过固定相时，组分离子与树脂上的可交换离子基团进行可逆交换，根据样品中不同组分离子对固定相树脂亲和力不同而产生差速迁移，从而实现分离。

在离子交换过程中，流动相中的组分离子与可交换离子进行竞争吸附。阳离子交换平衡可表示为

$$R-M(s) + X^+(m) \rightleftharpoons R-X(s) + M^+(m)$$

$$K_c = \frac{[R-X]_s [M^+]_m}{[R-M]_s [X^+]_m}$$

阴离子交换平衡可表示为

$$R-A(s) + Y^-(m) \rightleftharpoons R-Y(s) + A^-(m)$$

$$K_a = \frac{[R-Y]_s[A^-]_m}{[R-A]_s[Y^+]_m}$$

式中，s和m分别表示固定相和流动相，K_c和K_a分别表示阳离子和阴离子交换反应的平衡常数，X^+和Y^-表示被分离组分离子，M^+和A^-是树脂上的可交换离子。

从公式中可发现，组分离子与树脂的亲和力越强，平衡常数K_c和K_a越大，保留值也越大。

凡是在溶液中能够解离的物质通常都可以用离子交换色谱法进行分离。被测物电离后产生的离子与固定相中的带相反电荷的官能团亲和，与固定相中带相同电荷的离子进行交换而达到平衡，这是可逆的交换过程。

固定相为键合的官能团，称为离子交换剂，如酸性基团磺酸基或碱性基团氨基。这些官能团在水溶液中能够解离成可进行交换的负离子或正离子。流动相一般采用水溶液。被测物为能电离的物质，依据亲和力的不同而实现分离。

离子对离子交换树脂上相反电荷离子的亲和力反映了离子在离子交换树脂上的交换能力。不同离子的亲和力有一定规律性。亲和力与水合离子半径、电荷及离子的极化程度有关。一般水合离子半径越大、电荷数越高、极化程度越大的离子的亲和力越大，保留时间越长。阳离子洗脱能力的差别不及阴离子明显。

不同价态的阳离子，电荷越高，亲和力越大。同价态的阳离子，水合离子半径越大，亲和力越大。水合离子半径为：Li^+ 0.068 nm、Na^+ 0.095 nm、K^+ 0.133 nm、Ca^{2+} 0.099 nm、Sr^{2+} 0.113 nm、Pb^{2+} 0.12 nm、Ba^{2+} 0.135 nm。常见阳离子的亲和力顺序为$Li^+ < H^+ < Na^+ < NH_4^+ < K^+ < Rb^+ < Cs^+ < Ag^+ < Mn^{2+} < Mg^{2+} < Zn^{2+} < Co^{2+} < Cu^{2+} < Cd^{2+} < Ni^{2+} < Ca^{2+} < Sr^{2+} < Pb^{2+} < Ba^{2+} < Al^{3+} < Fe^{3+} <$ 稀土阳离子 $< Ce^{3+}$。

阴离子的水合半径越大，亲和力越大。水合离子半径为：F^- 0.136 nm、Cl^- 0.181 nm、Br^- 0.196 nm、I^- 0.216 nm、SO_4^{2-} 0.230 nm。常见阴离子的亲和力顺序为$HCO_3^- < F^- < OH^- < CH_3COO^- < HCOO^- < Cl^- < SCN^- < Br^- < CrO_4^{2-} < NO_3^- < I^- < C_2O_4^{2-} < SO_4^{2-} < ClO_4^- <$ 柠檬酸根。

(2) 离子交换色谱法的固定相

离子交换色谱常用的固定相称为离子交换剂。按交换离子的种类不同，离子交换剂可分为阳离子交换剂和阴离子交换剂。

阳离子交换树脂上有与阳离子交换的基团。阳离子交换树脂又可分为强酸性和弱酸性树脂。常用的强酸性阳离子交换树脂所带的基团为—$SO_3^-H^+$，其中—SO_3^-和有机聚合物牢固结合形成固定部分，带负电荷；而H^+是可流动离子，可与其他阳离子交换。常用的弱酸性阳离子树脂所带基团为羧基（—COOH）。

阴离子交换树脂上有与阴离子交换的基团。阴离子交换树脂也可分为强碱性和弱碱性树脂。常用的强碱性阴离子交换树脂所带基团为季铵碱基团（—N^+R_3），其中季铵基团将与有机聚合物牢固结合，OH^-为可流动离子，可与其他阴离子交换。常用的弱碱性阴离子交换树脂所带基团为氨基（—NH_2）。

按离子交换剂的化学组成，可将其可分为无机离子交换剂、有机离子交换剂、葡萄糖衍生物离子交换剂和纤维素离子交换剂。其中有机离子交换剂应用最为广泛。

无机离子交换剂有硅铝酸盐、水合氧化钛、无机含氧酸盐和杂多酸盐等。无机离子交换剂制法简单、选择性好、抗辐射、耐高热，但pH范围窄。

有机离子交换剂以离子交换树脂最为常用，其性质稳定，在多数有机与无机溶剂中不溶解。典型的离子交换树脂由苯乙烯和二乙烯苯交联共聚而成。其中，二乙烯苯起到交联和加固整个结构的作用，其含量决定了树脂交联度的大小。交联度一般控制在4%～16%范围内，高度交联的树脂较硬而脆，但选择性较好。在基体网状结构上引入各种不同酸碱基团作为可交换的离子基团。例如，用硫酸或发烟硫酸处理树脂以引入磺酸基，进而得到强酸性阳离子交换树脂；氯化铝存在的条件下，苯乙烯交联聚合物与氯甲醚反应，再与叔胺反应得到强碱性阴离子交换树脂。离子交换树脂具有亲水性，当和水溶液接触时，水分子通过扩散进入离子交换树脂的骨架，吸附了水的树脂颗粒体积逐渐增大，树脂处于溶胀状态。溶胀有利于离子进入树脂内部发生交换反应。由于树脂交联结构限制了水在树脂内的增多，最终达到平衡状态。聚合物中二乙烯苯的质量分数称为交联度。交联度是树脂的一个重要参数。交联度取决于树脂的孔结构、孔大小、耐压性和在有机溶剂中的溶胀性。为了使离子交换树脂具有足够的化学稳定性和机械稳定性，交联度要足够高。低交联度的树脂溶胀性大，不耐高压；高交联度的树脂溶胀性小，耐高压。一般耐压树脂的交联度为8%～16%，可兼顾溶胀性和耐压性。

目前，常用的离子交换树脂分为薄膜型（表层多孔型）树脂和全孔型树脂。也可分为全多孔型、薄膜型、表面薄壳型（表面多孔型）和表面覆盖型四种，其中，全多孔型和表面薄壳型离子交换树脂更为常见。

全多孔型离子交换树脂分为微孔型和大孔型两种。薄膜型离子交换树脂是在直径约为30 mm的惰性固体核（如玻璃珠等硬芯子）上凝聚1～2 mm厚的离子交换树脂层而形成的固定相。薄膜型离子交换树脂具有不溶胀、机械强度高、耐压、传质快、柱效率高等优点，但是交换层较薄，柱容量低，进样量受限。表面薄壳型离子交换树脂也称为表面多孔型离子交换剂树脂，是在聚合物表面用化学方法得到厚度为几百埃、具有不同类型官能团的薄层。例如，将粒度为10～20 mm的苯乙烯-二乙烯苯聚合物的表面用硫酸或发烟硫酸处理，所得到的强酸性离子交换树脂就属于表面薄壳型离子交换树脂。此种树脂很少发生溶胀，具有传质快、柱效率高等特点，能实现快速分离，但表层上离子交换树脂的量有限，交换容量低，色谱柱容易超负荷。表面覆盖型离子交换树脂是在聚合物的外部用物理或化学方法覆盖一层聚合物微粒，再对微粒表面进行化学处理而制成。

为了克服离子交换树脂易溶胀和不耐压的缺点，科研人员发明了高效离子交换剂，即硅胶化学键合离子交换剂。这类树脂以全多孔型和表面薄壳型硅胶为基质，前者交换容量高，后者交换容量低。这种离子交换剂的机械强度高，高压下不易变形或被破坏，不溶胀，能在高压下快速分离，再生和平衡速率快，填充剂粒度小，粒度分布范围窄，填料表面结构均匀，因此溶质扩散距离短，传质速率快，柱效率比普通离子交换树脂高。但因为其以硅胶为基质，化学稳定性差，当pH > 8时硅胶会发生溶解，所以这类离子交换剂适用的pH范围较小。

(3) 离子交换剂的交换容量

衡量离子交换剂性能的一个重要参数为离子交换剂的交换容量，它由内部因素和外部因素共同决定。

交换容量以单位质量的离子交换剂中含有的官能团的数目表示，不仅取决于骨架上官能团的数目，还取决于交换树脂的解离状态。

弱酸性阳离子交换树脂在pH大于3时全部解离，交换容量大；pH小于3时部分解离，交换容量小。强碱性阴离子交换树脂在pH小于10时全部解离，交换容量大。弱碱性阴离子交换树脂在pH小于6时全部解离，交换容量大。

(4) 离子交换色谱法的流动相

离子交换剂的官能团要求能够在洗脱液中解离，被测物要求能够在洗脱液中电离，常用水作为流动相。但是洗脱液光中有水还不够，还应满足以下要求：具有良好的物理化学惰性，不破坏树脂；能够充分溶解样品，对分离样品具有合适的溶解度并可作为离子交换必需的缓冲溶液；对被测离子具有不同的洗脱能力，能从分离柱中一次取代出这些离子；具有合适的离子强度以便控制样品的保留值。流动相大都采用各种盐类的缓冲水溶液，通过调节和改变流动相的pH、缓冲溶液的类型、离子强度以及加入少量与水互溶的有机溶剂、配位基等方式增加对化合物的溶解度和分离选择性，使待测样品达到良好的分离效果。

流动相的离子强度和离子性质、pH、流动相组成和温度都会影响溶质的保留和分离的选择性，因此需要均需纳入考虑。

① 流动相的离子强度：

流动相的离子强度与洗脱离子、缓冲离子、盐的类型和浓度、pH以及添加有机溶剂的浓度有关。将盐加入流动相缓冲溶液中可控制流动相的离子强度。保留值可由盐的浓度或离子强度以及pH来控制。对于无机离子的分离，通过将具有中等保留值的$NaNO_3$加入流动相缓冲溶液中来控制离子强度的方法较为普遍。随离子强度增加，对离子交换基团的竞争交换增强，洗脱能力增强，样品保留值降低。低交换容量的离子交换剂配以较低浓度的离子强度，可获得最佳的保留值。例如，全多孔型离子交换树脂的交换容量大于薄壳型离子交换树脂的交换容量，当进行某一组分的分离时，全多孔型离子交换使用0.5 mol/L的$NaNO_3$流动相与薄壳型离子交换树脂使用0.002 mol/L的$NaNO_3$流动相可得到大致相同的k值。如果薄壳型离子交换树脂使用0.5 mol/L的$NaNO_3$，则t_R太短，组分分不开。

含有不同离子的洗脱液对离子交换剂的亲和能力不同，对溶质保留的影响也不同。例如，以Na^+代替K^+作为洗脱液，在溶剂和溶质与离子交换树脂的竞争交换中，因Na^+的亲和力小于K^+，故Na^+对溶质的洗脱能力比K^+弱，导致阳离子溶质的保留值增加。

② 流动相的pH：

要进行离子交换，必须使试样保持一定的解离状态，依此选择流动相的pH。对样品来讲，洗脱液的pH最好选择在试样的解离常数pK附近，使pH = pK+1.5，以保证样品全部被电离交换。常用洗脱液的解离常数pK见表8–5。

表 8-5 常用洗脱溶剂的解离常数 pK

	草酸	乳酸	甲酸	磷酸	乙酸	碳酸	苯酚	苯甲酸	硼酸
pK_{a1}	1.22	3.85	3.75	2.12	4.75	6.38	9.95	4.21	9.24
pK_{a2}	4.19	—	—	—	—	—	—	10.25	—

从 pH 确定树脂的解离状态（要求全部解离），进而选择树脂的类型。

流动相的 pH 影响离子交换树脂的交换基团。使用强酸和弱酸性离子交换树脂最适宜的 pH 范围为 2~14 和 8~14。而使用强碱和弱碱性阴离子交换树脂最适宜的 pH 范围分别为 2~10 和 2~6。

流动相的 pH 影响分离样品的解离度。分离有机酸时，pH 增加，会增加酸的电离度；分离有机碱时，pH 减小，会增加碱的电离度。

流动相的 pH 影响溶质的保留。进行阳离子交换时，当流动相的 pH 增加时，阳离子交换色谱的阳离子溶质的保留降低。阴离子交换的情况相反，溶质保留增加。

强酸性阴离子与强碱性阳离子受 pH 的影响较小，而常见的弱酸性阴离子（如 F^-、PO_4^{3-}、SiO_3^{2-}、CN^-、BO_3^- 等）和大多数胺类受洗脱液 pH 的影响较大，因此在实际分析时需严格控制洗脱液的 pH。用缓冲溶液可以保持和调节流动相的 pH，进而控制离子交换树脂对溶质的保留。

缓冲溶液除可保持洗脱液的 pH 不变外，还可以提供离子反应中的平衡（阴、阳）离子并保持离子强度。常用的酸性缓冲液有甲酸、乙酸、磷酸、硼酸及盐；碱性缓冲溶液有氨、二乙胺、吡啶。缓冲溶液的浓度范围为 0.001~0.5 mol/L，随着缓冲溶液浓度的增加，离子强度增加，洗脱液的洗脱能力也增加。因而缓冲溶液的浓度对试样的保留也有影响，必须保持一定值，通常采用 $NaNO_3$、$NaClO_4$ 加以调节。但盐浓度增加，洗脱液的黏度也增加，如果要提高柱压，过高的盐浓度将引起盐析出，造成柱堵塞。对于阴离子分析，一般使用弱酸盐，如甲酸、乙酸、磷酸、硼酸的盐以及本身具有低电导的物质，如苯甲酸、邻苯二甲酸、对羟基苯甲酸和邻磺酸基苯甲酸等，常用的洗脱液是碳酸钠和碳酸氢钠缓冲溶液。分析碱金属、铵和小分子脂肪酸时，常用的洗脱液是 HCl 和 HNO_3。分析二价碱土金属离子时，常用的洗脱液是二氨基丙酸、组氨酸、乙二酸和柠檬酸等。

③流动相的组成：

离子交换树脂最常使用水及缓冲溶液作为流动相。类似于反相色谱法，有时也使用有机溶剂，如甲醇或乙醇，同缓冲溶液混合使用，以提高特殊选择性，并改善样品的溶解度。

向流动相中加入有机溶剂能调节溶质的保留情况。加入不同的有机溶剂能改变分离的选择性。流动相中的有机溶剂将改变传质，提高柱效率。随流动相中有机溶剂的增加，洗脱能力增加，溶质的保留值降低。离子交换色谱常用的有机溶剂有甲醇、乙醇、乙腈、二氧六环等，最高加入量为 35%（体积分数）。

④流动相的温度：

离子交换色谱法的流动相适合选用低黏度的有机溶剂，提高柱温可使高黏度的有机溶剂的黏度降低，从而降低传质阻力，提高分析速度和柱效率（离子交换色谱法的柱效率一般低于 HPLC）。另外，柱温变化也会引起 $r_{1,2}$ 改变，进而提高分离的选择性。

8.9 凝胶渗透色谱法（排阻色谱法）

液相色谱法是迄今为止解决复杂组分分离问题的最好方法。高分子化合物的相对分子质量较大且具有一定的分布性，以物质间相互作用力为原理的液相色谱法对其分离效果较差。

气相色谱法中的裂解色谱法可以分析高分子物质，前提是裂解物的相对分子质量也很大，且裂解产物具有挥发性。这种方法依据裂解产物的特征峰进行高聚物分子和官能团的测定。液相色谱法中的排阻色谱法可以分析高聚物分子的相对分子质量，与其他色谱法不同的是，排阻色谱法的分离机理不是根据样品组分与两相间的相互作用力不同而实现分离，而是按照组分分子尺寸大小和形状差别进行分离。以按一定孔径分布的凝胶作为固定相，按相对分子量大小顺序分离各组分的方法就是排阻色谱法。

排阻色谱法也称空间排阻色谱或凝胶渗透色谱法，是一种根据样品分子的尺寸进行分离的色谱技术。

8.9.1 凝胶渗透色谱法概述

20 世纪 60 年代，随着液相色谱技术的不断成熟和广泛应用，人们在用凝胶色谱法分离高分子化合物时，发现了高分子化合物随凝胶孔径大小分布的分子量依赖性，从而建立了一种新的测试高聚物的分子量及分布的液相色谱技术，称为凝胶渗透色谱（gel permeation chromatography，GPC），也称作体积排斥色谱（size exclusion chromatography，SEC），是色谱中较新的分离技术之一，是对高聚物分级、测定高聚物的统计平均分子量及分布的技术。根据测试的对象不同，使用的流动相为有机溶剂的称为凝胶渗透色谱（GPC），流动相为水溶液的称为凝胶过滤色谱（GFC）。此种液相色谱技术可以将高聚物按分子量连续分级测定，从而测得高聚物的各个统计平均分子量和分布。

GPC 技术是随高聚物在社会经济发展中的广泛应用而产生并发展起来的。

利用多孔性物质将待测物按分子体积大小进行分离，在很早就已经有这方面的报道。1932 年，麦克贝恩（J. McBain）用人造沸石成功地分离了气体和低分子量的有机化合物。1953 年，惠顿（W. Wheaton）和鲍曼（J. Bauman）用离子交换树脂按分子量大小分离了苷、多元醇和其他非离子物质。1959 年，波拉特（G. Porath）和弗洛丁（I. Flodin）用交联葡聚糖制成多孔型凝胶，分离水溶液中不同分子量的样品。对于有机溶剂体系的凝胶渗透色谱来说，首先需要解决的是制备出适用于有机溶剂的凝胶。20 世纪 60 年代，穆尔（J. Moore）在总结前人经验的基础上，结合网状结构离子交换树脂制备的经验，将苯乙烯和二乙烯苯在不同稀释剂的存在下制成一系列孔径不同的高交联度聚苯乙烯凝胶，并将其用作柱填料，同时配以连续式高灵敏度的示差折光仪，制成了快速且实现了自动化的高聚物分子量及分子量分布的测定仪，从而创立了液相色谱中的凝胶渗透色谱技术。此后，又出现了适用于凝胶渗透色谱的多孔型硅胶微粒（10 mm），从此高效凝胶渗透色谱法得以发展。1970年以后，以5～6 mm球形微粒多孔型硅胶为固定相的高效凝胶色谱的柱效率和分析速度与高效液相色谱仪相似。

（1）高聚物的分子量特性

高聚物中，除有限的几种天然蛋白质具有单一的分子量，其余的无论是天然的，还是合成的，都是由不同分子量的同系物构成的。这就决定了绝大多数高聚物必然是分子量不均的混合物，只能用统计平均分子量加以描述。同时，由于组成高聚物的各个分子的分子量的不均一性，它们的分子量必将在一定的范围内分布（即分子量分布）。这就是高聚物分子量的多分散特性。

高聚物所具有的分子量的多分散特性，使得其具有不同于别的材料的加工和使用性能。

（2）测定高聚物分子量及分布的重要意义及测定方法

高聚物的分子量对其力学性能有显著的影响。高聚物的物理、机械性能不仅与平均分子量有密切的关联，还受分子量分布的影响，分子量分布是表征高聚物分子链长短的重要参数。在加工中，高聚物的熔融体黏度强烈依赖高聚物的分子量分布。所以研究、开发高聚物材料必须测定高聚物的分子量及其分布。

一般利用高聚物的某一特性可测定其平均分子量，如黏度法、端基滴定法、超速离心法、光散射法，或利用溶液的依数性等。分子量分布则一般采取沉淀分级或离心分级的方法来测定。这些测定方法各有优势和特点，但也有各自的局限性，或只能测定单一的分子量，或操作烦琐。且沉淀分级法由于其自身的局限性，结果误差很大。目前，测量高聚物分子量及其分布使用最广泛的是凝胶渗透色谱法，这种方法具有操作简便快捷、进样量小、数据可靠性高、重现性好、自动化程度高等优点。

随着凝胶渗透色谱法的理论、实验技术和仪器性能等方面的发展和突破，尤其是随着新型柱填料的诞生、高效填充柱的出现（目前其理论塔板数已超过10 000/m）以及微电子技术的发展，凝胶渗透色谱在工业、农业、医药、卫生、国防、宇航以及日常生活的各个领域都得到了广泛的应用。随着各种高分子材料的问世，人们对高分子科学不断探索，高聚物的分子量及其分布的测定显得日益重要，成为科研和生产中不可缺少的测试项目之一。例如，常见的聚苯乙烯塑料制品，其分子量为十几万，因为如果聚苯乙烯的分子量低至几千，就不能成型。相反，当分子量大到几百万，甚至几千万时，又难以加工。科研和生产上通过控制高聚物的分子量及其分布宽度指数D（$D = M_w/M_n$，M_w是重均分子量，M_n是数均分子量）、分子量微分分布曲线、分子量积分分布曲线来生产性能最佳的高聚物产品。

另外，除了快速测定分子量及其分布以外，凝胶渗透色谱法还广泛用于研究高聚物的支化度、聚合物分级及结构分析、共聚物的组成分布及高聚物中微量添加剂的分析等方面。如果配以在线的绝对分子量检测（如小角激光散射、多角激光散射、双角激光散射）器，凝胶渗透色谱法可以测定高聚物的绝对分子量。凝胶渗透色谱法作为一门新兴的科学，随着各种新型检测器的出现（如UV、FT-IR、激光散射仪LS、黏度仪等），其应用范围也逐步从生物化学、高分子化学、无机化学等向其他领域渗透，成为化学领域内必不可少的分析手段。

8.9.2 凝胶渗透色谱法的分离机理

凝胶渗透色谱法是一种特殊类型的液相色谱法。目前关于凝胶渗透色谱法的分离机理存在着以下几种基本理论：立体排斥理论或体积排除效应；有限扩散理论；流动分离理论。除上述理论外，还有分子热力学理论和二次排斥理论等。

由于应用体积排除效应解释凝胶渗透色谱法中的各种分离现象与事实比较一致，因此体积排除效应已被普遍采用。该理论认为，凝胶渗透色谱主要依据溶液中分子体积（流体力学体积）的大小来进行分离，类似于分子筛的筛分过程。凝胶渗透色谱的分离过程是在装有凝胶填料的色谱柱中进行的。凝胶是含有大量液体的柔软而富有弹性的物质，是一种经过交联而具有立体网状结构的高分子颗粒。凝胶颗粒内含有许多不同尺寸的小孔，这些小孔具有一定的分布，它们对于溶剂分子来说是很大的，因此溶剂分子可以自由地扩散出入。待分离物质和流动相、固定相之间并没有相互作用，其分离只与凝胶颗粒内部的孔径分布和自身的流体力学体积或分子大小有关。由于待分离高聚物在溶液中以无规则线团的形式存在，且高分子线团具有一定的尺寸，即具有不同的分子体积，因此这些分子就以在色谱柱中对凝胶内孔穴的渗透性或被孔穴排斥的作用不同而实现分离。

当填料上的孔穴尺寸与高分子线团的尺寸相当时，高分子线团就向孔穴内部扩散。显然，尺寸大的高聚物分子，由于不能进入凝胶颗粒的孔穴内或只能扩散到尺寸大的孔穴中，从而不能渗透入凝胶颗粒孔穴内部而被排斥在外，只能沿着凝胶颗粒间的间隙流动，因而在色谱柱中保留的时间较短，率先流出色谱柱。而尺寸小的高聚物分子，能够扩散到凝胶颗粒的孔穴中，并重新扩散出来，被选择性渗透，因此在色谱柱中保留的时间较长。分子尺寸越小，就越能扩散进入的凝胶颗粒的孔穴多，向孔内扩散得越深，在柱中的保留值就越大，流出色谱柱的时间越晚。因此，不同分子量的高聚物分子按分子量从大到小的次序随着淋洗液的流出而得到分离。

凝胶渗透色谱法是根据分子的流体力学体积进行分离。色谱柱中填充含不同孔径的凝胶颗粒，以分离不同大小的分子，不同大小的样品分子按对凝胶颗粒的渗透作用不同而先后流出色谱柱，从而达到分离的目的。洗脱体积或淋出体积仅仅是由待分离分子的尺寸和凝胶颗粒的孔穴尺寸所决定，分子的分离完全是由体积排除效应所致，因此称为体积排除机理。凝胶渗透色谱可以对具有不同分子量的同系物高分子进行分离和分析，用保留时间或洗脱体积描述分离的过程。

8.9.3 凝胶渗透色谱法的固定相

凝胶渗透色谱法的固定相是凝胶，这是一种表面惰性，含有许多不同尺寸的孔穴的立体网状物质。凝胶的孔穴仅允许直径小于孔开度的组分分子进入，这些孔对于流动相分子来说相当大，以致流动相分子可以自由地扩散出入。不同大小的组分分子，可分别渗入到凝胶孔内的不同深度。大个的组分分子可以渗入到凝胶的大孔内，但进不了小孔甚至于完全被排斥。小个的组分分子，大孔小孔都可以渗入，甚至进入得很深，一时不易洗脱出来。因此，大的组分分子在色谱柱中停留时间较短，很快被洗脱出来，其洗脱体积很小；小的组分分子在色谱柱中停留时间较长，洗脱体积较大。直到所有孔内的最小分子到达柱出口，即完成按分子大小而分离的洗脱过程。

排阻极限是指不能进入凝胶颗粒孔穴内部的最小分子的分子量。所有大于排阻极限的分子都不能进入凝胶颗粒内部，而是直接从凝胶颗粒外流出，所以它们同时被最先洗脱出来。排阻极限代表一种凝胶能有效分离的最大分子量，大于这种凝胶的排阻极限的分子用这种凝胶不能得到分离。随固定相不同，排阻极限范围在 $400 \sim 60 \times 10^6$ g/mol 之间。

渗透极限是指能够完全进入凝胶颗粒孔穴内部的最大分子的分子量。在选择固定相时，应使欲分离样品分子的相对分子质量落在固定相的渗透极限和排阻极限之间。

凝胶渗透色谱法被广泛应用于大分子的分级，即用来分析大分子物质相对分子质量的分布。

凝胶渗透色谱法的固定相按制备方法和孔穴结构的差异分为均匀、半均匀和非均匀凝胶。按化学成分分为有机填料和无机填料。有机填料具有热稳定性好、机械强度高、柱效率高的特点，但化学稳定性较差，如交联聚苯乙烯、交联聚乙酸乙烯酯、交联葡聚糖、交联聚丙烯酰胺、琼脂糖等。无机填料多为硬质胶，具有强度高、稳定性好的特点，但柱效率低，如多孔硅胶、多孔玻璃等。按适用溶剂分为亲水性、亲油性和两性固定相。亲水性固定相只能在水中应用。亲油性固定相只能用于有机溶剂，如交联聚苯乙烯、交联聚乙酸乙烯酯，以及表面进行了硅烷化处理的多孔硅胶和多孔玻璃。两性填料是指没有经过处理的多孔硅胶和多孔玻璃，既可以用于一般有机溶剂，也可以用于水中。

凝胶渗透色谱法的固定相按机械强度不同，一般可分为软性、半刚性和刚性凝胶三类。

（1）软性凝胶

常见的软性凝胶有葡聚糖凝胶、琼脂糖凝胶等。这类凝胶具有较小的交联网状结构，其微孔能吸入大量的溶剂，并能溶胀到其干体积的许多倍。具有较高的分离能力和较大的柱容量，但渗透性差，能承受的压力低，适用于常压低速分析。这类凝胶适合用水溶液作流动相，一般用于小分子物质的分析，不适宜在高效液相色谱中用。

（2）半刚性凝胶

常见的半刚性凝胶有高交联度的聚苯乙烯，为有机凝胶，目前应用较多。其机械强度较高、耐高压、渗透性好、柱效率高，常以非极性有机溶剂作流动相，不能用丙酮、乙醇等极性溶剂。同时流速不能太高，不能随意更换溶剂，也不能长期在高温条件下使用。

（3）刚性凝胶

刚性凝胶有多孔硅胶、多孔玻璃微珠等，它们既可用水作溶剂，又可用有机溶剂作流动相，可在较高压强和较高流速下操作，具有骨架机械强度高、化学稳定性和热稳定性好、渗透性好、无溶胀、性能稳定等优点。此种凝胶孔径可控，具有恒定孔径和窄的粒度分布。

目前凝胶渗透色谱中常用的凝胶为有机半刚性凝胶、无机刚性凝胶和有机软性凝胶三种。

常见的有机半刚性凝胶是由交联聚苯乙烯和二乙烯基苯在水相中悬浮共聚而成。加入稀释剂控制凝胶中二乙烯基苯的含量，可获得不同孔径的微球，常用有机溶剂作洗脱剂，如二甲亚砜等。此种凝胶孔径分布宽，分离的分子量范围为 $1.6×10^3 \sim 4.0×10^7$ g/mol，粗径柱效率为 2000~4000 块/米，细径柱效率为 $3×10^4$ 块/米，化学稳定性好，适用于碱性溶剂，耐高温，但不能用丙乙醇等强极性溶剂（因为可能发生化学反应，使凝胶成分变化），机械强度好，但耐压性能有限，高压下容易老化。适用于有机高聚物的分离、分子量测定和脂溶性天然物质的分级等。

无机刚性凝胶中常用的多孔硅胶是一种广泛应用的无机填料，以硅酸钠或乙氧基硅烷为原料，先制备出球形二氧化硅微球，然后采用适当的扩孔方法使孔径扩到各种需要的尺寸。此种凝胶具有化学惰性强、热稳定性好、机械强度好、孔径尺寸稳定、使用温度高、寿命长等优点，但因表面有硅羟基存在，对强极性物质存在吸附现象。

有机软性凝胶中常见的是交联葡聚糖凝胶和琼脂糖凝胶。交联葡聚糖凝胶是由细菌发酵法以蔗糖为培养基制备而成的相对分子量较高的葡聚糖，适合用以水、二甲亚砜、乙二醇等低级醇作为流动相的体系，可以分离的物质相对分子量范围为 $10^3 \sim 10^6$ g/mol，但其在溶剂中会发生溶胀，不能承受高压。琼脂糖凝胶适于用交联葡聚糖凝胶不能分级分离的大分子的凝胶过滤；若使用 5% 以下浓度的这种凝胶，也能够分级分离细胞颗粒、病毒等。此外还有聚丙烯酰胺凝胶，适用于蛋白质和多糖的纯化。

8.9.4 凝胶渗透色谱法的流动相

凝胶渗透色谱法流动相的选择相对简单，不像一般液相色谱法中流动相对分离度有明显影响。凝胶渗透色谱法中，流动相的作用不是为了控制分离，而是作为样品分子的载体，因此选择流动相时需注意以下事项。

①流动相要与凝胶渗透色谱仪相匹配。如使用示差折光检测器，就需要选择和样品有较大折光率差别的溶剂，以提高灵敏度。如使用紫外光谱检测器，溶剂在紫外区应该没有强烈的吸收，或者吸收峰不影响样品的检测。

②所使用的溶剂需具备纯度高、毒性低、溶解性能良好、黏度低的特点。溶剂的黏度是重要的参数，因为高黏度的溶剂将限制溶质分子的扩散而降低分辨率。溶剂对样品分子具有良好的溶解性，且能浸润凝胶，这样才利于流动相更好地带动溶质分子进入凝胶孔穴。

③流动相不能溶解凝胶，也不能与样品或凝胶发生反应。

④流动相的沸点一般要比所使用的柱温高 20~50 ℃。

凝胶渗透色谱法中常用的流动相除了其他液相色谱法中常用的溶剂，如正己烷、环己烷、苯氯仿、水、十氢化萘、二甲基甲酰胺、二甲亚砜、二氧六环、四氢呋喃外，还使用其他液相色谱法中少用的氯代苯、间甲苯酚、邻氯苯酚等。对于高分子化合物的分离，常用溶剂为四氢呋喃、甲苯、间甲苯酚、二甲基甲酰胺等。生物大分子的分离常使用水、缓冲液、乙醇和丙酮作为流动相。

8.9.5 凝胶渗透色谱法的特点

凝胶渗透色谱法可以分离和分析分子量范围较宽（约 $10^2 \sim 10^6$ g/mol）的大分子化合物，且分离机理简单，样品的保留时间可以预知。分子量大的化合物保留时间短，分子量小的化合物保留时间长。该方法实验条件温和，操作简单，试样能溶解就能测定，减少了选择实验条件的时间，整个淋洗过程均用单一淋洗剂，不使用梯度淋洗，样品在色谱柱中稀释少，因而容易检测，也容易回收，所得组分的色谱峰形较窄，灵敏度较高，组分的保留值提供了分子尺寸信息。凝胶渗透色谱法的色谱柱寿命较长。

使用凝胶渗透色谱法所获得的色谱峰容量较小，不能分离具有相同或相似分子量或分子尺寸的不同分子。

8.9.6 凝胶渗透色谱仪

凝胶渗透色谱仪由以下几部分构成：输液系统（包括溶液储存器、输液泵、进样器等）、色谱柱系统（包括色谱柱、柱温控制箱）、检测器（RI、UV 等）、馏分收集器，数据收集及数据处理系统，如图 8-14 所示。实验时，在色谱柱后面配以（通用型/选择型）浓度监测器，便可以记录高聚物的 GPC 图。在主色谱柱前会加装预柱，以保护主色谱柱，延长其寿命。

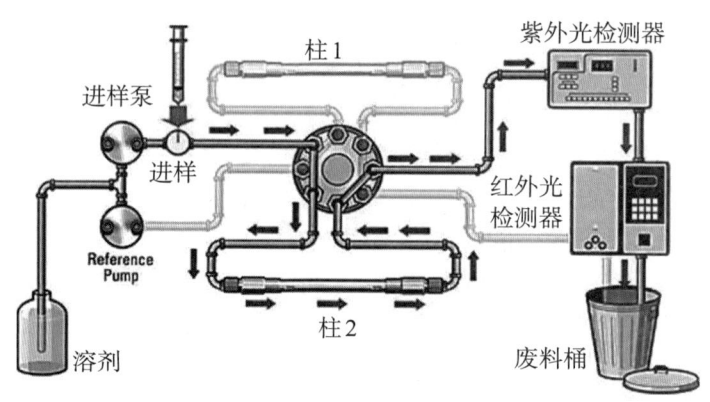

图 8-14 凝胶渗透色谱仪示意图

凝胶渗透色谱仪的输液系统与其他液相色谱仪的相似，包括一个溶剂储存器、一套脱气装置和一个高压泵。它的工作是使流动相（溶剂）以恒定的流速流入色谱柱。泵的工作状况好坏直接影响最终结果的准确性。越是精密的仪器，要求泵的工作状态越稳定。要求流量的误差应该低于 0.01 mL/min。

色谱柱是凝胶渗透色谱仪进行分离的核心，首先应按照样品的良溶剂来选择色谱柱的类型和系列，其次需按照样品的分子量范围来选择色谱柱的型号。样品的分子量应处在排阻极限和渗透极限范围内，并且最好是处在校正曲线的线性范围内。

普通的GPC色谱柱一般内径为7～10 mm，长15～60 cm。高效GPC柱的内径一般为4～8 mm，长25～50 cm。色谱柱的填料，即固定相，是GPC产生分离作用的关键所在，因此应注意所选填料需具有良好的化学稳定性和热稳定性，有一定的机械强度，不易变形，流动阻力小，对试样没有吸附作用，分离范围（取决于孔径分布）等越大越好。填料的粒度越小、越均匀、堆积得越紧密，色谱柱分离效率越高。

凝胶渗透色谱仪的检测器一般有示差折光仪检测器、紫外光吸收检测器、黏度检测器等。这些检测器属于凝胶渗透色谱仪的通用检测器，可用于检测大部分有机化合物及高分子化合物。对于示差折光仪检测器，要求溶剂的折光指数与被测样品的折光指数有尽可能大的区别。紫外光吸收检测器则要求流动相在待测化合物的特征吸波长附近没有强烈的吸收。

为了测试一些有特殊响应的高聚物和有机化合物，凝胶渗透色谱仪上还可以安装选择型检测器，如红外光、荧光、电导检测器等。近年来，还发展出用小角激光光散射仪作为GPC的检测器。

光波在物体中的散射分为瑞利散射、拉曼散射和布里渊散射。小角激光光散射是可见光的瑞利散射，是由于物体内极化率或折光率的不均一性引起的弹性散射，即散射光的频率与入射光的频率完全相同。这种散射光的强弱和小粒子（高分子）中的偶极子数量相关，也就是与高分子的分子量有关。根据上述原理，可用小角激光光散射仪对高分子稀溶液测定与入射光呈2°～7°的小角度时的散射光强度，计算出稀溶液中高分子的绝对重均分子量。小角激光光散射仪采用动态光散射法测定粒子的流体力学半径及分布，进而得到高分子的分子质量分布曲线。

8.9.7 凝胶渗透色谱的分析方法

凝胶渗透色谱的分析方法分为直接法和间接法。

直接法是把小角激光光散射与凝胶色谱仪（简称GPC仪）联用，在得到浓度谱图的同时，还可得到散射光强对淋出体积的谱图，从而计算出分子量分布曲线和整个试样的各种平均分子量。或者把GPC仪与光散射仪连用，由光散射仪连续测定聚合物样品中各个分级的相对分子质量，由GPC仪中的浓度示差检测器检测各个分级的浓度，就可以得到聚合物的各种平均相对分子质量。

间接法是在相同的测试条件下，用已知相对分子质量的单分散标准聚合物预先做一系列淋洗体积或淋洗时间和相对分子质量的对应关系曲线，以分子量的对数 $\lg M$ 对时间 t 作图，所得曲线即为"校正曲线"。利用校正曲线，就能通过GPC谱图计算各种所需相对分子质量与相对分子质量分布的信息。

间接法分析大致分为以下步骤。

①根据样品的特点选择合适的GPC柱和标样，并且确定采用的GPC校正方法。
②配制标样和样品，用进样器进样得到色谱图。
③用数据采集器和GPC软件生成校正曲线并计算样品平均分子量，制作报告。

常见的标样有聚苯乙烯（PS，溶于各种有机溶剂）、聚甲基丙烯酸甲酯（PMMA）、聚环氧乙烷（PEO，也叫聚氧化乙烯，溶于水）、聚乙二醇（PEG，溶于水）和葡聚糖等。

在进行GPC分析时需注意，由于凝胶色谱法中浓度检测通常使用示差折光检测器，其灵敏度不太高，所以试样的浓度不能配制得太稀。另一方面，色谱柱的负荷量是有限的，浓度太大易发生"超载"现象。一般情况下，进样按分子质量大小的不同在0.05%～0.5%（质量分数）浓度范围内配制，具体见表8-6。进样体积一般在50～100 uL之间。分子质量越大，溶液浓度越低。标样配制应该严格按照标样说明书进行。通常应室温静置12 h以上，然后轻轻混匀。绝对不能通过超声波或者剧烈振荡来加速溶解。溶液进样前应先经过过滤，以防止固体颗粒进入色谱柱内，引起柱内堵塞，损坏色谱柱。

表8-6 样品分子量与进样浓度

分子量(g/mol)	< $5.0×10^3$	$5.0×10^3$～$2.5×10^4$	$2.5×10^4$～$2.0×10^5$	$2.0×10^5$～$2.0×10^6$	> $2.0×10^6$
进样浓度（质量分数）	< 1.0%	< 0.5%	< 0.25%	< 0.1%	< 0.05%

常见的凝胶渗透色谱仪的校正方法有三种：窄分布标样校正法、普适校正法和渐进试差法。窄分布标样校正法是选用与被测样品同类型的单分散性（$d ≤ 1.1$）标样，先用其他方法精确测定其平均相对分子质量，然后与被测样品在同样的条件下进行GPC分析。普适校正法的优点是只要用一种高聚物（一般用窄分布的聚苯乙烯）作标准曲线就可以测定其他类型的聚合物，但先决条件是两种高聚物的K和$α$值必须已知。渐进试差法也称为宽分布标样校正法，这种方法不需要窄分布样品，其标样可为1～3个不同相对分子质量的宽分布标样（精确测量平均相对分子质量，M_w和M_n为已知），采用数学处理方法得到渐进试差法的校正曲线。

用已知相对分子质量的单分散标准聚合物及未知样品从GPC仪测试获得的原始GPC谱图如图8-15所示，图中纵坐标是检测信号强度，相当于淋出液浓度，横坐标是淋出时间，也可是淋出体积。大分子先淋出，小分子后淋出，表示的是分子尺寸的大小不同，因此GPC图谱反映的是样品的相对分子质量分布。通过将已知样品的分子量的对数对t作图获得校正曲线，就可以从图上获得未知样品的分子量。

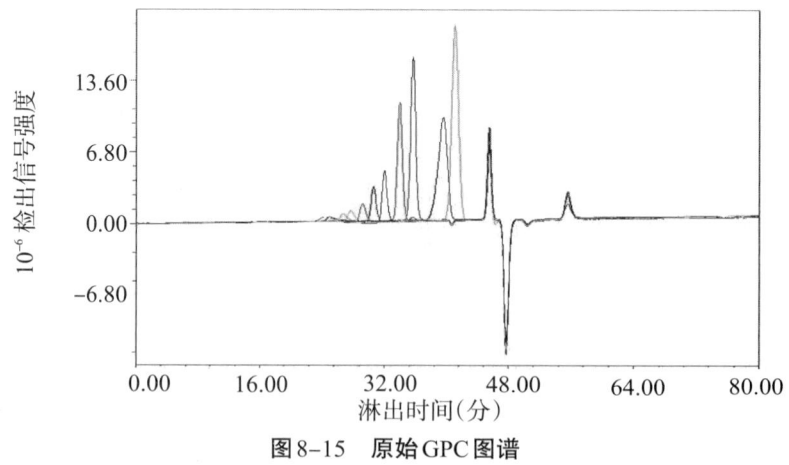

图8-15 原始GPC图谱

高聚物的分子量分布是指样品中各种分子量组分在总量中所占的分量，它可以用一条分布曲线或一个分布函数来表示。分子量分布曲线有两种形式：①用重量分数 W 对分子量作图的曲线称为微分分布曲线；②用累积重量分布对分子量作图的曲线称为积分分布曲线。如图8-16所示。

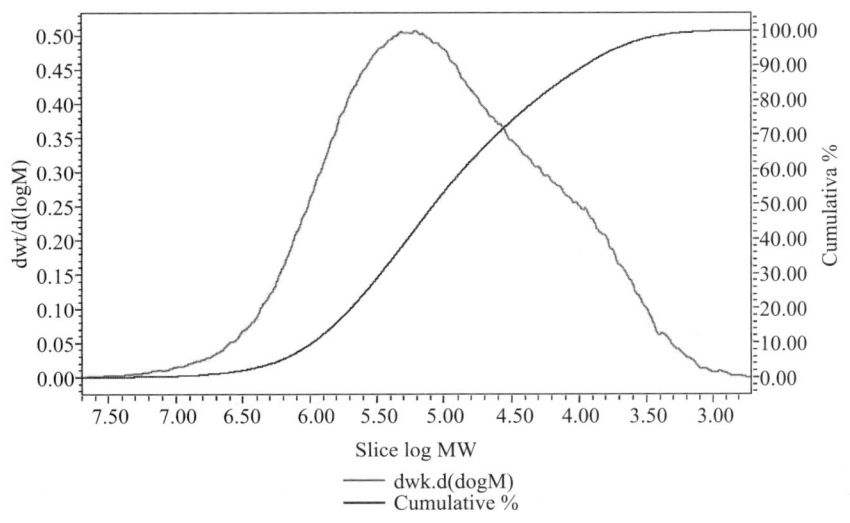

图8-16 微分分布曲线和积分分布曲线示意图

比较样品分子量分布宽度，最直接的方法是将实验所得到的分子量分布曲线进行对比。还有一种更常用的定量方法就是重均数均比，即 M_w/M_n。

大量的实验数据证明，高聚物材料的宏观性能与其微观结构有着密切的联系。高聚物的分子量及其分子量分布是高聚物结构的两个重要的参数。凝胶渗透色谱技术的发展，大大推动了对高聚物分子量、分子量分布与其性能间关系的研究。

8.10 液相色谱分离方法的选择和建立

要正确地选择色谱分离方法，首先必须尽可能多地了解样品的有关性质，其次必须熟悉各种色谱方法的主要特点及其应用范围。

选择色谱分离方法的主要依据是样品的相对分子质量的大小、在水中和有机溶剂中的溶解度、极性和稳定程度以及化学结构等物理、化学性质。

8.10.1 根据相对分子质量选择

对于相对分子质量较低（一般在200 g/mol以下）、挥发性较好、加热不易分解的样品，可以选择气相色谱法进行分析。相对分子质量在200～2000 g/mol的化合物，可用液-固吸附色谱法、液-液分配色谱法和离子交换色谱法等标准的液相色谱分析法进行分析。对于相对分子质量高于2000 g/mol，则可用凝胶渗透色谱法。

8.10.2 根据溶解性选择

水溶性样品最好用离子交换色谱法和液-液分配色谱法。微溶于水，但在酸或碱的存在下能很好地电离的化合物，也可用离子交换色谱法。对于油溶性样品或相对非极性的混合物，可用液-固色谱法。

在选择色谱方法前，先明确样品在水、异辛烷、异丙醇、苯、四氯化碳中的溶解度：

① 如果样品可溶于水并属于能离解的物质，则采用离子交换色谱为佳；
② 如样品可溶于烃类（如苯或异辛烷），则可采用液-固吸附色谱；
③ 如果样品溶解于四氯化碳，则多采用常规的分配和吸附色谱分离；
④ 如果样品既溶于水又溶于异丙醇，常用水和异丙醇的混合液作液-液分配色谱的流动相，以疏水性化合物作固定相。

8.10.3 根据分子结构选择

可用红外光谱法预先简单地判断样品中存在哪些官能团，然后根据样品所含基团确定所采用的色谱分析方法。

若样品中包含离子型或可离子化的化合物，或者能与离子型化合物相互作用的化合物（例如配位体及有机螯合剂），可首先考虑用离子交换色谱法，但凝胶渗透色谱法和液-液分配色谱法也都能顺利地应用于离子化合物。异构体的分离可用液-固色谱法。具有不同官能团的化合物、同系物可用液-液分配色谱法。对于高分子聚合物，可用凝胶渗透色谱法。酸、碱化合物用离子交换色谱法；脂肪族或芳香族用液-液分配色谱法和液-固吸附色谱法；是同系物但有不同官能团的及强氢键的化合物用液-液分配色谱法。

液相色谱分离法的选择方法如图8-17所示。

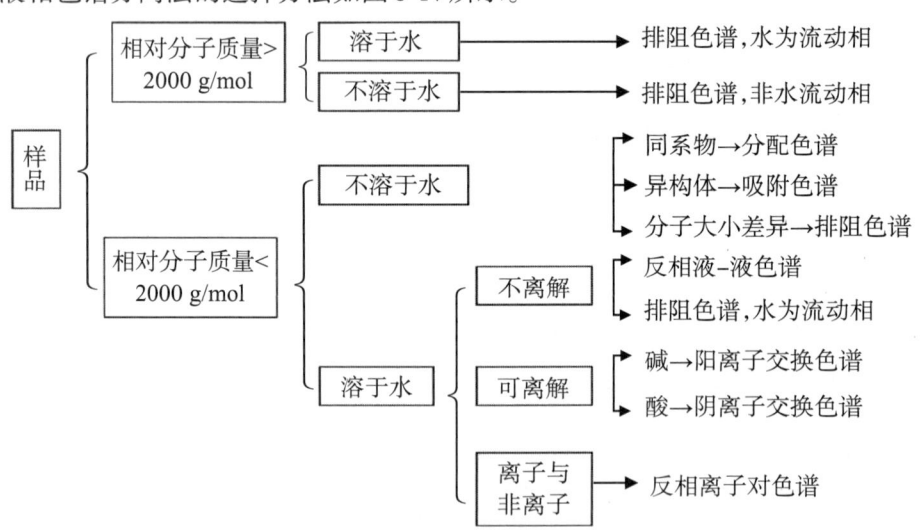

图8-17 液相色谱法的建立步骤

建立高效液相色谱法，首先需明确分析的目的及分析的条件；然后对样品的情况进行分析，根据这些条件选择分析的方法；以此为依据选择色谱柱，再选择适合的分离条件；然后对测定条件进行优化；最后进行测试，获取并分析测试结果。

8.11 色谱联用技术

色谱分析方法具有强大的分离能力,但是能提供的定性信息比较少。将一些具有定性、定结构和定量功能的分析仪器(如各类波谱仪、质谱仪、原子吸收光谱、原子发射光谱等)与色谱仪联用,也可以将多种或多台色谱仪联用,实现复杂混合物的分离,这样可以最大限度地克服单一技术的缺点,从而充分发挥各自的优势。仪器的联用也成为了未来分析仪器发展的一种趋势。

色谱与其他仪器的连接使用是通过接口装置得以实现。接口是保障联用的关键部件,色谱分离后的各个组分逐一通过接口进入第二级分析仪器中。一般来说,接口需满足以下要求。

①通过接口进入下一级仪器的样品应不少于全部样品量的30%,以确保整个联用仪器系统的灵敏度。

②样品通过接口的传递应具有良好的重现性。

③接口应当满足前一级色谱仪器和后一级仪器的任何操作模式和操作条件。

④样品在通过接口时一般不应发生任何化学变化,如果发生变化也应遵循一定规律,通过后一级的分析结果可推断出变化前的组成和结构。

⑤通过接口时应保证后一级色谱分离产生的色谱峰的完整性,且不使色谱峰变宽,即不影响后一级色谱柱的柱效率。

⑥接口本身的操作应简单、可靠、方便,样品通过接口的速度要尽可能快,因此要求接口尽可能短。

除此之外,接口还需满足不同联用设备的特定要求。

常见的色谱联用技术包括色谱-质谱、色谱-傅里叶红外光谱、色谱-原子光谱和色谱-色谱(多维色谱)等。

8.11.1 色谱-质谱联用

常见的色谱-质谱联用包括气相色谱-质谱(GC-MS)、液相色谱-质谱(LC-MS)、毛细管电泳-质谱等。

(1)气相色谱-质谱联用

气相色谱具有分离复杂混合物的能力,定量容易,但定性困难。质谱多用于纯物质定性分析。将两者结合可实现被测物的成分分离和鉴定,可提供复杂混合物的定性和定量信息。

气相色谱是质谱的理想进样器,质谱是色谱的理想检测器。试样被色谱分离后以纯物质形式进入质谱,就可以充分发挥质谱的特长。色谱所使用的检测器,如热导检测器(TCD)、火焰离子化检测器(FID)、电子捕获检测器(ECD)等,都各有局限性,而质谱能检测几乎所有化合物,且灵敏度高。

由于质谱分析要求高真空度,因此与气相色谱的联用必须解决真空连接或接口的问题。接口的作用是除去全部载气,同时把待测物从气相色谱引入质谱。GC-MS联用系统的接口常用的有三种。一种是分流型接口,将色谱流出物的一部分送入质谱仪进行检测，属于以直接耦合法实现GC-MS的联用。其中开口分流型接口最为常用。第二种是直接导入型接口，作用是将毛细管色谱柱借助一根金属毛细管直接引入质谱仪的离子源。载气（氦气等惰性气体）在离子源的作用下不发生电离，待测物却能发生电离，形成带电粒子并在电场作用下加速向质量分析器移动，载气由于不受电场影响而被真空泵抽走。这里的接口金属毛细管的实际作用为支撑插入端毛细管，使其准确定位，同时保持温度，使色谱柱的流出物不发生冷凝。第三种接口是分子分离器接口，这种接口有微孔玻璃式、半透膜式和喷射式，其中喷射式分离器接口较为常用。

由于填充柱的分析效率不高，因柱中固定液易流失而引起色谱的基线提高和污染，因此目前在GC-MS中不再使用。无论何种接口，气相色谱仪都需使用小内径、薄涂层的键合或交联的熔融石英毛细管柱，分离后经接口进入MS前端。

GC-MS的联用还可采用不分离载气的方法，即化学电离法。该方法直接将载气作为反应气体，省去了复杂的接口。

GC-MS联用获得的谱图有色谱图和质谱图两类，得到的主要信息有总离子流色谱图（TIC）、每个组分的质谱图和每个质谱图的检索结果。如果是高分辨质谱仪，还可得到化合物的分子质量和分子式。

GC-MS联用技术与气相色谱相比具有诸多优点，包括定性能力强、无须其他类型的色谱检测器、可分离未达到基线的色谱峰、提高了定量分析精度、提高了仪器功能和自动化程度等。

一般情况下，能够应用气相色谱分析方法的样品都可以用GC-MS联用技术进行分析。要求样品具有足够的挥发性和热稳定性。对于高沸点高熔点的化合物或成分复杂的样品，常需借助衍生化等预处理技术进行处理后才能进行GC-MS联用分析。

GC-MS联用系统的使用场景广泛多样，例如，可对未知组分定性，可推断化合物的分子结构，可测定未知组分的相对分子质量，可修正色谱分析的错误结论，可鉴定部分分离或未分离开的色谱峰等。但其对几何异构体的辨别能力差，甚至完全无法辨别。另外，GC-MS无法分析热稳定性差、相对分子质量较大的化合物。

（2）液相色谱-质谱联用

液相色谱-质谱（LC-MS）联用需要解决的问题是如何有效除去大量的流动相液体，以及如何消除质谱的温度对液相色谱分析的影响。可采用电喷雾电离接口技术、大气压化学电离接口技术和基体辅助激光解吸电离技术实现联用。

电喷雾电离是指样品经过液相色谱柱分离后，流出液经中心金属毛细管喷嘴在雾化器和辅助器的作用下喷射进入加热的（温度为100～120 ℃）常压环境中，在毛细管和对电极之间施加3～8 kV电压，使样品溶液的流出液形成高度分散的带电扇状喷雾。在大气压条件下形成的离子，将在电位差的驱使下通过干燥氮气气帘进入质谱仪真空区。雾化的1%～5%的溶质流出液在高电场下形成带电喷雾，在电场力作用下穿过气帘，溶剂因相对分子质量小，易被抽出。气帘使雾滴进一步分散，利于溶剂蒸发。气帘会阻挡中性的溶剂分子，而让离子在电压梯度下穿过，进入质谱。由于溶剂快速蒸发和气溶胶快速扩散，会促使分子-离子聚合体的形成而减小离子流。

气帘可增加聚合体与气流碰撞的概率，促使聚合体分解。碰撞可能诱导离子破碎，进而由质量分析器提供化合物的结构信息。但是，电喷雾电离技术不适用于非极性化合物的分析。

在大气压化学电离技术中，被测物的电离主要是化学电离。在喷嘴附近放置一个针状电晕放电电极，当喷射出的气溶胶混合物接近高压放电电场时，大量的溶剂分子被电离，大量的离子与被测物分子进行气态离子-分子反应，通过质子转移，实现化学电离，生成准分子离子。大气压化学电离主要用来分析中等极性、相对分子质量小于1000 g/mol的化合物。有些分析物由于极性或结构方面的原因，用电喷雾电离不能产生足够多的离子，可使用大气压化学电离增加离子产率。大气压化学电离比电喷雾电离的离子产率高，可认为是电喷雾的补充。

基体辅助激光解吸电离技术（MALDI）以有紫外光吸收的小分子晶体为基体，将待测物与基体相混合，然后用脉冲激光轰击基体表面。由于基体能强烈吸收激光能量并转化为其晶格的激发能，因而使混合物表面温度升高到接近于基体发生相变或升华的温度。基体夹带的存在于其晶格中的待测物分子，因振动激发而诱导冲击波，形成激光烟云，脱离固态表面并迅速扩散，在此过程中发生一系列分子、离子及光化学反应，形成质子化或碱金属离子加成的一系列准分子离子，最终被质谱系统分离检测到。由于通常情况下基体的晶格振动频率和待测物分子内在振动频率不匹配，形成的离子基本不发生进一步裂解，同时，烟云迅速扩散时得到冷却，也可阻止热裂解的发生，因此MALDI通常主要产生完整的准分子离子。这也是此种技术的最大特点。

LC-MS联用技术具有选择性好和灵敏度高的优点，但分析时间相对较长，适用于分析热不稳定、不易衍生化、不易挥发和相对分子质量较大的化合物。

进行LC-MS联用技术分析的样品最好以水、甲醇溶液等相对分子质量低、易挥发的溶剂作为流动相。液相色谱仪的流动相中不应含有不挥发盐，否则会引起强烈噪声，严重时会造成仪器接口处放电。对于极性样品，一般采用电喷雾电离源。非极性样品采用大气压化学电离源。样品要求纯净、不含有显著的杂质，黏度不能过大，以防止堵塞色谱喷口及毛细管入口。对于溶剂的流速，要求恒定、脉动小。

LC-MS联用技术的定量分析方法与液相色谱相同。但由于色谱分离的问题，一个色谱峰可能包含几种不同的组分，如仅靠峰面积进行定量，会给定量分析造成误差。因此，对于LC-MS联用技术的定量分析，不再用总离子流色谱图，而是采用与待测组分相对应的特征离子的质量色谱图。此时，无关的组分不出峰，可减少组分间的相互干扰。然而，有时样品十分复杂，即使使用质量色谱图，仍然有保留时间和相对分子质量都相同的干扰组分存在。为消除干扰，最好采用串联质谱的多反应检测技术。

(3) 毛细管电泳-质谱联用

毛细管电泳仪（CE）可以通过电喷雾接口或其他类型的接口连接到四级杆质量分析器质谱仪或其他类型质谱仪上。把CE的高度分离能力，尤其是对生物大分子的分离能力，与MS的强鉴定能力结合在一起，具有巨大的开发价值。

与LC-MS联用相比，CE-MS联用技术在生命科学领域的应用尚处于起步阶段，其关键问题在于CE与MS的接口不够完美。此外，由于CE的缓冲溶液通常具有不易挥发、高离子强度的特性，与质谱的兼容性较差。CE的工作速度与MS的工作速度也不匹配。在CE的分离中，电渗流要参与分离，在CE的常用分离模式（毛细管区带电泳）中，组分的差速迁移与毛细管中的电渗流叠加在一起。进入质谱时，如果有很大的真空差，会对CE的电渗流产生扰动，从而影响分离效果。CE的进样方式决定了其进样量为纳升级，对配套质谱的灵敏度和信噪比有较高的要求。另外，CE-MS联用还存在电压匹配问题。CE在进行分离时的操作电压一般为几十千伏，如果采用电喷雾接口，其接口原本也有数千到数万伏的电压设置，要采用有效、安全的电连接方式，才能保证联机系统的正常工作。

为解决以上问题，商用的CE-MS联用系统采用了共地连接、液接接口和柱上浓缩的技术。

毛细管电色谱仪（CEC）在继承液相色谱的高选择性以及毛细管电泳的高效分离特性的基础上，克服了毛细管电泳难以分离中性物质的缺陷，还克服了使用微小颗粒固定相时高压输液泵的耐压问题，扩展了高压液相色谱的应用范围。其接口装置与CE-MS相同。毛细管电色谱-质谱联用技术（CEC-MS）多用于多肽和蛋白质领域的分析。

8.11.2 色谱-红外光谱联用

色谱是物质分离和定量分析的有效手段，但仅靠保留指数定性分析未知物质或未知组分始终面临许多难题，对于未知物的结构鉴定始终存在困难。傅里叶变换红外光谱作为重要的结构测定手段，对化合物分子及官能团具有较强的指纹识别能力，能提供许多从色谱上难以获得的分子结构信息。但红外光谱的测试需要样品尽可能纯净、简单，尽量避免复杂的混合物。因此，将色谱技术的强大分离能力与红外光谱技术独特的分子结构鉴别能力相结合，将色谱仪作为红外光谱仪的前置分离工具，红外光谱仪作为色谱仪的检测器，就构成了一种较为理想的分子结构分析仪器。

（1）气相色谱-傅里叶变换红外光谱联用

气相色谱与傅里叶变换红外光谱联用技术（GC-FTIR）是分析复杂混合物的有力工具，特别是对几何异构体的分析。GC-FTIR联用技术通常采用光管接口和冷冻捕集接口两种接口实现联用。

光管接口可实现实时记录，同时易于操作、价格便宜，但是细内径的光管有光晕损失，使光管的透射率下降。为保证色谱的分辨能力，往往需要牺牲被检测组分在光管内的浓度和滞留时间。为防止相邻色谱峰在光管中重合，需要采用稀释技术，即在GC管的出口、光管的入口处加尾吹气，使组分快速流出，但这将导致红外光谱测量信号的降低和噪声的增大。为了使样品在光管中保持气态，需要光管至少保持与色谱柱相同的温度，但光管温度越高，光能量损失就越大。光管接口的一般检出限为100～200 ng。

冷冻捕集接口又称为低温收集器或冷阱接口，也称为基体隔离接口。其关键部件是冷盘，由高导热系数的无氧铜材料制成，表面镀金，侧面抛光成圆柱体，直径为100 mm，厚6 mm。冷盘置于1.3×10^{-4} Pa的真空舱内，借助液氦将其温度保持在12 K左右。冷冻捕集接口的信噪比高、检出限低、谱峰尖锐、强度高，但不能实时记录，且操作烦琐、时间长、仪器昂贵、实验费用高，不利于应用和普及。冷冻捕集接口的一般检出限为100～200 pg。

直接沉淀在技术上类似于冷冻捕集接口的作用，是将样品沉积在可连续移动的用ZnSe晶片制成的窄带上，沉积温度可以是室温也可以是100 K，因此选用液氮就可保证沉积温度。窄带移动时，沉积在晶片上的样品分子通过光电导检测器（MCT）时被检测到，从而得到连续的色谱图。也可在色谱柱中组分全部流出、沉积完毕后，对某些特定组分重复扫描、累加信号，以增大信噪比，从而提高色谱图和光谱图的质量。

（2）液相色谱-傅里叶变换红外光谱联用

液相色谱法（LC）不受样品挥发性和热稳定性的限制，特别适用于沸点高、极性强、热稳定性差、大分子样品的分离。傅里叶变换红外光谱（FTIR）可同步跟踪扫描液相色谱的馏分。LC-FTIR使液相色谱的高效分离和红外光谱的定性鉴定有效地结合。

高效液相色谱法（HPLC）多采用极性溶剂作为流动相，这些溶剂在中红外区均有较强吸收，因此消除溶剂影响是HPLC-FTIR联用的关键。HPLC-FTIR联用常采用流动池接口或流动相去除接口。

流动池接口使从HPLC收集的馏分随流动相进入流动池，FTIR同步跟踪，依次对流动池进行红外检测，然后对获得的分析物与流动相的叠加谱图作差谱处理，以扣除流动相的干扰，得到分析物的红外光谱图，进而通过红外数据库进行检索，实现对分析物的快速鉴定。流动池接口装置简单、操作方便，但流动相的干扰难以彻底消除，梯度洗脱的差谱很难扣除，因此这类接口不适用于梯度洗脱。

流动相去除接口通过物理和化学方法将HPLC的流动相去除，并将分析物依次凝结在某种介质上，再逐一获得各色谱流出组分的红外光谱图。

与流动池接口相比，流动相去除接口装置复杂，无流动相干扰，可使用多种流动相。特别是分配比相差较大时，梯度洗脱是必要的。流动相去除接口适用于梯度洗脱，可提高样品的分离检测能力。当进行离线红外检测时，可使用信号平均技术，以增大谱图的信噪比，加之流动相已经去除，因此流动相去除接口的检出限一般比流动池接口低。

薄层色谱-傅里叶变换红外光谱（TCL-FTIR）联用技术的接口与HPLC-FTIR的接口存在差异。一般可用FTIR的红外漫反射装置对薄层色谱板上的色谱斑进行直接检测，即所谓原位法。为避免薄层色谱法的固定相受中红外区的强光谱干扰，有效方法是在FTIR检测前将薄层色谱板上的分离物转移到红外光可透过的介质中，这种方法就是自动洗脱物转移法。

超临界流体色谱-傅里叶变换红外光谱联用所使用的接口与HPCL-FTIR联用所使用的接口相似，也是流动池接口和流动相去除接口两种。

8.11.3 色谱-原子光谱联用

对微量元素的价态和不同形态的分析促成了色谱与原子光谱技术的联用。接口依然是系统联用的关键所在。通过接口要能将色谱分离后的组分送到原子光谱的原子化器中，使之原子化，还要能够在不降低色谱分离柱效能的前提下，尽可能多地将色谱分离后的组分送到原子化器中，同时不能降低原子化器的原子化效率。接口应使径气相色谱分离后的组分不至于冷凝，对液相色谱分离后的组分应尽可能地去除溶剂，以提高原子化效率。

(1) 气相色谱-原子光谱联用

经气相色谱分离后的组分通过有加热装置的转移线，直接导入火焰原子吸收光谱（FAAS）的火焰原子化器中就构成了气相色谱-火焰原子吸收光谱的联用（GC-FAAS）。这里的转移线就充当了GC-FAAS联用的接口。转移线是通过温度计测温、电阻丝加热控温、玻璃棉绝缘保温的一根管线，可以用不锈钢或石英材料制成，可根据所测样品的不同和需保温的情况不同选用不同的转移线，转移线的死体积要尽可能地小。

气相色谱-电感耦合等离子体原子发射光谱联用技术（GC-ICP-AES）可以测定金属元素，还可以测定C、H、O、S、N、P、F、Cl、Br、I、Si和B等非金属元素，其响应几乎不受分子结构的影响，因此GC-ICP-AES联用可确定GC流出物的分子经验式，可以对化合物的组成和结构进行测试。

通过加热的传输线，将GC分离后的组分连同载气直接导入等离子体炬焰。GC-ICP-AES联用的接口是直接导入式接口。毛细管柱直接导入等离子体炬的位置不能太深，否则石英毛细管会熔化变形而堵塞气路，使样品无法进入炬焰原子化。导入的位置也不能太浅，否则死体积大，扩散严重。

(2) 液相色谱-原子光谱联用

液相色谱-火焰原子吸收光谱联用（LC-FAAS）最简单的方法之一是将一根低扩散蛇形管作为接口，将两者连接起来。蛇形管的原理是依靠聚四氟乙烯蛇形管的方向性及特定的高速流星式旋转所产生的离心力作用，使无载体支持的固定相稳定地保留在蛇形管内，并使流动相单向低速通过固定相，避免了固定相流失对FAAS的影响，且不会改变HPLC的柱效率，特别适用于分离极性物质和具有生物活性的物质。

等离子体原子发射光谱（ICP-AES）的进样过程是将样品溶液引入雾化室，雾化后的溶质进入光谱的原子化器。在液相色谱-等离子体原子发射光谱的联用（LC-ICP-AES）中，接口的作用是将经液相色谱分离后的流出物雾化或直接气化后引入ICP-AES中。常用的接口有常规气动雾化接口、无雾化室气动雾化接口、热喷雾化器接口和氢化物化学发生气化接口等。

8.11.4 色谱-色谱联用

一般来说，一根色谱柱适用于含有几十到几百个组分的样品分析。对于许多包含更多组分的复杂体系，如植物精油的组成、蛋白质的组成等，即使采用分离效率很高的毛细管柱，也无法将其每一个成分都有效地分离，这时所得的色谱图中色谱峰的重叠将十分严重，定性、定量都会很不准确。解决这一问题的方法有使用选择性检测器，或提高系统的峰容量。使用选择性检测器的方法可有选择地检测某些组分，要求互相重叠的色谱峰在检测器上有不同的响应，才能发挥作用。对单柱系统，单纯依靠提高峰容量来提高分辨率是非常有限的，因为分辨率与柱长的平方根成正比，但分析时间也与柱长成正比。另外，对于痕量组分，使用长的色谱柱会使色谱峰变宽，从而难以被检测器检测。这时可采用色谱多维技术。

以二维色谱技术为例。二维色谱技术分为传统二维技术和全二维技术。传统二维技术是将不同极性的两根色谱柱通过一个接口组合起来，将第一根色谱柱上分离不开的组分送入第二根色谱柱进一步分离。这种联用技术常用于提高对复杂样品中的目标物的分离效率，常用C+C表示。全二维色谱技术是在传统二维色谱技术的基础上发展起来的，具有分辨率高、峰容量大的优点。全二维色谱分离中，各维色谱应具有完全不同的分离机制。第一维色谱中的所有样品组分都被转移到第二维色谱，即检测器中。高维色谱的分离速度应快于低维色谱的分离速度，以避免已分开的组分在高维色谱的分离中重新混合。全二维色谱用CC表示。全二维色谱的峰容量比传统二维色谱的峰容量大许多，因而更适用于全组分分析。多维色谱技术能分离出复杂体系中的更多组分。质谱是目前能提供化合物分子信息的灵敏度最高的检测器，因此，多维色谱-质谱的联用技术是目前分离和分析复杂样品的最好联用技术。

连接各色谱系统的接口为阀切换接口和气压控制的无阀气控切换接口两种。

(1) 多维气相色谱法

将分离机理不同而又相互独立的气相色谱的色谱柱串联起来，构成的分离系统称为多维气相色谱。与传统一维气相色谱相比，多维气相色谱技术具有以下特点。

①根据吉丁斯提出的多维分离理论，多维气相色谱峰容量为各一维色谱柱峰容量的乘积，分辨率为各自分辨率平方和的平方根。因此与一维技术比较，多维气相色谱法具有分辨率高、峰容量大的特点。

②多维气相色谱的灵敏度是传统一维色谱的20～50倍。

③由于样品更容易分开，多维气相色谱的总分析时间比一维气相色谱技术的短。

④多维气相色谱中，大多数目标化合物可达到基线分离，减少了干扰，因此定性可靠性大大增强。

⑤由于峰容量和分辨率大大提高，因此一次可完成一维气相色谱分几次才能完成的任务。

(2) 多维液相色谱法

多维液相色谱是将分离机理不同而又相互独立的多支液相色谱柱串联起来构成的分离系统。样品经过第一维色谱柱进入接口中，通过浓缩、捕集或切割后依次注入后续维的色谱柱进行进一步分离和检测。这种分离技术可以根据样品组分的差异，将具有不同分离效果的液相色谱进行组合，从而使一维分离系统中不能完全分离的组分在多维分离系统中实现分离。

例如，第一维液相色谱采用凝胶渗透色谱，根据组分的大小不同进行分离。大小相近的组分进入第二维反相液相色谱，进行再次分离，之后进入紫外光谱检测器和质谱仪进行定性和定量检测。

多维液相色谱分析系统与传统一维液相色谱系统相比，具有以下特点。

①色谱系统的分离能力和选择性得到极大提高，缩短了分析时间。
②富集痕量组分，提高了分析的灵敏度。
③能从复杂的多种组分中排除干扰物质，有选择地对感兴趣组分进行分析。
④能起到样品预处理的作用，分析柱受到的污染较少。
⑤可以保护灵敏的检测器免受污染。
⑥可实现系统自动化，数据可靠，重复性好。

(3) 液相色谱-气相色谱联用

用气相色谱分离和分析某些复杂样品（如污水和体液等）时，由于样品基体不能直接进入气相色谱进行分离和分析，必须将待分析的组分从样品的复杂基体中分离出来后再进行气相色谱分析。这时就可使用液相色谱-气相色谱联用技术（LC-GC）。用LC分离提纯待分离的组分，再将待分离组分在线转入气相色谱中，进行分离和检测。

LC-GC的接口采用保留间隙技术，是安装在GC进样口和分析毛细管柱之间的一段长几米到几十米的石英弹性毛细管。由LC分离出来的含有目标组分的流动相以冷柱头进样的方式注入GC后，在保留间隙中的LC流动相逐渐蒸发，而目标组分富集在保留间隙毛细管柱入口处的固定相上，然后再进行GC分析。

受流动相溶剂蒸发速度的限制，LC-GC联用时，LC最好用微填充柱，并使进入GC的液体体积尽可能少，一般为几十微升。

(4) 其他色谱-色谱联用

除了上面介绍的几种常用的色谱-色谱联用技术外，还有超临界流体色谱-超临界流体色谱联用（SFC-SFC）、超临界流体色谱-毛细管柱气相色谱联用（SFC-CGC）、液相色谱-超临界流体色谱联用（LC-SFC）、液相色谱-毛细管电泳联用（LC-CE）、高效液相色谱-薄层色谱联用（HPLC-TLC）等。其中LC-CE的接口有阀采样环接口和横向流通接口两种。HPLC-TLC的接口与LC-FTIR的流动相去除接口类似，采用的是喷雾接口。使用加热的氮气吹走HPLC的流动相，待分离组分喷在薄层色谱板上以一定的方向运动，就可以将不同组分富集在薄层色谱板上，再进行检测和鉴定。

随着科研的需求和科技的发展，色谱联用技术还在继续发展和完善中。

8.12 要点小结

①色谱法是混合物在流动相的携带下通过色谱柱分离出组分的方法。
②色谱分析法一定是先分离，后分析。
③色谱分离法一定具有两相，即固定相和流动相。
④色谱分离是利用组分在两相中分配系数或吸附能力的差异而进行组分分离。
⑤色谱法的分类如图8-18所示。

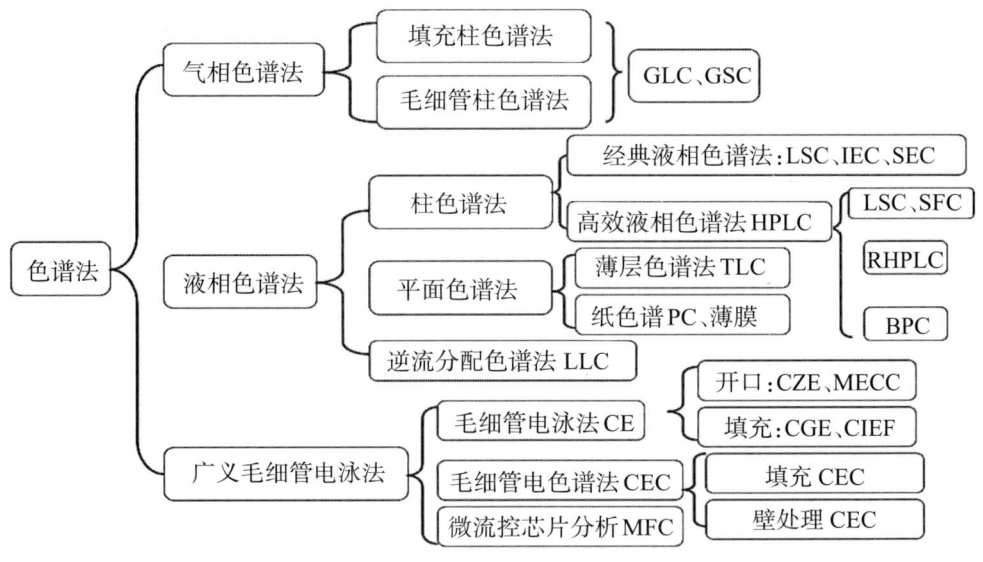

图8-18　色谱法分类

⑥从色谱图中，可获得如下信息：

（ⅰ）由色谱峰的数目，可判断试样中所含组分的最少个数；

（ⅱ）根据色谱峰的保留值，可进行定性分析；

（ⅲ）根据色谱峰的峰高和面积，可进行定量分析；

（ⅳ）根据色谱峰的保留值及区域宽度，可评价色谱柱分离效能；

（ⅴ）根据色谱峰的间距，可评价固定相（或流动相）的选择是否合适。

第九章 热分析

9.1 热分析概述

热分析（thermal analysis，TA）是在程序控制温度下测量材料物理性质与温度之间关系的一种技术。在材料的加热或冷却过程中，其结构、相态和化学性质的变化都会引起材料相应物理性质的变化，这些变化包括质量、温度、尺寸和光、声、热、力、电、磁等性质的变化。通过对材料这些性质变化的研究可以对材料的结构进行分析或鉴定。从材料的研究和生产角度来说，热分析技术既可为新材料的研制提供具有参考价值的热力学参数和动力学数据，还可达到指导生产、控制产品质量的目的。

9.1.1 热分析的发展历史

热分析一词（德文为thermische analyze）由德国科学家塔曼（H. Tammann）于1905年在《应用与无机化学学报》上首次提出，但实际上热分析技术作为一种科学的实验方法，其发明时间更早。热重法是最早的热分析技术。1780年，英国科学家希金斯（J. Higgins）在研究石灰黏结剂和生石灰的过程中，第一次用天平测量了试样受热时所产生的重量变化。1782年英国科学家韦奇伍德（J. Wedgwood）在研究黏土时测得了世界上第一条热重曲线，发现黏土加热到暗红，（约500~600 ℃）时出现明显失重。

1887年，法国科学家沙特利埃（H. Chártelier）用铂-铂/10%铑热电偶测定了加热、冷却黏土时，其在升温和降温环境条件下，样品温度与环境温度的差别，从而观察是否发生吸热和放热变化。这就是公认的差热分析的开始。同年，德国科学家勒沙特利尔（H. Lechatelier）将一个热电偶插入受热的黏土中，观察黏土在升温过程中温度的变化规律。1891年，英国科学家罗伯茨（E. Roberts）和奥斯汀（W. Austen）改进了勒沙特利尔的装置，采用两个热电偶反向连接形成差热电偶，记录了样品和参比物之间的温差随时间或温度变化的规律，这就是差热分析技术的原始模型。

20世纪初，萨拉丹（H. Saladin）用照相法直接记录了样品和参比物间的温差随程序控制温度的变化。1904年，库尔纳科夫（A. Kurnakov）发明了转鼓照相记录仪，并制作了初始的差热分析仪。1915年，日本科学家本多光太郎提出了"热天平"的概念，在分析天平的基础上设计了世界上第一台热天平，开创了热重分析技术。1948年，克儿（J. Kerr）对差热峰面积和形状提出了理论解释。20世纪40年代末，商品化的差热分析仪和热天平相继出现。1951年，斯通（A. Stone）在差热分析仪器中引入可控动态气氛装置。1953年，泰特尔鲍姆（H. Teitelbaum）发明了逸出气检测法。1955年，布尔斯马（G. Boersma）对将热电偶直接插入样品中的方式进行了改进——将热电偶的接电端埋入具有两个空穴的镍均块中，样品和参比物分别放在两个空穴中，避免了样品和热电偶间可能的化学反应。1959年，格里姆（R. Grim）提出了逸出气分析法。逸出气检测法和逸出气分析法两种方法在检测失重小于0.1%的样品时比热天平灵敏度高。1964年，沃森（W. Wattson）和奥尼尔（J. O'Neil）等人提出了"差示扫描量热"的概念，并被珀金埃尔默公司采用，造出了DSC-1型功率补偿式差示扫描量热分析仪，进而发展成为差示扫描量热技术。因为其在全程范围内可给出准确的热量变化，定量性和重复性好，因此得到了迅速发展。杜邦公司不久就开发出了自家特色的热流式差示扫描量热仪。

1965年，英国的麦肯奇（R. Mackinzie）、雷德芬（J. Redfern）等发起召开了第一次国际热分析大会，并于1968年成立了国际热分析协会（International Confederation for Thermal Analysis，ICTA），之后更名为国际热分析及量热协会（International Confederation for Thermal Analysis and Calorimetry，ICTAC）。1969年，《热分析》杂志（*Journal of Thermal Analysis*）创刊。1970年，《热化学》学报（*Thermochimica Acta*）创刊，北美热分析学会（North American Thermal Analysis Society，NATAS）成立。1975年，日本热分析与量热学会（Japanese Conference on Calorimetry and Thermal Analfsis，JCCTA）成立。1979年，中国化学会溶液学会、化学热力学、热化学和热分析专业委员会成立，后称为中国化学会热力学与热分析专业委员会。

早期的热分析仪主要通过手工操作、目测数据，测试时间长，劳动强度高，样品用量大，仪器灵敏度低，主要用于无机物（如黏土、矿物）的研究。20世纪50年代，电子工业的发展使自动控制与自动记录技术开始应用于热分析仪，但仪器体积仍然较大。20世纪60年代化工和合成材料的迅速发展，使有机材料的热分析得到较快的发展。可控硅和集成电路的出现和应用，使热分析仪的小型化成为可能。近年来，随着微电技术的迅速发展和分析软件的不断创新与完善，热分析过程已实现了温控程序化和记录自动化，分析精度也越来越高，从而进一步扩大了热分析技术的应用领域，促进了热分析技术的快速发展。

目前，热分析已发展成为系统性的分析方法，并广泛应用于材料、化学、化工、物理、石油、冶金、生物化学、地球化学、陶瓷、玻璃、医药、食品、塑料、土壤、炸药、地质、海洋、电子、能源、生物技术、空间技术等领域。其发展趋势可归纳为：功能综合化、样品用量微量化、操作自动化及研究领域的不断扩展和分析技术的不断创新。

9.1.2 热分析仪在我国的发展

在热分析仪发展初期，我国自主研发的热分析仪与国外的差距并不十分明显。1952年，中国科学院地质研究所自主设计并制造了我国第一台差热分析仪，并使其应用于国内相关单位。1967年，上海天平仪器厂（现为上海精密科学仪器公司）成功研制了我国第一台可自动记录的差热分析仪（TR-632型），1969年，该厂研制成功了中国第一台可自动记录的热重-差热分析仪（DTA-A型），之后又相继研制成功了功率补偿式差示扫描量热仪（CDR-1型和CDR-2型）。20世纪80年代，我国一些单位相继成功研制热机械分析仪、热释电仪、扭辫分析仪、动态黏弹谱仪、微量热仪和纤维热机械分析仪等。这些仪器经过几十年的发展，已经被应用于不同领域。

近些年来，我国的热分析仪厂商，特别是民营企业，发展得很快，包括上海天美天平仪器有限公司、长沙开元仪器有限公司、长春非金属试验机厂、承德仪器厂、丹东仪器厂、北京恒久科学仪器厂、北京博渊精准科技发展有限公司、北京金信正数码科技有限公司和一些国外合资和独资的企业等，其产品有热天平、差热分析仪系统、差热天平、差示扫描量热仪、差热膨胀仪等。DTAS-3全自动卧式差热分析仪是北京博渊精准公司自主研发生产的我国第一台卧式热分析产品。

目前，我国生产的热分析仪已经从初期的机械式控制记录仪发展为智能型微机控制系统，并已经基本实现一体化。功能上也已经由单功能发展为多功能联合型仪器，如DTA-TG、TG-DTA-DTG等，使产品的体积进一步缩小，可靠性、稳定性提高以及操作方便性进一步提高，外观也逐渐美化。现在已产出差热-热重分析仪、差热分析仪、热膨胀仪、差示扫描量热仪及等温量热仪等多种商品化的仪器。

近几年，我国多家仪器厂商对传统的热分析仪产品进行了升级改造，例如，对热分析仪的传感器、差热测量、热重测量、数据处理、串行通信接口及测控软件等方面进行升级，对国产热分析仪的质量提高起到了巨大的推动作用。我国的热分析仪现在已经基本实现曲线的智能化分析处理、微量化检测、联用化、快速化的切换控制与分析、自动调节控制加热速率、扩大温度校准范围等，可保证采样精度和速度，提高了仪器系统的稳定性、可靠性和集成化程度，增强了抗干扰的能力。

国产仪器与国外竞争对手，如德国耐驰仪器公司、日本理光、美国TA仪器公司（前身为美国杜邦公司仪器部）等生产的产品相比，依然存在着硬件和软件上的差距。随着现代电子科技的发展和科研水平的提高，我国在热分析仪的研制中能有望得更大突破，国产厂商将不断提升自身的自主创新和研发能力，逐渐在日趋激烈的市场竞争中处于不败之地。

9.2　热分析的定义

按照国际热分析及量热协会（ICTAC）给出的定义，热分析是指在程序控制温度下，测量物质（或其反应性生物）的性质与温度（或时间）的关系的一类技术总称。

热分析的本质是温度分析，关键特征是测量因温度或时间的变化而引起的样品性质的变化。物质经历温度变化的同时，必然伴随另一种或几种物理性质的变化。监测温度引起的性质变化，可分析出分子结构信息、机理信息等。

热分析的定义中，温度变化的含义是在实验时可预先设定温度（即程序温度），或通过样品控制温度，观察材料性质随时间的变化。这里的样品控制温度变化是指利用来自样品的反馈信号控制样品所承受的温度的一种技术。温度变化包括以下几种。

①从一个恒定温度逐步变化到另一个恒定温度（包括等温操作模式）。
②线性的温度变化速率（恒定的加热或冷却速率）。
③在恒定的频率和调制振幅下，温度随时间线性变化或保持不变。
④自由（不受控制）加热或冷却。
在实验中，可任意组合以上操作模式的不同次序。

在热分析中，样品受到程序温控的作用，即以一定的速率等速升（降）温，一般是线性升（降）温，也包括恒温、循环或非线性升（降）温，或温度的对数或倒数程序等。

热分析定义中的样品性质是指样品材料的热力学性质，如温度、热量、质量、体积等，也可是材料的其他性质，如硬度、杨氏模量、磁化率、光学性质、电学性质等，还可以是化学组成或结构等信息。测试时选择一种可观测的性质。样品物质包括原始试样和在测量过程中因化学变化而产生的中间产物以及最终产物。

热分析是观测物质性质随温度或时间的变化的一种方法，其结果的具体函数形式往往并不十分明显，有时甚至不能由测量直接推导出函数关系。热分析测量被测物信号是衡量性质变化的指标。大多数情况下，如果可以监控这种变化而不是样品本身的性质，就可用于确定样品实际的物理性质。只有在测量仪器经过校准之后，通过测量信号才可以获得关于物质性质变化的指标。

热分析主要用于测量和分析试样物质在温度变化过程中的一些物理变化（如晶型转变、相态转变及吸附等）、化学变化（如分解、氧化、还原、脱水反应等）及其力学特性的变化。通过对这些变化的研究，可以认识被物质的内部结构，获得相关的热力学和动力学数据，为进一步研究材料提供理论依据。

在实验过程中，如果发生了至少一个从特定温度或环境温度到其他指定温度的变化，则在指定温度下进行的等温实验即属于热分析范畴。如果实验仅仅局限在室温环境下进行，则这类实验不属于热分析。

对一般定义而言，没有对样品是否需要在特定气氛中进行限定。但在某些特殊情况下，特定气氛是必须考虑的操作参数，这时，必须使用适当材质的坩埚进行测量。

9.3 热分析技术分类

据国际热分析协会的规定，GB/T 6425—2008 将现有的热分析技术方法分为 9 类，见表 9-1。

表 9-1 热分析技术主要分类

性质	方法	定义	显著特征
质量	热重法 thermogravimetry（TG）	程控温度下，测量样品质量变化与温度关系的方法	横坐标是温度或时间，从左到右逐渐增加；纵坐标是质量，从上到下逐渐减少
	微商热重法 derivative thermogravimetry（DTG）	将热重法得到的曲线对时间或温度进行一阶微商的方法	横坐标是温度或时间，从左到右逐渐增加；纵坐标是质量变化速率
	逸出气检测 evolved gas detection（EGD）	程控温度下，定性检测从样品中逸出的挥发物变化与温度关系的方法（指检测气体的方法）	横坐标是温度或时间，从左到右逐渐增加；纵坐标是热导率
	逸出气分析 evolved gas analysis（EGA）	程控温度下，测量从样品中逸出的挥发物性质或量的变化与温度关系的方法（指分析方法）	—

续表

材料分子结构分析方法

性质	方法	定义	显著特征
热量(焓)	差示扫描量热法 differential scanning calorimetry (DSC)	程控温度下,测量样品和参比物之间温度差保持为零时,所需的能量与温度关系的方法	横坐标是温度或时间,从左向右逐渐增加；纵坐标是热流率,分两种：(1) 功率补偿DSC(power-compensation DSC)(2) 热流DSC(heat-flux DSC)
温度差	差热分析 differential thermal analysis (DTA)	程控温度下,测量样品与参比样之间的温度差与温度关系的方法	横坐标是温度或时间,从左向右逐渐增加；纵坐标是温度差,向上为放热,向下为吸热
温度差	定量差热分析 quantitative DTA	能得到能量和其他定量结果的DTA	—
尺寸/机械性质	热膨胀法 dilatometry(DIL)	程控温度下,测量样品在可忽略负荷时的尺寸与温度关系的方法,有线热膨胀法和体热膨胀法	横坐标是温度或时间,从左向右逐渐增加；纵坐标是体积或长度
尺寸/机械性质	静态热机械分析 static thermal mechanical analysis (TMA)	程控温度下,测量样品在非振动负荷(较小恒定负荷)下的形变与温度关系的方法,负荷方式有拉伸、压、弯曲、扭转、针入等	横坐标是温度或时间,从左向右逐渐增加；纵坐标是形变无任何形式的作用力作用于样品
尺寸/机械性质	动态热机械分析 dynamic thermomechanical analysis 或 dynamic mechanical analysis (DMA)	程控温度下,测量样品在振动负荷下的动态模量和(或)力学损耗与温度关系的技术,方法有悬臂梁法、振簧法、扭摆法、扭辫法和黏弹谱法等	横坐标是温度或时间,从左向右逐渐增加；纵坐标是模量或力学损耗
声学性质	热发声法 thermosonimetry(TS)	程控温度下,检测样品发出的声波	
声学性质	热传声法 thermoacoustimetry(TA)	程控温度下检测通过样品的声波	
电学性质	热电分析 thermoelectrometry(TE)	程控温度下,检测样品的电学性质与温度关系的方法,常用于测量电阻、电导和电容	横坐标是温度或时间,从左向右逐渐增加；纵坐标是电流或电阻
电学性质	热介电法 thermodielecytic analysis 或 dynamic dielectric analysis (DDA)	程控温度下,检测样品在交变电场下的介电常数和(或)损耗与温度关系的技术	横坐标是温度或时间,从左向右逐渐增加；纵坐标是介电效应
电学性质	热释电法 thermal stimulatic current analysis (TSCA)	将样品在高电压中(高温下)极化后再迅速冷冻结电荷,程控温度下,检测释放的电流与温度的关系	可用于研究样品分子运动的方式

续表

性质	方法	定义	显著特征
光学性质	热光学法 thermophotometry（TP）	程控温度下,检测样品光学性质与温度关系的技术	根据测光性质不同,分为热光度法、热光谱法、热折射法、热释光法和热显微镜法等
磁学性质	热磁学法 thermomagnetometry（TM）	程控温度下,检测磁化率与温度关系的方法	—
联用技术	热分析联用法 multicoupled thermal analysis	程控温度下,对同一个样品进行两种或多种性质测定的技术	—

从表9-1中可见,热分析法根据样品被测量物理性质的不同可分为:热重分析（TG）、差热分析（DTA）、差示扫描量热分析（DSC）、热机械分析（TMA、DMA）、热声分析、热光分析、热电分析、热磁分析等。其中,热重分析、差热分析、差示扫描量热分析和热机械分析被称为热分析的四大支柱,应用最广的是前三种。

目前,热分析可以在从-180～1500 ℃（或2400 ℃）的温度范围对各类物质进行分析。任何两种物质的所有物理、化学性质不会完全相同。因此,热分析的各种曲线具有物质"指纹图"的性质。

综上所述,热分析是通过测定物质加热或冷却过程中物理性质的变化来研究物质性质及其变化,或者对物质进行分析鉴别的一种技术。

现代分析方法中,仅通过一种方法得到的信息是有限的。如果用多种方法进行独立检测,需掌握多种仪器操作,又需要耗费大量的样品,而且将得到的结果进行对比时较难得到相对一致的结论。例如,对样品在高温时分解得到的气体产物进行实时分析时,如果把高温分解产物收集后再进行波谱、色谱或质谱等检测,由于温度的急剧变化会引起部分产物发生冷凝或进一步反应,得到的测试结果往往不能真实地反映气体产物的信息。而如果采用热分析技术与波谱、色谱或质谱等技术进行联用,则可实现实时分析高温分解产物的浓度和种类变化。表9-2列出了目前已经实现的热分析联用方法。

表9-2 常用的热分析联用方法

联用方式	定义	方法	简称	备注
同时联用技术 simultaneous techniques	程控温度下,对一个样品同时采用两种或多种分析技术	热重-差热分析	TG-DTA	又称同步热分析（simultaneous thermal analysis, STA）
		热重-差示扫描量热法	TG-DSC	
		差热分析-热机械分析	DTA-TMA	
		热重-差热分析-热机械分析	TG-DTA-TMA	
		差热分析-X射线衍射联用法	DTA-XRD	

续表

联用方式	定义	方法	简称	备注
同时联用技术 simultaneous techniques	程控温度下，对一个样品同时采用两种或多种分析技术	差热分析-热膨胀联用法	DTA-DIL	
		显微差示扫描量热法	OM-DSC	物质结构形态分析
		光照差示扫描量热法	Photo-DSC	又称光量热计
		差示扫描量热-红外光谱联用法	DSC-IR	—
		差示扫描量热-拉曼光谱联用法	DSC-Raman	—
		动态热机械-介电分析联用法	DMA-DEA	—
		动态热机械-流变联用法	DMA-Rheo	—
串联联用法/耦合联用法 coupled simultaneous techniques	程控温度下，对一个样品同时采用两种或多种分析技术，且所用的几种仪器是通过一个接口（interface）相连接	热重/质谱联用法	TG/MS	—
		同步热分析/质谱联用法	STA/MS	—
		热重/红外光谱联用法	TG/IR	—
		同步热分析/红外光谱联用法	STA/IR	—
		热重/红外光谱/质谱联用	TG/IR/MS	—
		同步热分析/红外光谱/质谱联用法	STA/IR/MS	—
		热重/红外光谱/气质谱联用	TG/IR/GS/MS	—
		同步热分析/红外光谱/气质谱联用法	STA/IR/GS/MS	—
间歇联用法 discontinuous simultaneous techniques	对同一样品采用两种或多种分析技术，而对第二分析技术的取样不连续	热重/气相色谱联用法	TG/GS	—
		同步热分析/气相色谱联用法	STA/GS	—
		热重/气相色谱/质谱联用法	TG/GS/MS	—
		同步热分析/气相色谱/质谱联用法	STA/GS/MS	—

间隙联用法可看作是串联法的一种，由于分析对象是某一温度或时间下的气体产物，分析时间较长，因此单独将其列为一种联用方法。

联用方法的优势在于可在相同的实验条件下获得尽可能多的与材料性质相关的信息。随着分析技术的发展，许多新的联用技术正在快速地得到发展和应用。

9.4 常见的热分析仪

常见的现代热分析仪主要由程序控温系统、物理量测量系统、显示系统、气氛控制系统、操作系统和数据处理系统几个部分组成。图9-1为常见热分析仪一般性结构框图。除此之外还有一些辅助设备，如自动进样器、湿度发生器、压力控制装置、光照装置、冷却装置、压片密封装置等。

物理量测量系统是仪器的核心部分，其性质和指标决定着热分析仪整体的质量。不同种类的热分析仪，物理量测量系统不同。

热分析仪的程序温度控制系统主要包括温度程序系统、加热炉和温度测量系统三个部分。加热炉的主要作用是加热样品，通常由加热丝、耐火材料制成的炉壁及外层的隔热材料组成，加热炉由温度程序系统控制。程序温度控制系统的主要作用是使加热炉按照设定的与温度相关的控制程序工作。程序温度控制系统还包括温度测量系统。大多数热分析仪是通过热电偶和热电阻实现温度测量。热电阻测温的优点是准确度高、稳定性好、测温范围宽、使用寿命长等，缺点是电势小，从而灵敏度低，成本高、高温下机械强度差，易受污染。

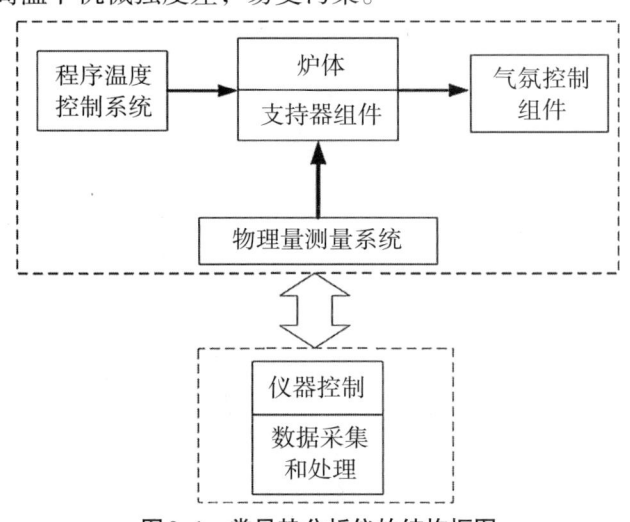

图9-1　常见热分析仪的结构框图

气氛控制系统是由气氛控制系统、真空系统和加压系统三部分组成，其中，气氛控制系统主要提供反应气氛或保护气氛，一般具有三个以上的气路，有些仪器还具有独立的吹扫气路。吹扫气路的流量一般要大于实验用气氛的气路流量。三个气路中一般采用两个气路，可通过三通阀的切换实现样品周围气体的快速切换。有的仪器还会单独设计一个反应气路，以满足一些特殊实验需要。从气源流出的气体经减压、干燥和过滤器过滤后，在稳压阀和稳流阀的调节下可以恒定流速输入到样品所在空间。一些特殊设计仪器还可实现真空和高压条件下的热分析实验。在仪器气体出口处可安装一个可加热的保温管，由此引出高温气体。出口管路与一些可以进行气体分析的仪器（如气相色谱仪、傅里叶变换红外光谱仪、质谱仪、气相色谱–质谱联用仪等）相连，可在线分析高温下的气体分解产物。

操作控制和数据处理系统主要是通过与热分析仪在线联用的计算机来实现，可有效地提高仪器控制的精度和自动化程度，还能提高实验数据的测量精度。目前的分析软件除了可以有效调节和控制实验各项参数外，还可实现对仪器采集到的数据进行校正处理，如基线校正、温度校正、热量校正等，也可对实验曲线进行各种处理。

一些商品化的热分析仪有时还会配置一些特殊功能附件，以满足一些特殊实验要求。例如，自动进样器、各种制冷（气冷、水冷或液氮制冷等）附件、压力附件、真空附件、温度控制附件、光照附件、外加电场附件、外加磁场附件、气体转移附件等。

热分析仪从安装完毕到正常使用前、正常使用中及发生较大故障维修后，均需进行校准处理，以确保仪器的工作状态正常、性能指标达到使用要求。

9.5 热分析技术的特点

热分析技术主要用于研究在一定气氛和程序控制温度下物质的性质随温度或时间变化的关系。

9.5.1 热分析技术的优点

一般而言，与其他常用材料结构分析手段相比，热分析技术具有以下优点。

①适用样品范围广泛、测试样品用量少：

针对大多数固体和液体样品，热分析技术可直接或稍作处理后就进行检测。与其他常规分析方法相比，热分析所需样品较少，且随技术的发展，热分析仪所需要的样品量越来越少。例如，目前的热重仪仅需0.1 mg的样品量就可以检测样品随温度变化所发生的样品质量变化，几十纳克的样品就可以用于量热实验。微量量热实验所需要的样品量更少，例如，微量差示扫描量热仪可以检测浓度为10^{-5} g/mL溶液中的相转变行为。

在热分析实验中，较少的样品量更能反映某些材料真实的热力学特性，这是因为在加热过程中，较大量的样品会存在样品内部与表面的温度差。当样品发生热分解时，分解产物，特别是气体产物，需从内层向外层扩散，较少量的样品可避免这种影响。但测试时，有时为了与样品的实际加热处理工艺接近，会在检测时有意多加样品量，以反映样品在真实环境中的热行为。

②灵敏度高：

热分析技术一般具有灵敏度高的特点。灵敏度与仪器的测量范围成负相关。灵敏度越高，量程越窄。测试时应根据测试目的，选择具有合适灵敏度的仪器。

③可连续记录待测物理量的变化：

热分析可获得样品的物理性质随温度或时间的连续变化曲线。传统间歇式实验方法采用不同温度下等温测试的方式，容易遗漏在温度变化过程中，材料性质也随之变化所给出的一些重要信息。

④测量的温度范围宽：

目前大多数热分析仪可测量液氮温度附近低温（-196 ℃）的热性质的变化，一些仪器最低可测量8 K的极低温度。

在高温测量方面，热分析仪理论上可测量-265～2800 ℃范围内的热性质变化。实际中，热分析仪的工作温度范围一般为-196～1600 ℃。为提高仪器的测量精度，通常会缩小仪器的工作温度范围。例如，高灵敏度微量差示扫描量热仪的工作温度范围一般是-10～130 ℃。对于研究高温下材料热分解的热重-差热分析仪和热重-差示扫描量热仪，其量热精度也低于单独使用的差示扫描量热仪。

⑤温度控制程序复杂多变：

热分析技术中的温度变化是指可以预先设定温度（程序温度）或样品控制温度随时间的变化关系。其中样品控制的温度变化指利用样品的反馈信号控制样品所承受的温度。程序温度的变化方式有：线性升温/降温、线性升温/降温到某一温度后等温、在某一温度下等温、梯度升温/降温、循环升温/降温及各种方式的组合。这些温度变化过程可通过仪器的控制软件实时记录下来,这是热分析技术优于其他分析方法的一个特点。

⑥实验时间取决于温度控制程序:

热分析技术完成一次实验所需时间的长短取决于具体的温度控制程序。目前,不同的热分析仪最快的升温速度各不相同。例如,热重分析仪可实现瞬时最快升温速率达2000 ℃/min,最快的线性升温速率为500 ℃/min。对于一台性质稳定的热分析仪,很容易获得低于0.1 ℃/min的温度变化速率。

实验测试时采用的温度变化程序取决于样品自身的性质和实验目的。较慢的温度变化将导致实验耗时较长,因此除特殊要求外,热分析测试时很少采用低于2 ℃/min的温度变化速率。对于微量量热法,因测试时所用样品体积较大(通常为液体),因此采用的升温/降温速率一般十分缓慢,常用0.1~1 ℃/min或更低的温度变化速率进行测试。

⑦可灵活选择或改变实验气氛:

大多数样品的热分析测试中,与样品接触的气氛非常重要。气氛一般可分为静态气氛和动态气氛。静态气氛主要有常压气氛、高压或低压气氛及真空气氛。常压气氛是指在测试时不通入其他气体。高压或低压气氛是指在样品周围充填静态的气体。动态气氛主要可分为五类:氧化性气氛,如氧气;还原性气氛,如氢气、甲烷、一氧化碳、乙烯和乙炔等;惰性气氛,如氮气、氩气、氦气和二氧化碳等;腐蚀性气氛,如二氧化硫气体、三氧化硫气体、氨气、二氧化氮气体、一氧化二氮气体、氯化氢气体、氯气和溴气等;还有其他反应性气氛,即在测试时需加入的能与样品或产物发生化学反应的气体。其中,惰性气体对有些反应是相对的,如二氧化碳对大多数物质是惰性气体,但与一些氧化物,如氧化钙,在一定温度下就会发生反应生成碳酸钙。再如,氮气在高温下就可以与许多金属反应形成氮化物。

⑧方便获得转变或分解的动力学参数:

热分析技术可以通过改变升温/降温速率,来连续测量材料的物理性质随温度或时间的变化,再由相应的动力学模型获得相应的动力学参数,如活化能、反应级数等。

⑨方便与其他测试方法联用。

9.5.2 热分析技术的局限性

尽管热分析技术具有许多优点,但同时也存在诸多局限性。

①方法缺乏特异性:

由热分析技术得到的实验曲线一般不具有特异性,因此对性质相似的样品进行分析较为困难。例如,用差热法分析样品的热分解过程,若一个样品在分解时同时伴随吸热和放热两个相反的热过程,在最终得到的曲线上有时只会出现一个吸热或一个放热过程,曲线的形状取决于吸收和放出热量的大小。如果吸热过程的热量大于放热过程,那么曲线最后会表现为吸热峰。如果这两个相反的过程不同步,但温度相近，得到的曲线就会变形，出现不对称的肩峰。一般通过改变实验条件或与其他技术进行联用的方法来克服这一缺陷。

②影响因素众多：

在测量材料的物理性质时，通过热分析技术可改变材料的温度和气氛，而温度的变化方式和实验气氛等都会对样品在不同温度或时间时性质变化产生较为显著的影响。此外，样品的来源、前处理方式、尺寸、形状、规整度等状态，用量，样品的容器等对实验曲线也会产生不同程度的影响。另外，不同的热分析仪器种类或型号、不同的操作人员以及不同操作方式等也会对实验结果带来不同程度的影响。

虽然热分析的数据会受诸多因素的影响，但这也反映了热分析技术的灵活性和多样性。实际应用中可通过改变实验条件以分析这些因素对实验结果的影响程度，从中探讨样品在不同条件下的性质变化，进而加深对样品在不同温度或时间的性质变化规律的了解，更多地了解材料分子结构信息。例如，很多非等温热分析动力学方法主要通过实验得到三条以上不同升温/降温曲线，并由此得到转变或分解动力学信息。

③曲线解析复杂：

因热分析实验的影响因素众多，故得到的热分析曲线之间差异也会较大。在测试结束后，对曲线进行解析时应充分考虑各种影响因素，对所获得的曲线进行合理解析。

9.6 热分析曲线的影响因素

影响热分析实验结果的因素很多，一般可分为仪器因素、测试条件因素和人为因素。

9.6.1 仪器因素

热分析测试时所用仪器的结构形式等的差异对测试结果的直接影响主要体现在基线的位置、形状和漂移程度的变化。样品支持器的形状、热电偶的位置、气氛流速、仪器结构等因素都会引起基线的变化。

例如，在热重分析中，随着炉内温度的升高，样品周围气体的密度会发生变化，从而引起气体浮力的变化。当样品周围的气体被加热后密度变小，形成向上的热气流，从而导致表观质量变化。测试时使用的流动气氛的流动方式也会引起浮力和对流的变化。不同仪器结构引起的浮力和对流效应不同。一般而言，水平式（也称卧式）结构的热重仪与立式（也称垂直式）结构的同类仪器相比，其浮力和对流效应较小，但其支架自身的热胀冷缩现象也会导致所获得的热重曲线的表观质量变化。对于一些立式结构的热重仪，通常减弱此类负面影响的方法包括：使用防辐射屏蔽板，或使用炉子夹层循环冷却水，以降低由炉子周围温度差引起的对流等。

由于用途不同，一些仪器的灵敏度和分辨率也存在较大差异，使用过低灵敏度和分辨率的仪器得到的测试数据会给后期数据分析带来影响。实际应用中，应根据实际需要选择合适的仪器。

一般而言，仪器本身对测试曲线的影响，可通过空白基线校正和扣除空白基线等方式减弱。

9.6.2 测试条件因素

与仪器因素相比，测试条件对热分析测试结果的影响程度更大，也更为复杂。测试条件因素主要有：温度程序、测试气氛、测试时所用容器和支架类型、力的作用方式和变化过程（热机械分析仪）、测试气氛的种类和流速等。

（1）温度程序的影响

对于同一个样品，如采用不同的温度程序，通常会导致最终得到的测试曲线存在很大的差异。一般而言，温度变化速率对热分析曲线的基线、峰形和温度都会产生显著的影响。温度变化速率越快，则在较短的时间间隔内会伴随着越多的反应，于是得到的曲线会表现出峰的强度变大、峰值向高温方向移动等显著特征。因此，对于一些特定的反应或转变，所获得的热分析曲线为尖锐而狭窄的峰，如DSC或DTA。

温度变化速率的升高还会影响峰的分辨率。通常，较慢的温度变化速率使相邻的峰易于分开，温度变化速率过高则会导致相邻峰重叠在一起。当温度变化速率较慢时，加热炉和其中的样品的热条件趋于平衡。较高的温度变化速率可在样品中造成不平衡的温度分布。

图9-2为不同加热速率下铟的DSC曲线。测试时，在每个加热速率下都事先对仪器进行了校准，以确保在不同实验条件下，铟在相同温度开始发生熔融。图9-2（a）是以热流对时间的关系表示的DSC曲线，从中可见，随加热速率的增加，峰高和峰前沿的斜率增加，熔融样品所需时间减少。当以热流对温度关系表示时，如图9-2（b）所示，在较慢的加热速率下，峰值高度随着加热速率增加而急剧增加；在较大的加热速率下，峰值高度间的差异变得稍小，同时随着加热速率的增大，峰顶的温度值明显增大，峰的宽度也明显增大。

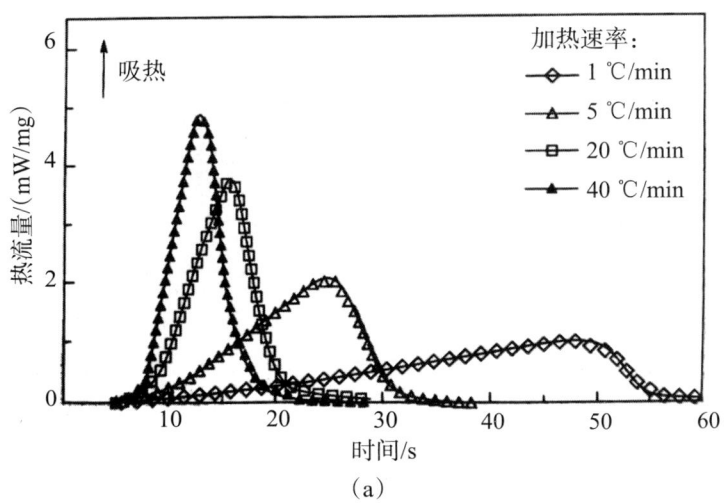

(a)

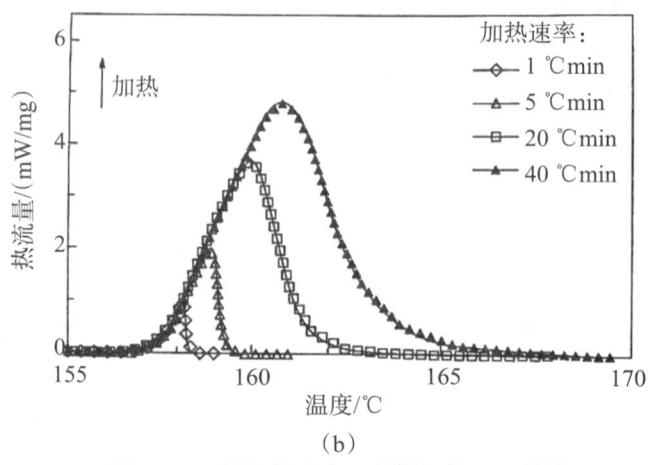

(b)

图 9-2　不同加热速率下所得铟的 DSC 曲线

再如，图 9-3 为不同加热速率下稻壳的 DTG 曲线。加热过程中，稻壳的 DTG 曲线峰形较为复杂，不仅有明显的主峰，在较低温度下还存在肩峰和拖尾现象。加热速率越快，曲线中的外推起始温度 T_{onset}、峰值温度 T_p 和外推终止温度 T_{offset} 越高。当加热速率为 5 K/min 时，起始温度为 530 K，在 100 K/min 时则为 617 K。峰值的高度随加热速率的升高略有下降。当加热速率为 5 K/min 时，较低温度下的肩峰不如 100 K/min 时明显，这说明样品中前两种组分，即半纤维素和纤维素的反应性质受到了加热速率的不同影响。在较低加热速率下，由半纤维素分解所对应的 DTG 曲线中的肩峰几乎被包含在纤维素分解所对应的主峰中。在较高的加热速率下，这两个峰的相对距离变大且分离程度也更高，峰变得更加明显。

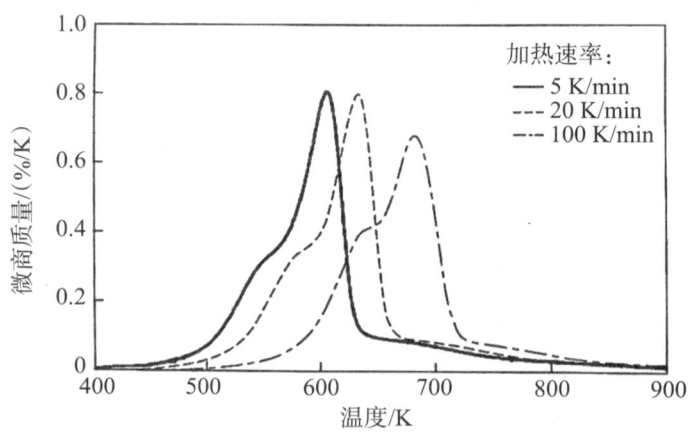

图 9-3　不同加热速率下稻壳的 DTG 曲线

（2）测试气氛的影响

对大多数样品而言，由不同的测试气氛所得到的热分析曲线会具有明显的差别。因此在设计测试方案时，需结合实验目的选择合适的气氛。在对所测曲线进行分析时，也首先必须清楚所采用的气氛对曲线的影响程度。

图 9-4 为加热速率为 20 ℃/min 时，不同比例的 N_2/O_2 气氛中城市固体废物的反应进度曲线和 DTG 曲线。

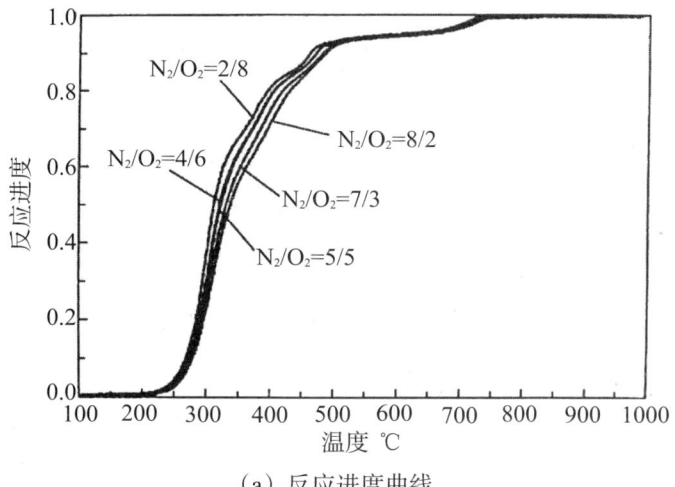

（a）反应进度曲线

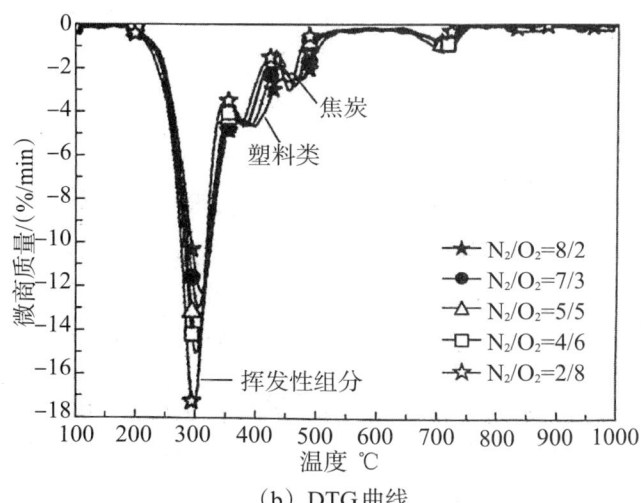

（b）DTG 曲线

图 9-4　城市固体废物在不同比例 N_2/O_2 气氛中的氧化分解曲线（加热速率为 20 ℃/min）

表 9-3 为在不同比例的 N_2/O_2 气氛下城市固体废物的特征变化信息。其中，T_v 是挥发性组分释放的起始温度，T_f 是终止燃烧温度，定义为 99% 转化温度，DTG_{max} 是最大质量变化速率，$T_{DTG_{max}}$ 是最大质量变化速率所对应的温度。如图 9-4（a）所示，随着氧气浓度的增加，反应进度曲线和 DTG 曲线向较低温度方向移动，曲线形状没有发生显著变化，表明城市固体废物在富氧燃烧中遵循类似的分解机理。在 200 ℃ 以后，样品出现了较为明显的失重现象。所有样品在 200～540 ℃ 范围内质量损失最多，占总损失重量的 94%。在 540～1000 ℃ 范围内的缓慢损失重量约为 6%。从图 9-4（b）的 DTG 曲线上更容易区分分解过程的不同步骤。随着温度的升高，在 DTG 曲线中出现了四个失重峰。其中以 305 ℃、380 ℃ 和 465 ℃ 为中心的质量减少过程所对应

的峰值较为明显，以710 ℃为中心的质量减少过程所对应的峰值相对较小。第一个峰可以归因于挥发性组分的逸出，第二个峰主要对应于塑料类物质的分解，第三个峰主要对应于焦炭的燃烧过程，最后一个峰则可能对应于灰分的热分解过程。

表9-3 MSW 在不同比例 N_2/O_2 气氛中的特征变化信息

O_2含量	T_v/℃	T_f/℃	DTG_{max}/(%/min)	$T_{DTG_{max}}$/℃
20%	272.2	732.7	12.24	310.8
30%	271.9	729.0	12.96	305.9
50%	270.9	727.3	14.51	304.4
60%	269.0	726.1	15.08	302.4
80%	268.8	714.2	17.54	298.6

在图9-4（b）中，最大失重速率出现在200～350 ℃之间，在此温度范围内，氧气的浓度对反应速率有较为明显的影响。随着氧气浓度在 N_2/O_2 气氛中从20%增加到80%，最大失重速率从12.24 %/min增加到17.54 %/min。

由此可见，在进行热分析测试的时候，选择最佳的测试条件是决定测试成败的一个关键因素。

9.6.3 人为因素

除了仪器因素和测试条件外，一些人为因素也会对热分析的测试结果产生影响。通常只要按照操作规程进行测试，大多数情况下都可获得较为正常的结果，因此大多数情况下可以不用考虑人为因素对测试结果的影响。但由于热分析方法的特殊性，一些人为因素也会对测试造成不同程度的影响，集中体现在以下方面。

（1）制样的影响

不同操作者对于加入仪器支持器的样品状态判断会存在差异，由此会对测试结果产生不同的影响。例如，大多数热重分析每次使用的样品量约为坩埚体积的1/3～1/2（快速分解会对仪器造成潜在危害的样品除外）。不同的人对于加入样品量的判断不同，加入样品的体积和样品在坩埚中的堆积方式对于热分解时逸出气体的挥发也会有不同的影响，由此获得的测试数据就会存在差异。

又如，在静态热机械分析测试中，样品在夹具上的受力情况如果不合适，也会给测试结果带来不同的影响。例如，固定力较大会造成样品在夹具的连接处发生变形，受力过大时样品容易从夹持处发生断裂。如固定力较小，则样品容易从连接处发生滑移或脱落。当测试过程中出现明显脱落现象时，应重新夹持样品。如在测试中样品出现微弱的滑移现象，则不容易进行判断，可能会被误认为样品的应变进行处理，从而影响测试结果。

（2）仪器工作状态的判断

通常，仪器在正常使用过程中应按操作规程进行定期的校准和核查，以免仪器在工作状态异常的情况下进行测试。但是，在仪器长时间工作的过程中偶尔会出现一些不容易被察觉的状态变化，使仪器处于"亚健康"状态，这种情况下一般不容易发现所获得的实验数据异常。与正常状态相比，在"亚健康"状态获得的数据的准确性和重复性会差很多。不同操作人员对于这种状态的判断也会不同，从而导致采取的措施不同，由此也会使测试数据出现差异。

9.6.4 实验室工作环境和其他因素

热分析仪所处的工作环境，如温度、湿度等都会对测试数据产生不同程度的影响。一些灵敏度较高的热分析仪，如微量差示扫描量热仪，对所处的实验室环境温度的变化十分敏感，当实验室环境温度波动3～5℃时，就会引起基线的变形。另外，一些容易潮解的样品，在进行热重分析测试时，实验室湿度的变化也会引起热分析曲线形状的变化。

此外，实验室中所发生的一些意外振动也会影响热重分析仪、热膨胀仪、热机械分析仪的正常工作，最终导致测试数据的异常。

除了上面这些影响因素外，样品本身的特性也会对热分析曲线造成不同程度的影响。例如，研究材料的热分解过程时，样品本身的反应热、导热能力、比热容都会对曲线产生影响。通常，样品本身在测试中出现较大的吸热或放热过程都会引起样品的温度高于或低于程序温度，从而引起热分析曲线的异常变形。消除这种现象的有效方法是减少样品的用量和尽可能使用较浅的测试容器。再如，进行热机械分析测试时，样品本身在加工过程中就存在结构不均匀或存在气泡、裂痕等缺陷时，也会对测试结果带来较大的负面影响，最终致使热分析曲线失真。

此外，在较高温度下，样品分解或挥发产生的气体产物在仪器加热炉或检测器的低温区域会出现冷凝现象。这些冷凝物的存在会对后续的测试造成影响，同时也会腐蚀仪器的相关部件。因此，定期对仪器的关键部位进行清洁是十分必要的。

影响热分析测试结果的因素很多，不同因素对于不同样品的测试影响程度也不尽相同。在进行数据分析时需综合考虑各种因素的影响。

9.7 常见热分析技术的应用领域及发展前景

经过一百多年的发展，热分析技术从最初的应用于黏土、矿物和金属合金扩展到今天的几乎所有与材料相关的领域，如物理、化学、化工、石油、建材、冶金、矿物、土壤、橡胶、纤维、塑料、生化、高分子合成、食品、地球化学等。一般来说，热分析技术主要可用于以下应用领域。

（1）成分分析

热分析技术可用于无机材料、有机材料、高分子材料和复合材料的成分分析。例如，在食品分析中，蛋白质的热变性是食品中最常见的变性形式，也是对蛋白质稳定性影响最大的一个因素。蛋白质在热变性过程中，吸收热量时会从一个有序状态变为无序状态，分子内的相互作用被破坏，多肽链展开。当达到蛋白质变性温度时，热分析曲线上会出现一个吸收峰，根据吸收峰的起始温度、峰面积就可确定蛋白质的变性温度、变性热等参数。利用这些参数就可了解蛋白质的稳定性及变性动力学等。DSC被广泛地用于确定动物肌蛋白、植物蛋白、禽类蛋白、乳类蛋白等食品蛋白的组成成分，通过研究蛋白质变性动力学，并根据变性动力学确定食品加工工艺。再如，热重法可用于分析无机材料、高分子材料或复合材料的内部组成成分及含量。

(2) 稳定性测试

热分析技术可用于材料的热稳定性、抗氧化性等各种稳定性的研究。例如，在石油工业中，DSC就常被用于检测各类油品的氧化稳定性、热稳定性等。在药物分析中，TGA和DSC也常被用于分析药物的分解稳定性。

(3) 化学反应研究

热分析技术可用于固–气反应研究、催化性能研究、反应动力学和焓变测定。例如，在进行炸药物性参数对温度的依赖性研究时，热分析技术具有重要的意义和关键性作用。利用热分析技术可测定炸药在热作用下的热行为，研究其反应动力学，并根据各种动力学参数及炸药在各种温度下的热行为，探讨和确定炸药在研制、生产和使用中的最佳条件，为确保安全性和可靠性提供重要的实验和理论依据。

(4) 材料质量检测

热分析技术可以检测材料的纯度、液晶性能、玻璃化转变、材料使用寿命等。例如，差式扫描量热分析技术可用于检测高分子的玻璃化转变温度，并检测玻璃化转变过程中伴随的焓变等现象。

(5) 材料力学测定

材料的力学性能有时直接决定了其应用的环境、加工的方法等。采用热机械分析法就可以对材料的机械性能进行分析，还可以分析材料的膨胀性能等。

(6) 在遥感卫星设计上的应用

热分析是卫星热设计中的重要步骤，用于检验是否将卫星温度控制在所要求的范围内。近年来，我国的卫星热分析技术取得了快速发展，卫星热分析与热实验偏差一般可控制在5~10 ℃范围内，已基本满足卫星工程设计要求。目前，进一步提高热分析模型精度的主要方法是利用热平衡实验数据进行热分析模型修正。

随着科技的发展，热分析技术的应用领域越来越广。未来的热分析仪也将在以下几方面逐渐有所突破。

①仪器准确度、灵敏性和稳定性的提高。

②仪器功能的扩展：

未来的热分析仪将在不影响灵敏度的前提下继续拓宽测试温度范围，并实现超大的加热/降温速率、温度调制、热惯性小的快速等温实验等，还会继续开发出适用于热分析仪的光照装置、温度控制装置、高压实验装置、真空实验装置和电磁场装置等特殊用途的实验附件。

③加强与其他仪器的联用：

目前，热分析仪已经实现了与红外光谱、质谱、气相色谱、气相色谱-质谱联用、拉曼光谱、显微镜、X射线衍射技术等技术的联用。仪器的联用逐渐成为了热分析测试技术的一种趋势。

④软件功能将获得进一步拓展：

随着电子计算机技术的发展，目前的软件分析功能已经有了巨大的改善，但热分析数据处理依然在不断提出越来越高的要求。例如，对于动力学分析，对于其提出的复杂性和快速性要求，目前大多数商用软件都不能满足，因此尚需深入发展相关软件,将其功能进一步拓展。

⑤新型热分析仪的研制:

为适应一些特殊场合或满足特殊的测试需求,近年来出现了可实现每分钟几百万度加热速率的闪速差示扫描量热仪等新型热分析仪。未来这类新型的热分析仪还将不断涌现。

⑥小体积、低成本:

为了进一步扩大热分析仪的应用范围,小体积和低成本依然是主要目标。例如,美国TA公司在2010年推出Discovery系列的热分析仪,其电路部分就适用于热重分析、热重-差热分析、差式扫描量热分析、静态热机械分析和动态热力学分析,可实现几台仪器共用一种控制单元,极大地节约了成本。

未来,热分析仪必然会朝着高精度、高灵敏度、多功能、智能化、结构紧凑、小巧美观的方向发展,在越来越多的新领域中发挥其不可替代的作用。

9.8 热重分析法

许多物质在加热或冷却过程中除了产生热效应外,往往还伴有质量的变化。质量变化的大小及变化时的温度与物质的化学组成和结构密切相关,因此,利用试样在加热或冷却过程中质量的变化特点,可以区别和鉴定不同的物质。热重法(TG)就是在这种理论基础产生的。

热重法是在程序控制温度和一定气氛下测量样品的质量与温度或时间关系的一种动态热分析法。它是研究化学反应动力学的重要手段之一,具有试样用量少、测试速度快,并能在所测温度范围内研究物质发生热效应的全过程等优点。

在早期与热重分析相关的一些文献中,热重分析被称为"热失重法",但其实有些样品在热重测试中质量几乎不变,甚至有质量增加的现象。例如,许多金属在空气气氛中加热到某一温度时,往往会由于氧化反应的发生而出现质量增加的现象。

热重分析是在静止的或流动的活性或惰性气氛中进行的,在热分析技术中使用最为广泛。在热重分析中,多种因素,如样品的重量、状态、加热速率、温度、环境条件等,都可变,而这些因素的变化对所测得的质量-温度曲线将产生显著的影响,并可用于估计热敏元件与样品间的热滞后关系,因此在记录测定结果时,以上所有测试条件都应被标明,以便进行重复实验。

9.8.1 热重分析仪及其基本原理

9.8.1.1 热重仪的测量模式

热重仪的测量模式主要有等温质量变化测量和动态质量变化测量两种。

等温质量变化测量(isothermal mass-change determination)简称等温模式(isothermal mode),是在恒定温度和一定气氛下测量样品的质量随时间变化的技术。这里的恒定温度是指通过加热使样品处于高于室温的某一个恒定温度,也可以通过降温使样品处于低于室温的某一个恒定温度。从其他温度达到恒定温度的时间应尽可能短,即温度扫描速率越快越好。另外,在达到目标恒定温度时,不能出现"过冲"现象。在实际应用时，可能在一次实验中两种方法都会用到，例如，样品可以一定速率加热到某一温度后等温一段时间再继续加热。在此程序中，包含了"非等温—等温—非等温"三个阶段。理论上，等温实验方法比非等温实验方法准确，但耗时更长、操作烦琐，不适宜广泛采用。

动态质量变化测量模式（dynamic mass-change determination mode）又称温度扫描质量变化测量模式（temperature-scanning mass-change mode），是在程序升温或降温和一定气氛下，测量样品质量随温度变化的技术。这种模式是热重分析中最常用的测量模式。测试时，根据需要选择合适的温度扫描范围和温度扫描速率，在一定的测试气氛下测量样品质量的变化。

与等温法相比，非等温热重法快捷方便，一次测试就可获得试样在较宽温度范围内的质量变化情况。但非等温热重法得到的测试结果受加热速率的影响较大，与真正的反应温度相比，存在一定的偏差。

9.8.1.2 热重仪分类

热重法所用的仪器称为热重分析仪或热天平，是把加热炉与天平结合在一起的装置。热重仪的基本结构包括程序温度控制系统、炉体、支持器组件、气氛控制系统、样品温度测量系统、质量测量系统、仪器控制、数据采集和处理等部分以及辅助设备。常用的热重仪可分为垂直式和水平式，垂直式又可分为上皿式和下皿式两种。

上皿式即样品皿（样品支持器）在天平的上方，如图9-5所示。这种热重仪除了可单独进行热重分析外，还可用于TG-DSC联用测量。其中的加热炉一般较大，因此可加大样品的用量，以用于大容量分析。PE公司和耐驰公司都有上皿式热重仪。

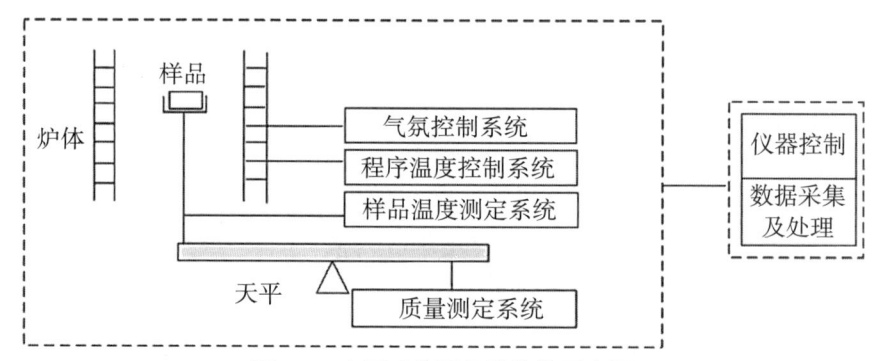

图9-5 上皿式热重仪的结构示意图

下皿式即样品皿在天平下方，如图9-6所示，适用于简单的TG测量。下皿式加热炉一般做得较小，因此，升温和降温速率都可以较快，热惯性小。岛津公司和PE公司都有下皿式类型的热重仪产品。

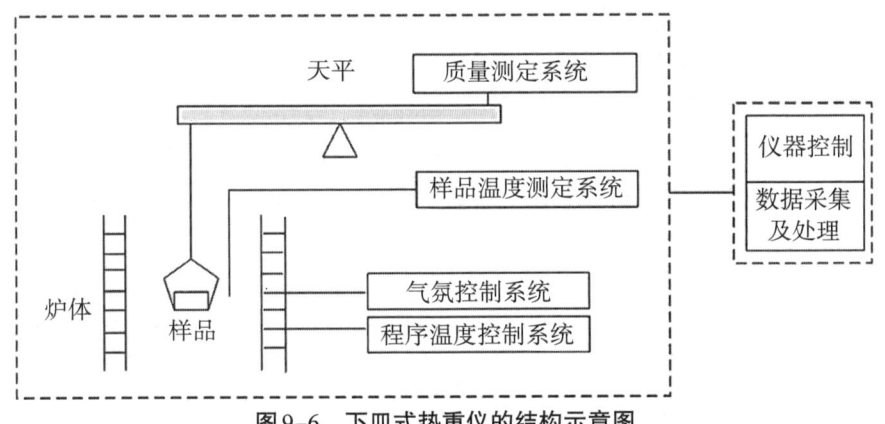

图 9-6　下皿式热重仪的结构示意图

水平式热重仪也称卧式热重仪，即样品皿和支持器处于水平位置，如图 9-7 所示。这种形式的热重仪浮力相对较小，也可用于 TG-DSC 联用测量。PE 公司和梅特勒公司都有水平式类型的热重仪产品。

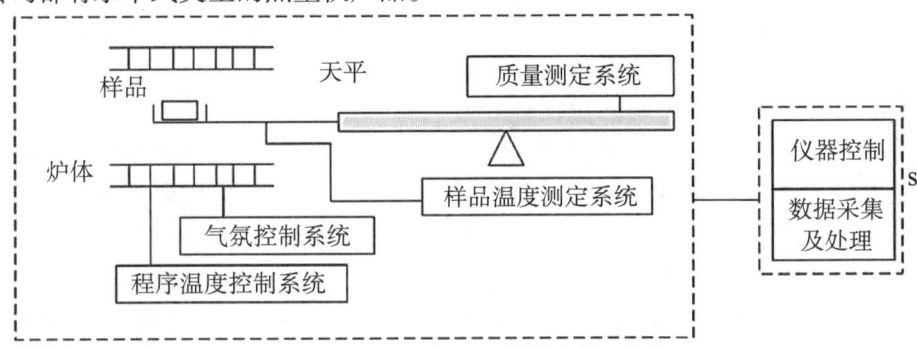

图 9-7　水平式热重仪的结构示意图

9.8.1.3　热天平

从图 9-5 到 9-7 中可以发现，质量检测单元的天平与常规的分析天平不同。这种天平通常被称为热天平（thermobalance），其横梁一端或两端置于气氛控制系统的加热炉中，可以记录样品的质量随温度或时间的连续变化过程。温度的变化可通过程序控制温度的加热炉实现，样品周围的温度变化通常用热电偶实时检测，以减少样品与加热炉的温度差异。热天平和热电偶测量到的质量变化信号经过变换、放大、模数变换后被实时采集下来，由仪器附带的专业软件进行数据记录和处理。

热天平是热重仪的核心部分。不同于一般的天平，热天平能自动、连续地进行动态测量与记录，并能在称量过程中按一定的温控程序改变试样温度，还可控制或调节样品周围的气氛。根据热天平的灵敏度，可将其分为半微量天平（10 mg）、微量天平（1 mg）和超微量天平（0.1 mg），灵敏度取决于天平的工作量程范围。一般而言，热天平的灵敏度越高，其称量范围即量程越小。对于灵敏度是 0.1 mg 的热天平，其量程通常不超过 200 mg。一些特殊的测试需要称量较多的样品，此时就需要通过扩大量程和降低灵敏度实现。

另外，与普通天平相比，热天平可以在一定气氛下工作，应尽可能减少气流、浮力、热辐射、加热时电流产生的磁场、气体腐蚀等作用的影响。为了减少温度变化对质量检测引起的漂移，热天平在设计上装置了温度补偿器。在测试过程中，温度的升高或降低会造成天平中永久磁体的磁场温度发生相应的减小和增大，从而导致与样品质量相平衡的力矩发生变化，质量也随之发生变化。这种情况一般需要相应地增大或减小磁场中线圈的电流大小来抵消质量的变化。这种变化不是由于样品的真实质量变化而引起的，一般称为表观质量变化。为抵消表观质量变化，仪器的永久磁场附近应配置热敏元件，这不仅可以补偿质量漂移，还可补偿由于横梁本身的热胀冷缩而引起的质量漂移现象。天平横梁的材料采用热膨胀系数较小的石英、氧化铝或铝合金，这样也可减少横梁本身的热胀冷缩。此外，电子器件的状态改变也会引起质量漂移，开机一段时间后让仪器稳定至少 30 min 再进行测试可以消除这种漂移。

9.8.1.4 温度控制系统

热重仪中的温度变化是通过温度控制系统实现的。温度控制系统主要由加热炉、程序温度控制系统和温度传感器组成。程序温度控制系统对加热炉发出指令，实现各种温度变化；加热炉的功能是按照程序温度控制系统中设定的温度程序，实现各种形式的温度变化；样品周围的温度传感器将记录下这种温度变化信号。

加热炉是热重仪的重要组成部分，温度变化主要由其实现。加热炉主要由加热元件、耐热炉体、热电偶、绝热层、外罩及可移动炉体的机械部分组成。热重仪的加热炉的工作温度主要在室温附近，最高温度可达 2800 ℃。大多数热重仪的最高使用温度是 1000 ℃ 或 1500 ℃。最高工作温度在 1000 ℃ 的加热炉可以用康铜或镍铬合金丝作为加热丝。最高工作温度在 1500 ℃ 的加热炉需使用铂或铂-铑合金丝作为炉丝。如果炉丝中铑的含量较多（通常 40% 左右），则加热炉的工作温度最高可达 1750 ℃。

加热炉的内胆一般是陶瓷材料，加热丝紧密绕在其外面，一般涂装一层陶瓷浆料以固定加热丝，以免相邻的加热丝缠结在一起，引起短路。

热重仪的加热炉在使用中需反复升降温度，有时还需要在高温下等温工作很长时间，这些都会对加热炉、加热丝的寿命造成很大影响。加热炉的寿命是热重仪维护中的重要问题。一般加热炉可使用 5~8 年，具体的寿命与加工工艺和仪器的使用频率有关。对于 1500 ℃ 的高温炉，当加热温度超过 1200 ℃ 时，尽量不要采用较慢的加热速率和较长的等温时间。这种超高温的实验对加热炉的使用寿命折损很大。

加热炉的体积对控温有较大影响。通常较小体积的加热炉升/降温速率快，但控温效果差，恒温测试时温度的波动较大。体积较大的加热炉加热恒温时温度起伏小，但加热速率较慢。

对于非室温下的恒温测试，除了要求恒温阶段的温度波动尽量小外，为防止样品在加热阶段发生反应，还要求从测试开始的温度到指定温度的时间越短越好，即加热速率尽可能快。传统的加热方式很难完美满足上述需求。红外线加热炉的瞬时加热速率可超过 2000 ℃，线性可控加热速率为 500 ℃/min。通过红外线加热可在 1~2 min 内就达到指定的温度，适用于恒温测试和超快加热速率下的热分解检测。

程序温度控制系统主要由 PID 调节器（propotion integration differentiation，比例-积分-微分控制器）组成。温度传感器主要是电热偶，热重仪需根据仪器的工作温度范围选择不同型号的热电偶。

炉温程序控制系统发出指令，控制加热炉的温度变化，可通过PID参数的调节使炉按照设定的加热升温、等温等方式实现温度变化速率和等温时间变化。一般通过一对或两对热电偶控制炉温变化。当采用一对热电偶时，热电偶既用于驱动控制系统又用于记录温度变化。如采用两对电热偶，则可一对用于驱动控制系统，另一对用于测量炉温的变化。

加热炉与天平的相对位置对测试结果也有较大的影响。对于吊篮式热重仪，为使样品保持自由悬挂状态，加热炉一般位于天平下方。对于有梁支架式热天平，加热炉可在天平上方，也可在下方，还可在天平的一侧。通常为减少加热炉在高温工作时辐射产生的热量影响天平的工作状态，一般情况下应将加热炉置于天平上方。

9.8.1.5 温度测量系统

温度测量是指用温度传感器测量样品周围实际温度的变化。对于可程序控制温度的加热炉，加热炉的热电偶一般位于炉胆外层的加热丝附近，和样品之间存在一定的距离，则样品周围温度与加热炉的温度一般存在差异。另外，样品在反应时自身的吸热或放热也会引起样品周围温度的变化。为如实反映样品在测试过程中的温度变化，通常使用样品周围热电偶的温度变化表示样品的温度变化。当工作温度低于1100 ℃时，一般用镍铬–镍铝热电偶。对于最高温度为1500~1600 ℃的热重仪，采用铂–铂铑热电偶。更高的最高温度的热重仪则采用钨–铼热电偶进行温度的测量。

由于测量样品温度的热电偶与样品距离很近或直接接触，在选用热电偶时应注意，热电偶必须是惰性材料，不能与样品或样品的分解产物发生任何反应，以防污染热电偶、降低仪器的测温精度。另外，热电偶的热电势与温度的关系在工作温度范围内应保持线性关系。

如果热电偶与样品的相对位置发生变化，将会给温度的测量结果带来较大的影响。正常情况下，热电偶与样品的相对位置应保持恒定。如果在测试中热电偶的位置发生了变化，应对仪器及时进行温度校正。

如果热电偶在高温下工作时间过长，且经常与等温分解产物接触，会导致其状态发生变化，因此需定期对热电偶进行温度校准，以保证温度测量的准确性。

9.8.1.6 气氛控制系统

进行热重分析测试时，样品周围的气氛对于热重分析曲线有很大影响。气氛可将样品发生质量变化时的气体产物及时带离反应体系，有利于反应的进一步进行。对于一些有毒或腐蚀性的气体产物，气氛可及时将这些产物带离仪器的检测系统，有利于保护仪器的样品支架和天平系统。对于一些容易发生氧化的样品，使用惰性气氛可对样品起到保护作用。可通过测试气氛的变化研究样品的一些反应特性。例如，可通过改变气氛的组成研究物质的氧化、还原、加成等反应过程中的质量变化，以体现更真实的反应过程。对于与热重仪联用的一些分析技术，如有气体逸出，气氛可及时将分解产物带到气体分析仪中，以实现实时分析反应生成的气体产物。还可通过改变气氛压力来进行一些特殊实验条件下的热重测试，这些特殊条件主要有真空和高压等。

气氛的流量一般由流量控制器控制。流量控制器主要有转子流量计、质量流量计等类型。其中质量流量计可记录测试过程中流量的实时变化，并可通过软件保存这些变化过程。无论是哪种流量计都需要定期使用皂膜流量计进行校准，以免加热炉出口由于分解产物的冷凝被堵塞而引起流量下降。在使用一些危险性气体，如氢气、甲烷和一氧化碳等作实验气氛时，必须仔细检查气路和仪器的密闭性，以免气路泄漏而引起爆炸或中毒。

气氛在不同结构的热重仪内部的流动方式不同，但其在仪器内部流动的方向一般相同，即先经过气氛控制器、天平室，然后是加热炉，最后将气态分解产物经加热炉出口带离炉体。现在的商品化热重仪一般都可实现使两路及以上的气体进入加热炉。大多数仪器的天平室还配置了独立的保护气路系统，以有效避免分解产物进入天平室而引起污染。当使用含两种组分以上的混合物气体作为气氛时，应在仪器外部或前段先将气体经稳压后充分混合，然后保持流量稳定地输出，经截止阀输入到测量室。不应简单地将两种不同流速的气体通过各自的独立气路在加热炉内进行混合，因为这样混合的效果一般较差，无法有效保证测试结果的重复性。当使用一些危险气体时，局部浓度过高易引起爆炸。一般的做法是直接使用已经充分的混合气体的标准气体作为气源。

热重仪在真空条件下的测试主要通过将加热炉口与机械泵或扩散泵相连接来实现。通常，单独使用机械泵可获得较低的真空度，如将机械泵与扩散泵配合使用，可提高真空度。为防止抽真空时粉末样品发生飞溅，一般会在机械泵、扩散泵和测量室之间配置一个直径较大的管道，管道上分别安装蝶阀和真空微阀。抽真空时，使支路管道与机械泵相通。由于抽气速率较低，因此可有效避免样品飞溅。当达到机械泵极限值时再打开主管道，使真空度继续下降，从而实现在真空条件下的热重测试。

9.8.1.7 仪器控制和数据采集及处理

在热重测试过程中，待测物理量的原始信号首先通过传感器或相应的电路单元转换为电压模拟信号，然后再通过模数转换器转换为数字信号。

测试时，数据的采集频率通常是一秒采集一个数据点，对反应速率较快的反应，应提高采点频率。一些仪器的软件中，最高可设置一秒采集200个数据点。对于反应速率较慢的反应，可适当增大采点间隔。一般而言，采点间隔越大，得到的实验曲线越平滑，但过大的采点间隔有时会遗漏一些实验的中间过程，造成实验曲线失真变形。较大的采点频率通常又会使实验曲线的噪声较大，给分析一些特征变化值带来困难。

9.8.1.8 热重仪的工作原理

使用热重仪进行测试时，将装有样品的坩埚置于与热重仪质量测量装置相连的样品支持器中，在预先设定的程序控制温度和一定气氛下对样品进行测试，通过质量测试系统实时测定样品的质量随温度或时间的变化。

热重仪测定样品质量变化的方法有变位法和零位法两种。变位法是根据质量变化与天平梁的倾斜度成正比的关系，用直接差动变压器等检测天平梁的倾斜度，并自动记录所得到的质量随温度或时间的变化，从而得到TG曲线。零位法是采用差动变压器、光学法测定天平梁的倾斜度，通过调整安装在天平系统和磁场中线圈的电流使线圈转动，从而将因质量变化而倾斜的天平梁恢复到原来的平衡位置（即零位）。线圈转动所施加的电磁力与质量变化成正比，通过调节转换机构中线圈中的电流来实现电磁力大小与方向的调节，检测此电流的变化即可知质量随温度或时间的变化。

日本科学家本多光太郎于1915年制作的热重法装置就是零位型热重仪，其结构示意图如图9-8所示。在加热过程中，如果试样无质量变化，热天平将保持初始的平衡状态；一旦样品中有质量变化，天平就失去平衡，并立即由传感器检测并输出天平失衡信号。这一信号经测重系统放大后，用以自动改变平衡复位器（也称平衡锤）中的线圈电流，使天平又回到初始的平衡状态，即天平恢复到零位。平衡复位器中的电流与样品质量的变化成正比，因此，记录电流的变化就能得到试样质量在加热过程中连续变化的信息，而试样温度或炉膛温度由热电偶测定并记录。这样就可得到试样质量随温度（或时间）变化的关系曲线，即热重曲线。热重仪中装有阻尼器，其作用是加速天平趋向稳定。天平摆动时，有阻尼信号产生，经放大器放大后再反馈到阻尼器中，促使天平快速停止摆动。

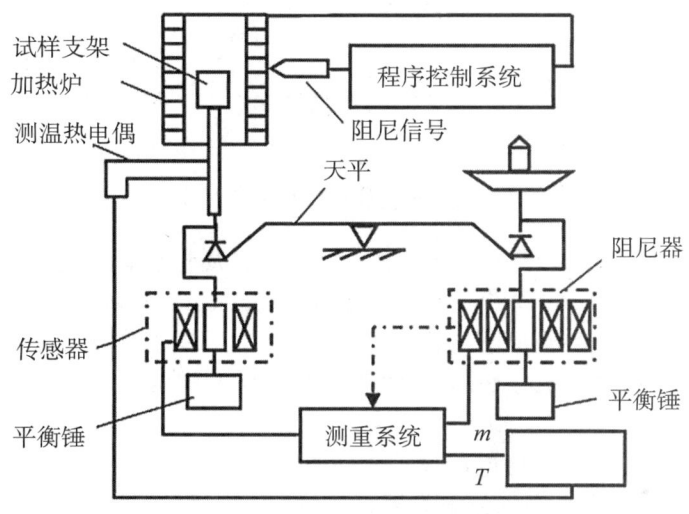

图9-8 零位型热重仪的结构示意图

9.8.2 热重曲线

用热重分析样品的质量分数w对温度T或时间t作图就可获得热重曲线（TG曲线），是热重分析测试结果最直接的表现形式，其数学表达式为

$$M = f(T, t)$$

式中，M是任意时间或温度下的质量，一般以质量百分比表示；T是温度，单位通常为℃，在进行动力学和热力学分析时，单位用K；t是时间，一般以秒（s）为单位，当测试时间较长时，也可以分钟（min）或小时（h）为单位。

图9-9是典型的TG曲线示意图。热重曲线的纵坐标为质量m（单位为mg）；或质量变化率，即剩余质量占原质量的比率（$1-\Delta m/m_0$），单位为%。应用较多的是质量变化率，或质量参数。曲线向上表示质量增加，向下表示质量减小。横坐标以温度T或时间t表示，自左向右表示温度升高或时间增加，反映了在均匀升温或降温过程中样品质量与温度或时间的函数关系，温度单位为热力学温度（K）或摄氏温度（℃）。

曲线中的水平部分为稳定质量值，表明该阶段被测物质的质量未发生任何变化，如图中的 AB 段所示，样品质量保持为 m_0；当曲线拐弯转向时，表明被测物质的质量发生了变化；当曲线又处于水平时，质量稳定在一个新的量值上，如图中的 CD 段所示，质量保持为 m_1，曲线的 BC 段即为质量变化阶段；同理，曲线中的 DE 和 FG 段均为质量变化阶段，EF 为又一新的质量保持值 m_2。由 TG 曲线可以分析试样物质的热稳定性、热分解温度、热分解产物以及热分解动力学等，进一步可获得相关的热力学数据。

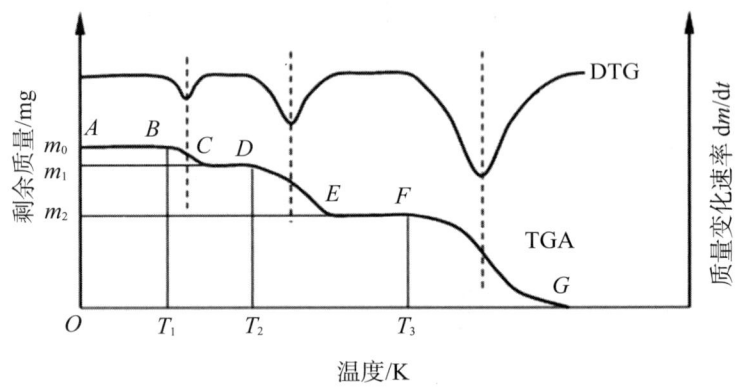

图 9-9　典型的热重曲线示意图

同时，还可根据 TG 曲线进行微商处理，获得的质量变化的速率与温度或时间的关系即微商热重曲线（derivative thermogravimetric curve，DTG）。微商热重曲线比 TG 曲线的质量变化阶段更加明晰显著，可据此研究不同温度下的质量变化速率，这对研究分解反应开始的温度和最大分解速率所对应的温度是非常有用的。当试样质量为零时，即曲线中的 G 点，试样完全失重。

不少物质的失重过程对应的温度范围相当宽，这给利用 TG 法鉴别未知化合物带来困难，特别当两个化合物的分解温度范围比较接近时尤其如此。采用微商热重法可以解决这一问题。DTG 的曲线表示质量随时间的变化率（dm/dt）与温度或时间的函数关系为：

$$dm/dt = f(T, t)$$

用 TG 曲线对温度或时间进行微分，可得到一阶微商曲线 DTG（质量变化速率）和二阶微商曲线 DDTG。DTG 曲线上出现的峰反映质量发生变化，峰的面积与试样的质量变化成正比，峰顶与失重变化速率最大处相对应。DTG 曲线清楚地反映了起始温度、最大反应速率温度，且提高了分辨两个或多个相继发生的质量变化过程的能力。从 DTG 中可以获得 TG 曲线上难以获得的信息，从而可以更好地研究反应动力学。

9.8.3　影响热重分析的因素

影响热重分析的因素主要有仪器本身的因素、测试条件因素和样品因素。仪器因素包括：浮力与对流、挥发物冷凝、温度测量、坩埚材料、支持器和加热炉的几何形状以及天平和数据采集系统的灵敏度等；测试条件因素包括升温速率、炉内气氛和数据采集速度等；样品因素包括样品量、样品的几何形状和大小、样品的装填方式和样品的属性等。

9.8.3.1 仪器因素

(1) 浮力与样品基线

在热重分析中，随着炉内温度的变化将引起气体密度的变化，必然导致气体浮力发生变动。一般情况下，空气在室温（25 ℃）下的密度是 1.18 g/L，在 100 ℃时为 0.2 g/L。在 300 ℃时作用到样品上的浮力相当于常温时的 1/2 左右，900 ℃时约是常温时的 1/4。

另外，随着炉温的升高，炉内样品周围的气体各点所受热的温度不均，从而使较重的气体向下移动，形成气流冲击样品支持器组件，这样即使样品质量没有改变，在升温时似乎也在"增重"，从而引起热重曲线基线上漂，这种现象称为表观增重。

表观增重量与温度的关系为

$$\Delta W = V \times d(1 - T_0/T)$$

式中，ΔW 为表观增重量，V 是加热区样品、样品容器和样品支持器的体积，d 是环境介质在 T_0 时的密度，T_0 是环境介质的温度，T 是加热区的绝对热力学温度（单位为 K）。

一般情况下，由于加热区中样品、支持器体积 V 和加热区的绝对温度 T 在测定时存在较大误差，不同气氛对 ΔW 的影响有明显的差异，升温速率不同、炉膛的尺寸和坩埚在炉中的位置等都会改变炉内气体的对流和湍流。同时，当炉内有流动气体时，还会出现附加的表观增重，所以表观增重量很难进行准确计算。

前面所述三种热天平都存在浮力效应，解决的方法是在相同条件下，包含待测样品的温度范围，预先作一条基线，目的是消除浮力效应造成的热重曲线的漂移。虽然水平式热天平的浮力最小，但对要求严格的测试，也应预先作基线。

(2) 挥发物的再凝聚

热重分析过程中，样品在受热分解或升华时逸出的挥发物通常会在仪器的低温区冷凝，这不仅污染仪器，还会使测量的样品质量发生偏差。当继续升温时，这些冷凝物可能会再次挥发而产生假失重现象，使 TG 曲线出现混乱，造成测试结果不准确。为减少冷凝物的影响，一方面可在热重仪的样品盘周围安装一个耐热的屏蔽套管，或者采用水平式热天平，另一方面尽量减小样品用量，并选择合适的扫吹净方式化气体流量，使用较浅的样品皿。

(3) 样品皿（坩埚）的材质

样品皿的材质有玻璃、铝、陶瓷、石英、金属等。样品皿对样品、中间产物和最终产物都应是惰性的。聚四氟乙烯类样品不能用陶瓷、玻璃和石英类试样皿，因为其相互间会形成挥发性碳化物。铂样品皿不适宜作含磷、硫或卤素的聚合物的试样皿，因为铂对该类物质有加氢或脱氢活性。

在选择样品皿时，样品皿的形状以浅盘为好，试验时将样品薄薄地摊在其底部，不加盖，以利于传热和生成物的扩散。但如果测试含量较少的组分，如少量灰分，则应该采用深盘，否则所需检测的组分可能被掩盖。

(4) 温度测量

在热重仪中，因为样品不与热电偶直接接触，样品的真实温度与测量温度之间存在差别。另外，升温和反应时所产生的热效应常常使样品周围的温度分布不均匀，从而引起较大的温度测量误差。为消除或减少这种误差，需对热分析仪进行定期的温度校正。

9.8.3.2 测试条件因素

(1) 升温速率

升温速率是对热重分析影响最大的因素。升温速率越大，所产生的热滞后现象越严重，往往会导致热重曲线上的起始温度和终止温度偏高，反应温度区间也偏宽。这是由于加热丝与样品间的温度差和样品内部存在温度梯度而造成的。升温速率太大，有时会掩盖相似的质量变化过程，不利于中间产物的检出，使热重曲线上呈现的拐点变得不明显。升温速率小，虽然分辨率提高，但太小又会降低测试效率。升温速率的大小可明显影响测试结果。改变升温速率可以分离相邻反应，如加快升温时曲线可表现为转折，而慢速升温时可呈现平台。因此在热重分析测试中，选择合适的升温速率至关重要。考虑到高分子材料的传热性一般不及无机物和金属，建议高分子样品一般选择 5~10 K/min 的升温速率。无机、金属试样选择 10~20 K/min 的升温速率。

(2) 气氛

热重法的测试通常可在静态气氛或动态气氛中进行。在静态气氛中，惰性气体气氛一般不影响反应，但如果气氛含有与产物相同的气体组分时，该气体的加入会抑制反应的进行，使分解温度升高。如果测定的是一个可逆的分解反应，虽然随着升温，分解速率增大，但因为样品周围的气体浓度增大，又会使反应速率降低。另外炉内气体的对流可造成样品周围气体浓度不断变化，这些因素会严重影响测试结果，所以一般不常使用静态气氛进行测试。

为获得重复性好的测试结果，一般会在严格控制的条件下采用动态气氛，使气流通过加热炉或直接通过样品。当样品支持器的形状比较复杂时，如要观察样品在氮气下的热分解等，则要预先抽空炉内空气，然后在较稳定的氮气流下进行测试。如果动态气氛是惰性气体，则可加快分解反应，并使反应产物增加。如气氛中有与产物相同气体，会使起始分解温度升高，并改变反应速率和产物量。如动态气氛的流量较大可降低分解温度。

控制气氛有助于是深入了解反应过程的本质，使用动态气氛更有利于识别反应类型和释放的气体，并对数据进行定量处理。

常用气氛为空气和 N_2，也会使用 O_2、He、H_2、CO_2、Cl_2 和水蒸气等。不同气氛的反应机理不同。如果气氛与样品发生反应，则 TG 曲线形状受到影响。例如，聚丙烯使用 N_2 作为气氛时，无氧化增重；当气氛为空气时，在 150~180 ℃ 出现氧化增重。应考虑气氛与热电偶、试样容器或仪器的元部件有无化学反应，是否有爆炸和使人中毒的危险等。气氛处于动态时应注意流量对测温精度的影响，如果动态气流主要是保护气，用于保护天平，气流量一般为 20 mL/min；如果使用动态气流的目的是吹扫，用于带走热重测试过程中产生的气体，则气体流量需稍微大于保护气，一般气流速度为 40~50 mL/min。保护气一般为惰性气体，吹扫气体可根据测试目的的不同进行改变。如果存在挥发物的再冷凝，则应加大热天平室气氛的通气量。

9.8.3.3 样品因素

样品的用量、粒度和装填到样品皿中的紧致程度,都可能会影响样品的反应热、热导率和比热容,进而对热重曲线产生影响。

(1) 样品用量

少量样品有利于气体产物的扩散和试样内温度的均衡,减小温度梯度,降低试样温度与环境线性升温的偏差。样品用量大,则因吸、放热引起的温度偏差大,不利于热扩散和热传递。通常,样品量越大,由样品的吸热或放热反应引起的样品温度偏差也越大,对逸出气体扩散和热传导都不利,还会使样品内部的温度梯度增大。因此,在热重法中,样品用量应在热重分析仪灵敏度范围内尽量小。由于有机材料和高分子材料的热传导率比无机物和金属小,因此常用的测试量相对更少,一般为 5~10 mg。当测试熔点时,样品量应尽量少,否则会因为温度梯度大而使熔程变大。当测试玻璃化温度时,应适当加大样品用量,以提高灵敏度。

(2) 样品粒度

样品粒度对热传导和气体扩散也有较大影响。粒度小,反应速率快,会使热重曲线上的反应起始和终止温度降低,反应区间变窄。粒度大的样品则反应较慢,反应滞后,往往得不到较好的热重分析曲线。样品的粒度不宜太大,同批试验样品,要求粒度保持一致。

表面反应或多或少受到样品粒度的影响,表面反应比样品粒度对化学分解的影响更加明显。而相转变受粒度的影响较小。应尽量采用粒度相近的样品,如通过一定筛孔的细粉。

(3) 样品装填情况

样品装填紧密,则试样颗粒间接触好,利于热传导,但不利于扩散或气体。堆砌松散的试样颗粒之间有空隙,使试样导热变差,而颗粒越小、堆得越紧密,导热越良好。一般要求样品的装填薄而均匀,装填的紧密程度适中为好。同批试验样品,每一样品的装填紧密程度也要一致。

9.8.4 热重分析测试方法及技巧

9.8.4.1 热重仪的校准

热重仪测量的是样品的质量随温度或时间的变化关系,在仪器的使用过程中,需定期使用相应的校准方法或规范对仪器的质量和温度测量进行校准或标定。一些对实验气氛要求较高的实验,还需要对仪器的气氛流速进行校准。

(1) 质量校准

与常规的分析天平的质量校准不同,热天平具有更高的灵敏度,因此在校准时使用的微克级砝码无法方便获得。在实际中,热重实验所用样品量一般在几毫克到几十毫克不等,大多数热天平的质量校准通常使用 10 mg 或 100 mg 的标准砝码对天平的称量质量进行标定。一般做法是:将一只已知质量的标准砝码放在天平的样品盘上,确定天平显示的质量与标准值是否一致。如有差别,通过仪器附带的软件进行设置,使显示的质量数值与标准值一致。

对于灵敏度较高的热天平，较长时间内的质量漂移的程度也是评价仪器性能好坏的一个重要指标。在测试实验正式开始前必须对这种表观质量变化进行校正。校正的具体做法如下。

①将不加样品的空坩埚放置于相应的支架上，设定温度程序和气氛流速等条件，开始运行实验。由此实验得到的热重曲线为空白基线。需注意的是，空白实验的温度程序、气氛流速、坩埚类型等条件应与正常实验一致。理论上，如正常实验的以上操作条件发生了变化，则应再进行相应的空白实验操作。

②根据仪器的校准程序，在分析软件中打开空白曲线，即在正常实验模式下，由空白坩埚得出的实验曲线，标出不同温度下的质量变化，按照软件设置，将此空白曲线调入仪器的标准方法文件中，在之后的实验中就可对质量漂移自动进行校准。对一些质量变化较小的过程，有时还要对质量进行二次校准。在完成以上质量校准操作后，在正常实验模式下，在正式实验开始前，先用空白坩埚获得一条空白实验曲线，然后在相同的条件下向空白坩埚中加入样品，开始实验，获得样品的热重曲线，最后在分析软件中用样品的曲线与空白曲线相减，得到的曲线就是二次校正后的热重曲线。通过这种校正方法得到的热重曲线，其质量漂移现象会减弱很多，但这种方法比较烦琐。当仪器状态发生变化时，如果再扣除空白曲线则容易引起热重曲线的变形。

有时还会采用已知分解过程的高纯化合物的质量变化来标定热天平称量的准确度。

（2）温度校准

热重测试前要对温度进行校正。这种标定工作至少应每半年进行一次。对于下皿式热重仪，测温热电偶不与样品直接接触，而是与样品有一定距离，当炉体温度发生变化时，不可避免地会在样品周围产生温度滞后。当测试过程中样品发生较大的放热或吸热效应时，样品和热电偶之间的温度差将会变得十分明显。通常情况下，应将热电偶放置于装有样品的支持器下方 1~2 mm 处。如果将热电偶放置于装有样品的支持器上方，则在加热过程中产生的气体可能污染热电偶。

热重仪的温度一般可用居里点法、吊丝熔断法、特征分解温度法和特征转变温度法等几种方法进行校准。

①居里点法：

居里点法是根据铁磁材料在外磁场作用下，达到居里点时有表观失重的特征进行温度标定的方法。

在磁场作用下，将铁磁性材料加热到某一温度时，其导磁性很快完全消失，这一温度被称为铁磁性材料的居里温度（Curie temperature）。居里温度只与材料的组分有关。当材料的组分保持不变时，居里温度不会发生变化。

在采用居里点法进行温度校准时，通常使用具有确定居里温度值的纯金属或合金作为标准物质。这种方法最早被用于珀金埃尔默公司开发的小型加热炉温度的校准。因加热炉中均匀加热区的尺寸有限，因此十分有必要对其进行精确的校准。经过几十年的发展，目前这种方法已经广泛用于各类热重仪的温度校准和数据处理，其校准过程其实就是磁性温度的测量,而磁效应的外推终止点就是居里温度值。通过这种方法可以方便地在单次实验中测量多个磁性样品的转变过程。

校正时,将铁磁性材料放在热天平的样品坩埚内,并在炉体外侧的样品位置处放置一块永久磁铁。由于磁场作用,此铁磁性材料产生一个向下的力,位于样品上方的热天平发生增重。当加热炉升温到该铁磁性材料的居里温度时,铁磁性材料快速失去永久磁铁对它的向下拉力,表现为失重过程。实验结束后,在分析软件中根据曲线的拐点确定居里温度。

当使用已知居里温度的铁磁性材料所得到的测试结果与标准值不一致时,应在仪器的控制软件或控制面板中进行校正。在校正热重仪的温度时应注意,要选择居里温度接近样品测试温度的材料。表9-4为常见的可用于热重仪温度校准的磁性材料。升温速率应与测试条件保持一致,一般为10~40 K/min;实验时样品量应适中,不宜太少,否则曲线不明显;温度读数为热重曲线台阶的最大斜率与台阶结束后基线外延线的交点所对应的温度。

表9-4　可用于热重仪温度校准的磁性材料

磁性材料	居里温度/℃	磁性材料	居里温度/℃
蒙乃尔合金	65	镍铬合金	438
阿卢梅尔镍铝锰电阻合金	163	磁渗透合金	596
镍	354	铁	780
钼镍铁坡莫合金	393		

②吊丝熔断法:

吊丝熔断法是将已知准确熔点的纯金属丝固定悬挂在样品支撑系统附近非常接近样品的位置上,当温度升高到纯金属细丝的熔点时,金属丝熔化并从支撑件上滴落,TG曲线便产生不连续的失重。样品的具体放置位置很重要,熔融金属滴落时金属丝的质量可能会减小并造成突然的质量损失。金属丝可能会滴落在样品盘上,使检测到的质量信号产生瞬间波动。

也可采用另一种方法获得更加明显的质量变化信息。即,将已用温度标定过熔点的金属丝制成直径小于0.25 mm的吊丝,把一个质量约为5 mg或10 mg的热稳定性很高的铂砝码用这种吊丝吊挂在热天平试样容器上方。为节省熔点已准确知晓的纯金属细丝的用量,减少由于金属挥发对仪器造成的污染,金属丝可用高熔点的铂丝,其与热稳定性好的铂砝码之间用已知准确熔点的纯金属细丝连接。当温度超过可熔断金属吊丝的熔点时,铂砝码掉入铂秤盘中,热重曲线上产生一个冲击波动,其所对应的温度就是此金属丝的熔点。表9-5是可用于吊丝熔断法的金属丝及其相关参数。

表9-5 可用于吊丝熔断法的金属丝的相关温度

材料	观测温度/℃	校正温度/℃	文献值/℃	与文献值的偏差/℃	材料	观测温度/℃	校正温度/℃	文献值/℃	与文献值的偏差/℃
铟	159.90±0.97	154.2	156.63	−2.43	铝	652.23±1.32	659.09	660.37	−1.28
铅	333.02±0.91	331.05	327.50	3.55	银	945.90±0.52	960.25	961.93	−1.68
锌	418.78±1.08	419.68	419.58	0.10	金	1048.70±0.87	1065.67	1064.43	1.24

在使用吊丝熔断法时，应注意所选择的标定金属丝的熔点应接近样品温度的材料，升温速率一般选择10～40 ℃/min，最好是与检测样品时的升温速率相同。

③特征分解温度法：

早期的热重仪校准会使用具有明显特征分解温度的材料，通过已知结构的物质的初始分解温度进行温度校正。这里的初始分解温度是质量变化速率达到某一预先设定值之前某一时刻样品的温度，因此所选标准物质需满足在分解温度前的温度区域里有足够的稳定性。初始分解温度还应该有较好的重现性，不同来源的同种标准物质其初始分解温度应具有较小的差异。表9-6即为常见的用于热重仪温度校正的标准物质的特征初始分解温度。

表9-6 用于热重仪温度校正的标准物质的特征分解温度

标准物质	特征分解温度/℃	标准物质	特征分解温度/℃
$K_2C_2O_4×2H_2O$	80	$KHC_6H_4(COO)_2$	245
$K_2C_2O_4×H_2O$	90	$Cd(CH_3COO)_2×H_2O$	250
H_3BO_3	100	$Mg(CH_3COO)_2×4H_2O$	320
$H_2C_2O_4$	118	$KHC_6H_4(COO)_2$	370
$Cu(CH_3COO)_2×H_2O$	120	$Ba(CH_3COO)_2$	445
$Ca(C_2O_4)×H_2O$	154	$Ca(C_2O_4)×H_2O$	476
$NH_4H_2PO_4$	185	$NaHC_4H_4O_4×H_2O$	545
$(CHOHCOOH)_2$	180	$KHC_6H_4(COO)_2$	565
蔗糖	205	$Ca(C_2O_4)×H_2O$	688
$KHC_4H_4O_6$	260	$CuSO_4×5H_2O$	1055

对于同一种化合物样品，因其成分或形态存在微小差异，测试所得结果往往会有所不同。即使对于完全可逆的反应，实验中所用样品量的差异也会引起温度的漂移。因样品分解引起的吸热或放热变化也会引起所测得的表观温度发生变化。因此，特征分解温度法受到样品用量、升温速率、装填情况及炉内气氛的性质和种类等各种因素影响，得到的结果常常重复性较差，不同仪器和不同实验室获得的结果也会出现较大差异。

目前这种方法主要用于验证校正后仪器的工作状态。

④特征转变温度法：

对于与差热分析或差示扫描量热仪联用的热重仪而言，常常通过一些具有可逆的固-固转变或固-液转变的物质进行温度校正。常用的这类物质见表9-7所列，因样品来源不同，其熔融温度会略有差异。特征转变温度法的特点是，同一样品在炉内可以通过升温-降温-升温反复测定。

表9-7　常用的特征转变温度法的标准物质及其熔融温度

标准物质	熔融温度/℃	标准物质	熔融温度/℃
Hg	−36.9	Al	660.4
H_2O	0.0	Ag	961.9
$C_{12}H_{10}O$（二苯醚）	26.9	Au	1064.4
$C_7H_6O_2$（苯甲酸）	122.4	Cu	1084.5
In	156.6	Ni	1456
Bi	271.4	Co	1496
Pb	327.5	Pd	1554
Zn	419.6	Pt	1772
Sb	630.7	Rh	1963
Ir	2447		

对于水平式和上皿式结构的热重仪，大多是将热重分析与差热分析或差示扫描量热法联用。这类仪器可用已知熔融温度的标准物质通过初始熔融温度进行温度标定。

由于高温下热辐射的影响，不同温度下测得的熔融温度与实际熔融温度并非线性关系。对于温度范围较广的实验，一般需选种个标准物质进行校准。例如，对于相变温度范围在25～1500 ℃的实验，一般要选用两种或两种以上的物质进行不同温度范围内特征温度的校正。

曲线上的峰面积通常随着温度的升高而减小，因此，应选择熔点与所研究的反应温度范围相近的物质进行温度校正。例如，物质的分解温度在150 ℃附近，则应选择金属铟来进行温度校正。

9.8.4.2　热重测试过程

热重仪在经过质量和温度等一系列校正并达要求后就可用于正式的测试。热重测试的过程一般包括样品准备、测试条件选择、测量、数据处理等步骤。

（1）样品准备

理论上，所有非气态的样品都可以直接进行热重分析，检测其质量在一定气氛和程序控制温度下随温度或时间的连续变化。但不同状态的样品所获得的热重曲线差别较大，因此，选择合适的样品状态对于获得合理的实验结果非常重要。

①固体样品：

对于粉末样品，如果颗粒粒径均匀，可直接进行测试。如样品间粒径差别较大，则需经过研磨或筛分处理（100～300目）。如果样品吸湿或环境湿度大，或样品含有部分溶剂或水分,则需要在测试前进行干燥处理。

对于薄膜样品,测试时可以将其切割成比坩埚内径略小的圆片,将其均匀平铺到坩埚底部,以使其重心位于坩埚中间。坩埚内不能任意堆积样品,否则会导致样品在分解过程中由于重心发生变化而带来表观质量变化。

对于大块的样品,测试时可据需要决定块状样的粉碎程度。因样品的粒径大小会影响其分解过程,因此如需考虑块状样品的热稳定性,则应先将样品加工成较薄的碎片后,平铺在坩埚底部后就可开始测试。如要了解样品在粉末状态下的分解行为,可使用相应的粉碎技术将样品先进行粉碎处理,进行筛分处理后对粒度均匀的样品进行测试,以保证所获数据的重现性。

对于纤维状样品,先用相应切割工具将其切割成短于坩埚内径的小段。测试时将纤维小段平铺在坩埚底部即可。切勿将纤维揉成团后直接放入坩埚,这样得到的热重曲线极易出现由于加热过程中重心变化而带来的表观质量变化,从而影响测试结果。

如果是物理混合的混合物固体样品,测试时需考虑取样的位置差别。因每次热重分析测试所需的样品量很少,一般为几毫克到十几毫克,每次测试取样不一定具有代表性。因此通常需进行平行测试,平行测试的次数一般为3~5次。

②液体样品和黏稠样品:

液体样品一般包括液态物质和溶液两种。

液态物质大部分都具有较强的挥发性,因此在将样品加入坩埚后应尽快开始测试。单一组分的化合物,其挥发对热重曲线的总体形状影响不大。多种组分的化合物,较长时间的挥发会影响样品的组成。

浓度较低的溶液样品不适宜直接进行热重实验,特别是浓度在3%以下的溶液。因溶剂的挥发是个十分缓慢的过程,且会影响溶质的热分解过程,因此,对于浓度较低的溶液样品,应在测试前对其进行浓缩或干燥处理。

黏稠状样品或凝胶样品可直接进行测试。样品中如含有较多溶剂,则应尽可能地把溶剂除去。这类样品在取样时应先混匀,从中间部位选取样品进行分析。

对于含有悬浮物的液体,取样前一定要混合均匀。

(2)测试条件的选择

测试条件的选择会直接影响热重分析测试的结果。

①实验气氛的选择:

一般物质发生质量变化时,主要是经历了汽化(挥发)、升华、分解、氧化还原/加成等反应。

当样品挥发或升华时,不会与气氛发生反应,气氛的作用只是及时将汽化产物带离样品周围,即起吹扫作用,以利于反应的进一步进行。

如样品的分解只是其自身结构发生分解,而没有与气氛进行反应,则这种分解为热裂解。热裂解是物质本身在温度变化时发生分解的真实体现。如果仅通过热重实验考察用品在不同温度下的热分解过程或热稳定性,一般选用不与样品发生反应的气氛作为实验气氛。

如果要考察样品在不同温度下与不同气氛，如氧化性气体、还原性气体或反应性气体发生反应的过程，与自身的热裂解相比，氧化过程的速率较快。例如，对于结构复杂的有机物，在氮气气氛下，随着温度升高会逐步分解成性质相对稳定的碳化物，但如果在氧化性气氛中，裂解形成的碳化物会继续与氧化性气体发生氧化反应，最终氧化成结果稳定的小分子化合物，如二氧化碳和水等。对于无机、有机或高分子混合物或复合物，可加入氧化性气氛，通过有机组分在加热过程中氧化分解时质量的变化来判断样品中的无机物、有机物或高分子化合物的比例。

实验前一定要根据具体实验目的来合理选择实验气氛。

无论是静态气氛还是动态气氛，如果气氛与样品或产物发生反应，将促进反应的进行，使反应提前。热重测试中的气氛通常分为：

（i）惰性气氛，如氦气、氮气和氩气等；

（ii）氧化性气氛（常用的是空气）及强氧化气氛（如氧气等）；

（iii）还原性气氛，如氢气、一氧化碳等；

（iv）腐蚀性气氛，如氯气、氟气等；

（v）真空或控制压力。

这里的氧化性和还原性及腐蚀性气氛都是相对的，根据实际情况而定。

比较样品在不同气氛下的质量随温度或时间的变化，有助于理解样品所发生的反应。例如，在空气气氛下，只含有C、N、H的化合物的分解速率比在氮气中高，最终残重将为零；而在氮气气氛中，C以碳的形式留下，无法分解。如果样品在氮气中的最终分解产物含有金属单质，则它们在空气中将形成氧化物。

②实验容器的选择：

热重分析实验中的样品容器一般是坩埚。热重实验中，由于样品一般会随温度升高而发生熔融、汽化、分解等反应，这些反应过程的产物可能会与仪器的支架或吊篮发生反应而损坏仪器。为使仪器尽可能少地受到这些影响，一般每次实验前都要将样品放在坩埚中。坩埚的形状各异，用以制作坩埚的材料也很多。常用的坩埚材料有铝、氧化铝、石英、不锈钢、铜、镍、铂、金等。如前所述，坩埚的形状和材质对热重曲线有较大的影响。

热重分析中，坩埚只作为样品容器，因此选择坩埚时，首先是确保坩埚不能与样品或反应中间产物或产物发生任何作用，需根据样品及中间产物或产物的特性进行材质坩埚的选择。另外，还需注意坩埚的最高使用温度是否满足测试温度范围。

在样品量、粒度、装填密度等实验条件相同的前提下，样品盘的形状对热重曲线也有影响。测试时，选择较浅的样品盘有利于气体的逸出，降低分解温度。带盖子的较深的坩埚给气体的扩散增加了阻力，不利于气体产物逸出，盖子会进一步抑制气体产物逸出，造成反应的延迟和反应速率的降低。因此，热重测试时应使用尽量少的样品，将其薄薄地平铺于浅皿中，以免实验过程受气体扩散受阻的影响。除非为了防止样品飞溅，一般不采用加盖的密封坩埚，因为这样会造成反应体系的气流状态和气体组成发生改变。

③温度控制程序的选择：

常用的温度控制程序主要有线性加热、线性降温和恒温程序。

对于线性加热或降温过程，较大的加热或降温速率可提高仪器的灵敏度，但也会降低分辨率，使相似的反应难以分开。一般应根据具体的样品状况和实验目的，以保证基线平稳为原则来选择温度控制程序，并使样品的质量变化在仪器灵敏度范围内，以得到质量变化明显的热重曲线。

通常，一次实验的样品用量为 5～10 mg，采用 10～20 ℃/min 的加热速率可以使样品的相似分解分开。而在进行动力学分析时，则一般要进行 4～5 个不同温度扫描速率下的实验。选择加热速率时应注意，加热、温度扫描速率的改变不能引起热重实验曲线形状的变化，否则会伴随反应机理的改变，导致由此得到的动力学分析结果不可靠。

对于含有多个结晶水的物质，应采用较慢的升温速率以提高分辨率；待测物中含有各种形式的溶剂时，采用尽量较慢的升温速率。

(3) 测试的主要步骤

在完成了仪器校正、样品准备和实验条件选择后，就可以进行测量。

①平衡：

如热重仪在一段时间内连续使用，在实验室供电正常的前提下，仪器一般可保持 24 h 开机。如仪器在关闭后重新开机，则在正式进行测试前应保证仪器有至少 30 min 的预热平衡时间。如仪器在使用过程中，因实验需要对气氛进行调制，也应使仪器在调整后的气氛下平衡至少 30 min，使炉内的气体浓度保持一致。

②清零：

当仪器处于平衡稳定的状态下，在正式测试前还应对实验中使用的坩埚进行质量扣除操作，即取一个洁净的空坩埚，小心地置于样品支架或吊篮上。如果是水平式或上皿式热重-差热分析仪，应保证参比物支架上有一个质量接近的相同类型的坩埚。关闭加热炉，直到显示屏或仪器数据采集软件显示的天平质量几乎不变。这一过程至少要几分钟，然后再按下软件或仪器控件中的清零键。之后，如果质量在很小范围内变化或不变，就表明实验所用坩埚的空白质量已经扣除，装入样品后，软件显示的质量即为样品的绝对质量。

在一些特殊情况下，热重实验需使用扎孔的坩埚盖，或向坩埚中加稀释剂。这些情况下，坩埚盖和加入的稀释剂质量也应在清零的过程中进行扣除，以确保实验过程所记录的质量变化是样品自身的质量变化。

清零后就可以打开加热炉，将空白坩埚取出，向坩埚中加入待测样品。

对于配置有自动进样器的热重仪，可集中对几个空白坩埚依次清零，软件会对自动进样器中每个编号的坩埚清零过程中的质量差异进行记录，在使用时应注意不要混淆坩埚顺序。

③上样：

将待测样品加入扣除了空白质量的坩埚中，加入的试样量应在坩埚体积的三分之一到二分之一之间。对于在高温下会剧烈分解或熔融的样品，试样量一般为能覆盖坩埚底部即可，有时所需样品量甚至更少。对于一些分解剧烈的样品，可通过选择大尺寸坩埚或加入稀释剂的方法减少样品的热分解过程对支架或吊篮的损害。

由于样品的密度不同，每次热重实验时所用的样品量应根据具体情况而定。对于不同组成、结构相近的一系列样品，为了消除样品量对热重曲线的影响，每次测试时所用的样品量应接近。

对于性质已知的样品，在研究不同温度下的微小质量变化时，通常可以加大样品量，以提高测试的灵敏度。例如，一些复合氧化物的结构中存在缺陷，会产生氧空位，在有氧条件下加热时会产生一个微小的增重过程，这一增重过程的质量变化通常小于0.5%，若用较少的样品量进行测试，将很难检测到这一过程。又如，在研究样品升华过程时，通常使用不加盖坩埚与用扎孔坩埚盖获得的热重曲线相比。

热重分析最基本的数据就是样品的质量，因此须精确称量。

上样时将称量过的适量样品放入坩埚，用镊子夹住坩埚在桌面振动几下，使样品均匀分布在坩埚底部。对于一些易挥发和不稳定的液体黏稠样品或吸湿性强的粉末样品，则应尽量减少它们在空气中的停留时间。

打开加热炉，用镊子小心将装有坩埚的样品放入支架或吊篮上，然后及时关闭加热炉，在仪器控制软件中设定样品信息和操作条件。待软件中显示的质量读数不再发生变化时，就可开始进行检测了。

对一些较易挥发的液体样品，由于样品的质量一直在发生变化，应在天平清零后，提前在控制软件中设定好相应信息，待样品放入支架或吊篮中，关闭加热炉后尽快开始测试。

④测试：

在按要求和设定输入完样品信息和测试条件信息后，待样品的质量信号稳定后（易挥发样品除外），就可按下控制软件中的"开始"键进行检测。仪器会按照设定的温度控制信息进行实验。实验结束后，实验中的样品信息、实验程序、实验数据等信息会单独生成一个文件，用相关软件打开此文件就可对实验数据进行处理和分析。

由于热重仪中的热天平灵敏度非常高，因此在测试过程中，实验室的仪器工作台不宜出现较大振动，加热炉的出口附近也不能有较大的气流波动。例如，实验室的空调口和电风扇应与加热炉出口保持足够大的距离。

（4）数据处理

在测试完成后，可用仪器附带软件打开实验时生成的原始文件。由于数据采集软件一般是以时间为单位进行记录，对于恒定加热/降温速率的实验可通过下式将时间换算为温度：

$$T = T_0 + \beta t$$

式中，T_0为实验初始温度，t是实验时间，β是加热速率。

数据采集软件对每一时刻所对应的温度和质量的变化都有记录。作图时可直接以温度为横轴，也可将时间换算为温度。纵轴通常为质量，为便于分析，常常用软件将样品的绝对质量转化为相对质量，以百分数表示；也可以用样品质量损失百分比作为纵坐标。

微商曲线通常用来表示质量变化速率与温度或时间的变化关系，由质量曲线对温度或时间求导即可得到。由实验直接得到的微商曲线DTG的纵坐标单位一般是mg/s，可转化为%/s、%/min或%/K。

数据采集频率越大，获得的DTG曲线的基线毛刺就越多。一般情况下，采用相同数据采集频率得到的不同加热速率下的热重曲线经微分后，较大加热速率下的DTG曲线较为平滑，这是由于较大的加热速率完成相同温度范围的温度扫描所需要的时间较短，采集到的数据点较少。可通过调节数据采集频率的方法调节DTG曲线。例如，较小的加热速率因加热时间长，可加大采集点间距；较快的加热速率因加热时间短，可适当加大数据采集频率。

在进行测试的过程中还应注意以下事项。

① 避免用力过大，造成样品支架损坏。
② 尽量避免使用可升华的固体样品。
③ 应避免使用热降解期间会产生大量炭黑的样品应避免；
④ 应避免使用腐蚀性样品，特别是酸，若一定要测试，必须用Pt坩埚。

9.8.5 热重曲线解析

热重曲线中，质量的变化反映了样品性质在温度变化过程中的变化。对于一个变化过程，一般用温度和质量同时进行描述。常用的特征温度有初始温度（initial temperature，T_{ini}）、外推起始温度（extra plot onset temperature，T_e）、终止温度（final temperature，T_{end}）、外推终止温度（end temperature）、n%反应温度（n% temperature）和最快质量变化温度（peak temperature）。这些特征温度都可以用分析软件在热重曲线和DTG曲线上标出。

确定热重曲线的特征温度，即"起始温度"的方法有很多，以下列举几种常用方法。

① 以失重数量达到最终失重量的某一百分数时的温度值作为反应起始温度。n%反应温度为质量减少n%时的温度，可直接由热重曲线标出。常用的n%反应温度主要有质量损失为0%、1%、5%、10%、15%、20%、25%、50%时的温度。0%反应温度是指样品保持质量不变的最高温度。这种温度比较容易确定，可用来简单比较相同条件下得到的热重曲线之间的反应温度差异。

② 以质量变化速率达到某一规定数值时的温度作为初始温度。

③ 以反应达到某一预定点时，质量变化曲线的切线与平台延伸线交点所对应的温度，分别作为"外推起始温度"和"外推终止温度"。

④ 以反应达到热重曲线上某两个预定点的连线与平台延伸线交点所对应的温度，分别作为初始温度和终止温度。

无论采用哪种方法确定初始温度，都具有相应的特殊性和局限性，至今尚未有一种公认的普通遍用方法。

最快质量变化温度，也称最大速率温度或DTG峰值温度，是指质量变化速率最大时的温度，可以直接从DTG曲线的峰值处获得。

此外，还常用完全重复温度、10%正切温度、加和温度（ΣT）和积分程序分解温度（integral procedure decomposition temperatune，IPDT）表示一个过程的特征温度。

完全失重温度是样品的失重率达100%时的温度。如果尚有残重，则取TG和DTG两者基线完全开始走平时的温度。

10%正切温度是正切温度与失重率为10%时的面积比的乘积，如图9-10所示。即，10%正切温度 = 正切温度×失重10%时TG曲线包围的面积/失重10%时的矩形面积。正切温度T_N是热重曲线上最大失重速率点的切线R_i与温度轴的交点（外推起始温度），与起始温度有关，而面积比涉及起始分解程度，两者的乘积特别强调了起始分解性质，实质上是避免起始温度重复性不好的一种起始分解温度的表示方法。样品越稳定，这两个数值就越大。

加和温度ΣT是在分解完成后达到恒重时的残余质量加1后除以2，以此商值为余重时所对应的温度。如图9-11所示，900 ℃时余重为10%，即ΣT所对应的失重率=$(0.1 + 1)/2 = 0.55$，即当失重率为0.55或者55%时所对应的温度就是加和温度ΣT，加和温度实质上与失重最大速率有关。

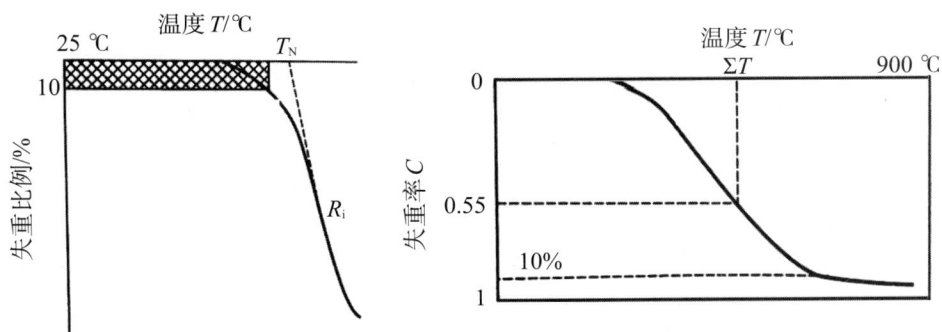

图9-10 失重10%时的正切温度求法示意图　　图9-11 加和温度求法示意图

积分程序分解温度IPDT是杜瓦勒（C. Doyle）提出的测定高分子材料热稳定性的一种半定量方法，是对整个TG曲线面积求和的一种方法，提供了对不同材料进行比较的共同基础。IPDT具有失重50%时温度的实际意义，因此适用于一步和多步分解过程。IPDT是根据热重曲线下的面积获得的，重现性好。

根据TG曲线确定质量变化信息，首先按照下式计算质量变化百分比Δm：

$$\Delta m = \frac{m_0 - m_1}{m_0} \times 100\%$$

式中，m_0为样品起始质量，m_1是质量变化结束后的质量。

某些物质在一定温度范围内可能发生多个反应，且有时多个反应同时发生或相互叠、覆盖，表现在TG曲线上就是台阶之间不明显，这时用微分曲线DTG就可以获得更多有价值的信息。TG曲线上的一个台阶，对应于DTG曲线一个峰，通过这个峰就可以更加容易确定质量变化的初始温度、结束温度、分解最快温度，从而区别TG曲线上难以辨别的台阶。DTG曲线下的峰面积与质量变化成正比。DTG曲线的任一点都代表在该温度时质量变化的速率，因此可应用于反应动力学的研究。

实际上的TG曲线并非是理想的平台和迅速下降的区间连接而成，常常在平台部分就出现下降的趋势，造成这一现象的可能有以下原因。

①这个化合物经过重结晶或用其他溶剂处理过，本身含有吸附水或溶剂，因此减重。
②高分子试样中的溶剂、未聚合的单体和低沸点的增塑剂的挥发等也会造成减重。

可用以下方法消除影响。

①将无机化合物在较低温度下干燥，可使用硅胶、五氧化二磷干燥剂等，把吸附水去掉。
②通过可控温度下的真空抽吸，把单体及低沸点的增塑剂、挥发物分离出来。

热重曲线一般表现为失重曲线，但也会出现增重的曲线。热重曲线是热重测试实验的最终体现，不同的样品和测试条件下所得到的曲线各不相同。由于样品、测试条件、仪器本身等因素对实验曲线都会产生不同程度的影响，在分析曲线时需充分结合样品本身的组分、结构和性质以及测试条件等因素进行综合分析。

在对TG曲线进行分析时，除了需要确定上述特征温度外，还需对热重实验曲线中每一个质量变化过程做详细和具体的解释和说明。但很多情况下仅由TG曲线提供的信息，难以给出全面合理的解释，还需结合其他分析方法的结果进行综合分析。

9.8.6 热重分析应用实例

热重分析主要用于研究空气中或惰性气体中材料的热稳定性、热分解作用和氧化降解等化学反应，还可广泛用于研究涉及质量变化的所有物理过程，例如，测定水分、挥发物和残渣，吸附、吸收和解吸，气化速率和气化热，升华速率和升华热等；还能研究固相反应、缩聚聚合物的固化程度、有填料的聚合物或共聚物的组成，以及利用特征热谱图进行鉴定、高聚物的定性和定量分析、材料的热稳定性分析、反应动力学研究、材料表面吸附研究和纳米材料表面性质的研究等。

下面以$CuSO_4 \cdot 5H_2O$脱水失重为例，说明热重分析的应用。图9-12为$CuSO_4 \cdot 5H_2O$的TG曲线。

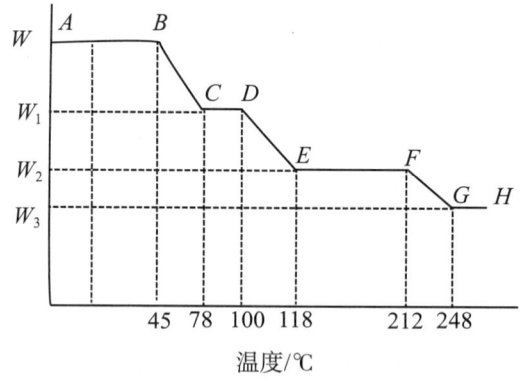

图9-12 $CuSO_4 \cdot 5H_2O$的TG曲线

从图9-12可以看到，$CuSO_4 \cdot 5H_2O$的TG曲线呈现出三个失重区间。三个失重区间失重率的计算如下：

$\Delta W_1 = (W_0 - W_1) \times 100\% / W_0$；

$\Delta W_2 = (W_1 - W_2) \times 100\% / W_0$；

$\Delta W_3=(W_2-W_3)\times 100\%/W_0$；

$\Delta W=(W_0-W_3)\times 100\%/W_0$；

总失重率 $\Delta W=\Delta W_1+\Delta W_2+\Delta W_3$；

也即 $\Delta W=(W_0-W_3)\times 100\%/W_0$；

残渣 $W_{渣}=100\%-\Delta W$。

曲线上 A 点与 B 点之间没有发生质量变化，平台 AB 表示试样在此温度区间是稳定的，其组成为原试样 $CuSO_4\cdot 5H_2O$，其重量 $W_0=10.8$ mg；从 B 点开始，曲线上出现失重现象，失重的终点为 C。BC 表示第一次失重，失重量 $W_0-W_1=1.55$ mg，对应失重率 $=(W_0-W_1)/W_0\times 100(\%)=14.35\%$；平台 CD 代表另一个稳定组成，相应重量为 W_1；同样，DE 和 FG 分别代表第二、三次失重，失重量分别为 1.6 mg 与 0.8 mg，失重率分别为 14.8% 和 7.4%；总失重率 $(W_0-W_3)/W_0\times 100(\%)=36.6\%$，即失水百分数；固体余重是 $63.4\%=1-36.6\%$。平台 EF 和 GH 分别代表一个稳定的组成。

则结晶硫酸铜分三阶段脱水：

$CuSO_4\cdot 5H_2O \longrightarrow CuSO_4\cdot 3H_2O + 2H_2O\uparrow$；

$CuSO_4\cdot 3H_2O \longrightarrow CuSO_4\cdot H_2O + 2H_2O\uparrow$；

$CuSO_4\cdot H_2O \longrightarrow CuSO_4 + H_2O\uparrow$。

第一次理论失重率为 $2H_2O\times 100\%/CuSO_4\cdot 5H_2O=14.4\%$；第二次失重率也是 14.4%；第三次为 7.2%；理论固体余重为 63.9%，总含水量为 36.1%。与 TG 测定值基本一致。说明 TG 曲线第一、二次失重分别失去 2 个 H_2O，第三次失去 1 个 H_2O。

9.9 差热分析法

在热分析仪器中，差热分析仪是使用最早和最为广泛的一种热分析仪器。

差热分析法（differential thermal analysis，DTA）是在程序控制温度和一定气氛下，测量样品和参比物间的温度差随时间或温度变化的一种热分析技术。

在所测温度范围内，参比物不产生任何热效应，如 $\alpha\text{-}Al_2O_3$ 在 $0\sim 1700$ ℃ 范围内无热效应产生。当样品在某温度区间内发生任何物理或化学变化时，均会产生热效应，包括放热效应（氧化反应、爆炸、吸附等）或吸热反应（熔融、蒸发、脱水等），释放或吸收的热量会使样品的温度高于或低于参比物，从而让样品与参比物之间产生温差。温差的大小取决于样品产生热效应的大小。

实验时，通过样品和参比物底部的热电偶同时测量它们的温度变化，通过记录样品和参比物的温度差曲线就可研究热效应的产生过程。

差热分析法是一种重要的热分析方法，常用于测定物质在产生热效应的过程中的特征温度以及吸收或放出的热量，适用范围包括物质相变、分解、化合、凝固、脱水、蒸发等物理变化或化学反应过程，被广泛应用于无机材料、硅酸盐、陶瓷、矿物、金属、航天耐温材料等领域。

9.9.1 差热分析仪

差热分析仪主要由加热炉、热电偶、参比物、温差检测器、程序温度控制器、差热放大器、气氛控制器、数据采集和处理系统等组成,其中较关键的部件是加热炉、热电偶及参比物。

(1) 加热炉

根据热源的特性,加热炉可分为电热丝加热炉、红外加热炉、高频感应加热炉等几种。其中,电热丝加热炉最为常见,电热丝材料取决于使用温度,常见的有钨丝、钼丝、硅碳棒等,使用温度范围为900~2000 ℃,甚至更高。加热炉通常应满足以下要求。

①炉内应具有均匀的炉温区,可使试样和参比物均匀受热。
②炉温的控制精度要高,在程序控温下能以一定的速率升温或降温。
③热容量要小,便于调节升、降温速度。
④炉体体积要小、质量要轻,便于操作与维护。
⑤炉体中的线圈不能对热电偶中的电流产生感应现象,以免相互干扰,影响测量精度。

为提高仪器抗腐能力或因样品需要在一定的气氛下进行反应等,可在炉内抽真空或通入保护气体,保护气体一般为氮气。

(2) 热电偶

热电偶是差热分析仪的关键元件,其物理基础为材料的第一热电效应或塞贝克效应。

将两种具有不同电子逸出功的导体材料或半导体材料A与B的两端分别相连形成回路,如图9-13(a)所示。如果两端的温度T_1和T_0不等,就会产生一个热电动势,并在回路中形成循环电流,电流的大小可由检流计测出。因热电动势的大小与两端温差保持良好的线性关系,若已知一端温度,便可由检流计中的电流大小得出另一端的温度,这就是热电偶的基本工作原理。如果反向串联热电偶,即将两个热电偶同极相连,就形成了温差热电偶,如图9-13(b)所示。当两个热电偶分别插入两种不同的物质中,并使两种物质在相同的加热条件下升温,就可测定升温过程中这两种物质的温差,从而获得温差与炉温或加热时间之间的变化关系,这便是差热分析的原理。

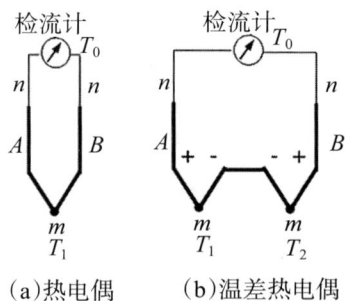

(a)热电偶 (b)温差热电偶

图9-13 热电偶的基本原理图

热电偶的材料选择非常重要。热电偶材料应具有以下特点。
①在同一温度下能产生较高的温差热电动势,并与温度保持良好的线性关系。
②在高温下不被氧化及腐蚀,其电阻随温度的变化小、导电率高、物理性能稳定。
③使用寿命长,价格便宜。

常用的热电偶材料有镍铬-镍铝、铂-铂铑、铱-铑铱等，测试温度在1000 ℃以下时多采用镍铬-镍铝，而在1000 ℃以上时则应采用铂铑-铂为宜。

（3）参比物

差热分析中所用的参比物均为惰性材料，要求参比物在测定的温度范围内不产生任何热效应，且参比物的比热容、热传导系数等应尽量与试样相近。常用的参比物有$α-Al_2O_3$、石英、硅油、二氧化钛、碳化硅等。$α-Al_2O_3$在使用前必须加热到1500 ℃左右，以去除吸附水。使用石英做参比物时，测量温度不能高于570 ℃。测试金属试样时，不锈钢、铜、金、铂等也可做参比物。测试热导率相对较低的有机物和聚合物时，一般可用热导率介于0.1～0.2 W/mK的硅烷、硅酮、邻苯二甲酸二辛脂等作参比物。有时在溶液中进行测试，可用对于样品而言的纯溶剂作为参比物。为了使样品和参比物的热性质更相似，可以用参比物稀释样品，但这样会降低样品信号。另外需注意，样品和参比物之间不能发生任何形式的反应。

将样品和参比物各自装入坩埚后，置于支架上。坩埚材料一般为陶瓷、石英玻璃、刚玉和钼、铂、钨等；支架材料一般为导热性好的材料，在使用温度低于1300 ℃时，通常采用镍金属，当使用温度高于1300 ℃时，则应选用刚玉为宜。差热分析时需对样品和参比物进行以下假定。

① 两者的加热条件完全相同。

② 两者内部温度分布均匀。

③ 两者的热容都不随温度变化，但试样产生热效应时，其热容会随温度发生变化。

④ 两者与加热体之间的热导率非常相近，即$K_R ≈ K_S$，且两者各自的热导率不随温度变化而变化，是固定的常数。

一般差热分析仪存在以下两种设计形式。

（1）无支架的坩埚测量系统（图9-14）

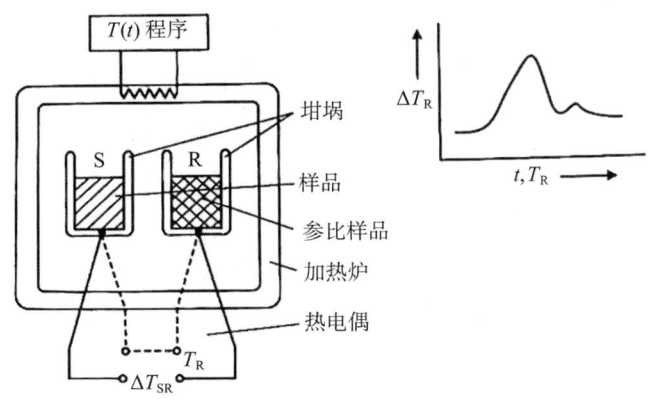

图9-14　无支架坩埚差热分析测量系统

（2）块体测量系统（图9-15）

在块体测量系统中，温差热电偶的两个触点分别与样品和参比物的坩埚底部接触，或者分别插入样品和参比物中，这样样品和参比物的加热或冷却条件就完全相同。当炉体温度在程序温度控制下以一定的升温速率加热时，如果样品无热效应，样品与参比物间就没有温差,即$\Delta T=0$。如果样品有热效应,差热电偶便有温差电动势输出,经差热放大器放大后进入数据记录和处理系统,记录下温差ΔT随温度T或时间t的变化关系,并由软件绘出差热分析曲线。

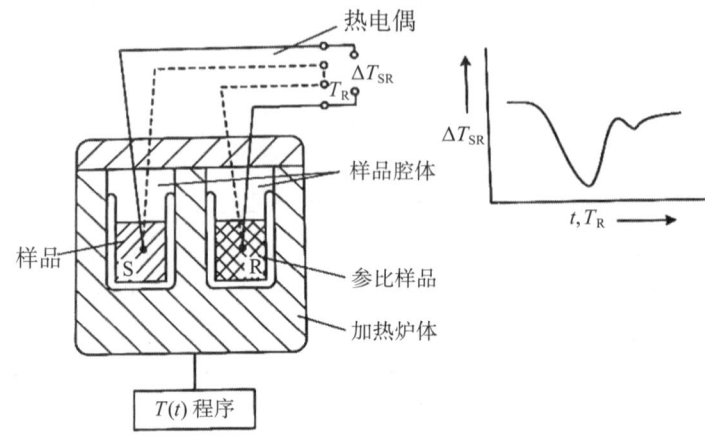

图9-15 差热分析块体测量系统

9.9.2 差热分析基本原理

将两个反极性的热电偶串联起来,就构成了可用于测定两个热源之间温度差的温差热电偶。当两个热电偶分别插入两种不同的物质中,并使两种物质在相同的加热条件下升温,就可测定升温过程中两种物质的温差,从而获得温差随炉温或加热时间之间的变化关系,这便是差热分析的原理。

在DTA实验中,把两个节点分别插在样品与参比物之中,它们之间的温度差变化是由于相转变或反应的吸热或放热效应引起的,例如,相转变、熔化、结晶结构的转变、沸腾、升华、蒸发、脱氢、裂解或分解反应、氧化或还原反应、晶格结构的破坏和其他化学反应。一般说来,相转变、脱氢还原和一些分解反应产生吸热效应;而结晶、氧化和一些分解反应产生放热效应。测量电动势(电压)即可知温差,进一步可知热效应的出现与否及强度。差热分析基本原理示意图如图9-16所示。

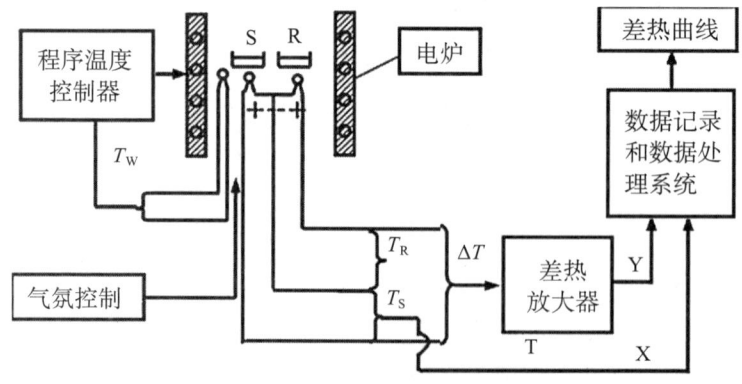

图9-16 差热分析基本原理示意图

图 9-16 中两对热电偶反向连接，构成差示热电偶。S 为试样，R 为参比物，在电表 T 处测得的为试样温度 T_S；在电表 ΔT 处测的即为试样温度 T_S 和参比物温度 T_R 之差 ΔT。

将样品和参比物分别放入坩埚，置于炉中以一定速率进行程序升温，以 T_S、T_R 表示各自的温度，假设样品和参比物的热容量不随温度而变。

若以 $\Delta T=T_S-T_R$ 对 t 作图，就获得 DTA 曲线。随着温度的增加，样品产生热效应（如相转变），与参比物间的温差变大，在 DTA 曲线中表现为峰和谷。显然，温差越大，峰和谷也越大；样品发生变化的次数多，峰和谷的数目也多。所以各种吸热谷和放热峰的个数、形状和位置与相应的温度可用来定性地鉴定所研究的物质，峰面积与热量的变化有关。

在进行差热分析的过程中，如果升温时试样没有热效应，则温差电势应为常数，差热曲线为直线，称为基线。但是，由于两个热电偶的热电势和热容量以及坩埚形态、位置等不可能完全对称，在温度变化时仍有不对称电势产生。此电势随温度升高而变化，造成基线不直。

基线偏离仪器零点的原因是样品和参比物之间的热容不同，两者的热容越相近，偏移值 ΔT_a 越小，因此参比物最好采用与样品在化学结构上相似的物质。

如果样品在升温过程中热容有变化，则基线就会移动，因此从 DTA 曲线便可知比热发生急剧变化时的温度，这个方法可用于测定玻璃化转变温度。此外，程序升温速率恒定才能获得稳定的基线，程序升温速率越小，ΔT_a 越小。

9.9.3 DTA 曲线

DTA 是在程序控制温度下，测量试样与参比物质之间的温度差 ΔT 与温度 T（或时间 t）关系的一种分析技术，所记录的曲线被称为差热曲线或 DTA 曲线，反映了在程序升温过程中，ΔT 与 T 或 t 的函数关系，即

$$\Delta T = f(T) \text{ 或 } f(t)$$

DTA 检测的是 ΔT 与温度的关系，即 $\Delta T=T_S-T_R$。试样吸热，$\Delta T<0$；试样放热，$\Delta T>0$。DTA 曲线是以 ΔT 为纵坐标，以 T（或 t）为横坐标的曲线，这个温度可以是试样温度 T_S、参比物温度 T_R 或炉膛温度 T_W，一般采用炉膛温度作为横坐标。

图 9-17 展示了典型的 DTA 曲线的主要组成部分和以下两个基本概念。

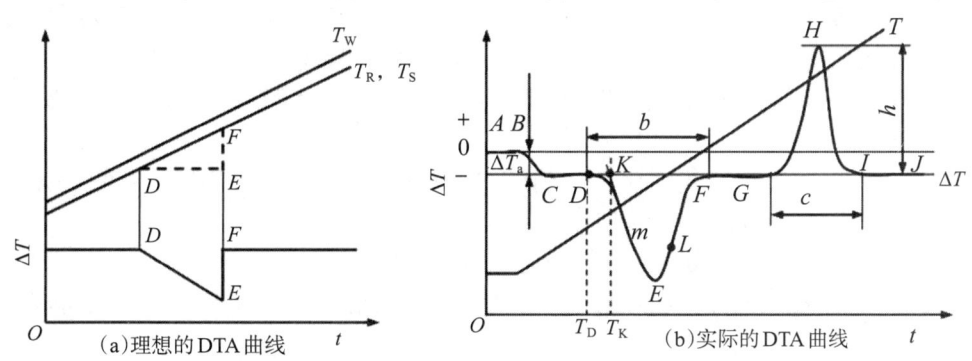

图 9-17　典型的 DTA 曲线

① 零线：理想状态ΔT=0的线。

② 基线：实际条件下试样无热效应部分的曲线，即DTA曲线中的水平部分。

如图9-17（b）中的AB、CD、FG、IJ是平行于横轴（时间轴）的水平线，ΔT=0。在理想的DTA曲线中，如图9-17（a）所示，炉温等速升温时，试样和参比物以同样的速率升温，升温过程中两者温度相同，但因导热等原因，相对于炉温有一个滞后。此时，由于样品温度与参比物温度相同，即$T_S=T_R$，故$\Delta T = T_S - T_R = 0$，差热曲线表现为水平线。如果样品为理想的纯晶体，并在某一温度产生了热效应（如液化），此时样品的温度保持一恒定值，见图9-17（a）中的DE段。熔化完毕时试样温度又与参比物一起同时上升，其差热线表现为折线DE和EF，热效应消失时，ΔT=0，差热曲线又变回水平线。而实际上的差热线见图9-17（b），其基线发生了偏移，偏移的程度用ΔT_a表示。

基线偏移的可能原因有以下四个方面：第一，试样和参比物支架的对称性不高；第二，试样与参比物的热容不一致；第三，试样和参比物与发热体间的传热系数不同；第四，升温速率不同。由于支架的对称性可通过调整后得到改善，故可以忽略其对基线漂移的影响，则此时

$$\Delta T_a = \frac{C_R - C_S}{K} \times \phi$$

式中，C_S是样品热容，C_R是参比物热容，K为传热系数，ϕ是升温速率。显然，参比物与样品的热容相差越大，升温速率越高，基线的偏移程度越大。为了减小基线偏移，应尽量使参比物与试样的热容相近，即参比物的化学结构与试样相似。如果试样出现了热效应，其差热曲线就会偏离基线。由DTA曲线便可知道热容发生急剧变化时的温度，这个特征通常被用于玻璃化转变温度的测定。

③ 峰：即差热曲线离开基线后又回到基线的部分。

吸热峰：$T_S < T_R$，$\Delta T < 0$部分的曲线。

放热峰：$T_S > T_R$，$\Delta T > 0$部分的曲线。

位于基线上方的峰为放热峰，位于基线下方的峰为吸热峰。热效应在理想差热曲线上表现为折线峰，如图9-17（a）中的DEF峰；而在实际差热曲线上则为曲线峰，如图9-17（b）中的DEF峰和GHI峰。这是由于样品支架的热容量所决定的。在试样产生热效应时，差热曲线开始偏移基线，见图中的D点。E点为峰谷，偏离基线最远。到达L点时吸热结束，但此时试样的温度低于参比物温度，它将按指数规律升至参比物温度，从而表现为曲线EF。图中DEF为吸热峰，GHI为放热峰。

④ 峰宽：是指差热曲线偏离基线的起始点与返回基线的终点间的距离，见图9-17（b）中的b和c。

⑤ 峰高：表示样品和参比物之间的最大温差，即从峰顶到该峰所在基线（内插基线）间的垂直距离，见图9-17（b）中的h。

⑥ 终止温度（T_f）：曲线开始回到基线的温度。

⑦ 峰顶温度（T_p）：吸、放热峰的峰形顶部的温度，该点瞬间升温速率$\phi\, d(\Delta T)/dt = 0$。

峰顶温度不代表反应的终止温度，最大的反应速率出现是在峰顶之前。所以峰

温一般不能作为鉴定物质的特征温度。

⑧外延起始点（外推起始点）：是指峰的起始边斜率最大处所作切线与外推基线的交点，其对应的温度称为外推起始温度（T_{eo}）。根据ICTA共同试样的测定结果，以外推起始温度（T_{eo}）最为接近热力学平衡温度。外推起始温度与反应起始温度最为接近，因此用外推起始温度来表示反应的起始温度。

当试样发生热效应时，差热曲线将偏离基线，如图9-17（b）中的DmE，作DmE曲线上最大斜率处的切线，其延长线与基线的交点为K，该点即为外延起始点。一般取外延起始点为热效应发生的开始点，所对应的温度T_K为热效应的起始点温度，这是由于外延起始点的确定过程相对容易，人为影响因素少，且该点温度与其他方法所测的温度较为一致。

⑨峰面积：是指峰形与内插基线所围面积。

确定峰面积的设备有积分仪和装有机械、电子积分仪的笔式记录仪等。峰面积可用来表征样品的热效应，其关系如下：

$$\Delta H = \frac{A}{R}$$

式中，ΔH为热焓，A为峰面积，R为热阻。显然，R为定值时，可直接由峰面积来表征热效应的大小。虽然在理论推导中可以进行一些假设，如热阻R为常数、样品内部的温度均匀等，但实际上炉膛中的热传递过程非常复杂，且样品和参比物的热损失、样品与参比物之间的热传递系数均是温度的函数，因此热阻R也是温度的函数，并随着温度的升高而下降，这样不同温度段的峰面积就不能直接用来表征热效应。也就是说，不同温度下的相同峰面积并不代表它们的热效应相同。为此，引入修正系数K，即$\Delta H = KA$，K又称仪器常数，其大小可由标准样来测定。经校正过的差热分析仪就可定量测定样品的热效应了，该种差热分析仪即为热流式差示扫描量热仪。

当样品因转变（或反应）产生热效应时，ΔT会偏离基线，逐渐达到峰顶；当样品的热效应结束后，T_S、T_R又趋于一样，ΔT恢复为零位，曲线又重新返回基线。典型的DTA曲线的吸热峰朝下，放热峰朝上。

不同物质在加热过程中发生物理、化学变化的温度，热焓变化均不同，因此峰数、温度、峰形和大小不同，应用DTA可进行物相定性、定量分析。

9.9.4 差热分析的影响因素

差热分析的原理和操作比较简单，但差热分析曲线的峰形、出峰位置和峰面积等受多种因素影响。差热分析的影响因素大体可分为仪器因素、操作因素和样品本身的性质。

9.9.4.1 仪器因素

仪器因素主要包括加热炉的结构与尺寸、坩埚材料与形状、热电偶性能等。仪器传热受多种因素影响，不同仪器的测量结果可能差别较大。

炉内均温块是采用高温合金材料制成的均温装置，主要作用是传热到样品，在热电偶校准时起均温作用，是影响基线好坏的重要因素。均温块好，基线平直，检测性能稳定。通常使用的材料有镍、铝、银、镍铬钢、铂等金属和刚玉等陶瓷材料。在20~1000 ℃范围内，材料的热导率和热辐射系数对均温块与支持材料同样重要。磨光金属表面的热辐射系数只有陶瓷材料的10%~25%，因此后者传热更快。实验表明，低热导率的陶瓷材料制成的均温块对吸热效应的分辨率更好；金属均温块则对放热效应的分辨率更好。陶瓷块体在较低温度更灵敏，而金属块体在高温的灵敏度高，这是因为热传导和热辐射在不同温度范围内所起的作用不同。

DTA曲线的形状受到热从热源向样品传递和反应性样品内部吸收热量的速率的影响，所以支持器在DTA测试中起着极为重要的作用。支持器扩散系数降低和热容增大时，DTA曲线形状会发生明显变化。低扩散系数均温块支持器会引起DTA曲线中的峰越过零基线，产生好像是紧接着放热峰就出现吸热峰的现象。

热电偶的位置与形状对DTA曲线也有影响。目前使用的多为平板式热电偶，置于样品皿的底部，相比过去放于样品皿中的节点球形热电偶，重复性更高。热电偶应对称固定在圆柱形试样皿的中心，可使所得的DTA峰最大且准确。热电偶位置不当会使曲线产生各种畸变。

坩埚的材料和形状对DTA曲线也有影响。坩埚材质在测试温度范围内必须保持物理和化学惰性，自身不发生任何物理和化学变化，对样品、中间产物、最终产物、气氛、参比物都不能有化学活性或催化作用。例如，碳酸钠的分解温度在石英或陶瓷坩埚中较低，这是由于500 ℃左右，碳酸钠与二氧化硅发生反应生成了硅酸钠。聚四氟乙烯不能用陶瓷、玻璃、石英坩埚，以避免其与坩埚发生反应生成挥发性硅化合物。铂坩埚不适用于测试含硫、磷、卤素的有机材料样品，这是因为铂对很多有机物具有加氢或脱氢催化活性。可见，应根据样品的性质、测试温度和反应特点选择合适材质的坩埚。此外，坩埚的大小、重量、几何形状及使用后残余物的清洗状况对分析结果都会造成影响。常用的坩埚大多是圆柱形，因为圆柱形的对称性较好。

9.9.4.2 操作因素

操作因素指因操作者对样品与仪器操作条件选取的不同而对分析结果带来的影响。

升温速率往往能影响DTA曲线的峰形与峰位。升温速率不均匀，DTA曲线的基线会漂移，进而影响多种参数测量。此外，升温速率的大小也会影响差热峰的位置、形状及峰的分辨率。升温速率增大常常会引起峰面积增大，使峰的形状变陡，同时使小的转变被掩盖而影响相邻峰的分辨率。从提高分辨率的角度，较小的升温速率更有利。但对于热效应很小的转变，或样品量非常少的情况，较大的升温速率往往能提高结果的灵敏度，使升温速率较小时不易观察到的现象显现出来。因此，应根据所测样品的实际情况设定升温速率，有时还会采用不同升温速率进行研究。通常升温速率应控制在5~20 ℃/min。

气氛和压力可以影响样品化学反应和物理变化的平衡温度和峰形。因此，必须根据样品的性质选择适当的气氛和压力。为了避免样品或反应产物被氧化，测试经常在惰性气氛或在真空中进行。热效应涉及气体产生时，气氛的压力也会明显地影响DTA曲线——压力增大时，热效应的起始温度与顶峰温度都会增大。静态气氛一般适用于封闭系统，随着反应的进行，样品分解出来的气体逐渐增加，使反应速度减慢，反应温度向高温方向偏移。动态气氛下，气氛流经试样和参比物，分解产物所产生的气体不断被动态气氛带走，控制好气体的流量就能获得重现性好的实验结果。

9.9.4.3 样品特征

样品的状态和特性也会直接影响DTA的测试结果。

(1) 样品用量

样品用量过多会影响热效应温度的准确测量。样品用量多，热效应大，峰顶温度滞后，峰形扩张，妨碍两相邻热效应峰的分离，容易掩盖邻近小峰谷，分辨率下降。在灵敏度足够的前提下，样品用量以少为原则，这样可减少因样品温度梯度带来的热滞后，从而提高灵敏度。例如，含结晶水的样品在进行脱水反应时，过多的样品会在坩埚上方形成一层水蒸气，使转变温度大大滞后。同样的样品因用量不同，获得的特征温度可相差几十摄氏度，甚至更多。例如，涤纶的DTA测试中，样品用量从5 mg增加到50 mg的过程中，其熔点在261~266 ℃之间变化，而热降解温度在443~450 ℃之间变化。图9-18为硝酸铵的DTA曲线，样品用量从5 mg~5 g的改变不仅影响了特征温度值和峰的数目，还明显地影响了DTA曲线的形状。

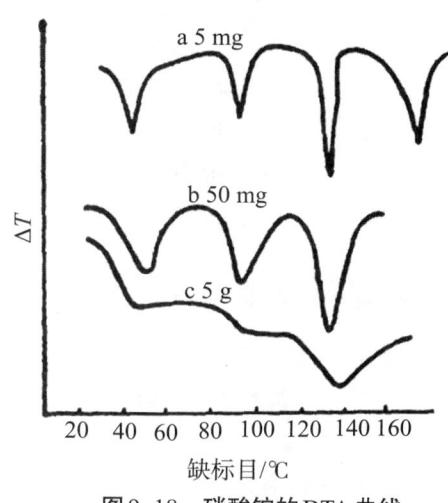

图9-18 硝酸铵的DTA曲线

(2) 样品的粒度和形状

样品粒度会影响峰形和峰值，尤其是有气相参与的反应。因为较小的粒径有更大的比表面和更多的缺陷，边角所占比例较大，样品的活性部位有所增加，反应速度加快。小粒度还可改善导热条件，影响气体扩散。一般粒径越小，DTA曲线上的峰面积越大。粒度过大会造成受热不均，使所获得的峰温偏高，温度范围增大。因此，通常采用小颗粒、均匀的样品。样品的粒度一般选择在100~300目左右，粒度太小可能会破坏样品的结晶度。但对易分解产生气体的样品，颗粒应尽量大一些。

样品的形状也会影响DTA曲线。例如，大颗粒状的铋，其熔融峰比扁平状样品的低且宽。又如，粒状硝酸银的熔融起始温度为161 ℃，粉体状样品的则为166.5 ℃。

(3) 样品的结晶度、纯度和离子取代

一般说来，样品的结晶度好，所获得的DTA曲线峰形尖锐；结晶度不好，则峰面积会减小。样品的纯度、离子取代同样会影响DTA曲线。

（4）样品的装填

DTA曲线峰面积与样品的热导率成反比，而热导率与样品粒度及分布和装填的疏密程度有关。样品颗粒间接触越紧密，热传导越好。对于无机样品，可先研磨筛分；对高分子样品应尽量使其分布均匀。将样品装填到坩埚内时应尽量填得薄而均匀。

（5）参比物

参比物应与样品保持对称性。二者的性质，包括用量、密度、粒度、比热容及热传导等，都应尽可能一致，否则可能出现基线偏移、弯曲，甚至造成缓慢变化的假峰。

选择参比物时，应注意以下几点。

① 要求参比物在加热或冷却过程中不发生任何变化。

② 在整个升温过程中，参比物的比热、导热系数、粒度应尽可能与试样一致或相近。

③ 常用α－三氧化二铝（刚玉）或煅烧过的氧化镁、石英砂作参比物。

④ 应选择热容量及热导率和样品相近的参比物。

如果样品与参比物的热性质相差很远，则可用在样品中加入稀释剂的方法解决。稀释剂的加入可调节样品的热传导率，从而达到改善基线的目的。通常用参比物作稀释剂，这样可使样品与参比物的热容尽可能接近，使基线更接近水平。使用稀释剂还可在定量分析中制备不同浓度的可反应物样品，防止样品烧结，调节样品的热导性，增加样品的透气性，以防止样品喷溅从而降低所记录的热效应。稀释剂可改变样品和环境之间的接触状态，可用于特殊的微量分析。常用的稀释剂有SiC、Fe_2O_3、玻璃珠、Al_2O_3等。

参比物的粒度、装填情况及紧密程度应与试样一致，以减少基线的漂移。

综上所述，常见的差热分析曲线的影响因素见表9-8所列。

表9-8　常见的差热分析曲线影响因素

因素	影响	校正或控制
加热速率	改变峰的大小和位置	使用较小的加热速率
试样量	改变峰的大小和位置	减少样品量或减小加热速率
热电偶位置	曲线重现性	每次操作都用相同位置
样品颗粒大小	曲线重现性	用粒度均匀的小颗粒
样品粒度	峰位置变化	与热导稀释剂混合或减小加热速率
差热分析池的热导率	峰面积变化	减少热导率以增大峰面积
与气氛的反应	改变峰大小和位置	小心控制
样品填装	曲线重现性	小心控制
稀释剂	热容和热导率变化	适当选择

9.9.5　差热曲线解析

9.9.5.1 DTA 曲线的特征值

一般DTA曲线中,向上(正值)的为放热峰(典型的放热效应有结晶、氧化、固化等);向下(负值)的为样品的吸热峰(典型的吸热效应有熔融、分解、解吸附等);比热变化则体现为基线高度的变化,即曲线上的台阶状拐折(典型的比热变化效应有玻璃化转变、铁磁性转变等)。图谱可在温度与时间两种坐标下进行转换。

对于吸/放热峰,常见的是分析其起始点、峰值、终止点与峰面积。其中,起始点是峰之前的基线作切线与峰左侧的拐点处作切线的相交点,往往用来表征一个热效应(物理变化或化学反应)开始发生时的温度(时间)。峰值是吸/放热效应最大的温度或时间点。与起始点相呼应,终止点是峰之后的基线作切线与峰右侧的拐点处作切线的相交点,往往用于表征一个热效应(物理变化或化学反应)结束时的温度或时间。面积是对吸/放热峰取积分所得的面积,单位为J/g,用以表征单位重量的样品在一个物理/化学过程中所吸收/放出的热量。另外,在DTA仪器软件中还可对吸/放热峰的高度、宽度、面积积分曲线等特征参数进行标示。对于比热变化过程,则可分析其起始点、中点、结束点以及拐点、比热变化值等参数。

DTA曲线分析的基本理论包括以下两点。

① 曲线的峰面积 A 正比于反应热效应 ΔH。

② 热效应相同的反应,其传热系数 K 降低,则峰面积增大,灵敏度增大。

在相同的测定条件下,许多物质的差热曲线具有特征性。由于热电偶的不对称性,样品与参比物的热容、导热系数不同,在等速升温的情况下,基线并非对应于 $\Delta T = 0$。吸/放热峰的数目、对应的温度、峰形可作为物质鉴定的依据。吸/放热峰在有热效应产生时出现,其热效应的大小用峰面积表示。

从DTA曲线可以获得差热峰的数目、位置、方向、宽度、高度、对称性以及峰面积等。其中,峰的数目表示物质发生物理、化学变化的次数;峰的位置表示物质发生变化的转化温度;峰的方向表明体系发生热效应的正负性;峰的面积表示热效应的大小。

常见的热效应有以下几类。

(1) 含水矿物的脱水

含水矿物的脱水为吸热过程。普通吸附水、脱水温度约为100~110 ℃;层间结合水或胶体水约为400 ℃以内;架状结构水的脱除大约在400 ℃;结晶水的脱除约在500 ℃内,分阶段脱水;结构水的脱除约在450 ℃以上。

(2) 物质分解放出气体

当物质分解伴有 CO_2、SO_2 等气体的放出时,DTA曲线可获得吸热峰。

(3) 氧化反应

当物质发生氧化反应时,DTA曲线反映为放热峰。

(4) 非晶态物质的析晶

非晶态物质的析晶为放热峰。

(5) 晶型转变

物质由低温变体向高温变体转变时,DTA曲线出现吸热峰;非平衡态晶体的转变则会导致放热峰。

(6) 物质状态转变

物质发生熔化、升华、气化、玻璃化转变等状态转变时，DTA曲线出现吸热峰。

根据物质在加热过程中所产生峰的吸热、放热性质，出峰温度和峰形来分析峰产生的原因。进行较复杂样品的DTA分析时，由于不同物质存在各自的"指纹"峰，故要结合样品来源，考虑影响DTA曲线形态的因素，针对比每种物质的DTA"指纹"峰，分析产生峰的原因。

在DTA曲线分析中须注意以下几点。

①峰顶温度没有严格的物理意义。峰顶温度并不代表反应的终止温度，反应的终止温度应是后续曲线上的某点。如图9-17（b）中的DEF峰，放热反应的终止温度并不是峰顶温度T_E，而是曲线EF段上的某一点L。

②最大反应速率也不是发生在峰顶，而是在峰顶之前。峰顶温度仅表示此时试样与参比物间的温差最大。

③峰顶温度不能看作是试样的特征温度，这是因为它受多种因素的影响，如升温速率、试样的粒度、试样用量、试样密度等。

9.9.5.2　DTA曲线的数据处理

差热曲线的数据处理主要包括转变（或反应）温度的确定和峰面积的测量。根据ICTA的规定，无机物和有机物用外推起始温度表征它们的各种转变温度。然而在实际工作中，不少研究者根据自己的经验，更为具体地提出了表征不同类型的转变和反应温度的方法。例如，对于固-液转变，为了提高数据的一致性，以加热和冷却时的外推起始温度的平均值表征转变温度；对于峰形尖而窄的固-固转变，用峰温表征转变温度；对于聚合物，用峰温表示结晶温度、熔融温度和分解温度。为了与ICTA的规定一致，应用外推起始温度表征转变（或反应）温度，特别是固-固一级转变。对于那些峰形复杂或变化过程缓慢的峰，其转变（或反应）温度的确定比较困难，只有借助其他方法并结合实际工作经验了解过程的本质。

测量峰面积的关键在于确定峰面积的界限，目前常用方法还只是一种带有经验性的作图法。基线明显偏移和重叠峰的处理是一个相当困难的问题。

严格来说，差热曲线上的峰只是表示试样的热效应情况，基线偏移反映的则是样品热容的改变。因此，单靠差热曲线对样品的变化本质做出正确解析是困难的。现在普遍采用的方法是联用技术，例如与TG、EGD和EGA的联用。在获得更多变化过程信息的基础上，再对过程作出解释。利用TG可以确定过程是否伴有质量变化——当有热效应而无质量变化时，可推断发生的是相变或是固相反应过程；EGD可以确定变化过程中是否有气体产生；EGA则能进一步对挥发物进行定性或定量分析。具体选择何种联用技术，主要由待测物质的性质所决定。在恒速变温时，可测得的样品的物理量还有长度、体积、硬度、电导率、光反射或光吸收，并可在热台显微镜下观察其外形。

对得到的测试结果，应按数理统计方法计算标准偏差（S）和相对标准偏差（又称变异系数$C.V$），以此正确反映测量结果的精密度。差热分析的测量精度反映了测量结果的一致程度。经验指出，同样的设备、人员、样品和在相同实验条件下获得的实验结果重复性较好。然而，测量精密度高并不意味着测量准确度高。因为准确度的高低还与系统误差有关。用标准样品进行校正、标定，完善定量测定的理论和减小方法误差,都能减小系统误差,提高测量的准确度。

9.9.6 DTA 曲线的应用

在热分析方法中,差热分析的发展历史最长。差热分析从最早的研究矿物、陶瓷和高聚物等材料,发展到对液晶、药物、络合物和动力学的研究。虽然20世纪60年代出现了差示扫描量热法,但是差热分析在高温和高压方面取得了较大的进展,可用于高达1600 ℃的高温和几百个大气压以上的高压下的研究,对物质在高温或高压下的热性质提供了有价值的测试数据。因此,DTA 在高温、高压和抗腐蚀的研究领域占据着独特的优势。依据 DTA 曲线特征,可定性分析物质的物理或化学变化过程,还可依据峰面积半定量地测定反应热。

9.9.6.1 定性分析

依据 DTA 曲线中的峰温、形状和峰数,可定性表征和鉴别物质,具体方法是将实测样品的 DTA 曲线与各种化合物的标准(参考)DTA 曲线对照。

DTA 曲线的标准卡片有萨特勒(Sadtler)研究室出版的卡片,约2000张,还有麦肯奇制作的1662张卡片(分为矿物、无机物与有机物三部分)。

应用 DTA 对材料进行鉴别主要是根据物质的相变(如熔融、升华、晶型转变等)和化学反应(如脱水、分解和氧化还原等)所产生的特征吸收或放热峰。有些材料具有比较复杂的 DTA 曲线,虽然有时不能对 DTA 曲线上所有峰进行解释,但这些峰就像"指纹"一样表征着材料的种类。例如,根据石英相态转变的 DTA 峰温和 DTA 曲线的形状可推断石英的形成过程及石英的种类,还可用于鉴别天然石英和人造石英。

再如,图9-19是七种聚合物组成的共混聚合物体系的 DTA 曲线。通过将曲线的峰位对照标准 DTA 曲线或文献,很容易得知这七种聚合物分别为高压聚乙烯、低压聚乙烯、聚丙烯、聚甲醛、尼龙、尼龙66和聚四氟乙烯,它们在 DTA 曲线上对应的特征熔融吸热峰的峰顶温度分别是108 ℃、127 ℃、165 ℃、170 ℃、220 ℃、257 ℃和340 ℃。由此可轻松鉴别出未知共混物中聚合物的种类。用 DTA 鉴别这类共混物的优点在于测试时所用样品量少(约8 mg)、时间短。

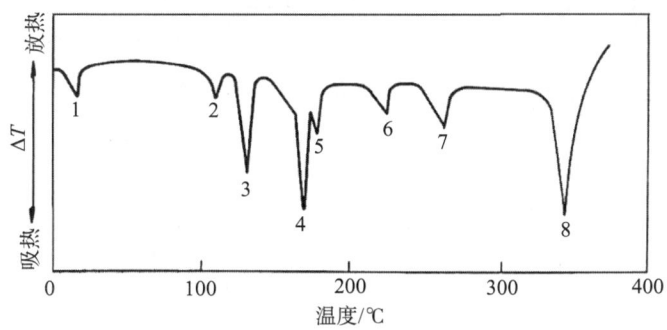

图9-19 未知共混物的 DTA 曲线

1,8—聚四氟乙烯;2—高压聚乙烯;3—低压聚乙烯;4—聚丙烯;5—聚甲醛;6—尼龙6;7—尼龙66。

9.9.6.2 定量分析

因为峰面积反映了物质的热效应（热焓），可依据峰面积来定量计算参与反应的物质的量或测定热化学参数。一般是采用精确测定峰面积或峰高的办法，然后以各种形式确定所测物质在混合物中的含量。由于DTA仪自身的缺陷，因此只能进行半定量检测。

9.9.6.3 热效应分析

借助标准物质的DTA曲线，可以说明样品的化学反应、转变、聚合、熔化等热效应。

检测非晶态的分相最直接的方法是通过电镜来观察，可直接获得待测样品的分相形貌。在扫描电镜中还可进行电子探针分析，这样可探明分相中的组成。但电镜测试比较复杂，从制样到分析需要的时间比较长，而用DTA就可以简单测试，方便快捷。

图9-20是引入GaF_2后Na_2O-CaO-SiO_2系统样品的DTA曲线。未加入GaF_2的样品的DTA曲线只在576 ℃处出现一个玻璃化转变温度，随着GaF_2的引入，样品的DTA曲线分别在504 ℃和644 ℃附近出现两个玻璃化转变温度，这一现象表明，这时系统中存在两相。随着GaF_2引入量的增加，在644 ℃处的玻璃化转变温度基本不变，这表明这一相为少氟相；另一相则随着GaF_2引入量的增加，玻璃化转变温度不断下降，表明此相为多氟相。由于氟离子是一价离子，随着GaF_2的引入，氟离子在玻璃中对玻璃网络起阻断作用，使玻璃的结构逐渐疏松，析晶倾向增大，析晶速率也逐渐增大。这可以从析晶峰的高低和面积证实。还可以从析晶峰下的面积与熔融相下面积的对等程度，判断其相应的熔融温度。

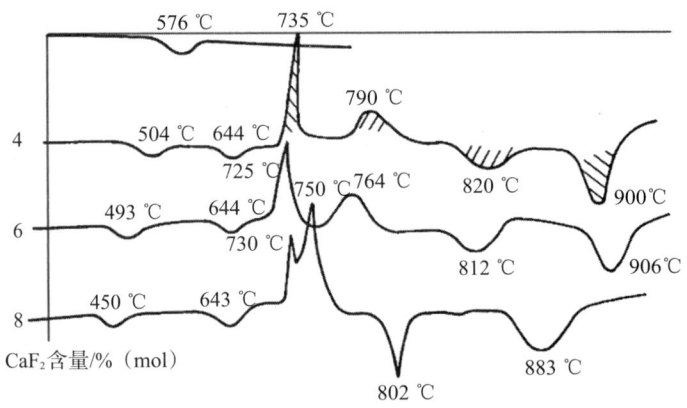

图9-20　Na_2O-CaO-SiO_2系统加入不同GaF_2后的DTA曲线

溶胶凝胶化是一种低温制备新材料的方法，在材料制备过程中需进行烧结以脱除吸附水和结构水、排除有机物，材料会发生析晶等变化。图9-21是某凝胶材料的差热曲线和热重曲线。差热曲线上110 ℃附近的吸热峰是脱除吸附水，在热重曲线上体现为第一个失重台阶。300 ℃附近的吸热峰对应热重曲线上第二个明显的失重台阶，为凝胶脱去结构水。400 ℃附近的放热峰对应热重曲线上第三个明显的失重台阶，因此判断为有机物燃烧造成的。500~600 ℃的放热峰对应的热重曲线基本为平坦的无质量变化区，因此这里的放热峰是析晶峰。由此差热曲线和热重曲线就可设计出烧结工艺，即升温烧结在100 ℃、300 ℃和400 ℃附近时升温速率要慢，以防止出现产品开裂现象。

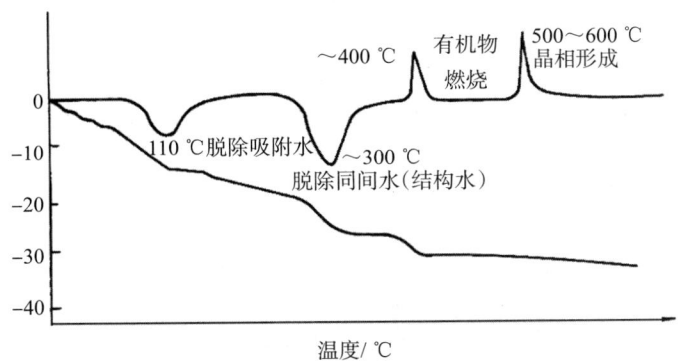

图9-21　凝胶化材料的差热曲线和热重曲线

聚合物在热降解时会发生重排、交联和解聚等化学反应。DTA曲线可以对这些变化进行鉴定，并检测出聚合物组分或聚合物骨架上取代基的变化，这有助于研究聚合物的热降解机理。图9-22是尼龙66的DTA曲线。100 ℃附近出现弱的吸收峰，这是由吸附水的脱去而引起的。在空气中，大约185 ℃附近开始有放热峰，对应于ΔT_{max}为250 ℃，随后在255 ℃附近出现一个小的吸热峰，这是聚合物在发生熔化，随着温度进一步升高，分别在340 ℃和405 ℃出现两个放热峰，这是由于在空气中发生氧化而引起的。在氮气中，DTA曲线仅在266 ℃和405 ℃出现两个吸热峰，这分别对应于聚合物的熔化和解聚。由此可发现，尼龙66在空气和氮气中的热降解机理完全不同，在空气中的热降解要复杂许多。

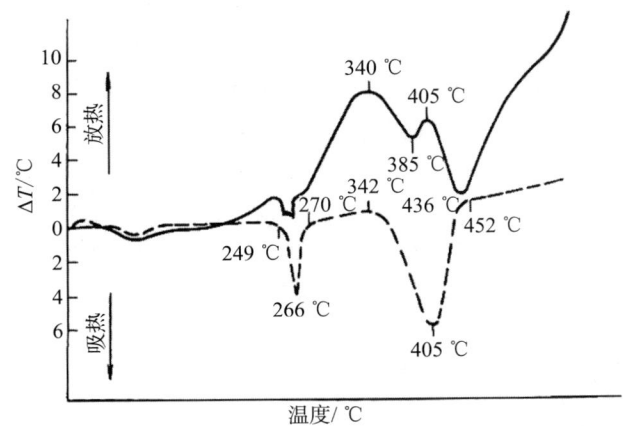

图9-22　尼龙66的DTA曲线（实线的气氛为空气，虚线的气氛为氮气）

再如氯丁胶的DTA曲线（图9-23），在空气中和氮气中都在377 ℃出现放热峰，这是由HCl分解后残留物的交联引起的。在空气中，在447 ℃时出现一个放热峰，这是因为样品在空气中发生了氧化反应，而在氮气中就不存在这一个放热峰。图9-23说明氯丁胶在空气和氮气中的热降解机理不同。

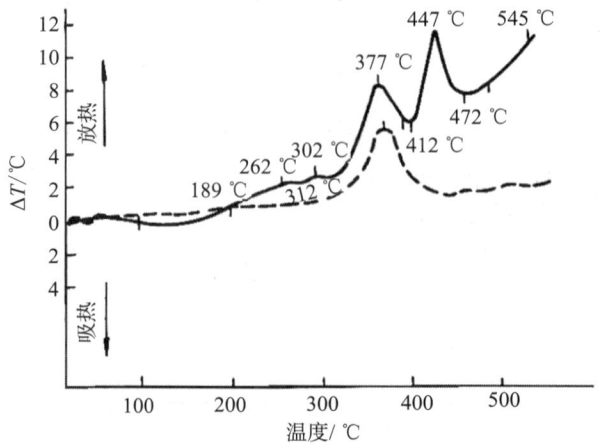

图9-23　氯丁胶的DTA曲线（实线的气氛为空气，虚线的气氛为氮气）

9.9.6.4　微分差热分析

如果在一定温度条件下获得的DTA曲线没有很明显的吸热和放热峰，这样进行分析就比较困难。与TG曲线的分析相似，这时可将DTA曲线进行一阶微分，获得微分差热曲线DDTA，这样可以使变化不明显的DTA曲线显示出相变和反应温度。在DTA曲线的峰分辨率低和出现部分重叠效应时，微分差热分析曲线十分有用，可清楚地把分辨率低和重叠的峰分开。在动力学研究中，微分差热分析则更具优势，可以根据单一的DDTA曲线上的两个峰温测定固相反应的活化能。

9.9.6.5　高压差热分析

高压差热分析为研究物质在高压下的热反应机理提供了有力的支持。目前已研制出各类高压差热分析仪。例如，双池型高压DTA-DPA仪（差热压力分析仪）和气流型高压DTA仪等。有的高压可达几百到几千个标准大气压。利用高压差热分析仪可研究无机材料、高分子材料和复合材料的相变和相图及高分子材料的燃烧等。例如，可研究HgO的多晶转变和分解温度。

9.9.7　差热分析法的缺陷

差热分析法虽然广泛用于材料物理、化学性能变化的研究，但它却不能确定变化的性质，即物质内部发生的变化是物理变化还是化学变化，变化过程是一步完成还是分步完成，变化过程中的质量有无改变等，都无法确定。与热重法相比，差热分析法更依赖于实验条件，这是因为温差比质量变化更加依赖于传热的机理与条件。只有在理想情况和加热条件严格相同时，同一试样的TG和DTA曲线中的各变化温度范围才可能一致，TG-DTA联用仪就可做到这一点。

在进行DTA测试时，样品产生热效应，其实际温度并非程序升温所控制的温度，其升温速度是非线性的。产生热效应时，样品与参比物及周围环境存在较大的温差，相互间会进行热传递，从而降低热效应测量的灵敏度和精确度。因此，DTA

不能进行准确定量分析。为了克服差热分析法的缺点，科研人员发展了差示扫描量热法（DSC）。DSC中，样品产生的热效应能及时得到应有的补偿，使得样品与参比物之间无温差、无热交换，试样始终跟随炉温线性升温，因此保证了校正系数 K 值恒定，使测量灵敏度和精度大大提高。

9.10 差示扫描量热法

差示扫描量热法是在程序控制温度和一定气氛下，测量单位时间内输入到样品和参比物之间的热流速率或加热功率与温度或时间关系的一种技术。

9.10.1 DSC 的特点

在差热分析中，样品产生热效应时，样品的实际温度已不是程序升温所控制的温度（例如，在升温时，样品由于吸热而一度停止升温），样品本身在发生热效应时的升温速度是非线性的。差示扫描量热分析克服了差热分析的缺点，样品的吸、放热量能及时得到应有的补偿，同时样品与参比物之间的温度始终保持相同，无温差、无热传递，使热损失变少，检测信号变大。因此，差示扫描量热分析在检测灵敏度和检测精确度上都要优于差热分析，适用于热量的定量分析工作。

DSC 的另一个突出的特点是，DSC 曲线离开基线的位移代表样品吸热或放热的速度，即热流速率 dH/dt，是以毫焦/秒（mJ/s）为单位来记录的，DSC 曲线所包围的面积是 ΔH 的直接度量。而 DTA 测量的是样品与参比物之间的温度差 ΔT，只能间接表征样品热效应，因此 DSC 对热效应的响应更快、更灵敏，峰的分辨率也更高。

由此得出 DSC 的主要优点是定量方便、分辨率高、灵敏度好。虽然 DSC 克服了 DTA 的不足，但是它也有以下局限性。

①允许检测的样品量相对较小。

②在个别情况下，传感器可能会受到某些特殊样品的污染，须小心操作。

③使用温度相对较低、起始温度相对较高，如室温为 20 ℃时，DTA 从 20 ℃开始升温，可以测量在 30～40 ℃出峰的试样，而 DSC 开始升温后只能测 40 ℃以后的峰。

④DSC 仪器精密，结构复杂，价格昂贵，而 DTA 仪使用时故障相对较少。

9.10.2 差示扫描量热仪

常用的差示扫描量热仪按测量方式分为热流型和功率补偿型。

热流型 DSC 仪技术上要求样品和参比物的温差 ΔT 与样品和参比物间的热流量差成正比例关系。功率补偿型 DSC 仪则要求样品和参比物的温度差，无论样品吸热或放热都要处于动态零位平衡状态，即 ΔT 等于 0，这是 DSC 和 DTA 技术最本质的区别。DSC 仪采用零点平衡原理，样品和参比物具有各自独立的加热器和传感器，即在样品和参比物容器下各装有一组补偿加热丝。

9.10.2.1 热流型 DSC 仪

热流型 DSC 仪是通过测量加热过程中，样品吸收或放出热量的流量，来达到 DSC 分析的目的。

热流型DSC仪的结构原理与差热分析仪的相近（图9-24）。炉体在程序控温下以一定的速率升温，均温块受热后通过气氛和热垫片（康铜）两条路径将热传递给样品和参比物，使它们均匀受热。康铜片具有耐腐蚀和化学性好等优点。样品和参比物的热流差和样品温度分别由差热电偶和样品热电偶测量。热流式DSC仪的原理虽近似于DTA差热分析仪，但它可定量测定热效应。这是因为该仪器在等速升温过程中，可自动改变差热放大器的放大倍数（温度升高，放大倍数增大），一定程度上弥补了因温度变化对样品热效应测量所产生的影响。

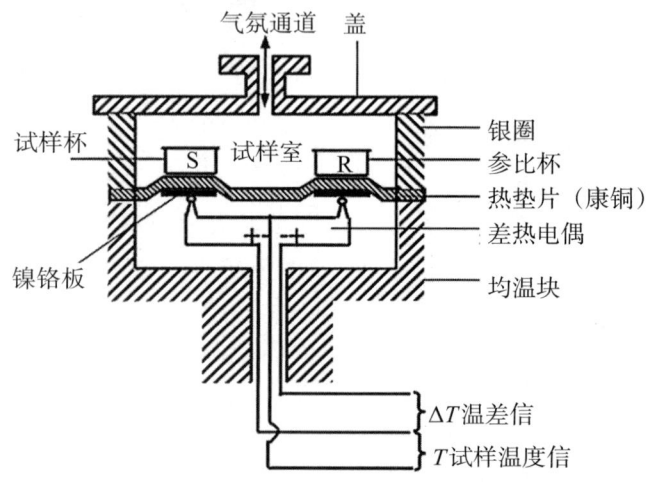

图9-24　热流型DSC仪结构原理示意图

但热流式DSC仪仍存在以下不足。

① 由于辐射热与绝对温度的四次方成正比，高温时的热阻大大减小，故热流式DSC不宜在高温下工作。

② 温差电动势和热阻均与温度成非线性关系，精确测定试样的热效应时，必须使用校准曲线，换新样品杯时需重新测定校准曲线，因此热流式DSC使用不太方便。随着计算机技术的发展，校准曲线的工作可由计算机完成。

9.10.2.2　功率补偿型DSC仪

图9-25为功率补偿型DSC仪的原理示意图。样品和参比物分别具有独立的加热器和传感器，整个仪器有两条控制电路：一条用于控制温度，使样品和参比物在预定的速率下升温或降温；另一条用于控制功率补偿器，为样品补充热量或减少热量，以保持样品和参比物之间的温差为零。

当样品产生热效应时，如果是放热效应，样品温度将高于参比物，在样品与参比物之间出现温差，该温差信号被转化为温差电势，再经差热放大器放大后送入功率补偿器，使样品加热器的电流I_S减小，而参比物的加热器电流I_R增加，从而使样品温度降低，参比物温度升高，最终导致两者温差再次趋于零。因此，只要记录样品的放热速度或吸热速度（即功率），即记录下补偿给样品和参比物的功率差随温度T或时间t变化的关系，就可获得试样的DSC曲线。

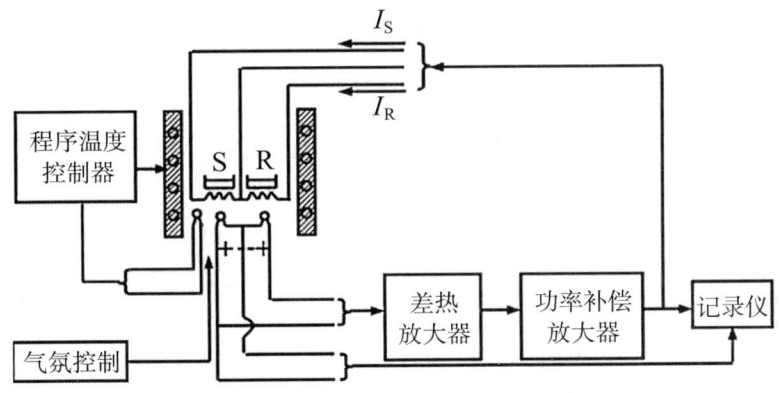

图9-25　功率补偿型DSC仪的原理示意图

无论哪一种DSC，随样品温度的升高，它与周围环境温度的偏差变大，造成的量热损失都会使测量精度下降，因此DSC的测温范围通常低于800 ℃。

9.10.3　DSC曲线

差示扫描量热测定时记录的热谱图称为差示扫描量热（DSC）曲线。

典型的DSC曲线如图9-26所示，其纵坐标是样品与参比物的功率差dH/dt，也称作热流率，单位为毫瓦每毫克（mW/mg），横坐标为温度（T）或时间（t）。与差热分析一样，差示扫描量热分析的工作原理也是基于物质在加热过程中，发生物理、化学变化的同时，会伴随吸热、放热现象。曲线离开基线的位移即代表样品吸热或放热的速率（mJ/s），而曲线中峰或谷包围的面积即代表热量的变化。因此DSC曲线的外貌与DTA曲线相似。但不同仪器所得DSC曲线的吸热或放热方向可能会不同，如图9-26所示，因此，DSC曲线一定要标定吸热或放热方向。

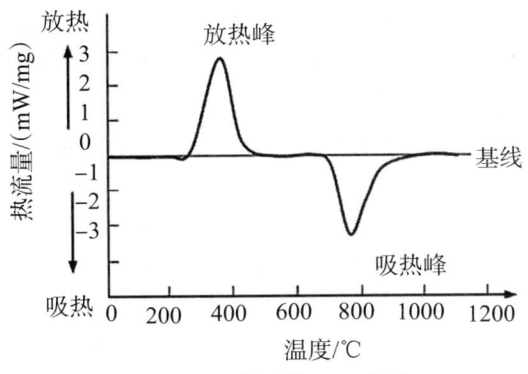

图9-26　典型的DSC曲线

样品真实的热量变化与曲线峰面积的关系为

$$mH = KA$$

式中，m是样品质量，H是单位质量样品的焓变，A是与ΔH相应的曲线峰面积，K为修正系数，又称仪器常数。

DSC分析仪是在DTA分析仪的基础上改进而来，基本克服了DTA分析仪的不足。DSC曲线相对于DTA曲线存在以下区别。

①曲线的纵坐标含义不同。DSC曲线的纵坐标表示样品放热或吸热的速率，单位为mW/mg，又称热流率ϕ，表示为ΔH；而DTA曲线的纵坐标则表示温差，单位为℃（或K）。

②DSC的定量水平高于DTA。样品的热效应可直接通过DSC曲线的放热峰或吸热峰与基线所包围的面积来度量，不过由于样品和参比物与补偿加热丝之间总存在热阻，使补偿的热量或多或少产生损耗，因此测得的峰面积需要乘以一个修正系数（又称仪器常数）才为热效应值。仪器常数可通过标准样品来测定，即为标准样品的焓变与仪器测得的峰面积之比。它不随温度、操作条件而变化，是一个恒定值。

③DSC分析方法的灵敏度和分辨率均高于DTA。DSC曲线是以热流率或功率差来表征样品的热效应，而DTA则用ΔT间接表征样品热效应，因此DSC对热效应的响应更快、更灵敏，峰的分辨率也更高。

图9-27为DSC曲线的特征和相关术语。进行DSC测试的目的就是确认这些特征点或特征范围。一些特殊情况下，可先通过测量的物理量进行计算或推导而得到一些特征点或特征范围。

台阶（step）：在特定时间或温度范围内，由于样品发生一系列反应或转变所表现出的斜率逐渐变大至出现拐点，或斜率逐渐减小至出现拐点的曲线部分。

平台（plateau）：在特定时间或温度范围内，测量获得的曲线保持稳定或基本稳定的曲线部分。

基线（baseline）：峰和台阶范围之外未发生任何反应、转变或变化条件下得到的测量曲线。

等温基线（isothermal baseline）：使加热炉的温度保持恒定，且样品未发生任何反应、转变或变化的条件下得到的DSC曲线。

初始基线（initial baseline）：指在样品没有发生任何反应、转变或变化时，测量曲线在达到峰值或台阶前的部分。

终止基线（final baseline）：在样品没有进一步发生任何反应、转变或变化时，测量曲线在出现峰或台阶后的部分。

等温起始基线（isothermal initial baseline）：使加热炉的温度保持恒定，在温度程序发生动态变化前样品没有发生任何反应、转变或变化时所获得的测量曲线的部分。

等温终止基线（isothermal final baseline）：使加热炉温度保持恒定，在温度程序动态变化结束后样品没有发生任何反应、转变或变化时获得的测量曲线的部分。

插值基线（interpolated baseline）：指在产生峰的范围内，用插值法将样品未发生反应、转变或变化的初始基线和终止基线连接起来所获得的曲线，也称为虚拟基线。

插值等温基线（interpolated isothermal baseline）：指在发生动态变化的过程中，通过插值法将等温初始基线与等温终止基线连接起来的基线。

外推起始基线（extrapolated initial baseline）：指通过峰或台阶的起始阶段外推所得到的起始基线，此阶段可看作样品没有发生过任何反应、转变或变化。

外推终止基线（extrapolated final baseline）：指通过峰或台阶的结束阶段外推所获得的终止基线，此阶段可看作前一阶段样品发生的任何反应、转变或变化已经结束。

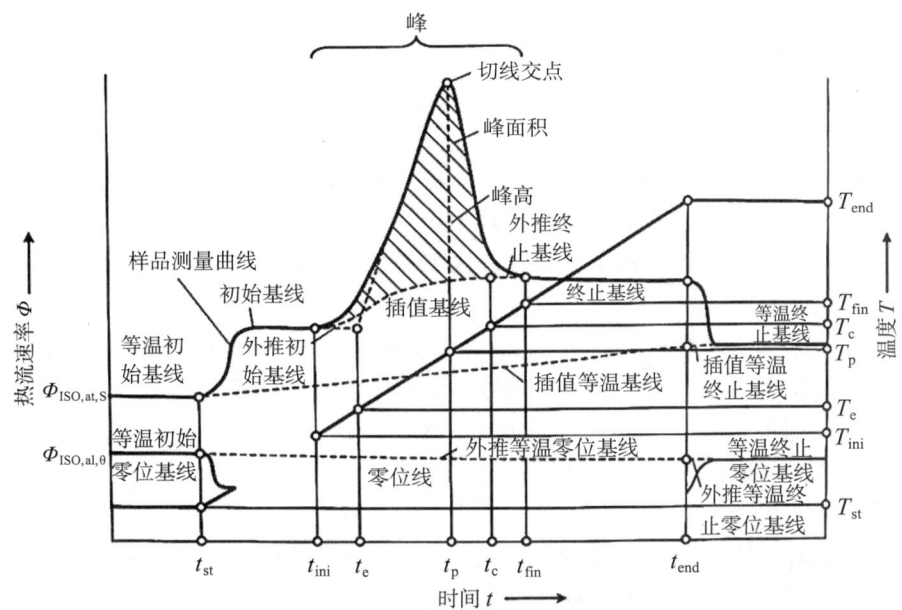

(a) 含有峰和台阶的以特征时间为横坐标的 DSC 曲线

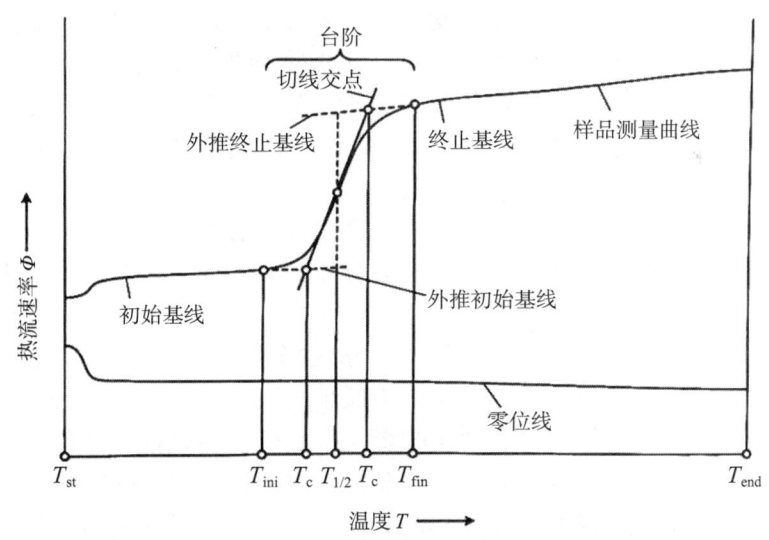

(b) 含有台阶的以特征温度为横坐标的 DSC 曲线

图 9-27　含有峰和台阶的 DSC 曲线及各术语说明

9.10.4　影响差示扫描量热分析的因素

影响 DSC 曲线的因素较多，除了与前面 DTA 相似的仪器影响因素，主要还有实验条件和样品特性两个方面。其中，实验条件包括样品盘材料、挥发物的冷凝、升温速率、气氛及仪器的灵敏度与分辨率等因素。样品特性包括样品用量、样品状态和样品粒度等。

9.10.4.1 实验条件

与其他热分析仪器一样，实验条件会明显影响DSC的测试结果。

(1) 样品盘材料

样品盘与样品之间在测试过程中不应发生任何化学反应，一般采用惰性材料制备，如铂、陶瓷等。但对一些碱性样品，不能采用石英和陶瓷样品盘，因为在升温过程中，样品会与这些材料发生化学反应，影响DSC曲线。特别是铂金，对许多有机化合物和某些无机物起催化作用，促使发生不该发生的反应，会影响热分析曲线的真实性。因此，需根据所测样品的特性选择合适材料的样品盘。

(2) 挥发物的冷凝

当被测样品具有挥发性时，挥发的物质会在仪器的低温区冷凝，这不仅污染仪器，还影响测量精度，甚至使测量结果产生严重偏差。对于挥发性样品，解决冷凝的方法通常有两种：一是减小样品用量或选用合适的净化气体；二是在样品上方安装屏蔽罩或采用水平结构的热天平。

(3) 升温速率

升温速率有大小之分，无论是大还是小，对测定过程和结果均有着十分明显的影响。程序升温速率主要影响DSC曲线的峰温和峰形，一般升温速率越大，峰温越高、峰形越大、越尖锐。

与DTA相似，快速升温可使某些反应尚未来得及进行，便进入高温阶段，造成反应滞后，反应的起始温度、峰值温度和终止温度均提高，样品内温度梯度增大，峰形分离能力下降，并使热分析曲线的基线漂移加大，但可提高分析仪的灵敏度。此外，快速升温还使反应向高温区移动，并以更快的速度进行，从而使热分析曲线DSC的峰高增加，峰宽变窄，峰形呈尖高状。

图9-28为不同升温速率对Al-Ni_2O_3-B体系反应过程的影响。随着升温速率的提高，热效应峰均向高温方向移动，吸热峰峰顶从668 ℃移至671 ℃，放热峰峰顶从891 ℃移至895 ℃，且峰高显著增加。

慢速升温有利于分阶段的反应，呈现为分离的多重峰，可使DSC基线漂移减小。慢速升温还可使样品的内外温差变小，内应力减小，但会导致分析仪的灵敏度下降。

实际测试中，升温速率对DSC曲线的影响很复杂，很大程度上与样品种类和转变类型密切相关。例如，考察升温速率对聚合物玻璃化温度的影响时，因玻璃化温度是大分子松弛过程，升温速度太慢，转变不明显，甚至观察不到；升温加快，转变明显，但所测玻璃化温度向高温方向移动。升温速率对熔融温度的影响不大，但有些聚合物在升温过程中会发生重组或晶体趋于完善，从而使熔融温度和结晶温度都提高。

升温速率对于峰的形状也有影响。升温速率慢，峰较尖锐，分辨率好，但基线漂移大，因而一般采用10 K/min的升温速率。

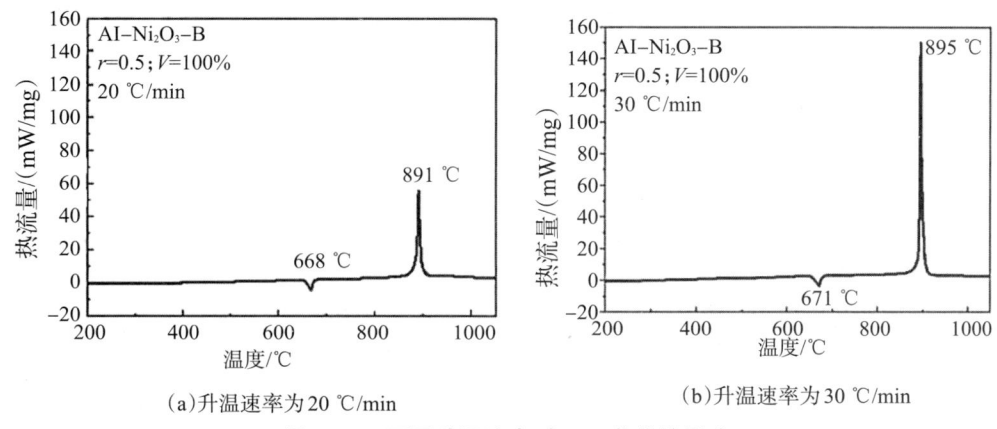

图9-28 不同升温速率对DSC曲线的影响

(4) 气氛

气氛的性质对实验结果也至关重要。在DSC测试中，一般对气氛的氧化还原性和惰性比较关注，变换气氛可以辨别热分析曲线上热效应的物理化学归属。例如，在空气中测量的热分析曲线呈现放热峰，在惰性气氛中检测时可能会产生不同的情况，由此可判断反应类型。一般容易忽视气氛对DSC的峰温和热焓值的影响。实际上，气氛对DSC定量分析中峰温和热焓值的影响很大。在氦气中测定的起始温度和峰温都比较低，这是因为氦气的热导性几乎是空气的5倍，温度响应比较慢。相反，在真空中温度响应就要快得多。

不同气氛对热焓值的影响也存在明显差别。若气氛的导热性良好，会有利于向体系提供更充分的热量，提高分解反应的速率。氩、氮、氦这三种惰性气体，其热导率与温度的关系的斜率是依次递增的，因此，碳酸钙的热分解速度在氦气中最快，在氮气中次之，氩气中最慢，而在氦气中所测得的热焓值只相当于其他气氛的40%左右。

(5) 仪器的灵敏度与分辨率

仪器的灵敏度与分辨率是一对矛盾体。要提高灵敏度必须提高升温速度，加大样品量。要提高分辨率则必须采用慢速升温，减小样品量。由于增大样品量对灵敏度影响较大，对分辨率影响相对较小，而加快升温速率对两者影响都大，因此在热效应微弱的情况下，通常选择较慢的升温速率（以保持良好的分辨率），并适当增加样品量来提高灵敏度。

9.10.4.2 样品特性

样品特性包括试样用量、粒度、试样的几何形状、装填情况、试样的稀释和试样的热历史条件等，以及参比物用量、参比物的热历史条件等参比物特性。

(1) 样品用量

样品用量是不容忽视的影响因素。通常情况下，样品用量不宜过多，因为过多会使试样内部传热变慢、温度梯度增大，导致峰形扩大和分辨率下降。样品用量小时能减小样品内的温度梯度，所测温度较为真实，有利于气体产物扩散，减少化学平衡中的逆向反应，相邻峰分离能力增强，分辨率提高，但DSC的灵敏度会有所降低。

试样用量大时能提高DSC的灵敏度，但峰形变宽并向高温漂移，相邻峰（平台）趋向于合并，峰分离能力下降。此外，还会导致样品内温度梯度较大，气体产物的量增多、扩散变差。

一般应在保证灵敏度足够时，取较少的样品用量。

（2）样品状态

样品状态一般分为粉末状和块状两种。相比于块状样品，粉末状样品具有比表面积大、活性强的优点，反应提前，但另一方面，其导热性能下降，反应过程延长，峰宽增大，峰高下降。图9-29为Al-Ni$_2$O$_3$反应体系，增强体的体积分数为30%，升温速率为30 ℃/min时的DSC曲线。可以清楚地看出，粉体样品的峰位前移，峰高下降。

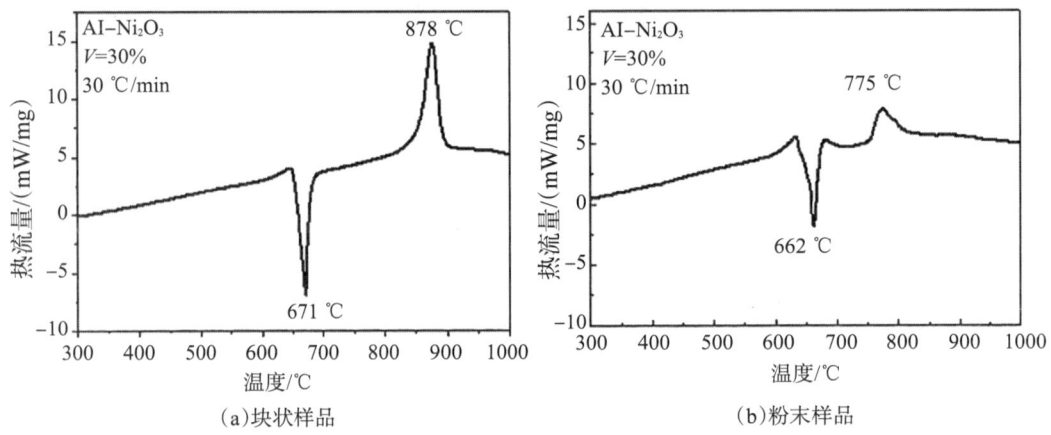

图9-29 样品状态对DSC曲线的影响

粉末样品中，粉末粒度与粉末堆积密度对热分析影响较大。样品粒度越小，比表面积越大，活性越强，反应的起始温度越低，热效应峰前移，但峰高降低。粉末的堆积密度较高时，样品的导热性能改善，温度梯度变小，其峰值温度和热效应的起始点温度均有所提高。在气-固反应中，粉末样品的堆积密度较高时，粉末样品与气氛的接触减少，使反应滞后；若有气体产物时，则气体产物的扩散变差，并影响化学平衡。

（3）样品的几何形状

在高聚物研究中，样品的几何形状对DSC的测试结果有明显的影响。为获得较为精确的峰温值，一般会减少样品的厚度并采用较慢的升温速率，以加大高聚物和样品盘的接触面积。

9.10.5 DSC的应用与解析

热分析的应用非常广泛。热重分析（TGA）主要用于分析空气中或惰性气氛中材料的热稳定性、热分解和氧化降解等涉及质量变化的所有过程。差热分析（DTA）虽然受到检测热现象能力的限制，但是可以应用于单质和化合物的定性和定量分析、反应机理研究、反应热和比热容的测定等方面。差示扫描量热（DSC）分析能定量地量热,灵敏度高,工作温度可以很低,因此应用范围最为广泛。特别是在材料的研发、性能检测与质量控制等方面,DSC有着独特的作用,可以用于测量物质的热稳定性、氧化稳定性、结晶度、反应动力学、熔融热焓、结晶温度及纯度、凝胶速率、沸点、熔点和比热等,也被广泛应用于非晶材料的研究。

9.10.5.1 玻璃化转变温度的测定

(1) 块体金属玻璃的玻璃化转变温度

金属玻璃的一个突出的特点是在升温过程中会发生玻璃化转变。在玻璃化转变温度 T_g 以下,分子运动基本冻结;到达 T_g 时,分子运动活跃起来,热容量增大,基线向吸热一侧偏移。图9-30为金属玻璃发生玻璃化转变时的DSC曲线示意图。因为玻璃化转变发生在一个温度区域,而不是一个确定的温度,且 T_g 会随着实验时间的长短和升温速率的快慢在一定的范围内变化,故 T_g 的确定目前尚无统一的方法,一般随研究者不同而异。

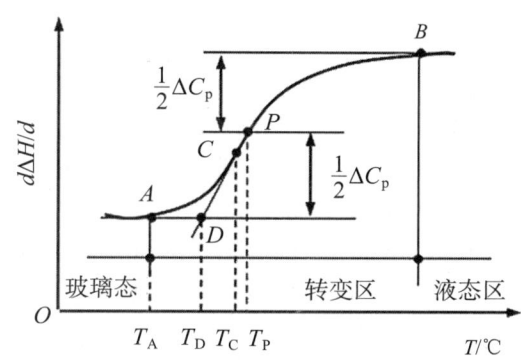

图9-30 金属玻璃玻璃化转变的DSC示意图

玻璃化转变温度目前通常有以下四种确定方法。

①取偏移基线的始点温度 T_A。
②取外延起始点温度 T_D。
③取曲线拐点的温度 T_C。
④取上下两基线延长线的中点的温度 T_P,即由转变前后的比容差 ΔC_P(采用外推作图法)变化到一半时所对应的温度。

以上四种方法中,应用较多的是取外延起始点温度 T_D 为玻璃转化温度。DSC曲线偏移基线的开始点和终止点分别称为玻璃转变的开始温度和终止温度。

热分析技术可直接用于金属玻璃的晶化研究。根据对DSC曲线上的晶化放热峰的计算,就可得到晶化过程的一系列动力学参数,并对晶化的机制做出判断。

(2) 高分子材料的玻璃化转变温度

DSC可用于高聚物玻璃化温度的测定。高分子材料在玻璃化转变温度 T_g 时,由于热容的改变会使DSC曲线的基线平移,因此会出现明显的转变区。在高聚物玻璃化转变区往往会出现一个异常的小峰,这是焓变松弛造成的,其峰回落后与基线的交点为外推玻璃化温度。

由于玻璃化转变是一种非平衡过程,操作条件和样品状态会对实验结果造成明显影响。升温速率越大，玻璃化转变越明显，所测得的玻璃化转变温度值就越高。一般测定玻璃化转变温度时，常用的升温速率是 10～20 ℃/min。为便于结果对比，对测定的玻璃化转变温度值应该注明升温速率条件。样品的热历史对玻璃化转变温度也有明显的影响，因此需消除热历史的影响，才能保证同类样品玻璃化转变温度的可比性。消除热历史的方法是将样品进行退火处理，退火温度应高于样品的玻璃化转变温度。但如果要消除结晶对玻璃化转变温度的影响，则应将样品加热到熔点以上才能消除热历史。另外，样品中残留的水分或溶剂等小分子化合物有利于高分子链的松弛，从而会使所测定的玻璃化转变温度偏低。因此实验前需将样品烘干，彻底除去样品中残留的水分或溶剂。

对于共混或共聚高聚物，当各组分相容性不好时，可测得各组分各自的玻璃化温度。如测得的玻璃化温度不同于各组分的玻璃化温度，则说明共混或共聚组分相容性良好。

9.10.5.2 高分子材料氧化诱导期的测定

为防止高聚物的氧化降解作用，通常会在高分子材料中加入少量的抗氧化剂。常用 DSC 测定高分子材料的氧化诱导期，以表征其抗氧化效力。因氧化为放热过程，故基线向放热方向偏移，此即氧化诱导期。例如，对具有不同含量的抗氧化剂的高密度聚乙烯，在 200 ℃和氧气下测定，所测得的氧化诱导期随着抗氧化剂含量的增多而延长。采用 DSC 可以对具有不同含量抗氧剂的高聚物在一系列温度下进行等温测定，然后将由 DSC 分析获得的不同温度下的氧化诱导时间与相应的温度作图，再用外推法就可估算出高聚物在室温使用条件下的寿命。

9.10.5.3 高分子材料固化程度的测试

高分子材料固化程度的测试方法有多种，其中以 DSC 法最为便捷。对于热固性高分子材料，其固化是一个放热过程。可以根据 DSC 曲线上的固化反应放热峰的面积来估算热固性高分子材料的固化程度。

图 9-31 为环氧树脂的 DSC 曲线，通过放热峰的温度可初步判断固化反应的固化温度。放热的多少与树脂官能团的类型、参加反应的官能团数量、固化剂的种类及用量有关。对于一个确定配方的体系，其固化反应放热量是一定的，其固化度 α 可按下式计算：

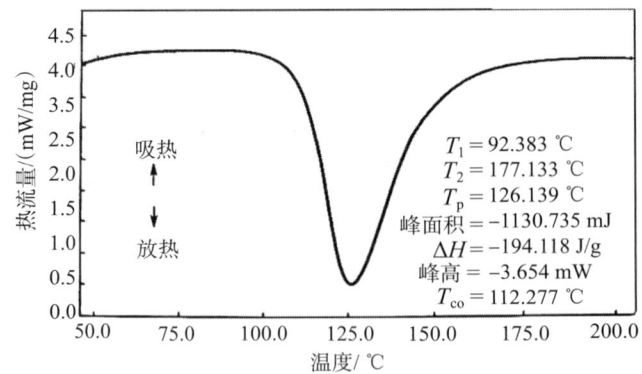

图 9-31　环氧树脂的固化

$$\alpha = \frac{\Delta H_0 - \Delta H_R}{\Delta H_0} \times 100\%$$

式中，ΔH_0 是从完全未固化的树脂体系进行到完全固化时所放出的总热量，单位为 J/g；ΔH_R 是固化后的剩余反应热。

根据测定的固化度，还可计算该固化反应的动力学参数。

9.10.5.4 高分子材料的结晶度测定

对于结晶高聚物，用 DSC 可测定其结晶熔融热，得到的熔融峰曲线和基线所包围的面积可直接换算成热量，此热量是高聚物中结晶部分的熔融热 ΔH_f。高聚物熔融热与其结晶度成正比，结晶度越高，熔融热越大。如果已知高聚物结晶度为 100% 时的熔融热为 ΔH_f^*，则部分结晶高聚物的结晶度 X_c 可按下式计算：

$$X_c = \frac{\Delta H_f}{\Delta H_f^*} \times 100\%$$

ΔH_f 可用 DSC 测得，ΔH_f^* 可用 DSC 测试 100% 结晶的聚合物样品获得，也可用一组已知结晶度的样品的熔融热外推获得。有时也会用一个模拟物的熔融热代表 ΔH_f^*。例如，在求聚乙烯的结晶度时，可选择正三十二碳烷的熔融热作为完全结晶聚乙烯的熔融热。

DSC 还可用于测定线性结晶聚合物的相对分子质量，以及研究高分子材料的等温结晶动力学等。

9.10.5.5 大块非晶合金晶化动力学研究

大块非晶合金具有优异的玻璃形成能力、较宽的过冷液相区、较强的抗晶化能力和独特的性能。对大块非晶合金淬火态和退火态晶化动力学的研究不仅可以加深对大块非晶合金晶化本质的理解，还可深入理解玻璃形成能力的本质，获得控制晶化以及反映其内部结构特征的有用参数。

例如，吸铸的 $Zr_{60}Al_{15}Ni_{25}$ 样品为单一的非晶相。以 10 K/min 连续加热，测得其 DSC 曲线如图 9-32 所示。该曲线有一吸热峰，对应的是玻璃化转变；随后有一个强放热峰，对应于大块非晶的晶化过程。由图可知，其玻璃化转变温度 T_g 为 413 ℃，晶化开始温度 T_x 为 485 ℃，因此其过冷液相区的温度范围为 72 ℃。

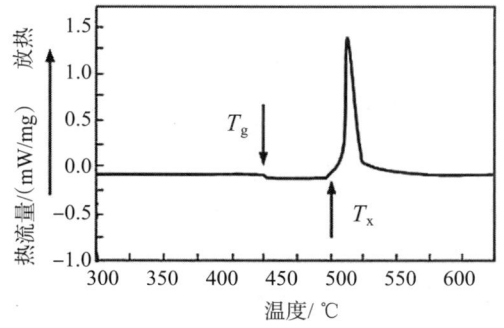

图 9-32 $Zr_{60}Al_{15}Ni_{25}$ 大块非晶连续加热的 DSC 曲线

图 9-33 是淬火态的 $Zr_{41}Ti_{14}Cu_{12.5}Ni_{10}Be_{22.5}$ 大块非晶合金在不同加热速率下的 DSC 曲线。随着加热速度的增加，T_g、T_x 均向高温区移动，其过冷液相区也逐渐变宽并向

高温区移动，其晶化行为和玻璃化转变行为均与加热速率有关，这一现象说明玻璃化转变和晶化均具有显著的动力学效应。

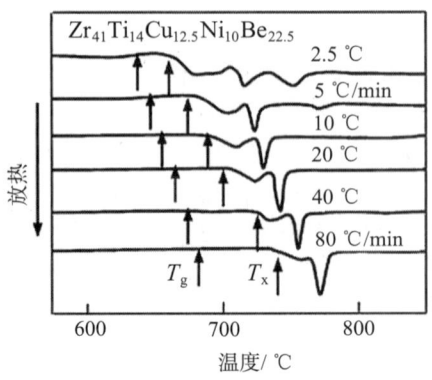

图 9-33　淬火态的 $Zr_{41}Ti_{14}Cu_{12.5}Ni_{10}Be_{22.5}$ 大块非晶合金在不同加热速率下的 DSC 曲线

9.10.5.6　大块非晶合金等温退火研究

$Zr_{60}Al_{15}Ni_{25}$ 大块非晶合金等温退火过程的 DSC 分析是在其过冷液相区进行的，等温退火的 DSC 曲线如图 9-34 所示。由图可知，所有的 DSC 曲线都只有一个放热峰，随着等温退火温度的降低，其晶化峰高降低，但峰宽增大，说明晶化速度降低，晶化过程变慢。

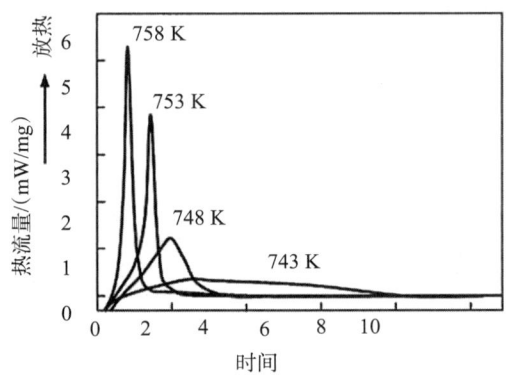

图 9-34　$Zr_{60}Al_{15}Ni_{25}$ 在不同温度下等温退火的 DSC 曲线

9.10.5.7　氢原子对金属玻璃热稳定性的影响研究

氢原子能够改变非晶态原子的移动过程及短程结构，对晶化行为以及玻璃化转变温度有着明显的影响。因此，可以采用电化学方法，对块状非晶合金充入氢原子，然后使用差示扫描量热仪在高纯氩气保护下进行量热分析。

图 9-35 是淬火态和储氢态的金属玻璃 $Mg_{63}Ni_{22}Pr_{15}$ 在升温速率为 20 ℃/min 时的 DSC 曲线。从图中可以明显地看出，两种状态都发生了玻璃化转变，但是充氢后的金属玻璃的玻璃化转变温度 T_g、开始晶化温度 T_x 以及晶化温度 T_p 均已经向高温区偏移，其原因是氢原子的存在降低了合金元素的扩散作用，抑制了晶化开始前的相分离及合金成分的浓度起伏。显然，充氢后 $Mg_{63}Ni_{22}Pr_{15}$ 金属玻璃的热稳定性有了很大的提高。

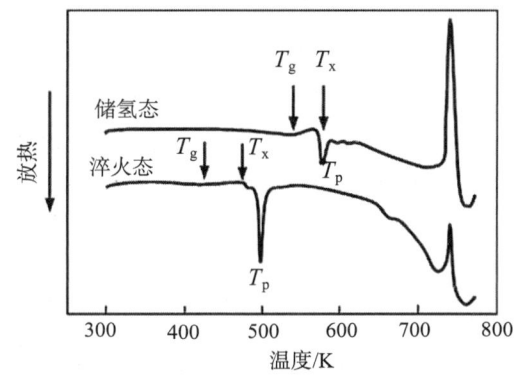

图 9-35　$Mg_{63}Ni_{22}Pr_{15}$ 淬火态和储氢态的 DSC 曲线

9.10.5.8　确定物质的反应条件

在尽可能接近反映真实环境的条件下，通过 DSC 曲线中测得的不同时间或温度下物质发生转变的信息，可以确定所研究物质在不同实验阶段的结构变化，进而可确定物质的反应条件。

钙钛矿太阳能电池的光吸收层主要是 ABX_3 材料，其中 A 为体积较小的金属离子或有机小分子，B 为 Pb 或 Sn 离子等，X 为卤素原子。以 $CH_3NH_3PbI_3$ 为例，制备此材料时，需要对碘甲胺 CH_3NH_3I 进行加热，因此需要首先通过 DSC 曲线确定有机物碘甲胺的性质随温度变化的关系及气化或分解的温度。图 9-36 为 CH_3NH_3I 的 DSC 曲线，图中可见 CH_3NH_3I 在 145 ℃ 和 275 ℃ 附近出现两个吸热峰。根据 CH_3NH_3I 的结构和性质信息，可确定 CH_3NH_3I 在 145 ℃ 的吸热过程为熔融，275 ℃ 附近的吸热峰为气化，而 300 ℃ 以上出现的几个紧邻的峰是由于 CH_3NH_3I 分解引起的。通过 DSC 曲线反映出来的这些信息，在制备钙钛矿吸收层 $CH_3NH_3PbI_3$ 时可选择合理的 CH_3NH_3I 与 PbI_2 反应的温度条件，以避免 CH_3NH_3I 发生分解。处理过程中，在用到热蒸发或分子束外延技术时也应考虑温度对 CH_3NH_3I 的影响。

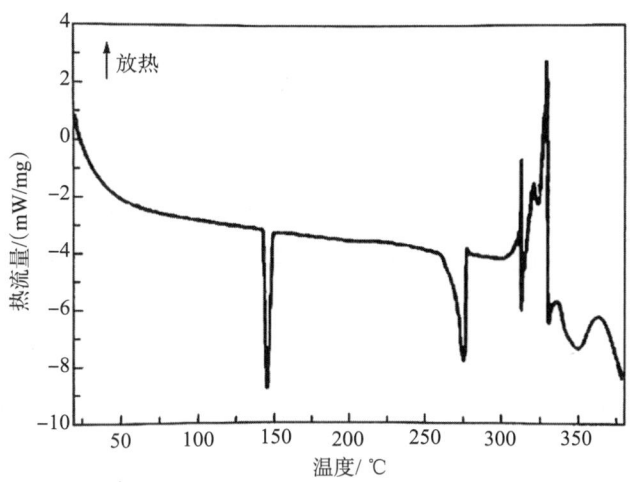

图 9-36　碘甲胺 CH_3NH_3I 的 DSC 曲线

9.10.5.9 比较不同工艺得到的材料差异

不同的物质结构、处理工艺、实验条件等因素都会对DSC曲线有不同程度的影响，在对获得的DSC曲线进行解析时应充分考虑这些因素。

图9-37为聚（醚-硫醚）（PETE）和对聚（醚-硫醚）进行选择性氧化得到的产物聚（醚-亚砜）（PESO）和聚（醚-砜）（PES）的DSC曲线。从图中可获得这三种聚合物的结晶性和玻璃化转变温度信息。图中，聚合物的玻璃化转变温度随链中的硫原子氧化态增强而升高，这种现象是由于链中硫原子氧化态增强导致分子极性增大，使偶极-偶极相互作用增强引起的。在图中还可看到，这三种聚合物在实验温度范围内没有出现冷结晶过程。PESO和PES的玻璃化转变温度在同类材料中较低，这是因为它们骨架中的间隔不规则引起的。

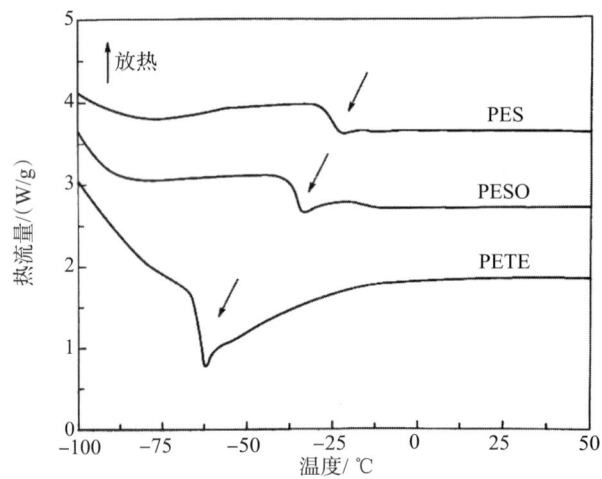

图9-37 选择性氧化产物PESO、PES及PETE的DSC曲线

总之，DSC分析技术已被广泛应用于材料、物理、化学等各个领域，特别是在材料反应研究中，已成为不可或缺的有力工具。随着科学技术和计算机技术的迅速发展，DSC分析技术的精确度、灵敏度、重复性必将进一步提高，应用领域也将进一步扩大。

9.11 热机械分析法

热机械分析法是以一定的加热速率加热试样，使样品在恒定的较小负荷下随温度升高而发生形变，测量样品温度-形变曲线的方法，一般可分为热膨胀法、静态热机械分析法和动态热机械法。

通过热机械方法进行温度扫描，可获得样品的力学参数。在最简单的情况下，可用于测量样品的长度随温度的变化。在进行校准后，可推导出热膨胀系数，这种测量方法称为热膨胀法（thermodilatometry）。

如果通过施加载荷阻碍固体的膨胀，则可观察到膨胀效应和模量变化的综合效应，这种方法称为热机械分析（thermomechanical analysis，TMA），也称为静态热机械分析。TMA 测量所获得的曲线主要用于反映模量随温度的变化。

通过给具有良好定义的几何形状的样品施加小的正弦变化应力，并根据响应的应变振幅计算模量的方法，被称为动态力学热分析（dynamic mechanical thermal analysis，DMTA 或 DMA）。这种方法具有以高分辨率监测损耗角正切峰的优势。

其中，热膨胀法和 TMA 被归为静态方法，DMA 被归为动态方法。

9.11.1 热膨胀法

热膨胀法是在程序控制温度和一定气氛下，测量样品尺寸或体积的变化与温度或时间关系的一种热分析技术。主要可分为线膨胀法和体积膨胀法。

线膨胀法是在忽略应力的条件下，测量样品长度与温度或时间关系的一种热膨胀技术。

体积膨胀法是在忽略应力的条件下，测量样品体积与温度或时间关系的一种热膨胀方法。

外界压强不变而温度改变的情况下，材料往往会出现尺寸（L）或体积（V）的变化。影响材料热膨胀性能的主要因素包括相变、材料的成分与结构、各向异性等。利用热膨胀法测量材料的各种转变类型，可以研究材料结构。可用热膨胀法测定的各种转变类型见图 9-38 所示，其中包括玻璃化转变温度和一级固-固转变。

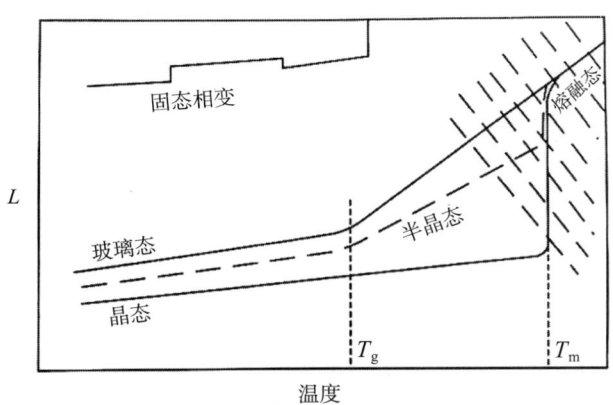

图 9-38 可用热膨胀法准确测量的转变类型的示意图（阴影为很难准确测定的范围）

9.11.1.1 热膨胀仪的结构及工作原理

热膨胀法所对应的仪器为热膨胀仪。热膨胀仪主要由支架和顶杆、热膨胀测量系统、载荷控制系统、加热炉、温度控制系统、温度测量系统、气氛控制系统、电脑控制系统等部分组成，水平式热膨胀仪的结构示意图如图 9-39 所示。

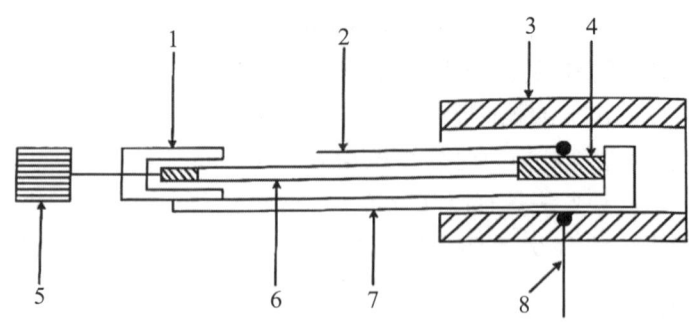

图9-39 水平式热膨胀仪的结构示意图

与其他仪器不同，热膨胀仪大多是在恒定的载荷下运行，载荷所加载的力一般不大，在0.01~2 N范围内。支架和顶杆的材质多为氧化铝和熔融石英，实验温度在1200 ℃以下时采用石英材质，高于此温度采用氧化铝材质，一般超高温（2800 ℃）的热膨胀仪采用石墨等材质。热膨胀测量系统负责记录在实验时被测物的位移变化。

按照热膨胀仪的位移测量单元的工作原理不同，主要分为机械法、光学法和电学法三种类型。这些方法的共同点在于都是样品在加热炉中受热膨胀，通过顶杆将膨胀传递到检测系统，不同之处则在于检测系统。

机械法主要采用千分表直接测量样品的伸长量。这种热膨胀仪的结构形式主要为立式。测试时将样品放置在一端封闭的石英管底部，使二者保持良好的接触，样品的另一端通过一个石英顶杆将膨胀引起的位移传递到千分表上，就可读出不同温度下的膨胀量。

光学法是通过顶杆的伸长推动光学系统内的反射镜转动，经光学系统使光点在影屏上移动，来测定样品的伸长量。

电学法是热膨胀仪最常用的测量方法。其机理是将顶杆的移动通过天平传递到差动变压器并变换为电信号，经放大转换，从而测量样品的伸长量。根据样品的伸长量就可计算出材料的线膨胀系数。这种热膨胀仪的结构形式主要为水平式，如图9-40所示。

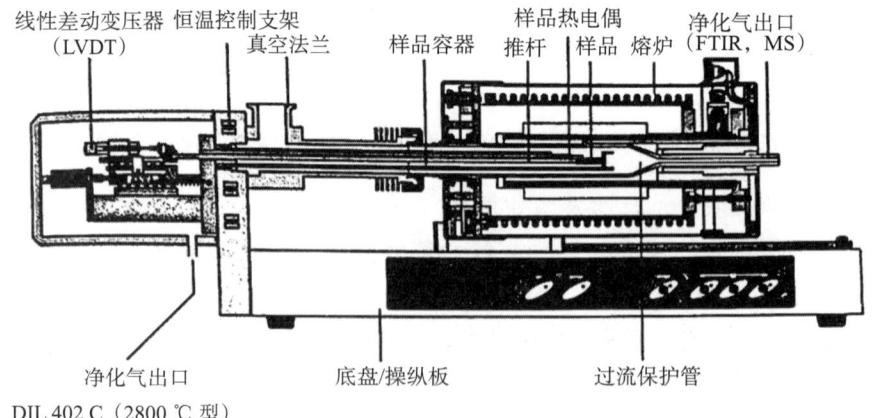

图9-40 水平式热膨胀仪的结构示意图

在图中可看到，样品通过样品支架水平放置于加热炉中。实验过程中样品在不同温度下的长度变化通过与其接触的水平推杆传递到差动变压器，差动变压器将其转换成电信号，经放大转换，就可测量得到样品的伸长量。实验可在不同气氛下进行，根据所用加热炉和支架材质的不同，温度范围最高可达2400 ℃。

9.11.1.2 热膨胀法相关术语

(1) 线膨胀系数

线膨胀系数是每单位长度在单位温度变化时材料长度的可逆增量。线膨胀系数对应于与温度变化相应的样品单位长度上的长度变化，以$\Delta L/L_0$表示，其中ΔL是从起始温度到所需温度之间观测到的长度变化，L_0是环境温度下的样品原始长度。得到的热膨胀系数常常以百分比或百万分比（10^{-6}）表示。文献中一般以20 ℃作为基准起始温度，如采用其他温度需特别说明。

(2) 微分膨胀系数

微分膨胀系数（differential coefficient of linear thermal expansion）又称为瞬间膨胀系数，是材料在某一温度和恒压下，在任意三维方向上的膨胀系数（单位为K^{-1}）。微分膨胀系数对应于在某温度下与温度变化1 ℃相应的线性热膨胀值，以α_t表示，其表达式为

$$\alpha_t = \frac{1}{L}\lim\frac{L_2-L_1}{t_2-t_1}=\frac{\dfrac{dL}{dt}}{L_i} \quad (t_1<t_i<t_2)$$

式中，α_t表示温度t下的微分膨胀系数，单位为℃$^{-1}$，常用10^{-6} ℃$^{-1}$表示；L_1是温度t_1下样品的长度，单位是mm，L_2是温度为t_2时样品的长度，单位是mm；L_i为指定温度t_i下样品的长度，单位为mm，dL/dt是指定温度t_i下的样品长度对温度的微分值，单位为mm/℃；t_1、t_2为测量曲线中选取的两个温度（$t_1<t_2$），单位是℃。

(3) 平均线膨胀系数

平均线膨胀系数是材料在某恒定压强下，在任意三维方向上在某一温度范围内的膨胀系数（单位为10^{-6} K^{-1}），常用$\bar{\alpha}$表示。

当温度在t_1和t_2范围内时，$\bar{\alpha}$是与温度变化1 ℃相对应的样品长度的相对变化，可用下式表示：

$$\bar{\alpha}=\frac{1}{L_0}\times\frac{L_2-L_1}{t_2-t_1}=\frac{1}{L_0}\times\frac{\Delta L}{\Delta t} \quad (t_1<t_2)$$

式中，L_0为环境温度t_0下样品的原始长度，单位为mm；ΔL为从起始温度t_1到所需温度t_2之间所观测到的长度变化，单位是mm。

从表达式中可见，平均线膨胀系数是线性热膨胀系数除以温度变化所得的商值，单位为每摄氏度（℃$^{-1}$）。由于此值一般较小，因此常常用10^{-6} ℃$^{-1}$表示。

(4) 体积膨胀系数

体积膨胀系数（volume expansion coefficient）或称"体胀系数"，是指当物体温度改变1 ℃时，其体积的变化和它在0 ℃时的体积之比，通常用符号α_n表示。

假设试样为一立方体，边长为L。当温度从T_1上升到T_2时，体积也从V_1上升到V_2，则体积膨胀系数α_n可用下式的形式表示：

$$\alpha_n = \frac{V_2 - V_1}{V \cdot (V_2 - V_1)} = \frac{[L_1 + \alpha \cdot L_1 \cdot (T_2 - T_1)]^3 - L_1^3}{L_1^3 \cdot (T_2 - T_1)} = 3\alpha + 3\alpha \cdot \Delta T + 3\alpha^2 \cdot \Delta T^2 + \alpha^3 \cdot \Delta T^3$$

由于膨胀系数一般比较小，可忽略高阶无穷小，取一级近似，可得下式：

$$\alpha_n = 3\alpha$$

在测量技术上，体积的膨胀比较难测，通常使用上式来估算材料的体积膨胀系数 α_n。

9.11.1.3 热膨胀曲线

热膨胀曲线是材料尺寸或体积随时间或温度变化的曲线。通常横坐标为时间或温度，纵坐标为长度或体积（或相对长度或体积），也可以是各种膨胀系数，如图9-41所示。

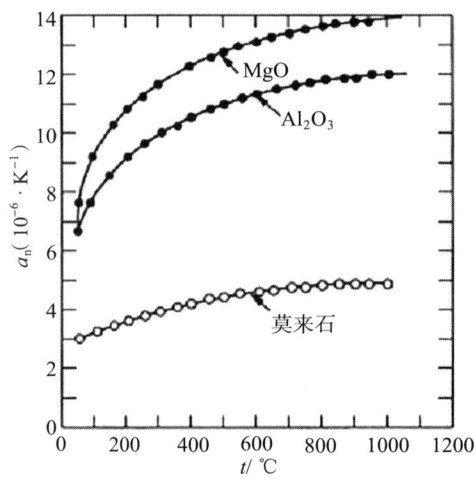

图9-41 几种无机材料的热膨胀曲线

9.11.2 静态热机械分析法

静态热机械分析法（static thermomechanichal analysis，简称sTMA或TMA）是在程序控制温度和非振荡荷载下，测量样品在压缩、针入、拉伸或弯曲等不同模式下的形变与温度（或时间）关系的一种热分析技术。

由于静态热机械分析一般是在恒定的非振荡性荷载条件下进行的，故通常称静态热机械分析为热机械分析，简称TMA。

9.11.2.1 静态热机械分析仪的结构及原理

进行TMA测试时，将样品放于仪器的样品平台上，在预先设定的程序控制温度和一定荷载（力）与气氛下，对样品进行测试，通过位移传感器实时测量探头移动的位置随温度或时间的变化情况。根据测试时所施加荷载力的方式不同，可分为在恒定荷载下的静态热机械分析法和在周期变化荷载下（一般施加较小的荷载，通常为1～2 Hz）的测试。一般所说的热机械分析法通常指静态热机械分析法。

按测试原理不同，静态热机械分析仪分为浮筒式和天平式两种。天平式根据样品与天平刀线之间的相对位置不同，又分为下皿式和上皿式。图9-42为下皿式结构的TMA仪的结构示意图。

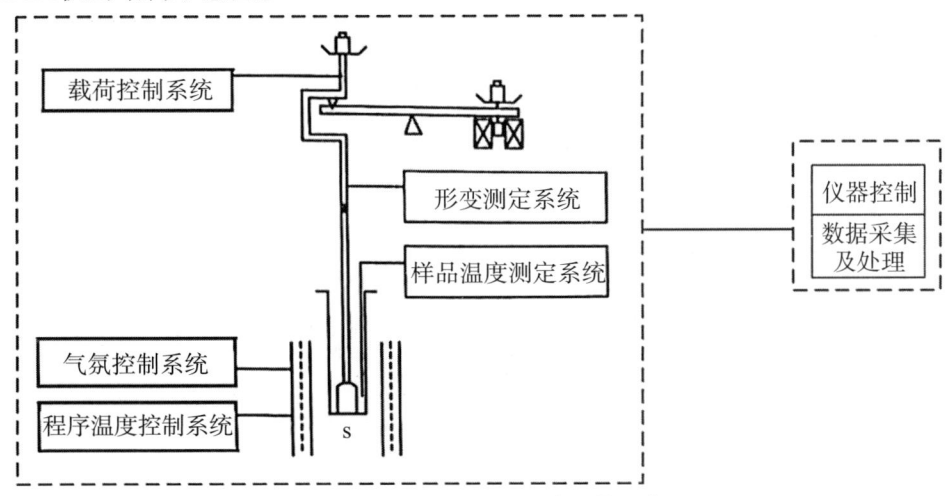

图9-42　下皿式TMA仪的结构示意图

与热膨胀仪不同，静态热机械分析仪在实验时可通过载荷控制系统改变载荷的各种变化形式，如载荷的连续加载、部分或全部撤销等。通过不同形式的夹具，可实现拉伸、压缩、针入、弯曲等形式的实验。

当载荷很小时，使用具有较小热膨胀系数的氧化铝或石英材质的夹具，可以得到样品的TMA曲线。

在静态热机械分析仪中，用于连续记录探头位置的位移传感器有数字编码器、差动的或指针式的位移转换器。通常使用线性差动变压器作为位移传感器，其电磁线性电动机可消除运动部件的重力，使施加在探头上的力直接作用于样品上，线圈内的铁磁芯与测量探头连接，产生与位移成正比的电信号，通过测量并记录电信号的变化，就可得到样品尺寸（长度、体积或其变化率）形变随温度或时间变化的TMA曲线。

TMA仪的探头一般包括：膨胀或压缩探头、针入探头、弯曲探头（一般是三点弯曲探头）和拉伸（包括薄膜拉伸或纤维拉伸）探头。有的TMA仪还配置有粉末夹具或固化附件等。

由于仪器支撑自检的膨胀程度通常与样品相当，或者大于膨胀系数相对较小的样品，因此通常通过一个已知膨胀系数的固体样品（即标准物质）对仪器进行校准，通过测量获得ΔL（校正）的准确数值。在使用标准物质进行校准的过程中，标准物质的加热速率必须与实验样品相同，同时，应优先采用与实验样品厚度范围相当的标准物质。常用于校准的标准物质是通过加工制成的棒状石英或氧化铝。通过一种简单的线性内插法处理通常可得到于与样品具有相同初始厚度的标准物质的表观膨胀系数，可根据下式得出ΔL测量值：

$$\alpha_{测量值} = \alpha_{理论值} - \alpha_{仪器校正值}$$

将由标准物质实验获得的仪器校正值应用到所需的样品数据中，对测得的热膨胀系数进行校正。最常用于校正的标准物是通过加工制成的铝立方体。铝的线性热

膨胀系数为 25×10^{-6} K^{-1}，石英为 0.6×10^{-6} K^{-1}，铂为 9×10^{-6} K^{-1}。玻璃态聚合物的线性热膨胀系数在 70×10^{-6} K^{-1} 范围内，弹性体在 200×10^{-6} K^{-1} 范围内。

探头类型决定了被测量的实际模量/膨胀性能。对于不同测量模式的探头（图9-43），模量 E 可分别由不同的经验式进行估算。

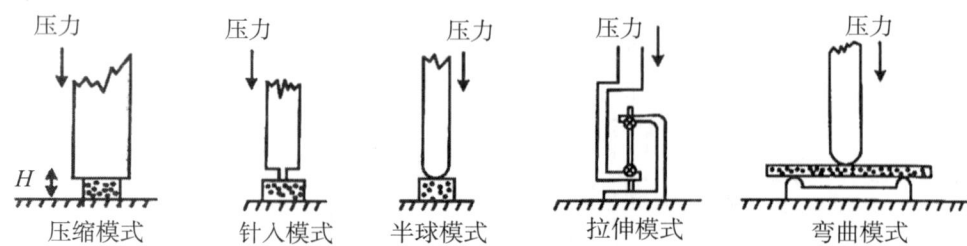

图 9-43　TMA 的测量模式

平头探头压缩模式和拉伸模式：

$$E = \frac{F/A}{\Delta L/H}$$

半球形探头压缩模式：

$$E = \frac{3(1-v^2) \times F}{4R^{1/2} \times \Delta L^{3/2}}$$

三点弯曲模式：

$$E = \frac{F \times L^3}{2\Delta L \times C \times H^3}$$

式中，ΔL 是探头的垂直位移；F 是施加在横截面积 A 上的力；A 是力作用的横截面积；H 是样品的高度；L 是样品的长度；C 是样品的宽度；n 是泊松比；R 是半球的半径。

这里给出的三点弯曲模式公式适用于恒温下的载荷条件。当进行温度扫描时，如果需要得出模量值，除非使用半球形的探头，否则必须校正样品和仪器的膨胀量 ΔL。通过其他任何一种具有比样品更小面积的探头都会得出经验性结果。

在 TMA 实验中，ΔL 的测量通常可达到 0.01 mm 以下的精度，最近发展起来的调谐激光技术能够将其降低到纳米级。光学式仪器的反射端面导致其应用温度限制在约 700 ℃ 以下，而采用电学式工作原理的高温 TMA 仪器则可达到 2000 ℃ 以上。

9.11.2.2　静态热机械分析实验模式

静态热机械分析的实验模式为静态实验模式。静态实验模式除了用于静态热机械分析外，还是热膨胀法的主要实验模式，也适用于动态热机械分析中的静态模式，即应力或应变的频率为零时的模式。常见的静态实验模式主要有以下五种。

（1）恒应力模式

恒应力模式是指在线性变化的温度模式下，保持样品所受到的力恒定，检测样品的位移（或应变）变化，从而分析材料的内在性质。也可以在恒定温度下保持样品的受力恒定，测量样品的位移随时间的变化关系曲线。当应力很小时，得到的曲线为热膨胀曲线，可用于计算材料在不同的温度范围的平均热膨胀系数。

(2) 恒应变模式

恒应变模式是指在线性变化的温度模式下，使样品的应变保持恒定，检测样品维持恒定的应变所需要的应力变化。这种模式可用于评价薄膜、纤维材料的收缩力，也可通过软件得到材料所受的力的变化信息。也可在恒定的温度下保持样品的应变恒定，测量样品的应力随时间的变化关系曲线。

(3) 应力扫描模式

在恒温条件下测量样品在线性变化的应力或力的作用下所产生的应变，从而得到应力（或力）-应变曲线和模量的信息。

(4) 应变扫描模式

在恒温的条件下，测量样品在线性变化的应变作用下所产生的应力，从而得到应力（或力）-应变曲线和模量的信息。根据应力-应变曲线的形状变化，可分析材料在外力作用下的发生脆性、塑性、屈服、断裂等各种形变过程。

(5) 应力松弛模式

应力松弛实验是在一定温度下对样品加载应力（或力）一定时间，然后撤销部分或全部的载荷以保持总变形量不变，测定应力随时间的降低值，就可绘制出松弛曲线。

9.11.2.3 静态热机械分析相关术语

(1) 应力

应力（stress）是单位面积上的力。应力可分解为两种，一种是垂直于截面的分量，称为正应力或法应力，用符号 s 表示；另一种是相切于截面的分量，称为剪应力或切应力，用符号 t 表示。应力的单位为 Pa，在 TMA 实验中，应力单位常用 MPa。

(2) 应变

应变（strain）是物体由于外因（如载荷、温度变化等）而使几何形状和尺寸发生相对改变的物理量。应变又称"相对变形"或"形变率"。通常称物体在某单位长度内的形变（伸长或缩短），即在某个方向上的长度变化与原长度之比为正应变或线应变，用符号 e 表示。物体整体变形后体积的改变量与原体积的比值称为体积应变。

(3) 蠕变

蠕变（creep）是固体材料在保持应力不变的条件下，应变随时间延长而增加的现象。

(4) 蠕变回复

蠕变回复（creep recovery）是在对材料施加一定载荷，使其产生蠕变后将此载荷除去，在蠕变延伸的相反方向上材料应变随时间延长而减小的现象。

(5) 应力松弛

应力松弛（stress relaxation）是在应变恒定时，应力随时间的推移而逐渐衰减的现象。

9.11.2.4 静态热机械分析曲线

静态热机械分析曲线（TMA 曲线），是由静态热机械仪测得的样品尺寸（长度、体积或其变化率），随温度或时间变化的关系曲线。曲线的纵坐标为长度或体积，通常以长度或体积的变化率表示,向上表示长度或体积增加,向下表示长度或体积减小。TMA曲线的横坐标是温度或时间,自左向右表示温度升高或时间增加。

9.11.3 动态热机械分析法

动态热机械法(dynamic thermal mechanometry 或 dynamic mechanical thermal analysis,DMTA)是指让样品处于程序控制温度和一定气氛下,对样品施加单频或多频振荡力,测量样品的动态模量和力学损耗与温度关系的一种热分析技术。按振动模式可分为自由衰减振动法、强迫共振法、非强迫共振法、声波传播法。按形变模式分为拉伸、压缩、扭转、剪切(包括夹芯剪切与平板剪切)、弯曲(包括单悬臂梁、双悬臂梁及三点弯曲和S形弯曲等)。

9.11.3.1 动态热机械分析法的基础理论

在程序温度(线性升温、降温、恒温及三者的组合等)下,给样品施加由一定频率、一定振幅正弦波形成的动态振荡应力(或应变)。作为响应,样品会相应地产生一定频率、一定幅度并伴随一定程度滞后的动态振荡应变(或应力)。这种滞后程度与材料的动态力学性质相关,如图9-44所示。

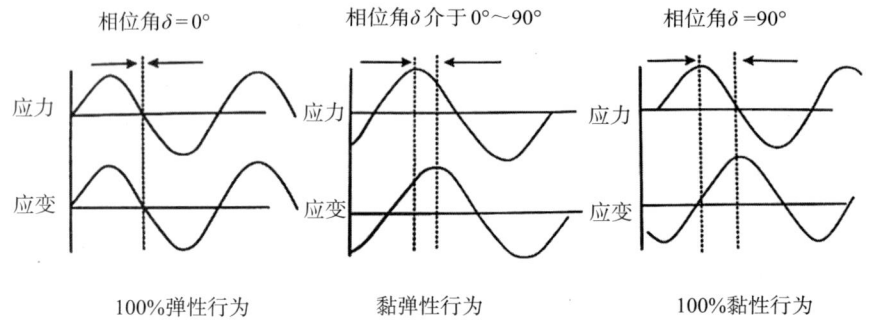

图9-44 材料的动态力学性质

对于完全弹性材料,动态力学响应不存在相位角d的滞后现象,此时$\delta = 0$。对于完全黏性材料,其相位角$\delta = 90°$。对于黏弹性材料,其相位角δ介于0°和90°间。

从表面看,动态热机械分析法似乎是改进的静态热机械法,但实际上并非如此。DMTA法起源于对固体模量的测量及它们对频率和温度的依赖性等物理学概念。根据施加在固体上的应力的方向不同,固体的主要模量包括剪切模量(G)、杨氏模量(E)和体积模量(B)等形式。DMTA技术目前只用于测量剪切及杨氏模量,而体积模量的测量因具有较高的组合误差,无法通过常规的DMTA进行测量。

为了在测量中引入时间尺度,DMTA技术通过在一个具有适当几何形状的样品上施加一个较小的正弦周期变化的应力或应变,检测相应的应变,这种方式有时被称为动态力学分析。

由施加的正弦应变所产生的与时间相关的应力曲线如图9-45所示。对于完全弹性材料,应力与应变同相(in-phase)。对于纯黏性材料,应力与应变的相位差达到90°,此时应力与应变异相(out-of-phase)。一般来说,大多数固体金属材料在室温下主要呈现出弹性特征,但在某些温度区域显示出显著的黏弹性特征。聚合物在高于正常工作温度范围时具有一定程度的黏弹性,但在高于玻璃化转变温度范围内,黏弹性十分明显。应力和应变之间的相位关系,导致模量呈复数形式。通常将黏弹性响应分解成储能模量（G'）和损耗模量（G''）。图9-45的下半部分显示了将相对于所施加的应变而产生的应力响应分解成同相和异相的分量。

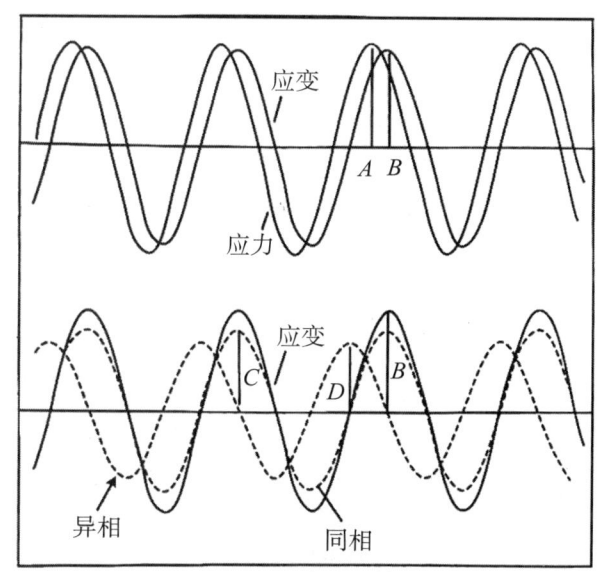

图9-45　动态力学分析实验中正弦变化的应力和应变曲线

储能模量（storage modulus）是复数弹性模量的实数部分,是和应变同向的稳态应力与应变值之比。可表示为

$$储能模量 = 同相应力振幅/应变振幅 = C/B$$

储能模量表示材料在形变过程中,由于弹性形变而储存的能量,是材料变形后的恢复指标,表示材料存储变形能量的能力。储能模量反映的是材料弹性部分的贡献,不涉及能量的转换。

损耗模量（loss modulus）是复数弹性模量的虚数部分。损耗模量又称黏性模量,是指材料在发生形变时,由于黏性形变而损耗的能量,反映材料的黏性大小,可表示为

$$损耗模量 = 异相应力振幅/应变振幅 = D/B$$

损耗模量反映的是材料黏性部分的贡献,即材料的机械能转换为热能的衡量参数。

这些关系可用相位矢量图进行概括,如图9-46所示,总响应取决于复数的模（G^*,E^*）。相位矢量图中明确定义了相位角。相位角是施加应力后引起的应变滞后,是一个无量纲参数,可表示为

$$\tan\delta = G''/G'（剪切力）或 E''/E'（弯曲力）$$

损耗因子（loss factor）是每个周期内损耗模量和储能模量之比,又称为阻尼因子（damping factor）、损耗角正切（loss tangent）或内耗因子（internal dissipation factor）。当振动变形相对于振动应力的相位的滞后角为δ时,损耗因子可表示为$\tan\delta$。

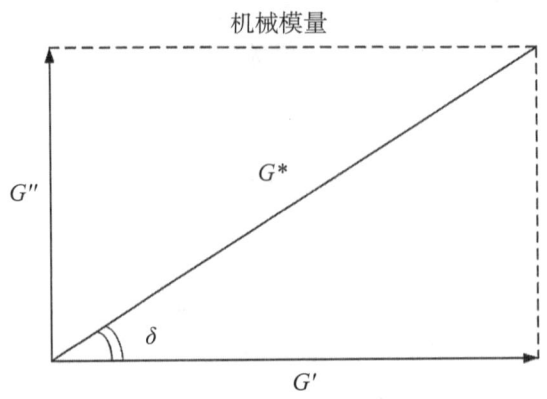

图 9-46 相位矢量图

通过损耗因子可得到在温度扫描测量中，由于原子、分子迁移率引起的转变信息。损耗因子可用于反映材料黏弹性的比例。当储能模量远远大于损耗模量时，材料主要发生弹性形变，因此材料呈现固态。当损耗模量远远大于储能模量时，材料主要发生黏性形变，材料呈现液态。当储能模量和损耗模量大小相当时，材料呈半固态，如凝胶状态。

所有关于动态模量的理论和测量都假定材料是线性黏弹性材料，这就意味着在不改变 G''/G' 比率（即损耗因子）的情况下，应力加倍会导致应变响应随之加倍。通常假定所有材料在受到较小的应时，其性质为线性，但在某些情况下应变必须低到0.1%。

9.11.3.2 动态热机械分析仪

动态热机械分析（DMTA）仪与静态热机械分析仪相似，其结构的主要形式有上皿式和下皿式。图9-47为上皿式DMTA仪的结构示意图。

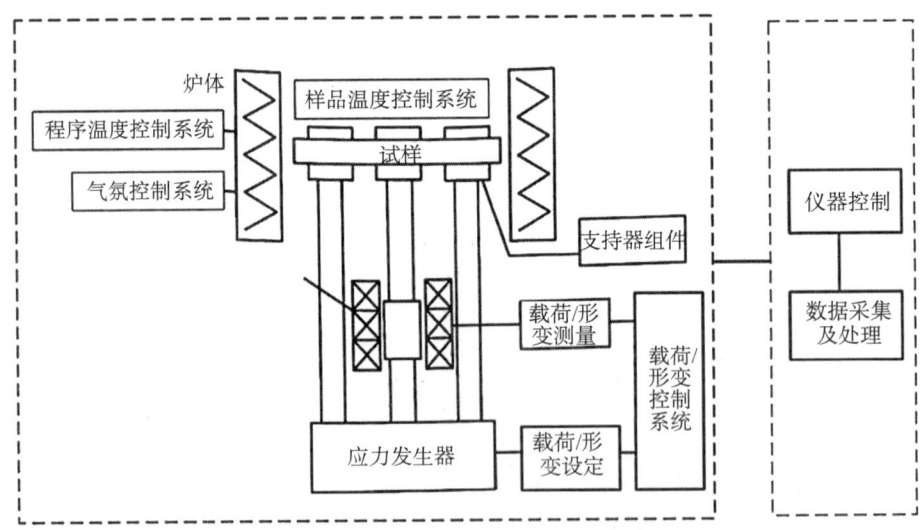

图 9-47 上皿式DMTA仪的结构示意图

与静态热机械分析仪不同，DMTA仪在实验中可以加载动态变化的载荷。根据测试对象的不同，载荷的变化范围大于静态热机械分析仪和热膨胀仪。为实现较大的载荷变化范围，DMTA仪的夹具材质通常为合金。由于合金的热膨胀系数远远大于大多数陶瓷、聚合物、复合材料等物质，因此实际应用中一般不使用DMTA仪测量热膨胀系数。此外，由于DMTA仪通常采用合金作为夹具材料，其最高工作温度一般不超过600 ℃。

当DMTA仪加载载荷的变化频率为零时，可完成静态热机械分析实验。

目前，大部分DMTA仪都基于强制非共振原理。在测试中，仪器的传感器可实时记录应力的振幅、应变的振幅及两者间的相位差δ，在整个测量过程中连续输出这些数据，经数据处理计算可得到包含储能模量、损耗模量和损耗因子等曲线的DMTA曲线。

大多数DMTA测试中，通常采用1 Hz的固定频率进行实验，此频率通常低于谐振频率。此外，这也意味着每个周期的测量时间为1 s的量级，而较短的测量时间对于较高温度的扫描速率至关重要。例如，在6 K/min的扫描速率下，如果以0.1 Hz为频率进行测量，则测量时间至少为10 s，测量过程中温度会有1 ℃的变化。

与DSC和TG实验相比，DMTA实验的样品和夹具的质量通常较大，因此，在DMTA测量中优先选择较低的温度扫描速率。如果采用高于4 K/min的温度扫描速率，则样品的温度将远远滞后于样品附近温度探头所检测到的温度。

在动态力作用下，不同的样品夹持方式得到的实验曲线差别较大。可通过使用不同的固定装置来优化DMTA仪器中样品的夹持方式。图9-48是样品在压缩、剪切、拉伸、双悬臂梁弯曲、三点弯曲以及扭转作用下的不同夹持方式。

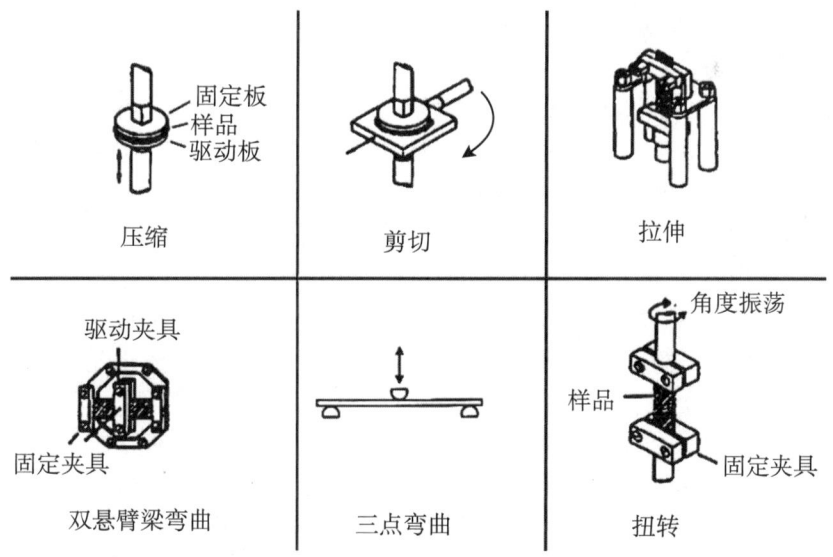

图9-48　DMTA测量的样品夹持方式

除了扭转需要流变仪类型的测量头外，其他的夹持方式都可简单由线性驱动装置实现，这些作用形式可通过设计类似杠杆臂的结构来实现。

夹具的几何形状选择取决于实验过程中所需的模量类型（G 或 E）和样品的形状。一般来说，纤维和薄膜最好使用拉伸的模式进行测量。片材切割获得的固体样品最好使用弯曲的测量模式。对于非常软的测量样品，如凝胶，可在压缩的条件下测量。三点弯曲模式仅适用于不发生蠕变、刚性很大的样品，如陶瓷、金属及聚合物复合材料等。

9.11.3.3　动态热机械分析相关术语

（1）动态力学性质

动态力学性质（dynamic mechanical property）是材料在交变应力或应变作用下的应变或应力响应的性质。

（2）模量

模量（modulus）是指材料在受力状态下的应力与应变之比。对于不同的受力状态，模量有不同的称谓，如杨氏模量（E）、剪切模量（G）、体积模量（K）、纵向压缩量（L）等。模量在不加任何修饰词时，往往被默认为弹性模量，即应力与应变之比，表示材料在外力作用下抵抗弹性变形的能力。弹性模量越大，表示使材料发生一定弹性变形的应力也越大，材料刚度越大，即在一定应力作用下，发生的弹性变形越小。

（3）杨氏模量

在弹性形变阶段，材料应力和应变成正比例关系，即符合虎克定律，其比例系数就是杨氏模量（Young's modulus），通常用 E 表示，表示单位面积上承受的力，单位为 N/m^2。

（4）柔量

柔量（compliance）是应变或应变分量与应力或应力分量之比，是模量的倒数，常用 J 表示。常见的柔量有拉伸柔量、剪切柔量、蠕变柔量等。

（5）复数模量

复数模量（complex modulus）又称动态模量，是对黏弹性材料施加正弦振荡时，应力与应变之间存在的相位差，可用复数表示。这时的复数应力振幅与复数应变振幅之比即为复数模量，常用 $M^* = M' + iM''$ 表示。式中，i 是虚数单位，M 可为 E、G、K、L 等。

复数模量中的 M' 是和应变同向的稳态应力与应变值之比。复数模量中的损耗模量 M'' 是和应变相位相差 90°的稳态应力和应变值之比。储能模量是测量在施加载荷期间的储存能量和再生能量，而损耗模量则与该期间的能量损耗成正比。

9.11.3.4　动态机械热分析曲线

动态机械热分析曲线，简称为 DMA 曲线，是由动态热机械分析仪测得的样品的动态损耗模量、动态储能模量和损耗因子与温度或时间的关系曲线。9-49 所示为典型的 DMA 曲线。纵坐标中的模量常用对数坐标（lg）表示，单位为 Pa。损耗因子为纵坐标时，无量纲。横坐标通常为时间或温度。对于频率扫描测试，横坐标为频率，单位为 Hz，通常以对数坐标（lg）表示。

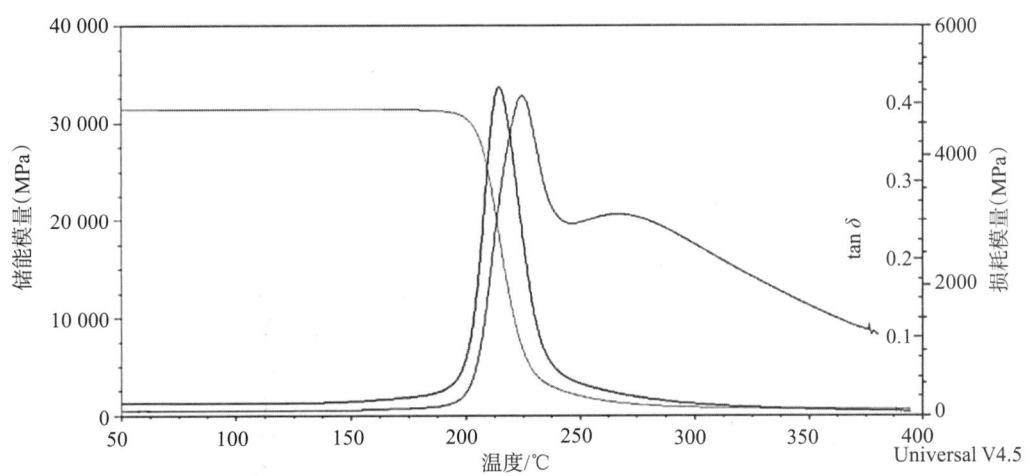

图 9-49 典型的 DMA 曲线

9.11.4 热机械分析测试

热机械分析测试包括仪器的准备和校准、样品的准备、测试条件的选择和仪器测试。

测试开始前需对仪器的外观和各部件进行检查。如发现异常、关键部位损坏或污染，应及时进行修正。

9.11.4.1 热机械分析仪的校准

对于热机械分析仪，需定期进行校准。校准时按仪器相应的检测规程或校准规范，使用相应的标准物质分别对仪器的探头、力、位移和温度进行校正，结果应符合仪器所要求的技术指标。进行温度、位移、力的校正时，应根据样品变化产生的温度范围选择相应的标准物质。测试温度范围较宽时，应使用一种以上的标准物进行校正。因校正会受到样品状态、升温速率、样品支架、测量探头、气氛和流量等因素的影响，校正时的实验条件应与测试时的条件保持一致。

（1）温度校正

一般通过已知转变温度的物质在发生相变或开始熔融时的形变，对热机械分析仪的温度进行校正。实验后将仪器测得的标准物质的熔融温度与其标准值进行对比，通过压缩或针入模式进行校正。一般用两点或多点温度进行校正，保证工作温度在已校正的温度区间。图 9-50 为静态热机械分析仪的温度校正曲线示意图。图中两条切线的交点即对应于所使用的标准物质的外推初始熔融温度。

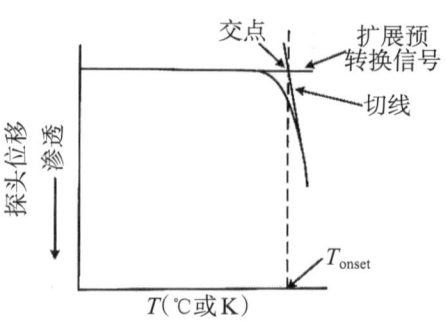

图9-50　静态TMA温度校正得到的曲线外推起始温度示意图

为避免样品熔融而污染仪器的夹具或探头，通常使用较薄的、熔点高于实验温度的金属片包裹标准物质，或在夹具的平台和探头，或夹具的移动头之间放置两片熔点高于实验温度的金属片或陶瓷片作为标准物。为获得重复性好的结果，通常将块状标准物压制成厚度小于1 mm的片状，再使用与样品相同的实验条件进行测量。

（2）夹具或探头的校正

按照仪器操作规程，放入仪器商家提供的高度标样或已知长度的标样，将测试结果与仪器商家提供的标准值进行对比校正。

（3）力校正

按仪器操作规程，放入经校准的砝码或在仪器载荷范围内的标准砝码，读取仪器所测量的结果，并与已知标准值进行比较和校正。力的校正主要是校正由探针施加在试样平台上的力。

（4）位移校正

位移校正可通过长度变化或膨胀系数校正进行。校正时，用已知长度变化率或膨胀系数的标准样品进行校正。按照仪器操作规程，设置一个实验方法，用一个已知长度变化率或膨胀系数的标准物质，如铝块或铜块，或SRM739熔融石英等，进行膨胀测试，将仪器测到的长度变化率或膨胀系数与标准物质的已知值进行比较和校正。

（5）模量校正

用仪器测定特定温度下标准物质的储能模量和损耗模量，得用标准物质的特征值表格进行对照和校正。

9.11.4.2　样品准备

对于块状样品，制样前应使样品研磨均匀，并使样品的形状和大小符合热机械分析仪测试的要求。对样品进行切割和加工时，不要使样品产生热和热历史。为获得可靠的测量结果，样品应没有裂纹，表面应平整光滑，受力的两端面要平行且垂直于轴线，从而避免测量样品的初始长度时，检测探头与支架平台间的机械运动带来测量误差。为消除与热形变无关的可导致长度等形变附加变化的因素，有的样品在制样前要先对样品进行必要的稳定化处理，而后在材料的不同部位取样，加工成所需尺寸的几个平行样品。

对于薄膜和纤维样品，制样时应防止起泡、断裂，尤其是薄而脆的样品。膜要有一定厚度，并制备成尺寸相同的平行样品。

粉末样品应使用成型器具，使样品成型后进行测定。

对分析前进行过热处理的样品，需在报告中进行说明。

9.11.4.3 测试条件选择

①根据仪器要求和样品性质，选择合适的测试探头和对应的样品支架进行测试。对于同系列样品和重复测试的样品，每次使用的样品应尽量一致，以得到良好的重现性。块状样品的测试面和与平台接触面应保持平行且尽量平整，保证测试结果的重现性和准确性。制备薄膜样品时，在消除气泡的影响时，应将一定厚度的薄膜尽量切成尺寸相同的几个平行样品。对于DMTA实验，还需根据仪器要求、样品形态和模量范围选择合适的形变模量（力的加载方式）进行实验，实验时需使用相应类型的测量支架和夹具。

②选择合适的测量模式。常见的测量模式有单频率/多频率温度（时间）扫描模式（仅适用于DMTA仪）、频率扫描模式（仅适用于DMTA仪）、应力扫描模式（不适用于热膨胀仪）、应变扫描模式（不适用于热膨胀仪）、恒定应变模式（不适用于热膨胀仪）、恒定应力模式、蠕变模式（不适用于热膨胀仪）、松弛模式（不适用于热膨胀仪）、控制应变/应变速率模式等。

③选择合适的气氛、流量或压力，以及与温度范围相应的冷却附件等。

④设定温度控制程序参数，包括温度范围、升温速率等；设定机械测试参数。对于DMA测试，常用的升温速率为1~5 ℃/min，这是因为DMA样品尺寸较大，过快的升温速率容易导致样品受热不均匀，影响测试结果的准确性。

⑤数据采集时间间隔的设定。对于较快的转变，数据采集时间间隔应较短。对于耗时较长的测试，数据采集时间间隔设置应该适当延长。

9.11.4.4 仪器测试

实验时一般按下面的步骤进行测试。

(1) 仪器状态确认

按所用仪器操作规程开机、启动气氛控制系统及冷却附件，进行力值校准和位置校正，使仪器处于正常待机状态。如果实验时更换了夹具或探头，还应进行夹具或探头校正。

必要时，在进行测试前不装入样品的条件下，采用所选定的样品参数运行，检测并记录测量仪器的基线。特别在对较小膨胀样品进行检测时，对样品ΔL的测量值可考虑通过仪器基线校正。

(2) 测量样品尺寸

采用误差不大于±0.01 mm的游标卡尺、测厚计或其他器具来测量样品在室温下的尺寸。固定样品时，应避免使测量尺寸受到样品形变的影响。

对于拉伸、压缩等模式，如果测量起始温度低于室温，在将样品冷却到起始温度附近后，如果样品在测量方向上有较明显的尺寸变化，则需要重新测量尺寸。测量尺寸时，需在各样品上取三点或多于三点，求平均值。

对于一些可读取样品长度的仪器，由仪器直接读取样品长度值。

(3) 样品加载

将样品装入样品支架并进行固定，调整合适的夹力，确保夹具充分接触样品，装样要与夹具或探头垂直或平行。某些样品可能需要在温度低于玻璃化转变温度约

20 ℃时固定。有些样品可能需要一些辅助工具，才能有效地安装在夹具上。

（4）设定测试条件

根据检测需要，在软件中设定检测模式、温度控制程序及机械参数，如频率、动态力、静态力、振幅、力/振幅控制方式等。

（5）输入实验信息

在DMA仪的分析软件中，根据需要输入待测样品的名称、样品编号、样品形状、样品尺寸、夹具类型、文件名、送样人等信息。

（6）结束后的样品处理

测试结束后，应在仪器降到室温附近后及时取下样品。实验过程中，样品与夹具或探头、支架发生污染、粘连时，应按操作规程进行清理。需关闭仪器时，按仪器操作规程进行关机。

（7）异常现象处理

测试结束后，如发现DMA曲线的干扰峰较多，则不应采用此数据，需重新进行测试。如发现样品刚度不在仪器规格范围内，或形变量超出样品的线性黏弹区，则需改变样品尺寸，或更换夹具，或更改测试参数，然后重新进行测试。测试结束后，如有污染，则需进行清理，待校正结果符合要求后才可继续进行后续工作。

9.11.5　热机械分析图谱解析

在热机械分析仪所获得图谱中，特征变化主要是由热或力引起的形变或模量等，因此通过热机械分析曲线可确定变化过程的特征温度，以及由形变反映出的样品尺寸或力学性能变化等信息。

确定特征温度和时间的方法可参考热重曲线和DSC曲线中特征温度的确定方法。例如，在黏弹性材料玻璃化转变温度附近，力学损耗有最大值出现，据此可测定黏弹性材料的玻璃化转变温度。利用DMA仪测定玻璃化转变温度，有3种表示特征温度的方法，如图9-51所示，即储能模量外切交点温度、损耗模量峰值温度和损耗因子峰值温度。

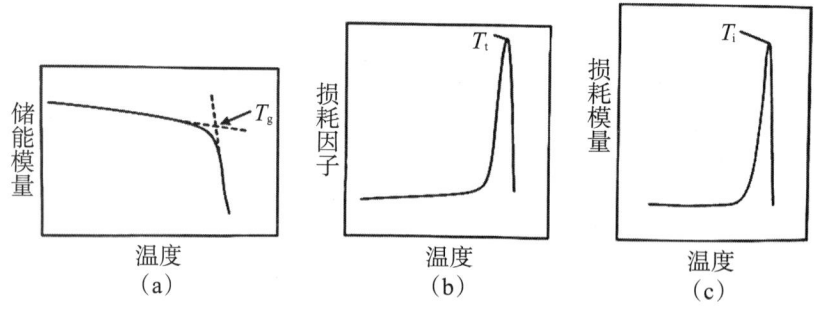

图9-51　DMA测定玻璃化转变温度的表示方法

用不同热分析方法得到的特征温度，在比较时应结合所使用方法的特点进行分析。例如，在将由DMA仪获得的玻璃化转变温度与其他方法测试获得的玻璃化转变温度进行比较时，必须充分考虑样品转变的性质和方法间的差异，不应直接进行简单的对比。用不同热分析技术获得的玻璃化转变温度会产生差别较大的数据。

在DSC中，可检测到特定的热效应变化信息，但测试者有时会错误地推断这是一种静态的测量方法。在这种情况下，温度扫描速率决定了样品中分子运动的时间尺度。如果分子运动遵循阿伦尼乌斯行为，即分子运动速率常数与温度成指数关系，则可观察到玻璃化转变温度随温度扫描速率的对数数值减小而降低。DSC的灵敏度随温度扫描速率的减小而下降。在温度扫描速率非常小的情况下，无法获得灵敏度很低的玻璃化转变温度，一般的做法是在线性图中外推到零加热速率。

如图9-52中，将PVC的DMTA数据与DSC数据进行比较。DSC在零加热速率下测得的玻璃化转变温度仅仅是经数据处理过的简化处理值，随着加热速率的增加，DSC所测得的玻璃化转变温度也在逐渐增大。而DMAT所测得的玻璃化转变温度为$\lg f$的函数，在温度扫描速率非常慢的情况下与扫描速率无关。在低的温度扫描速率下，由DSC所测得的玻璃化转变温度与DMA在10^{-3} Hz时的测量值大致相等，在10 ℃/min时的DSC测量数据与DMA在约10^{-1} Hz时所获得的数值相当。

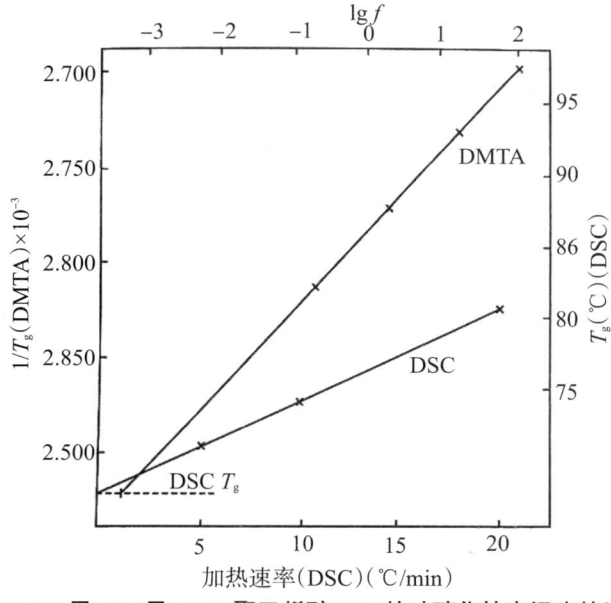

图9-52　用DSC及DMA聚乙烯醇PVC的玻璃化转变温度的比较

通过对热膨胀曲线的分析，可获得材料的线性膨胀率$\Delta L/L_0$、线性膨胀系数、瞬间线性膨胀系数、平均线性膨胀系数，如图9-53所示。

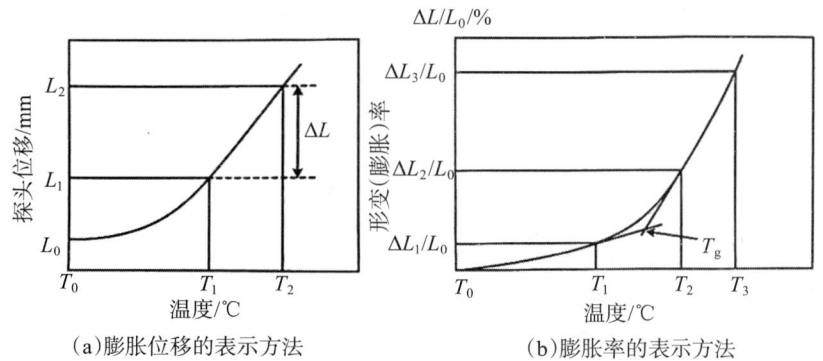

(a) 膨胀位移的表示方法　　　(b) 膨胀率的表示方法

图9-53　热膨胀曲线的表示方法

对于单条热膨胀曲线和TMA曲线，有一个或两个转变过程时，可以在图中标注每个过程的特征温度或时间、膨胀率或线性膨胀系数等信息。当转变多于两个时，可列表说明每个变化过程的特征温度或时间及其他信息。使用多条曲线进行对比作图时，也应列表说明每条曲线的特征温度或时间等信息。

9.11.6 热机械分析的应用

热机械分析方法主要是通过获取样品在载荷的作用下产生的形变信息，探究材料在发生转变的过程中的力学行为及分子结构信息。

通过热膨胀曲线和静态TMA曲线，可研究材料在不同转变阶段的结构变化。通过曲线中的膨胀率变化可获得材料相变信息。图9-54是铁在不同温度下的膨胀率曲线及理论膨胀系数曲线。实验在氩气气氛中进行，升温速率为5 ℃/min。从图中可以看到，铁在906 ℃处出现收缩现象，表明此时铁发生晶格转变；另一个晶格转变出现在1409 ℃。实验所获得的晶格转变温度与文献值有所偏差，因为测试样品中存在少量杂质。

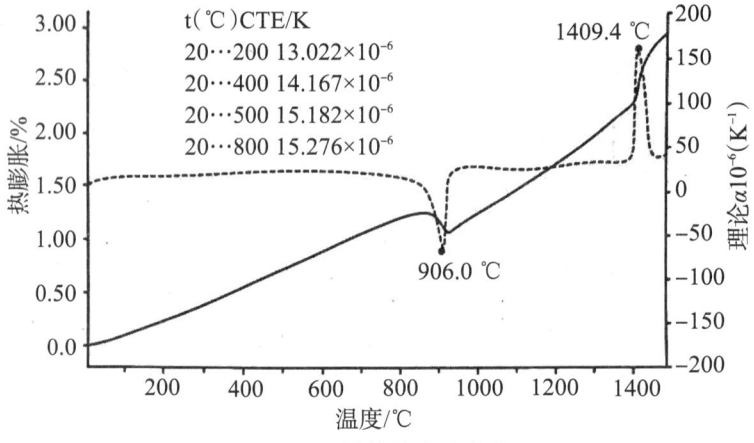

图9-54 铁的热膨胀曲线

图9-55是$Fe_{80}Si_9B_{11}$非晶合金薄带沿冷却辊横向或纵向的热膨胀曲线。从图中可以看到，663～683 K的温度区间内出现收缩现象，即铁系非晶合金中的因瓦效应。因瓦效应是由于合金的铁磁性质，在接近或低于居里温度时，非晶内铁自旋为铁磁性排列，引发的磁致伸缩抵消了由于正常晶格非简谐振动引起的膨胀，从而使热膨胀系数减小。当温度高于居里温度后，非晶表现为顺磁态，铁自旋为完全无序的高自旋态，因而热膨胀值完全取决于晶格振动膨胀。在热膨胀曲线上，热膨胀系数回归到正常状态的温度就是居里温度。由图中的热膨胀曲线可获得居里温度为686 K，利用电阻法测试该材料所获得的居里温度为688 K，二者基本一致。在765～810 K的温度区间内，热膨胀量明显减小，表明在此温度范围发生了结构弛豫。图9-55的热膨胀曲线符合非晶态材料在不同温度下的三种物理状态——玻璃态、高弹态和黏流态的特征，从图中可知，此材料的玻璃化转变温度为763 K，黏流温度为772 K。合金转变为黏流态后，因过冷液体发生黏性流动，原子重新排列并进行位置调整。伴随原子的长程有序排列，非晶合金最终转变为晶体并迅速收缩，晶化的终止温度为805 K。

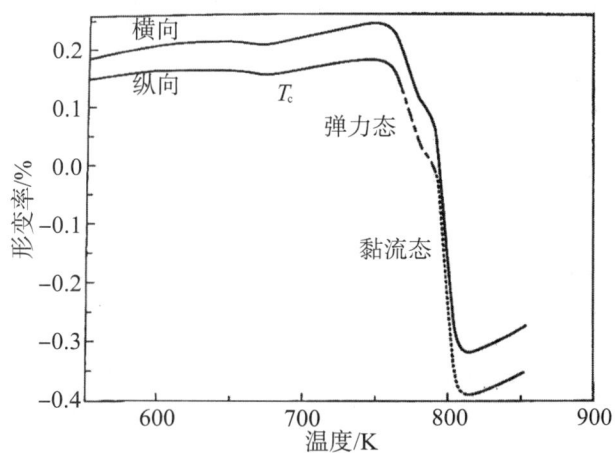

图9-55　$Fe_{80}Si_9B_{11}$非晶合金薄带沿冷却辊横向或纵向的热膨胀曲线

动态热机械分析是研究物质的结构及其化学与物理性质最常用的物理方法之一，可分析表征力学松弛和分子运动对温度或频率的依赖性。通过测试可获得样品的诸多参数，包括：储能模量、储能柔量，损耗模量、损耗柔量、复数模量、动态黏度、应力、应变、振幅、频率、温度、时间和损耗因子等。

高聚物是一种黏弹性物质，高弹性和黏弹性是其在力学上的最大特点。这是因为高分子的长链在没有外力作用时，呈无规则线团状；在外力作用下，线团沿外力作用延伸；外力除去后，高分子链又恢复原状（高弹性）。在流动温度或熔点时，高分子链在外力作用下发生的相对迁移（黏弹性，即黏性中带有弹性）。对于黏弹体，外力对其所做的功一部分以弹性能的形式储存起来，一部分以热的形式消耗掉；外力撤去后，弹性形变可以回复，而黏性形变不可回复。因此，在交变应力的作用下，其弹性部分及黏性部分均有各自的反应，而这种反应又随温度的变化而改变。高聚物的动态力学行为能模拟实际使用情况，且其对玻璃化转变、结晶、交联、相分离以及分子链各层次的运动都十分敏感。DMTA是研究高聚物分子运动行为极为有用的方法，可用于评价高分子材料的使用性能，研究材料结构与性能的关系，研究高聚物的相互作用，表征高聚物的共混相容性，研究高聚物的热转变行为等。主要的研究内容包括：高聚物的玻璃化转变以及熔融行为，高聚物的热分解或裂解以及热氧化降解，新的或未知高聚物的鉴别，释放挥发物的固态反应及其反应动力研究，高聚物的吸水性和脱水性研究以及对水、挥发组分和灰分等的定量分析，高聚物的结晶行为和结晶度，共聚物和共混物的组成、形态以及相互作用和共混相容性的研究，还包括高分子的应力松弛、蠕变、次级松弛等研究。

用DMTA仪测得聚碳酸酯的典型曲线如图9-56所示。从图中看到，实数模量（即储能模量）呈阶梯状下降，而在阶梯下降相对应的温度区，损耗模量和$\tan\delta$则出现高峰，表明在这些温度区，高分子运动发生某种转变，即某种运动的解冻。其中，对非晶态高聚物而言，最主要的转变是玻璃化转变，所以模量明显下降，同时分子链段克服环境黏性运动而消耗能量，从而出现与损耗有关的损耗模量E''和$\tan\delta$的高峰。通过动态力学分析，测定运动单元运动状态发生转变的特征温度，就可获得该种运动单元的松弛时间。

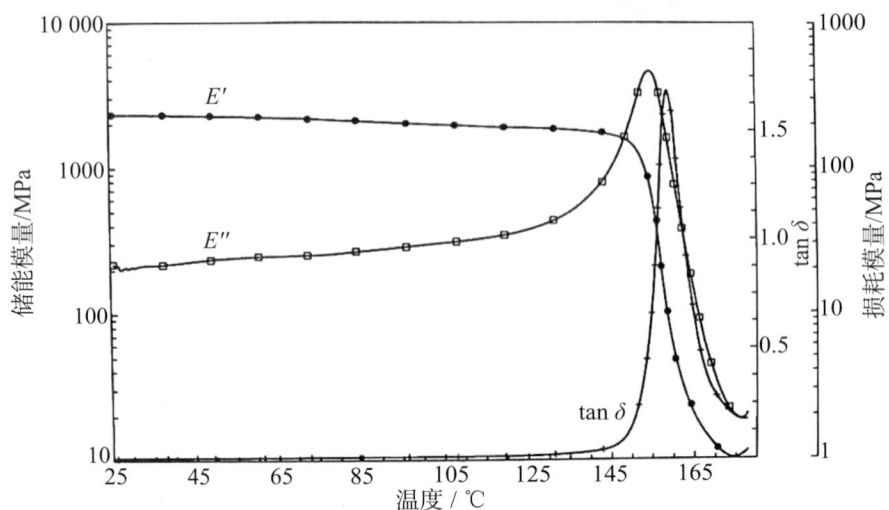

图9-56 聚碳酸酯的DMTA曲线（双悬臂梁测试模式，5 ℃/min，1 Hz）

不同固化程度的高分子材料的DMTA曲线存在明显差异，这是高分子发生交联程度的直接反应。当高分子固化后，体系的交联密度增加，玻璃化转变温度也随之提高，因此，由玻璃化转变温度的高度就可判断出将高分子交联密度的大小。高分子的固化程度可用储能模量和相对刚度值表示。在DMTA实验中，在恒定温度下测定高分子体系的储能模量和损耗模量随时间的变化曲线，就可确定高分子体系的凝胶点。

如图9-57所示，在实验开始阶段，体系黏度小、强度小。随固化的进行，储能模量 G' 或 E' 和损耗模量 G'' 或 E'' 都随之增高，体系黏度增大时损耗模量的增高速率大于储能模量；当达到凝胶点时，体系的黏度会突然增大，损耗模量也会相应迅速增大。一般认为，储能模量和损耗模量的交点即为凝胶点，其所对应的时间即为凝胶时间。这里的实验中，环氧树脂的凝胶时间约为100 min。这种测试高分子凝胶点的方法也适用于测试随温度变化发生凝胶转变的高分子体系。

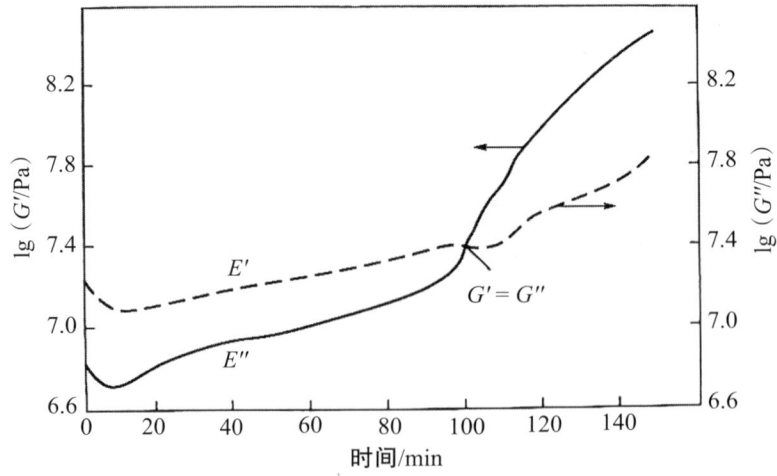

图9-57 环氧树脂在150 ℃下固化的DMTA曲线

9.12 热分析技术的新发展

热分析方法的发展表现在以下两个方面：其一是原来应用较少的热分析方法，因技术进步，现得到了更普遍的应用，如动态热机械分析法等；其二是产生了许多新的热分析方法和仪器，如调制差示扫描量热法（modulated differential scanning calorimetry，MDSC）或称为动态差示扫描量热法（dynamic differential scanning calorimetry，DDSC）、微量差示扫描量热仪、高压DSC、高分辨率热重仪等。

9.12.1 温度调制式差示扫描量热技术

DSC主要用于测量物质的转变温度（即热流量）与温度或时间的关系，只要物质在物理和化学变化过程中伴随吸热、放热效应，DSC测试就可以提供这些变化过程的定性和定量信息。虽然DSC具有快速分析、无须特殊制样、固体和液体样品均适用、测试温度范围宽、定量程度好等优点，但其依然存在一些局限性。例如，基线的倾斜和弯曲使DSC仪实际的灵敏度降低，对于一些微弱转变的表征在很大程度上还受到基线斜率和稳定性的影响。要提高灵敏度，必须快速升温，但这将降低分辨率；提高分辨率要求慢速升温，但这又会降低灵敏度——即DSC测试无法同时获得高灵敏度和分辨率。此外，通过DSC虽可观察到多种转变过程，但这些转变过程可能相互覆盖，最后展现出的曲线是多个复合过程的表现，即DSC的热流量反映的是表观现象，对于发生在同样温度范围内的多重转变过程，不能从本质上给出一个准确的解释。另外，传统的DSC无法在恒温下或反应过程中测定比热变化，对于有些测量，还要求多次实验或改变体系的基本物理参量等。这些问题均限制了DSC技术的应用。20世纪90年代，由英国拉夫堡的雷丁（M. Reading）等人发展的"温度调制式差示扫描量热仪（MDSC）很好地解决了这些问题。MDSC是在线性加热的基础上又叠加了一个正弦振荡方式的加热。如图9-58所示，当进行缓慢的线性加热时，可得到高的分辨率；同时叠加正弦振荡方式加热，又造成了瞬间剧烈的温度变化，故可获得较佳的灵敏度，因而弥补了传统DSC不能同时具备高灵敏度和高分辨率的不足。然后再运用傅里叶变换，可将总热流分解成可逆成分和不可逆成分，从而将许多重叠的转变分开，据此可对材料的结构和特性做进一步的了解。

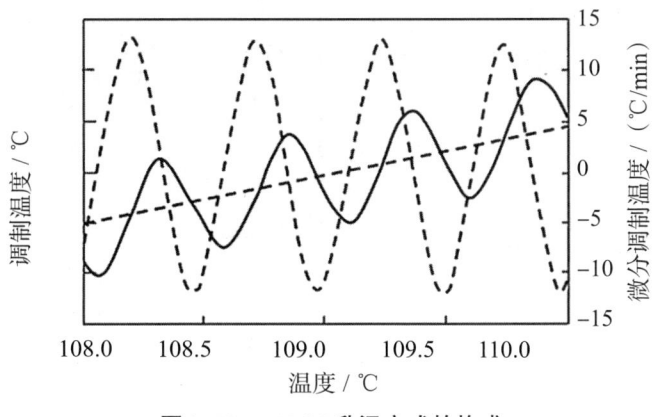

图9-58 MDSC升温方式的构成

MDSC以基础的慢速率升温改善分辨率,以瞬时快速升温提高灵敏度,从而将高分辨和高灵敏度巧妙地结合在一起,实现了同一个实验既有高的灵敏度又有高的分辨率。同时,MDSC还将可逆与不可逆热效应区分开来,显著提高了检测微弱转变、多相转变、多组分的复杂转变及定量测定结晶度等方面的可信度。因此,MDSC可用于测量结晶材料的玻璃化转变温度及其他相近温度的热转变,可同时测量总热流量和热容,避免了传统DSC实验需要多次实验才能获得热容的烦琐过程,能将玻璃化转变和热焓松弛分开,改善对数据的解析,将复杂转变分离成更容易解析的过程。此外,MDSC还可以用于测量相角和热导率等。

聚合物的共混是发展新材料的一种方法。共混物的极限性质受共混物组成的影响,因此需通过快速实验确证共混物的组成及各组成的含量。实验证明,DSC法是表征共混物的一种有效手段,对于有关结晶的熔融吸热或其他转变(如玻璃化转变)是充分分开的共混在一起的聚合物,可以用普通的DSC进行鉴别和定量,但是对于许多构成共混物的组分,其转变温度分离不明显的情况,普通的DSC就难以进行精确的分析。例如,丙烯腈-丁二烯-苯乙烯共聚物与聚酯(ABS/PET)共混物在玻璃化转变温度区间的DSC曲线和MDSC曲线见图9-59(a)和(b)。由于这两种聚合物不完全相容,因此可能会存在两个玻璃化转变温度。图9-59(a)的DSC曲线上展现的信号为总热流信号,其中,ABS组分的玻璃化转变温度被PET的冷结晶信号峰值120.92 ℃所掩盖。只有当第一次升温熔融后,再以10 ℃/min的速率冷却,使样品在降温过程中结晶,这样在第二次升温时样品就不会再发生冷结晶,在108.95 ℃附近才能观察到ABS的玻璃化转变温度。MDSC曲线可以将这两个组分的复合信号一次分开,在同一个图中以可逆和不可逆热流表示。因为可逆热流是测量与热容变化有关的热流,以此信号就可区分两个组分的玻璃化转变温度。PET的冷结晶是动力学过程,因此可由不可逆热流信号决定。MDSC经一次实验就可分辨出此共混物的许多热效应。

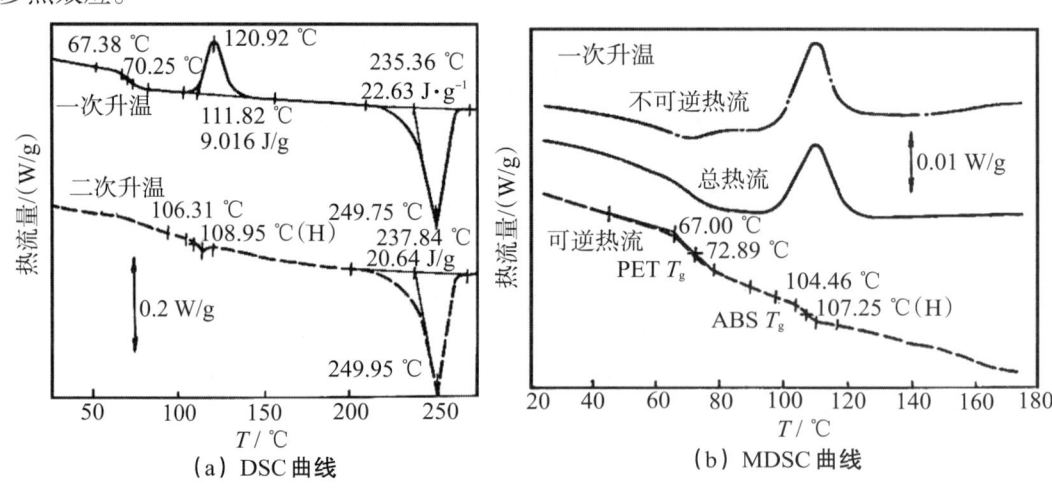

图9-59 ABS/PET共混物的热分析曲线

一般可根据DSC曲线中熔融峰所代表的热量测定其结晶度。然而，聚合物在升温过程中会发生退火和结晶结构的进一步变化，用传统DSC法定量测定聚合物原始结晶温度的可信度不高，因为传统DSC只能测量所有热效应的总和，而无法单独测量在升温过程中形成的结晶量。但MDSC就可将结晶的不可逆热焓与熔融放热可逆热焓分开，从而得到因原始结晶度而产生的热焓。

如图9-60所示，PET的DSC曲线上表现出三个转变：67 ℃的玻璃化转变，126 ℃的冷结晶和239 ℃的结晶熔融。比较图中的冷结晶焓和熔融焓，可知样品淬火后一开始就存在某种结晶结构，其所贡献的熔融焓应为熔化焓与冷结晶焓之差，即50.77 – 36.59 = 14.18 J/g。但是这一结果与X射线衍射的结果不符。X射线衍射的结果表明，在淬火的PET中并不存在结晶性。图9-61为PET的MDSC曲线，假设PET升温熔融所观察到的结晶性由三部分组成，即样品的原始结晶、冷结晶和熔化的同时再结晶。比较图中的可逆与不可逆曲线，由于原始结晶而产生的熔融焓应等于总的熔化焓与冷结晶焓、再结晶焓之差，即134.3–134.6 ≈ 0 J/g，这说明原始样品的结晶度接近于零，与X射线的结构分析结论一致。

MDSC是在DSC的基础上改进的一项新技术。它克服了常规DSC的局限性，能够提供更多通过DSC无法获得的独特信息，从而使研究人员能更好地了解材料的性能。但MDSC也有一定的限制，例如，较费时，质量大的坩埚由于热传导差而不适宜用于MDSC测试，热传导差的样品（如纤维素）也不宜用MDSC进行分析。

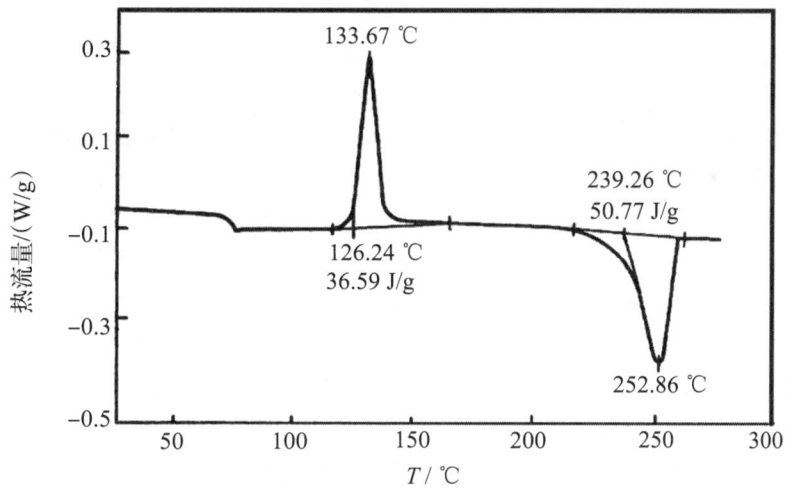

图9-60　PET的DSC曲线

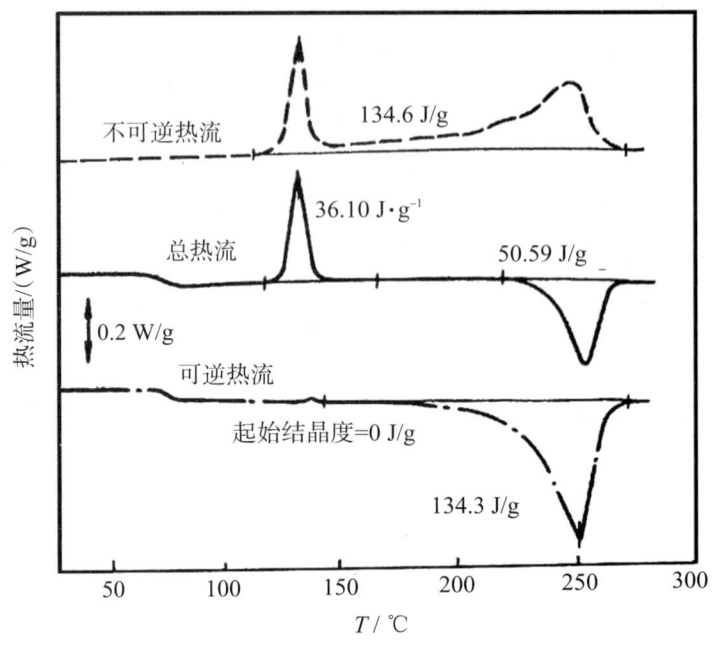

图 9-61　PET 的 MDSC 曲线

9.12.2　微量差示扫描量热仪

微量示差扫描量热仪简称微量热计（MicroDSC），是在传统的示差扫描量热仪基础上，根据卡尔维原理设计和制造的。传统的 DSC 仪中，样品只有一面与平板检测器接触，不能对整个样品进行非常准确的测量。MicroDSC 可对样品的各个方向实施全面检测，因此具有灵敏度高、检测范围广的特点。最重要的是，MicroDSC 除了具有传统 DSC 的功能外，还可用于研究固-液、固-气、液-液相在不同温度下的两相反应和动力学；可用于研究物理学中的相变，化学中的分子反应动力学和机理、分子间相互作用及分子自组装，高分子科学中的链结构和区域结构，生物医学中的蛋白质折叠、蜷曲与变形、DNA 的杂化及抗原与抗体间的反应和食品科学中配方的优化等。

微量差示扫描量热仪的另一种形式是等温滴定量热仪（isothermal titration calorimetry，ITC）。ITC 可直接测量将一种溶液逐步加入到另外一种溶液时的热量变化，常用于研究蛋白质与配合物间的结合常数及蛋白质和蛋白质间的作用。

9.12.3　高分辨率热重分析仪

高分辨率热重仪可根据样品裂解速率的变化，由计算机自动调整加热速率，以提高分辨率。其加热速率可采用动态加热速率、步阶恒温和定反应速率三种不同方法进行控制。

所谓动态加热速率，就是根据样品裂解速率调整加热速率。当样品没有裂解时，仪器以较高的加热速率加热；当样品开始裂解时，加热速率降低，以避免温度过高而影响分辨率；当裂解完成后，又恢复到较高的加热速率，以节省时间。步阶恒温是指仪器以一定的初始加热速率加热，当达到预定的质量损失或质量损失率时，就保持恒温；当样品完全裂解后，仪器恢复到初始加热速率。定反应速率是指根据选定的裂解速率控制加热炉的温度，以维持一定的裂解速率。

利用高分辨率热重分析仪可更精确地对样品中的各组分进行定量分析。传统的热重分析曲线中，某些组分间没有明显的分界，难以准确定量；高分辨率热重分析曲线可清楚地分辨出两个转折，对组分的定量分析具有重要意义。

9.12.4 热分析联用技术

一般来说，每种热分析技术只能了解物质性质及其变化的某一方面或某些方面，解释物质的性质时往往有局限性。综合运用多种热分析技术及其他多类测试手段，则能获得物质的更多信息，还可以互相补充和互相印证，对所得实验结果的解释也会更全面、更深入、更可靠。联用技术是近年来分析仪器的一个发展趋势。

热分析联用技术的特点和优势可概括为：实时、全面、高效。但一些物质在高温分解过程中会产生气体，在分析时，气体在传输过程中可能发生冷凝现象，这会导致分析结果丢失一部分信息。

热分析联用技术主要分为同时联用、串接联用和间歇联用三种形式。

9.12.4.1 同时联用

同时联用技术（simultaneous techniques）又称为同步热分析（simultaneous thermal analysis），是指在程序控制温度和一定气氛下，对一个样品同时采用两种或多种分析技术的热分析联用法。由于同时联用两种或多种技术，可同时由每种测量技术得到不同物理量变化信息。习惯上在各技术名称之间用符号"–"连接。

同步热分析意味着将样品和不同类型的传感器直接或间接连接，且在单个加热炉中对同一个样品进行加热或降温。同步热分析技术的优势主要体现在以下几点。

①相比于独立测量各个性质，同步测量可在更短的时间内完成对每个性质的测量。

②可保证测量得到的不同参数的准确性。

③由于多种技术的协同作用，得到的样品的信息总量比通过单一技术得到的信息的总量更多。

④与在完全相同的外部因素条件下，用不同技术分别测量相同样品所得到的结果相比，同步测量技术得到的结果更加合理。

⑤进行同步测量的仪器满足相似的应用目的。

由于需要将不同的传感器连接在一起，因此同步热分析仪的结构相对复杂，仪器设计需折中处理，可能会引起仪器的一个或多个信号的测量灵敏度下降。测量参数的折中处理则会导致更加有价值的原始数据减少。理论上传感器之间的组合使用，基本没有限制，仅仅受仪器设计思路影响，以及在一定程度上受到不同传感器和信号检测器的制造工艺限制。可与热分析同步使用的方法主要包括：各种形式的物理、化学、力学性能测试手段，如X射线衍射、力学、波谱、电子谱等各种形式。目前最常见的热分析同时联用技术是TG与DTA或DSC的联用，形成TG-DTA、TG-DSC等联用热分析方法。此外，可用于同时记录样品在加热过程中的形貌变化的显微热分析技术也属于同步热分析技术。

（1）TG-DSC同步热分析技术

1979年，著名的英国聚合物实验室率先推出了TG-DSC同时联用仪，即可在同一时间对同一样品完成TG和DSC的测试。这种仪器与TG相比，主要区别在于将原有的TG样品支持器换成了同时适用于TG和DSC测试的样品支架，可以在同一次测量中同步得到样品的质量变化及与参比样的热流差信息。

常见的TG-DSC仪主要有水平式和上皿式两种结构。样品坩埚与参比坩埚放置于同一导热良好的传感器盘上，两者之间的热交换满足傅里叶热传导方程。通过程序温度控制系统，使加热炉按照一定的温度程序进行加热。与TG联用的DSC的原理为热流式，通过定量标定，将温度变化过程中两侧热电偶实时测量得到的温度差信号转换为热流差信号，对温度或时间连续作图后即可得到DSC曲线。同时，整个传感器连接在高精度热天平上，参比端不发生质量变化，样品本身在升温过程中的质量由热天平进行实时测量，对温度或时间作图后就可获得TG曲线。

TG-DSC仪主要由仪器主机（包括程序温度控制系统、炉体、支持器组件、气氛控制系统、温度及温度差测定系统、质量检测系统等部分）、仪器控制和数据采集及处理部件等部分组成。支持器组件平衡地放置于加热炉中间，以保持热传递的条件一致。仪器的输出温度差信号通过定量标定；将测量过程中两侧热电偶实时测量到的温度差信号转换为热流差信号，从而得到DSC曲线。图9-62为同步热分析仪。

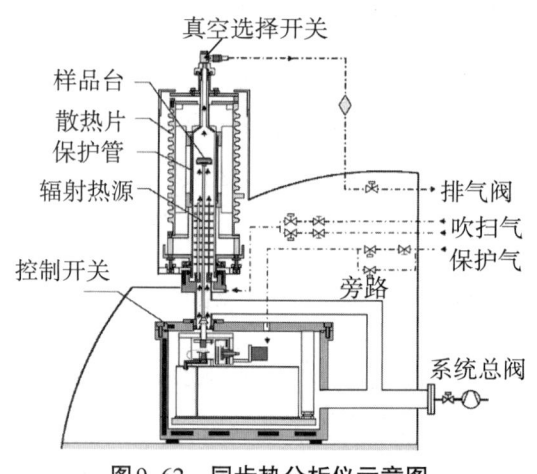

图9-62　同步热分析仪示意图

TG-DSC同步热分析仪具有以下优点。

①一次实验可同时获得TG、DSC两种曲线，节约时间，节省样品。

②从不同侧面共同反映物质的变化过程，从而有利于对该物质的变化过程进行全面分析和判断。DSC只能反映焓变而不能反映质量改变；TG只能反映质量改变而不能反映焓变。两者联用，则可同时分析物质的焓和质量在升温过程中的变化情况。

③可消除样品的不均匀性、加热条件和气氛条件的差异以及人为的操作因素对实验结果的影响。

④可精确方便地进行温度标定。

例如，通过同步热分析仪测试氢气气氛下的机械球磨 Mg_2Ni，同时得到 TG 和 DSC 两条曲线，如图 9-63 所示。从 TG 曲线可以看出，由于温度升高，储氢合金逐渐放出氢气的同时，与之对应的 DSC 曲线在相同温度段出现了一个明显的放热峰，表明合金排氢时为放热过程。如此对照两条曲线，可使研究和分析更加便捷和直观。

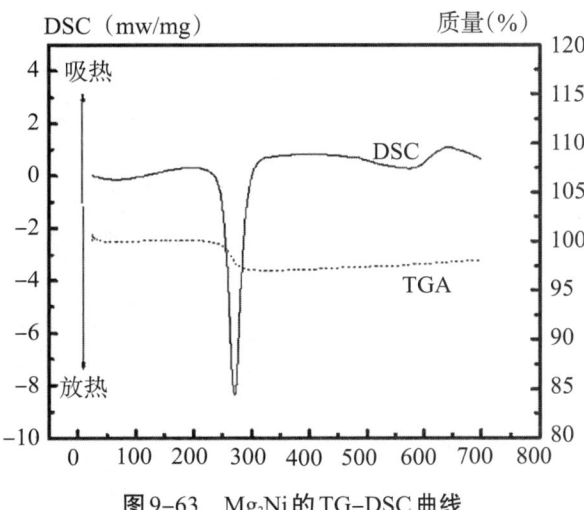

图 9-63　Mg_2Ni 的 TG-DSC 曲线

图 9-64 为水泥砂浆的 TG-DSC 曲线，DSC 曲线上第一个较大的吸热峰出现在 100 ℃附近，吸热的温度范围为 20~200 ℃，失重 4%左右，对应含水矿物的脱水反应，包括水化硅酸钙凝胶、钙矾石的层间水脱水过程和水化铝酸盐及单硫型水化硫铝酸钙的脱水过程。第二个吸热峰出现在 430 ℃附近，对应的温度区间为 400~470 ℃，失重 1%左右，主要是因为混凝土中的 $Ca(OH)_2$ 晶体在该温度附近发生了分解、脱水反应，吸收了大量的热量所致。第三个吸热峰在 710 ℃附近，对应的温度范围是 600~950 ℃，失重 2%左右，主要是因为 $CaCO_3$ 在该温度区间发生了如下分解反应：

$$CaCO_3 \longrightarrow CaO + CO_2\uparrow$$

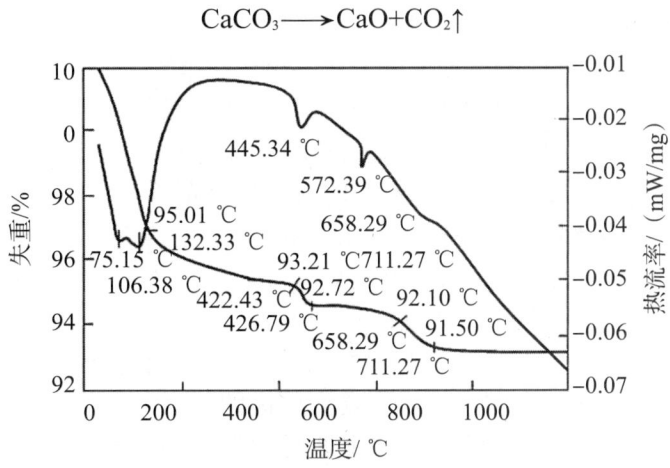

图 9-64　水泥砂浆的 TG-DSC 曲线

在该区间还发生了水化硅酸盐的结构水脱水。从失重曲线上可知，0～200 ℃的失重损失远大于后面200～950 ℃的失重损失。

尖晶石具有高硬度、高熔点和低热膨胀系数等特点。锌铝尖晶石为其中的一种，被广泛应用于钢液中铜元素的过滤器、高温炉中陶瓷杯材料的制备等，一般可用Al(OH)$_3$和ZnO为原料，通过化学反应来制备，其反应过程的TG-DSC曲线如图9-65所示。从图中可以看出，当温度升至203 ℃时，DSC曲线有一个吸热峰，质量损失开始；继续升温至320 ℃时，吸热峰出现极值，对应的DTG曲线也同时出现极值，质量损失率达到最大。此后质量损失曲线基本没有发生变化。可见Al(OH)$_3$的分解温度为203 ℃左右，此吸热峰即为分解脱水反应所致；当温度升至320 ℃时，脱水反应最为剧烈。继续升温，质量损失基本无变化，出现放热峰，峰的极值点在356 ℃左右，结束于516 ℃，该放热峰对应于Al(OH)$_3$脱水后形成的Al$_2$O$_3$与ZnO反应生成ZnO×Al$_2$O$_3$新相的过程。

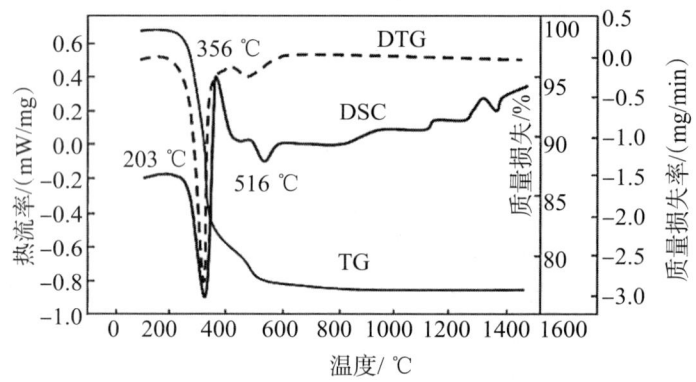

图9-65　Al(OH)$_3$和ZnO反应过程的TG-DSC曲线

（2）热显微技术

显微镜的热台具有非常宽的温度范围，可以从−180 ℃上升至2000 ℃，因此可将样品的形貌作为温度的函数。观察物质的特征参数对温度的依赖性，有助于识别和表征物质。将显微镜与热分析技术联用即为热显微技术。

热显微仪由冷/热台、样品台、光源和显微设备构成，通过它可以进行光学记录、图像和数据的加工分析等工作。所有型号的热显微仪都有一个共同的要求，即冷/热台必须尽可能薄，以便放置在物镜和显微镜间。

在热显微实验中，如果样品发生了熔融，则样品容器必须能容纳熔化后的样品。样品必须从上方可视，且保证光线从样品下面穿过。在较高温度下，样品盘必须和样品相匹配。蓝宝石玻璃是理想的样品盘材料。

开放式结构的蓝宝石样品盘可用于盛装非挥发性的样品，加盖子的蓝宝石盘则可用于盛装挥发性样品。热显微镜与常规显微镜的样品制备相似，都是将样品放在平行载玻片和盖玻片之间。对于熔融后黏度较高的样品，需用两片蓝宝石盘将其包住。对于加热会挥发的样品，可通过样品盘盖观察未经处理的样品，在盘盖上先将样品蒸发或升华或熔化。对于黏度较低的物质或液体样品，可使用三个蓝宝石球作为间隔物,有助于在测量中保持均匀的样品分布和厚度。

(3)动态热机械分析和动态介电分析联用

DMA与动态介电分析(DEA)虽然在原理上有很大差别,但它们都基于一个原则,即都对待测样品施加正弦信号,检测其响应信号及二者之间的相位移动信息。DEA可给出材料中能移动的带电荷的位点(离子、偶极子)的信息,DMA则可提供材料的力学性能信息。将二者联用,可测量预浸料的储能模量,可用于建立固化性能和黏弹性的关系,测定凝胶化温度和玻璃化转变温度间以及黏度改变和反应速率间的关系。

9.12.4.2 串接联用

串接联用(coupled simultaneous techniques)是指在程序控制温度和一定气氛下,对一个样品采用两种或多种分析技术,且后一种分析仪器通过接口与前一种仪器相串接的技术。其中,将热分析仪同可分析气体的分析技术串接起来,从而分析由热分析仪逸出的气体物质的联用技术最为常见。例如,热分析仪同傅里叶红外光谱仪或者质谱仪联用。

(1)热分析与质谱联用

热分析与质谱联用技术是指在程序控制温度和一定气氛下,通过质谱仪在线监测热分析仪中样品逸出的气体信息的一种热分析联用技术。常见的有TG-MS、TG-DSC/MS及TG-DTA/MS。热分析-质谱联用仪主要包括一台热分析仪(TG、TG-DTA、TG-DSC、DIL)、一台质谱仪及将两者联结的特殊设计的接口。为获得释放气体的最佳分析结果,设计热分析仪和接口时一定要保证释放的气体有足够的量转移到质谱,同时质谱仪要确保能够快速扫描和长周期稳定操作。由于质谱仪在高度真空下工作,从热分析仪逸出的气体只有约1%能通过质谱仪,否则会破坏真空条件。质谱仪与热分析仪的接口必须经过特殊设计,因热分析是在标准大气压下正常工作,质谱仪则需要在约10^{-4} Pa的真空条件下工作。通过可加热的陶瓷毛细管,将热分析仪中逸出的一小部分气体带入质谱仪中,就可实现联用。实验时常以氦气作为主要载气,也可根据不同样品的性质选择其他气体。

热分析仪与质谱仪联用可同时提供反应体系在受热过程中的产物组分信息,对研究材料热分解反应进程和解释反应机理具有重要意义。

(2)热分析与红外光谱联用

热分析与红外光谱联用技术是指在程序控制温度和一定气氛下,通过红外光谱仪(通常为傅里叶变换红外光谱仪)在线监测热分析仪中逸出的气体信息的一种热分析联用技术。

热分析与红外光谱联用是一种常见的热分析联用技术,通过可加热的传输管线将热分析仪与红外光谱仪串接起来。常用于这类联用的热分析仪有TG、TG-DTA、TG-DSC。

热分析与红外光谱联用是利用吹扫气(通常为氮气或空气),将热分析中在加热过程中产生的逸出气体通过设定温度下的传输管线导入红外光谱仪光路中的气体池,进行红外光谱检测,从而获取逸出气体信息。实验时,随着热分析仪的温度变化,在由热分析仪测量待测样品的质量、温度差或热流随温度变化的同时,由红外光谱仪在不同温度下检测产生气体的分子结构或官能团信息，所得数据分为热分析曲线及红外光谱。

9.12.4.3 间歇联用技术

间歇联用技术是指在程序控制温度下，对一个样品采用两种或多种分析技术，仪器的连接形式和串接联用相同，不同之处在于间歇联用是不连续地从第一种分析仪中取样。间歇联用也可看作是串接联用的一种特殊形式。

常见的间歇联用技术为热分析仪与气相色谱联用。

9.12.4.4 多级联用技术

通过后接红外光谱仪，可得到从热分析仪逸出的气体的官能团信息，但对于含有相同官能团的分子，只通过红外光谱常常难以鉴别其准确分子结构，由此产生了多级联用技术，例如，热分析与红外光谱与气质联用仪。

9.13 要点小结

热分析是在程序控制温度下，测量样品的物理性质随温度或时间变化的一种技术。通过热分析曲线，可以分析被测样品的某种物理性质随温度或时间的变化规律。其中，热重分析法、差热分析法、差示扫描量热分析和热机械分析是热分析中最常用的四种技术。

（1）热重法（TG）

测量对象：样品的质量。

测量原理：在程序控制温度和一定气氛下，测量样品的质量随温度或时间变化的函数关系。

温度范围：20～1000 ℃。

优点：操作简单，使用方便，无须参比物，分析精度高。

应用范围：有质量变化的过程分析，如熔点、沸点的测定；热分解反应过程分析、脱水量测定等；有挥发性物质产生的固相反应分析及气-固反应等。

（2）差热法（DTA）

测量对象：样品与参比物之间的温差。

测量原理：在程序控制温度和一定气氛下，测量样品与参比物之间的温差随温度或时间变化的函数关系。

温度范围：20～1600 ℃。

优点：操作方便快捷，曲线的物理意义清晰，样品用量少，适用范围广。

不足之处：仪器常数 K 假定为定值，实为随温度而变化的量；定量分析精度低，主要用于定性分析。

应用范围：熔化、结晶转变、二级转变、氧化还原反应、裂解反应的分析等。

（3）差示扫描量热法（DSC）

测量对象：热流量。

测量原理：在程序控制温度和一定气氛下，测量输入到样品与参比物的功率差随温度或时间变化的函数关系。

温度范围：-120～1650 ℃。

优点：操作方便快捷，曲线的物理意义清晰，样品用量少，适用范围广。基本保持了 DTA 的优点，同时通过功率补偿方式，弥补了仪器常数的变化对热效应测量的影响，仪器常数为定值。

应用范围：与 DTA 大致相同，但能定量测定多种热力学和动力学参数，如比热、反应热、转变热、反应速度、玻璃转化温度、高聚物的结晶度等。

（4）热机械分析法

测量对象：样品的力学参数及尺寸。

测量原理：以一定的加热速率加热样品，使样品在恒定的较小负荷下随温度升高发生形变，测量样品的温度-形变曲线。一般分为热膨胀法（DIL）、静态热机械分析法（TMA）和动态热机械法（DMA）。

温度范围：-150～1500 ℃。

应用范围：分析玻璃化转变和熔化测试、二级转变的测试、频率效应、转变过程的最佳化、弹性体非线性特性的表征、疲劳试验、材料老化的表征、浸渍实验、长期蠕变预估等。

参 考 文 献

[1] 艾伦·托内利. 核磁共振波谱学与聚合物微结构[M]. 杜宗良，等译. 北京：化学工业出版社，2021.

[2] Antonio Randazzo. Guild to NMR Spectral Interpretation[M]. Italy：Loghìa Publishing，2018.

[3] 常建华，董绮功. 波谱原理及解析[M]. 北京：科学出版社，2012.

[4] 陈学国. 色谱分析技术原理与应用[M]. 北京：中国人民公安大学，2014.

[5] 丁延伟. 热分析基础[M]. 合肥：中国科技大学出版社，2020.

[6] 丁延伟，郑康. 热分析实验方案设计与曲线解析概论[M]. 北京：化学工业出版社，2020.

[7] 杜希文，原续波. 材料分析方法[M]. 天津：天津大学出版社，2014.

[8] 范康年. 谱学导论[M]. 北京：高等教育出版社，2011.

[9] 傅若农. 色谱分析概论[M]. 北京：化学工业出版社，2002.

[10] Jeanne L. McHale. Molecular Spectroscopy[M]. 北京：科学出版社，2003.

[11] 焦剑，雷渭媛. 高聚物结构、性能与测试[M]. 北京：化学工业出版社，2003.

[12] 晋卫军. 分子发射光谱分析[M]. 北京：化学工业出版社，2018.

[13] 梁汉昌. 痕量物质分析气相色谱法[M]. 北京：中国石化出版社，2001.

[14] 刘振海，畠山立子，陈学思. 聚合物量热测定[M]. 北京：化学工业出版社，2002.

[15] 陆维敏，陈芳. 谱学基础与结构分析[M]. 北京：高等教育出版社，2005.

[16] Vitha M F. Spectroscopy-Principle and Instrumentation[M]. Hoboken：John Wiley & Sons, Inc.，2019.

[17] Michael E. Brown，Patrick K. Gallagher. 热分析与量热技术 第2卷 在无机和其他材料中的应用[M]. 丁延伟，白玉露，刘吕丹，华诚，译. 合肥：中国科技大学出版社，2021.

[18] 师宇华，费强，于爱民，张寒琦. 色谱分析[M]. 北京：科学出版社，2021.

[19] 苏克曼，潘铁英，张玉兰. 波谱分析[M]. 上海：华东理工大学出版社，2002.

[20] 苏立强. 色谱分析法[M]. 北京：清华大学出版社，2017.

[21] 孙江，郭庆林，王颖. 光谱学导论[M]. 北京：化学工业出版社，2020.

[22] 汪正范. 色谱定性与定量[M]. 北京：化学工业出版社，2002.

[23] 吴刚. 材料结构表征及应用[M]. 北京：化学工业出版社，2015.

[24] 徐经纬，牛利，高翔，崔勐. 波谱分析[M]. 北京：科学出版社，2013.

[25] 张瑞. 现代材料分析方法[M]. 北京：化学工业出版社，2007.

[26] 朱诚身. 聚合物结构分析[M]. 北京：科学出版社，2010.

[27] 朱明华，胡坪. 仪器分析[M]. 北京：高等教育出版社，2011.